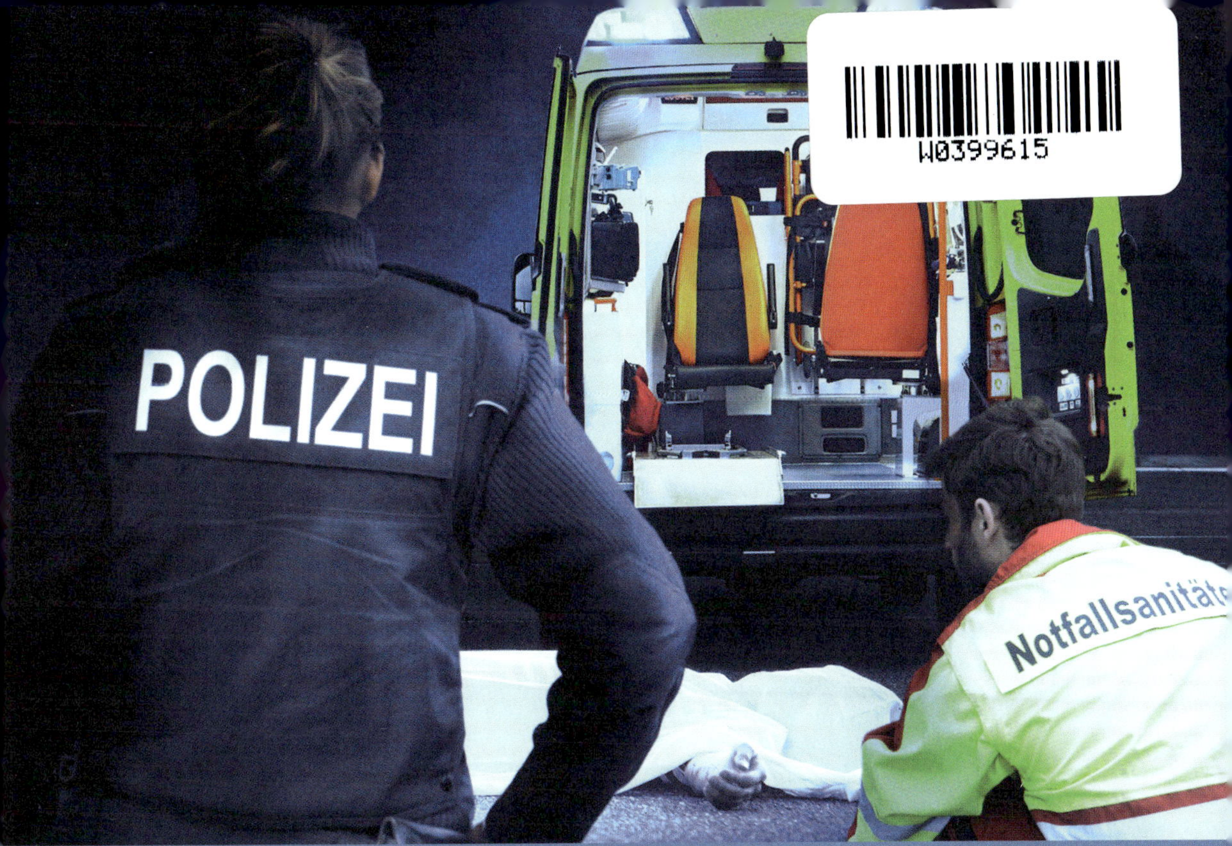

SCHNITTSTELLE RECHTSMEDIZIN, POLIZEI UND RETTUNGSDIENST

Prof. Dr. med. Burkhard Madea und André Luhmer

1. Auflage 2017

beinhaltet 292 farbige Abbildungen

Autorenverzeichnis

Herausgeber

Prof. Dr. med. Burkhard Madea
Institut für Rechtsmedizin
Universitätsklinikum Bonn
Stiftsplatz 12
53111 Bonn

André Luhmer
Polizei Köln
Walter-Pauli-Ring 2-6
51103 Köln

Autoren

Prof. Dr. rer. nat. Frank Mußhoff
Forensisch Toxikologisches Centrum
München GmbH
Bayerstraße 53
80335 München

Mario Nowak
Polizei Köln
Walter-Pauli-Ring 2-6
51103 Köln

Matthias Ogait
Polizei Berlin – LKA 118
Tempelhofer Damm 12
12101 Berlin

PD Dr. med. Christian Kleber
Universitätsklinikum Carl Gustav Carus
UniversitätsCentrum für Orthopädie
und Unfallchirurgie
Fiedlerstraße 19
01307 Dresden

PD Dr. med. Claas T. Buschmann
Institut für Rechtsmedizin der Charité -
Universitätsmedizin Berlin
Campus Virchow-Klinikum
Turmstraße 21 (Haus L)
10559 Berlin

Dr. med. Elke Doberentz
Institut für Rechtsmedizin
Universitätsklinikum Bonn
Stiftsplatz 12
53111 Bonn

Birger Antholz
Kriminologe
Homannstraße 7a
21075 Hamburg

Impressum

Herausgeber Madea/Luhmer

Bibliografische Information der Deutschen Bibliothek Die Deutsche Bibliothek verzeichnet diese Publikation in der Deutschen Nationalbibliographie;
detaillierte bibliographische Daten sind im Internet über http://dnb.ddb.de abrufbar.

Um den Textfluss nicht zu beeinflussen, wurde bei Berufsbezeichnungen überwiegend die grammatikalisch maskuline Form gewählt. Es versteht sich von selbst, dass in diesen Fällen stets Frauen und Männer gemeint sind.

1. Auflage 2017

ISBN 978-3-9818910-0-3

Verlag LUHRI Verlagsgesellschaft bR
Postfach 300965
53189 Bonn
info@luhri.de
www.luhri.de

Layout/Produktion TraWiTec Verlag GmbH
www.trawitec.de

Vorwort

Prof. B. Madea

A. Luhmer

Während Ärzte vor einigen Jahrzehnten noch weitgehend autonom das medizinisch Indizierte im wohlverstandenen Interesse des Patienten unternahmen, ohne ihn in Entscheidungen einzubinden, ist die ärztliche Tätigkeit heute durch zahlreiche rechtliche Rahmenbedingungen normiert. Insbesondere die höchstrichterliche Rechtsprechung, etwa zur ärztlichen Aufklärungspflicht, führte in den 70er Jahren des 20. Jahrhunderts zu einem „kalten Krieg“ zwischen Ärzten und Juristen – so ein hoher ärztlicher Standesvertreter –, während Juristen „Waffengleichheit im Arzthaftungsprozess“ forderten.

Inzwischen ist das Verhältnis zwischen Ärzten und Juristen zwar entkrampft und wandelte sich von der Konfrontation über die Kommunikation zur Kooperation, aber die enge Verzahnung des ärztlichen Handelns mit rechtlichen Normen ist für viele Ärzte nach wie vor eine ständige Herausforderung, so zum Beispiel bei der Leichenschau mit Ausfüllen der Todesbescheinigung, der ärztlichen Schweigepflicht, bei Kindesmisshandlungen und häuslicher Gewalt, schließlich bei Medizinschadensfällen bis hin zum ärztlichen Behandlungsfehler.

Dies gilt gleichermaßen für niedergelassene Ärzte als auch Kliniker, speziell aber für Notärzte, die in komplexen Situationen, in denen schnelles Handeln erforderlich ist, kaum genug Zeit haben, die Handlungsoptionen vor dem rechtlichen Hintergrund sorgfältig abzuwägen. Die Tätigkeit von Notärzten und Notfallsanitätern ist in vielen Fällen mit Polizeieinsätzen, anschließenden rechtsmedizinischen Untersuchungen sowie gegebenenfalls einer juristischen Aufarbeitung des Sachverhaltes verbunden: bei plötzlichen unerwarteten Todesfällen, Unfällen, Tötungsdelikten, häuslicher Gewalt, Kindesmisshandlung etc. Daher ist die Kenntnis der jeweiligen Aufgabenfelder unverzichtbar. In diesem Buch, das sich vornehmlich an Notärzte und Notfallsanitäter richtet, wurde der Versuch unternommen, aus interdisziplinärer Sicht die Schnittmenge zwischen Notarzteinsatz, polizeilicher Ermittlungstätigkeit und rechtsmedizinischer Fallarbeit aufzuzeigen. Notärzte und Notfallsanitäter sind häufig primär an einem Ereignisort, der durch ihr Eingreifen verändert wird. Eine exakte Dokumentation der Auffindungssituation ist für die weitere Ermittlungsarbeit häufig von großer Bedeutung. Aber auch Polizeibeamte und Juristen finden in diesem Werk eine auf das Feld der Todesermittlung zugeschnittene praxisorientierte Zusammenfassung. Neben Hintergrundinformationen zur ärztlichen Leichenschau, zu toxikologischen Untersuchungen und zum Verhalten am Tatort wurden zahlreiche Fallbeispiele aufgenommen, wie sie sich den Angehörigen des Rettungsdienstes in der Praxis jederzeit darstellen können.

Prof. Dr. med. Burkhard Madea André Luhmer

Inhaltsverzeichnis

3. Tatort und Rechtsmedizin

4. Polizeiliche Leichenschau und Todesermittlungen

8. Toxikologie

12. Kriminologie

Anhang

Grundsätze der Leichenschau

Prof. Dr. med. Burkhard Madea
Dr. med. Elke Doberentz

Grundsätze der Leichenschau

1.1 Historisches zur Leichenschau

Prof. Dr. med. Burkhard Madea

Jährlich sterben in Deutschland circa 920.000 Menschen. Bei jedem Verstorbenen muss zunächst durch einen Arzt der Tod festgestellt werden. Aber mit der Leichenschau sind noch andere Aufgaben verbunden, nämlich die Feststellung der Todesursache und Todeszeit, die Qualifikation der Todesart sowie die Angabe, ob übertragbare Erkrankungen gemäß Infektionsschutzgesetz vorliegen. Die Aufgabenkomplexe bei der ärztlichen Leichenschau gehen dabei auf Gesetze aus dem 19. Jahrhundert zurück. So heißt es z. B. in der Königlich-Bayerischen Instruktion für die Leichenbeschauer vom 6. August 1839 prägnant: „Zweck der Leichenschau ist, die Beerdigung Scheintoter, dann die Verheimlichung gewaltsamer Todesarten und medizinischer Pfuschereien zu hindern, sowie zur Ausmittlung kontagiöser [ansteckender] und epidemischer [seuchenartiger] Krankheiten, dann zur Herstellung genauer Sterbelisten geeignet mitzuwirken.“ In Preußen wurden sogar heute an die Ärzteschaft delegierte Aufgaben nach dem Allgemeinen Landrecht für die Preußischen Staaten den Pfarrern übertragen. So heißt es dort etwa:

> §
>
> „§ 474 Der Pfarrer muss sich nach der Todesart erkundigen und dem Totengräber aufgeben, bei der Einlegung der Leiche in den Sarg und bei dessen Zuschlagung gegenwärtig zu sein. [...]
>
> § 475 Solange es noch im Geringsten zweifelhaft ist, ob die angebliche Leiche wirklich todt sei, muss das Zuschlagen des Sarges nicht gestattet werden. [...]
>
> § 477 Alle gewaltsamen Todesarten sowie die aus Besichtigung der Leiche sich ergebenden Vermuthungen muss der Pfarrer der Ordentlichen Obrigkeit schleunigst anzeigen und vor erfolgter Untersuchung weder das Begräbnis noch die Abfuhr gestatten. [...]
>
> § 492 Bei Todesfällen muss der Name, der Stand und das Alter des Verstorbenen, der Tag des Todes, Krankheit oder sonstige Todesart nach der dem Pfarrer geschehenen Anzeige eingeschrieben werden.
>
> § 493 Hat der Pfarrer den Verstorbenen nicht persönlich gekannt, so muss er sich die Aussagen glaubwürdiger Personen so viel als möglich versichern, dass derselbe wirklich derjenige gewesen sei, für den er ihm angegeben worden.
>
> § 494 Wie er zu dieser Versicherung gelangt sei, muss in dem Kirchenbuche mit angegeben werden.“

Abb. 1.1

Bis weit ins 20. Jahrhundert waren in einzelnen Bundesländern neben Ärzten auch medizinische Laien mit der Leichenschau betraut. Zwischen 1876 und 1911 waren in Württemberg neben Ärzten und Wundärzten Gewerbetreibende, Schreiner, Kleinbauern und Amtsdiener als Leichenschauer tätig. So waren 1911 in 1.902 württembergischen Gemeinden insgesamt 1.814 Personen als Totenbeschauer tätig, hiervon wiesen 119 eine ärztliche und weitere 33 eine wundärztliche Ausbildung auf. Weitere 205 Leichenschauer hatten als Bader, Krankenwärter, Heilgehilfen oder Sanitätssoldaten gewisse medizinische Grundkenntnisse. Die Mehrzahl hatte jedoch keine medizinische Ausbildung: 641 Leichenschauer arbeiteten hauptberuflich als Kleinbauern oder Tagelöhner, 33 als Totengräber. Noch 1970 gab es 2.000 nicht-ärztliche Leichenschauer in Baden-Württemberg. Am 01.01.1970 trat das neue Bestattungsgesetz in Kraft, bis dahin galt noch die Badische Verordnung „Den Vollzug und die Überwachung der Leichenschau und die statistischen Erhebungen aus den Standesbüchern betreffend" von 1870.

Der Heidelberger Rechtsmediziner Georg Schmitt stellt zum Inkrafttreten des neuen Bestattungsgesetztes in Baden-Württemberg fest: „Es ist bekannt, dass viele Ärzte die Leichenschau nicht durchführen wollen und sich in manchen Fragen überfordert fühlen."
Heute muss die Leichenschau in allen Bundesländern von Ärzten durchgeführt werden, leider ist die Leichenschau bis heute nicht bundeseinheitlich, sondern landesgesetzlich geregelt.

1878 wurde in Gotha das erste Krematorium erbaut, seither hat die Feuerbestattung neben der Erdbestattung zunehmende Bedeutung. 2011 gab es in Deutschland 145 Krematorien in 143 Städten mit ca. 450.000 Kremationen. Bereits 1911 wurde darauf hingewiesen, dass insbesondere die bestehenden gewichtigen kriminalistischen Bedenken gegen die Feuerbestattung erst in allerjüngster Zeit ernsthaft aufgegriffen worden seien. Am 15.05.1934 trat das Gesetz über die Feuerbestattung in Kraft, das nach dem 2. Weltkrieg als früheres Reichsrecht als Landesrecht fort galt. Derzeit wird die Feuerbestattung in den Bestattungsgesetzen der Bundesländer geregelt.
Vor jeder Kremation muss eine zweite amtsärztliche Leichenschau durchgeführt werden. Neben der ärztlichen Leichenschau, die zur Feststellung und Beurkundung des Todes in jedem Fall durchgeführt werden muss, wird bei nicht geklärter Todesart bzw. nicht natürlichem Tod von Kriminalbeamten eine kriminalpolizeiliche Leichenschau durchgeführt. Die Kriminalbeamten der entsprechenden Kriminalkommissariate sind durch jahrelange Tätigkeit in der Leichenschau geübt.

1.2 Rechtsgrundlagen der Leichenschau

Prof. Dr. med. Burkhard Madea

1.2.1 Aufgaben und Bedeutung der Leichenschau

Leichenschau als ärztliche Aufgabe

Die Leichenschaugesetzgebung fällt in der Bundesrepublik Deutschland in die konkurrierende Gesetzgebungskompetenz der Bundesländer; bundeseinheitliche Regelungen fehlen bislang und sind nach gescheiterten Reformbestrebungen der letzten zwei Jahrzehnte auch auf absehbare Zeit nicht zu erwarten. Im Rahmen der ärztlichen Leichenschau obliegen dem Arzt für seinen verstorbenen Patienten, die Angehörigen, die Rechtsordnung und für das Gemeinwesen weitreichende Diagnosen (**Tab. 1.1 und 1.2**), die ganz unterschiedliche rechtliche, soziale und gesellschaftliche Zusammenhänge berühren: Die erste und wichtigste Aufgabe bei der Leichenschau ist die sichere Feststellung des Todes, nicht nur im individuellen Interesse des Verstorbenen, sondern als allgemeingesellschaftlicher Anspruch.

Tab. 1.1

Aufgaben und Bedeutung der Leichenschau		
1.	Feststellung des Todes	Allgemein gesellschaftliches und individuelles Interesse an einer sicheren Todesfeststellung, Beendigung des normativen Lebensschutzes, Personenstandsregister
2.	Feststellung der Todesursache	Medizinische Aspekte, Todesursachenstatistik, Epidemiologie, Ressourcenverteilung im Gesundheitswesen, Mortalitätsregister
3.	Todesart	Rechtssicherheit, Erkennung von Tötungsdelikten, Klassifikation der Todesumstände für zivil-, versicherungs- und versorgungsrechtliche Fragen
4.	Feststellung der Todeszeit	Personenstandsregister, Erbrecht
5.	Übertragbare Erkrankungen nach Infektionsschutzgesetz	Seuchenhygienische Aspekte im allgemeingesellschaftlichen Interesse
6.	Meldepflichten	• bei nichtnatürlicher/nicht geklärter Todesart, • bei unbekannter Identität, • gemäß Infektionsschutzgesetz • bei Berufskrankheiten

Abb. 1.2: Zeitgenössische Darstellung eines Totengräbers um 1698

Tab. 1.2

Allgemeine Grundlagen und Pflichten bei der Ärztlichen Leichenschau	
Rechtsgrundlagen der Leichenschau	Bestattungsgesetze und Leichenschauverordnungen der Bundesländer
Wer darf	Arzt
Wer darf nicht	Arzt als Angehöriger einer verstorbenen Person (Erlass des MAGS NRW vom 8. Juni 2009)
Wer muss	jeder niedergelassene Arzt im Bereich der Niederlassung Krankenhausarzt im Krankenhaus
In welcher Zeit	unverzüglich
Durchführung	sorgfältig am entkleideten Leichnam
Sanktionen	Ordnungswidrigkeit bei unsorgfältiger Leichenschau; ggf. werden auch Straftatbestände verwirklicht, wenn durch unsorgfältige Leichenschau Lebende zu Schaden kommen (z. B. Übersehen einer CO-Intoxikation mit Schädigung weiterer Personen)
Vorläufige Todesbescheinigung	für Notärzte
Todesart und assoziierte Feststellungen	(Anhaltspunkte für) nichtnatürlichen Tod, nicht geklärte Todesart
Verständigung der Polizei	bei nichtnatürlichem Tod, nicht geklärter Todesart, Leiche eines Unbekannten
Verständigung des Gesundheitsamtes	Meldepflichten gemäß Infektionsschutzgesetz
Auskunftspflicht vorbehandelnder Ärzte	ja

Übergeordneten Interessen dient auch eine möglichst sichere Feststellung von Todesursache und Grundleiden. Die gesamte Todesursachenstatistik der Bundesrepublik Deutschland und daran anknüpfend auch die Ressourcenverteilung im Gesundheitswesen basieren auf den Angaben zu Grundleiden und Todesursache im vertraulichen Teil der Todesbescheinigungen. Unmittelbar mit der Feststellung der Todesursache verbunden ist die Qualifikation der Todesart zur Gewährleistung der Rechtssicherheit, zur Klassifikation der Todesumstände für zivil-, versicherungs- und versorgungsrechtliche Fragen. Bei einer falschen Klassifikation der Todesart, etwa dem Nichterkennen eines Kausalzusammenhangs zwischen einem Unfall und dem Todeseintritt einige Zeit später, sind nicht nur strafrechtliche Interessen berührt (Strafverfolgung z. B. nur wegen fahrlässiger Körperverletzung statt wegen fahrlässiger Tötung), sondern unter anderem auch zivil-, versicherungs- und versorgungsrechtliche Ansprüche der Hinterbliebenen.

Eine sichere Feststellung der Todeszeit wird nach den einschlägigen Vorschriften des Personenstandsgesetzes verlangt und kann z. B. bei quasi gleichzeitigem Tod eines kinderlosen Ehepaares immense erbrechtliche Konsequenzen haben.
Schließlich sind bei der Leichenschau seuchenhygienische Aspekte zu beachten, weiterhin sind in nahezu allen Bestattungsgesetzen Meldepflichten speziell normiert, etwa bei nichtnatürlichem Tod oder nicht geklärter Todesart sowie unbekannter Identität.

Diese Vorschriften dienen dem öffentlichen Interesse an einer Aufklärung und Ahndung von Tötungsdelikten. Bei sämtlichen Aufgabenkomplexen der ärztlichen Leichenschau kommt es immer wieder zu gravierenden Fehlleistungen (**Tab. 1.3**). Es erstaunt daher nicht, dass an der derzeit normierten Form der Durchführung der ärztlichen Leichenschau wiederholt Kritik geübt worden ist, etwa von Seiten der Ermittlungsbehörden, die beklagen, dass eine sichere Feststellung nichtnatürlicher Todesfälle nicht gewährleistet sei, von Notärzten, die sich bei Feststellung der Todesursache und Todesart bei ihnen unbekannten Patienten unzumutbaren Pressionen von Seiten der Polizei ausgesetzt sehen, von Medizinalstatistikern, die bei den bekannten großen Diskrepanzen zwischen klinisch und autoptisch festgestellten Todesursachen an der Validität der Todesursachenstatistik nur „verzweifeln“ können.

Tab. 1.3

Fehler bei der Leichenschau
Todesfeststellung (Todesbescheinigung für Lebende)
Todesursachenfeststellung (Übersehen todesursächlicher Verletzungen, etwa Würgemale, Drossel-, Strangmarke, Messerstichverletzungen, Einschuss, hellrote Totenflecke)
Falsche Qualifikation der Todesart (natürlich statt nichtnatürlich oder nicht geklärt)
Nicht nachvollziehbare Angaben zur Todeszeit

1.2.2 Zur Geschichte der Leichenschau

Heute den Ärzten übertragene Aufgaben hatten früher beispielsweise Geistliche zu erfüllen. Die älteste Vorschrift gibt das allgemeine Landrecht (Teil II, Titel 11, § 147). Danach soll der Pfarrer bei Anzeigen von Sterbefällen nach der Todesart fragen und dem Totengräber aufgeben, bei der Einlegung der Leiche in den Sarg und bei dessen Zuschlagen zugegen zu sein.

Heute an die Ärzteschaft delegierte Aufgaben waren nach dem Allgemeinen Landrecht für die Preußischen Staaten den Pfarrern übertragen, etwa in den §§ 474, 475, 477, 492, 493 und 494 (s. Seite 17).

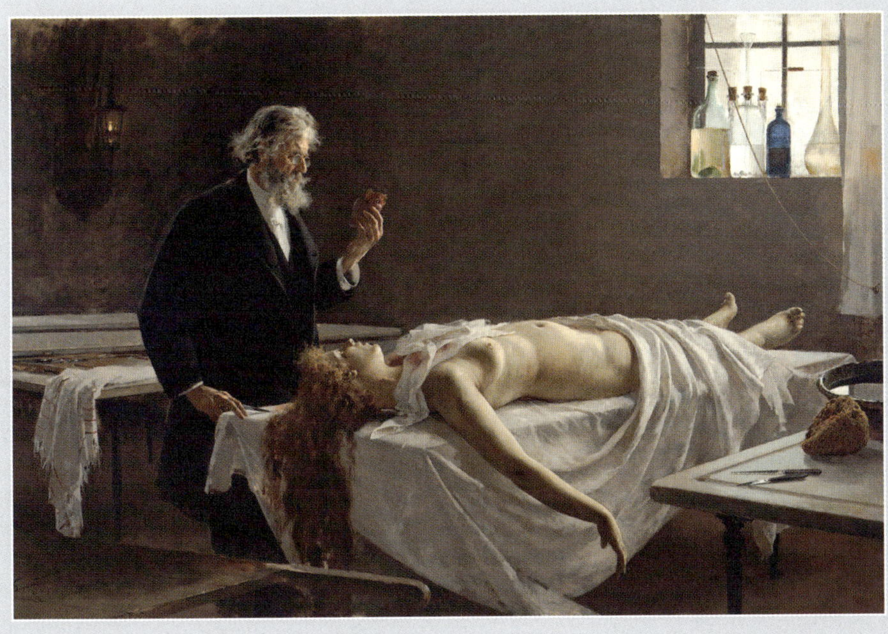

Abb. 1.3: „Autopsie“ – Gemälde von Enrique Simonet (1890)

In der Königlich Bayerischen Instruktion für die Leichenbeschauer vom 6. August 1839 werden die Aufgaben der Leichenschau pointiert zusammengefasst:

> Zweck der Leichenschau ist, die Beerdigung Scheintoter, dann die Verheimlichung gewaltsamer Todesarten und medizinische Pfuschereien zu hindern, sowie zur Ausmittlung kontagiöser und epidemischer Krankheiten, dann zur Herstellung genauer Sterbelisten geeignet mitzuwirken.

1.2.3 Sterbeorte

Da in der Statistik des Statistischen Bundesamtes die Sterbeorte (Krankenhaus, Heim, Zuhause usw.) nicht erfasst werden, ergeben sich Anhaltspunkte für die Häufigkeit des Todeseintrittes unter ambulanten oder stationären Bedingungen einerseits nur aus regionalen Evaluationen (z. B. Görlitzer Studie der ehemaligen DDR), andererseits aus der Mortalitätsstatistik der ehemaligen DDR, die diese Daten sinnvollerweise aufarbeitete (**Tab. 1.4**). Etwa 50 % der Verstorbenen der Görlitzer Studie starben im Krankenhaus, ca. 20 % im Heim, 30 % zu Hause.

Tab. 1.4

Sterbeorte in verschiedenen Bezirken der ehemaligen DDR bzw. Gesamt-DDR (Nach Modelmog 1993)				
Ort	**Klinik [%]**	**Heim [%]**	**Zuhause [%]**	**Sonstige [%]**
Görlitz 1987	51,5	18,8	29,7	–
DDR	47,4	12,2	35,0	4,9
Berlin (Ost)	60,6	15,0	19,1	5,3
Bezirk Suhl	40,1	8,9	46,0	5,0
Brandenburg-Stadt	63,2	8,5	22,5	5,6

Eine eigene aktuelle Analyse der Sterbeorte anhand von Kremationsleichenschauen ergab ähnliche Daten: Tod im Krankenhaus 54,1 %, Tod im Altenheim 14,7 %, Tod zu Hause 25,6 %, sonstige Sterbeorte 5,4 %. Dies deckt sich weitgehend mit einer populationsbasierten Studie zu Sterbeorten anhand von Todesbescheinigungen (Tab. 1.5).

Tab. 1.5

Zeitlicher Trend der Sterbeorte (Quelle: nach Dasch et al. Dt. Ärzteblatt Int. 2015 (112): 496–504)	
	Gesamt N = 24.009 % (n)
Häusliches Umfeld	25,2 (6.049)
Krankenhaus*	54,2 (13.023)
Palliativstation	0,5 (124)
Alten- oder Pflegeheim	15,7 (3.779)
Hospiz	3,4 (808)
Sonstiger Ort	0,6 (137)
Keine Angabe	0,4 (89)

**ohne Palliativstation*

Da die Übereinstimmung bzw. Diskrepanz zwischen klinisch und autoptisch festgestellter Todesursache mit dem Sterbeort korreliert, ist von weiterem Interesse die Obduktionsfrequenz in Beziehung zum Sterbeort. Sie betrug laut Mortalitätsstatistik der DDR für im Krankenhaus Gestorbene 25 %, für zu Hause Gestorbene 9,9 %, für im Heim Gestorbene 3,5 %, für auf dem Krankentransport Gestorbene bzw. sonstige Todesfälle 30 bzw. 31 %. Für die Bundesrepublik Deutschland liegen keine entsprechenden Daten vor.

1.2.4 Detaillierte Darstellung der gesetzlichen Grundlagen

In der Bundesrepublik Deutschland fällt die Regelung des Friedhofs- und Bestattungsrechtes und des damit zusammenhängenden Leichenschau- und Obduktionswesens in die Gesetzgebungskompetenz der Bundesländer (Art. 70 Abs. 1 GG). Für alle 16 Bundesländer liegen inzwischen Bestattungsgesetze vor, teilweise wurden zusätzlich Verordnungen zur Durchführung des Bestattungsgesetzes (Bestattungsverordnungen) erlassen.
In den Bestattungsgesetzen finden sich – von Bundesland zu Bundesland variierend – Vorschriften zur Leichenschau mit Regelungen zur Leichenschaupflicht, Veranlassung der Leichenschau, Vornahme der Leichenschau, Auskunftspflicht, Befreiung von der Leichenschau etc.
Die Gesetze bzw. Verordnungen schreiben heute übereinstimmend vor, dass bei jedem Todesfall eine Leichenschau zur Feststellung des Todes, des Todeszeitpunktes, der Todesart und der Todesursache durch einen Arzt vorzunehmen ist. Eine Ausnahme findet sich lediglich für einige schleswig-holsteinische Inseln und Halligen, dort darf die Leichenschau auch von „einer anderen geeigneten Person" (§ 3 Abs. 2 BestattG Schleswig-Holstein) durchgeführt werden.

1.2.4.1 Definition und rechtliche Stellung der Leiche

Die Bestattungsgesetze einiger Bundesländer enthalten inzwischen Definitionen des Begriffs „Leiche" (**Tab. 1.6**).

Beispielhaft heißt es in § 1 des „Gesetzes über das Leichenwesen" der Freien Hansestadt Bremen (analog § 1 des Bestattungsgesetzes Berlin):

§

„(1) Menschliche Leiche im Sinne dieses Gesetzes ist der Körper einer verstorbenen Person, bei dem der körperliche Zusammenhang noch nicht durch Verwesungsprozeß völlig aufgehoben ist.
Als menschliche Leiche gilt auch ein Körperteil, ohne den ein Weiterleben nicht möglich ist. Als menschliche Leiche gilt weiter der Körper eines Neugeborenen, bei dem nach vollständigem Verlassen des Mutterleibes, unabhängig vom Durchtrennen der Nabelschnur oder von der Ausstoßung der Plazenta,

1. entweder das Herz geschlagen oder die Nabelschnur pulsiert oder die natürliche Lungenatmung eingesetzt hat (lebend Geborenes) und das danach verstorben ist oder
2. keines der unter Nummer 1 genannten Lebenszeichen vorhanden war, das Geburtsgewicht jedoch mindestens 500 g betrug (Totgeborenes).

(2) Keine menschliche Leiche ist eine Leibesfrucht mit einem Gewicht unter 500 g, bei der nach vollständigem Verlassen des Mutterleibes keines der in Absatz 1 Nr. 1 genannten Lebenszeichen vorhanden war (Fehlgeborenes)."

Tab. 1.6

Definition menschliche Leiche und beim Tod eines Menschen zu beachtende Fristen	
Eine menschliche Leiche ist	der Körper eines Verstorbenen, solange der gewebliche Zusammenhang infolge Fäulnis noch nicht aufgehoben ist.
	der Körper eines verstorbenen Neugeborenen (unabhängig vom Körpergewicht), soweit es vollständig den Mutterleib verlassen hat und soweit es nach dem Verlassen eines der drei Lebenszeichen (Herzschlag, Pulsation der Nabelschnur, Atmung) zeigte.
	eine Totgeburt (Totgeborenes mit einem Körpergewicht von ≥ 500 g).
	der Kopf oder Rumpf als abgetrennte Teile des Körpers, die nicht zusammengeführt werden können.
Keine Leichen sind	Skelette oder Skelettteile.
	Fehlgeburten (Totgeburten mit einem Geburtsgewicht unter 500 g; keine Anzeigepflicht).
Maßnahmen und Fristen	Die Durchführung der Leichenschau sollte unverzüglich nach Erhalt der Anzeige über den Todesfall erfolgen.
	Die Überführung in eine Leichenhalle muss spätestens nach 36 Stunden, jedoch nicht vor der Durchführung der Leichenschau und Ausstellung der Todesbescheinigung erfolgen.
	Die Anzeige beim Standesamt muss spätestens am ersten Werktag nach Todeseintritt geschehen.
	Die Bestattungsfristen sind: frühestens nach 48 Stunden, spätestens nach 8 Tagen.

Weiterhin ist in neueren Bestattungsgesetzen bzw. -verordnungen als Leiche definiert „ein Körperteil, ohne den ein Weiterleben nicht möglich ist".

Im Bestattungsgesetz des Landes Sachsen-Anhalt vom 5. Februar 2002 heißt es hierzu präzisierend:

> „Kopf oder Rumpf als abgetrennte Teile des Körpers, die nicht zusammengeführt werden können, gelten als Leiche."

Als Leiche gilt in Sachsen-Anhalt im Gegensatz zu anderen Bundesländern auch das Skelett eines Menschen und die Körperteile im Sinne des o. g. Satzes in skelettierter Form (Kopf oder Rumpf) mit Ausnahme von Kulturdenkmalen gemäß § 2 Abs. 2 des Denkmalschutzgesetzes des Landes Sachsen-Anhalt. Im Gegensatz zu Kopf und Rumpf gelten alle übrigen abgetrennten Körperteile und abgetrennten Organe einer verstorbenen Person als Leichenteile.

Unter Leichnam (Tab. 1.6) versteht man vernunftsgemäß den Körper eines Verstorbenen, solange der gewebliche Zusammenhang infolge Fäulnis noch nicht aufgehoben ist. Skelette oder Skelettteile gelten nicht mehr als Leichnam (Ausnahme: Sachsen-Anhalt).

Die Grenze für anzeigepflichtige Totgeburten ist mit Änderung des Personenstandsgesetzes vom 01.04.1994 von 1.000 g auf 500 g gesenkt worden. Geburten ab diesem Gewicht müssen vom Standesamt beurkundet werden. Fehlgeburten sind definiert als Totgeburten mit einem Geburtsgewicht unter 500 g; für Fehlgeburten besteht keine Anzeigepflicht.
In vielen Leichenschauverordnungen finden sich Regelungen zu Bestattungsfristen bzw. zur Überführung in eine öffentliche Leichenhalle. Danach ist jede Leiche spätestens 36 Stunden nach dem Tod, jedoch nicht vor Ausstellung der ärztlichen Todesbescheinigung, in eine Leichenhalle zu überführen (so z. B. § 11 Abs. 2 BestG NRW). Jede Leiche muss innerhalb von 8 Tagen, sie darf jedoch nicht vor Ablauf von 48 Stunden nach dem Tode bestattet werden. Ausnahmen von diesen Bestattungsfristen sind zulässig.
Der Leichnam als solcher wird vom postmortal fortwirkenden Persönlichkeitsschutz (Art. 2 Abs. 1 Grundgesetz i. V. m. Art. 1 Abs. 1 Grundgesetz) erfasst.

So heißt es beispielsweise im Bestattungsgesetz Berlin:

§

„§ 2
Ehrfurcht vor Toten
Wer mit Leichen umgeht, hat dabei die gebotene Ehrfurcht vor dem toten Menschen zu wahren."

1.2.4.2 Veranlassung der Leichenschau

Hinsichtlich der Veranlassung der Leichenschau ist zu unterscheiden zwischen Todesfällen in Wohnungen, Todesfällen in Krankenhäusern oder anderen Gemeinschaftseinrichtungen bzw. Totauffindungen.

Beispielsweise heißt es in §§ 4, 5 des Bestattungsgesetzes Berlin:

§

„§ 4
Veranlassung der Leichenschau
(1) Bei einem Sterbefall haben die Leichenschau unverzüglich zu veranlassen:
1. der Ehegatte oder Lebenspartner,
2. die volljährigen Kinder,
3. die Eltern,
4. andere Verwandte,
5. Personen, mit denen der Verstorbene in häuslicher Gemeinschaft gelebt hat,
6. derjenige, in dessen Räumen oder auf dessen Grundstück sich der Sterbefall ereignet hat,
7. jede Person, die bei dem Tode zugegen war oder durch eigene Feststellung davon Kenntnis erlangt hat.

(2) Bei einer Totgeburt haben die Leichenschau unverzüglich zu veranlassen:
1. der eheliche Vater,
2. die Hebamme, die bei der Geburt zugegen war,
3. der Arzt, der dabei zugegen war,
4. jede Person, die dabei zugegen war oder durch eigene Feststellungen von der Geburt Kenntnis erlangt hat.

(3) Eine Verpflichtung, die Leichenschau zu veranlassen, besteht nur, wenn die in der Reihenfolge früher genannten Personen nicht vorhanden oder aus wichtigem Grund verhindert sind.

(4) Bei Sterbefällen und Totgeburten in den nachstehend aufgeführten Einrichtungen sind vor den in den Absätzen 1 und 2 genannten Personen verpflichtet, die Leichenschau zu veranlassen:
1. in Krankenanstalten und Entbindungsheimen der leitende Arzt, bei mehreren selbständigen Abteilungen der leitende Abteilungsarzt,
2. in sonstigen Anstalten und Heimen aller Art deren Leiter."

„§ 5
Leichen von Unbekannten
Wer bei dem Tode eines Unbekannten zugegen ist oder die Leiche eines Unbekannten findet, hat hiervon unverzüglich die Polizeibehörde zu benachrichtigen. Die Leichenschau wird in diesen Fällen von der Polizeibehörde veranlasst."

Übereinstimmend ist danach in den meisten Leichenschauverordnungen der Bundesländer der Kreis der zur Veranlassung der Leichenschau Verpflichteten geregelt. Dies sind zunächst die Angehörigen des Verstorbenen (Ehegatte, volljährige Kinder, Eltern, andere Verwandte), ferner der Wohnungsinhaber, in dessen Wohnung sich der Todesfall ereignet hat, der Hauseigentümer oder -verwalter, bei Tod in einer Anstalt der Anstaltsleiter, bei Tod auf einem Schiff der Schiffsführer. Nach Durchführung der Leichenschau ist den Totensorgeberechtigten der nicht vertrauliche und vertrauliche Teil der Todesbescheinigung verschlossen zur Weiterleitung an das Standesamt zu übergeben.
Der nicht vertrauliche Teil dient dem Standesamt zur Beurkundung des Todes, der vertrauliche Teil wird an das Gesundheitsamt weitergeleitet.

1.2.4.3 Ort und Zeitpunkt der Leichenschau

Die Leichenschau soll an dem Ort durchgeführt werden, an dem der Tod eingetreten ist oder der Leichnam gefunden wurde.

Hierzu heißt es beispielhaft in § 4 des Bestattungsgesetzes Niedersachsen:

§

„§ 4
Durchführung der Leichenschau
(1) Die Leichenschau ist unverzüglich durchzuführen. Sie soll an dem Ort vorgenommen werden, an dem sich die Leiche zum Zeitpunkt der Hinzuziehung der Ärztin oder des Arztes (§ 3 Abs. 3) befindet. Befindet sich die Leiche nicht in einem geschlossenen Raum oder lässt sich dort eine Leichenschau nicht ordnungsgemäß

durchführen, so kann sich die Ärztin oder der Arzt auf die Todesfeststellung beschränken, wenn sichergestellt ist, dass die vollständige Leichenschau an einem geeigneten Ort durchgeführt wird."

Lassen die Umstände eine hinreichend sorgfältige Leichenschau an diesem Ort nicht zu – etwa weil der Tod auf einem öffentlichen Platz mit viel Publikumsverkehr eingetreten ist –, so kann sich der Arzt auf die Feststellung und Dokumentation des Todes beschränken, eine vorläufige Todesbescheinigung ausstellen und die Leichenschau später an einem geeigneteren Ort fortsetzen.
Die ärztliche Leichenschau ist „unverzüglich" nach Erhalt der Anzeige über den Todesfall durchzuführen. Diese Regelung findet sich nahezu übereinstimmend in allen Bestattungsgesetzen. Frühere Regelungen, nach denen die Leichenschau innerhalb einer angemessenen Frist (z. B. innerhalb von 12 Stunden) durchzuführen sind, sind damit obsolet. „Unverzüglich" wird im allgemeinen unter Heranziehung einer Legaldefinition aus dem Bürgerlichen Gesetzbuch verstanden als „ohne schuldhaftes Zögern".

1.2.4.4 Person des Leichenschauarztes

Grundsätzlich ist jeder approbierte Arzt (niedergelassene Ärzte, Krankenhausärzte, Notärzte, Ärzte von Gesundheitsämtern) verpflichtet, die Leichenschau vorzunehmen und unverzüglich die Todesbescheinigung auszufüllen und den Angehörigen auszuhändigen.

So heißt es beispielsweise im Bestattungsgesetz Berlin:

§

„§ 3
Leichenschaupflicht
(1) Jede Leiche ist zur Feststellung des Todes, des Todeszeitpunkts, der Todesart und der Todesursache von einem Arzt zu untersuchen (Leichenschau).
(2) Jeder niedergelassene Arzt ist verpflichtet, die Leichenschau auf Verlangen vorzunehmen, sofern er nicht aus wichtigem Grund daran gehindert ist. Bei Sterbefällen in Krankenanstalten trifft diese Verpflichtung die dort tätigen Ärzte.
(3) Ein in der Notfallrettung tätiger Arzt kann sich auf die Feststellung des Todes, des Todeszeitpunktes und der äußeren Umstände beschränken, wenn er durch die Durchführung der Leichenschau an der Wahrnehmung seiner Aufgaben in der Notfallrettung gehindert wird. Er hat unverzüglich eine vorläufige Todesbescheinigung auszustellen.
(4) Eine Leichenschau darf nicht durchgeführt werden von Ärzten, denen ein Zeugnisverweigerungsrecht nach § 52 Abs. 1 der Strafprozessordnung zusteht."

1.2.4.5 Betretungsrecht des Leichenschauarztes/der Leichenschauärztin

In den meisten Bestattungsgesetzen ist explizit geregelt, dass die Leichenschau an dem Ort vorgenommen werden soll, an dem der Tod eingetreten ist.

Beispielhaft heißt es im Gesetz über das Leichenwesen in Bremen:

„§ 7
Ort der Leichenschau
Die Leichenschau soll an dem Ort, an dem der Tod eingetreten oder die Leiche aufgefunden worden ist, vorgenommen werden. Der Leichenschauarzt oder die Leichenschauärztin ist berechtigt, jederzeit den Ort zu betreten, an dem sich die Leiche befindet. Befindet sich die Leiche nicht in einem geschlossenen Raum oder ist aus anderen Gründen eine vollständige Leichenschau nicht möglich oder nicht zweckmäßig, so kann sich der Arzt oder die Ärztin auf die Feststellung des Todes und der äußeren Umstände beschränken und hierüber eine amtliche vorläufige Todesbescheinigung nach einem vom Senator für Arbeit, Frauen, Gesundheit, Jugend und Soziales bekanntgemachten Muster ausstellen. Nach Fortsetzung der Leichenschau an einem hierfür besser geeigneten Ort ist von dem Leichenschauarzt oder der Leichenschauärztin die Todesbescheinigung auszustellen."

Die grundgesetzlich (Art. 13 Abs. 1 GG) garantierte Unverletzlichkeit der Wohnung ist im Rahmen der Leichenschau also eingeschränkt.

Im Niedersächsischen Bestattungsgesetz heißt es präzisierend:

„§ 4
Durchführung der Leichenschau
(...) Die Ärztin oder der Arzt, die oder der die Leichenschau durchführen will, und die von der Ärztin oder dem Arzt als Helferin oder Helfer hinzugezogene Person dürfen jederzeit den Ort betreten, an dem sich die Leiche befindet; das Grundrecht auf Unverletzlichkeit der Wohnung (Artikel 13 Abs. 1 des Grundgesetzes) wird eingeschränkt.
Wird dem Leichenschauer vom Inhaber des Wohnungsrechtes Zutritt zur Wohnung verwehrt, sollte die Polizei hinzugezogen werden."

1.2.4.6 Gesetzliche Vorgaben zur Durchführung der Leichenschau

In den Bestattungsgesetzen der Bundesländer ist mehr oder minder übereinstimmend geregelt, dass die Leichenschau vom hinzugezogenen Arzt persönlich vorzunehmen ist. Die Leichenschau ist nach den Formulierungen der Gesetze nicht einfach nur „Schau", sondern persönliche körperliche Untersuchung des vollständig entkleideten Leichnams unter Einbeziehung aller Körperregionen. Um den bei der Leichenschau zu bewältigenden Aufgabenkanon (Feststellung des Todes, der Todesart, der Todesursache, der Todeszeit, der Identität etc.) erfüllen zu können, sind Angehörige des Verstorbenen wie auch vorbehandelnde Ärzte gegenüber dem Leichenschauer auskunftspflichtig.

Untersuchung der vollständig entkleideten Leiche
In neueren Leichenschauverordnungen ist die sorgfältige Untersuchung des Leichnams explizit normiert und weiterhin präzisiert, dass die Leichenschau an der vollständig entkleideten Leiche durchzuführen ist.

In § 3 der Bayerischen Bestattungsverordnung heißt es:

> §
>
> „(...) die Feststellung eines natürlichen Todes setzt in jedem Fall die Durchführung der Leichenschau an der vollständig entkleideten Leiche voraus. Die Leichenschau an der vollständig entkleideten Leiche erfolgt unter Einbeziehung aller Körperregionen einschließlich aller Körperöffnungen, des Rückens und der behaarten Kopfhaut."

Auch in dem Entwurf einer Gesetzgebung zur ärztlichen Leichenschau- und Todesbescheinigung der Bundesärztekammer heißt es unter § 4 (1):

> §
>
> „Der zur Leichenschau zugezogene Arzt hat die Leichenschau unverzüglich und sorgfältig an der vollständig entkleideten Leiche durchzuführen. Die Bekleidung ist an der Leiche zu belassen, wenn oder sobald sich Anhaltspunkte für eine nicht natürliche Todesart ergeben. Die Feststellung eines natürlichen Todes setzt in jedem Fall die Durchführung der Leichenschau an der vollständig entkleideten Leiche voraus. Bei der Leichenschau sind alle Körperregionen, einschließlich der Körperöffnungen (z. B. Mund, Nase, Ohren, Scheide) des Rückens und der behaarten Kopfhaut zu inspizieren."

Unterschreitet der Arzt den geforderten Sorgfaltsmaßstab, begeht er bereits eine Ordnungswidrigkeit, es kommen bei unsachgemäßer Leichenschau mit daraus resultierender Schädigung Lebender jedoch auch strafrechtliche Konsequenzen in Betracht (Amtsgericht Wennigsen, NJW 1989, 786).

1.2.4.7 Auskunftspflichten Angehöriger, Dritter und vorbehandelnder Ärzte

Kannte der leichenschauende Arzt den Verstorbenen nicht, ist er naturgemäß auf Auskünfte von Angehörigen und vorbehandelnden Ärzten angewiesen. Dies trifft insbesondere für Notärzte sowie Notdienstärzte zu. Dementsprechend ist in den Bestattungsgesetzen eine Auskunftspflicht gegenüber dem Leichenschauer als Durchbrechung der auch postmortal fortwirkenden Ärztlichen Schweigepflicht (§ 203 StGB) geregelt.

So heißt es beispielsweise in § 4 Abs. 3 des niedersächsischen Bestattungsgesetzes:

> §
>
> „(3) Angehörige sowie Personen, die die verstorbene Person behandelt oder gepflegt haben, sind verpflichtet, der Ärztin oder dem Arzt auf Verlangen Auskunft über Krankheiten und andere Gesundheitsschädigungen der verstorbenen Person und über sonstige für ihren Tod möglicherweise ursächliche Ereignisse zu erteilen. Sie können die Auskunft verweigern, soweit sie durch die Auskunft sich selbst oder eine in § 52 Abs. 1 der Strafprozessordnung bezeichnete Person der Gefahr einer strafrechtlichen Verfolgung oder eines Verfahrens nach dem Gesetz über Ordnungswidrigkeiten aussetzen würden."

1.2.4.8 Angabe-, Anzeige- und Meldepflichten des Leichenbeschauers

Nach sorgfältiger Durchführung der Leichenschau hat der Leichenschauarzt ebenfalls unverzüglich und sorgfältig eine Todesbescheinigung auszufüllen. Derartige Todesbescheinigungen müssen einem von der zuständigen Behörde, in der Regel dem zuständigen Landesministerium bzw. der zuständigen Senatsverwaltung, festgelegten Muster entsprechen. Dieses Muster bzw. diese Todesbescheinigung verlangt Angaben, die u. a. zur Erfüllung anderweitig festgelegter Vorschriften notwendig sind (etwa Vorschriften des Personenstandsgesetzes, des Infektionsschutzgesetzes).
Der Eintritt des Todes muss in der Regel von den Angehörigen dem Standesamt, in dessen Bezirk der Tod eingetreten ist, spätestens am folgenden Werktag gemeldet werden (§ 32 Personenstandsgesetzes).
Die Todesbescheinigung selbst gliedert sich in einen vertraulichen (**Abb. 1.4**) und einen nicht vertraulichen Teil (**Abb. 1.5**). Der nicht vertrauliche Teil ist für das zuständige Standesamt bestimmt und enthält Angaben zur Person des Verstorbenen – insbesondere die zur Eintragung in das Sterbebuch und für die Bestattung erheblichen Angaben gemäß § 37 Personenstandsgesetz –, zur Art der Identifikation, zur Feststellung des Todes, zur Todesart sowie Zusatzangaben bei Totgeborenen und Hinweise zum Infektionsschutzgesetz. Nur die Todesbescheinigung hat die in der jeweiligen Landesverordnung bzw. dem jeweiligen Landesgesetz festgelegten Rechtsfolgen, nicht jedoch der in einigen Bundesländern eingeführte vorläufige Leichenschein.

Der Leichenschauarzt bzw. die Leichenschauärztin müssen in jedem Fall folgende Feststellungen treffen:

- Feststellung des Todes,
- Angabe des Todeszeitpunktes,
- Angabe der Todesart (in NRW etwa „natürlich“ oder „nichtnatürlich“ bzw. „ungeklärt“),
- Angabe der Todesursache, ggf. stichwortartige Darlegung der zum Tod führenden Kausalkette,
- Angabe und Anzeige einer Berufskrankheit,
- Angabe und Anzeige einer übertragbaren Krankheit im Sinne des Infektionsschutzgesetzes,
- Warnhinweise
  - Herzschrittmacher
  - Infektionsquelle
  - sonstiges (z. B. Tatbestand gem. § 16e ChemG)
- Epikrise (nähere Angaben zur Todesursache und zu Begleiterkrankungen)
- weitere Angaben zur Klassifikation der Todesursache: Art des Unfalls,
- weitere Fragen bei Totgeburten und innerhalb von 24 h verstorbenen Neugeborenen
- bei Frauen: schwangerschaftsassoziierte oder postmortale Todesfälle
- Angabe der Personalien des Verstorbenen (soweit bekannt),
- Ärzte im Notdienst können sich in einigen Bundesländern auf die Ausstellung eines vorläufigen Leichenscheins beschränken.

Todesbescheinigung NRW
- Vertraulicher Teil -

Blatt 3 — Untere Gesundheitsbehörde zur Einsichtgewährung an Krebsregister und zur Weiterleitung an Untere Gesundheitsbehörde der Wohnsitzgemeinde

Zutreffendes bitte ankreuzen [X] und / oder ausfüllen

1. Personalangaben

1 Name (ggf. Geburtsname), Vorname(n)
2 Straße
3 Hausnummer
4 PLZ Wohnort Kreis
5 Geburtsdatum
6 Geburtsort Kreis

Ausfüllung Standesamt, hilfsweise Untere Gesundheitsbehörde: Standesamt | Sterbefall beurkundet Sterbebuch-Nr | Eingang vorgemerkt Vormerk-Liste-Nr | ☐ Erdbestattung ☐ Feuerbestattung

7 Geschlecht ☐ männlich ☐ weiblich
8 Identifikation nach ☐ eigener Kenntnis ☐ Personalausweis/ Reisepass ☐ Angaben Angehöriger/Dritter
☐ nicht möglich (kein Eintrag unter 1 - 6)

2. Feststellung des Todes/Sterbezeitpunkt

9 ☐ Nach eigenen Feststellungen ☐ Nach Angaben Angehöriger/Dritter am — Tag | Monat | Jahr | um | Stunden | Minuten
10 Falls Sterbezeitpunkt nicht bestimmbar: Leichenauffindung am — Tag | Monat | Jahr | um | Stunden | Minuten

Blätter 2 - 5 im Durchschreibeverfahren!

Sichere Zeichen des Todes

11 ☐ Totenflecke ☐ Totenstarre ☐ Fäulnis ☐ Hirntod
☐ Nicht mit dem Leben vereinbare Verletzungen
12 Reanimationsbehandlung durchgeführt ☐ ja ☐ nein

14 **Zuletzt behandelt durch Hausarzt/Krankenhaus (-abteilung)**
Name des Krankenhauses/Arztes o. ä.
Straße, Hausnummer
PLZ, Ort
oder Stempel (falls vorhanden)

Wer hat die Todesursache festgestellt?
13 ☐ Behandelnder Arzt ☐ Nicht behandelnder Arzt nach Angaben des behandelnden Arztes ☐ Nicht behandelnder Arzt ohne Angaben des behandelnden Arztes

Todesursache (nicht Endzustände wie Atemstillstand, Herz-Kreislaufversagen) — ungefähre Zeitspanne vom Krankheitsbeginn bis Tod *)

15 I a) Unmittelbare Todesursache:
16 b) Dies ist eine Folge von b1*)
17 b2*)
18 c) Hierfür ursächliche Grundleiden: *)
19 II Mit zum Tode führende Krankheiten ohne Zusammenhang mit dem Grundleiden: *)

*) ausfüllen, soweit dem Arzt möglich

20 **Epikrise**
Weitere Angaben zur Todesart (Blatt 1, Ziffer 14), falls erforderlich
(z. B. Unfall, Vergiftung, Gewalteinwirkung, Selbsttötung sowie Komplikationen medizinischer Behandlung)
Äußere Ursache der Schädigung (Angaben über den Hergang), bei Vergiftung zusätzlich Angabe des Mittels

21 **Unfallkategorie (bitte nur Untergruppe ankreuzen)**
☐ Schulunfall (ohne Wegeunfall) ☐ Sport- oder Spielunfall (nicht in Haus oder Schule)
☐ Wegeunfall ☐ Arbeits- oder Dienstunfall (ohne Wegeunfall)
☐ häuslicher Unfall ☐ sonstiger Unfall ☐ Verkehrsunfall ☐ unbekannt

24 Diagnose durch Obduktion gesichert? ☐ nein ☐ ja
25 Liegt der Obduktionsbefund bei? ☐ nein ☐ ja

Bei Frauen, deren Alter eine Schwangerschaft nicht ausschließt
22 Liegt eine Schwangerschaft vor? ☐ nein ☐ ja Monat ☐ unbekannt
23 Bestehen Anzeichen für eine Schwangerschaft in den letzten 12 Monaten? ☐ ja ☐ nein

26 Bei ungeklärter Identität der Leiche
Bei nichtnatürlicher oder ungeklärter Todesart
Polizei unterrichtet? ☐ ja ☐ nein

Bei Kindern unter 1 Jahr und Totgeborenen
27 Wo wurde das Kind geboren? ☐ im Krankenhaus ☐ zu Hause ☐ sonstiger Ort
28 Mehrlingsgeburt? ☐ nein ☐ ja Geburtsgröße cm Geburtsgewicht g

29 Bei in den ersten 24 Stunden gestorbenen Neugeborenen:
☐ Frühgeburt in der Schwangerschaftswoche
Lebensdauer: volle Stunden ☐ unbekannt

30 Bescheinigt aufgrund meiner sorgfältigen Untersuchung am Tag | Monat | Jahr | um | Stunden | Minuten | Uhr
Ich habe in meine Untersuchung die gesamte Körperoberfläche mit Rücken, Kopfhaut und allen Körperöffnungen einbezogen: ☐ ja ☐ nein
Ort, Datum | Unterschrift | Stempel und Telefon (falls nicht im Stempel)

Abb. 1.4: Todesbescheinigung NRW, vertraulicher Teil.

Grundsätze der Leichenschau

Todesbescheinigung NRW
- Nichtvertraulicher Teil -

Blatt 1 — Untere Gesundheitsbehörde über Standesamt

Die Todesbescheinigung ist unverzüglich auszuhändigen.

Zutreffendes bitte ankreuzen und / oder ausfüllen X

1. Personalangaben

1 Name (ggf. Geburtsname), Vorname(n)
2 Straße — 3 Hausnummer
4 PLZ, Wohnort, Kreis
5 Geburtsdatum — 6 Geburtsort, Kreis

Wird vom Standesamt ausgefüllt
Standesamt
Sterbefall beurkundet, Sterbebuch-Nr.
Eingang vorgemerkt, Vormerk-Liste-Nr.
☐ Erdbestattung ☐ Feuerbestattung

7 Geschlecht ☐ männlich ☐ weiblich
8 Identifikation nach ☐ eigener Kenntnis ☐ Personalausweis/Reisepass ☐ Angaben Angehöriger/Dritter
☐ nicht möglich (kein Eintrag unter 1 - 6)

2. Feststellung des Todes/Sterbezeitpunkt

9 ☐ Nach eigenen Feststellungen ☐ Nach Angaben Angehöriger/Dritter am — Tag, Monat, Jahr um Stunden, Minuten
10 Falls Sterbezeitpunkt nicht bestimmbar: Leichenauffindung am — Tag, Monat, Jahr um Stunden, Minuten

Ende des Durchschreibeverfahrens! Bitte die Blätter 2 ff. wegklappen und gesondert ausfüllen!

Nicht im Durchschreibeverfahren!

Zusatzangabe für totgeborene oder in der Geburt gestorbene Leibesfrüchte von mindestens 500 g (als Sterbezeitpunkt gilt der Geburtszeitpunkt):

11 ☐ Sterbeort 12 ☐ Auffindeort, falls nicht Sterbeort 13 ☐ als tote Leibesfrucht geboren ☐ in der Geburt gestorben

Name der Einrichtung (des Krankenhauses/Heimes u.a.)
Straße, Hausnummer
PLZ, Ort
oder Stempel der Einrichtung (falls vorhanden)

14 **3. Todesart**

Gibt es Anhaltspunkte für äußere Einwirkungen, die den Tod zur Folge hatten?
(z. B. Selbsttötung, Unfall, Tötungsdelikt, auch durch äußere Einwirkungen evtl. **mit**verursachte Todesfälle, Spättodesfälle nach Verletzung)

☐ nein — wenn nein, Todesart ☐ natürlich oder
☐ ungeklärt, ob natürlich/nichtnatürlicher Tod

☐ ja (Wenn ja oder ungeklärt, im Vertraulichen Teil, Blätter 2 ff. Ziff. 20 [Epikrise] nähere Hinweise [falls möglich])

15 **4. Warnhinweise**

Liegen Hinweise dafür vor, dass die/der Verstorbene an einer übertragbaren Krankheit nach § 6 oder § 7 Infektionsschutzgesetz (einschließlich HIV) erkrankt war? ☐ ja ☐ nein

16 Sind besondere Verhaltensmaßnahmen bei der Aufbewahrung, Einsargung, Beförderung und Bestattung zu beachten?
☐ nein ☐ ja, welche?

17 ☐ Sonstiges (z. B. Gefährdung durch Giftstoffe/Chemikalien):

Fortsetzung des Durchschreibeverfahrens!

18 Bescheinigt aufgrund meiner sorgfältigen Untersuchung am — Tag, Monat, Jahr um Stunden, Minuten Uhr
Ich habe in meine Untersuchung die gesamte Körperoberfläche mit Rücken, Kopfhaut und allen Körperöffnungen einbezogen: ☐ ja ☐ nein
Ort, Datum — Unterschrift — Stempel und Telefon (falls nicht im Stempel)

Abb. 1.5: Todesbescheinigung NRW, nichtvertraulicher Teil.

1.2.4.9 Anzeige einer Berufskrankheit

Berufskrankheiten sind die in Anlage 1 zur BKV (Berufskrankheiten-Verordnung) bezeichneten Krankheiten, die Versicherte infolge einer den Versicherungsschutz nach §§ 2, 3 oder 6 des VII. Buches Sozialgesetzbuch begründeten Tätigkeit erleiden. Die aktuelle Berufskrankheiten-Verordnung wurde am 31.10.1997 ausgefertigt und zuletzt am 11.06.2009 geändert.

Die Berufskrankheiten werden gegliedert in

- durch chemische Einwirkungen verursachte Krankheiten,
- durch physikalische Einwirkungen verursachte Krankheiten,
- durch Infektionserreger oder Parasiten verursachte Krankheiten sowie Tropenkrankheiten,
- Erkrankungen der Atemwege und der Lungen, des Rippenfells und Bauchfells,
- Hautkrankheiten,
- und Krankheiten sonstiger Ursache.

Nach § 202 SGB VII besteht eine Anzeigepflicht von Ärzten bei Berufskrankheiten.

1.2.4.10 Meldepflichtige Erkrankungen nach dem Infektionsschutzgesetz

Ist die Todesursache eine übertragbare Erkrankung oder hat der Verstorbene unabhängig von der eigentlichen Todesursache an einer übertragbaren Krankheit gelitten, so ist der Todesfall nach § 6 Infektionsschutzgesetz unverzüglich, spätestens jedoch innerhalb von 24 Stunden, dem für den Aufenthalts- bzw. Sterbeort zuständigen Gesundheitsamt anzuzeigen. Meldepflichtig ist nach § 8 IfSG der „feststellende Arzt, Leiter von Medizinaluntersuchungsämtern sowie Leiter von Einrichtungen der pathologisch-anatomischen Diagnostik“. Die Meldepflicht betrifft auch den Leichenschauarzt. Meldepflichtige Krankheiten sowie meldepflichtige Nachweise von Krankheitserregern sind in §§ 6, 7 des Infektionsschutzgesetzes aufgelistet.

1.2.4.11 Angabe der Personalien des Verstorbenen

Für die Beurkundung des Todes und Eintragung in das Sterbebuch ist nach § 37 Personenstandsgesetz eine eindeutige Identifizierung notwendig. Die Personalien des Verstorbenen müssen dabei immer zweifelsfrei feststehen. Ist der Verstorbene dem leichenschauenden Arzt nicht bekannt, kann eine Identifikation durch Einsicht in den Personalausweis / Reisepass oder unter Berücksichtigung von Angaben Angehöriger / Dritter erfolgen. Entsprechende Formulierungen finden sich in den Todesbescheinigungen der Bundesländer. Ist eine Identifikation nicht möglich und handelt es sich um den Leichnam eines Unbekannten, ist eine sofortige Meldung an die Polizeibehörde erforderlich. Diese muss ihrerseits nach § 159 Abs. 1 StPO (Strafprozessordnung) die Staatsanwaltschaft bzw. das Amtsgericht informieren.

1.2.4.12 Ausstellung eines vorläufigen Leichenscheins

In vielen Bundesländern sind Notärzte – teilweise auch Notdienstärzte – von der Verpflichtung zur vollständigen Durchführung einer Leichenschau befreit. In diesen Fällen muss jedoch eine „vorläufige Todesbescheinigung“ ausgestellt werden.

Beispielhaft heißt es in der Bayerischen Bestattungsverordnung:

> „§ 3
> **Durchführung der Leichenschau und Todesbescheinigung**
> (4) Ist der zur Leichenschau zugezogene Arzt für die Behandlung von Notfällen eingeteilt (Notarzt, Notfallarzt) und hat er die verstorbene Person vorher nicht behandelt, so kann er sich auf die Ausstellung einer vorläufigen Todesbescheinigung beschränken, wenn sichergestellt ist, dass der behandelnde Arzt oder ein anderer Arzt die noch fehlenden Feststellungen treffen wird. In der vorläufigen Todesbescheinigung werden der Tod, der Todeszeitpunkt, der Zustand der Leiche und die äußeren Umstände festgestellt. (...) Im Fall des Satzes 1 hat derjenige, der die Leichenschau veranlasst hat, einen weiteren Arzt zur Vornahme der vollständigen Leichenschau zu benachrichtigen.“

Der Notarzt sollte also die Angehörigen des Verstorbenen darauf hinweisen, dass sie von sich aus nach Feststellung des Todes durch den Notarzt einen anderen Arzt zur Durchführung der Leichenschau benachrichtigen müssen. Die vorläufige Todesbescheinigung entfaltet nicht die Rechtsfolgen einer Todesbescheinigung.

Schweigepflicht des Leichenschauarztes/der Leichenschauärztin
Die strafrechtlich und auch standesrechtlich nominierte ärztliche Schweigepflicht gilt auch postmortal fort. So heißt es in § 203 Abs. 1 Nr. 1 StGB:

> „(1) Wer unbefugt ein fremdes Geheimnis, namentlich ein zum persönlichen Lebensbereich gehörendes Geheimnis oder ein Betriebs- oder Geschäftsgeheimnis, offenbart, das ihm als Arzt (...) anvertraut worden oder sonst bekanntgeworden ist, wird mit Freiheitsstrafe bis zu einem Jahr oder mit Geldstrafe bestraft.
> (4) Die Absätze 1 bis 3 sind auch anzuwenden, wenn der Täter das fremde Geheimnis nach dem Tode des Betroffenen unbefugt offenbart.“

1.2.4.13 Zeitpunkt der Leichenschau

In den Leichenschauverordnungen der Bundesländer ist der Zeitpunkt der Leichenschau unterschiedlich geregelt, überwiegend heißt es jetzt jedoch, die Leichenschau sei unverzüglich nach Erhalt der Anzeige über den Todesfall vorzunehmen. Unverzüglich ist definiert als „ohne schuldhaftes Zögern“, d. h. nur andere, dringende, nicht aufschiebbare Maßnahmen dürften noch durchgeführt werden. Die jetzt nahezu bundeseinheitliche Verpflichtung zur unverzüglichen Vornahme der Leichenschau und das Abgehen von früher formulierten Fristen (innerhalb von 6, 12 oder gar 24 Stunden) trägt der ersten und wichtigsten Aufgabe bei der Leichenschau, der sicheren Feststellung des Todes, Rechnung. Während ein Laie sich über den Zustand einer leblosen Person täuschen kann und darf, hat ein Arzt sofort die sichere Differentialdiagnose „lebend“ und „reanimationsfähig“ oder „tot“ zu treffen. Kommt ein Arzt dieser Verpflichtung nicht nach, kann er unter Umständen nicht nur wegen einer Ordnungswidrigkeit, sondern auch strafrechtlich belangt werden.

1.2.4.14 Sanktionen bei unsachgemäßer Leichenschau

Die Bestattungsgesetze behandeln Verstöße gegen das Gesetz als Ordnungswidrigkeiten. Derartige Ordnungswidrigkeiten können mit unterschiedlich hohen Geldbußen geahndet werden (Brandenburg bis zu 10.000 €, Bremen bis zu 25.000 €, NRW bis zu 3.000 €, Mecklenburg-Vorpommern bis zu 10.000 €).

Ordnungswidrig handelt, wer vorsätzlich oder fahrlässig

- die Leichenschau nicht unverzüglich durchführt,
- die Leichenschau nicht entsprechend der gesetzlichen Vorgaben (sorgfältig, vollständig entkleidete Leiche) durchführt,
- eine verlangte Auskunft nicht oder nicht richtig erteilt,
- eine Leiche nicht mit einem Hinweis auf eine meldepflichtige Krankheit oder auf eine sonstige, von der Leiche ausgehende Gefahr kennzeichnet,
- einen Totenschein nicht, nicht richtig oder nicht vollständig ausstellt bzw. einen Totenschein oder einen Sektionsschein nicht vervollständigt,
- im Falle der eigenen Verhinderung nicht unverzüglich einen Vertreter bestellt,
- die Meldepflicht an die zuständige Polizeibehörde bei Anhaltspunkten für einen nicht natürlichen Tod missachtet.

1.2.4.15 Freigabe der Leiche

Die Bestattung eines Leichnams ist nur zulässig, wenn seit Eintritt des Todes eine gewisse Frist verstrichen ist (in Brandenburg z. B. 48 Stunden), eine Leichenschau durchgeführt worden ist und eine Bescheinigung mit dem Vermerk der Eintragung in das Sterbebuch oder eine Genehmigung der für den Bestattungsort zuständigen Ordnungsbehörde vorgelegt wird. Die untere Gesundheitsbehörde kann Ausnahmen von der Bestattungsfrist zulassen. Auf Anordnung der örtlichen Ordnungsbehörde des Sterbe- oder Auffindungsortes kann ebenfalls eine Bestattung vor Eintragung des Sterbefalles beim Standesamt erfolgen.

1.2.4.16 Bestattungsfristen

Erdbestattungen dürfen frühestens 48 Stunden nach Eintritt des Todes vorgenommen werden, der Leichnam soll spätestens acht Tage nach Todeseintritt bestattet werden. Ähnliche Fristen wie in NRW gelten auch in anderen Bundesländern. Die örtliche Ordnungsbehörde kann eine frühere Bestattung aus gesundheitlichen Gründen anordnen oder auf Antrag von Hinterbliebenen genehmigen. In NRW bedarf es hierzu eines besonderen, aufgrund eigener Wahrnehmung ausgestellten Zeugnisses einer Ärztin oder eines Arztes, die nicht die Leichenschau durchgeführt haben, dass die Leiche die sicheren Merkmale des Todes aufweist oder die Verwesung ungewöhnlich fortgeschritten und jede Möglichkeit des Scheintodes ausgeschlossen ist. Ein Leichnam soll spätestens 36 Stunden nach Eintritt des Todes – aber nicht vor Durchführung der Leichenschau – in eine öffentliche Leichenhalle überführt werden. Die Ruhezeit für Erdbestattungen beträgt in der Regel mindestens 20 Jahre, für Urnenbestattungen mindestens 15 Jahre. Der Friedhofsträger kann längere Ruhezeiten bestimmen.

1.3 Todesursache und Todesart

Prof. Dr. med. Burkhard Madea, Dr. med. Elke Doberentz

1.3.1 Feststellung der Todesursache

Im vertraulichen Teil der Leichenschauformulare ist unter der Rubrik „Todesursache" der Krankheitsverlauf in einer Kausalkette zu dokumentieren (**Abb. 1.6**).
Dabei sind in Zeile Ia die unmittelbare Todesursache anzugeben und in den Zeilen Ib und Ic die vorangegangenen Ursachen – Krankheiten, die die unmittelbare Todesursache unter Ia herbeigeführt haben, mit der ursprünglichen Ursache (Grundleiden) an letzter Stelle. Schließlich sind in Zeile II andere, wesentliche mit zum Tode führende Krankheiten ohne Zusammenhang mit dem Grundleiden aufzuführen.

Das Grundleiden ist vor allem von statistischer Bedeutung: Wie viele Menschen sterben an einer bestimmten Erkrankung; dem gegenüber gibt die letztendliche Todesursache Auskunft darüber, woran Menschen, die an einer bestimmten Krankheit leiden, sterben. So ist einerseits von Interesse, wie viele Personen an einer Diphterie – einer der häufigsten Todesursachen bei Kindern zu Beginn des 20. Jahrhunderts – sterben, andererseits ist von Interesse, woran Personen, die an einer Diphterie erkrankt sind sterben (Ersticken durch Pseudomembranen, Diphterie-Myokarditis). Dies schlägt sich in den Angaben von Grundleiden und letztendlicher Todesursache in der Todesbescheinigung nieder.

Auch nach Empfehlungen des Statistischen Bundesamtes ist – sollte nichts Genaues bekannt sein – die Angabe „Todesursache unbekannt" einer vagen Spekulation vorzuziehen. Keinesfalls sollen in die Todesursachenkaskade vom Grundleiden zur letztendlichen Todesursache funktionelle Endzustände, die konstitutiver Bestandteil jedes Sterbeprozesses sind, eingetragen werden wie Herzstillstand, Atemstillstand, elektromechanische Entkopplung.
Weiterhin ist in der rechten Spalte jeweils anzugeben der Zeitraum der Erkrankung, wobei Ausgangspunkt der geschätzte Krankheitsbeginn und nicht der Zeitpunkt der Feststellung ist. Die Angaben zu den Zeiträumen dienen auch der Plausibilitätskontrolle der Todesursachenkaskade.

Wenn die Todesursache unter Ia keine Folge weiterer Komplikationen oder anamnestisch bekannter Grundleiden ist, bedarf es keiner weiteren Eintragungen, zum Beispiel: Ia: Schädel-Hirn-Durchschuss. Letzte mittelbare Todesursachen können differenziert werden in organgebundene und nicht organgebundene (**Tab. 1.7**).

Bei den vorstrukturierten Eintragungen zu Grundleiden und Todesursache im Leichenschauschein entsprechend der Vorgaben der WHO (Weltgesundheitsorganisation) sollte sich der Arzt die gesamte Krankheitsgeschichte seines Patienten nochmals vor Augen halten und sich insbesondere fragen, ob eine finale Morbidität vorlag, die das Ableben des Patienten zum gegebenen Zeitpunkt und unter den gegebenen Umständen erwarten ließ. Dabei sind

Internationales Formblatt der ärztlichen Todesursachenbescheinigung

Todesursache		Ungefähre Zeitspanne zwischen Beginn der Krankheit und Tod
I Direkt zum Tode führende Krankheit (oder Zustand)*)	a) ___ bedingt durch (Folge von) b) ___ bedingt durch (Folge von) c) ___	___ ___ ___
Vorausgegangene Ursachen Krankheitszustände, welche zu der oben angeführten Ursache geführt haben, mit der ursprünglichen Ursache an letzter Stelle	bedingt durch (Folge von) d) ___ Grundleiden	___
II Andere wesentliche Krankheitszustände, die zum Tode beigetragen haben, ohne mit der Krankheit selbst oder mit dem die Krankheit verursachenden Zustand im Zusammenhang zu stehen.	___ ___	___ ___
*) Hierunter fällt nicht die Art des Todeseintritts, wie z. B. Herz-Kreislaufversagen, Atemstillstand usw. sondern die Krankheit, Verletzung oder Komplikation, welche den Tod herbeiführt.		

Abb. 1.6: Internationales Formblatt der Ärztlichen Todesbescheinigung.

harte von weichen Todesursachen zu unterscheiden: Harte Todesursachen liegen vor, wenn Grundleiden und unmittelbare Todesursache eng miteinander verbunden sind, sie in kurzer zeitlicher Aufeinanderfolge eintreten und ein enger Kausalzusammenhang besteht, etwa bei einem klinisch diagnostizierten Myokardinfarkt, der über eine Herzruptur zur Herzbeuteltamponade führt. Hier liegen Grundleiden und Todesursache in einem Organsystem vor (linearer Sterbenstyp).
Weiche Diagnosen liegen schließlich vor, wenn der Patient an mehreren Grunderkrankungen leidet, von denen sich keine a priori als Todesursache anbietet, die Todesursache letztlich multifaktoriell bleibt.

Tab. 1.7

Letzte mittelbare Todesursachen (nach Feyrter 1946, aus Madea 2014)	
1. Organgebundene Todesursachen	
a) von Seiten der Atmungsorgane	Pneumonie, Lungengangrän, Pleuritis, Pleuraempyem, Pneumothorax, Pyopneumothorax, Infarkt
b) von Seiten der Kreislauforgane	Koronarthrombose, Herzbeuteltamponade, Koronarinsuffizienz, Myokarditis, Myokardinfarkt. Bei organischen Erkrankungen des Herzens: z. B. Endokarditis, Hypertonikerherz, Herzhypertrophie bei Mesaortitis, Cor pulmonale, Concretio cordis, Herzinsuffizienz
c) von Seiten des Zentralnervensystems: zerebraler Tod	Hirnblutung, Hirnerweichung, Hirnerschütterung, Hirnquetschung, Hirnschwellung, Hirnödem, Enzephalitis, Status epilepticus, Leptomeningitis, Pachymeningitis, subdurales Hämatom, epidurales Hämatom
d) von Seiten des Gastrointestinaltraktes	Ileus, Peritonitis. Kinder: Gastroenteritis, Enterokolitis, Intoxikation, Dyspepsie, Dystrophie, Atrophie
e) von Seiten der Leber	Coma hepaticum
f) von Seiten der Bauchspeicheldrüse	Coma diabeticum, hypoglykämisches Koma, hämorrhagische Pankreasnekrose
g) von Seiten der Nieren	Urämie, Urosepsis
2. Nicht organgebundene Todesursachen	
a) Tödliche Embolien	Thrombembolien, insbesondere Pulmonalembolie, Fettembolie, Luftembolie
b) Verblutung, innere und äußere	z. B. Hämoptoe, Melaena, Hämothorax, Hämaskos
c) Sepsis	infolge Phlegmone u. dgl., Pyämie, allgemeine Miliartuberkulose, Urosepsis, siehe auch Urämie
d) Tumoren	Tumorkachexie, Tumoranämie
3. Besondere letzte mittelbare Todesursachen	
a) mit dem Leben unvereinbare Missbildungen	z. B. Aplasie des Gehirns, Anencephalus
b) Besondere Todesursachen der Frucht und des Neugeborenen	Intrauterine Asphyxie mit/ohne Aspiration von Fruchtwasser, Chorioamnionitis, dystrophes Frühgeborenes

Bei der Bewertung von Krankheitszuständen hinsichtlich ihrer todesursächlichen Dignität ist eine Orientierung an einer Befundeinteilung hilfreich, wie sie in der Rechtsmedizin seit mehr als 100 Jahren üblich ist:

Gruppe 1
Befunde, die aufgrund ihres Schweregrades und ihrer Lokalisation für sich alleine und ohne Einschränkung den Tod eines Menschen erklären, z. B. rupturiertes Hirnbasisaneurysma mit tödlicher Subarachnoidalblutung.

Gruppe 2
Organveränderungen, die den Tod erklären, aber nicht die Akuität des Todeseintritts. Ein Beispiel wäre die akute Koronarinsuffizienz. Ihr morphologisches Substrat, die schwere Atherosklerose, bestand zweifellos auch bereits am Tag davor, eine äußere Belastung wie körperliche Arbeit bei schwülem Wetter ist jedoch das hinzutretende äußere Ereignis für den Todeseintritt zum gegebenen Zeitpunkt.

Gruppe 3
Todesfälle, bei denen trotz sorgsamster Untersuchung keine Todesursache aufzufinden ist.

Weiterhin sollte man sich an Sterbenstypen orientieren, die als thanatologische Brücke zwischen Grundleiden und Todesursache bezeichnet werden (**Abb. 1.7**).

Linearer Sterbenstyp
Grundleiden und Todesursache liegen in einem Organsystem.

Divergierender Sterbenstyp
organspezifisches Grundleiden, jedoch organunspezifische Todesursache.

Konvergierender Sterbenstyp
in verschiedenen Organsystemen gelegene Grundleiden führen über eine gemeinsame pathogenetische Endstrecke zum Tod.

Komplexer Sterbenstyp
in verschiedenen Organsystemen gelegene Grundleiden mit mehreren organunspezifischen Todesursachen.

Bleibt bei völlig unerwarteten Todesfällen organgesunder Personen die Todesursache durch die Leichenschau unklar, sollte dies im Leichenschauschein auch so vermerkt werden. Empfehlungen des Statistischen Bundesamtes zur Angabe der Todesursache und wichtige Begriffe finden sich in der Tabelle (**Tab. 1.8**).

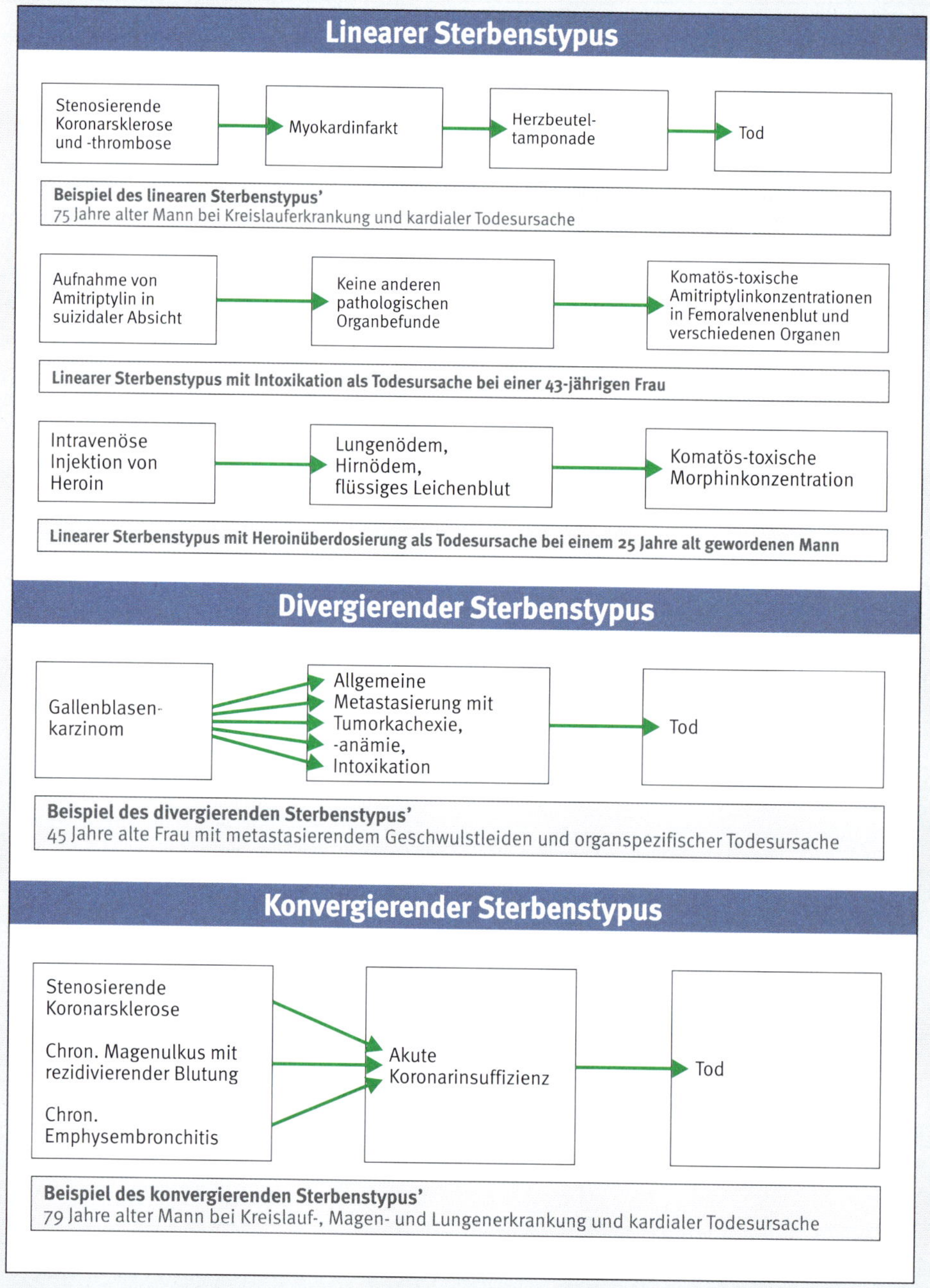

Abb. 1.7: Sterbenstypen nach Leiss sowie Thieke und Nizze.

Tab. 1.8

Todesursachen – Beispiele und wichtige Aspekte (Empfehlungen des Statistischen Bundesamtes zur Angabe der Todesursache)	
Pneumonie	Primär, hypostatisch, Aspiration, zugrunde liegende Ursache, Erreger, (Sofern Folge von Immobilität oder Debilität, die Ursache für die Immobilität oder Debilität)
Infektion	Primär oder sekundär, Erreger Sofern primär – bakteriell oder viral Sofern sekundär – nähere Angaben zum primären Infekt
HWI (= Harnwegsinfekt)	Lokalisation im Harntrakt, Erreger, zugrunde liegende Ursache (Sofern Folge von Immobilität oder Debilität, die Ursache für die Immobilität oder Debilität)
Nierenversagen	Akut, chronisch oder terminal, zugrunde liegende Ursache, z. B. Hypertonie, Arteriosklerose, Herzerkrankung (Sofern Folge von Immobilität oder Debilität, die Ursache für die Immobilität oder Debilität)
Hepatitis	Akut oder chronisch, alkoholbedingt Sofern viral – Typ (A, B, C, D oder E)
Infarkt	Arteriosklerotisch, durch Thrombose oder Embolie
Thrombose	Arteriell oder venös – nenne das Gefäß Intrakranieller Sinus – eitrig, nicht eitrig, venös (welche Vene) Postoperativ oder bei Immobilisierung – Krankheit, die Anlass für die OP oder die Immobilisierung war
Lungenembolie	Sofern jünger als 75 Jahre – Ursache Postoperativ – Krankheit, die Anlass für die OP oder die Immobilisierung war
Leukämie	Akut/subakut/chronisch, Lymphatisch/myeloisch/monozytär
Alkohol/Arzneimittel/ Betäubungsmittel	Längerer Abusus oder einfach Gebrauch, Abhängigkeit
Komplikation eines operativen Eingriffs	Krankheit, die Anlass für die Operation war
Demenz	Ursache (z. B. senil, Alzheimer, Multiinfarkt)
Unfalltod	Nähere Umstände (z. B. Radfahrer von Auto erfasst), Unfall, suizidal, tätlicher Angriff oder Umstände unbestimmt, Unfallort (z. B. Straße, Wohnhaus...) und ggf. Tätigkeit zum Zeitpunkt des Todes (Golf, Kinobesuch, Berufsausübung...)
Tumor	Benigne, maligne, Lokalisation, Metastasen

Besondere Probleme ergeben sich schließlich bei Todesfällen im Alter sowie im Zusammenhang mit ärztlichen Maßnahmen. „Altersschwäche" ist keine Todesursache. Retrospektive Untersuchungen von Todesfällen über 85-Jähriger bzw. über 100-Jähriger ergaben, dass jeweils morphologisch fassbare Grundleiden und Todesursachen vorlagen. Gegebenenfalls sind die diagnostizierten und zum Todeseintritt beitragenden Krankheiten im Sinne eines multifaktoriellen, konvergierenden Sterbenstypus deskriptiv aufzulisten, um „Verlegenheitsdiagnosen" zu vermeiden.

Fehler bei der Angabe von Grundleiden und Todesursache im Leichenschauschein sollen an einem Fallbeispiel erörtert werden:

Ein 75 Jahre alt gewordener Mann, Raucher, mit einem seit fünf Jahren bestehendem Lungenemphysem, wird aufgrund einer Exazerbation seiner Lungenerkrankung in das Krankenhaus eingewiesen. Dort wird die Diagnose Haemophilus Influenza Pneumonie gestellt. Unabhängig hiervon besteht seit zehn Jahren eine koronare Herzerkrankung. Während des stationären Aufenthaltes verschlechtert sich der Zustand, der Mann möchte nicht intubiert und künstlich beatmet werden. Eine Woche nach Krankenhausaufnahme wird er tot im Bett aufgefunden (Tab. 1.9). In der Tabelle finden sich zu diesem Fallbeispiel vier unterschiedliche Eintragungen in den Leichenschauschein, lediglich die **Alternative D ist richtig**.

Tab. 1.9

Fallbeispiel mit Fehlern bei der Angabe zu Grundleiden und Todesursache (Meyers und Farquhar, 1998)			
Zum Tode führende Krankheit		**Ungefähre Zeitspanne zwischen Beginn der Krankheit und Tod**	**Fehlertyp**
A			
Teil I			
(a)	Atemstillstand		Funktioneller Endzustand angegeben, Zeitspanne zwischen Beginn der Krankheit und Tod fehlt
(b)	–	–	
(c)	–	–	
Teil II	Koronare Herzerkrankung	–	

Tab. 1.9

Fallbeispiel mit Fehlern bei der Angabe zu Grundleiden und Todesursache (Meyers und Farquhar, 1998)

Zum Tode führende Krankheit		Ungefähre Zeitspanne zwischen Beginn der Krankheit und Tod	Fehlertyp
B			
Teil I			
(a)	Emphysem	–	Falsche Reihenfolge zwischen Grundleiden und Todesursache, fehlende Zeitintervalle
(b)	Pneumonie	–	
(c)	–	–	
Teil II	Koronare Herzerkrankung	–	
C			
Teil I			
(a)	Emphysem	5 Jahre	Kausal miteinander nicht verknüpfte konkurrierende Todesursachen
(b)	Koronare Herzerkrankung	10 Jahre	
Teil II	–		
D			
Teil I			
(a)	Haemophilus influenza, Pneumonie	1 Woche	–
(b)	Emphysem	5 Jahre	
(c)	–	–	
Teil II	Koronare Herzerkrankung	10 Jahre	

Dass eine äußerst subtile Erhebung von Befunden begründete Verdachtsdiagnosen zur Todesursache auch bei dem Arzt unbekannten Verstorbenen erlaubt, zeigt folgende Falldarstellung:

Vorgeschichte

Ein 28-jähriger Mann sei im Februar von der Ehefrau in einer ungeheizten Gartenlaube und nur mit einem Unterhemd bekleidet, leblos auf einem Sofa liegend, aufgefunden worden. Diese berichtet nun, dass er vor einigen Tagen im ehelichen Streit dorthin gezogen sein soll, nachdem er seiner Frau gegenüber handgreiflich geworden sei. Er habe in den letzten Tagen über Übelkeit geklagt. Seit mehreren Wochen habe er, aufgrund von Rückenschmerzen, „Ibuprofen" eingenommen. Des Weiteren sei er seit der Kindheit insulinpflichtiger Diabetiker gewesen. Die Türe sei primär nicht verschlossen gewesen, ein Fenster habe weit offen gestanden. Die Gartenlaube ist sehr unaufgeräumt und überall liegen Kleidungsstücke herum.

Leichenschaubefunde

Äußerst spärlich ausgeprägte rötliche Totenflecke an der Körpervorderseite unter Aussparung von Aufliegeflächen. Die Nagelbetten sind dunkel-livide. Die Totenstarre in allen Gelenken kräftig ausgeprägt, in den Ellenbogengelenken mit teigig-wächsernem Widerstand. In den Augenlidbindehäuten vereinzelte punktförmige, aber überwiegend stecknadelkopfgroße Blutungen; die Bindehäute gerötet und gefäßgezeichnet. An der Nase reizlos imponierende Oberhautverluste, diese ebenso an einzelnen Fingerkuppen. Aus dem Mund eine schwärzliche Abrinnspur. In der Mundhöhle steht wie mit Kaffeesatz durchsetzte, braunschwarze Flüssigkeit. Reichlich kaffeesatzartige Anhaftungen auf der feucht durchtränkten Sitzfläche des Sofas unter dem Kopf. An beiden Unterarmen ältere feine strichförmige, gruppierte, parallel gestellte Narben sowie teils in Abheilung beginnende Oberhautanritzungen. Die Bauchhaut weist zahlreiche feine punktförmige Verschorfungen mit umgebenden Hautverfärbungen auf. Die Haut über beiden Hüften, über den streckseitigen Kniegelenken und Ellenbögen flächenhaft gerötet, teils rötlich-livide verfärbt; keine Wegdrückbarkeit.

Zur Feststellung der Todesursache bei der Leichenschau bedarf es der Berücksichtigung aller vorhandenen Faktoren, wie z. B. der Umgebung (Wohnung), körperlicher Befunde und der Krankengeschichte. Im vorliegenden Fall gibt es zahlreiche Informationen, die schlüssig gefiltert, zusammengefügt und zu einer medizinisch nachvollziehbaren Kausalkette einer Todesursache mit zugrunde liegender Erkrankung (Grundleiden) gegliedert werden müssen. Zunächst gibt es am Leichnam selbst konkret fassbare Befunde eines Blutverlustes: spärlich ausgeprägte Totenflecke und hämosiderinhaltiger Ausfluss (Kaffeesatz) aus dem Mund, der auf eine obere gastrointestinale Blutung hinweist und hier durch die Bauchlage sogar begünstigt gewesen ist. Durch die Angabe der dauerhaften Einnahme von Ibuprofen mit häufigen Nebenwirkungen im Verdauungstrakt und der Entstehung peptischer Ulzera ergibt sich ein konkreter Anhaltspunkt für die mögliche Ursache einer derartigen Blutung. Die gastrointestinale Blutung (durch die dauerhafte Einnahme von Ibuprofen) ist somit das Grundleiden und steht am Beginn der zum Tode führenden Kausalkette.

Die Auffindungssituation ergibt weitere Anhaltspunkte zur Todesursache. Der Mann lag nur mit einem Unterhemd bekleidet im Februar in einer ungeheizten Gartenlaube bei weit geöffnetem Fenster. Der Bekleidungszustand erscheint in Bezug auf die Witterungsverhältnisse ungewöhnlich. Des Weiteren fallen in der Umgebung verstreut Kleidungsstücke auf, die an eine sog. Kälteidiotie im Rahmen einer Hypothermie denken lassen. Am Leichnam finden sich weiterhin neben der charakteristischen Auffindesituation und typischen hellroten Totenflecke bei Lagerung des Leichnams in der Kälte. Befunde einer Unterkühlung in Form sog. Kälteerytheme über den Gelenken.

In der Zusammenschau aller Befunde ergibt sich somit der Verdacht auf eine möglicherweise medikamentös induzierte obere gastrointestinale Blutung (Grundleiden), die durch den Blutverlust zu einer gesundheitlichen Beeinträchtigung oder Bewusstseinsstörung geführt und eine Unterkühlung als letztendliche Todesursache in der Gartenlaube begünstigt hat.
Hinsichtlich der auf medizinische Maßnahmen zurückzuführenden Todesfälle fällt zunächst die erhebliche Diskrepanz zwischen den in der Bundesstatistik erfassten Sterbefällen durch Komplikationen bei der medizinischen und chirurgischen Behandlung sowie aus der epidemiologischen Forschung abgeleiteten Todesfällen durch Behandlungsfehler auf.
In der epidemiologischen Forschung werden für Deutschland 17.500 Todesfälle in Folge von Behandlungsfehlern vermutet – diese Daten stehen im Einklang mit der internationalen Datenlage – während das statistische Bundesamt für 2007 lediglich 399 Todesfälle als Komplikationen der medizinischen und chirurgischen Behandlung angibt. Hier besteht offensichtlich ein erhebliches Dunkelfeld, das die Frage aufwirft, ob in entsprechend gelagerten Fällen der behandelnde Arzt auch die Leichenschau vornehmen oder unabhängig von einer Verdachtslage eine behördliche Überprüfung derartiger Fälle erfolgen sollte.

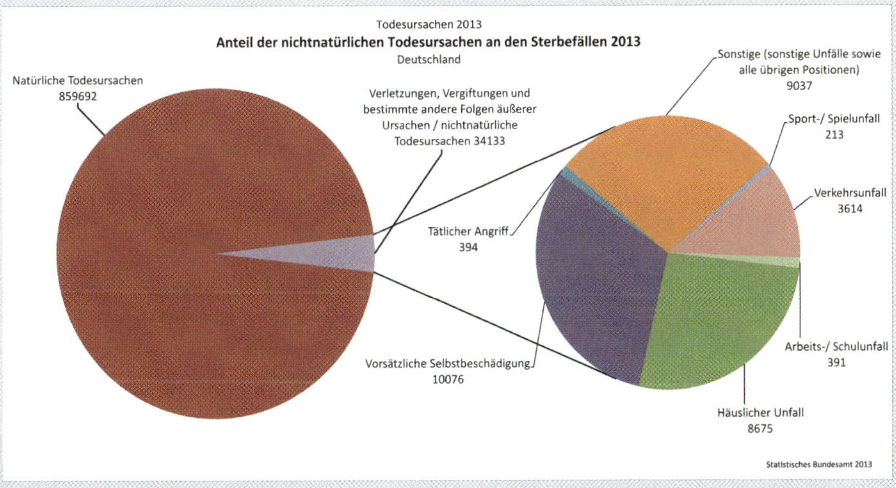

Abb. 1.8: Anteil der nicht-natürlichen Todesursachen an den Sterbefällen 2013 in Deutschland.

Grundsätze der Leichenschau

1.3.2 Todesart

Laut Todesursachenstatistik handelt es sich bei ca. 4 % aller Todesfälle um nicht natürliche Todesursachen. Dabei entfallen ca. 10.000 Fälle auf Suizide, 6.000 Todesfälle auf häusliche Unfälle, knapp 6.000 Todesfälle auf Verkehrsunfälle, 526 Todesfälle auf tätliche Angriffe.
Nach retrospektiven Analysen von Leichenschauscheinen mit autoptischer Kontrolle der Angaben zu Todesart und Todesursache ist davon auszugehen, dass der nicht natürliche Tod um 33 bis 50 % häufiger auftritt, als die Bundesstatistik widerspiegelt und mit etwa 81.000 nicht natürlichen Todesfällen pro Jahr zu rechnen ist. Unter rechtsstaatlichen Gesichtspunkten besonders gravierend ist die Dunkelziffer durch die Ärztliche Leichenschau nicht entdeckter Tötungsdelikte; nach einer multizentrischen Studie ist davon auszugehen, dass ca. 1.200 Tötungsdelikte pro Jahr in der Bundesrepublik Deutschland durch die Leichenschau nicht erkannt werden. Diese hohe Dunkelziffer findet immer wieder ihre Bestätigung durch Zufallsentdeckungen von Tötungsdelikten bzw. sogar Serientötungen (auch in Pflegeeinrichtungen und Krankenhäusern). 6 % der Klinikärzte attestieren regelmäßig ausschließlich einen natürlichen Tod; 30 % kreuzen auch bei Gewalteinwirkung, Vergiftung, Suizid oder ärztlichem Eingriff einen natürlichen Tod an. Mit der Qualifikation der Todesart entscheidet der leichenschauende Arzt darüber, ob ein Todesfall überhaupt den Ermittlungsbehörden zur Kenntnis gelangt. Die Qualifikation der Todesart ist also eine außerordentlich verantwortungsvolle Aufgabe nicht nur hinsichtlich strafrechtlicher Aspekte (Aufdeckung von Tötungsdelikten), sondern auch im Hinblick auf Interessen der Hinterbliebenen (etwa Versorgungsanspruch nach einem tödlichen Unfall).

„Natürlich“ ist ein Tod aus innerer, krankhafter Ursache, bei dem der Verstorbene an einer bestimmt zu bezeichnenden Erkrankung gelitten hat und mit dem Ableben zu rechnen war; der Tod trat völlig unabhängig von rechtlich bedeutsamen äußeren Faktoren ein. Voraussetzung für die Attestierung eines natürlichen Todes ist daher das Vorliegen eines anamnestisch bekannten todesursächlichen Grundleidens mit quoad vitam schlechter Prognose.
„Nicht natürlich“ ist demgegenüber ein Todesfall, der auf ein von außen verursachtes, ausgelöstes oder beeinflusstes Geschehen zurückzuführen ist, unabhängig davon, ob dieses selbst- oder fremdverschuldet ist.

Nichtnatürliche Todesfälle sind daher

- Gewalteinwirkungen
  - Unfälle (unabhängig davon ob selbst- oder fremdverschuldet),
  - Tötungsdelikte,
- Vergiftungen,
- Suizide,
- Behandlungsfehler,
- sowie tödlich verlaufende Folgezustände der ersten vier genannten Punkte.

Das Intervall zwischen einem am Anfang der zum Tode führenden Kausalkette stehenden äußeren Ereignis und dem letztendlichen Todeseintritt kann dabei beliebig lang (u. U. Jahre) sein. Kann die Todesursache durch die Leichenschau nicht geklärt werden, bleibt dementsprechend auch die Todesart unklar.

Verschiedene Leichenschauverordnungen der Bundesländer sowie ein Musterentwurf für eine bundeseinheitliche Leichenschau der Bundesärztekammer sehen explizit vor, dass die Attestierung eines natürlichen Todes die Untersuchung des unbekleideten Leichnams voraussetzt (§ 3 der Bayerischen Bestattungsverordnung, s. S. 31).

So sinnvoll diese Forderung ist, unterliegt es andererseits keinem Zweifel, dass sie nahezu regelhaft nicht beachtet wird. Unterschreitet der Arzt allerdings den geforderten Sorgfaltsmaßstab, begeht er bereits eine Ordnungswidrigkeit. Andererseits kann nicht verkannt werden, dass die vollständige Entkleidung des Leichnams bei erwarteten Todesfällen im Krankenhaus keinen zusätzlichen Erkenntnisgewinn bringt bzw. den Leichenschauer vor objektive Probleme stellen kann (z. B. bei voll eingetretener Totenstarre, ohne dass Hilfspersonal vorhanden ist). Weiterhin wird bei dieser Forderung nicht zwischen erwarteten und nicht erwarteten Todesfällen unterschieden.

Die Todesart ist nicht geklärt, wenn die Todesursache durch die Leichenschau auch unter Berücksichtigung der Anamnese nicht erkennbar ist. Die Attestierung eines natürlichen Todes setzt immer die Benennung einer klaren Todesursache voraus. Bedenklich ist in diesem Zusammenhang, dass ca. 50 bis 70 % der Ärzte bei Todesfällen nach Oberschenkelhalsfraktur, 20 % bei Tod unter Injektion und 30 bis 40 % bei Mors in tabula einen natürlichen Tod bescheinigen.

Sind auf der einen Seite nicht natürliche Todesfälle in der amtlichen Statistik deutlich unterrepräsentiert, wird andererseits sowohl von niedergelassenen als auch Notärzten von Beeinflussungsversuchen der Polizei auf Attestierung eines natürlichen Todes berichtet, obwohl keine Todesursache erkennbar ist und damit die Todesart zumindest als nicht geklärt qualifiziert werden müsste. So berichten bei einer anonymen Befragung zufällig ausgewählter Ärzte aus dem Bereich der Ärztekammer Westfalen-Lippe 41 % der niedergelassenen Ärzte und 47 % der Notärzte von derartigen Beeinflussungsversuchen. Hintergrund dieser Beeinflussungsversuche ist, dass Ermittlungsbehörden den Begriff des nicht natürlichen Todes teleologisch verengt auffassen als Tod, bei dem das Vorliegen eines Fremdverschuldens in Frage kommt. Bei Attestierung eines natürlichen Todes entfällt der Ermittlungsbedarf! Indizien mit Hinweischarakter auf einen nicht natürlichen Tod können sich aus Anamnese und Befunden ergeben: z. B. plötzlicher Tod ohne bekannte Vorerkrankung, prima facie erkennbare Unfälle und Suizide, Abschiedsbrief, etc. Befunde mit Hinweischarakter auf einen nicht natürlichen Tod sind Stauungsblutungen, Farbe der Totenflecke, Tablettenreste im Mundbereich, Verletzungszeichen.

Untaugliche Kriterien für Hinweise auf einen natürlichen Tod sind das Alter, insbesondere wenn keine lebensbedrohlichen Vorerkrankungen bekannt sind und fehlende sichtbare Traumen.

Fehler und Täuschungsmöglichkeiten bei Qualifikation der Todesart sind auch abhängig vom Ort der Leichenschau: Bei Todesfällen in der Öffentlichkeit ist in der Regel primär auch die Polizei zugegen, hier sollten keine Fehlattestierungen vorkommen.
Bei Todesfällen im Krankenhaus, insbesondere wenn der Patient hinreichend lange in ärztlicher Behandlung stand, sollte die Fehlerquote ebenfalls relativ gering sein; Problembereiche sind hier verkannte Kausalzusammenhänge zu am Anfang der zum Tode führenden Kausal-

kette stehenden Traumen und Todesfälle im Zusammenhang mit ärztlichen Maßnahmen. Aus dem stationären Bereich werden zudem immer wieder primär nicht erkannte Tötungsserien durch Ärzte oder Pflegepersonal berichtet.

Fehler und Täuschungsmöglichkeiten sind sicher am größten bei Durchführung der Leichenschau durch niedergelassene Ärzte in der Wohnung; typische Fehler sind Unerfahrenheit, Sorglosigkeit, unsorgfältige Durchführung der Leichenschau, Rücksichtnahme auf Angehörige. Hinzu kommen ggf. jedoch auch ungünstige äußere Bedingungen, schlechte Beleuchtung sowie schlichte Überforderung, ohne dass flexible Lösungsmöglichkeiten mit Herbeiziehung eines qualifizierten Leichenschauers gegeben wären.

Gerade niedergelassene Ärzte können sich hier in einer Interessenkollision befinden, da sie als behandelnde Ärzte auch der Angehörigen des Verstorbenen bei Attestierung eines nicht geklärten Todes Ermittlungen auslösen mit der Folge, die Angehörigen als Patienten zu verlieren. Gegenüber dem niedergelassenen Arzt befindet sich der Kliniker in einer geschützten Position (Tod im ärztlich dominierten Umfeld des Krankenhauses statt im privaten Umfeld).

Fallbeispiele:

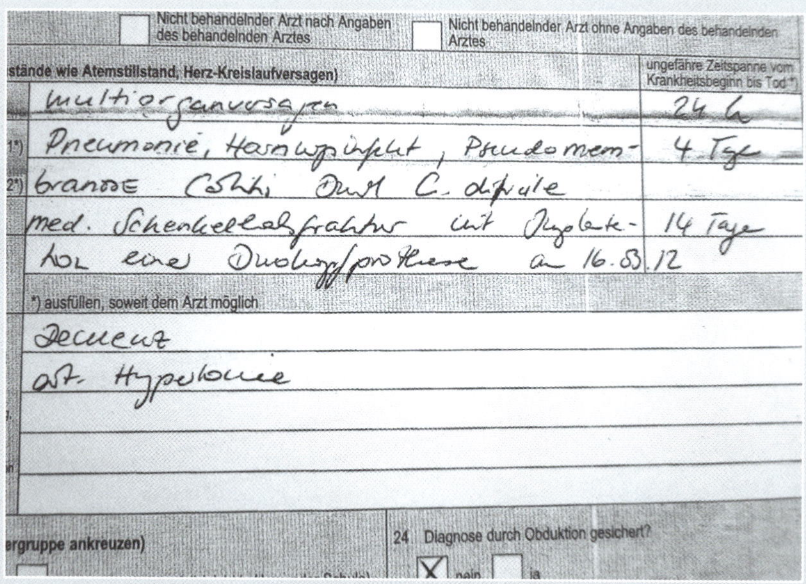
Nicht behandelnder Arzt nach Angaben des behandelnden Arztes
Nicht behandelnder Arzt ohne Angaben des behandelnden Arztes
...stände wie Atemstillstand, Herz-Kreislaufversagen)
ungefähre Zeitspanne vom Krankheitsbeginn bis Tod *)
Multiorganversagen — 24 h
1*) Pneumonie, Harnwegsinfekt, Pseudomembranöse Colitis durch C. difficile — 4 Tage
2*) med. Schenkelhalsfraktur mit Implantation einer Duokopfprothese am 16.03.12 — 14 Tage
*) ausfüllen, soweit dem Arzt möglich
Dement
art. Hypotonie
...ergruppe ankreuzen)
24 Diagnose durch Obduktion gesichert?
☒ nein ☐ ja

Abb. 1.9: Todesbescheinigung – ordnungsgemäß eingetragene Kausalkette.

Die Abbildung zeigt das Beispiel einer ordnungsgemäß eingetragenen und gut nachvollziehbaren Kausalkette zu einem Todesfall einer älteren Patientin, die mit einer Schenkelhalsfraktur in die Klinik eingeliefert und dort 14 Tage vor dem Todeseintritt operiert wurde. Aufgrund der nachfolgenden reduzierten Mobilität entwickelte sich 4 Tage vor dem Versterben eine hypostatische Pneumonie. Des Weiteren bestand ein Harnwegsinfekt. Die antibiotische Therapie führte zur Entstehung einer pseudomembranösen Colitis. Schließlich resultierte 24 Stunden vor dem Versterben ein Multiorganversagen, das nun innerhalb weniger Stunden zum Tod der Patientin führte. Es handelte sich um einen nichtnatürlichen Tod als Folge eines primären Unfallgeschehens.

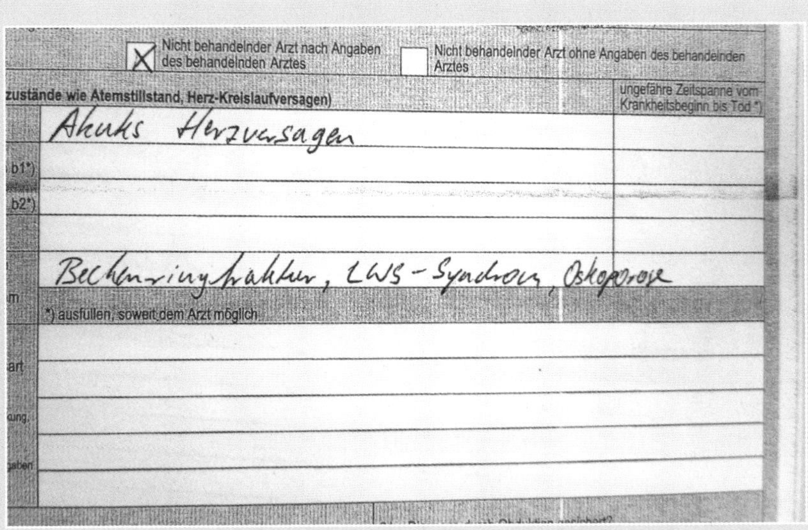

Abb. 1.10: Todesbescheinigung – unzulässige Todesursache „Herzversagen".

Im vorliegenden Fall das Beispiel einer nicht zulässigen Todesursache, wie auch ausdrücklich in der Todesbescheinigung angegeben. Hierbei handelt es sich um einen funktionellen Zustand, der bei jedem Sterbeprozess durchlaufen wird und über die eigentliche Ursache des „Herzversagens" keine Rückschlüsse erlaubt. Derartige Todesursachen finden sich – wie im vorliegenden Fall – als Verlegenheitsdiagnosen eingetragen oder sollen z. B. den Endzustand einer Herzinsuffizienz oder Herzinfarktes verdeutlichen, wobei dies dann jeweils auch so anzugeben wäre.

In diesem Fall war eine natürliche Todesart bescheinigt worden. Es fällt jedoch auf, dass eine traumatische Verletzung (Beckenringfraktur) aufgeführt wird. Es handelte sich um eine Frau, die mit plötzlich aufgetretenen Rückenschmerzen in die Klinik kam, wo man durch Röntgendiagnostik eine Beckenringfraktur feststellte. Die Schmerzen seien anamnestisch plötzlich beim Anziehen der Strümpfe aufgetreten. Auffallend ist jedoch die fehlende Angabe eines Traumas, denn eine spontane Beckenfraktur oder auch Fraktur durch ein Bagatelltrauma erklärt sich durch die ebenfalls aufgeführte Osteoporose nicht. Schließlich wurde die Patientin eines Morgens tot im Bett ihres Patientenzimmers aufgefunden. Da man letztlich keine Erklärung für das unerwartete Versterben hatte, wurde ein „Herzversagen" attestiert. Es hätte eine unklare Todesursache und -art bescheinigt werden müssen.

Bei forensischen Überlegungen muss ein Trauma stattgefunden haben, was zu weiteren Verletzungen geführt haben kann, zu denken wäre an ein chronisches Subduralhämatom, was möglicherweise den Tod zeitverzögert verursacht hat. Weitergehende klinische Untersuchungen waren nicht durchgeführt worden. Vor allem in Fällen häuslicher Gewalt ist es nicht ungewöhnlich, dass von Tätern emotional oder auch finanziell abhängige Opfer versuchen, diese zu schützen. Kriminalistische Ermittlungen sind nicht Aufgabe der ärztlichen Arbeit, jedoch hätte man hier bei Berücksichtigung der klinisch erhobenen Befunde (Fraktur) und des unerwartet plötzlichen Versterbens mit der richtigen Klassifizierung in ungeklärte Todesart zu weiterführenden polizeilichen Ermittlungen beigetragen. Aufgrund des Versterbens nach einem erlittenen Trauma, wäre auch ohne konkreten Anhaltspunkt für die Todesursache die Bescheinigung eines nichtnatürlichen Todes gerechtfertigt gewesen, da in zeitlichem Zusammenhang zum Tod ein Trauma stattgefunden hat. Letztlich haben aber die Klassifizierung in unklare als auch in nichtnatürliche Todesart jeweils polizeiliche Ermittlungstätigkeiten zur Folge.

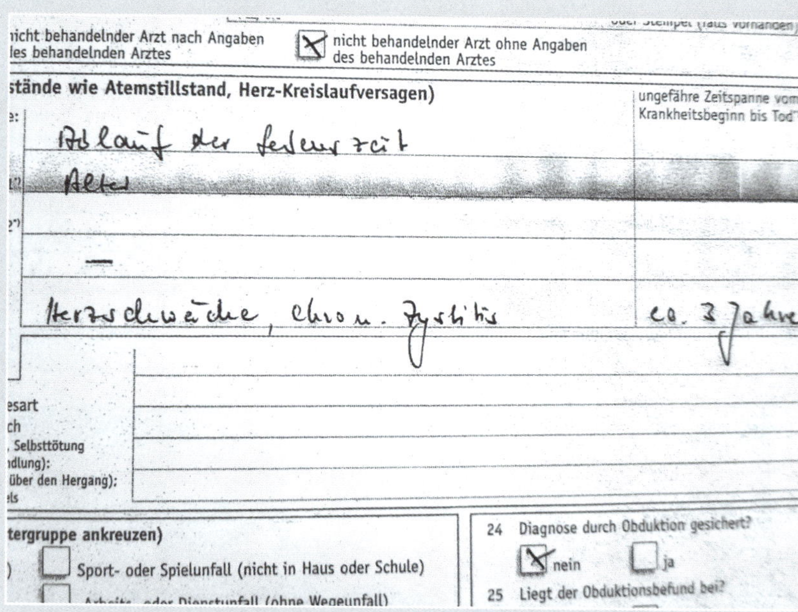
nicht behandelnder Arzt nach Angaben des behandelnden Arztes
[X] nicht behandelnder Arzt ohne Angaben des behandelnden Arztes

stände wie Atemstillstand, Herz-Kreislaufversagen) | ungefähre Zeitspanne vom Krankheitsbeginn bis Tod

Ablauf der Lebenszeit
Alter
—
Herzschwäche, chron. Zystitis | ca. 3 Jahre

esart
ch
, Selbsttötung
ndlung):
über den Hergang):
els

tergruppe ankreuzen)
Sport- oder Spielunfall (nicht in Haus oder Schule)

24 Diagnose durch Obduktion gesichert?
[X] nein [ ] ja
25 Liegt der Obduktionsbefund bei?

Abb. 1.11: Todesbescheinigung – unzulässige Todesursache.

Bei Patienten im fortgeschrittenen Alter, die ohne schwere Erkrankung plötzlich versterben, kann es bisweilen schwerfallen eine Todesursache zu formulieren, vor allem, wenn der Patient nicht bekannt ist. Eine derartige poetische Todesursache, die ebenfalls wiederum auf jede Todesursache jeder Altersklasse zutreffen kann, sollte dennoch unbedingt vermieden werden.

Die Todesbescheinigung erlaubt im wesentlichen Rückschlüsse auf ein hohes Alter und eine Herzschwäche, so dass – insofern sich der Todeseintritt durch das hohe Alter und die Herzinsuffizienz tatsächlich zum gegebenen Zeitpunkt hinreichend erklärt – die Herzinsuffizienz in Kombination mit hohem Alter hätte als Todesursache eingetragen werden können.
Bei multimorbiden Patienten, bei denen sich der Todeseintritt erklärt, aber nicht zwingend nur auf eine Vorerkrankung zurückführen lässt, ist es möglich, einen Tod aus der Summe der Erkrankungen zu attestieren (z. B. Summe aus chron. Herzinsuffizienz, chronisch obstruktiver Lungenerkrankung, Arteriosklerose und hohem Alter). Dennoch gilt auch bei Patienten im fortgeschrittenen Alter, dass ein unerwarteter Todeseintritt ohne Kenntnis von relevanten Vorerkrankungen, die das Versterben zum gegebenen Zeitpunkt erklären, zur Attestierung eines unklaren Todes führen sollte. Vor allem in dieser Altersgruppe, in der naturgemäß hohe Sterberaten vorliegen, lassen sich sonst spurenarme Tötungsdelikte gut ärztlich verschleiern.

1.4 Scheintod

Prof. Dr. med. Burkhard Madea

Die irrtümliche Feststellung des Todes bei Lebenden ist immer eine ärztliche Fehlleistung, aber auch in Deutschland kommen fälschliche Todesfeststellungen bei Lebenden immer wieder vor. Die wesentliche Ursache ist, dass bei komatösen Patienten der scheinbar Verstorbene nicht adäquat ärztlich untersucht wird. Nach allen Statistiken sind Frauen häufiger als Männer von einer fälschlichen Todesfeststellung betroffen (**Tab. 1.10**).

Ein Paradebeispiel für eine fälschliche Toterklärung einer Lebenden ist der bereits 1919 in der Deutschen Medizinischen Wochenschrift publizierte Fall der Krankenschwester Minna Braun aus Berlin. Auf die Darstellung dieses „Todesfalles" verzichtet für gewöhnlich keine rechtsmedizinische Vorlesung, die die Leichenschau und Todesfeststellung zum Gegenstand hat. Auch heute folgen praktisch sämtliche Fälle falscher Todesfeststellungen bei noch Lebenden dem gleichen Muster.

Minna Braun, eine 23-jährige Krankenpflegerin, erwarb am 27. Oktober in einer Apotheke Morphium und Veronal, begab sich bei nasskalter Witterung in den Grunewald und nahm mit der Absicht, Selbstmord zu begehen, beide Medikamente ein. Am 28. Oktober wird Minna Braun mit „geringen Lebenszeichen" aufgefunden, stirbt scheinbar auf dem Transport ins Krankenhaus und wird in eine Leichenhalle gebracht, wo der Gemeindephysikus Starre, Leichenblässe, völlige Reflexlosigkeit, Fehlen des Pulses, der Atmung und der Herztöne feststellte. Aufgeträufelter Siegellack ergab keine Hautreaktion. Hier ergibt sich die erste Frage: Wer hat auf dem Transport – doch wohl Richtung Krankenhaus – auf „gestorben" entschieden und die Kursänderung Richtung Friedhof veranlasst? Offenbar kein Arzt, denn der Gemeindephysikus wird erst in der Leichenhalle herbeigerufen. Dieser stellt außer „unsicheren Todeszeichen" eine „negativ ausgefallene Lebensprobe" (Siegellackprobe) fest.

Tab. 1.10

Fälschliche Toderklärung für noch Lebende (aus Madea 2014)				
Autor	**„Leichnam“**	**Vitalität erkannt von**	**Überlebenszeit nach Todesbescheinigung**	**Ursache des Komas**
Mallach et al.	41-jährige Frau	Kriminalbeamten	Lebt noch	Medikamentenintoxikation
Mallach et al.	23-jährige Frau	Kriminalbeamten	1 h	Medikamentenintoxikation
Mallach et al.	55-jährige Frau	Kriminalbeamten	2 h	Medikamentenintoxikation
Mallach et al.	79-jährige Frau	Friedhofswärter	4 h	Medikamentenintoxikation
Fischer	52-jährige Frau	Kriminalbeamten	Lebt noch	Medikamentenintoxikation
Mätzler	60-jährige Frau	Kriminalbeamten	30 h	Medikamentenintoxikation
Mätzler	?-jährige Frau	Polizeibeamten	7 Tage	Medikamentenintoxikation
Mätzler	80-jährige Frau	Bestatter	Lebt noch	Medikamentenintoxikation
Bonte (unveröffentlicht)	75-jährige Frau	Bestatter	5 h	Medikamentenintoxikation

Derartige Lebensproben sind z. B. das Halten eines Spiegels oder einer Flaumfeder vor die Atemöffnungen Mund und Nase zur Prüfung der Atmung (Bewegung der Flaumfeder, Beschlagen des Spiegels). Die Siegellackprobe prüft, ob es bei thermischer Schädigung der Haut (Verbrennung) zu einer reaktiven Hyperämie (Hautrötung oder Blasenbildung) kommt. Sind allerdings nur noch die lebenswichtigen Organe durchblutet (durch eine sogenannte Zentralisation des Kreislaufes), kann die Siegellackprobe natürlich auch zu Lebzeiten negativ ausfallen. Invasive – also gewebeverletzende – Lebensproben sind z. B. eine Arteriotomie (Hautschnitt mit Durchtrennung von Gefäßen) zur Prüfung, ob noch Zirkulation vorliegt. Neben negativ ausgefallenen Lebensproben will der Gemeindephysikus im vorliegenden Fall auch Starre festgestellt haben, die im Mittel erst drei bis vier Stunden nach dem Tod auftritt. Zu diesem Zeitpunkt, das heißt wenn Totenstarre bereits vorhanden ist, hätten mit Sicherheit als weitere frühe Leichenerscheinungen Totenflecke vorgelegen, die bereits wesentlich früher, nämlich 20 bis 30 Minuten post mortem auftreten. Über Totenflecke wird jedoch nichts gesagt. Der Gemeindephysikus stellt aber nicht nur den Tod fest, sondern auch die Todesursache „wahrscheinlich an Morphiumvergiftung“. Aufgrund welcher Befunde er zu dieser Todesursache kommt, bleibt völlig unklar.

Bei der akuten Opiatvergiftung kommt es zur typischen klinischen Trias von Koma (tiefe Bewusstlosigkeit), Atemdepression und Miosis (stecknadelkopfgroße Pupillen).

Solange die Pupillen eng sind, ist der Mensch noch nicht verstorben. Erst nach Eintritt einer zerebralen Hypoxie (Sauerstoffmangel des Gehirns) aufgrund der Atemdepression und des sich ausbildenden Lungenödems (Ansammlung von Wasser in der Lunge) kommt es zu einer Pupillenerweiterung. Lägen nun infolge eines Sauerstoffmangels Schädigungen im Gehirn vor, so würde der Arzt auch weite Pupillen vorfinden, kann dann jedoch aufgrund der Befunde keine Morphiumvergiftung mehr diagnostizieren. Minna Braun wird dennoch eingesargt, 14 Stunden später stellt ein Kriminalbeamter bei der Identifizierung des Leichnams nach Öffnung des Sarges fest, dass die Verstorbene bläulich gefärbte Wangen aufweist, ferner nimmt er leichte Kehlkopfbewegungen wahr. Der erneut hinzugezogene Gemeindephysikus stellt wiederum ein Fehlen der Atmung und des Pulses fest, hört jedoch einige dumpfe Herztöne. Minna Braun wird ins Krankenhaus eingewiesen. Im Krankenhaus ist die Patientin leichenblass, starr, bewusstlos, reaktionslos, hat enge Pupillen und Atmung und Puls fehlen völlig. Im Verlauf der Behandlung lässt die Steifigkeit der Glieder und des Nackens nach. Minna Braun verlässt das Krankenhaus schließlich „geheilt".

Im Fall von Minna Braun lagen zwei typische Ursachen für einen Scheintod bzw. eine tiefe Bewusstlosigkeit vor: eine Vergiftung mit zentralwirksamen Medikamenten (Morphium und Veronal) mit Atemdepression und eine vitale allgemeine Unterkühlung. Bei der Starre handelte es sich um eine typische Kältestarre, ihre Abgrenzung gegenüber der Totenstarre wäre eindeutig möglich gewesen, hätte der Arzt sein Augenmerk auch den fehlenden Totenflecke zugewandt. Die Kombination von Medikamentenvergiftung mit allgemeiner Unterkühlung ist die häufigste Ursache für eine Vita minima und Vita reducta (tiefe Bewusstlosigkeit mit nicht wahrnehmbaren Lebensäußerungen).

Leider kommen auch heute derartige Fälle vereinzelt vor, wobei eindeutig und klar zu sagen ist, dass die fälschliche Todesfeststellung bei einem Lebenden immer eine ärztliche Fehlleistung ist, die bei sorgfältiger Untersuchung vermeidbar wäre. Auch bei Minna Braun hatte der Arzt nur „unsichere" Zeichen des Todes geprüft, nicht die sicheren. So gilt bei Verdacht auf Vergiftung mit zentral wirksamen Medikamenten in Kombination mit Unterkühlung bei der Feststellung des Todes seit langem als Lehrsatz, dass auf das Vorliegen sicherer Todeszeichen (Totenstarre, Totenflecke) zu achten ist, oder eine Todesfeststellung erst in der Klinik unter Zuhilfenahme apparativer Zusatzuntersuchungen erfolgen darf. Als notfallmedizinischer Grundsatz wurde formuliert: „No one is dead until he is warm and dead".
Ursachenkomplexe und Umstände, die zu einer Vita minima oder Vita reducta führen können, in der fälschlicherweise bei Lebenden der Tod festgestellt wird, wurden nach dem Berliner Pathologen Bahrmann als **AEIOU-Regel** zusammengefasst:

!

A	=	Alkohol, Anämie, Anoxämie
E	=	Elektrizität/Blitzschlag
I	=	Injury (Schädel-Hirn-Trauma)
O	=	Opium, Betäubungsmittel, zentral wirksame Pharmaka
U	=	Urämie (andere metabolische Komata), Unterkühlung

Die häufigsten Ursachen einer Vita minima oder Vita reducta entsprechend der AEIOU-Regel sind eine Intoxikation mit zentral wirksamen Medikamenten in Kombination mit Unterkühlung.

Vor einigen Jahren hatten wir den Fall einer 63 Jahre alt gewordenen Frau zu bearbeiten, die am Rheinufer leblos aufgefunden wurde (**Abb. 1.12**).

Abb. 1.12: Auffindesituation am Rheinufer in Bonn.

Der sofort alarmierte Notarzt ging nach vermeintlicher Feststellung von Totenstarre aufgrund der Auffindesituation von einem nicht natürlichen Tod aus. Deswegen sah er von einer weiteren Entkleidung des „Leichnams“ ab, da die Leichenschauverordnungen bei Hinweisen auf einen nicht natürlichen Tod vorsehen, die Leichenschau abzubrechen und die Polizei zu verständigen, um keine Spuren zu verwischen. Dies kann allerdings erst nach sicherer Feststellung des Todes gelten und hierzu hatte der Arzt alle Maßnahmen am „Leichnam“ durchzuführen, die einer sicheren Todesfeststellung dienen. Da bei Unterkühlung eine Totenstarre diagnostisch immer gegen Kältestarre abzugrenzen ist, muss auch bei Anhaltspunkten für einen nicht natürlichen Tod zumindest eine Teilentkleidung des Körpers erfolgen. Nur so können die Totenflecke dokumentiert werden. Bei einer Totenstarre liegen immer auch Totenflecke vor, bei der Kältestarre fehlen sie naturgemäß, da der Betroffene noch nicht verstorben ist. Im Fall der 63 Jahre alten Frau bemerkte man bei der kriminalpolizeilichen „Leichenschau“ schließlich doch Lebenszeichen, es trat jedoch, ohne dass die Betroffene zu Bewusstsein gekommen war, noch am gleichen Abend der Tod ein. Letztendliche Todesursache war – wie im Fall Minna Braun – eine Vergiftung mit verschiedenen Psychopharmaka in Kombination mit Unterkühlung. In derartigen Fällen fälschlicher Todesfeststellung bei noch Lebenden leitet die Staatsanwaltschaft ein Ermittlungsverfahren wegen des Verdachts der fahrlässigen Tötung gegen die entsprechenden Ärzte ein.

Der chronologische Ablauf ist noch einmal in einer Tabelle zusammengefasst (**Tab. 1.11**).

Tab. 1.11

Chronologischer Ablauf der Ereignisse

Ereignis	Uhrzeit
Todesfeststellung durch Notarzt vor Ort	10:30 Uhr
Meldung an K-Wache der Polizei	10:38 Uhr
Eintreffen der Beamten am Einsatzort	11:01 Uhr
Erscheinen des Bestatters	11:42 Uhr
Beginn der polizeilichen Leichenschau im Bestattungsinstitut Entkleidung der Leiche Totenstarre weder im Kiefergelenk noch in den Fingergelenken Bei Überprüfung des Oberbauches und Brustkorbes leichte unregelmäßige Atembewegungen Mund-zu-Mund Beatmung Schwacher Puls tastbar	12:17 Uhr
Eintreffen RTW	~ 12:27 Uhr
Bei Krankenhausaufnahme: Pupillen weit und entrundet Kein Puls tastbar Einzelne spontane Atembewegungen Echokardiographisch keine Herzkontraktionen Vollständige elektromechanische Entkopplung trotz Anlage eines externen Schrittmachers	
Tod im Krankenhaus	20:36 Uhr

Das Ermittlungsverfahren wurde letztendlich eingestellt, da nicht nachweisbar war, dass die Betroffene bei sofortiger Krankenhauseinweisung den späteren Todeseintritt mit an Sicherheit grenzender Wahrscheinlichkeit überlebt hätte.

Nach Richtlinien der Bundesärztekammer zum Abbruch der Reanimation darf die Todesfeststellung bei Unterkühlten erst erfolgen, wenn die Reanimation erfolglos bleibt und der Körperkern auf 32°C erwärmt ist.

1.5 Todeszeitpunktbestimmung

Prof. Dr. med. Burkhard Madea, Dr. med. Elke Doberentz

1.5.1 Allgemeines zur Todeszeitpunktbestimmung

Die Bestimmung der Todeszeit eines Verstorbenen, also des Zeitraums zwischen Todeseintritt und Auffindung sowie Untersuchung des Leichnams, hat im Rahmen von kriminalistischen Ermittlungen ganz verschiedene Aufgaben. Im Vordergrund steht bei kriminalistisch völlig ungeklärter Ausgangslage die Eingrenzung eines wahrscheinlichen Todeszeitraums, um den Ermittlungen eine erste Richtung zu geben. Von Bedeutung ist darüber hinaus die Überprüfung, ob ein von den Ermittlern eingegrenzter Tatzeitraum mit dem Ausprägungsgrad der Leichenerscheinungen am Verstorbenen in Einklang zu bringen ist oder nicht. Relativ selten spielt die Todeszeitbestimmung bei Gericht als alleiniges Indiz für oder gegen die Täterschaft eines Angeklagten eine Rolle. Zur Todeszeitbestimmung steht dem Rechtsmediziner heute ein ganzes Arsenal von Methoden zur Verfügung, das von den klassischen Leichenerscheinungen Totenstarre und Totenflecke über den Abfall der Körperkerntemperatur (Auskühlung des Leichnams), sogenannten supravitalen Reaktionen, der objektiven Erfassung von Fäulniserscheinungen mit spektroskopischen Methoden bis zur forensischen Entomologie reicht.
Die Problematik der Todeszeitbestimmung hat sich dabei jedoch gegenüber dem 19. Jahrhundert kaum verändert. Devergie, ein bedeutender französischer Gerichtsmediziner, schreibt hierzu bereits in der Mitte des 19. Jahrhunderts:

> „Zu bestimmen, wie lange ein Individuum todt ist [...] Der Leser wird leicht einsehen, dass wir obiges bloß approximativ aufgestellt und mit Angabe dieser mittleren Zeit haben andeuten wollen, dass die Todesart, die Constitution des Subjektes, die Jahreszeit, die atmosphärischen Zustände, in welchen es sich befindet, einen sehr großen Einfluss auf das Erscheinen dieser kadaverischen Erscheinungen hervorbringen und die präsumierte Zeit des erfolgten Todes sehr modifizieren müssen. Aber auch um bemerklich zu machen, für wie wenig beständig wir diese Zeitbestimmung halten, genügt es uns, bloß soviel zu sagen, dass während der Hitze des Sommers ein Leichnam schon 3 bis 4 Stunden nach dem Tode alle die Erscheinungen, die wir auf die Zeit von 8 bis 12 Tagen bezogen haben, darbieten kann, während dieselben Erscheinungen im Winter erst nach 15 bis 18 Tagen von dem Erlöschen des Lebens an sich zeigen können. Der Arzt aber muss diese Einflüsse und Verschiedenheiten genau berücksichtigen, um in dieser Hinsicht sein Gutachten abzugeben, doch darf er es nie anders als in Form des Zweifels aussprechen."

Damit ist ein grundsätzliches Problem der Todeszeitbestimmung angegeben, nämlich die Temperaturabhängigkeit vieler Leichenerscheinungen. Eine relativ präzise und verlässliche Todeszeitangabe lässt sich nur erzielen, wenn die Temperaturverhältnisse nach Möglichkeit quantitativ berücksichtigt werden können.
Auch lässt sich nie ein Todeszeitpunkt angeben, sondern immer nur ein Todeszeitraum, in dem der Tod wahrscheinlich eingetreten ist. Selbst innerhalb der ersten zwei Tage nach Todeseintritt beträgt dieser Zeitraum im günstigsten Fall plus/minus 2,8 Stunden.

Im 19. Jahrhundert wurden vor allem Totenstarre und Totenflecke als Hilfsmittel zur Todeszeitschätzung untersucht. Mit dem Todeseintritt kommt es zunächst zu einem Tonusverlust der Muskulatur, der Körper wird völlig schlaff. Dies betrifft auch die Gesichtsmuskulatur, sodass letzte Gefühle oder Regungen des Verstorbenen ihm nicht mehr anzusehen sind. Auch nach Todeseintritt laufen in der Muskulatur noch Stoffwechselprozesse ab, erst wenn der Energieträger Adenosintriphosphat (ATP), den man auch als Weichmacher der Muskulatur bezeichnet, unter einen kritischen Schwellenwert sinkt, kommt es zu irreversiblen Verbindungen der Muskelfilamente mit einem Starrwerden der Muskulatur. In der Regel tritt Totenstarre bei normaler Umgebungstemperatur nach drei bis vier Stunden ein, bleibt dann zwei bis drei Tage erhalten, um sich schließlich aufgrund des Strukturzerfalls der Muskulatur wieder zu lösen. Der bedeutende österreichische Gerichtsmediziner Eduard von Hofmann (1837–1897) veröffentlichte bereits 1876/77 Untersuchungen zum Zeitverlauf der Totenstarre. Der Internist Adolf Kussmaul (1822–1902) fasste schon 1856 in einem wissenschaftlichen Aufsatz über die Totenstarre unter der Fragestellung „Welche Anhaltspunkte gibt sie (die Totenstarre) zur Berechnung der Zeit, die seit dem Ableben einer Person verflossen ist?" die Einflussfaktoren auf den Verlauf der Totenstarre zusammen:

> „Je rascher ein Individuum wegstirbt, desto stärker und andauernder ist unter gleichen Verhältnissen die Starre, desto später pflegt sie gemeiniglich einzutreten [...]. Je mehr die vorausgehende Krankheit ihrer Natur nach die Muskelernährung beeinträchtigt, desto schwächer und kürzer fällt die Starre aus, umso rascher pflegt sie einzutreten. Je kräftiger ein Agens die Lebensenergie der Muskelfaser herabsetzt, desto schneller wird sie starr. Je angestrengter ein Muskel täthig war, desto rascher erstarrt er. Die Leichen kräftiger Personen können in einer Luft von 2,5 bis 7,5 Grad Celsius acht bis zehn und mehr Tage starr bleiben, während sie bei 18,8 bis 30 Grad Celsius in vier bis sechs Tagen die letzte Spur von Starre verlieren."

Die biochemischen und physikalischen Abläufe bei Entwicklung und Lösung der Totenstarre sind inzwischen geklärt. Für den Zeitverlauf von herausragender Bedeutung ist die Temperaturabhängigkeit. Totenflecke kommen dadurch zustande, dass sich das Blut nach Stillstand des Herzens im Körper entsprechend der Schwerkraft senkt, also in die zuunterst gelegenen Körperpartien. Bei Rückenlage des Leichnams sind dies der Rücken, die seitlichen Rumpfpartien, die rückwärtigen Anteile von Armen und Beinen. Da der Aufliegedruck größer ist als der hydrostatische Druck, kommt es an den Aufliegestellen zu einer Aussparung der Totenflecke. Diese zeigen sich zunächst als kleine hellrötliche Inseln. Da der Sauerstoff aufgezehrt wird, nehmen sie dann eine bläuliche Farbe an, sie fließen zusammen und erreichen irgendwann ihre größte Ausdehnung und Intensität. Unmittelbar nach Todeseintritt sind die Totenflecke auf leichten stumpfen Druck noch vollständig wegdrückbar, mit zunehmender Todeszeit ist das immer schwerer möglich. In diesem Stadium sind die Totenflecke bei Wendung des Leichnams auch verlagerbar, das heißt, sie bilden sich an der jetzt zuunterst liegenden Körperpartie neu aus und verschwinden an der ursprünglichen Stelle.

All diese Kriterien der Totenflecke (Auftreten, Ausdehnung, Wegdrückbarkeit, Verlagerbarkeit) sind abhängig von der Todeszeit, erlauben aber nur in groben Grenzen eine Todeszeiteingrenzung. Dies sahen bereits die alten Gerichtsärzte und kamen zu eher resignierenden Äußerungen: „Da die Zeit, innerhalb derer die Totenflecke auftreten, in ziemlich weiten Grenzen schwankt, so bietet ihre Anwesenheit keine sicheren Anhaltspunkte für eine Bestimmung der Todeszeit", so Schmidtmann 1905 in der Neuauflage des berühmten Casper-Liman'schen Handbuches der Gerichtlichen Medizin, einem der bedeutendsten Lehrbücher des 19. Jahrhunderts.

Wie eingangs erwähnt, kommt der Todeszeitbestimmung als Beweismittel vor Gericht nur selten herausragende Bedeutung zu, doch in den wenigen Fällen, in denen sie zum wegweisenden Indiz für oder gegen die Täterschaft eines Angeklagten wird, sollte sich der rechtsmedizinische Gutachter stets vor Augen halten, dass die von ihm angegebene Zeitspanne „so fein wie ein Haar, jedoch so tief wie ein Grab" sein kann. Diese Formulierung stammt von dem bedeutenden englischen Gerichtsmediziner Sir Sidney Smith und war in Zeiten, als es die Todesstrafe noch gab, wörtlich zu nehmen.

Im Leichenschauformular werden dem Arzt Angaben zur Todeszeit gegliedert nach Tag, Monat, Jahr und Uhrzeit abverlangt. Ebenso wie der Tod an sich, kann auch der Todeszeitpunkt erhebliche rechtliche Konsequenzen haben, etwa bei quasi gleichzeitigem Tod von Angehörigen (erbrechtliche). Bei quasi gleichzeitigem Tod eines kinderlosen Ehepaares würde der – wenn auch nur kurzzeitig – überlebende Ehepartner alles erben, danach nur noch seine/ihre Linie. Es sind auch Fälle bekannt geworden, in den als Erben in Betracht kommende Personen den Leichenschauarzt bitten, den Todeszeitpunkt um einige Stunden zu verschieben, damit der monatliche Unterhaltsanspruch (nach § 1612 Abs. 3 BGB) oder auch die Rente noch einmal fällig werden. Einem solchen Ansinnen muss sich ein Arzt grundsätzlich verschließen, um sich nicht neben einer Ordnungswidrigkeit auch noch der Gefahr strafrechtlicher Konsequenzen wegen Beihilfe zum Betrug (§§ 27, 263 StGB) auszusetzen.
Nach dem Personenstandsgesetz muss jeder Todesfall spätestens am 3. auf den Tod folgenden Werktag dem Standesamt angezeigt werden. Auch dort werden zur Beurkundung des Todes möglichst genaue Angaben zur Todeszeit verlangt. Finden sich keine hinreichend genauen Angaben zur Todeszeit im Leichenschauformular, erfolgen unter Umständen langwierige Nachfragen durch das Standesamt.
Hinsichtlich der Protokollierung der Todeszeit sollte entsprechend der in **Tab. 1.12** aufgezeigten Fallgruppen verfahren werden.

Ist der Todeseintritt durch zuverlässige Zeugen beobachtet worden, können deren Angaben zum Todeszeitpunkt verwendet werden. Lassen sich keine verlässlichen Angaben ermitteln, sollte der Zeitpunkt protokolliert werden, an dem der Verstorbene leblos aufgefunden wurde, zusätzlich, wann er letztmals lebend gesehen wurde.

Tab. 1.12

Feststellung der Todeszeit / Fallgruppen	
Feststellung der Todeszeit	**Fallgruppen**
bei Tod unter ärztlicher Überwachung	Protokollierung des Zeitpunktes des beobachteten Herz- oder Kreislaufstillstandes.
bei Totauffindungen	Eingrenzen des Todeszeitintervalls durch folgende Angaben: zuletzt lebend gesehen am ... z. B. Schätzung der Liegezeit aus dem Fortschreitungsgrad von Leichenerscheinungen.
bei durch Zeugen beobachtetem Todeseintritt mit kurzer Agonie	Todeszeitpunkt nach Angaben von Angehörigen, Zeugen etc.
Vorsicht bei quasi gleichzeitigem Tod naher Angehöriger (etwa kinderloses Ehepaar)	gute Dokumentation wegen möglicher erbrechtlicher Konsequenzen.

1.5.2 Fallgruppen für die Todeszeitbestimmung

1.5.2.1 Tod unter ärztlicher Überwachung

Sowohl bei Krankenhauspatienten, als auch bei Todeseintritt im häuslichen Bereich in Gegenwart des Arztes, wird der Zeitpunkt des irreversiblen Herzstillstandes oder des Atemstillstandes entsprechend als Todeszeitpunkt protokolliert. Wurde reanimiert, gilt der Zeitpunkt des Abbruches der frustranen Reanimation. In dieser Fallgruppe ist eine bis auf die Minute genaue Festlegung des Todeszeitpunktes möglich.

1.5.2.2 Todeseintritt durch zuverlässige Zeugen beobachtet

In der Regel handelt es sich um natürliche Todesfälle oder Unglücksfälle im häuslichen oder öffentlichen Bereich. In dieser Fallgruppe werden die Zeugen, insbesondere bei Unglücksfällen, sofort einen Arzt verständigen. Der Arzt wird nach Feststellung des Todes prüfen, ob der Ausbildungsgrad oder das Fehlen der Leichenerscheinungen wie Totenstarre und Totenflecke mit den Zeitangaben der Zeugen kompatibel ist. In Fällen, in denen aus dem Leichenschaubefund ersichtlich ist, dass es sich um einen Todeseintritt mit fehlender oder ultrakurzer Agonie handelt (etwa traumatische Zerstörung lebenswichtiger Organe), wird er, stimmen seine Feststellungen zum Ausbildungsgrad der Leichenerscheinungen mit den ihm gemachten Zeitangaben überein, den Unglückszeitpunkt als Todeszeitpunkt verwerten dürfen. Liegt eine kurze Agonie vor, also etwa vom Unglückszeitpunkt bis zum Eintreffen des Arztes, so wird sich empfehlen, diesen Zeitbereich als Todeszeitraum anzugeben. In gleicher Weise sollte der Arzt verfahren, wenn er von Angehörigen seines Verstorbenen zur Leichenschau gerufen wird. Zu empfehlen ist unter diesen Umständen der Zusatz „nach Angaben der Angehörigen“, sollte sich dieser nicht bereits als Vordruck im Leichenschauformular befinden.

In jedem Fall muss der Arzt eine unkritische Übernahme der Angaben Angehöriger vermeiden. Die Angaben zum Todeszeitpunkt sind grundsätzlich am Ausbildungsgrad der Leichenerscheinungen zu überprüfen.

1.5.2.3 Totauffindungen

In dieser Fallgruppe stehen dem Arzt keine Zeugenaussagen über den Todeszeitpunkt zur Verfügung, sondern allenfalls Angaben über den Auffindungszeitpunkt oder Angaben über den Zeitpunkt, zu dem der Verstorbene letztmals lebend gesehen wurde. Erste Hinweise auf die Todeszeit, etwa bei Wohnungsleichen, können sich aus folgenden Anknüpfungspunkten ergeben:

- Datum der letzten Mail oder Zeitung.
- Wann wurde der Verstorbene zuletzt lebend gesehen oder Geräusche gehört?
- Zeit und Datum einer geöffneten Fernsehzeitschrift.

Diese Anknüpfungspunkte reichen jedoch für eine Todeszeitbestimmung nie aus, sondern diese hat sich am Ausprägungsgrad der Leichenerscheinungen zu orientieren, insbesondere am Ausprägungsgrad von Totenflecke, Totenstarre und Fäulnis. Eine orientierende Übersicht zur Schätzung der Liegezeit eines Leichnams aus dem Fortschreitungsgrad von Leichenerscheinungen und supravitalen Reaktionen ergibt sich aus der Tabelle (**Tab. 1.13**).

Tab. 1.13

Übersichtstabelle zur Schätzung der Liegezeit eines Leichnams aus dem Fortschreitungsgrad von Leichenerscheinungen und supravitalen Reaktionen

Elektrische Erregbarkeit des		**Zeit nach Todeseintritt**
M. orbicularis oculi	VI Ober-, Unterlid + Stirn + Wange	1–6 h
	V Ober-, Unterlid + Stirn	2–7 h
	IV Ober-, Unterlid	3–8 h
	III Ganzes Oberlid	3,5–13 h
	II 1/3–2/3 des Oberlides	5–16 h
	I Oberlid lokal in Umgebung der Reizelektroden	5–22 h
M. orbicularis oris		3–11 h
Thenarmuskulatur		bis 12 h
Hypothenar		bis 12 h

Tab. 1.13

Übersichtstabelle zur Schätzung der Liegezeit eines Leichnams aus dem Fortschreitungsgrad von Leichenerscheinungen und supravitalen Reaktionen		
Pharmakologische Erregbarkeit der Pupille		**Zeit nach Todeseintritt**
Mydriatika	Noradrenalin/Adrenalin	14–46 h
	Tropicamid	5–30 h
	Atropin/Cyclopent	3–10 h
Miotika	Acetylcholin	14–46 h
Abfall der Körperkerntemperatur (tiefe Rektaltemperatur)		**Zeit nach Todeseintritt**
Zunächst Temperaturplateau von 2–3 h Dauer, dann ca. 0,5–1,5 °C/h, abhängig von Umgebungstemperatur, Lagerung, Bekleidung, Bedeckung, Körperproportionen, Witterungsbedingungen.		
Hornhauttrübung bei offenen Augen		nach 45 min
Hornhauttrübung bei geschlossenen Augen		nach ca. 24 h
Beginn der Totenflecke am Hals		nach 15–20 min
Konfluktion		etwa 1–2 h
Volle Ausbildung der Totenflecke		nach wenigen Stunden (ca. 6–8 h)
Wegdrückbarkeit auf Fingerdruck		etwa 10 h (10–20 h)
Umlagerbarkeit		etwa 10 h
Beginn der Totenstarre am Kiefergelenk		nach 2–4 h
Vollständig ausgeprägte Starre		nach ca. 6–8 h
Beginn der Lösung		nach ca. 2–3 Tagen (stark abhängig von der Umgebungstemperatur)
Wiedereintritt der Starre nach Brechen		bis ca. 8
Vollständige Lösung		nach 3–4 Tagen, bei tiefer Umgebungstemperatur auch deutlich länger als 1 Woche erhalten

Die Ausprägung der Totenstarre sollte immer in mehreren Gelenken (Kiefer-, Ellenbogen-, Knie-, Fingergelenke) geprüft werden, um sich einen Eindruck vom Fortschreitungsgrad der Totenstarre zu verschaffen (beginnende Totenstarre, voll ausgeprägte Totenstarre, in Lösung begriffene Totenstarre). Dieser Eindruck ergibt sich auch im Vergleich zum Fortschreitungsgrad der übrigen Leichenerscheinungen (Ausprägung der Leichenflecke, Fäulniserscheinungen).

Die Totenflecke sind zu beurteilen nach Ausdehnung, Intensität, Wegdrückbarkeit, gegebenenfalls Verlagerbarkeit und natürlich Farbe, da diese Kriterien neben groben Anhaltspunkten für die Todeszeit auch Hinweise auf die Todesursache geben können (CO-Intoxikationen: hellrote Totenflecke; Methämoglobin-Bildner: braunrote Totenflecke; geringe Ausdehung und Intensität bei nicht in Entstehung begriffenen Livores: Hinweis auf inneres oder äußeres Verbluten; Anämie). Eine zu weit gehende Eingrenzung des Todeszeitraumes aus dem Ausprägungsgrad der Leichenerscheinungen sollte vermieden werden und im Leichenschauformular relativierende Zusätze wie „etwa" hinzugefügt werden. Auch bezüglich der Todeszeit wird den Angaben im Leichenschauschein von den Behörden amtlicher Feststellungscharakter beigemessen. Im Hinblick auf die rechtliche Bedeutung des Todeszeitpunktes sind daher falsche oder nicht vertretbare Angaben unbedingt zu vermeiden.

Bei Fäulniserscheinungen muss die Todeszeitschätzung noch zurückhaltender erfolgen, da die Fäulnisprogression stark temperaturabhängig ist und es nicht nur bei Lagerung des Leichnams im Freien zu stärkeren Tag/Nacht-Schwankungen kommen kann, sondern auch bei sog. Wohnungsleichen. Selbst bei vergleichsweise konstanter Umgebungstemperatur ergibt sich eine erhebliche interindividuelle Variation der Fäulnisprogression (**Tab. 1.14**).

Tab. 1.14

Progression der Fäulnis bei Leichenlagerung in freier Luft bei 20 °C Umgebungstemperatur. (Nach Naeve 1978)

Lagerungsdauer	Progression der Fäulnis
Nach 1–2 Tagen	Grünliche Verfärbung der Bauchdecken und Erweichung der Augäpfel.
Nach 3–5 Tagen	Dunkelgrüne Verfärbung großer Teile der Bauchhaut. Einzelne fleckige Grünverfärbungen der Haut auch anderer Körperregionen. Vor Mund und Nase grobblasig rötlich tingierte Fäulnisflüssigkeit. Durchschlagen des Venennetzes.
Nach 8–12 Tagen	Gesamte Körperoberfläche dunkelgrün. Gesicht, Hals, Brustkorb teilweise rötlich-grün. Gasblähung von Abdomen und Skrotum, Dunsung des Gesichtes. Fingernägel noch fest haftend. Haare erleichtert ausziehbar.
Nach 14–20 Tagen	Gesamte Körperoberfläche grün oder rotbraun. Starke Gasblähung des gesamten Körpers. Fäulnisblasen, diese teilweise aufgeplatzt mit Braunvertrocknung der Lederhaut. Augen (Iris, Pupille und Sklera) schmutzig rotbraun. Fingernägel leicht abziehbar.

1.5.3 Rechtsmedizinische Todeszeitbestimmung

Der Rechtsmediziner setzt am Fundort eines Leichnams weitere Verfahren zur Todeszeitbestimmung ein, die fachärztliches rechtsmedizinisches Wissen und ein besonderes Instrumentarium voraussetzen: in entsprechend gelagerten Fällen kann jedoch von jedem Arzt verlangt werden, die tiefe Rektaltemperatur (mindestens 8 cm oberhalb des Sphincter ani) zu messen (nicht mittels Fieberthermometer, sondern mittels eines geeigneten Glas- oder elektronischen Thermometers mit einem besonders langen Messansatz). Notwendig ist die gleichzeitige Messung der Umgebungstemperatur sowie die Protokollierung der Uhrzeit der Messung.

Für die rechtsmedizinische Todeszeitbestimmung am Leichenfundort von besonderer Bedeutung sind sog. supravitale Reaktionen sowie der Abfall der Körperkerntemperatur.
Supravitale Reaktionen sind über den Individualtod hinaus auslösbare „Lebensäußerungen" von Geweben auf Reize. Geprüft werden:

- die mechanische Erregbarkeit der Skelettmuskulatur (sog. idiomuskulärer Wulst),
- die elektrische Erregbarkeit der Skelettmuskulatur,
- die pharmakologische Erregbarkeit der Pupille.

Die mechanische Erregbarkeit der Skelettmuskulatur wird etwa durch kräftiges Anschlagen des Musculus bizeps brachii mit einem Messerrücken geprüft bzw. durch Anschlagen mit einem Klopfhammer im unteren Drittel des Oberschenkels 4 bis 5 Querfinger oberhalb der Kniescheibe. Frühpostmortal reagiert die Muskulatur auf mechanische Reizung mit einer fortgeleiteten Kontraktion, die sich über den gesamten Muskel ausdehnt.

- Diese erste Phase der mechanischen Erregbarkeit der Skelettmuskulatur ist synonym zum sog. Zsako'schen Muskelphänomen. Eine fortgeleitete Erregung kann 1,5 bis 2,5 Stunden post mortem beobachtet werden.
- In der zweiten Phase entwickelt sich auf mechanische Reizung ein kräftiger und typischer reversibler idiomuskulärer Wulst (diese Phase dauert etwa 4 bis 5 Stunden post mortem).
- In der letzten Phase bildet sich nur noch ein schwacher idiomuskulärer Wulst, der allerdings über eine längere Zeitphase persistieren kann. Ein schwacher idiomuskulärer Wulst kann im Intervall von 8 bis 12 Stunden post mortem beobachtet werden.

Die elektrische Erregbarkeit der Skelettmuskulatur wird durch Elektrodeneinstich im medialen Anteil des Augenoberlides (Musculus orbicularis oculi) bzw. beidseits der Mundwinkel (Musculus orbicularis oris) geprüft. Gereizt wird mit einem transportablen Reizgerät mit definierten Reizimpulsen (30 Milliampere [mA] Stromstärke in Pulsfolgefrequenz von 50 pro Sekunde bei einer Impulsdauer von 10 Millisekunden). Die Reaktion der Muskulatur kann hinsichtlich ihrer Kontraktionsstärke und Ausdehnung auf elektrodenferne Areale am Musculus orbicularis oculi in 6 Grade eingeteilt werden, am Musculus orbicularis oris in 3 Grade. Die Untersuchung dauert weniger als 1 Minute und eine Information zur Todeszeit liegt sofort vor (**Abb. 1.13**).

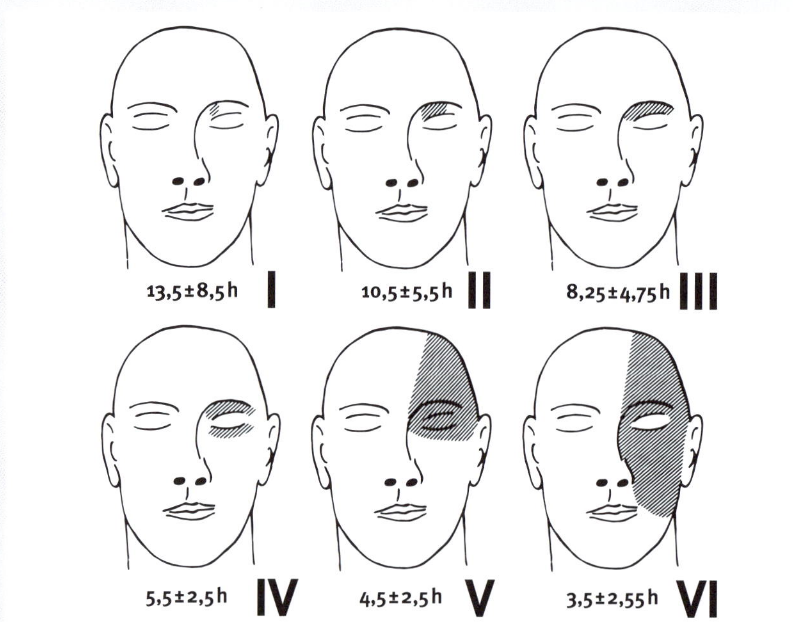

Abb. 1.13: Ausbreitung der Erregung auf elektrodenferne Areale bei Prüfung der elektrischen Erregbarkeit der mimischen Muskulatur. Frühpostmortal Kontraktion der gesamten ipsilateren Gesichtshälfte, mit zunehmender Todeszeit bleibt die Erregung auf den Reizort (M. orbicularis oculi) beschränkt.

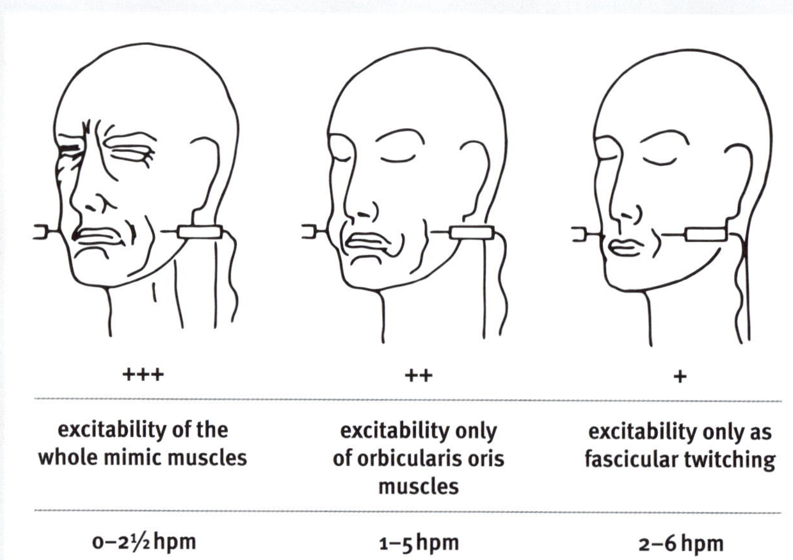

Abb. 1.14: Prüfung der elektrischen Erregbarkeit am M. orbicularis oris.

Auch die glatte Irismuskulatur ist postmortal reagibel, wobei die Reaktionsdauer der quergestreiften Skelettmuskulatur von der der glatten Irismuskulatur auf pharmakologische Reizung deutlich übertroffen wird: Reagibilität in Einzelfällen bis 50 Stunden post mortem.

1.5.3.1 Abkühlung

Nach Todeseintritt folgt die postmortale Angleichung der Körperkerntemperatur an die Umgebungstemperatur vier Mechanismen: Konduktion, Konvektion, Strahlung und Verdunstung, wobei – je nach individuellen Abkühlbedingungen – Konvektion und Konduktion die prävalierenden Faktoren sind. Die Körperkerntemperatur, z. B. tiefe Rektaltemperatur, fällt dabei nicht unmittelbar postmortal ab, sondern es bildet sich zunächst ein postmortales Temperaturplateau von 2 bis 3 Stunden Dauer aus. Ursache für dieses postmortale Temperaturplateau ist, dass sich zunächst ein radiales Temperaturgefälle vom Körperkern zur Körperoberfläche aufbauen muss, so dass der Abfall der Körperkerntemperatur der Auskühlung der Körperoberfläche etwas hinterherhinkt.
An das postmortale Temperaturplateau schließt sich eine Abkühlung in Exponentialfunktion entsprechend dem Newton'schen Abkühlgesetz an, so dass der postmortale Temperaturverlauf insgesamt als sigmoidal bezeichnet worden ist.

Beschreibung der sigmoidalen Abkühlcharakteristik am Zwei-Exponenten-Modell

$$\frac{T - T_U}{T_O - T_U} = \frac{p}{p - Z} e^{-Zt} - \frac{Z}{p - Z} e^{-pt}$$

T_O = Temperatur bei Todeseintritt
T_U = Umgebungstemperatur
T = aktuell gemessene Körperkerntemperatur
Z = Exponent des ersten Ausdrucks, maßgeblich für die Abkühlgeschwindigkeit nach Abschluss des postmortalen Temperaturplateaus
P = Exponent des zweiten Ausdrucks, maßgeblich für die Ausprägung bzw. Dauer des postmortalen Temperaturplateaus

1.5.3.2 Abkühlungsgeschwindigkeit

Die Abkühlgeschwindigkeit hängt von zahlreichen individuellen Faktoren ab (Körperproportionen, Fettreichtum, Körperhaltung – ausgestreckt, in kauernder Stellung mit an den Unterkörper herangezogenen Oberschenkeln –, Kleidung, Bedeckung, Windverhältnissen, Lagerung in einem flüssigen Medium, Durchfeuchtung der Bekleidung usw.). Der Abfall der Körperkerntemperatur beträgt etwa 0,5–1,5 °C pro Stunde.

Nomogramm-Methode

Die mathematische Beschreibung des Abfalls der Körperkerntemperatur bei konstanter Umgebungstemperatur und empirische Anpassung der Exponenten Z und p (siehe Formel) führte zur Entwicklung eines Nomogrammes (**Abb. 1.15**), das aus einmaliger Messung von aktueller tiefer Rektaltemperatur und Umgebungstemperatur, bei bekanntem Körpergewicht, die Schätzung der Liegezeit eines Leichnams erlaubt. Zunächst wird die tiefe Rektaltemperatur mindestens 8 cm oberhalb des M. sphincter ani mit einem geeichten Thermometer (Temperaturskala 0–50°C) gemessen; am günstigsten sind Messfühler mit Digitalanzeige. Dann wird die Umgebungstemperatur des Leichnams gemessen. Beide Temperaturen werden in die entsprechende Skala des Nomogrammes eingezeichnet und durch eine Gerade verbunden. Die Gerade schneidet eine im Nomogramm bereits eingezeichnete Diagonale. Vom Schnittpunkt des Fadenkreuzes wird auf den Schnittpunkt der Diagonalen mit der Geraden eine Senkrechte gefällt und bis zum äußeren Kreisbogen mit Angabe der 95%-Toleranzgrenzen durchgezogen. Beim Viertelkreisbogen des entsprechenden Körpergewichts wird die mittlere Todeszeit in Stunden abgelesen, am äußeren Viertelkreisbogen ergeben sich die entsprechenden 95 %-Toleranzgrenzen.

Das Nomogramm ist zunächst entwickelt worden für „Standardfälle" der Leichenlagerung: unbekleidete Leiche auf thermisch indifferenter Aufliegefläche in ruhender Luft. Der abkühlungsverzögernde bzw. -beschleunigende Effekt von gegenüber den Standardfällen variierenden Abkühlbedingungen (Bekleidung, Bedeckung, Durchfeuchtung, Wind, Lagerung in einem flüssigen Medium) kann durch empirisch ermittelte Körpergewichtskorrekturfaktoren berücksichtigt werden.

Tab. 1.15

Körpergewichtskorrekturfaktoren für abkühlungsverzögernde bzw. -beschleunigende Effekte im Vergleich zu Standardfällen (unbekleidete Leiche)

variierende Abkühlbedingungen	Korrekturfaktor
unbekleidet im Wasser	0,3–0,5
feuchte Kleidung, Wind	0,7
unbekleidet, Wind	0,75
unbekleidet im Sommer	1,0
dünne Kleidung, kein Wind	1,2
dicke Kleidung, Wind	1,4
dicke, feuchte Kleidung, kein Wind	1,2
dicke Bettdecke	2,0

Die Schätzung der Liegezeit aus der Körperkerntemperatur mit Auswahl des entsprechenden Korrekturfaktors sowie auch die Prüfung, ob die Voraussetzungen zur Anwendung des Verfahrens gegeben sind (z. B. nicht bei allgemeiner Hypothermie und Fieber) setzt fachärztlich-

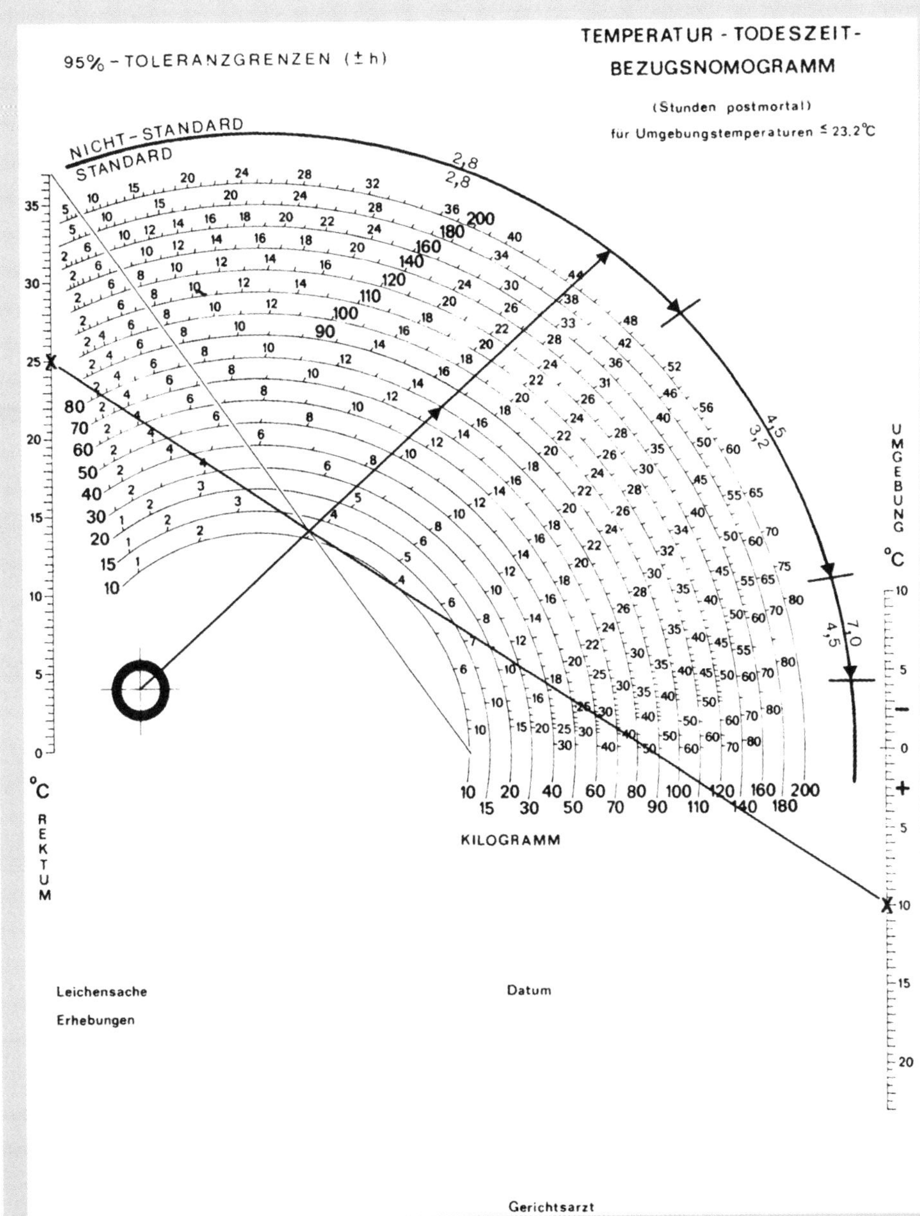

Abb. 1.15: Rektaltemperatur-Todeszeit-Bezugsnomogramm nach Henssge.

rechtsmedizinisches Wissen voraus, die Messung der entsprechenden Temperaturen (tiefe Rektaltemperatur mindestens 8 cm oberhalb des M. sphincter ani) ist jedoch ggf. auch vom leichenschauenden Arzt zu verlangen. Wichtig ist, dass bei erster Untersuchung des Leichnams Körperhaltung, Sitz und Art der Bekleidung, evtl. Durchfeuchtung der Bekleidung, Umgebungstemperatur, Wind und Lichteinfall, Sonneneinstrahlung, Veränderung der Temperaturverhältnisse durch Öffnen von Fenstern, An- und Abschalten einer Heizung, Anschalten von Scheinwerfern, genau protokolliert werden, da durch diese Maßnahmen die ursprünglichen Abkühlbedingungen verändert werden.

1.5.3.3 Integration mit verschiedenen Methoden gewonnener Todeszeitaussagen zu einem gemeinsamen Resultat

Von allen Methoden zur Schätzung der Liegezeit eines Leichnams ist die nomographische Ermittlung des Todeszeitbereiches aus der Rektaltemperatur unter Berücksichtigung von Umgebungstemperatur, Körpergewicht sowie aktuellen Abkühlungsbedingungen (C. Henssge) das qualitativ und quantitativ am besten untersuchte Verfahren. Freilich ist auch mit diesem Verfahren im günstigsten Fall ein Todeszeitbereich von lediglich 5 bis 6 Stunden einzugrenzen, in dem der Tod sehr wahrscheinlich eingetreten ist. Im Rahmen des integrierten Konzeptes zur Todeszeitbestimmung wird man den nomographisch ermittelten Todeszeitbereich durch den Ausprägungsgrad supravitaler Reaktionen (elektrische Erregbarkeit der mimischen Muskulatur, pharmakologische Erregbarkeit der Pupille) und Leichenerscheinungen (verschiedene Kriterien von Rigor und Livores) weiter einzugrenzen versuchen. Da die Mittelwerte zu den einzelnen Leichenerscheinungen und supravitalen Reaktionen das Zeitintervall, in dem das entsprechende Kriterium positiv vorliegt, völlig unzureichend und damit unzuverlässig repräsentieren, werden ausschließlich die weitgehend zuverlässigen oberen und unteren zeitlichen Grenzen (95 % Toleranzgrenzen bzw. Variationsbreiten) berücksichtigt. Dies soll an einem Fallbeispiel erläutert werden:

Ein 58 Jahre alt gewordener Mann (**Abb. 1.16**) wurde morgens gegen 08:02 Uhr auf einem Schotterweg an einem Waldrand tot aufgefunden. Bei einer Hirntemperatur von 17 °C und einer tiefen Rektaltemperatur von 28,3 °C ergab sich bei einer Umgebungstemperatur von 3 °C und einem Körpergewicht von 65 kg ein Todeszeitraum von 7,6±2,8 h vor dem Untersuchungszeitpunkt (13:15 Uhr). Durch folgende Kriterien konnte dieser Zeitpunkt eingegrenzt werden: Die Rigorwiederbildung nach Brechen der Starre spricht nach Literaturangaben für einen Todeszeitraum unter 8 h. Die Reaktionsstärke V bei elektrischer Reizung der Muskulatur spricht für einen Todeszeitraum unter 7 h. Somit konnte die obere Grenze des nomographisch bestimmten Todeszeitbereichs (10,4 h) eingegrenzt werden. Als Todeszeitraum ergab sich in diesem Fall die Zeitspanne zwischen 06:15 Uhr und 08:30 Uhr. Das Geständnis des Täters lautete dahin, den Betroffenen gegen 06:30 Uhr gedrosselt, erschlagen und dann an der Fundstelle abgelegt zu haben.

Die rechtsmedizinische Todeszeitschätzung setzt viel Wissen und Erfahrung voraus. Diese kann nur gewonnen werden durch praktische Übung. Jeder Arzt muss aber in der Lage sein, den Fortschreitungsgrad von Leichenerscheinungen genau zu erheben, zu beschreiben und zu protokollieren. Dazu gehört auch die Messung der tiefen Rektaltemperatur.

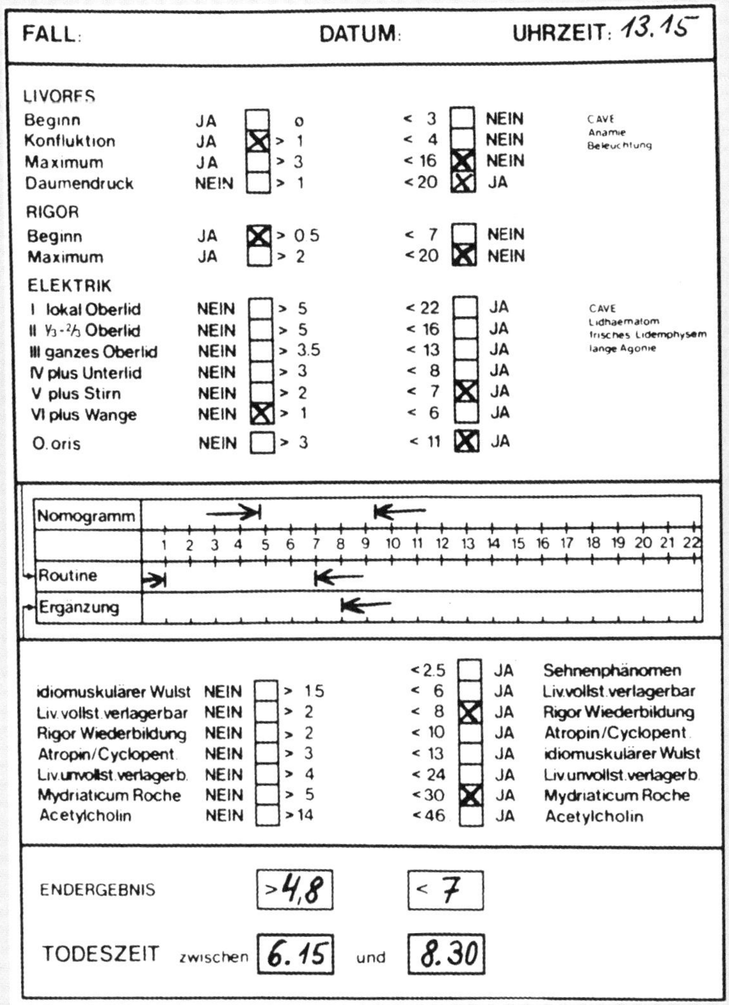

FALL: | DATUM: | UHRZEIT: 13.15

LIVORES							
Beginn	JA	☐	o	< 3	☐	NEIN	CAVE Anamie Beleuchtung
Konfluktion	JA	☒	> 1	< 4	☐	NEIN	
Maximum	JA	☐	> 3	< 16	☒	NEIN	
Daumendruck	NEIN	☐	> 1	< 20	☒	JA	
RIGOR							
Beginn	JA	☒	> 0.5	< 7	☐	NEIN	
Maximum	JA	☐	> 2	< 20	☒	NEIN	
ELEKTRIK							
I lokal Oberlid	NEIN	☐	> 5	< 22	☐	JA	CAVE Lidhaematom frisches Lidemphysem lange Agonie
II ⅓-⅔ Oberlid	NEIN	☐	> 5	< 16	☐	JA	
III ganzes Oberlid	NEIN	☐	> 3.5	< 13	☐	JA	
IV plus Unterlid	NEIN	☐	> 3	< 8	☐	JA	
V plus Stirn	NEIN	☐	> 2	< 7	☒	JA	
VI plus Wange	NEIN	☒	> 1	< 6	☐	JA	
O. oris	NEIN	☐	> 3	< 11	☒	JA	

Nomogramm
1 2 3 4 5 6 7 8 9 10 11 12 13 14 15 16 17 18 19 20 21 22
Routine
Ergänzung

				< 2.5	☐	JA	Sehnenphänomen
idiomuskulärer Wulst	NEIN	☐	> 1.5	< 6	☐	JA	Liv. vollst. verlagerbar
Liv. vollst. verlagerbar	NEIN	☐	> 2	< 8	☒	JA	Rigor Wiederbildung
Rigor Wiederbildung	NEIN	☐	> 2	< 10	☐	JA	Atropin/Cyclopent.
Atropin/Cyclopent.	NEIN	☐	> 3	< 13	☐	JA	idiomuskulärer Wulst
Liv. unvollst. verlagerb.	NEIN	☐	> 4	< 24	☐	JA	Liv. unvollst. verlagerb.
Mydriaticum Roche	NEIN	☐	> 5	< 30	☒	JA	Mydriaticum Roche
Acetylcholin	NEIN	☐	> 14	< 46	☐	JA	Acetylcholin

ENDERGEBNIS > 4,8 | < 7

TODESZEIT zwischen 6.15 und 8.30

Abb. 1.16: Checkliste zur Erhebung todeszeitrelevanter Daten am Leichenfundort mit Fallbeispiel.

Die Schwierigkeiten der Todeszeitbestimmung sollen an einigen Fallbeispielen dargestellt werden:

Fall 1

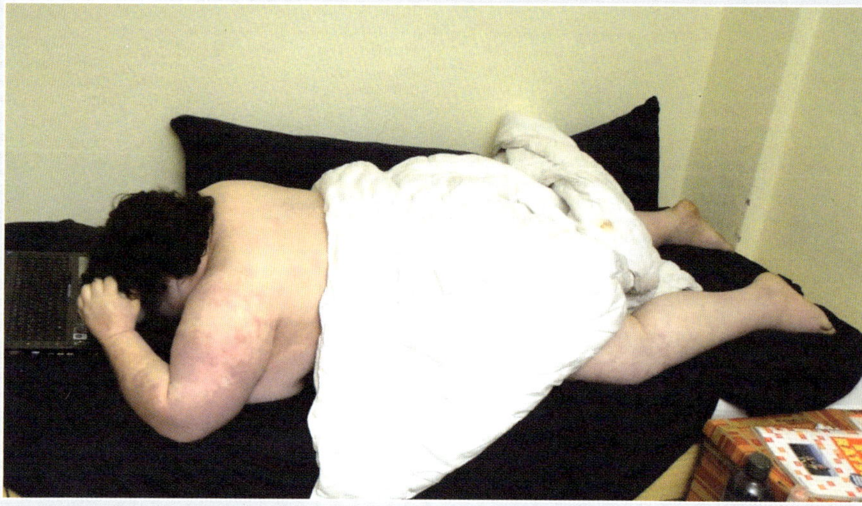

Junge Frau, gegen 22:15 Uhr tot in der Wohnung aufgefunden. In der Wohnung die Notiz eines Bekannten, dass er nun das Haus verlassen werde, nachdem er stundenlang versucht habe, sie zu wecken.

Leichenfundort	Bauchlage auf einem Bett mit einer Federbettdecke bedeckt. Die Rollläden verschlossen. Die Heizung auf Stufe 5.
Befunderhebung 00:15–01:00 Uhr	Weiblicher, stark adipöser Leichnam in Bauchlage. Der Unterkörper und die Oberschenkel mit einer mitteldicken Bettdecke bedeckt. Der Leichnam nur bekleidet mit einem Schlüpfer. Bei Drehen des Leichnams das Bettlaken großflächig durchnässt.
Totenflecke	Kräftige und einer Bauchlage entsprechend vollständig ausgeprägte livide, konfluierte Totenflecke der Körpervorderseite mit Aussparung der typisch vorderseitigen Aufliegeflächen. Auf leichten stumpfen Daumendruck vollständig wegdrückbar. Bei der Sektion am Folgetag die Totenflecke geringfügig teilweise nach rückwärtig umgelagert (unvollständige Umlagerbarkeit).
Totenstarre	Die Totenstarre in allen Gelenken sehr kräftig ausgeprägt, nicht brechbar.
Fäulnis	Beginnende Ablösung der Oberhaut am Hals.
Temperatur-messungen	• Raumtemperatur um 00:15 Uhr: 20,3 °C, bei von der Polizei zum Lüften geöffneter Zimmertür und Wohnungstür (längstens ca. 2 Stunden). • Temperatur in einer Schrankschublade: 20,6 °C. • Tiefe Rektaltemperatur um 00:25 Uhr: 34,9 °C.

Elektrische Erregbarkeit der mimischen Skelettmuskulatur	Negativ (13,5 ± 8,5 h post mortem) um 00:35 Uhr.
Bestimmung des Todeszeitintervalls	Die Totenstarre vollständig und maximal ausgeprägt (mind. 6–8 Stunden). Vollständig konfluierte Totenflecke (ca. 6–8 Stunden). Gute Wegdrückbarkeit auf Druck (< 20 Stunden). Unvollständige Umlagerbarkeit (ca. 6–12 Stunden). Elektrische Erregbarkeit der mimischen Muskulatur nicht mehr möglich (mind. 5 Stunden, max. 22 Stunden). Die Todeszeit beträgt entsprechend des Henssge-Nomogramms (Rektaltemperatur-Todeszeit-Bezugsnomogramm) bei einem Körpergewicht von 150 kg, ca. 12 ± 2,8 Stunden (9,2 bis 14,8 Stunden), d. h. der Zeitpunkt des Todeseintrittes liegt ca. zwischen 09:27 und 15:03 Uhr am Tag der Auffindung.

Fall 2

Gegen 22:00 Uhr vom Ehemann tot aufgefunden, der zuvor außer Haus gewesen sei. Bei Auffindung sei die im Bild sichtbare Tür verschlossen gewesen, so dass die Frau letztlich auf der Treppe gelegen habe. Der Notarzt habe die Hose herunter- und die Oberbekleidung hochgeschoben.

Befunderhebung 00:35–01:30 Uhr	Rücken-/Rechtsseitenlage in einer großen Blutlache am Fuße der Treppe. Die Füße liegen auf der untersten Treppenstufe auf. Normale Hausbekleidung ohne Strümpfe mit durch den Notarzt heruntergezogener Hose und hochgezogener Oberbekleidung mit freiliegender linker Gesäßhälfte, teilweise der linken Flanke und des Bauches.
Totenflecke	Totenflecke nicht sicher nachweisbar. Zum Zeitpunkt der Obduktion am Folgetag um 11:00 Uhr finden sich Totenflecke in spärlicher, fleckiger Ausprägung von livider Farbe in der oberen Rückenpartie. Die Totenflecke auf leichten stumpfen Druck mäßig gut wegdrückbar. Teilweise Umlagerung der Totenflecke in das Dekolleté nach Präparation der rückwärtigen Weichteile in Bauchlage.
Totenstarre	Die Totenstarre in den Kiefergelenken kräftig ausgeprägt. Die Totenstarre in den großen und kleinen Gelenken der Extremitäten nicht nachweisbar. Zum Zeitpunkt der Obduktion die Totenstarre in allen Gelenken kräftig ausgeprägt.
Temperatur-messungen	Raumtemperatur im unteren Drittel der Kellertreppe ca. 1 m über den Treppenstufen um 01:40 Uhr: 20,1 °C. Raumtemperatur neben dem Leichnam und 10 cm Höhe über dem Steinboden des Kellers um 00:45 Uhr: 19,03 °C. Tiefe Rektaltemperatur um 01:22 Uhr: 33,0 °C. Die Extremitäten kühl. Der Rumpf in den bodenseitigen Partien handwarm. Im Verlauf des Aufenthaltes am Leichenfundort kühler werdend.
Elektrische Reizung der mimischen Muskulatur um 01:00 Uhr	• Elektrische Reizung des Musculus orbicularis oculi links: Gut sichtbare Kontraktion isoliert des gesamten Oberlides. • Elektrische Reizung des Musculus orbicularis oris: Negativ.
Bestimmung des Todeszeitintervalls	Die Ausprägung der Totenflecke konnte zum Zeitpunkt der Leichenschau, auch im Hinblick auf den großen Blutverlust nicht sicher beurteilt werden. Die Totenstarre zeigte sich nur in den Kiefergelenken kräftig ausgeprägt und war in den Gelenken der Extremitäten nicht nachweisbar (ca. > 2–4 h und > 6–8 h). Die elektrische Reizung mimischer Muskulatur zeigte sich am Oberlid links positiv (ca. 3,5–13 h), am Mund negativ (> 3 h). Das Todeszeitintervall beträgt entsprechend des Henssge-Nomogramms (Rektaltemperatur-Todeszeit-Bezugsnomogramm) bei einem Körpergewicht von ca. 58 kg ca. 6 h ± 2,8 h. Es ergibt sich demnach ein Todeszeitintervall von 3 h 12 min bis 8 h 48 min vor Messung der tiefen Rektaltemperatur (01:22 Uhr). Unter Zusammenschau aller Befunde ergibt sich ein grob geschätzter Todeszeitraum von 3–6 h vor 01:22 Uhr, demnach zwischen 19:22 Uhr und 22:22 Uhr am Tag der Auffindung.

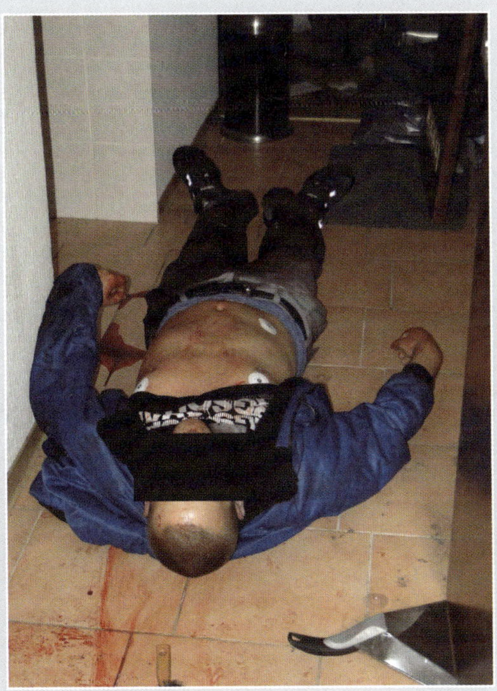

Fall 3

Junger Mann, tot im Flur seiner Wohnung aufgefunden.

Befunderhebung 02:00–03:50 Uhr bei teils schlechter Beleuchtung	• Männlicher Leichnam, mit athletischem Körperbau in Rückenlage. • Der Oberkörper mit einem T-Shirt und einer dickeren, langärmligen blauen Arbeitsjacke. Die Jacke geöffnet und das T-Shirt bis unmittelbar oberhalb der Brustwarzen hochgeschoben. Vorderseitig die Oberbekleidung ohne wesentlich Blutdurchtränkung. • Am Unterkörper eine stark flächig blutdurchtränkte Hose. Die Blutdurchtränkung relativ scharf am Unterrand des vorderseitigen oberen Hosenbundes endend. • An den Füßen derbe regelrecht sitzende Schuhe, darunter weißfarbene Socken.
Totenflecke	Der Leichnam wird nicht vollständig gedreht. Blässe der Haut und Fehlen von Totenflecke.
Totenstarre	• Die Totenstarre in allen Gelenken sehr kräftig ausgeprägt (> 2 h). Keine maximale Ausprägung (< 20 h). • Die Totenstarre im rechten Ellenbogengelenk wird unter großem Kraftaufwand um 03:35 Uhr gebrochen. • Bei der Sektion am Folgetag um 11:00 Uhr ist die Totenstarre im rechten Ellenbogengelenk nur geringfügig nachweisbar (> 2 h).

Temperatur-messungen	• Der Rumpf noch handwarm. • Raumtemperatur im Hausflur in unmittelbarer Nähe zum Leichnam um 02:15 Uhr: 22,8 °C. Die Wohnungstür während der gesamten Anwesenheit offen stehend. • Temperatur 10 cm über dem Boden in unmittelbarer Nähe zum Leichnam um 02:12 Uhr: 22,2 °C. Keine wesentliche Belüftung im Untersuchungszeitraum. • Tiefe Rektaltemperatur um 03:50 Uhr: 36,2 °C.
Elektrische Erregbarkeit der mimischen Skelett-muskulatur	• Kräftige Kontraktionen der Augenober- und -unterlider beidseits, ohne Ausbreitung der Erregung auf elektrodenferne Muskelgruppen: Grad IV, 5,5 ± 2,5 h. • Keine Kontraktion des M. orbicularis oris: > 3 h.
Bestimmung des Todeszeitintervalls	Die Totenstarre vollständig und kräftig ausgeprägt (> 2 h). Weitestgehend fehlender Wiedereintritt der Totenstarre (> 2 h). Fehlen der Totenflecke aufgrund von starkem Blutverlust. Elektrische Erregbarkeit der mimischen Muskulatur noch teilweise möglich (Oberlid + Unterlid > 2 h, < 8 h). Keine elektrische Erregbarkeit des M. orbicularis oris (> 3 h). Die Todeszeit beträgt entsprechend des Henssge-Nomogramms (Rektaltemperatur-Todeszeit-Bezugsnomogramm) bei einem Körpergewicht von 87,4 kg, ca. 4,5 h ± 2,8 h (> 1,7 bis < 7,3 Stunden), d. h. ca. zwischen 20:32 und 02:12 Uhr. Unter Berücksichtigung aller Befunde ergibt sich ein Todeszeitraum zwischen > 3 und < 7,3 h, d. h. zwischen 20:32 und 00:50 Uhr.

Fall 4

Ein Mann sei letztmalig am Vorabend lebend gesehen worden. Nun habe man ihn mit einer Schussverletzung in einer mit Wasser gefüllten Badewanne aufgefunden.

Befunderhebung 21:37–22:15 Uhr	In Rückenlage in einer mit lauwarmem Wasser gefüllten Badewanne. Der Kopf befindet sich in Gänze außerhalb des Wassers. Der linke Arm und die linke Hand sind stellenweise nicht mit Wasser bedeckt. Die Knie ragen aus dem Wasser, die Füße sind an den Rand der Badewanne außerhalb des Wassers gestemmt, so dass die Beine leicht angewinkelt und die Schienbeine ebenfalls nicht mit Wasser bedeckt sind.
Totenflecke	Deutlich ausgeprägte, zusammengeflossene Totenflecke von rot-livider Farbe am Rücken unter typischer Aussparung rückwärtiger Aufliegeflächen. Die Totenflecke auf stumpfen Druck unvollständig, auf scharfkantigen Druck vollständig wegdrückbar.
Totenstarre	• Die Totenstarre in allen Gelenken kräftig ausgeprägt. • Um 21:55 Uhr Brechen der Totenstarre im rechten Ellenbogengelenk. Bei der Obduktion am Folgetag die Totenstarre nicht wiedereingetreten.
Temperatur-messungen	• Raumtemperatur im Badezimmer um 20:26 Uhr: 24,2 °C. • Raumtemperatur auf Höhe des Leichnams um 21:52 Uhr: 24,5 °C, • Mittlere Umgebungstemperatur: etwa 24,3 °C. • Tiefe Rektaltemperatur um 21:49 Uhr: 28,3 °C. • Wassertemperatur um 21:37 Uhr: 25 °C.
Elektr. Reizung der mimischen Muskulatur (um 22:03 Uhr)	• Reizung des Musculus orbicularis oculi links: Negativ. • Reizung des Musculus orbicularis oculi rechts: Negativ. • Reizung des Musculus orbicularis oris: Negativ.
Bestimmung des Todeszeitintervalls	Die Totenflecke zeigten sich deutlich ausgeprägt und zusammengeflossen und waren auf Daumendruck nicht, auf scharfkantigen Druck gut wegdrückbar (> 3 h). Die Totenstarre zeigte sich kräftig ausgeprägt (> 2 h). Es kam zu keinem Wiederauftreten gebrochener Totenstarre (> 2 h). Die elektrische Reizung mimischer Muskulatur verlief negativ (> 5 h). Das Todeszeitintervall beträgt entsprechend des Henssge-Nomogramms (Rektaltemperatur-Todeszeit-Bezugsnomogramm) bei einem Körpergewicht von etwa 75 kg bezogen auf die Wassertemperatur von 25 °C ca. 25 h vor Messung der Rektaltemperatur (21:49 Uhr). Unter Berücksichtigung der Lage in dem stehenden Wasser (Korrekturfaktor 0,5) ergibt sich bei korrigiertem Körpergewicht von 37,5 kg ein Todeszeitintervall von ca. 13 h bezogen auf die Wassertemperatur, demnach 13 h vor Messung der Rektaltemperatur. Unberücksichtigt bleibt hierbei eine mögliche Veränderung der Wassertemperatur. Zudem kam es bereits zu einer deutlichen Annäherung der Körperkerntemperatur sowohl an die Wasser-, als auch an die Umgebungstemperatur, so dass die Todeszeitintervallbestimmung erheblich an Genauigkeit verliert. Unter Zusammenschau aller Befunde und unter Berücksichtigung des Korrekturfaktors ergibt sich ein grob geschätzter Todeszeitraum von etwa 13 Stunden bis 25 Stunden vor 21:49 Uhr am 11.07.2014, demnach zwischen 08:49 Uhr am 11.07.2014 und 20:49 Uhr am 10.07.2014.

1.6 Leichenschau im Krankenhaus bei potentiellen Tötungsdelikten

Prof. Dr. med. Burkhard Madea, Dr. med. Elke Doberentz

Patiententötungen durch Mitarbeiter in Gesundheitsberufen werden in der Regel nur zufällig entdeckt, wenn z. B. Häufungen von Todesfällen oder ein ungewöhnliches Verhalten einer Pflegekraft auffallen. Bei diesen Delikten handelt es sich fast ausschließlich um Serientötungen, die weltweit vorkommen. Es wird in der Literatur vor allem von Patiententötungen in Krankenhäusern, seltener über Tötungsdelikte in Alters- oder Pflegeheimen berichtet. Tötungsdelikte in Gesundheitseinrichtungen (Krankenhäuser, Altenheime, Pflegeheime) weisen wahrscheinlich das größte Dunkelfeld unter allen Tötungsdelikten auf. Allein für die Jahre 1976 bis 1993 konnten 12 wegen Patientenmordes belangten Pflegekräften insgesamt 174 Opfer zugeordnet werden. Die Tötungen finden am Arbeitsplatz der Täter statt, wo derartige Vorgänge nicht vermutet werden. Problematisch ist, dass in Einrichtungen mit kranken und alten, gebrechlichen Menschen selbst ein unerwartetes Versterben oftmals als „natürlicher Schicksalsschlag" wahrgenommen wird und kaum verdächtig erscheint. Des weiteren ist für derartige Serientötungen typisch, dass sie über einen langen Tatzeitraum stattfinden und mitunter zwischen den einzelnen Taten ein großer zeitlicher Abstand liegt, was die Entdeckung deutlich erschwert. Tötungsdelikte durch Pflegekräfte oder Ärzte werden meist nur zufällig entdeckt, obwohl manchmal schon längere Zeit konkrete Verdachtsmomente (Häufung von Sterbefällen, ungewöhnliches Verhalten) oder andere Hinweise vorlagen und die Verdächtigen z. B. im Kollegenkreis schon als „Todesengel" oder „Hexe" bezeichnet wurden. Da aber der Gedanke, dass ein Kollege einen Patienten tötet, irreal erscheint, wird das Wahrgenommene verdrängt. In **Tab. 1.16** sind einige Fälle von Patiententötungen aufgelistet.

Tab. 1.16

Fälle von Serientötungen in Altenheimen und Pflegeeinrichtungen

Nr.	Land	Jahr	Alter des Täters	Geschlecht	Opferzahl	Tötungsmittel/ -methode
1	D	1970–1976	43	M	9	Scophedal
2	GB	1974–2001	–	M	15, V. a. 215	Morphin
3	Norwegen	1977–1981	40	M	23, V. a. 138	Curare
4	GB	80er Jahre	–	M	3	–
5	D	1983	–	M	1	Kodan-Injektion
6	USA	1984–1985	35	M	4, V. a. 12	Insulin
7	USA	1986–1988	–	W	V. a. 6	Ersticken
8	USA	1986–1988	–	W	5	Ersticken
9	USA	1987	26	W	5	Ersticken

Tab. 1.16

Fälle von Serientötungen in Altenheimen und Pflegeeinrichtungen

Nr.	Land	Jahr	Alter des Täters	Ge-schlecht	Opferzahl	Tötungsmittel/ -methode
10	USA	1987–2003	–	M	2 Versuche, V. a. 40	Digoxin
11	USA	1990	–	M	6	Ersticken
12	USA	1991–1992	–	M	3, V. a. 23	Mellaril
13	USA	1992	34	M	3, V. a. 23	Neuroleptikum
14	NL	1995	41	W	4, V. a. 5	Insulin
15	USA	1998	–	M	1 Versuch, V. a. 4	Morphin
16	USA	1999	–	W	1, V. a. 5	–
17	GB	1999–2000	–	M	2, 4 Misshandl.	Morphin
18	Schweiz	2001	–	W	22, 5 Versuche	Ersticken mit Plastiksack, Medikamente
19	USA	2001–2003	–	M	2, 4 Versuche	–
20	D	2002	–	–	2 Versuche	–
21	USA	2003–2004	–	W	V. a. 4	–
22	Belgien	2004	–	W	V. a. 2-19	–
23	D	2003–2005	27	W	9	Ersticken

V. a. = Verdacht auf

Die meisten Patiententötungen (52 %) werden durch Injektionen von Medikamenten verübt, wobei in europäischen Ländern vor allem Opiate verabreicht werden (**Abb. 1.17**).

Allen Tötungsmethoden gemeinsam ist letztlich die äußerliche Spurenarmut, was eine Entdeckung erheblich erschwert. Auffällige Unterschiede von Serientötungen im Krankenhaus / in der Altenpflege bei Vergleichen mit Serienmorden anderer Art hat der Psychologe Herbert Maisch, der sich als erster systematisch mit Patiententötungen befasst hat, herausgearbeitet.

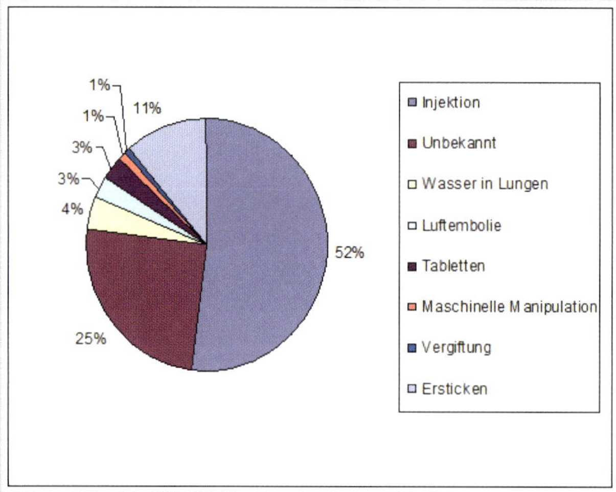

Abb. 1.17: Übersicht über die häufigsten Tötungsmethoden (nach Yorker et al., 2006).

- Der Tatort ist der Ort des beruflichen Wirkens des Täters.
- Der Täter hat sich ethisch und beruflich verpflichtet, zu helfen.
- Die Tatwaffe führt nicht zu äußerlich sichtbaren Verletzungen.
- Das Motiv lässt sich nicht in die herkömmliche Kriminologie einordnen.

Ein Fall von Serientötung in der ambulanten Altenpflege durch eine bereits mehrfach wegen Eigentums- und Betrugsdelikten vorbestrafte Altenpflegerin soll kurz vorgestellt werden.

Von insgesamt 34 Fällen, in denen der Verdacht auf versuchte oder vollendete Tötung bestand, kamen sieben Fälle zur Anklage, davon führten sechs zu einer Verurteilung wegen Mordes. Bei den hier beschriebenen Opfern handelt es sich ausschließlich um Menschen im Alter zwischen 81 und 91 Jahren. Alle befanden sich in einem relativ guten Gesundheitszustand, konnten noch in der eigenen Wohnung leben, waren jedoch mehr oder weniger auf Hilfe angewiesen, z. B. bei der täglichen Medikamenteneinnahme. In fünf Fällen gelang jeweils der Nachweis von Chlorprothixen, obwohl diesen Patienten nie verschreibungspflichtige chlorprothixenhaltige Medikamente verordnet worden waren. Am Anfang der Untersuchungen und als Auslöser für die Aufdeckung der Tötungsdelikte stand folgender Fall.

Eine 88 Jahre alte Patientin mit Diabetes wurde, nachdem ihr Zustand am Tag zuvor noch unauffällig war, von der Altenpflegerin am nächsten Morgen um 7:10 Uhr bewusstlos aufgefunden. Der herbeigerufene Hausarzt stellte um 08:00 Uhr einen komatösen Zustand mit engen Pupillen, schlaffer Muskulatur und trockenen Mundschleimhäuten fest. Er äußerte den Verdacht auf eine Vergiftung und wies die Patientin in ein Krankenhaus ein. Dort wurde die Diagnose eines Schlaganfalles gestellt. Der Blutzuckerspiegel lag ebenso wie Blutdruck und Puls im Normbereich.
Am vierten Krankheitstag, der Patientin ging es immer noch nicht besser, sprachen Verwandte der Patientin mit dem Stationsarzt. Sie wiesen auf ihren Verdacht hin, die Frau sei vergiftet worden. Daraufhin wurde eine Blutprobe für chemisch-toxikologische

Untersuchungen sichergestellt. Die Patientin war an diesem Tag zwar etwas wacher und konnte reagieren, verstarb jedoch am fünften Krankheitstag an einer Lungenentzündung. Bei der am Folgetag durchgeführten gerichtlichen Leichenöffnung wurde als Todesursache eine schwere Lungenentzündung mit schwerem Lungenödem festgestellt. Das Gehirn wies weder bei der Obduktion noch bei weiterführenden feingeweblichen Untersuchungen Hinweise auf einen Schlaganfall auf. Da durch die Obduktion zwar die letztendliche Todesursache geklärt war, die Ursache für die Bewusstlosigkeit jedoch unklar blieb, wurden umfangreiche Asservate für weitere chemisch-toxikologische Untersuchungen sichergestellt. Im Nachlass der Verstorbenen wurden zunächst 2.500 Mark vermisst. Später erhielten die Angehörigen das Geld von der Altenpflegerin zurück, mit dem Vermerk, es sei geliehen gewesen. Dieser Fall war Anlass für weitergehende Ermittlungen, ob auch andere Pfleglinge durch Beibringung von Medikamenten ums Leben gekommen sein könnten. Entsprechende chemisch-toxikologische Untersuchungen konnten erst nach der Exhumierung und Obduktion der erdbestatteten Verstorbenen durchgeführt werden.

Die Frage, die ärztlicherseits in allen Fällen hätte gestellt werden müssen, ist, ob die diagnostizierten Grunderkrankungen das hic et nunc der Befundverschlechterung beziehungsweise des Todeseintritts erklären. Auch bei alten, kranken, pflegebedürftigen Menschen ist der akute unerwartete Tod, ohne dass er sich aus den diagnostizierten Grunderkrankungen und den Umständen schlüssig ergibt, grundsätzlich klärungsbedürftig. Selbstverständlich muss in diesem Zusammenhang die Frage gestellt werden, ob und wie gegebenenfalls derartige Tötungsdelikte verhindert oder zumindest zeitnah aufgeklärt werden können. Bei nur geringen Zweifeln an einer natürlichen Todesursache müssen toxikologische Screening-Untersuchungen zum Repertoire einer erweiterten Leichenschau gehören, da Vergiftungen ansonsten bei der Leichenschau nicht feststellbar sind. Hierzu sind im Allgemeinen wenige Milliliter Blut aus der Oberschenkelvene ausreichend.

Für Tötungsserien in stationären Einrichtungen hat der Psychologe Herbert Maisch als ein kriminologisches Merkmal die „Aufdeckungs-Barriere“ genannt, da trotz der Vielzahl von Schwestern und Pflegern gemeldeter verdächtiger Todesfälle dieser Verdacht von Chefärzten, Klinikdirektoren, Verwaltungsdirektoren häufig als absurd, unsinnig, denunziatorisch zurückgewiesen wird. Wenn bereits in stationären Einrichtungen die frühzeitige Aufklärung von Tötungsserien – in einzelnen Fällen waren mehr als 20 Opfer zu beklagen – schwierig ist, gilt dies umso mehr für den ambulanten Bereich. Hier fehlt weitgehend die im Krankenhaus im Prinzip gegebene professionelle Kontrolle durch andere Pflegekräfte und Ärzte. Es kommt hinzu, dass im ambulanten Bereich in der Regel verschiedene Ärzte als Hausärzte fungieren und zur Leichenschau hinzugezogen werden. Eine Häufung der Todesfälle fällt dabei gar nicht auf.

Eine Schlussfolgerung aus diesem Fall, die unmittelbar in eine präventive Maßnahme umgesetzt werden könnte, ist jedoch, dass nur qualifizierte und vertrauenswürdige Personen zur professionellen Altenpflege zugelassen werden sollten. Kriminelle mit mehreren Jahren Hafterfahrung wegen Eigentumsdelikten bieten wohl kaum die entsprechenden Voraussetzungen.

1.7 Mehrfachleichenfund

Prof. Dr. med. Burkhard Madea

Beim Auffinden von mehr als einer Leiche an einem Fundort (in einer Wohnung, einem Zimmer, außerhalb einer Wohnung), einer Leiche und einem Überlebenden (Bewusstlosen) oder einer Leiche und eines Tierkadavers ist bis zum Beweis des Gegenteils immer von einem nicht-natürlichen Tod auszugehen.
Kriminalistisch kommen in Betracht: Tötung, Tötung mit Überlebenden, Tötung und Tätersuizid, Tötung und Suizidversuch, Suizid, erweiterter Suizid, Suizid mit Überlebendem, Unfall (Intoxikationen) (**Tab. 1.17**).

Tab. 1.17

Übersicht der Begriffsdefinitionen

	Doppelsuizid	Erweiterter Suizid	Homizid-Suizid
Andere Bezeichnungen	gemeinschaftliche Selbsttötung, Mehrfachsuizid, suicide pact	Mitnahmesuizid, murder-suicide	homicide-suicide, murder-suicide
Merkmale	• freiwillige, gleichzeitige oder unmittelbar aufeinanderfolgende (Selbst-)Tötungshandlungen möglichst am gleichen Ort mit der derselben Methode, • Zeitabstand offen, • enge Beziehung zwischen den Suizidenten, • eine Person kann handlungsführend sein.	• gemeinsame Tötung oder Suizid nach Tötung des/der Anderen, • fehlendes Einverständnis des/der Opfer(s) meist Familienmitglieder oder Intimpartner, • rasche Aufeinanderfolge von Tötung und Selbsttötung	• unfreiwillige(s) Opfer • Homizid, dann Suizid Opfer kann dem Täter völlig unbekannt und willkürlich gewählt sein
Motiv	Partnerschaftliche Gemeinschaft in Gefahr durch z. B. schwere körperliche Erkrankung eines Partners	altruistisches Motiv	Rache, Reue, Schuldgefühl, Furcht vor Strafe

Der quasi gleichzeitige Tod zweier Menschen aus innerer krankhafter Ursache – bei Ehepaaren auch als Philemon und Baucis-Tod bezeichnet – stellt eine absolute Rarität dar. Bei mehr als einer Leiche an einem Fundort ist bis zum Beweis des Gegenteils immer von einem nicht-natürlichen Tod auszugehen. Früher waren eine häufige Ursache akzidentelle Kohlenmonoxydvergiftungen, heute kommen auch gemeinschaftlich in suizidaler Absicht verübte Kohlenmonoxydvergiftungen mit Holzkohlegrill vor.
Die kriminalistischen Möglichkeiten beim Mehrfachleichenfund sollen kurz durch einige Fallbeispiele illustriert werden.

1.7.1 Erweiterter Suizid

Vorgeschichte
Ein Ehepaar, das Schafe zuchtete, wurde leblos in seinem Haus aufgefunden. Die 77 Jahre alt gewordene Frau lag mit einer über den Kopf gezogenen Plastiktüte in Linksseitenlage in ihrem Bett (**Abb. 1.18**). Es fanden sich ausgedehnte Blutantragungen an der Plastiktüte und auf dem Kopfkissen unter ihrem Kopf. Der 77 Jahre alt gewordene Mann wurde bäuchlings in einer mit Wasser gefüllten Badewanne aufgefunden. Unter ihm befand sich ein sog. Viehbetäubungsapparat (Fa. DICK, Modell VSG-9LC) (**Abb. 1.19**). Die Frau hatte an multipler Sklerose gelitten. In der Nähe der Toten wurden durchgedrückte Blister von Morphin AL 10 retard aufgefunden, das nachvollziehbar rezeptiert worden war. Zudem wurden Abschiedsbriefe, in denen ein vorangegangener Suizidversuch mit Morphin geschildert wurde, sowie umfangreiche Dokumentationen zur Nachlassregelung aufgefunden.

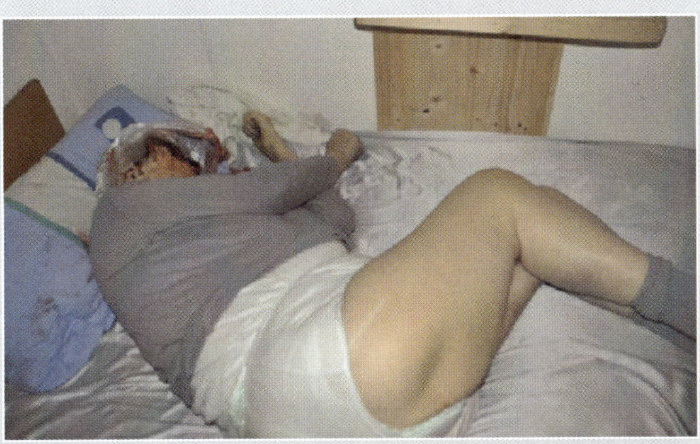

Abb. 1.18: Auffindesituation der Frau im Schlafzimmer.

Abb. 1.19: Auffindesituation des Mannes in der Badewanne.

Wesentliche Sektionsbefunde der 77 Jahre alt gewordenen Frau

- Körperlänge: 172 cm,
- Körpergewicht: 87,7 kg,
- typische sog. Bolzenschussverletzung der rechten unteren Stirn-Schläfenregion mit seitlichen runden Schmauchhöfen und zusätzlicher flächenhafter Beschmauchung der Wundregion (**Abb. 1.20**),
- Stanzdefekte von behaarter Kopfhaut, Schädeldach sowie harter Hirnhaut,
- etwa 6–7 cm langer Schuss-Stanzkanal zwischen rechtem Stirn- und Schläfenlappen mit ausgeprägten umgebenden Hirngewebe-Prellungsherden und Verlauf Richtung Türkensattel ohne Verletzung desselben und der angrenzenden Schädelbasisanteile,
- deutliche Hirnschwellung,
- keine Bluteinatmung,
- Hyperostosis frontalis interna,
- mehrere Gallenblasensteine,
- geringe Koronarsklerose bei fortgeschrittener Aortensklerose,
- fortgeschrittene Arterio- und Arteriolosklerose der Nieren,
- chronische Lungenüberblähung mit Zwerchfellschnürfurchen der Leber,
- Nebennierenrindenknoten beidseits.

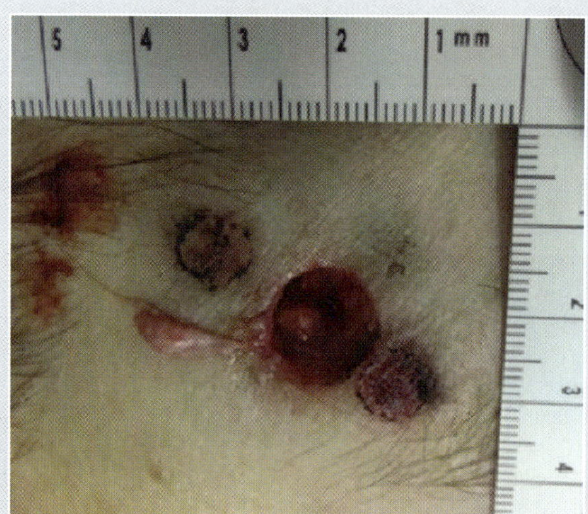

Abb. 1.20: Bolzenschussverletzung der rechten Stirn-Schläfenregion der Frau.

Wesentliche Sektionsbefunde des 77 Jahre alt gewordenen Mannes

- Körperlänge: 170 cm,
- Körpergewicht: 83,9 kg,
- typische sog. Bolzenschussverletzung mittig im Kopfhöhenbereich mit seitlichen runden Schmauchhöfen (**Abb. 1.21**),
- entsprechende Stanzdefekte der behaarten Kopfhaut, des Schädeldaches und der harten Hirnhaut,
- korrespondierender Wund-Stanzkanal zwischen beiden Großhirnhälften verlaufend mit umgebenden Hirngewebs-Prellungsherden und ausgedehnten Einblutungen im Bereich der Stammknotenregion,
- in die Tiefe des Wundkanals verlagerter, ausgestanzter Teil des Schädeldaches,
- Einblutung der Hirnanhangsdrüse und knöcherne Verletzungen der Türkensattelregion sowie eingeblutete Seitenhirnkammern,
- flächenhafte Blutungen unter der harten Hirnhaut über der linken Großhirnhälfte, den Basen beider Großhirnhälften und im Bereich von Hirnbrücke und verlängertem Mark,
- ausgeprägte Koronarsklerose bei mäßiger allgemeiner Arteriosklerose,
- mäßiggradiges Lungenemphysem, geringes Lungenödem, keine Bluteinatmung,
- sog. Cholesteatose der Gallenblasenschleimhaut,
- fortgeschrittene Arterio- und Arteriolosklerose der Nieren.

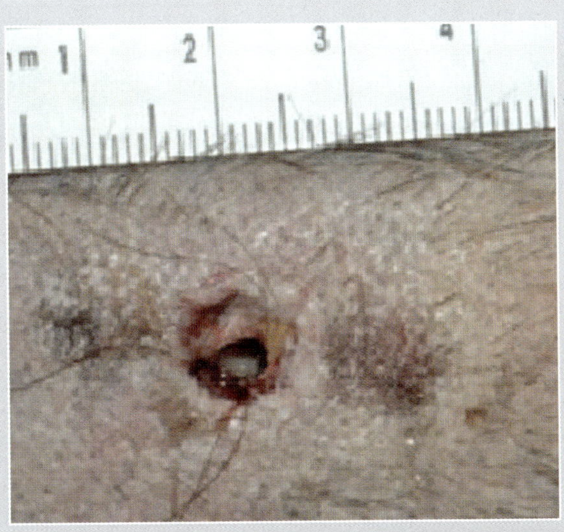

Abb. 1.21: Bolzenschussverletzung im Kopfhöhenbereich des Mannes.

Sowohl bei der Frau als auch bei dem Mann ließ sich der Tod auf die Bolzen-Kopfschussverletzung zurückführen und zudem fanden sich keine Hinweise auf andersartige Einwirkungen äußerer mechanischer Gewalt, insbesondere fanden sich z. B. keine abwehrtypischen Verletzungen.

Systematische toxikologische Analysen von bei der Obduktion entnommenen Blut- und Urinproben erbrachten in beiden Fällen Blutalkoholkonzentrationen von 0,0 ‰. Bei der Frau ließ sich eine freie Morphinkonzentration im Herzblut von 230 ng/ml nachweisen. Des Weiteren ergaben sich keine Auffälligkeiten.
Die Morphinkonzentration ist differenziert zu betrachten. Aufgrund der jahrelangen Medikation kann von einer Gewöhnung ausgegangen werden und üblicherweise herangezogene Grenzwerte können nicht angewandt werden.

1.7.2 Raub mit Todesfolge

Ein Antiquitätenhändler und seine Lebensgefährtin wurden leblos in der gemeinsamen Wohnung aufgefunden, er am Schreibtisch sitzend, sie im Flur liegend. Auffällige Befunde bei der Leichenschau waren Vertrocknungen von Nasenrücken und häutiger Ober- und Unterlippe sowie einzelne Einblutungen der Mundvorhofschleimhaut, die sich durch Grundleiden und Auffindesituation nicht erklären ließen.

Als vorbestehende Organerkrankungen fand sich jeweils eine schwere allgemeine Arteriosklerose und Koronarsklerose mit alten Myokardinfarkten sowie Myokardhypertrophie.
Die chemisch-toxikologischen Untersuchungen an Blut und Gewebe erbrachten den Nachweis von Halothan. Zwei Tatverdächtige wurden ermittelt, die den Antiquitätenhändler und seine Lebensgefährtin mittels vor die Atemöffnungen gepresster, halothangetränkter Handtücher betäubten, um sie auszurauben.

1.7.3 Ungewöhnlicher Doppeltodesfall aus natürlicher Ursache

In der Literatur finden sich nur wenige Publikationen über Mehrfachleichenfunde mit natürlicher Todesursache. Dabei war bei zahlreichen Fällen der zweite Todesfall vom ersten abhängig (Tab. 1.18).

Tab. 1.18

Doppeltodesfälle in der Literatur

Verhältnis	Alter	Umstände	Todesursache	Autor
Ehepaar	Mann: 70 Frau: 62	• Frau: lag rücklings im Krankenbett • Mann: lag rücklings im Bett • neben beiden Betten Medikamente	Mann: Pericardtamponade Frau: Akute dekompensierte Herzinsuffizienz	S. Ciesiolka
Ehepaar	Mann: 85 Frau: 75	Beide in Rückenlage auf dem Boden des Schlafzimmers.	Mann: Gastrointestinaler Blutung. Frau: Akute links Herzversagen	S. Ciesiolka
Zwei Schwestern	69 89	Auf dem Boden der Wohnung	Beide: Herzinfarkt	M. Tsokos
Paar	keine Angaben	keine Angaben	Beide: Bronchopneumonie	H. Thomsen
Paar	keine Angaben	keine Angaben	Beide Bronchopneumonie	H. Thomsen
Paar	keine Angaben	keine Angaben	Ein Partner: Lungenarterienthromboembolie Anderer Partner: Durchbruch eines Sigmakarzinoms mit Peritonitis	H. Thomsen
Zwei Geschwister	Mann: 66 Frau: 64	Die Schwester lag rücklings auf Boden des Schlafzimmers und auf ihr die Leiche des Bruders.	Beide: Chronische krankhafte Organveränderungen, Hypertrophie und Dilation des rechten Herzens	G. Bauer
Ehepaar	keine Angaben	Im Doppelbett des Schlafzimmers vorgefunden, am Vortag hatten beide über eine Erkältung geklagt	Beide: Virusinfektion (Influenza 2)	G. Bauer
Ehepaar	Keine Angaben	Im Doppelbett aufgefunden worden	Beide: Konfluierende Bronchopneumonie	G. Bauer
Zwei zusammenlebende Frauen	keine Angaben	keine Angaben	Lobulärpneumonie	G. Bauer

Tab. 1.18

Doppeltodesfälle in der Literatur

Verhältnis	Alter	Umstände	Todesursache	Autor
Ehepaar	keine Angaben	keine Angaben	Mann: Infarktschwiele des Herzens bei schwerer Sklerose Frau: Apoplektische Massenblutung	G. Bauer
Zwei Geschwisterkinder	Knabe: 5 Monate Mädchen: 2 Monate	Tot innerhalb einer kurzen Zeitspanne (knapp 24 Stunden) im Bett gefunden worden	Beide: Interstitielle Pneumonie	G. Bauer
Mann und Prostituierte	Mann: 70 Frau: 55	Der Mann am Boden und die Frau im Bett aufgefunden, Blutlache-Spritzer-Verschmierungen	Mann: eitrige Meningitis Frau: Oesophagusvarizenblutung	G. Bauer
Eineiige Zwillinge	2,5 Jahre	Im Kinderbett im Kinderzimmer	Verhungern und Exsikkose	B. Madea

Vorgeschichte

Ein 76 Jahre alt gewordener, schwer herzkranker Mann lebte mit seiner Ehefrau und seiner blinden und taubstummen 69 Jahre alten Schwester mit bekanntem Diabetes mellitus in einer Wohnung. Der Mann sei am Abend zuvor mit einem Bekannten in einer Gaststätte gewesen. Nachbarn fanden den Mann und seine Schwester tot in der Wohnung auf, die Wohnung war unverschlossen. Am Abend des Todestages war die Ehefrau nicht zu Hause gewesen. Der Mann lag in Bauchlage im Flur (**Abb. 1.22**), vor der Stirn ein Handtuch (**Abb. 1.23**). Die Schwester wurde in Rückenlage in einem Flur aufgefunden (**Abb. 1.24**).

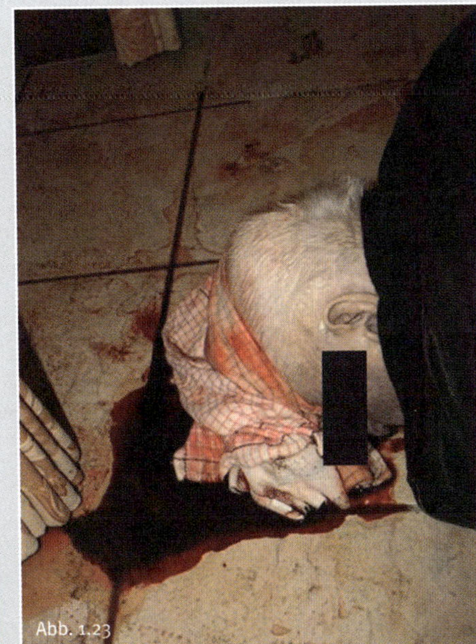

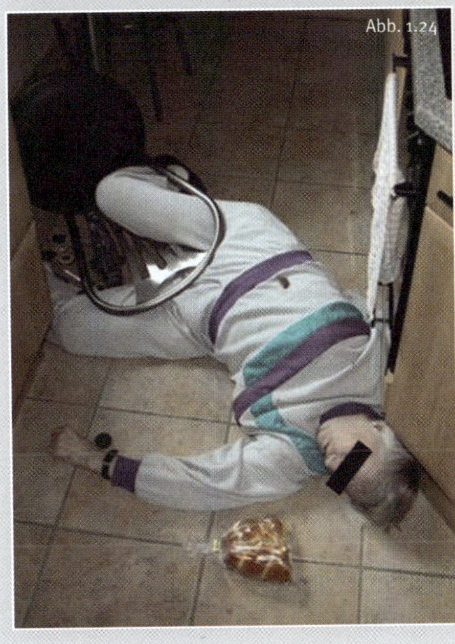

Abb. 1.22 und
Abb. 1.23: Auffindesituation des 76 Jahre alt gewordenen Mannes.
Abb. 1.24: Auffindesituation der 69 Jahre alt gewordenen Frau.

Wesentliche Sektionsbefunde des Mannes	• Platzwunde der unbehaarten Stirnkopfhaut (**Abb. 1.25**). • Platzwunde der Nase. • Keine weiteren Verletzungszeichen. • Dilatation aller Herzhöhlen und Herzmuskelmassenzunahmen (680 g). • Hypertrophie der rechtsventrikuklären Kammerwand. • Schwere, subtotal lichtungsverschließende Koronarsklerose. • Feinfleckig-disseminierte Myokardfibrose. • Aortenklappe mit Kalkeinlagerungen, nicht mehr schwingungs- und schlussfähig. • Lungenödem. • Mäßiges Lungenemphysem. • Prall voller Magen. • Unterblutung der Kopfschwarte korrespondierend zur Kopfplatzwunde (agonale Sturzverletzung).

Histologisch konnte unter anderem eine Myokardfibrose verifiziert werden. BAT und UAK negativ. Traub'scher Summenwert: 670,29 mg/dl.

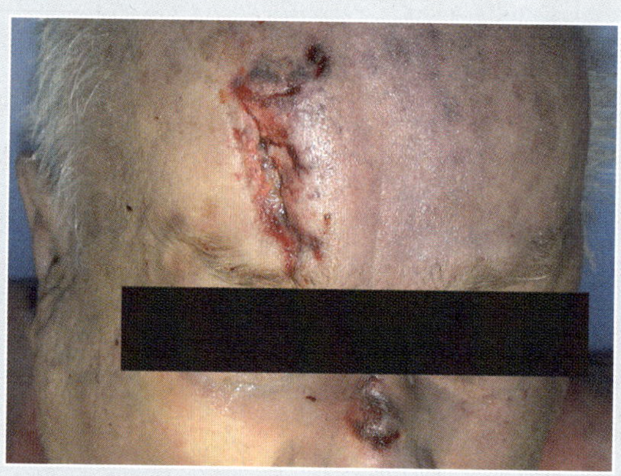

Abb. 1.25: Platzwunde der unbehaarten Stirnkopfhaut des Mannes.

Wesentliche Sektionsbefunde der Schwester	• Eher spärliche Ausdehnung und Intensität der Totenflecke. • Keine Zeichen äußerer Gewalt. • 200 ml überwiegend flüssiges Blut intraperikardial bei rupturiertem Myokardinfarkt (**Abb. 1.26 und 1.27**). • Herzruptur im Bereich der Herzspitze mit Einblutung in das Myokard und das subepikardiale Fettgewebe. • Fortgeschrittene allgemeine Arteriosklerose. • Arterio-Arteriolosklerose der Nieren.

Histologisch zeigte sich eine granulozytäre Infiltration im Myokard. Chemisch-toxikologische Untersuchungen verliefen negativ. Traub'scher Summenwert: 546,3 mg/dl.

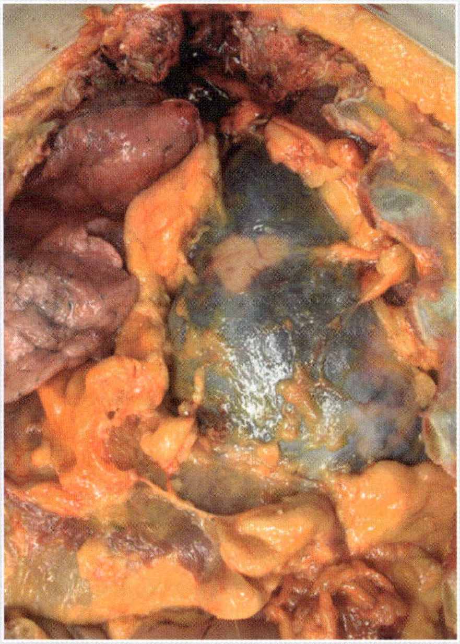

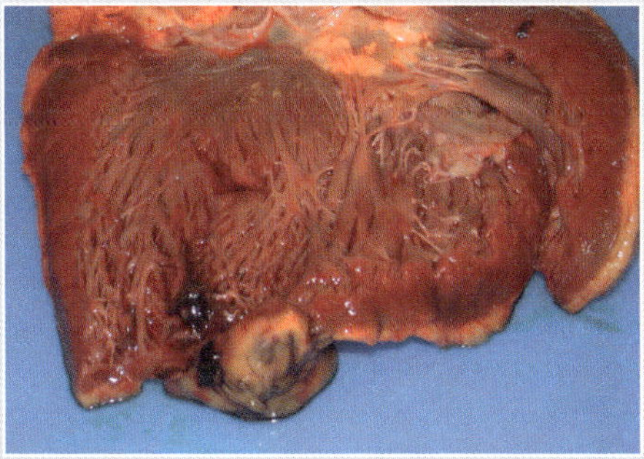

Abb. 1.26 (links): 200 ml überwiegend flüssiges Blut intraperikardial bei rupturiertem Myokardinfarkt.
Abb. 1.27 (rechts): Herzruptur im Bereich der Herzspitze mit Einblutung in das Myokard und das subepikardiale Fettgewebe.

Auffindungssituation und Sektionsbefunde waren folgendermaßen zu interpretieren:
Die Platzwunde der Stirn beim 76 Jahre alt gewordenen Mann ist Folge eines agonalen Sturzes. Der Mann starb an einem akuten Herzversagen aufgrund einer schweren Koronarsklerose. Die Schwester hatte ihm offensichtlich noch ein Handtuch um den Kopf gelegt, um die Blutung zu stillen. Beide Geschwister wiesen gravierende Vorerkrankungen auf. In beiden Fällen waren keine weiteren Zeichen einer äußeren Gewalteinwirkung verifizierbar.
Der Tod des Bruders führte zum Tod der vorbestehend herzkranken Schwester. Offensichtlich kam es im Rahmen der emotionalen Belastung mit dadurch bedingtem Blutdruckanstieg zur Ruptur des vorbestehenden Myokardinfarktes. Nebenbefundlich zeigte sich bei beiden Geschwistern eine Hyperglykämie.

1.8 Wohnungsleichen

Prof. Dr. med. Burkhard Madea, Dr. med. Elke Doberentz

Hierunter versteht man zufällig, häufig nach längerer Liegezeit tot aufgefundene Personen, teilweise mit fortgeschrittenen Leichenerscheinungen, und oftmals ohne bekannte Krankheitsanamnese (**Abb. 1.28** und **1.29**). In Abbildungen sind dargestellt die Leichen eines vollständig mumifizierten Ehepaares, das in der Wohnung aufgefunden wurde; durch die Mumifizierung ist die Körperhaltung nach Todeseintritt fixiert. Das Ehepaar wurde seit einem halben Jahr von den Nachbarn nicht mehr gesehen. Während der ganzen Zeit war die Balkontüre geöffnet und Licht brannte.

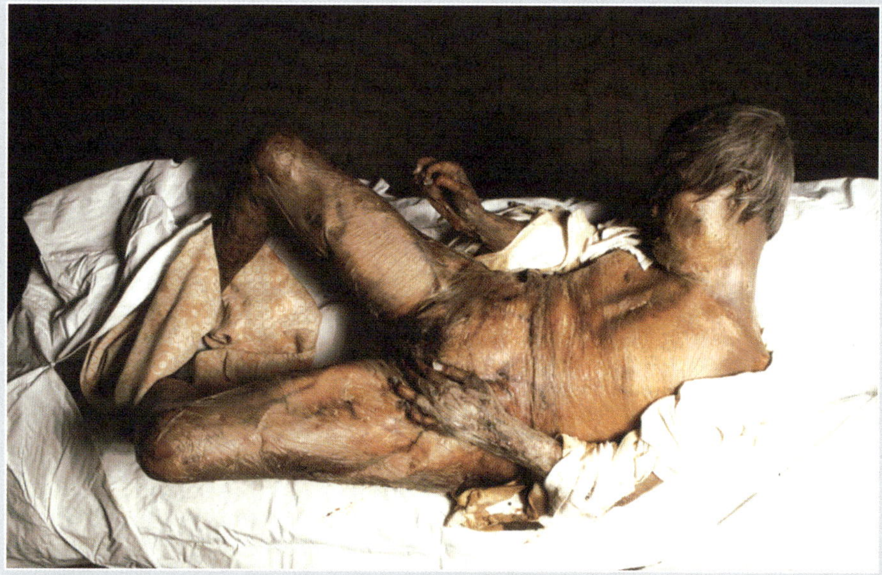

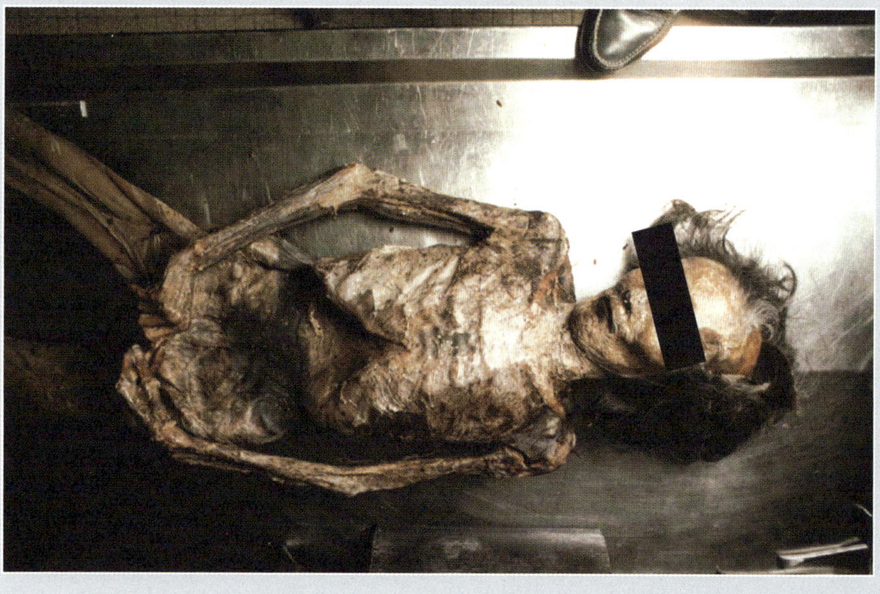

Abb. 1.28 (oben) und
Abb. 1.29 (unten): Mumifiziertes Ehepaar

Wohnungsleichen finden sich vor allen Dingen beim anonymen Sterben in städtischen Wohnsilos. Anlass für das Aufsuchen der Wohnung sind z. B. unangenehmer Geruch (Fäulnis), überquellender Briefkasten, nicht bezahlte Rechnungen, unter der Türe hervorkriechende Fliegenmaden. Ursache für eine soziale Isolation ist häufig Alkoholismus. Hinweisgebend kann hier bereits der Wohnungszustand sein (verwahrlost, verdreckt, unzählige leere Alkoholflaschen, beblutete Handtücher in der Wohnung, z. B. benutzt zur Kompression sturzbedingter Platzwunden).

Aufgrund einer retrospektiven Analyse hat die Arbeitsgruppe von Verhoff für den Begriff Wohnungsleiche folgende Definition vorgeschlagen: „Nach einer Postmortalzeit ca. mindestens 24 Stunden in einer privaten Wohnung oder in einem privaten Haus tot aufgefundene Person, möglicherweise mit fortgeschrittenen Leichenerscheinungen und daraus resultierenden Schwierigkeiten bei der Identifizierung. Oftmals sind die Verstorbenen ohne bekannte Krankheitsanamnese. Anlass für das Aufsuchen der Wohnung sind häufig besorgte Bekannte (Nachbarn, Vermieter etc.) oder Verwandte nach frustranen Kontaktversuchen, aber auch unangenehmer Geruch aus der Wohnung (Fäulnisgase), ein überquellender Briefkasten oder nicht bezahlte Rechnungen. Ein Großteil der Personen lebte sozial isoliert und betrieb Fremdstoffmissbrauch. Männer sind häufiger betroffen als Frauen. Das Sterbealter liegt durchschnittlich in der 6. Lebensdekade und damit deutlich unter der durchschnittlichen Lebenserwartung."

Insbesondere die vier Kriterien „fortgeschrittene Leichenerscheinungen", „soziale Isolation", „oftmals unklare Todesursache", „Schwierigkeiten bei der Identifikation" waren im Untersuchungsgut der Arbeitsgruppe Verhoff verifizierbar.

Die rechtsmedizinische Leichenschau/Obduktion

Prof. Dr. med. Burkhard Madea
Dr. med. Elke Doberentz

Die rechtsmedizinische Leichenschau / Obduktion

Bereits in der Peinlichen Halsgerichtsordnung Kaiser Karls V. von 1532 wurde die ärztliche Untersuchung eines Leichnams zur Klärung der Kausalität zwischen Gewalteinwirkung und Todeseintritt bei postintervallären Todesfällen geregelt. Als früheste gerichtliche Obduktion – es handelt sich wohl eher um eine gerichtliche Leichenschau auf Anordnung eines Richters – gilt die Untersuchung des Leichnams von Jacobus Rustighelli durch zwei Ärzte in Bologna am 12. Februar 1289. Lange blieb es bei gewaltsamen Todesfällen bei einer „Inspectio vulnerum", einer äußerlichen Besichtigung von Wunden, obwohl sich zunächst die anatomische, dann auch die klinische Obduktion seit dem frühen 16. Jahrhundert vor allen Dingen in Padua entwickelte.

Mitteldeutsche Ärzte forderten bereits im 17. Jahrhundert aufgrund ihrer höheren Aussagekraft, die „Inspectio vulnerum" durch eine Obduktion zu ersetzen. Historisch sind drei Sektionstypen zu unterscheiden (**Tab. 2.1**): Die anatomische Obduktion, die klinische Obduktion und die gerichtliche Obduktion.

Tab. 2.1

Sektionstypen	
Obduktion	**Merkmale**
Anatomische Obduktion	• Struktur und Funktion des menschlichen Körpers • Andreas Vesalius 1514–1564 • Große Fortschritte im 16. bis 18. Jahrhundert
Klinische Obduktion	• Sitz und Ursache von Krankheiten, Ätiologie, Pathogenese • Giovanni Battista Morgagni 1682–1771 • Marie Francois Xavier Bichat 1771–1802 • Carl v. Rokitansky 1804–1878 • Rudolf Virchow 1821–1902
Gerichtliche Obduktion	• Todesart und Todesursache • Kausalität äußerer Gewalteinwirkung für den Tod • Lebend- oder Totgeburt • Behandlungsfehler • Johannes Bohn 1640–1718 • Johann Ludwig Casper 1796–1864 • Eduard von Hofmann 1837–1897

Neben der Klärung der Todesursache – die Obduktion ist auch im 21. Jahrhundert der Goldstandard zur Klärung der Todesursache – hat sie folgende Aufgaben:

- Feststellung der Todesursache
- Qualifikation der Todesart
- Vergleich prämortaler (klinischer) und postmortaler (morphologischer) Befunde
- Beitrag zu einer validen Todesursachenstatistik
- Monitoring des öffentlichen Gesundheitswesens
- Qualitätskontrolle der klinischen Medizin
- Ausbildung von Studierenden und Ärzten
- Identifizierung neuer Krankheiten und des Gestaltwandels von Krankheiten
- Evaluation der Therapieeffizienz neuer Medikamente, Operationstechniken etc.
- Unterrichtung der Angehörigen
- Schutz vor unberechtigten Behandlungsfehlervorwürfen bzw. rasche Klärung berechtigter Vorwürfe.

Auch im 21. Jahrhundert sind nach Lundberg „low-technology autopsies" hinsichtlich der Klärung der Todesursache einer „high-technology medicine" überlegen.

Die gesetzlichen Grundlagen zur Durchführung von Obduktionen finden sich einerseits in der Strafprozessordnung, andererseits in den Bestattungsgesetzen der Bundesländer.

2.1 Bundesgesetzlich geregelte Obduktionen

Strafprozessuale bzw. gerichtliche Sektionen gem. §§ 87 ff. StPO in Verbindung mit § 152 Abs. 2 StPO

Sie wird auf Antrag der Staatsanwaltschaft „sofern zureichende tatsächliche Anhaltspunkte" für das Vorliegen einer Straftat vorliegen beim Amtsgericht beantragt und vom Amtsrichter angeordnet. In Deutschland 1999 waren dies insgesamt 17.208 gerichtliche Obduktionen.

Sog. Seuchensektionen gem. § 26 Abs. 3 Infektionsschutzgesetz (IfSG)

Wird vom Gesundheitsamt angeordnet, „wenn dies vom Gesundheitsamt für erforderlich gehalten wird". Rein wissenschaftliches Interesse kann nicht Grundlage für eine Obduktion nach dem IfSG sein, sondern es handelt sich dabei um eine Untersuchung mit dem Ziel, diejenigen Erkenntnisse zu gewinnen, die notwendig sind, um über erforderliche Schutzmaßnahmen (§§ 28 ff. IfSG) befinden zu können. Obduktionen nach IfSG spielen zahlenmäßig keine Rolle; in Bonn wurde innerhalb von 10 Jahren nur eine Obduktion angeordnet.

Feuerbestattungssektionen (ehemals gemäß § 3 Abs. 2 Ziffer 2 Feuerbestattungsgesetz (FeuerbestG) bzw. heute nach Bestattungsgesetzen der Länder)

Die Feuerbestattungssektion wird vom Amtsarzt angeordnet, wenn sich bestehende Zweifel zur Todesursache auch nach Rücksprache mit dem behandelnden Arzt nicht ausräumen lassen. Sie spielt zahlenmäßig nur eine untergeordnete Rolle.

Sozialversicherungsrechtliche Obduktion gem. §§ 103 ff. Sozialgesetzbuch VII

2.2 Teilweise landesgesetzliche Obduktionen

Anatomische Sektion

Hierunter versteht man die Zergliederung von Leichen oder Leichenteilen in anatomischen Instituten zum Zweck der Lehre und Forschung über den Aufbau des menschlichen Körpers. Sie darf unter ärztlicher Aufsicht oder Aufsicht und Leitung von Hochschullehrern der Anatomie zur Ausbildung des Nachwuchses in medizinisch-naturwissenschaftlichen Berufen gemäß Approbations- oder Ausbildungsverordnung vorgenommen werden, sofern der Verstorbene der Sektion zugestimmt hat und eine Leichenschau stattgefunden hat, sofern ein natürlicher Tod vorliegt oder eine Freigabe des Leichnams durch die Staatsanwaltschaft nach § 159 Abs. 2 StPO erfolgt ist. Die anatomische Sektion dient nicht der Todesursachenklärung.

Klinisch-wissenschaftliche Sektion

Inzwischen in Sektionsgesetzen einzelner Bundesländer gesetzlich geregelt. Sie dient der Klärung der Todesursache, der Überprüfung der Diagnose- und Therapieverfahren (Qualitätskontrolle), einem dem Fortschritt der Medizin dienendem wissenschaftlichen Interesse in Lehre, Forschung und Epidemiologie sowie der Fürsorge für die Hinterbliebenen. Voraussetzung zur Durchführung einer klinischen Obduktion ist in der Regel das Vorliegen des Einverständnisses des Verstorbenen bzw. der totensorgeberechtigten Angehörigen. In einzelnen Bundesländern ist eine Zulässigkeit auch dann gegeben, wenn Angehörige oder eine bevollmächtigte Person nicht innerhalb einer gesetzlich festgelegten Frist (z. B. 8 Tagesstunden nach Information über die geplante Obduktion) der Obduktion widersprechen. Klinische Obduktionen werden nahezu ausschließlich an in Krankenhäusern Verstorbenen vorgenommen, im Jahr 1999 insgesamt 27.147 klinische Obduktionen.

2.3 Sonstige Obduktionen

Privatversicherungsrechtlich begründete Sektionen

Von privaten Versicherungsträgern werden Obduktionen zur Frage eines Ursachenzusammenhangs zwischen dem eingetretenen Tod und der versicherten Tätigkeit in Auftrag gegeben. Rechtsgrundlage sind die privaten Versicherungsverträge. Die potenziell Begünstigten haben die Möglichkeit, der geplanten Obduktion zu widersprechen, jedoch mit nachteiligen Konsequenzen hinsichtlich der Beweislage. Privatversicherungsrechtliche Sektionen spielen zahlenmäßig keine Rolle.

Privatsektionen

Obduktionen im Auftrag der Totensorgeberechtigten zur Klärung der Todesursache, zur Trauerbewältigung, bei Todesfällen von Kindern insbesondere auch zur Klärung der Frage, ob Missbildungen oder Stoffwechselstörungen mit Auswirkungen für die weitere Familienplanung vorliegen.

Verwaltungssektionen, wie es sie in der ehemaligen DDR gab, und wie sie in Österreich (sanitätspolizeiliche Obduktion), skandinavischen Ländern und Ländern des ehemaligen Ostblocks immer noch gibt, existieren in der Bundesrepublik Deutschland leider nicht. Dementsprechend niedrig ist die Sektionsquote: es werden in Deutschland nur 2 % der Verstorbenen gerichtlich obduziert (ca. 17.000 bis 18.000 gerichtliche Obduktionen pro Jahr) und vermutlich weniger als 2 % der Verstorbenen klinisch. Insbesondere die Rate klinischer Obduktionen hat in den letzten Jahrzehnten in Deutschland dramatisch abgenommen (**Tab. 2.2**).

Tab. 2.2

Obduktionsraten in einigen europäischen Ländern

	Jahr	Gesamt	Klinische Obduktion	Gerichtliche Obduktion
Großbritannien	1999	17,3 %	2,1 %	15,2 %
Schweden	1992	22,0 %	16,0 %	6,0 %
Finnland	1992	31,1 %	14,2 %	16,9 %
Dänemark	1992	16,0 %	13,6 %	2,4 %
Deutschland	1999	5,1 %	3,1 %	2,0 %
Deutschland	1994	6,1 %	4,2 %	1,9 %

Im Vergleich zu Deutschland werden in Vilnius, der Hauptstadt Littauens, bei 600.000 Einwohnern knapp 10.000 gerichtliche Obduktionen pro Jahr durchgeführt. In England und Wales wurden 2007 von 504.300 Todesfällen 234.500 dem Coroner gemeldet (46 % der Fälle). Wiederum knapp die Hälfte hiervon (47 %) wurden obduziert (110.400 Fälle). In England und Wales existiert ein Indikationskatalog von Todesfällen, die dem Coroner gemeldet werden müssen.

Einen ähnlichen Indikationskatalog gab es auch in der ehemaligen DDR:

Anordnung über die ärztliche Leichenschau vom 04.12.1978 (DDR-GBl. I, 1979, Nr. 1)

§

„§ 8
(1) Zur Vervollständigung der Ergebnisse der Leichenschau muss in folgenden Fällen eine Leichenöffnung vorgenommen werden:
a) bei Verstorbenen, bei denen nach Besichtigung und Untersuchung der Leiche und im Ergebnis der Ermittlungen die Todesursache nicht festgestellt werden konnte,
b) bei verstorbenen Schwangeren und Kreißenden sowie bei Wöchnerinnen, bei denen der Tod innerhalb von 6 Wochen nach der Entbindung eingetreten ist,
c) bei Totgeborenen,
d) bei Verstorbenen, die bei Eintritt des Todes das 16. Lebensjahr noch nicht vollendet hatten,
e) bei unbekannten Verstorbenen,
f) bei begründetem Wunsch der Angehörigen."

§

„§ 8
(2) Eine Leichenöffnung soll vorgenommen werden:
a) bei Verstorbenen, die eines nichtnatürlichen Todes gestorben sind oder bei denen die Todesart nicht aufgeklärt ist,
b) bei Verstorbenen mit
– einer meldepflichtigen übertragbaren Krankheit oder
– einer Berufskrankheit oder
– einer meldepflichtigen Geschwulstkrankheit oder
– bei denen Verdacht auf eine der genannten Krankheiten besteht,
c) bei Verstorbenen, bei denen innerhalb der letzten 4 Wochen vor Eintritt des Todes eine Schutzimpfung vorgenommen wurde,
d) bei Verstorbenen mit transplantierten oder implantierten inneren Organen oder Organteilen,
e) bei begründetem wissenschaftlichen Interesse,
f) bei Verstorbenen mit implantiertem Herzschrittmacher."

Die Obduktion muss dabei nach speziellen fachlichen Regeln vorgenommen werden, die sich bereits im 19. Jahrhundert ausbildeten (**Abb. 2.1**).

Abb. 2.1: Sections-Technik von Rudolf Virchow (1821–1902) mit Preußischem Sektionsregulativ.

Auch in Österreich gab es eine entsprechende Vorschrift für die Vornahme der gerichtlichen Todtenbeschau aus dem Jahre 1853 mit mehr als 100 Paragraphen.
Europaweit findet sich heute die Recommendation no. (R99) 3 „On the harmonization of medico-legal autopsy rules“ Beachtung (Europarat 1999).
Die diagnostischen Ebenen zur Feststellung der Todesursache reichen von der Leichenschau über die Obduktion zu zahlreichen Anschlussuntersuchungen, die ganz unterschiedliche Untersuchungssubstrate umfassen (**Tab. 2.3**)

Tab. 2.3

Diagnostische Ebenen zur Feststellung der Todesursache	
Diagnostische Ebenen	**Untersuchungsobjekt**
Leichenschau	Intakter Körper
Obduktion	Organe, Organsysteme Verletzungen, makroskopische Organveränderungen, Auswirkungen von Erkrankungen auf Organsysteme
Histologie inklusive Immunhistochemie	Veränderungen auf Gewebs- und zellulärer Ebene

Tab. 2.3

Diagnostische Ebenen zur Feststellung der Todesursache

Diagnostische Ebenen	Untersuchungsobjekt
Molekularpathologie	Zelluläre / subzelluläre Ebene Nachweis viralen Genoms, von Mutanten mit Ionenkanaldefekten, Slow-Metabolizern
Postmortal chemische Untersuchungen	Störungen der Homöostase Hyperglykämie, Urämie, Wasser-Elektrolythaushalt Ketoazidose
Toxikologie	Substratnachweis, Quantifizierung, Verteilung

Vergleicht man die klinischen Angaben zu Grundleiden und Todesursache (prämortale Diagnose) mit dem objektiven, durch Obduktion gesicherten postmortalen Befund, sind hinsichtlich der Diskrepanzen zwischen klinisch und autoptisch festgestellter Todesursache Hauptfehler und Nebenfehler zu differenzieren (**Tab. 2.4**).

Tab. 2.4

Diskrepanzen zwischen klinisch und autoptisch festgestellter Todesursache

1.	**Hauptfehler I** (major mistake, class I): Klinisch nicht erkannte Diagnose, die sich während der Obduktion als Grundleiden und/oder einen Hauptgrund für den Tod des Patienten erweist. Wäre also die Diagnose rechtzeitig erkannt worden, so hätte das Leben des Patienten zumindest zeitweilig verlängert werden können.
2.	**Hauptfehler II** (major mistake, class II): Klinisch nicht erkannte Diagnose, die, wäre sie ante-mortem gestellt worden, keine Auswirkungen auf die Behandlung und den Verlauf gehabt hätte.
3.	**Nebenfehler** (minor mistake): Während der Obduktion erkannte Krankheiten bzw. medizinische Sachverhalte, die mit dem Verlauf der Grunderkrankung bzw. der Todesursache keine direkte kausale Verbindung haben.

Als Hauptfehler I werden klinisch nicht erkannte Diagnosen bezeichnet, die sich während der Obduktion als Grundleiden und/oder einen Hauptgrund für den Tod des Patienten erweisen. Wäre also die Diagnose rechtzeitig erkannt worden, so hätte das Leben des Patienten zumindest zeitweilig verlängert werden können. Hauptfehler I haben u.a. auch forensische Relevanz.

Nach Shojania et al. finden sich Hauptfehler I nach wie vor in ca. 8–10% der Todesfälle (**Abb. 2.2**).

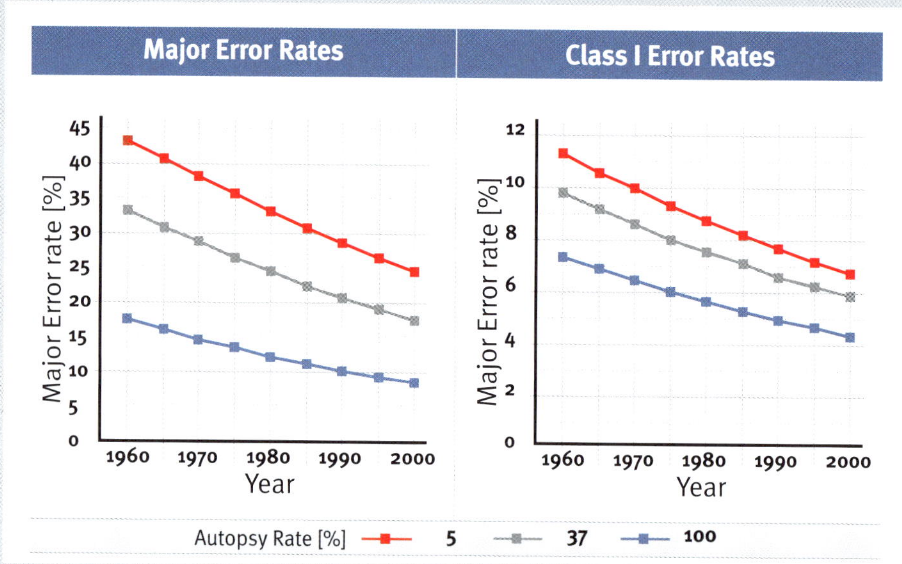

Abb. 2.2: Diskrepanz zwischen klinisch und autoptisch festgestellter Todesursache. Hauptfehler I und Hauptfehler II nach Shojania et al.

Die Hauptfehler I sind über die Jahrzehnte trotz zunehmend ausgefeilter klinischer Diagnostik sogar relativ konstant geblieben (**Tab. 2.5**).

Tab. 2.5

Diagnostische Diskrepanzen zur Todesursache in 3 Untersuchungszeiträumen; nach Goldman et al., 1983			
Discrepancy Level	**1959–1960**	**1969–1970**	**1979–1980**
Class I	8 %	12 %	11 %
Class II	14 %	11 %	10 %
Total	**22 %**	**23 %**	**22 %**

Diese Daten aus den U.S.A. wurden auch in Deutschland bestätigt.

Auch nach der Görlitzer Studie finden sich in knapp 50 % der Todesfälle keine Übereinstimmungen zwischen prä- und postmortaler Diagnose zur Todesursache. Dies gilt nicht nur für ambulante Todesfälle, sondern auch für Todesfälle im Krankenhaus und Heim.
Zur Validität der klinischen Todesursachendiagnostik liegen zahlreiche Statistiken vor.

Die Rate der Übereinstimmung bzw. Nichtübereinstimmung zwischen prä- und postmortaler Diagnose ist abhängig von:

- der Definition,
- der ausgewerteten Krankheitsklasse,
- dem Lebensalter,
- dem untersuchten Patientengut (ambulant, stationär, spezialisiertes Krankenhaus),
- der Dauer des Klinikaufenthaltes,
- der Autopsierate.

Erkrankungen mit häufiger Diskrepanz zwischen klinischer und autoptischer Diagnose sind in **Tab. 2.6** aufgelistet.

Tab. 2.6

Erkrankungen mit häufiger Diskrepanz zwischen klinischer und autoptischer Diagnose	
Sektionsdiagnose	**Diskrepanz**
Lungenembolie	46,8 %
Peritonitis	45,1 %
Postoperative Blutung / Infektion	37,9 %
Darmischämie	37,2 %
Lungenabszess	34,1 %
Niereninfarkt	31,6 %
Metastasierendes Karzinom	30,6 %
Alzheimer-Erkrankung	30,0 %
Akuter Myokardinfarkt	28,3 %
Aortenaneurysma	28,1 %
Nierenentzündung	27,9 %
Pankreatitis	26,6 %
Atelektase / Respiratory Distress Syndrome	26,1 %
Pleuraerguss	26,0 %
Endokarditis	25,6 %
Magenulkus	21,9 %
Bronchopneumonie	20,9 %

2.4 Ablauf einer gerichtlichen Obduktion

Der Ablauf einer gerichtlichen Obduktion ist in § 87 ff. StPO geregelt. Die gerichtliche Obduktion wird angeordnet vom Amtsrichter auf Antrag der Staatsanwaltschaft. Sie muss grundsätzlich von zwei Ärzten vorgenommen werden, von denen einer Facharzt für Rechtsmedizin ist. Die Obduktion beginnt mit der äußeren Besichtigung, die gefolgt wird von der inneren Besichtigung und einem vorläufigen Gutachten. Es sind grundsätzlich alle drei Körperhöhlen zu eröffnen (Kopfhöhle, Brusthöhle, Bauchhöhle), auch wenn die Öffnung der ersten Körperhöhle bereits die Todesursache ergeben hat.

Bei der äußeren Besichtigung wird der Leichnam systematisch vom Scheitel bis zur Sohle untersucht, alle Auffälligkeiten (Verletzungsbefunde, Krankheitsbefunde, für die Identifizierung wesentliche Merkmale) werden verbal beschrieben, damit auch jemand, der den Verstorbenen persönlich nicht untersucht hat, von der Beschreibung zur Diagnose geführt wird. An die äußere Besichtigung schließt sich die innere Besichtigung an, bei der alle Körperhöhlen eröffnet und die Organe einzeln entnommen und nach fachlichen Regeln präpariert und untersucht werden. Bei Verkehrsunfällen und Verdacht auf Gewalthandlungen werden zusätzlich Rücken-, Arm- und Beinweichteile präpariert, um Widerlagerverletzungen, Griffspuren, Abwehrverletzungen oder Anstoßstellen zu identifizieren.

An die innere Besichtigung schließt sich das vorläufige Gutachten an. Zuerst werden die zum Zeitpunkt der Obduktion bekannt gewordenen Umstände des Todesfalles referiert. Daran schließt sich das Obduktionsergebnis an, in dem medizinische Diagnosen – gegliedert nach ihrer todesursächlichen Bedeutung – aufgeführt werden. In einem weiteren Punkt wird definitiv die Todesursache benannt und das Sektionsergebnis interpretiert. Weitere Punkte des vorläufigen Gutachtens nehmen Stellung zu Obduktionsasservaten und zu empfohlenen weiterführenden Untersuchungen.

Die rechtsmedizinische Leichenschau / Obduktion

Tatort und Rechtsmedizin

Matthias Ogait
André Luhmer

Tatort und Rechtsmedizin

3.1 Schnittstelle Tatort
Verhalten am Tatort & Todesermittlungsverfahren

Das Ziel des zunächst bei der Polizei und im Anschluss bei der Staatsanwaltschaft geführten Todesermittlungsverfahrens ist die Feststellung, ob der Todeseintritt durch ein Verschulden Dritter – unabhängig von Vorsatz oder Fahrlässigkeit – herbeigeführt wurde.
Wird im Rahmen der ärztlichen Leichenschau ein „natürlicher" Tod bescheinigt, wird ein solches Verfahren nicht eingeleitet – es finden dann grundsätzlich keine weiteren rechtsmedizinischen Untersuchungen oder polizeiliche Ermittlungen statt.
Die rechtlichen Grundlagen eines Todesermittlungsverfahrens sind im § 159 der Strafprozessordnung der Bundesrepublik Deutschland festgelegt.
Darin heißt es:

„§ 159
Anzeigepflicht bei Leichenfund und Verdacht auf unnatürlichen Tod
(1) Sind Anhaltspunkte dafür vorhanden, dass jemand eines nicht natürlichen Todes gestorben ist, oder wird der Leichnam eines Unbekannten gefunden, so sind die Polizei- und Gemeindebehörden zur sofortigen Anzeige an die Staatsanwaltschaft oder an das Amtsgericht verpflichtet.
(2) Zur Bestattung ist die schriftliche Genehmigung der Staatsanwaltschaft erforderlich."

Dies ist die rechtliche Grundlage zur Aufnahme förmlicher Todesermittlungen – ohne dass eine Straftat vorliegen muss oder ein Beschuldigter benannt wird; sie gilt bundesweit.

Weiterführend sind die Bestattungs-, Friedhofs- oder Leichenschaugesetze der einzelnen Bundesländer, in denen Grundlagen zur Durchführung derartiger Ermittlungen festgelegt werden – insbesondere ist darin klar geregelt, wer eine Leichenschau zu veranlassen hat, wer diese in welchem Zeitrahmen und Umfang durchzuführen hat und auch wer in welcher Reihenfolge bestattungspflichtig ist.
Beispielhaft für die landesspezifischen Regelungen sind nachfolgend Ausschnitte der Regelungen des Gesetzes über das Leichen- und Bestattungswesen (Bestattungsgesetz) im Land Berlin genannt:

„§ 4
Veranlassung der Leichenschau
(1) Bei einem Sterbefall haben die Leichenschau unverzüglich zu veranlassen:
1. der Ehegatte oder Lebenspartner,
2. die volljährigen Kinder,
3. die Eltern,
4. andere Verwandte,
5. Personen, mit denen der Verstorbene in häuslicher Gemeinschaft gelebt hat,

6. derjenige, in dessen Räumen oder auf dessen Grundstück sich der Sterbefall ereignet hat,
7. jede Person, die bei dem Tode zugegen war oder durch eigene Feststellung davon Kenntnis erlangt hat.

(2) Bei einer Totgeburt haben die Leichenschau unverzüglich zu veranlassen:

1. der eheliche Vater,
2. die Hebamme, die bei der Geburt zugegen war,
3. der Arzt, der dabei zugegen war,
4. jede Person, die dabei zugegen war oder durch eigene Feststellungen von der Geburt Kenntnis erlangt hat.

(3) Eine Verpflichtung, die Leichenschau zu veranlassen, besteht nur, wenn die in der Reihenfolge früher genannten Personen nicht vorhanden oder aus wichtigem Grund verhindert sind.

(4) Bei Sterbefällen und Totgeburten in den nachstehend aufgeführten Einrichtungen sind vor den in den Absätzen 1 und 2 genannten Personen verpflichtet, die Leichenschau zu veranlassen:

1. in Krankenanstalten und Entbindungsheimen der leitende Arzt, bei mehreren selbständigen Abteilungen der leitende Abteilungsarzt,
2. in sonstigen Anstalten und Heimen aller Art deren Leiter."

„§ 5

Leichen von Unbekannten

Wer bei dem Tode eines Unbekannten zugegen ist oder die Leiche eines Unbekannten findet, hat hiervon unverzüglich die Polizeibehörde zu benachrichtigen. Die Leichenschau wird in diesen Fällen von der Polizeibehörde veranlaßt."

„§ 6

Vornahme der Leichenschau

(1) Der Arzt hat die Leichenschau grundsätzlich innerhalb von zwölf Stunden nach der Aufforderung hierzu vorzunehmen und über seine Feststellungen unter Verwendung des amtlichen Vordrucks unverzüglich einen Leichenschauschein auszustellen.

(2) Ergeben sich bei der Leichenschau Anhaltspunkte dafür, daß der Verstorbene eines nicht natürlichen Todes gestorben oder seine Todesart ungewiß ist, so beendet der Arzt die Leichenschau mit dieser Feststellung und benachrichtigt unverzüglich die Polizeibehörde."

§ 3 Abs. 3 u. 4: Angef. durch Art. I Nr. 2 d. Ges. v. 19. 5. 2004, GVBl. S. 215
§ 4 Abs. 1 Nr. 1: Geänd. durch Art. I § 14 d. Ges. v. 15. 10. 2001, GVBl. S. 540
78. Erg.Lfg. (September 2004)

In den letzten Jahren wurden in den meisten Bundesländern die Gesetzestexte dahingehend geändert, dass nun Ärzte im Rettungsdienst ausdrücklich von der Verpflichtung zu einer umfassenden Leichenschau ausgenommen sind, wenn ihre originäre Zuständigkeit, also die eigentliche notärztliche Tätigkeit darunter leiden würde. Die entsprechenden Landesvorschriften sind durchweg ähnlich lautend.

Dies soll der Entlastung der Notfallmediziner dienen, die durch das Ausstellen einer „vorläufigen Todesbescheinigung“ wesentlich schneller wieder für ihre eigentlichen Aufgaben zur Verfügung stehen und trotzdem sichergestellt wird, dass zeitnah durch einen Arzt der Tod eines Menschen festgestellt wird. Mit dieser „vorläufigen Todesbescheinigung“ kann der Transport der Leiche erfolgen, allerdings muss zeitnah ein anderer Arzt die Leichenschau durchführen. Prof. Madea hat in den ersten Kapiteln hierzu bereits umfassend Stellung bezogen.

Für die Angehörigen eines Verstorbenen bedeutet schon der vorangegangene Einsatz des Rettungsdienstes eine enorme Belastung, steht dann z. B. nach lange durchlittener Erkrankung der Hausarzt, der den Patienten seit einiger Zeit betreut hat, kurzfristig nicht zur Verfügung, stellt der Not- oder Bereitschaftsarzt einen Leichenschauschein auf eine „ungewisse Todesart“ aus. Oftmals dem Umstand geschuldet, dass er den Verstorbenen nicht kannte – und damit auch seine Krankheiten oder den Krankheitsverlauf nicht, medizinische Unterlagen stehen in aller Regel nicht sofort oder nicht umfassend zur Verfügung, sie können beispielsweise auch vom noch so engagierten Arzt am Wochenende oder auch außerhalb der Praxisöffnungszeiten nicht eingesehen werden.

Einhergehend mit der Feststellung einer „ungewissen Todesart“ muss die Polizei eingeschaltet werden, sodass neben dem Rettungsdienst oder auch dem Notarzt nun ein Polizeieinsatz erfolgt, der zunächst in aller Regel mit einem Streifenwagen beginnt und dann im weiteren Verlauf auch den Einsatz der Kriminalpolizei beinhaltet. Spätestens wenn dann die Worte „Beschlagnahme“ und „Obduktion“ fallen, ist die weitere Kommunikation mit den Angehörigen vor Ort schwierig, unter Umständen an diesem Tage schlicht nicht mehr möglich.

Da ein entsprechendes Ermittlungsverfahren aber gesetzlich vorgeschrieben ist, bleiben keinerlei Ermessensspielräume bei der Durchsetzung dieser Maßnahmen. Für die Angehörigen wird es gelegentlich als „Kriminalisierung“ gesehen, wenn sie sich nach teils jahrelanger Pflege plötzlich mit der Polizei konfrontiert sehen. Die Einleitung eines Todesermittlungsverfahrens ist für sie daher nicht immer verständlich.

Über die Freigabe der Leiche muss zudem die Staatsanwaltschaft entscheiden – auch dies ist in der Strafprozessordnung so festgelegt, bedeutet aber im Verständnis mancher Angehörigen, dass ihnen seitens der Behörden die Verantwortung oder eine Mitschuld am Tod unterstellt wird. Allerdings müssen die Angehörigen deutlich darauf hingewiesen werden, dass der Einsatz der Polizei mit der anschließenden Beschlagnahme einer Leiche nicht zwingend mit der Obduktion der Leiche einhergeht; sie soll lediglich sicherstellen, dass weitere Maßnahmen ohne Zeitverzug möglich sind – und Veränderungen an der Leiche, also nüchtern betrachtet am Beweismittel, nicht erfolgen.

Zudem bedeutet die Einleitung des Todesermittlungsverfahrens auch nicht zwingend eine erhebliche Zeitverzögerung, sowohl die ermittelnde Polizeidienststelle als auch die Staatsanwaltschaft werden sehr wohl darauf bedacht sein, möglichst schnell zu klären, ob Anhaltspunkte für ein Fremdverschulden am Tod vorliegen.

Ein derartiges Verfahren kann für die bestattungspflichtigen Angehörigen zwar eine mehrtägige Verzögerung bedeuten, dennoch muss umgehend ein Bestatter ihrer Wahl mit den weiteren Formalitäten beauftragt werden. Kosten durch das Verfahren, für den Ersttransport und für die Aufbewahrung der Leiche bis zum Abschluss des Verfahrens oder auch eine angeordnete Obduktion entstehen den Angehörigen nicht.

Der Paragraph 159 der Strafprozessordnung ist darauf ausgerichtet, nicht erst bei Straftaten polizeiliche und staatsanwaltschaftliche Ermittlungen aufzunehmen, sondern auch losgelöst vom Vorliegen einer Straftat, den Tod eines Menschen aufklären zu können.
Dazu sind eben diese – aus Sicht der Angehörigen oft drastischen – Maßnahmen erforderlich. Der Sinn und Zweck dieses Verfahrens ist es, das menschliche Leben zu schützen – das höchste Rechtsgut verdient auch den höchsten Schutz; dieser umfasst die behördliche Klärung, ob jemand für den Tod eines Menschen verantwortlich ist.

Die Beamten der Schutz- und Kriminalpolizei werden bei ihren ersten Ermittlungen am Sterbeort zunächst die Identität des Verstorbenen klären, was in Fällen eines Todes im häuslichen Umfeld oftmals schnell zu erledigen ist, wenn dies nicht sogar schon im Rahmen der Leichenschau durch den Arzt geschehen ist.
Grundsätzlich kann man sicher sagen, dass im großstädtischen Bereich im Vergleich zu ländlich geprägten Gegenden häufiger derartige Todesermittlungen geführt werden, weil die Krankengeschichte des Verstorbenen den Not- oder Bereitschaftsärzten nicht bekannt und der Hausarzt nicht erreichbar oder bekannt ist.

Problematischer wird meist die Eingrenzung der Todeszeit – dies gilt gerade in den Fällen, in denen zuvor keine krankhaften Beschwerden aufgetreten sind oder aber die Leiche erst nach einer längeren Liegezeit – meist mit den entsprechenden Fäulnisveränderungen – aufgefunden wird. In diesen Fällen wird kaum ein Arzt im Rahmen einer ersten Leichenschau feststellen können, welche Ursache zum Todeseintritt geführt hat.

Schwerwiegender aber sind Verletzungen, die aufgrund des Fäulniszustandes der Leiche nicht erkannt oder falsch bewertet werden. Stellt sich im Laufe der Obduktion ein Fremdverschulden heraus, ist es für die weiteren Ermittlungen enorm wichtig, kleine Details zu kennen, die die eingesetzten Rettungsdienstkräfte oder der herbeigerufene Arzt wahrgenommen haben. Dazu gehört, dass – solange keine klare Todesursache festgestellt wurde – umfassende Veränderungen am Sterbeort unterbleiben müssen.
Wenn eine ungewisse Todesart dokumentiert wurde, muss der nächste Schritt folgen – nämlich die Durchführung polizeilicher Ermittlungen, die dann vorsorglich bis hin zu umfassenden Spurensicherungsmaßnahmen am Sterbe- oder Auffindeort gehen können und selbstverständlich auch die zeitnahe Obduktion des Verstorbenen umfassen.

Üblicherweise wird durch die Polizeibeamten im Nachgang der Todesfeststellung die Ermittlung und Rücksprache mit den Angehörigen erfolgen.
Die zuvor behandelnden Ärzte sind wichtige Auskunftspersonen, da sie oft über lange Jahre den nun Verstorbenen behandelt haben und über den Krankheitsverlauf Auskunft geben können.
Gesetzlich sind sie sogar zur Auskunft verpflichtet, oft werden die Krankenakten erst nach der Vorlage richterlicher Beschlüsse herausgegeben – manchmal vielleicht auch in der Befürchtung, dass die ärztliche Behandlung, Operationen oder Medikamentengaben todesursächlich gewesen sein könnten.

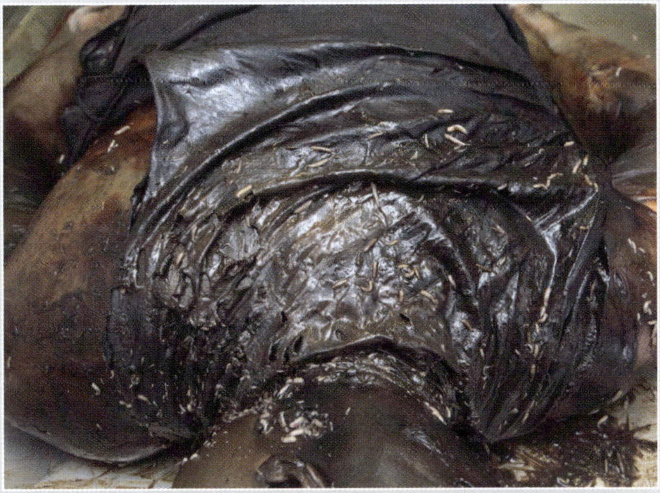

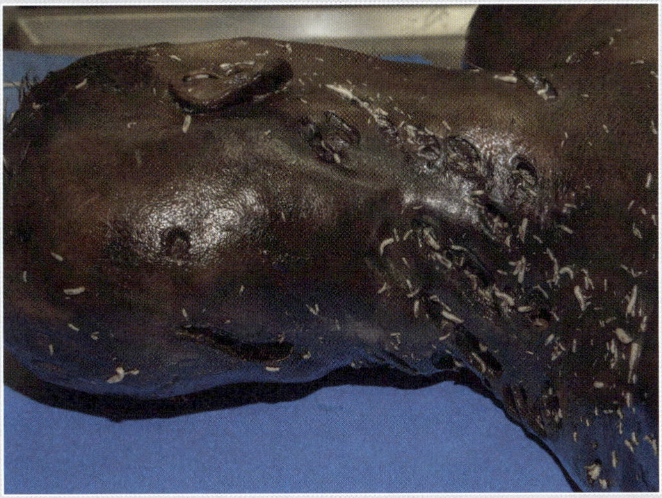

Abb. 3.1 (oben) und
Abb. 3.2 (unten): Fäulnisleiche mit Madenbefall.
Eine Feststellung der Identität und der Liegezeit ist vor Ort schwierig. Es können entomologische Untersuchungen erforderlich sein. Die Begutachtung der Wohnung hat besondere Bedeutung.

Zur Todeszeitfeststellung sind aber oft Kleinigkeiten wichtig: Die im Briefkasten vorhandene Post beispielsweise, die nicht gelesenen und vor der Tür oder im Briefkasten liegenden Tages- oder Wochenzeitungen, das aufgeschlagene Fernsehprogramm oder auch schon eingeschaltetes Licht oder der Fernseher.

3.2 Leichenbefundbericht

Über die ersten Ermittlungsergebnisse am Sterbe- oder ggf. dem Auffindeort wird durch die ermittelnde Polizeidienststelle ein möglichst umfassender Bericht gefertigt, der alle wichtigen Informationen (soweit relevant) enthält.

Tab. 3.1

Leichenbefundbericht mit Informationen
• zur Auffindesituation mit der genauen Lage der Leiche und deren Zustand,
• zu der Bekleidung der Leiche,
• zum Todeszeitpunkt,
• zu den Auffindezeugen,
• zu den Angehörigen,
• zum Verschlusszustand der Türen und Fenster, eingeschaltete Beleuchtung,
• zum Zustand der Wasserhähne und eventuell eingeschalteter Geräte inkl. Radios, Werkzeuge oder Küchengeräte,
• zur Stellung von Gashähnen am Herd,
• zur Stellung von Sicherungen,
• zur tatsächlichen Schlüsselsituation einschließlich der Fahrzeugschlüssel,
• zum Inhalt des Briefkastens (inklusive der Daten von Poststempeln),
• zum Inhalt des Kühlschranks (Mindesthaltbarkeitsdatum der leicht verderblichen Lebensmittel),
• zu vorgefundenen Telefonen und deren Zustand,
• zu abgelesenen Telefonnummern,
• zu festgestellten Erreichbarkeiten von Freunden, Angehörigen oder der Arbeitsstelle,
• zum Abschiedsbrief oder zu Tagebüchern,
• zu Eintreffzeiten der ersten Kräfte und deren namentliche Auflistung für eventuelle Rückfragen,
• zu Hinweisen auf behandelnde Ärzte, Kliniken oder Pflegedienste,
• zu kurz zuvor stattgefundenen Operationen oder Klinikaufenthalten,
• zu Arztbriefen und natürlich
• zu den vorgefundenen Medikamenten in genauer Aufstellung.

Dieser Bericht ist letztlich auch bei der „ungewissen Todesart" die Grundlage der Entscheidung der Staatsanwaltschaft, eine Obduktion zu beantragen oder aber das Todesermittlungsverfahren einzustellen. Letzten Endes geschieht das mit der Folge, dass keine weitere rechtsmedizinische Untersuchung der Leiche erfolgt oder anderweitige Ermittlungen durchgeführt werden.

Durch die Staatsanwaltschaft erfolgt anschließend die Freigabe der Leiche zur Bestattung. Treten zu einem späteren Zeitpunkt (z. B. aufgrund von Anzeigen in der Erbfolge vermeintlich zu gering bedachter Angehöriger) Unstimmigkeiten auf, die hinreichende Anhaltspunkte für die Einleitung eines Todesermittlungsverfahrens liefern, kann dies die Exhumierung einer Leiche bedeuten. Bei Feuerbestattungen (Kremationen) ist natürlich diese Möglichkeit nicht mehr vorhanden, entsprechend gering ist dann die Aussicht, etwaige Anschuldigungen mit Fakten zu belegen.

3.3 Verhalten an möglichen Tatorten

Aus Sicht einer Fachdienststelle, die für die Ermittlungen in Tötungsdelikten zuständig ist, ist jeder Fundort einer Leiche als möglicher Tatort zu betrachten – dies ist die Idealvorstellung und leider nicht die Realität. Klar ist auch, dass die allermeisten Todesfälle tatsächlich „natürlich" sind. Allerdings sind auch solche Fälle darunter, in denen aus vermeintlich „natürlichen" Todesfällen Tötungsdelikte werden.

Je schneller diese Feststellung getroffen werden kann, umso besser ist dies für den Erfolg der notwendigen Spurensicherungsmaßnahmen und für die weiteren Ermittlungen.
Ergibt sich ein Tatverdacht erst nach Tagen oder Wochen, sind aufgrund rechtlicher Vorgaben bestimmte Daten (z. B. Videoaufzeichnungen) schlicht nicht mehr vorhanden, sie lassen sich auch nicht mehr wiederherstellen. Auch Einzelverbindungsnachweise liegen zu Beginn der Ermittlungen meist noch nicht vor – oder aber sie beinhalten keine relevanten Nummern, weil vertraglich Flatrates festgelegt sind und der Provider diese Daten nicht aufführt, da sie zur Rechnungslegung irrelevant waren.

Aus der eigenen dienstlichen Tätigkeit sind mehrere Fälle bekannt, in denen sich die Täter sicher fühlten, weil ein Tötungsdelikt selbst im Rahmen einer erfolgten gerichtsmedizinischen Leichenschau am Tatort nicht erkannt wurde und sich erst nach der Obduktion, die Tage später durchgeführt wurde, Anhaltspunkte für eine mögliche Fremdschuld ergaben. Oftmals sind nach der Obduktion weitere feingewebliche oder toxikologische Untersuchungen nötig, die einen längeren Zeitraum in Anspruch nehmen – bevor belastbare Ergebnisse oder Gutachten vorliegen, können viele Ermittlungen aber nicht in Angriff genommen werden.

In einem Fall war die Wohnung zu diesem Zeitpunkt bereits an die Angehörigen übergeben, großteils gereinigt und auf- bzw. ausgeräumt worden. Im Rahmen der Spurensicherung, die erst nach mehreren Wochen begann, wurden feine Blutspritzspuren des Opfers gesichert, die ein Tötungsdelikt immer wahrscheinlicher werden ließen.

In einem anderen Fall wurde eine alte, pflegebedürftige Frau von einer Nachbarin erstickt, nachdem eine überhöhte Medikamentengabe nicht den von der Täterin gewünschten Erfolg brachte. Dies wurde im Rahmen der bereitschaftsärztlichen Todesfeststellung nicht erkannt, sodass erst aufgrund von Ermittlungen in einem noch zu Lebzeiten des späteren Opfers angezeigten Betrugsverfahrens der Leichenschauschein angehalten und ein Todesermittlungsverfahren eingeleitet wurde. Die Täterin hatte dem zuvor bereits überwiegend bettlägerigen Opfer sogar den Notrufknopf des Hausnotrufs entwendet, das Konto geplündert und einen Festnetzanschluss auf den Namen des Opfers in ihrer Wohnung legen lassen.

Obwohl die Bearbeitung dieser Taten erst Wochen später begann, wurden im Rahmen der Spurensicherung noch ausreichend Beweismaterial für die Täterschaft gesichert, die zu Verurteilungen mit jeweils lebenslangen Freiheitsstrafen führten.

In dem Moment, in dem Zweifel an einem „normalen“ Todesfall laut werden, sollte von allen Akteuren am Tatort – nicht nur durch Polizeibeamte – ein Umdenken erfolgen.

Oftmals sind es schon Notizen auf dem Einsatzbericht zum Verschlusszustand der Türen und Fenster oder der Art des gewaltsamen Eindringens durch die Feuerwehr nach einem „Unglücksfall in Wohnung“, die in der weiteren Ermittlungsarbeit überaus hilfreich sein können und vom aufnehmenden Arzt, Rettungsdienstmitarbeiter oder dem Einsatzleiter der Feuerwehr oder des THW nur einen geringen zeitlichen Aufwand erfordern.

Die Lage der Leiche, der Zustand der Bekleidung, verschobene Möbel, wie dekoriert wirkende Tatorte, durchwühlte Schränke und Schubladen oder auch eigenartige Gerüche – manchmal sorgt bereits ein „Bauchgefühl“ dafür, dass man vor Ort den Eindruck gewinnt, irgendetwas könne nicht stimmen.

In diesem Fall ist es angebracht, sich einige wenige Notizen mehr im Einsatzbericht zu machen, oft wird es ganz sicher überflüssig gewesen sein – sollte aber der eine „echte“ Fall nur deshalb leichter aufgeklärt werden, hat sich diese geringe Mühe schon gelohnt. Zu den Notizen gehört, dass alle unmittelbar am Ort eingesetzten Kräfte aufgeführt werden, nur dadurch ist gewährleistet, dass im Bedarfsfall eine zeitnahe Erreichbarkeit sichergestellt ist. Dazu gehören eben auch Praktikanten, die vielleicht nur wenige Einsätze mitgefahren haben – durchaus aber Spuren an einem Tatort hinterlassen haben können.

Sofern möglich, sollten durch die ersteingesetzen Polizeibeamten einige Bilder gefertigt werden, die ausschließlich Eingang in den Leichenbefundbericht finden sollten. Das Fotografieren mittels eigener Smartphones oder Kameras durch Feuerwehr- oder Rettungsdienstmitarbeiter ist – zumindest bei den größeren Berufsfeuerwehren und übrigens auch der Polizei – in der Regel per Dienstanweisung untersagt. Diese Maßnahmen dienen nicht dazu, die Zuverlässigkeit der einzelnen Mitarbeiter im Umgang mit den aufgenommenen Bildern anzuzweifeln, sie sollen vielmehr verhindern, dass Bilder der Einsatz- oder Tatorte in die Öffentlichkeit oder soziale Netzwerke gelangen, wo ihre Verbreitung schlicht nicht mehr zu kontrollieren ist. Im schlimmsten Fall wird so das absolute Täterwissen öffentlich gemacht – und das sollte tatsächlich nur in den Ermittlungsakten oder im Gerichtssaal erfolgen.

> **!** Die Aufnahme von Lichtbildern am Tatort durch Rettungsdienstpersonal/Notärzte sollte aus ermittlungstaktischen Gründen unterbleiben. Notizen zu dem Einsatz sind aber ausdrücklich gewünscht und hilfreich.

Vorgefundene Telefone, Smartphones oder Computer jeglicher Art sollten bei zweifelhaften Leichensachen überhaupt nicht benutzt – auch nicht ein- oder ausgeschaltet werden. Es können dabei Daten überschrieben werden oder als Wahlwiederholung gespeicherte Nummern verloren gehen. Im Zeitalter der mobilen Kommunikation ist in kaum einem Fall eine Einsatzkraft auf die sofortige Nutzung in der Wohnung vorgefundener Telefone angewiesen.

Mitunter sollte auch die Leichenschau bei anders gearteten Auffindeorten oder Todesursachen durch einen Rechtsmediziner durchgeführt werden – natürlich ist dies mit einem, gerade im ländlichen Bereich, erheblichen Zeitaufwand verbunden. Im Falle eines tatsächlich vorliegenden Tötungsdeliktes ist dies aber immens wichtig, weil der später obduzierende Rechtsmediziner sich selbst ein Bild vom Tatort und der Auffindesituation machen kann.

> **!** Jegliche Veränderungen an einem Leichenfundort können Spuren verändern, überlagern oder zerstören. Richten Sie einen „Trampelpfad" am Leichenfundort ein, den alle anwesenden Polizeibeamten, Rettungsdienstmitarbeiter, Notärzte, Bestatter und sonstigen Personen nutzen. Nur dieser Weg ist zum Leichenfundort zu nutzen, um Spurenschutz gewährleisten zu können.

> **!** Meiden Sie jegliche Veränderungen am Fundort. Schließen oder öffnen Sie, wenn möglich, keine Fenster, Türen oder Schränke. Sprechen Sie nur mit berechtigten Personen (Polizei, Staatsanwaltschaft, Rechtsmediziner) über ihre Feststellungen am Leichenfundort, über den Leichenzustand oder die vermutete Todesart und -ursache. Vermeiden Sie eigene Interpretationen zum Tathergang, zur Auffindesituation oder zu möglichen Tatverdächtigen. Notieren Sie Ihre eigenen Feststellungen anhand der vorliegenden Fakten. Merken Sie sich, wenn Sie unvermeidbare Veränderungen am Leichenfundort vorgenommen haben.

Abb. 3.3: Unübersichtlicher Tatort in einer vermüllten Wohnung mit zwei Leichen. Spurenfeld weiträumig und schwer einzuschätzen. Zunächst bestand der Verdacht eines Tötungsdeliktes, allerdings stellte sich zeitnah heraus, dass es sich um einen erweiterten Suizid unter Verwendung einer Schusswaffe handelte.

Abb. 3.4: Auffindesituation nach Tötungsdelikt.

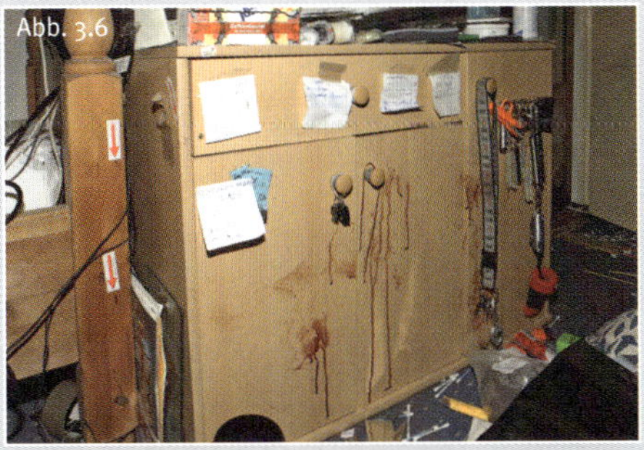

Abb. 3.5: Spurenlage am Tatort.
Abb. 3.6: Spurenlage am Tatort.
Abb. 3.7: Spurenlage am Tatort.
Abb. 3.8 und
Abb. 3.9: Schuhabdruckspuren des Täters, kriminalistisch von großer Bedeutung.
Abb. 3.10: Spurensicherungsfotografie mit Maßstab.

An Leichenfundorten kann es zu Gefahren für das Einsatzpersonal kommen.

Der Suizid mittels austretender Gase, das Anbringen von Falltüren, die Montage gefährlicher Gegenstände mit Zug-/Hebelmechanismus bei Öffnen einer Tür, der freilaufende Kampfhund, ausgebrochene Gifttiere aus Terrarien oder beispielsweise die Infektionsgefahr durch kontaminierte Leichen sind nur einige mögliche Probleme, die dem Rettungsdienstpersonal, der Feuerwehr, dem Notarzt und der Polizei begegnen können. Viel offensichtlicher wird die Gefahr, wenn sich der Täter eines Tötungsdeliktes oder eines anderen Gewaltverbrechens noch am Tatort befindet. Hier sollte das Feld der Polizei überlassen werden, Rettungsdienstpersonal sollte den Rückzug antreten und keine Heldentaten beweisen. Ist der Täter am Tatort ebenfalls schwer verletzt und benötigt dringend medizinische Hilfe, ist zwingend darauf zu achten, dass der Täter keinen Zugriff mehr auf Waffen oder andere gefährliche Gegenstände hat. Das könnte es erforderlich machen, dass Schusswaffen oder Messer durch Rettungsdienstpersonal beiseite gelegt und aus dem Zugriffsbereich anderer Personen entfernt werden. Hier ist darauf zu achten, dass diese Gegenstände bei hektischer oder unsachgemäßer Bedienung in sich gefährlich werden können. Bei der Schusswaffe kann sich unbeabsichtigt ein Schuss lösen, das Messer kann in der Dynamik der Lage andere Kollegen verletzen. Solche tatrelevanten Gegenstände und Beweismittel sollten nur mit Einmalhandschuhen berührt und nur da angefasst werden, wo ein Auslösen der Waffe/des Messers nicht möglich ist.

Die Polizei sollte bei ihrem Eintreffen umgehend auf solche beweiserheblichen und unter Umständen gefährlichen Gegenstände deutlich hingewiesen werden, sodass sie fachgerecht sichergestellt werden können. Interessant ist ein Täterkontakt auch dann, wenn die Person vom Tatort flüchtet und das Fluchtmittel vom eingesetzten Rettungsdienstpersonal beobachtet wird. Für Fahndungshinweise ist die Polizei empfänglich. Die Polizei kann schon von der Leitstelle aus eine Tatortbereichs- oder Ringalarmfahndung in die Wege leiten, auch wenn Polizeikräfte noch gar nicht vor Ort sind. Daher lohnt sich in diesem Falle eine Funkdurchsage an die Rettungsleitstelle oder ein Anruf bei der Polizeileitstelle mit ungefilterten Angaben zum flüchtigen Täter, Fahrzeug oder anderen Fluchtmitteln.

Wird ein Täter durch den Rettungsdienst behandelt, sollte dies selbstverständlich genau so professionell erfolgen, wie bei anderen Personen. Ob es sich nun tatsächlich um den Täter handelt, kann nur von einem Gericht festgestellt werden, der Sachverhalt kann sich im Nachhinein völlig anders darstellen als zunächst vermutet. Diese Erkenntnis macht die Polizei alltäglich.

Der Rettungsdienst sollte es dringend unterlassen, den vermeintlichen Täter, das vermeintliche Opfer oder umherstehende Zeugen hinsichtlich ihrer Tatbeteiligung, des Tatherganges, des „modus operandi“ (Begehungsweise) oder dergleichen zu befragen bzw. gar zu „vernehmen“. Das ist Aufgabe der Polizei. Eine Fokussierung auf die erforderlichen notfallmedizinischen Maßnahmen genügt. Tatverdächtige sollten getrennt von Opfern behandelt werden. Das ist nicht nur aus Gründen der Pietät, sondern auch aus Gründen des Spurenschutzes erforderlich.

Pressevertreter, die am Tatort oder Leichenfundort erscheinen, sind an die Polizei zu verweisen. Angaben zu der Situation am Tatort und alle weiteren Informationen werden und dürfen nur von der zuständigen Staatsanwaltschaft als Herrin des Ermittlungsverfahrens bzw. der zuständigen Polizeibehörde gemacht werden. Zusätzlich spielt hier die gesetzliche Schweigepflicht für Rettungsdienstpersonal und Notärzte eine große Rolle. Diesbezüglich gab es aber in der Vergangenheit nur selten Probleme.

Tab. 3.2

Empfehlungen für das Verhalten am Tatort eines Tötungsdeliktes
Eigensicherung beachten (Scene, Safety, Situation)
schauen, erfassen, schweigen
am Türrahmen stehen bleiben
Eindrücke sammeln
auf Kleinigkeiten achten
dem ersten Anschein misstrauen
keine unbedachten und unnötigen Bewegungen
Hände in die Hosentaschen
keinesfalls Waschbecken, Spülkästen, Telefone oder andere technische Geräte nutzen
Gespräche vermeiden (Infos nur an Polizei)
wenn möglich kein Handy nutzen
keine Tatrekonstruktionen
alle Veränderungen, die Leichenposition und Schließzustände von Türen/Fenstern merken, notieren und an Polizei weitergeben
ggf. nach dem Einsatz Gedächtnisprotokoll, Gesprächsprotokolle in wörtlicher Rede, anwesende Personen, eigenes Handeln am Tatort notieren/skizzieren

Der Umgang mit Angehörigen am Leichenfundort stellt eine weitere Herausforderung für Rettungskräfte dar. Grundsätzlich gilt: Nur der Notarzt gibt Auskunft über den Zustand des Opfers oder die beabsichtigten Maßnahmen hinsichtlich der Zielklinik, der Therapie oder der Alarmierung weiterer Kräfte. Angehörige sind, wenn möglich, vom Opfer fern zu halten. Das gilt insbesondere auch für Kindsleichen. Hier sollte darauf hingewiesen werden, dass die Polizei ein späteres „Abschied nehmen" sicherlich gewährleisten wird. Veränderungen an der Leiche durch Angehörige können in einem Ermittlungsverfahren aus polizeilicher Sicht problematisch werden.

Es sollte die Alarmierung eines Notfallseelsorgers geprüft werden und erst nach Rücksprache mit der Polizei erfolgen.

3.4 Spuren am Sterbe- oder Fundort einer Leiche

3.4.1 Absperrung einrichten, Abdecken einer Leiche

Leichenfunde im öffentlichen Raum machen es häufig erforderlich, den Fundort abzusperren. Dafür ist grundsätzlich die Polizei zuständig. Jedoch wäre es hilfreich, wenn der Rettungsdienst bereits Sorge dafür trägt, dass ein ungehindertes Betreten des Leichenfundortes durch Unbefugte verhindert wird. Es ist sicher nicht Aufgabe des Rettungsdienstpersonals, an Unbefugte Platzverweise auszusprechen, aber eine höfliche und bestimmte Aufforderung, den unmittelbaren Leichenfundort nicht zu betreten, ist durchaus wünschenswert.

Leichen, die sich offen und für jeden sichtbar im öffentlichen Raum befinden, sollten nur dann abgedeckt werden, wenn es sich anders nicht lösen lässt. Denn alleine das Abdecken des Leichnams kann Spuren vernichten. Muss eine Leiche abgedeckt werden, so ist darauf zu achten, dass saubere und unbenutzte Einmaldecken Verwendung finden. Die verwendete Einmaldecke sollte so am Leichnam angebracht werden, dass ein Wegrutschen oder Umherfliegen des Gegenstandes verhindert wird. Befindet sich der Leichnam bereits im Rettungswagen, weil beispielsweise Reanimationsmaßnahmen erfolgten, so kann mit der Polizei abgesprochen werden, wie die weitere Verfahrensweise sinnvoll zu gestalten ist. Im Einzelfall kann die Übernahme des Leichnams durch den Bestatter an einem anderen blickgeschützten Ort durchgeführt werden oder der Leichnam wird durch den Rettungsdienst unmittelbar zum nächsten rechtsmedizinischen Institut verbracht.

3.4.2 Daktyloskopische Spuren

In Büchern, Zeitschriften und vor allem in den mittlerweile zahllosen Krimiserien ist es möglich, Spuren aus dem Nichts zu zaubern und trotzdem den Täter binnen kürzester Zeit dingfest zu machen. In der Realität ist das leider nicht immer der Fall:

> ! Durch unbedachtes Agieren an einem Tatort können viele Spuren unwiederbringlich zerstört oder in ihrer Tatrelevanz gemindert werden, da sie z. B. verschleppt, an andere Stellen übertragen oder eben zerstört werden.

Ein Fingerabdruck ist in aller Regel nicht sichtbar und muss teils unter großem kriminaltechnischem Aufwand und unter Laborbedingungen gesichert werden. Ein unbedachter Wisch über glatte Flächen, das Berühren von Flaschen, Gläsern oder Unterlagen kann die vorhandene Täterspur tatsächlich zerstören oder so überlagern, dass eine Identifizierung nach den erforderlichen daktyloskopischen Grundsätzen unmöglich ist.

3.4.3 Schmauchspuren

Schmauchspuren, also Anhaftungen, die beim Zünden und Verfeuern von Munition in Schusswaffen entstehen, sind schnell vernichtet – z. B. schon beim Umdrehen einer Leiche können sie abfallen oder verlagert werden; sie sind dann nicht mehr oder nicht in ausreichender Quantität an den ursprünglichen Stellen nachweisbar.

Daher ist bei erkannten Schusswaffendelikten – sei es bei einem offensichtlichen Tötungsdelikt oder einem Suizid – nötig, die Oberbekleidung sehr vorsichtig abzunehmen und ggf. durch die eingesetzten Polizeibeamten zu verpacken. Für eine spätere Schmauchspurensicherung um die Einschussstelle herum oder an den Händen, sollten diese in Papiertüten gesteckt und diese oberhalb der Handgelenke bzw. bei vorhandener Kleidung oberhalb der Ärmelbündchen zugeklebt werden.

3.4.4 Faserspuren

Ähnlich wie bei Schmauchspuren gilt auch für Faserspuren, dass sie oft nur auf der Hautoberfläche oder der getragenen Opferkleidung aufliegen und herunterfallen, sich verlagern oder übertragen können – natürlich auch auf die Kleidung der eingesetzten Kräfte. Sie sind somit unwiederbringlich verloren – die Sicherung und Auswertung derartiger Spuren gleicht ohnehin der sprichwörtlichen Suche einer Nadel im Heuhaufen. Ist es im Rahmen einer Tat nur zu einer kurzen und einmaligen Berührung gekommen, so ist davon auszugehen, dass nur eine kleine Anzahl von Fasern von der Täter- auf die Opferbekleidung übertragen wurde – dafür geeignete Bekleidung der Beteiligten vorausgesetzt. Rechtsanwälte von möglichen Tatverdächtigen würden diesen Umstand im späteren Verfahren „zerpflücken" können, gerade im Falle einer denkbaren Spurenübertragung von Opfer- auf Täterbekleidung. Im gerichtlichen Verfahren geht es um den Beweiswert einer Spur, der dann zerstört wäre, wenn eine Spurübertragung auf verschiedenen Wegen hätte stattgefunden haben könnte. Diese wenigen relevanten Faserspuren zu finden, bedarf eines immensen Arbeitsaufwandes – die Sicherung an Leiche und Tatort nimmt Stunden in Anspruch, die Auswertung im Labor dann noch deutlich mehr Zeit.

Abb. 3.11: Auffindesituation des Toten im Schnee, Leiche liegt auf dem Gehweg.

Tatort und Rechtsmedizin

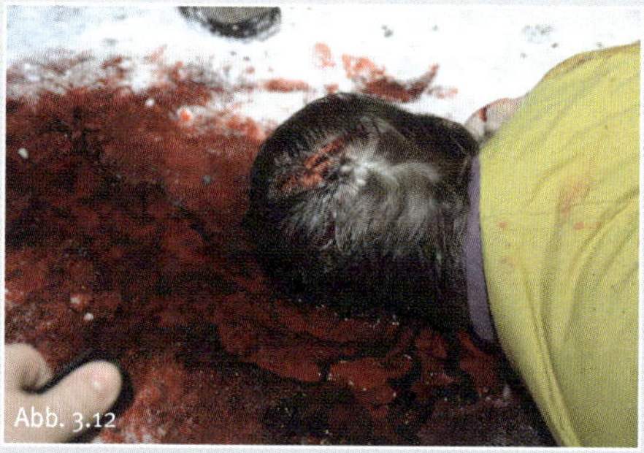

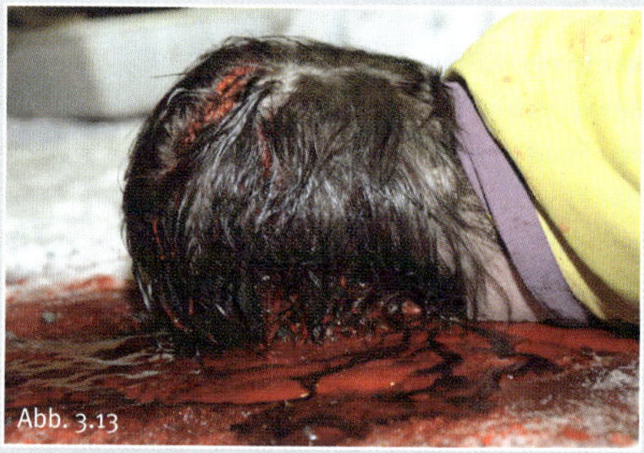

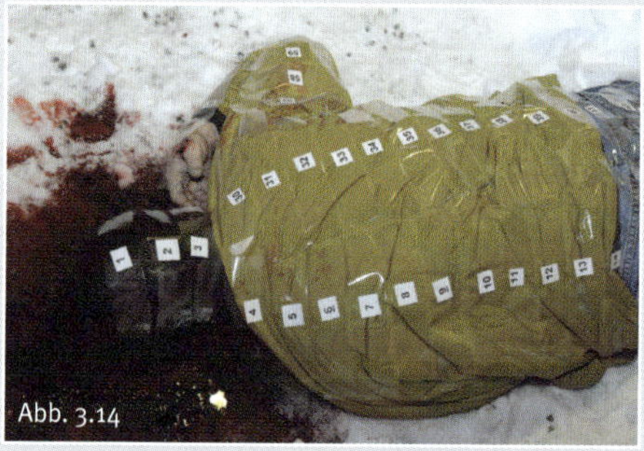

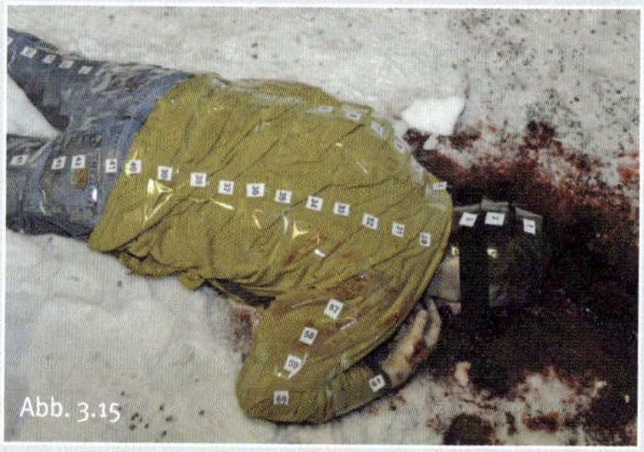

Abb. 3.12: Übersicht tödliche Kopfverletzung, Verletzung oberhalb einer gedachten Hutkrempe.
Abb. 3.13: Nahaufnahme tödliche Kopfverletzung, beigebracht mit einer Schneeschaufel.
Abb. 3.14: An der Kleidung des Opfers aufgebrachte Spurensicherungsfolie.
Abb. 3.15: Faserspurensicherung.

3.4.5 DNA-Spuren

Die Sicherung von DNA-Spuren ist heute eine der Standardmaßnahmen an Tatorten. Wie für alle anderen Spuren gilt, dass DNA-Spuren in ihrer Qualität und Aussagekraft wesentlich besser sind, je weniger Personen am Tatort, der Leiche und den übrigen Spuren agiert haben.

Soweit eine medizinische Versorgung noch möglich und erforderlich ist, hat diese selbstverständlich höchste Priorität. Gefahrenabwehr geht vor Strafverfolgung.

> **!** Sofern ein Opfer eines Gewaltdeliktes noch behandlungsbedürftig ist, soll das Rettungsdienstpersonal sofort alle erforderlichen Maßnahmen treffen, um das Leben des Patienten zu retten. Das kann bedeuten, dass die Lage des Opfers verändert oder dass die Bekleidung des Opfers beschädigt werden muss. Eine Zeitverzögerung in der medizinischen Behandlung eines Opfers ist nicht tolerabel und das wird auch von den Ermittlungsbehörden nicht bestritten. Dennoch ist es hilfreich, wenn diese Veränderungen später dokumentiert werden.

Sofern der Tod sicher festgestellt und eine „ungewisse Todesart“ oder gar ein Fremdverschulden festgestellt werden, sollten die Maßnahmen, die zu jeglicher Spurenvernichtung oder -kontamination führen könnten, unterbleiben oder auf ein Minimum beschränkt werden. Natürlich muss die ärztliche Leichenschau entsprechend der rechtlichen Vorschriften erfolgen. Der Dokumentation kommt eine besondere Bedeutung zu. Fehlgeschlagene Punktionsversuche, Intubationsversuche, Thoraxdrainagen und -punktionen, Desinfektion von Hautarealen, Zerschneiden von Bekleidungsgegenständen, Reanimationsbemühungen und weitere Veränderungen an dem Opfer sollten festgehalten und in einer Notiz oder im DIVI-Protokoll für spätere Ermittlungen und die Beurteilung der Rechtsmedizin dokumentiert werden. Seitens der Polizei, der Staatsanwaltschaft und der Gerichte liegt keinerlei Fokus auf der Richtigkeit der durchgeführten notfallmedizinischen Maßnahmen, sondern um bei der polizeilichen Leichenschau und im Rahmen der rechtsmedizinischen Obduktion entsprechende Verletzungen einordnen zu können. Das erleichtert die Ermittlungsarbeit wesentlich.

Es kann im Rahmen der notärztlichen Versorgung Schwerverletzter, die Opfer eines versuchten oder später trotz aller ärztlichen Bemühungen eines vollendeten Tötungsdeliktes geworden sind, noch spurenschonend gehandelt werden: Das Verpacken der Bekleidung des Opfers – zumindest der Oberbekleidung – sollte nicht in einer gemeinsamen Patiententüte im Krankenhaus erfolgen. Weiterhin sollten die oft bebluteten Kleidungsstücke umgehend an die Polizei übergeben und dort in entsprechenden Trockenräumen getrocknet werden. So ist zumindest eine kleine Chance gewahrt, noch tat- und täterrelevante Spuren sichern zu können. Wichtig hierbei ist, dass das notwendige Ver- und Gebrauchsmaterial, welches im Rahmen der notärztlichen Versorgung oder auch der Leichenschau (Einweghandschuhe) nicht im normalen Müll entsorgt wird, sondern separat am Ort verbleibt! Im Idealfall mit einem entsprechenden Hinweis an die eingesetzten Polizeibeamten. Auch hier würde z. B. das Hineinwerfen bebluteter Kompressen in den Mülleimer dazu führen, dass dort befindliche tatrelevante Gegenstände kontaminiert werden – und das Opferblut die wenigen DNA-Spuren auf der vielleicht vorhandenen Tatwaffe überlagert.
Belassen Sie bei ungeklärter oder unnatürlicher Todesart alle Tuben, Venenzugänge, Klebeelektroden, Pflaster usw. in und an der Leiche. Diese Gegenstände werden später im Zuge der rechtsmedizinischen Beurteilung der Leiche und Obduktion dokumentiert entfernt.

Oftmals bestehen Vorbehalte – auch innerhalb der Polizei – zur Abgabe von DNA-Vergleichsproben. Aus rechtlichen Gründen ist ein sehr sensibler Umgang mit diesen Vergleichsproben vorgegeben, die Untersuchung hat somit anonymisiert zu erfolgen. Der Untersuchungsstelle, sei es ein Kriminaltechnisches Institut einer Landespolizei oder des Bundeskriminalamtes (BKA) oder ein von der Polizei oder Staatsanwaltschaft beauftragtes privates Institut – ist der Probengeber nicht bekannt. Umgekehrt bekommt die ermittelnde Dienststelle auch nicht das DNA-Muster der Vergleichsproben mitgeteilt, sondern lediglich das Ergebnis, ob eine Vergleichsperson eine der gesicherten Spuren in diesem konkreten Fall getroffen hat. Rechtlich ist es nicht möglich, eine Speicherung dieser (oder auch anderer freiwillig erlangter) Vergleichsproben für eventuelle spätere Fälle zu veranlassen. Ausnahmen sind Mitarbeiterdatenbanken, die in einigen Polizeibehörden aufgebaut wurden – allerdings unter Beteiligung von Personalvertretungen und Datenschutzbeauftragten. Sie haben nichts mit der DNA-Analyse-Datei (DAD), die zentral beim BKA geführt wird, gemein.

3.5 Sexualdelikte

Im Rahmen von Sexualdelikten kommt es ebenfalls zur Alarmierung des Rettungsdienstes. Die psychische Betreuung des in der Regel weiblichen Opfers ist eine Herausforderung für das medizinische Personal. Der Wunsch des Opfers nach gründlicher Reinigung des eigenen Körpers und insbesondere des Intimbereiches ist nachvollziehbar. Dennoch wäre das vor Einleiten einer gynäkologischen Spurensicherung äußerst ungünstig für das Sichern von Beweisen und schließlich hätte das negative Auswirkungen auf ein Strafverfahren gegen einen möglichen Tatverdächtigen. Das kann letztlich nicht der Wunsch des Opfers sein, auch wenn in der Akutsituation andere Gedanken vorherrschend sind. Das Opfer ist in solchen Fällen empathisch darauf hinzuweisen, dass zunächst eine anonymisierte gynäkologische Spurensicherung erfolgen sollte und im Anschluss jede Möglichkeit besteht, zu duschen, sich zu waschen und weitere Maßnahmen der Körperreinigung zu treffen. Selbstverständlich muss die Spurensicherung nicht anonymisiert erfolgen, auf Wunsch der Geschädigten kann die Polizei sofort hinzugerufen werden.
Für die gynäkologische Untersuchung betroffener Opfer sind vielerorts Vereinbarungen zwischen Polizei, Staatsanwaltschaft, Rechtsmedizin und entsprechenden Kliniken getroffen worden, um auch eine anonymisierte Spurensicherung betreiben zu können. Das Opfer kann sich dann im Nachhinein und Monate später noch überlegen, wann es für eine offizielle Anzeigenerstattung bereit ist. Viele Betroffene haben Angst vor umfangreichen Aussagen, Demütigungen oder dem erneuten Kontakt mit dem Täter. Es gibt aber Möglichkeiten, die Vernehmung richterlich durchführen zu lassen, sodass unter Umständen von einer wiederholten Aussage im Gerichtssaal abgesehen werden kann.

Die gesicherten Sperma- und andere Spuren bleiben so lange gesichert, bis die Verjährungsfrist eintritt. Erhält die Polizei allerdings unmittelbar von der Leitstelle oder anderen Stellen Kenntnis von dem Vorfall, muss sie aufgrund des schweren Deliktcharakters ohne Verzug Strafanzeige erstatten, dazu ist sie gemäß § 163 StPO verpflichtet. Ansonsten würden sich die in Kenntnis gesetzten Polizeibeamten selbst strafbar machen (§ 258 a StGB, Strafvereitelung im Amt).

Noch ein Hinweis zu der Nachweisbarkeit von sogenannten K.-o.-Tropfen: Da es sich um eine flüchtige Substanz handelt, sollte die Entnahme einer Urin- und Blutprobe zügig erfolgen.
Für die Begutachtung eines verletzten Gewaltopfers sollte nicht nur die Gynäkologie, sondern auch ein Rechtsmediziner konsultiert werden. Ist dieser nicht erreichbar, müssen die Verletzungen maßstabsgetreu und katalogisiert fotodokumentiert werden. Die bearbeitenden Kriminalbeamten sollten diese ersten Sicherungsmaßnahmen dringend veranlassen, das Fachkommissariat und der Erkennungsdienst sind frühzeitig in die Ermittlungen einzubinden.

3.6 Verkehrsunfälle

Ereignisorte von schweren Verkehrsunfällen sind aus polizeilicher Sicht Tatorte. Die Polizei hat ihre Maßnahmen zur Spurensicherung bei Verkehrsunfällen in den letzten Jahren massiv verbessert und sogenannte Verkehrsunfallaufnahmeteams ins Leben gerufen, die für die Aufnahme solcher Unfälle speziell geschult sind.

Aktuelle Gerichtsurteile zeigen auf, dass der Verursacher eines Verkehrsunfalles auch wegen eines vorsätzlichen Tötungsdeliktes verurteilt werden kann. In einem Fall eines tödlichen „Raserunfalles" aus Berlin wurde der Unfallverursacher im Frühjahr 2017 wegen Mordes verurteilt. Die besondere Charakteristik eines schweren Verkehrsunfalles besteht häufig darin, dass es ein großes Spurenfeld gibt und noch so kleine Hinweise den Unfallverursacher entlarven können. Auch hier gilt: Jegliche Veränderungen am Ereignisort können die Spurensuche erschweren, die Spurenlage drastisch verändern und Spuren schließlich zerstören.
Sicher ist, dass der Rettungsdienst alle erforderlichen notfallmedizinischen Maßnahmen treffen muss, um das Leben der Verletzten zu retten. Die Feuerwehr muss dazu häufig mit Werkzeug am Unfallfahrzeug vorgehen, um eingeschlossene Personen zu befreien. All dies ist unbestritten wichtig und vorrangig.

Es gibt aber einige Dinge, die Rettungsdienst und Notarzt auch hier beachten können.

Von besonderem Interesse für die Polizei sind folgende Fakten:

- Wer saß im Unfallfahrzeug wo? Wer lag wo auf der Straße?
- Waren die Unfallbeteiligten im Fahrzeug angegurtet?
- Welche Verletzungen, Hämatome, Gurtmarken lagen vor?
- Gab es Hinweise auf Alkohol- oder Drogeneinfluss bei den Beteiligten?
- Wurden vor Ort Angaben zum Unfallhergang gemacht?
- Welche Medikamente wurden in welcher Dosierung durch den Rettungsdienst/ Notarzt appliziert?

Sicherlich kollidieren die Regelungen zur medizinischen Schweigepflicht mit einer schrankenlosen Auskunftsbereitschaft der Polizei gegenüber. Liegt aber das Einverständnis eines Beteiligten vor, so können seine Befunde durchaus an die Polizei weitergegeben werden. Gerade dann, wenn es Tote zu verzeichnen gibt und der Unfallverursacher offenbar vom Unfallort flüchtig ist. Hier gilt die mutmaßliche Einwilligung des Unfallopfers zur Aufklärung des Sachverhaltes.

3.7 Gewalt gegen Kinder

Laut der polizeilichen Kriminalstatistik versterben in Deutschland wöchentlich drei Kinder infolge von Misshandlung und 70 Kinder bedürfen nach Misshandlung medizinischer Hilfe. Hierbei handelt es sich lediglich um die polizeilich bekannt gewordenen Fälle. Seriöse Schätzungen gehen davon aus, dass das Dunkelfeld der Kindesmisshandlung um einiges größer ist und zwischen 200.000 und 1.440.000 Kinder jedes Jahr in Deutschland von Gewalt betroffen sind.

Für Kinder gilt seit dem Jahre 2000 ein besonderer rechtlicher Schutz für eine gewaltfreie Erziehung. Das Bürgerliche Gesetzbuch (BGB) regelt dazu folgendes:

„§ 1631 BGB
Inhalt und Grenzen der Personensorge
(2) Kinder haben ein Recht auf gewaltfreie Erziehung. Körperliche Bestrafungen, seelische Verletzungen und andere entwürdigende Maßnahmen sind unzulässig."

Kindesmisshandlung kann auch eine Straftat gemäß § 225 StGB darstellen:

„§ 225 StGB
Misshandlung von Schutzbefohlenen
(1) Wer eine Person unter achtzehn Jahren oder eine wegen Gebrechlichkeit oder Krankheit wehrlose Person, die
1. seiner Fürsorge oder Obhut untersteht,
2. seinem Hausstand angehört,
3. von dem Fürsorgepflichtigen seiner Gewalt überlassen worden oder
4. ihm im Rahmen eines Dienst- oder Arbeitsverhältnisses untergeordnet ist quält oder roh mißhandelt, oder wer durch böswillige Vernachlässigung seiner Pflicht, für sie zu sorgen, sie an der Gesundheit schädigt, wird mit Freiheitsstrafe von sechs Monaten bis zu zehn Jahren bestraft.

(2) Der Versuch ist strafbar.
(3) Auf Freiheitsstrafe nicht unter einem Jahr ist zu erkennen, wenn der Täter die schutzbefohlene Person durch die Tat in die Gefahr
1. des Todes oder einer schweren Gesundheitsschädigung oder
2. einer erheblichen Schädigung der körperlichen oder seelischen Entwicklung bringt.

(4) In minder schweren Fällen des Absatzes 1 ist auf Freiheitsstrafe von drei Monaten bis zu fünf Jahren, in minder schweren Fällen des Absatzes 3 auf Freiheitsstrafe von sechs Monaten bis zu fünf Jahren zu erkennen."

Selbstverständlich kann diese Straftat tateinheitlich mit allen Körperverletzungs- und Tötungsdelikten begangen werden.

3.7.1 Definition der Kindesmisshandlung

Als Kindesmisshandlung im weiteren Sinne werden alle Erscheinungsformen von Gewalt gegen Kinder bezeichnet, wie körperliche Misshandlung, Vernachlässigung, psychische Misshandlung (z. B. Überforderung, seelische Grausamkeit) und sexueller Missbrauch. Im medizinischen Alltag begegnen dem Rettungsdienstpersonal am häufigsten die körperliche Misshandlung und die Vernachlässigung. Psychische Misshandlung kommt zwar häufig vor, die Diagnose ist jedoch erfahrenen Kinder- und Jugendpsychiatern und Psychologen vorbehalten.

3.7.2 Körperliche Misshandlung

Bei der körperlichen Misshandlung werden im Allgemeinen zwei große Gruppen unterschieden: Das Schütteltrauma und nicht-akzidentelle (nicht unfallbedingte) Verletzungen des kindlichen Körpers. Ein weiterer Begriff für dieses Phänomen ist das Battered-Child-Syndrom (BCS). Das BCS definiert sich als nicht unfallbedingte, aber gewaltsame, körperliche oder seelische Schädigung eines Kindes durch aktives verletzendes Verhalten oder durch unterlassenen Schutz durch ein Familienmitglied oder eine Eltern-/Erwachsenen- oder Betreuungsperson.

3.7.3 Schütteltrauma

Das Schütteltrauma (engl. „Shaken-Baby-Syndrome") betrifft in der Regel Säuglinge innerhalb des ersten Lebensjahres, wobei die meisten jünger als sechs Monate sind. Das Schütteltrauma entsteht durch ein massives Schütteln des Kindes mit Festhalten am Brustkorb oder an den Extremitäten, wodurch es durch das Gewicht des kindlichen Kopfes und die Instabilität der kindlichen Nackenmuskulatur, die den Kopf nicht ausreichend schützen kann, zu einem unkontrollierten Vor- und Zurückschleudern des kindlichen Kopfes und damit zu einem Akzelerations- und Dezelerationstrauma des Gehirns kommt. Hierbei treten Zerreißungen der Brückenvenen mit Subduralblutungen, diffuse Nervenzellschädigungen im Großhirn und Hirnstamm sowie Einblutungen in die Netzhaut der Augen (retinale Blutungen) auf. Die Kombination aus Subduralblutungen, neurologischen Defiziten und retinalen Blutungen werden als Schütteltrauma-Trias bezeichnet.

In den meisten Fällen weisen Kinder mit einem Schütteltrauma keine äußerlich sichtbaren oder nur sehr minimale Verletzungen auf, so dass im Rettungsdienst bei den betroffenen Kindern aufgrund der eingetrübten oder komatösen Bewusstseinslage häufig der Verdacht auf einen Krampfanfall, eine Meningitis oder eine Intoxikation im Vordergrund stehen. Aufgrund der neuronalen Schädigungen beim Schütteltrauma, die auch das Atem- und Kreislaufzentrum in der Medulla oblongata betreffen, zeigen einige Kinder respiratorische Störungen und müssen intubiert werden. Die Prognose des Schütteltraumas ist in vielen Fällen sehr schlecht: Zwar überlebt der größte Teil der Kinder, die meisten weisen aber Spätfolgen unterschiedlichster Art wie Lähmungen, Epilepsien, Erblindung, geistige Behinderungen und/oder kognitive Defizite für den Rest ihres Lebens auf. Nicht selten wird bei einem plötzlichen und unerwarteten Tod von Säuglingen ein Plötzlicher Kindstod (SIDS) angenommen und ein natürlicher Tod attestiert. Aber gerade hinter solchen Fällen kann sich der gewaltsame Tod eines Kindes – äußerlich eher spurenarm – verbergen. Im Zweifel sollte bei plötzlichen Kindstodesfällen eher von einer unnatürlichen Todesart ausgegangen werden.

3.7.4 Nicht akzidentelle Verletzungen

Am häufigsten wird bei der Kindesmisshandlung die Einwirkung stumpfer Gewalt beobachtet, wie z. B. Schlagen, Kneifen, Zerren, Quetschen und Verdrehen von Extremitäten. Nicht selten kommt auch die Einwirkung halbscharfer Gewalt (Bisse durch Erwachsene) oder thermischer Gewalt (Verbrühungen und Verbrennungen) vor. Misshandlungsverletzungen werden in ein äußeres Verletzungsmuster (in der Regel Hautverletzungen, diese sind mit dem bloßen

Auge sichtbar) und in ein inneres Verletzungsmuster (Frakturen, Organverletzungen – nur mit klinischer apparativer Diagnostik feststellbar) eingeteilt.

3.7.5 Unfall oder Misshandlung?

Bei den Hautverletzungen von Kindern, die schon laufen können, werden in der rechtsmedizinischen Lehre vier Kriterien zu Rate gezogen, wenn es um die Einordnung geht, ob Verletzungen durch einen Unfall oder eine Misshandlung entstanden sind:

- Lokalisation,
- Formung,
- Mehrzeitigkeit und
- Gruppierung.

Klassische Lokalisationen für sturz- und unfalltypische Verletzungen sind Körperstellen am Kindeskörper, die hervorstehen, also:

- Stirn, Nase, Kinn, Hinterkopf,
- Ellenbogen,
- Handballen, Knöchel,
- Knie, Schienbein.

Hingegen untypische und damit verdächtige Stellen sind:

- Oberkopf, Auge, Wangen, Mundschleimhaut,
- Streckseiten der Unterarme und Hände,
- Rücken, Gesäß.

Bei der Formung einer Verletzung ist darauf zu achten, ob sich ein Gegenstand auf der Haut abbilden lässt. Bissverletzungen stellen sich als ovale oder halbmondförmige Hautunterblutungen, teilweise mit Schürfungen, die den Zahnabdrücken entsprechen, dar und infizieren sich häufig.

Mehrere Verletzungen nebeneinander oder alte und frische Verletzungsmuster an einer Stelle des Körpers oder unterschiedliche Verfärbungen von mehreren Hämatomen sind Hinweise auf einen Verdacht.

Zudem ist eine körperliche Vernachlässigung zu befürchten, wenn klinische Zeichen einer Dehydratation (stehende Hautfalten, trockene Schleimhäute) oder deutlichen Druckstellen an Aufliegepunkten festzustellen sind.

Empfehlungen für den Rettungsdienst und die Klinik

- Kinder, bei denen eine Kindesmisshandlung vorliegen könnte, sind sofort in ein geeignetes Klinikum zu verbringen. Es können lebensbedrohliche Verletzungen vorhanden sein, die aber zunächst äußerlich kaum feststellbar sind.
- Bei der Übergabe in der Zielklinik ist der Verdacht auf eine Kindesmisshandlung angemessen zu äußern, die Beobachtungen und Feststellungen im präklinischen Setting sind zu dokumentieren und mitzuteilen. Die Klinik sollte diese Befunde in der Anamnese berücksichtigen und ebenfalls dokumentieren.
- Der detaillierten Einsatzdokumentation kommt eine große Bedeutung zu. Noch Wochen, Monate oder Jahre später kann das Rettungsdienstpersonal/der Notarzt als Zeuge geladen werden, so dass auf die gute Dokumentation, die kurz nach dem Ereignis angefertigt worden ist, zurückgegriffen werden kann und Erinnerungslücken geschlossen werden.
- Das Hinzuziehen von psychosozialer Unterstützung für die Helfer kann erforderlich sein.
- Eine Information der Polizei durch den Rettungsdienst ist mit dem Notarzt oder mit dem aufnehmenden Klinikarzt zu besprechen. Eine Missachtung der Schweigepflicht gemäß § 203 StGB kann bei fortbestehender Gefahr für das Kind gemäß § 34 StGB (Rechtfertigender Notstand) gerechtfertigt sein.
- Die Klinik sollte die festgestellten Verletzungen, unabhängig von einer Alarmierung der Polizei, maßstabsgetreu und detailgenau dokumentieren. Das Herbeirufen eines Rechtsmediziners sollte bei entsprechendem Verdacht auf eine Kindesmisshandlung zeitnah erfolgen.
- Angehörigen sollten keine Schuldvorwürfe gemacht werden, das ist Aufgabe der Polizei. Gerade Spontanäußerungen von Beteiligten, die vorher nicht als Beschuldigte oder Zeugen ordnungsgemäß rechtlich belehrt wurden, sind unter Umständen im Strafverfahren nicht verwertbar.

3.8 Fazit

Rettungsdienst, Polizei, Staatsanwaltschaft und Rechtsmedizin haben am Tatort eines Verbrechens unterschiedliche Aufgaben und einen ganz eigenen Fokus auf die Begebenheiten vor Ort. Dennoch können alle Beteiligten näher zusammenrücken, wenn sie diese unterschiedlichen Aufgaben und Bedürfnisse berücksichtigen. Nicht nur das, man kann voneinander profitieren und sich die jeweilige Arbeit erleichtern. Hat der Rettungsdienst gut dokumentiert, profitieren Polizei, Staatsanwaltschaft, Gericht und die Rechtsmedizin. Lässt die Polizei dem Rettungsdienst Luft zur Lebensrettung und Todesfeststellung, hilft das bei der Aufgabenerfüllung erheblich. Kann der Rechtsmediziner die Befunde vor Ort und bei der Obduktion sinnvoll zusammenführen, hat das positive Auswirkungen auf die Ermittlungsarbeit und das justizielle Verfahren.

Schwere Verbrechen sind mit hohen Freiheitsstrafen für den Täter belegt und bedeuten für die Opfer und Angehörigen immer eine besondere Belastung. Daher sollten alle Fachdisziplinen Verständnis untereinander aufbringen und ein bisschen von dem wissen, was insgesamt am Tatort passiert.

Polizeiliche Leichenschau und Todesermittlungen

André Luhmer

Polizeiliche Leichenschau und Todesermittlungen

4.1 Einleitung

Die Todesfeststellung und das Ausfertigen der Todesbescheinigung erfolgt in Deutschland durch einen approbierten Arzt. Dabei ist es nicht zwingend erforderlich, dass die Todesfeststellung und die Ausstellung der Todesbescheinigung durch ein und denselben Arzt durchgeführt werden. Die hierzu erforderlichen Informationen und Besonderheiten wurden bereits in den vorherigen Kapiteln intensiv beleuchtet. Sobald der todesbescheinigende Arzt eine „nicht natürliche" oder „ungeklärte" Todesart feststellt, muss die Polizei hinzugezogen werden, um die Umstände des Todes genauer zu untersuchen und um ein Fremdverschulden mit strafrechtlicher Relevanz auszuschließen oder festzustellen.

Für die Polizei als Ermittlungsbehörde der Staatsanwaltschaft gilt es nun herauszufinden, ob jemand den Tod eines Menschen verursacht haben könnte. Dabei kann es zum Beispiel um ein Fahrlässigkeitsdelikt gehen, also Fahrlässige Tötung (§ 222 StGB), aber auch um die Frage, ob Mord oder Totschlag (§§ 211, 212 StGB) vorliegen. Sollte sich dieser Verdacht erhärten, geht es um langjährige bis lebenslange Freiheitsstrafen für den Täter. Und für das Opfer geht es um die Aufklärung der gewaltsamen Beendigung des eigenen Lebens.

Abb. 4.1

Neben dem Arzt ist es primär die Polizei, die den Leichnam bei nicht natürlicher oder ungeklärter Todesart untersucht und weitere Ermittlungen bei Verdacht eines Tötungsdeliktes aufnimmt. Um diese Maßnahmen einleiten zu können, sind umfangreiche Ermittlungen am Leichenfundort, Befunderhebungen an der Leiche selbst und weitere kriminalistische Kompetenzen gefordert. Gerade das gründliche und hochprofessionelle Vorgehen der Polizei ist im Todesermittlungsverfahren von Bedeutung. Die Zusammenarbeit mit allen anderen Beteiligten ist erfolgskritisch und für die ermittelnde Kriminaldienststelle unerlässlich.

In Deutschland ist es bislang so, dass die Polizei oder andere Ermittlungsbehörden nicht alle Leichen vorgeführt bekommen. In anderen Ländern ist die Leichenschau deutlich weiter gefasst. Die strukturellen Gegebenheiten in Deutschland sorgen dafür, dass nicht jeder todesbescheinigende Arzt über eine rechtsmedizinische Expertise verfügt. Und selbst wenn eine nicht natürliche oder ungeklärte Todesart vorliegt, wird nicht jede dieser Leichen einer Obduktion in einem rechtsmedizinischen Institut zugeführt. Dabei spielen auch finanzielle Aspekte eine Rolle. Die begründete Sorge ist, dass ein etwaiges Tötungsdelikt erst gar nicht als solches entdeckt wird und entsprechende Todesermittlungen unterbleiben.

Unter Rechtsmedizinern und Kriminalisten geht man davon aus, dass auf ein erkanntes Tötungsdelikt etwa ein unerkanntes Tötungsdelikt kommt. Das ist eine hohe Schätzung, sie scheint aber im Angesicht der bisherigen Erkenntnisse realistisch. Die Dunkelziffer dürfte sich in den letzten zwanzig Jahren noch erhöht haben, da die Anzahl rechtsmedizinischer Sektionen bisweilen rückläufig ist. Mittlerweile werden etwa 1 % aller Todesfälle einer Obduktion zugeführt. Ein bekannter Kriminalbeamter sagte einmal, dass bei Erleuchten aller Grabeslampen über den Gräbern Ermorderter die Friedhöfe hell erleuchtet wären. Sicherlich ist das unrealistisch, da in Deutschland jedes Jahr ca. 925.000 Menschen versterben und man davon ausgeht, dass auf ein erkanntes mindestens ein unerkanntes Tötungsdelikt kommt (mindestens ca. 1.200, s. Madea). Bei demnach 1200 hell erleuchteten Gräbern kann man sicher nicht von „hell erleuchten" sprechen. Dennoch ist man sich unter Experten sicher, dass es eine Dunkelziffer unerkannter Tötungsdelikte gibt und dass sich dieser Zustand ohne Änderung der Verfahrensvorschriften bei Leichensachen kaum ändern werde.

Die ersten an einem Leichenfundort befindlichen Polizisten sind Beamte des Wach- und Wechseldienstes, also der Schutzpolizei. Sie übernehmen den Leichenfundort vom Notarzt oder einem anderen todesbescheinigenden Arzt, erhalten die ersten gewonnenen Erkenntnisse und das Ergebnis der ärztlichen Leichenschau. In der Regel befinden sich noch weitere Personen am Leichenfundort, z. B. Angehörige oder Zeugen. Die Polizeibeamten müssen in dieser ersten Phase aufgrund der vorliegenden Informationen entscheiden, ob es sich weiterhin um einen Leichenfundort ohne Besonderheiten oder eher um einen Tatort eines Tötungsdeliktes handelt. Diese Ersteinschätzung hat umfangreiche Auswirkungen auf das initiale polizeiliche Vorgehen. Ferner muss die Leiche beschlagnahmt werden, da sie als gegenständliches Beweismittel gilt und zur Bestattungsfreigabe die Entscheidung der Staatsanwaltschaft abgewartet werden muss.

Liegen tatsächliche Anhaltspunkte dafür vor, dass es sich um ein Tötungsdelikt handelt, erfolgt umgehend eine weiträumige äußere und eine innere Absperrung des Tatortes. Dies ist für den Spurenschutz erforderlich. Im Kapitel „Kriminalistik, Kriminaltechnik & Recht" wird das polizeiliche Vorgehen beschrieben. Alle anwesenden Personen werden befragt, ihre Personalien werden festgehalten und bei Bedarf polizeilich vernommen. Es können sofortige strafprozessuale Maßnahmen notwendig werden, z. B. eine vorläufige Festnahme eines dringend Tatverdächtigen, die Durchsuchung einer Wohnung und/oder die Sicherstellung/ Beschlagnahme von Beweismitteln.
Wichtig ist, dass die Polizei keinen Einfluss auf den todesbescheinigenden Arzt ausüben sollte, auch wenn nach polizeilichem Dafürhalten kein Fremdverschulden zu vermuten ist. Das entsprechende Kreuz auf der Todesbescheinigung setzt der Arzt, nicht die Polizei.

Abb. 4.2: Spurensicherung am Tatmittel.

Das Todesermittlungsverfahren ist durch die Polizei einzuleiten, wenn das Kreuz bei „nicht natürlich" oder „ungeklärt" gemacht wurde. Dennoch sollte der todesbescheinigende Arzt nach seinen Beweggründen für das entsprechende Kreuzchen befragt werden. Notärzte gehen bei Verstorbenen, die ihnen ja in der Regel unbekannt sind, meist von einer ungeklärten Todesart aus. Auch wenn sich keine Anhaltspunkte für ein Fremdverschulden darstellen. Diese Vorgehensweise der Notärzte ist nachvollziehbar, sollte aber in die Überlegungen der ermittelnden Kriminalpolizei mit einbezogen werden.

Trotz aller widrigen Umstände, die an einem Leichenfundort vorgefunden werden können, müssen die Beamten des Wach- und Wechseldienstes viel Fingerspitzengefühl und kriminalistisches Geschick an den Tag legen. Trauernde, aufgelöste und hysterische Angehörige stellen eine zusätzliche Herausforderung dar.

Erste Sicherungsmaßnahmen sind frühzeitig einzuleiten. Das kann einen frühen Spurenschutz oder die Notsicherung von Spuren bedeuten. Die Beamten des Kriminaldauerdienstes bzw. des zuständigen Kriminalkommissariats sind zu alarmieren und über die bereits getroffenen Maßnahmen und Erkenntnisse zu informieren. Bei Besonderheiten zu Bergung der Leiche, Zutritt zum Leichenfundort oder umfangreicher Spurenlage kann es erforderlich sein, frühzeitig Fachdienste hinzuzuziehen. Das können die Wasserschutzpolizei bei Wasserleichen, das Technische Hilfswerk, die Feuerwehr, die DLRG Wasserrettung, die Polizeitaucher, der Erkennungsdienst der Polizei oder auch die Bereitschaftspolizei sein.

Bis zum Eintreffen der Kriminalpolizei sollten die Beamten des Wach- und Wechseldienstes alle Anstrengungen unternehmen, Veränderungen am Leichenfundort so gering wie möglich zu halten und Veränderungen an der Leiche selbst versuchen zu verhindern.

> **!** **Für die Polizei gilt**:
> Auf Eigensicherung achten, Ruhe bewahren, Überblick verschaffen! Alle Veränderungen müssen genau dokumentiert und festgehalten werden! Trugspuren können an einem Leichenfundort Ermittlungen behindern oder in eine falsche Richtung lenken!

Abb. 4.3: Fotografische Sicherung der Auffindesituation.

Die für den späteren Leichenbefundbericht der Kriminalpolizei gewonnenen Informationen sind für die Entscheidungen der Staatsanwaltschaft maßgeblich. Die fotografische Sicherung kann schon Aufgabe des Wach- und Wechseldienstes sein, gerade dann, wenn vor Eintreffen der Kriminalpolizei Veränderungen am Leichenfundort unerlässlich erscheinen.

Handelt es sich beispielsweise um eine Leiche im Zuständigkeitsbereich der Bundespolizei (Flughafen, Bahngelände usw.), sollten die Dienststellen der Bundespolizei hinzugerufen werden, bei Leichen auf Bahngleisen zusätzlich der Notfallmanager der Deutschen Bahn AG, um Sicherungsmaßnahmen zu treffen.

Generell gilt, dass bestimmte Gefahren an Einsatzstellen möglich sind und diese sind zuerst zu reduzieren oder zu beseitigen.

! Die Personalien von am Leichenfundort anwesender Angehörigen und Zeugen sind zwingend zu notieren. Die unmittelbare Erreichbarkeit, in der Regel die Handynummer, ist zügig festzustellen. Das erleichtert der ermittelnden und sachbearbeitenden Kriminaldienststelle das Todesermittlungsverfahren und die Durchführung kurzfristiger Nachfragen.

Schlussendlich ist es Aufgabe des Wach- und Wechseldienstes der Polizei, Veränderungen jeglicher Art am Leichenfundort zu verhindern, das Eintreffen der Kriminalpolizei vorzubereiten, erste Sicherungsmaßnahmen einzuleiten und den Zugang zur Leiche zu ermöglichen.

! Ein erster Überblick am Leichenfundort sollte schon durch die Beamten des Wach- und Wechseldienstes erfolgen. Eine intensive Spurensuche am Leichenfundort erfolgt aber nur durch die Kriminalpolizei.

Hilfreich ist es, wenn die ersten Polizeibeamten alle Erkenntnisse des Notarztes und des Rettungsdienstes notieren, die Personalien der eingesetzten Kräfte feststellen (zumindest aber den korrekten und vollständigen Funkrufnamen), die Todesbescheinigung, das Notarzteinsatzprotokoll und das Rettungsdienstprotokoll entgegennehmen, um dieses den Beamten der Kriminalpolizei zu übergeben.

Für die ersteintreffende **Kriminalpolizei**, in der Regel ist das der Kriminaldauerdienst oder das sachbearbeitende Kriminalkommissariat (z. B. KK 11), ist es von Bedeutung, die für einen umfangreichen Leichenbefundbericht erforderlichen Informationen zusammenzutragen und zu ordnen.

Es stellt sich die zentrale Frage, ob Hinweise für ein Tötungsdelikt vorliegen oder ob jemand seine Garantenstellung gemäß § 13 StGB verletzt haben könnte. So wäre es auch denkbar, dass ein Tötungsdelikt durch vorsätzliche Verletzung der Obhutspflichten erfüllt sein könnte.

§

„§ 13 StGB
Begehen durch Unterlassen
(1) Wer es unterläßt, einen Erfolg abzuwenden, der zum Tatbestand eines Strafgesetzes gehört, ist nach diesem Gesetz nur dann strafbar, wenn er rechtlich dafür einzustehen hat, daß der Erfolg nicht eintritt, und wenn das Unterlassen der Verwirklichung des gesetzlichen Tatbestandes durch ein Tun entspricht.
(2) Die Strafe kann nach § 49 Abs. 1 gemildert werden."

Die Kriminalpolizei hat mit viel Empathie den häufig verunsicherten Angehörigen zu begegnen und ihnen das weitere Vorgehen zu erläutern. Das ist aber lediglich bis zu einem gewissen Grad möglich, denn polizei- und ermittlungstaktische Sachverhalte sollten mit Angehörigen nicht erörtert werden. Im Todesermittlungsverfahren geht es nun mal um die Aufklärung der Todesumstände, das kann ein Tötungsdelikt sein, an dem auch Angehörige beteiligt sein könnten.

Ein häufiger Wunsch von Angehörigen ist die Ermittlung der genauen medizinischen Todesursache und die frühzeitige Mitteilung durch die Polizei, was genau passiert ist. Diesem Wunsch kann nur nach Rücksprache mit der Staatsanwaltschaft Rechnung getragen werden, es sollte den Angehörigen vor Beendigung des Verfahrens aber niemals in Aussicht gestellt werden, die genaue Todesursache zu erfahren.

Das Ziel des polizeilichen Todesermittlungsverfahrens ist nicht die Klärung der genauen Todesursache, sondern einzig und allein der Ausschluss bzw. die Feststellung eines Fremdverschuldens. Dass die Ermittlungen auch ohne Bestimmung einer Todesursache beendet werden können, führt bei Angehörigen regelmäßig zu Unverständnis und Ablehnung. Wünschen die Angehörigen nach Freigabe der Leiche zur Bestattung weitere Untersuchungen am Leichnam, so können sie dies privat und auf eigene Rechnung in Auftrag geben.

Für die erste Ermittlungsarbeit und Trauerbewältigung ist es gut, wenn ein Notfallseelsorger die Betreuung der Angehörigen fortsetzt und für die psychosoziale Begleitung zur Verfügung steht. Die Anforderung eines Notfallseelsorgers erfolgt über die Leitstelle.

> ! Das Ziel des polizeilichen Todesermittlungsverfahrens ist nicht die Klärung der genauen Todesursache, sondern die Feststellung, ob ein Fremdverschulden vorliegen könnte.

Erste Maßnahmen der Kriminalpolizei sind die Begehung, Inaugenscheinnahme und Grobrasterung des Leichenfundortes. Hier sollten sich die Beamten einen Überblick verschaffen und ihre weitere Ermittlungsarbeit besprechen, aufteilen und ordnen.
Hierbei ist selbstverständlich darauf zu achten, jegliche Veränderungen bis zur polizeilichen Leichenschau zu vermeiden.

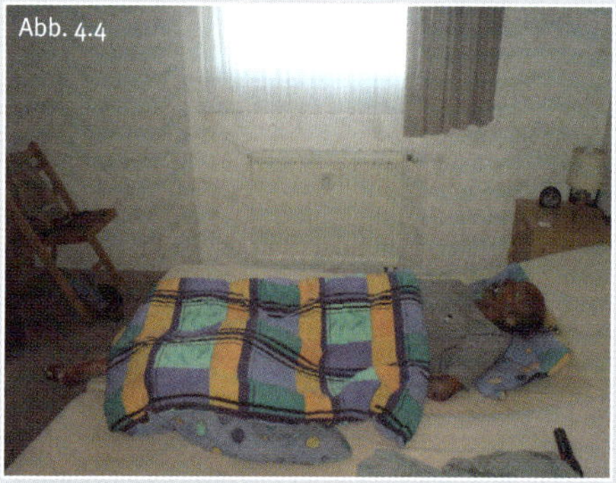

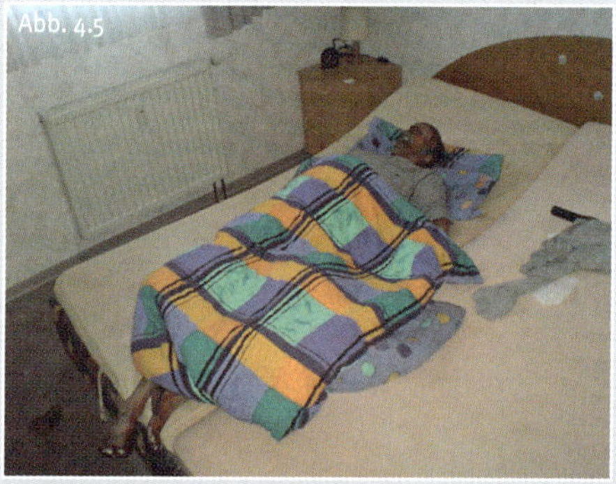

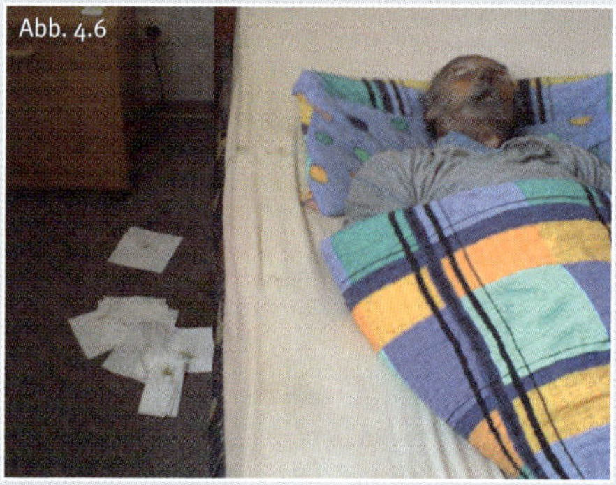

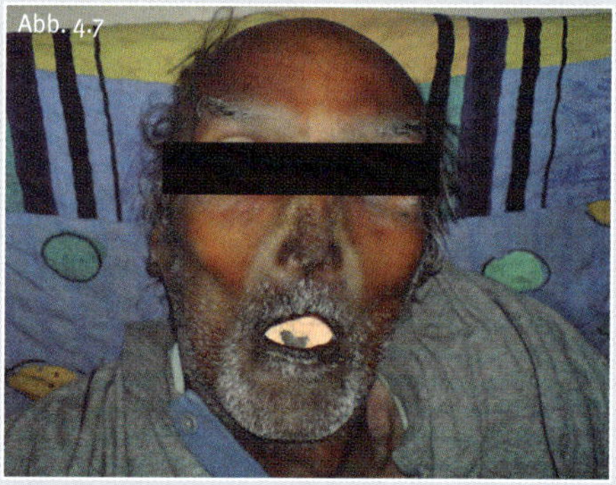

Abb. 4.4: Auffindesituation einer männlichen Leiche im Bett, Veränderungen durch Nachbarin, die den Toten im Schlafzimmer fand und aufbahrte.
Abb. 4.5: Die Bettdecke wurde über die Leiche gelegt, die ursprüngliche Auffindesituation musste mühsam mit der Zeugin rekonstruiert werden.
Abb. 4.6: Taschentücher mit Erbrochenem neben dem Bett, Todesursache war eine fulminante Lungenarterienembolie. Vermutlich stammen die Taschentücher von Bluthusten vor dem Todeseintritt.
Abb. 4.7: Leichenidentifizierung durch fortgeschrittene Fäulnisveränderungen deutlich erschwert. Schwarzfäulnis.

Es werden erste Notizen angefertigt, um den Leichenfundort bei Anfertigung des Leichenbefundberichtes genau beschreiben zu können. Das Anfertigen von Lichtbildaufnahmen ist üblich.

> Es gilt nun eine kriminalistische Einschätzung vorzunehmen.
>
> - Handelt es sich um einen Suizid?
> - Liegt ein Hausunfall vor?
> - Gibt es offensichtliche Hinweise für ein Tötungsdelikt („Messer im Rücken", Würgemale am Hals, deutliche Petechien in den Skleren, Schusswunden, Anwendung der Hutkrempenregel, andere Verletzungen durch stumpfe/scharfe Gewalt etc.)?

Hierzu liefern Prof. Madea et al. in ihren jeweiligen Kapiteln Hinweise auf die Beurteilung solcher Todesfälle und Gewalttaten.

Die Befragung des Hausarztes kann wichtige Hinweise geben und ist zwingend durchzuführen. Beim Hausarzt laufen alle wichtigen Informationen über den Patienten zusammen (letzte Krankenhausaufenthalte, Medikamentenplan, Risikofaktoren, familiäre Umstände).

> Für die Befunderhebung bieten sich für die Kriminalbeamten zwei Anamneseschemata aus dem Rettungsdienst an:
>
> - das **SAMPLER**- (vgl. Tab. 4.1) und
> - das **OPQRST-Schema** (vgl. Tab. 4.2).

Die darin geforderten Informationen können auch ohne medizinische Vorkenntnisse erhoben werden, unter Umständen aber nur über Angehörige oder Zeugen.

Die Befunderhebung ist für den Leichenbefundbericht wichtig und unerlässlich. Der befragte Arzt sollte vor seiner Befragung keine Informationen über den aktuellen Stand der Ermittlungen erhalten, sodass er tatsächlich nur die Erkenntnisse übermittelt, die er selbst gewonnen hat. Wichtig ist die zügige Befragung des Hausarztes, da der Leichenbefundbericht solche Informationen enthalten sollte. Es muss aus Gründen der zeitlichen Dringlichkeit (Freigabe der Leiche: ja oder nein?) darauf hingewiesen werden, dass die Informationen für das Todesermittlungsverfahren von zentraler Bedeutung sind.

> **!** Einige Hausärzte verweisen auf ihre ärztliche Schweigepflicht. Diesem Hinweis ist zu entgegnen, dass die ärztliche Schweigepflicht zwar über den Tod des Menschen hinaus gilt, aber bei vermuteter Einwilligung durch den Verstorbenen Informationen zur Aufklärung der Todesumstände an die Polizei weitergegeben werden können (§ 203 StGB).

Tab. 4.1

SAMPLER-Schema	
S	**Symptoms** (Symptome) Leitsymptom oder Hauptbeschwerden vor Todeseintritt in Erfahrung bringen.
A	**Allergies** (Allergien) War der Verstorbene Allergiker? Wenn ja, hatte der Verstorbene Zugriff auf einen Adrenalin-Pen?
M	**Medication** (Medikation) Welche Medikamente hat der Verstorbene regelmäßig eingenommen? Welche Dosierung, welche Applikationsart? Welche Medikamente wurden möglicherweise nicht regelmäßig eingenommen? Hat der Verstorbene die Einnahme verweigert oder wurden die Medikamente unzugänglich gemacht? Wer hat die Einnahme von Medikamenten überwacht? Wer hat die Medikamente wie verabreicht? Gibt es darüber Dokumentationen (Pflegebögen, Notizen)?
P	**Past Medical History** (medizinische Vorgeschichte) Welche Patientengeschichte lässt sich ermitteln? Welche Vorerkrankungen hatte der Verstorbene? Wo und wie lange war der letzte Krankenhausaufenthalt? Von wem und wann wurde der Verstorbene versorgt/gepflegt/betreut? Wer hatte Zugang zu dem Verstorbenen vor dem Todeseintritt? Gab es Menschen, die verpflichtet waren, die Pflege oder eine Behandlung zu gewährleisten?
L	**Last Oral Intake** (letzte Nahrungsaufnahme) Letzte eingenommene Mahlzeiten, letzter Stuhlgang oder Urin auffällig gewesen? Letzter Geschlechtsverkehr? Wer war der Sexualpartner des Verstorbenen? Die meisten Tötungsdelikte sind Beziehungstaten. Häufig spielt der Lebenspartner eine entscheidende Rolle.
E	**Events Prior to Incident** (dem Vorfall vorangegangene Ereignisse) Gab es Ereignisse vor Todeseintritt, die von Relevanz sein können? Gab es Streit/Ärger mit anderen Personen?
R	**Risk Factors** (Risikofaktoren) Lag Drogen- oder Alkoholmissbrauch vor? Lag eine Schwangerschaft vor? Wie war der Tabakkonsum? Gab es andere Risikofaktoren? Welchen Beruf übte der Verstorbene aus? Gibt es hier Ansprechpartner?

Auch wenn die Angehörigen mit Nachdruck verlangen, dass der Hausarzt seiner Schweigepflicht nachzukommen habe, kann der Arzt selbst und vor allem straffrei – wenn das im Interesse des Toten liegt – entscheiden, inwieweit er die polizeilichen Ermittlungen unterstützt. Der Arzt ist lediglich gegenüber seines verstorbenen Patienten Rechenschaft schuldig, nicht gegenüber den Angehörigen.

Tab. 4.2

OPQRST-Schema	
O	**Onset** (Auftreten der Beschwerden) Wann traten die Beschwerden des Verstorbenen auf? Unter welchen Umständen traten sie auf? Gibt es dafür Zeugen?
P	**Provocation/Palliation** (Auslösbarkeit, Linderung der Beschwerden) Waren die Beschwerden durch Bewegung usw. veränderbar? Wirkten die Medikamente? Gab es eine Zustandsverbesserung oder -verschlechterung durch die Medikamente oder durch die ärztlichen Maßnahmen?
Q	**Quality** (Beschwerdecharakter) Um welche Schmerzen handelte es sich genau (stechend, scharf lokalisierbar, dumpf, kolikartig, langsam ansteigend)?
R	**Radiation** (Ausstrahlung) Haben die Schmerzen ausgestrahlt (in den Kiefer, in den Arm, in den Bauch, in die Flanke usw.)?
S	**Severity** (Schmerzstärke, Intensität der Beschwerden) Gemessen an der sog. NAS (Numerische Analogskala 1–10, wobei 10 der stärkste Schmerz ist, den man sich vorstellen kann): wie stark waren die Beschwerden?
T	**Time** (zeitlicher Verlauf) Seit wann bestanden die Beschwerden genau und wie haben sie sich entwickelt? Wie entwickelten sich die Beschwerden im zeitlichen Kontext?

4.2 Ermittlungen bei Tötungsdelikten

Sind Unsicherheiten bei der Beurteilung eines Sachverhaltes vorhanden, die einen Ausschluss eines möglichen Fremdverschuldens am Tod einer Person nicht erlauben, ist unbedingt an die Einbindung anderer polizeilicher sowie externer Fach- und Spezialkräfte zu denken.

Die Beurteilung, ob es sich um ein Fremdverschulden handeln könnte, ist hochkomplex „und für den weiteren Fortgang des Verfahrens entscheidend“ und in kürzester Zeit zu treffen. Daher sind alle Auffälligkeiten in der Gesamtbetrachtung zu beurteilen, die kriminalistische Skepsis ist allgegenwärtig.

Sobald deutliche Hinweise darauf vorliegen, dass ein Fremdverschulden vorliegt, sollte die Befunderhebung am Tatort sofort abgebrochen werden. Alle Veränderungen am Tatort sind zu vermeiden. Alle bislang vorgenommenen Veränderungen am Tatort sind genau zu dokumentieren.

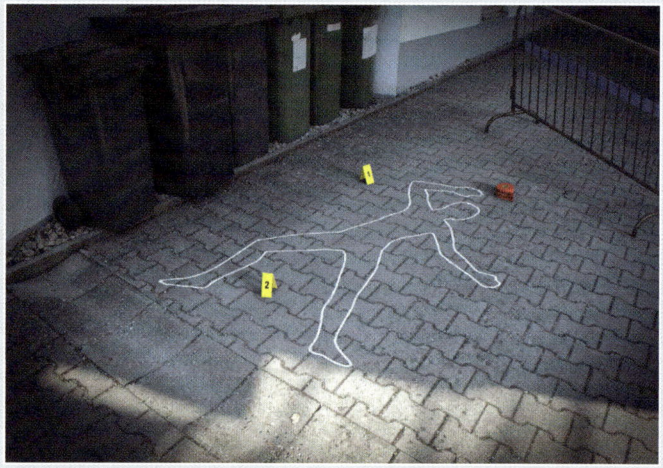

Abb. 4.8: Symbolbild, Auffindesituation mit Spurentafeln.

Es erfolgt daraufhin umgehend die Information des Dienstgruppenleiters der Kriminalwache bzw. des Kommissariatsleiters. Es sollte eine Absprache darüber getroffen werden, wie das weitere konkrete Vorgehen aussieht. Es sollte zügig die Alarmierung einer Mordkommission (MK) erfolgen. Dabei ist zu bedenken, dass das Eintreffen des Tatortteams der MK und des Erkennungsdienstes außerhalb der Bürodienstzeiten einige Zeit in Anspruch nehmen kann.

Der Leiter der Mordkommission, in der Regel ein leitender Beamter des zuständigen Kriminalkommissariats, wird ebenfalls früh in die Lage eingewiesen. Er wird sich meistens selbst einen Eindruck vom Tatort verschaffen, um eigene Erkenntnisgewinnung zu betreiben.

Wird weiterhin von einem Fremdverschulden ausgegangen, sollte zeitnah ein Bereitschaftsstaatsanwalt der Kapitalabteilung der zuständigen Staatsanwaltschaft informiert werden, nach Rücksprache mit der StA zusätzlich auch ein Rechtsmediziner zum Leichenfundort hinzugezogen werden.

Da die Leichenveränderungen am Tatort fortschreiten und jeder, der den Tatort betritt, unfreiwillig Veränderungen an der Gesamtsituation vornimmt, sollten die Beteiligten zügig zum Ereignisort kommen. Für die Polizei ist natürlich der Todeszeitpunkt von großem Interesse. Die Bestimmung des Todeszeitpunktes ist für die Alibiermittlung eines möglichen Tatverdächtigen, für die Verdächtigenermittlung und auch für die Sicherung möglicher Beweise (Überwachungsvideos) wichtig. Es sollte eine Obduktion angeregt und beantragt werden, bei Gefahr im Verzug ist auch die Staatsanwaltschaft befugt, diese anzuordnen (§ 87 Abs. 4 StPO).

Für die Todesermittlungen sind ggf. weitere Kräfte anzufordern:

- Sachverständiger für Brandsachen.
- Bezirksschornsteinfeger für die Bereiche Heizungsanlage, Kamine, offene Feuerstellen.

- Stadtwerke-Rufbereitschaftsdienst für die Bereiche Strom, Gas, sowohl als Sachverständige, als auch zur Gefahrenabwehr.
- TÜV oder DEKRA für die Begutachtung von elektrischen Geräten, Fahrzeugen usw.
- Staatliches Amt für Arbeitsschutz (StAfA), Berufsgenossenschaft bei Arbeitsunfällen jeglicher Art.
- Ordnungsamt und Feuerwehr zur Gefahrenabwehr.
- Schlüsseldienst zur Öffnung / Sicherung von Wohnungen und Gebäuden.

Die Aufzählung der Dienststellen und Behörden ist nicht abschließend und sollte an den jeweiligen Sachverhalt angepasst werden.
Der Kriminaldauerdienst sollte vor Eintreffen der Beamten der MK keine Personen vor Ort entlassen. Alle Angehörigen und Zeugen sollten sich für Nachfragen der MK-Beamten bereithalten.

4.3 Polizeiliche Leichenschau

Die polizeiliche Begutachtung des Leichnams aus dem Blickwinkel eines Kriminalisten ist für die Beweislage wichtig und eine der bedeutenden Maßnahmen im polizeilichen Todesermittlungsverfahren. In Art und Umfang unterscheidet sie sich kaum von der ärztlichen Leichenschau. Das Ergebnis der polizeilichen Leichenschau ist Grundlage für die Entscheidung der Staatsanwaltschaft, die Leiche für die Feuer-/Erdbestattung freizugeben.

! Liegen Hinweise für ein Fremdverschulden vor, so bricht der Kriminalbeamte die Leichenschau ab. Das weitere Vorgehen an und mit der Leiche wird dann mit der sachbearbeitenden Dienststelle (KK 11) und der Rechtsmedizin abgestimmt.

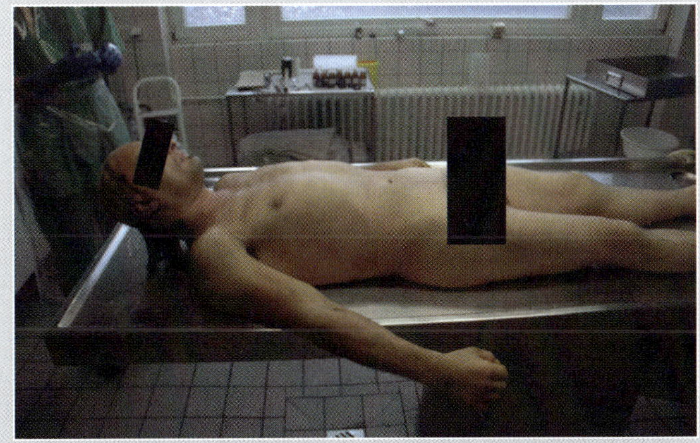

Abb. 4.9: Unbekleidete Leiche, optimale Bedingungen für eine Leichenschau.

Liegen nach Durchführung der polizeilichen Leichenschau keine Hinweise für ein Fremdverschulden vor, wird dieses Ergebnis im Leichenbefundbericht vermerkt und dem Staatsanwalt zur weiteren Entscheidung vorgelegt.

Die Freigabe des Leichnams durch die Staatsanwaltschaft hat in der Regel die Erlaubnis zur Feuer-/Erdbestattung zur Folge und ersetzt dann auch eine Kremationsleichenschau. Der Leichenbefundbericht der Polizei ist demnach von entscheidender Bedeutung für das Todesermittlungsverfahren.
Alle nicht getroffenen Feststellungen unmittelbar am Leichenfundort wirken sich negativ auf das Verfahren aus und können Beweise zerstören. Wichtig ist die zügige Feststellung der Körperkerntemperatur der Leiche (s. Temperatur-Todeszeit-Bezugsnomogramm, **Kapitel 1**, S. 69, Madea et al.).

Die kriminalpolizeiliche Leichenschau wird von speziell geschulten Kriminalbeamten durchgeführt, dokumentiert und kann an verschiedenen Örtlichkeiten durchgeführt werden. Das können die Wohnung als Leichenfundort, die Räumlichkeiten des Vertragsbestatters oder das Krankenhaus sein.

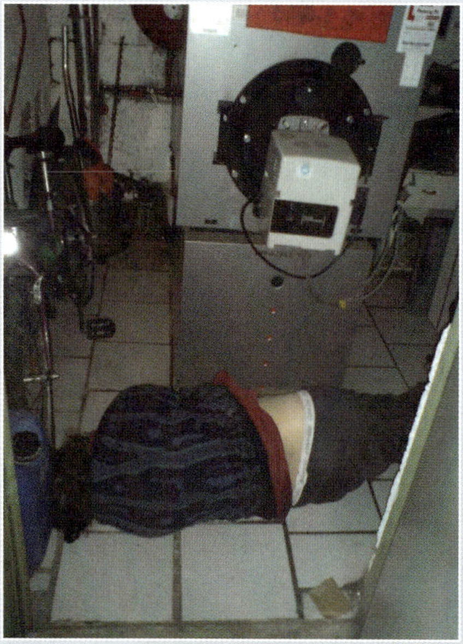

Abb. 4.10: Leiche in einem Heizkeller. Auffindesituation 06:30 Uhr morgens. Zunächst Verdacht eines Tötungsdeliktes oder eines Hausunfalles (Treppensturz oder Elektrounfall), Todesursache war jedoch ein Myokardinfarkt.

Die Inaugenscheinnahme des Leichnams hat im bekleideten und unbekleideten Zustand zu erfolgen, dazu werden entsprechende Ausrüstungsgegenstände mitgeführt (z. B. Rettungsschere zum Öffnen der Kleidung, Werkzeuge).

Die Beleuchtung am Ort der Leichenschau sollte ausreichend sein, um den gesamten Körper untersuchen zu können. Es wird immer eine Teamaufteilung vorgenommen. Ein Beamter untersucht den Körper des Verstorbenen, ein Beamter fertigt Notizen über die gewonnenen Erkenntnisse an. Die polizeiliche Leichenschau wird grundsätzlich von zwei Kriminalbeamten durchgeführt. Das ist aus Gründen der Eigensicherung erforderlich, da es sich schließlich um einen Tatort einer der schwersten Straftaten handeln könnte. Ferner erwehrt man sich so Vorwürfen von Angehörigen, Gegenstände gestohlen oder beschädigt zu haben. All diese Vorwürfe hat der Autor in seiner praktischen Tätigkeit erleben müssen.

Hilfreich ist dabei eine Ganzkörperskizze, wobei alle Körperteile explizit aufgeführt sind und entsprechende Auffälligkeiten markiert werden können.Eine der ersten Maßnahmen ist die Identitätsfeststellung. Dabei können Angehörige, Zeugen und Bekannte des Toten zu Rate gezogen oder Ausweispapiere genutzt werden. Bei fortschreitenden Leichenerscheinungen, wie Schwarzfäulnis, ist die Identifizierung anhand eines Bundespersonalausweises unmöglich.

Die Durchführung der Leichenschau hat chronologisch zu erfolgen, von Kopf bis Fuß. Sofort zu sichernde Spuren sind ggf. mit dem Erkennungsdienst und der Rechtsmedizin abzustimmen. Unter Umständen muss auch hier ein Abbruch der Leichenschau erfolgen, bis eine geeignete Spurensicherungsmöglichkeit besteht.

! Die Untersuchung des Leichnams erfolgt über den ganzen Körper, von Kopf bis Fuß, unter Einbeziehung der Vorder- und Rückseite des Körpers und unter Inaugenscheinnahme der natürlichen Körperöffnungen.

Die relevanten Informationen, die bei der kriminalpolizeilichen Leichenschau von Interesse sind, werden im „Muster Leichenbefundbericht“ in diesem Kapitel aufgeführt.
Nach der schriftlichen Dokumentation sollten die Befunde umfangreich und zielorientiert durch Lichtbilder festgehalten werden.
Neben einer Gesichts- und Ganzkörperaufnahme, beidseits, im bekleideten und unbekleideten Zustand, sind bei spezifischen Fragestellungen auch Verletzungen, Anhaftungen und Vertrocknungen durch Nahaufnahmen zu dokumentieren.

! Die durch den Rettungsdienst und Notarzt verwendeten Verbrauchsmaterialien, wie Gefäßzugänge, Endotrachealtuben, aufgebrachte Defipatches usw. verbleiben in und an der Leiche. Diese Gegenstände werden nur vom Rechtsmediziner im Rahmen der Obduktion beseitigt und sollten im polizeilichen Leichenbefundbericht Erwähnung finden.

Der Leichenbefundbericht wird durch eine abschließende polizeiliche Beurteilung beendet. Der Staatsanwaltschaft wird empfohlen, weitergehende Ermittlungen durchzuführen oder die Anregung unterbreitet, weitere Ermittlungen zu unterlassen. Gelegentlich ist es so, dass die Staatsanwaltschaft weitere Rückfragen zu dem Sachverhalt hat oder eine Obduktion anordnet. Bei der Obduktion sollten die ermittelnden Kriminalbeamten des zuständigen Kommissariats zugegen sein. Falls sich im Rahmen der Obduktion ein Verdacht auf Fremdverschulden ergibt, wird das Todesermittlungsverfahren je nach Spuren- und Rechtslage mit Blickrichtung auf die Bildung einer Mordkommission fortgesetzt.

4.3.1 Sicherstellung des Leichnams

Grundsätzlich müssen alle Leichen, deren Todesart „ungeklärt" oder „nicht natürlich" ist, als Gegenstandsbeweis sichergestellt werden. Gemäß § 90 BGB sind Leichen oder Leichenteile als „Sache" qualifiziert, da sie im Sinne der Begriffsbestimmung einen räumlich abgegrenzten und beherrschbaren Gegenstand bilden (Sachcharakter des Leichnams). Eine Leiche ist nie im Eigentum einer bestimmten Person, sondern wird rechtlich als herrenlose Sache bezeichnet. Schutz erfährt ein Leichnam durch Vorschriften im Strafrecht (vgl. §§ 167a, 168, 189 StGB).

§ 159 StPO dient der Beweissicherung für den Fall, dass der Tod durch die Straftat eines anderen Menschen herbeigeführt worden ist. Für die erforderlichen Todesermittlungen sorgt die Polizei für die Bergung, Bewachung und die sichere Unterbringung der Leiche. Für den Transport von „Polizeileichen" sind durch die Polizeibehörden Verträge mit Bestattungsunternehmen geschlossen worden. Die Unternehmen gewährleisten eine spurenschonende Bergung, einen sicheren Transport und eine entsprechende Unterbringung.

Die Rechtsgrundlage für die Sicherstellung der Leiche ergibt sich aus § 94 Abs. 1 StPO. Danach dürfen Beweismittel sichergestellt werden – Leichen oder Leichenteile gelten als solche, da sie Spuren aufweisen können, die für die Ermittlungen wichtig sind.

Angehörige haben keine Verfügungsgewalt über den Leichnam, solange er sich im behördlichen Gewahrsam befindet. Das Totensorgerecht bezieht sich zwar auf das Recht von Angehörigen, sich um die Belange rund um den Verstorbenen zu kümmern, beinhaltet aber nicht die Befugnis, über den Körper der Leiche zu verfügen. Nach Freigabe der Leiche durch die Staatsanwaltschaft werden alle persönlichen Gegenstände an die Angehörigen ausgehändigt, die Leiche kann daraufhin von einem frei wählbaren Bestattungsunternehmen bei dem Rechtsmedizinischen Institut abgeholt und zur Bestattung vorbereitet werden.

Gelegentlich ereignen sich dramatische Szenen vor den Rechtsmedizinischen Instituten, wenn Verstorbene obduziert werden sollen, die zu Lebzeiten einer Religion angehörten, die solche Maßnahmen ablehnen. Hier überwiegt aber nicht die Religionsfreiheit aus Artikel 4 Grundgesetz, sondern die Pflicht der Polizei und der Staatsanwaltschaft, Todesermittlungen durchzuführen und für die Rechtsmedizin die richterlich angeordnete Obduktion zu verwirklichen.

Polizeiliche Einsätze in diesem Zusammenhang sind mit viel Empathie und kommunikativer Kompetenzen abzuwickeln. Es kann hier in Aussicht gestellt werden, dass das Verfahren so schnell wie möglich durchgeführt und nach Freigabe des Leichnams ausreichend Gelegenheit vorhanden sein wird, sich von dem Verstorbenen zu verabschieden.

4.3.2 Fallspezifische Ermittlungen

Für die polizeiliche Sofortsache „Leichenfund" sind aus dem kriminalistischen Blickwinkel einige fallspezifische Informationen zu erheben, die sich im Tatortbefundbericht wiederspiegeln sollten. Ferner sind einige unmittelbar zu treffende Maßnahmen durch die Kriminalpolizei erforderlich, denn sie können später im Verfahren in der Regel nicht nachgeholt werden, es droht der Verlust von wichtigen Beweismitteln. Die folgenden Ausführungen zu den einzelnen Todesarten/Begehungsweisen sind nicht abschließend und müssen bei Bedarf an den jeweiligen Sachverhalt angepasst werden.

4.3.2.1 Strangulation

Unter dem Begriff „Strangulation" wird das Erdrosseln, Erhängen und Erwürgen subsummiert. Das Erhängen findet meist als Suizid statt, wohingegen das Erdrosseln und Erwürgen eine Fremdeinwirkung voraussetzt.

Beim **Erhängen** kommt es zu einer Kompression der Blutgefäße am Hals, wobei das Körpergewicht dies bewirkt. Eine vollständige Umschlingung des Halses durch das Strangulationswerkzeug ist für den Todeseintritt nicht erforderlich. Es kann in seltenen Fällen zu einer Halswirbelkörperfraktur oder Dens-Axis-Fraktur kommen und somit das Atem- und Kreislaufzentrum im verlängerten Rückenmark zerstören.

Das ist meist der Fall, wenn der Körper aus einer größeren Höhe hinunterfällt und das Strangulationswerkzeug entsprechend lang ist. Die Vollstreckung der Todesstrafe erfolgt auf diese Weise immer noch in einigen Ländern der Welt, z. B. im Iran und Irak.

Es wird zwischen dem typischen und atypischen Erhängen differenziert.

Ein typisches Erhängen liegt vor, wenn das Strangulationswerkzeug vollständig um den Hals gelegt ist und nach hinten ansteigt. Die Lage des Knotens befindet sich am höchsten Punkt in der Mitte des Nackens. Der Körper hängt nachher frei, ohne Kontakt zum Boden zu haben. Ein atypisches Erhängen liegt vor, wenn das Strangulationswerkzeug asymmetrisch um den Hals liegt und der Knoten lateral oder ventral (also seitlich oder an der Vorderseite) befindlich ist. Ferner hat der Körper Kontakt zum Boden, auch ein Erhängen in liegender Position ist möglich. Hier reicht bereits eine Zugkraft von 6 kg aus, um die Halsgefäße so zu komprimieren, dass eine deutliche Minderperfusion des Gehirns eintritt. Eine zusätzliche Gefahr birgt der Vagusreiz, der mit einem reflektorischen Herzstillstand einhergehen kann.

Das atypische Erhängen ist die am häufigsten gewählte Suizidmethode in Deutschland.

Tab. 4.3

Ermittlungen und Maßnahmen bei Tod durch Erhängen
1. Am Strangulationswerkzeug
Art des Strangulationswerkzeuges?
War das Strangulationswerkzeug verfügbar?
Bei Leichenfund, wenn möglich, Strangulationswerkzeug komplett erhalten!
Nachvollziehbarkeit der Konstruktion, des Sitzes und des Verlaufs der Schlinge (insbes. bei Veränderung oder Zerstörung des Strangulationswerkzeuges durch Polizei/RD/Feuerwehr) bei der Sicherstellung des Leichnams.

Polizeiliche Leichenschau und Todesermittlungen

Tab. 4.3

Ermittlungen und Maßnahmen bei Tod durch Erhängen
Befestigung des Strangulationswerkzeuges am Aufhängepunkt dokumentieren!
Art des Knotens, Besonderheiten bei der Knotung (Seemannsknoten, berufsspezifische Knoten, Windungen)?
Spurenschonende Sicherstellung des Strangulationswerkzeuges als Beweismittel (DNA-Untersuchung)!
2. Äußere Befunde an der Leiche
Lage der Livores (Leichenflecke) mit der Auffindesituation stimmig?
Sicherung der Hände des Leichnams durch Eintüten (Sicherung von Spuren des Strangulationswerkzeuges, Kleidung, Faserspuren).
Verletzungen am Hals vorhanden? Selbstrettungsversuche?
Fingernägel in Augenschein nehmen.
Stauungsblutungen feststellbar? Beim atypischen Erhängen erwartet man petechiale Blutungen in der Gesichtshaut, den Augenlidern, den Skleren, der Mundschleimhaut und hinter den Ohren.
Verletzungen durch Agoniephase? Hinweise auf Verletzungen durch möglichen hypoxischen Krampfanfall?
Beschreibung der Strangulationsfurche/-marke.
Zwischenkammerblutungen? Es handelt sich um kleinere Blutungen zwischen zwei oder mehreren Wicklungen des Strangulationswerkzeuges → kein vitales Zeichen!
Speichelfaden; Abrinnspur aus Mund oder Nase als vitales Zeichen.
Abgang von Sperma als vitales Zeichen; Spermaabrinnspur?
Dekapitation beim Erhängen und Fall aus großer Höhe durchaus möglich.
3. Leichenfundort
Ist die Auffindesituation mit einem suizidalen Erhängen erklärbar?
Bei Fremdörtlichkeit (also nicht die Wohnung, der Keller etc. des Toten): Konnte die Person die Örtlichkeit überhaupt selbst erreichen? Schlüsselgewalt? Zugangsmöglichkeit?
Vermessung (Größe des Leichnams, Länge des Strangulationswerkzeuges → Knoten → Befestigung des Aufhängepunkts, Beziehung Aufhängepunkt/Boden).

Beim **Erdrosseln** wird die Gewalt auf den Hals durch ein horizontal verlaufendes Drosselwerkzeug aufgebaut. Bei der üblichen Gegenwehr des Opfers in Todesangst kann es immer wieder zur Lockerung des Werkzeuges vom Hals kommen und somit entstehen mehrere Drosselspurverläufe. Bei arretierenden Werkzeugen, z. B. bei Verwendung eines Kabelbinders, kann auch nur eine Drosselspur am Hals verlaufen.

Tab. 4.4

Ermittlungen und Maßnahmen bei Tod durch Erdrosseln
Strang- oder Drosselmarke(n) am Hals? Also ansteigender oder horizontaler Verlauf der Spur?
Ggf. fehlt eine Drosselmarke, wenn das Drosselwerkzeug weich war oder über der Kleidung des Opfers angesetzt wurde! Faserspurensicherung erforderlich.
Mehrere Drosselmarken vorhanden, weil mehrmals angesetzt wurde?
Horizontale Lage der Drosselmarke, sowohl oberhalb als auch unterhalb des Larynx?
Stauungszyanose-/blutungen erkennbar?
Drosselwerkzeug vollständig und spurenschonend sicherstellen.
Selbstdrosselung technisch-physikalisch möglich oder denkbar? Selbstarretierungsmechanismus am Drosselwerkzeug?
Dokumentation des Sitzes des Drosselwerkzeuges.
Hände und Finger in Augenschein nehmen! Abwehrverletzungen vorhanden? Selbstrettungsverletzungen /-spuren sichtbar? → Hände sichern.
Blut an Mund/Nase als Stauungsblutung? Andere Gesichts-/Schädelverletzungen durch Schlagen des Opfers?
Sexualdelikt? Verletzungen im Genitalbereich? Spermaspuren?

Das **Erwürgen** erfolgt durch manuelle Kompression des Halses mittels einer Hand oder beider Hände des Täters. Ein suizidales Erwürgen ist grundsätzlich nicht möglich, da die Kompression des Halses nach Eintritt der Bewusstlosigkeit sistiert. Denkbar ist aber auch hier das Auslösen einer Gefäßembolie nach Karotisstenose oder ein tödlicher Vagusreiz.

Tab. 4.5

Ermittlungen und Maßnahmen bei Tod durch Erwürgen
Feststellung, ob Würgen oder Drosseln vorliegt.
Blutiges Sekret aus Gesichtsöffnungen?
Abwehrverletzungen?
Würgemale am Hals feststellbar? → DNA-Spuren Würgemale können beim Erwürgen über der Kleidung des Opfers fehlen, insbesondere dann, wenn das Opfer aufgrund des Gesundheitszustandes und fehlender körperlicher Kraft nicht zur Gegenwehr bereit war.
Stauungsblutungen/-zyanose, Ekchymosen, Petechien erkennbar?
Starkes Aufdunsen des Gesichtes und Halses erkennbar? Blutaustritt aus Mund/Nase?

4.3.2.2 Ersticken

Der Tod tritt beim Ersticken durch eine Unterbrechung der Sauerstoffzufuhr oder durch einen massiven Sauerstoffmangel ein. Es kommt zu Bewusstseinstrübungen, Bewusstlosigkeit, ggf. Krampfanfall und häufig auch zu dem klinischen Zeichen der Zyanose. Als Tötungsdelikt tritt diese Form des Todes infolge äußerer Einflüsse oder mechanischer Atembehinderungen ein.

Es kann zu einem Tod durch eine weiche Bedeckung der Atemwege kommen (Faserspuren!), zu einem Bolustod (reflektorischer Herzstillstand durch Vagusreiz möglich), zum Tod durch Ertrinken/Ertränken, zum Tod in der Badewanne, Tod durch Verschüttung und andere Behinderung der Atemexkursionen (Positional Asphyxia Syndrom bzw. lagebedingter Erstickungstod) oder durch Sauerstoffmangel in Räumen (CO_2-Ersticken).

Tab. 4.6

Ermittlungen und Maßnahmen bei Tod durch Ersticken
Bei pflegebedürftigen, kranken, gebrechlichen, dementen Personen und Säuglingen/Kleinkindern auf diese Art der Tötung achten!
Bei Ersticken mittels Kissen oder Stoffwindel häufig keine Blutunterlaufungen, sehr spurenarmes Vorgehen! Gerade auch bei Arglist (z. B. Tötung im Schlaf) u. U. keine Abwehrverletzungen beim Opfer sichtbar.
Bei Nachweisbarkeit eines heimtückischen Vorgehens kann ein Mordmerkmal gemäß § 211 StGB begründet sein, sodass die justizielle Bewertung der Tat mit einer höheren Freiheitsstrafe für den Täter ausfallen kann.
Befinden sich Speisereste im Mund-/Rachenraum des Opfers?
Sicherstellung des Bolus verursachenden Gegenstandes, ggf. erst durch die Rechtsmedizin möglich.
Fremdkörper im Mund-/Rachenraum durch Notarzt/Notfallsanitäter festgestellt worden?

Tab. 4.6

Ermittlungen und Maßnahmen bei Tod durch Ersticken
Gefährdet sind Kinder, alkoholisierte, drogenintoxikierte, demente Menschen
Schaumpilz vor dem Mund? → Hinweis auf Ertrinken und vitales Zeichen
Ertrinken ist bei Kleinkindern eine der häufigsten Todesursachen (bedingt durch einen Unfall am Teich o.ä.)!
Ertrinken ist auch in seichten Gewässern oder gar in einer Wasserpfütze möglich, insbesondere wenn Schutzreflexe ausgefallen sind (Alkohol-, BtM-Konsum)!
Bei Ertrunkenen fehlen Livores häufig (bedingt durch den Wasserdruck).
Abwehr-/Kampfverletzungen an den Händen?
Schiffsschraubenverletzungen?
Fesselungen? Beschweren des Toten feststellbar (z. B. Gewichte, Hanteln)?
Bekleidung des Ertrunkenen auffällig? Badekleidung? Normale Straßenkleidung? Zugang zu einer hohen Brücke denkbar?
Spuren am Ufer, an einer Brücke in der Nähe?
Fahrzeug des Ertrunkenen in der Nähe? Freunde, Grillplatz, Feierlichkeit in der Nähe zu finden?
Hinweise auf ein Sexualdelikt?
Ob die Leiche lebend oder tot in das Wasser gelangt ist, lässt sich nur durch die Rechtsmedizin klären.
Fettwachsbildung? Fäulnisbildung im Wasser verlangsamt (Casper'sche Regel)!
Badewanne: Stromtod? Elektrische Geräte im Wasser/an der Leiche/neben der Badewanne?
Genaue Lage des Leichnams in der Badewanne?
Atemöffnungen ober-/unterhalb des Wasserspiegels?
Wassertemperatur und Ingredienzen im Badewasser feststellen, ggf. asservieren.
CO-Intoxikation möglich (Funktionstüchtigkeit einer Gastherme, Grill im Badezimmer)?
Stellung FI-Schutzschalter dokumentieren und beurteilen.
Inaugenscheinnahme der gesamten Wohnung hinsichtlich weiterer Hinweise (offene Medikamentenblister auf dem Nachttisch, Drogen, Alkoholika).
Gewaltsames Untertauchen möglich? Subjektiven Tatortbefund erheben. Hilfeschreie sind jedoch kaum möglich, wenn das Opfer kräftig heruntergedrückt wurde.
Tod aus innerer Ursache in der Badewanne immer möglich! Obduktion erforderlich.
Erstickungstod im Zusammenhang mit Aufenthalt in größeren Menschenmengen denkbar und möglich (s. Ereignisse Loveparade Duisburg)?

Tab. 4.6

Ermittlungen und Maßnahmen bei Tod durch Ersticken
Gegenstände auf dem Brustkorb des Toten?
Arbeit vor dem Tod in Schächten, Gruben, Brunnen?
Unmöglichkeit der Ein-/Ausatmung bei Verschüttung?
Druckstauungen sichtbar?
Festnahmesituation vor dem Tod? Fixierung in liegender Position erfolgt? (Todesfälle in Gewahrsamszellen, beim polizeilichen Einschreiten, in Justizvollzugsanstalten?)
Verletzungen nach Zwangsmaßnahmen durch Beamte dokumentieren.
Gewahrsamsprotokoll im Original (!) sofort sicherstellen.
Hinweise auf Arbeitsunfall?
Aufenthalt in Futtersilos auf Bauernhöfen, Weinkellern, Brunnen vor Todeseintritt? (Ersticken durch Anreicherung von CO_2 in der Umgebungsluft möglich)
Autoerotischer Unfall offensichtlich?
Fesselungsmechanismus vorhanden? Spermaspuren? Auslösemechanismen für die Befreiung der eigenen Person feststellbar?
Detailgetreue Fotodokumentation notwendig!
Problematisch ist die durch Scham von Angehörigen herbeigeführte Veränderung des Leichenfundortes vor Eintreffen des Rettungsdienstes bzw. der Polizei, um die ungewöhnlichen Sexualpraktiken des Verstorbenen zu verdecken.
Pornografisches Material am Leichenfundort?
Handschellen, Fesselungsmaterial, Lack/Leder, Knebel, Bälle, Kugeln am Leichenfundort?
Eine Plastiktüte, die über den Kopf gezogen ist, muss nicht vollständig zugezogen werden, um einen tödlichen Sauerstoffmangel hervorzurufen.

Fall „Barschel“

Am 11. Oktober 1987, einen Tag bevor der damalige schleswig-holsteinische Ministerpräsident Uwe Barschel vor dem Untersuchungsausschuss des schleswig-holsteinischen Landtages aussagen sollte, wurde Uwe Barschel um 12:43 Uhr vom Stern-Reporter Sebastian Knauer, der Barschel zusammen mit dem Fotografen Hanns-Jörg Anders aufsuchen wollte, tot und vollständig bekleidet in der Badewanne des Zimmers 317 im Hotel Beau-Rivage in Genf aufgefunden und fotografiert. Nach den offiziellen Ermittlungen und Bekanntmachungen in der Schweiz und in Deutschland soll Barschel durch Suizid zu Tode gekommen sein.

Am 8. Oktober fragte Barschel in einer Ferienanlage auf Gran Canaria nach einem Flug nach Zürich, da er dort jemanden treffen wolle. Als ihm gesagt wurde, dass dieser

Flug ausgebucht sei, verlangte er einen Flug zu einem beliebigen anderen Ziel und nannte als Beispiele Madrid und Genf. Die Angestellte buchte daraufhin für Barschel einen Flug nach Genf, wo er am 10. Oktober eintraf. Generalstaatsanwalt Erhard Rex schlussfolgert, dass sich ein Treffen mit einem Informanten zwar nicht ausschließen lasse, es aber ebenso möglich sei, dass Barschel bereits seinen Suizid plante und dafür einen anonymen Ort suchte, da er von Gran Canaria aus keine unbekannten Telefonnummern anrief sowie ein beliebiges Flugziel wählte. In einem Interview mit dem Journalisten Karsten Kammholz von der Zeitung „Die Welt" vom 17. August 2007 sagte die Witwe Uwe Barschels, Freya Barschel, auf die Frage, was Barschel bewogen habe, nach Genf zu reisen: „Wir waren schon auf der Hinreise über Genf geflogen. Sein Informant wollte ihn dann dort treffen. Mein Mann sollte von ihm Entlastungsmaterial erhalten. Wichtige Fotos. Der Informant nannte sich Roloff. Er hatte schon vorher mehrmals meinen Mann angerufen. [...] Wir waren schon auf Gran Canaria, als er [Barschel] dort angerufen wurde. Woher der Informant unsere Nummer dort hatte, weiß ich nicht." Im Hinblick auf die Selbstmordthese und die Umstände der Todesnacht sagte Freya Barschel im selben Interview, „er wollte die Vorwürfe widerlegen, er sei der Hauptschuldige in der Bespitzelungsaffäre gegen Björn Engholm. Er wollte sich unbedingt entlasten. [...] Er rief mich aus Genf vom Hotel aus an. [...] Er sagte mir, dass er Roloff am Flughafen getroffen hatte und er sich für 20 Uhr noch einmal mit ihm verabredet hätte. Er klang sehr frohgemut. Er hat so sehr auf das Entlastungsmaterial gehofft."

Bei der Autopsie des Leichnams von Barschel, der seit 1980 in zunehmend stärkeren Dosen das Beruhigungsmittel Tavor zu sich genommen hatte, wurden insgesamt acht Medikamente gefunden, darunter Cyclobarbital (Barbiturat), Pyrithyldion (Schlafmittel Persedon), Diphenhydramin (stark sedierendes Antihistaminikum), Perazin (schlafinduzierendes Beruhigungsmittel) und Diazepam (Valium), also eine Mischung aus hochwirksamen Sedativa, einem Antiemetikum und einem Neuroleptikum. Die Genfer Staatsanwaltschaft ging davon aus, dass Barschel alle diese Mittel selbst eingenommen hat, sich bekleidet in die gefüllte Badewanne gelegt hat, dort eingeschlafen und schließlich, nach mehreren Stunden, an den stark überdosierten Schlafmitteln gestorben ist. Diese Suizidmethode entspricht einer Anleitung zum Suizid, die von der Deutschen Gesellschaft für Humanes Sterben herausgegeben worden war. Diese Deutung wird jedoch von verschiedenen Experten stark angezweifelt.

Barschels Hinterbliebenen beauftragten den damals bereits pensionierten Zürcher Toxikologen Hans Brandenberger die Ergebnisse der Gerichtsmedizin in Genf genauer zu untersuchen. Laut seinem Gutachten stellt die unterschiedliche Konzentrationsverteilung der Substanzen im Magen, Blut und Urin Barschels einen Beweis für Fremdeinwirken dar. Seine Untersuchung ergab, dass sich das Cyclobarbital noch in der Anflutungsphase befand, während die anderen Beruhigungsmittel bereits ihre Wirkung entfaltet hatten. Barschel sei aufgrund der Zusammenstellung und Dosierung der Sedativa physisch nicht mehr in der Lage gewesen, nach der Einnahme dieser stark sedierenden Substanzen nachträglich selbst das tödliche Cyclobarbital zu sich zu nehmen. Da die genannten Präparate synergistisch wirken, müssten ihre Wirkungen in den verabreichten Dosen mindestens addiert werden. Das mache es sehr unwahrscheinlich, dass Barschel bei der Zufuhr von Cyclobarbital noch handlungsfähig war. Daher geht Brandenberger davon aus, dass das tödliche Cyclobarbital Barschel im Zustand der Bewusstlosigkeit von einer anderen Person verabreicht wurde. Alle anderen Gutachter kamen jedoch „zu dem Ergebnis, dass die Reihenfolge der Einnahme der verschiedenen Medikamente nicht mehr exakt feststellbar sei und selbst dann, wenn cyklobarbital zuletzt eingenommen worden sei, sich nicht feststellen ließe, dass Dr. Barschel zu diesem Zeitpunkt handlungsunfähig gewesen sei“ – dass Barschel also durchaus das Cyclobarbital auch selbst als letztes Medikament eingenommen haben könne. Hans Brandenberger schrieb in einem Beitrag für die „Welt am Sonntag“ (21. November 2010), dass zudem der Abgleich der chemischen Analysedaten seines 1994 erstellten Gutachtens mit den Angaben zum Ablauf des Barschel-Todes, wie ihn der ehemalige Mossad-Agent Victor Ostrovsky in seinem Buch Geheimakte Mossad schildert, bis in Details hinein übereinstimmt.

Der ehemalige Vorsitzende der Gesellschaft für Humanes Sterben hat darauf hingewiesen, dass das Cyclobarbital als Mordwaffe ungeeignet sei. Außerdem hätte ein Mörder mit hoher Wahrscheinlichkeit den Kopf des Wehrlosen unter Wasser gleiten lassen, damit das Opfer ertrinkt (und nicht mehr gerettet werden kann). Das aber ist eindeutig nicht geschehen.

Das Schlafmittel Pyrithyldion war seit 1983 in Deutschland nicht mehr zugelassen und soll 1987 in Westdeutschland, der Schweiz und Gran Canaria nicht mehr erhältlich gewesen sein, wohl aber in Dänemark (also nicht weit vom Amtssitz Barschels) und in der DDR, in die Barschel des Öfteren gereist war. Die Hintergründe dieser Reisen sind bis heute nicht vollständig geklärt.

Die Schweizer Polizei stellte im Hotelzimmer Verpackungen von Medikamenten sicher. Dabei handelte es sich aber weder um die in Barschels Körper gefundenen Medikamente noch um Medikamente, die er sonst einnahm. Der genaue Verbleib der Packungen ist ungeklärt, vermutlich wurden sie durch die Schweizer Polizei entsorgt. Dies ist nicht die einzige Ermittlungspanne. Die polizeiliche Kamera, mit der der Tatort fotografiert wurde, stellte sich im Nachhinein als defekt heraus, so dass alle Bilder unscharf waren und die einzigen verwertbaren Fotos von dessen ursprünglichem Zustand die der Stern-Reporter sind.

Die im Fall „Barschel“ festgestellten Ermittlungspannen sind für den ersten polizeilichen Angriff bzw. Auswertungsangriff am Tatort kaum vertretbar und sollten durch das Bereithalten funktionsfähiger Spurensicherungsmaterialien, Fototechnik und Verfügung standardisierter Sicherstellungsmaßnahmen umgangen werden können. Hier ist besonders wichtig, dass lückenlos dokumentiert wird, wo wann wie Beweismittel gesichert werden und welchen weiteren Weg sie gehen (Namen der Übergebenden und Übernehmenden mit Paraphe, Datum und Uhrzeit).

4.3.2.3 Scharfe Gewalt

Man spricht von einer „scharfen Gewalt", wenn scharfe oder spitze Gegenstände auf den Körper des Opfers eingewirkt haben. Zu solchen Gegenständen zählen insbesondere Messer, aber auch Macheten, Schwerter, Scheren, Glassplitter oder abgebrochene Flaschenhälse. Diese Form der Gewalteinwirkung ist klassisch bei Streitigkeiten zwischen zwei Kontrahenten (z. B. Messerstecherei), bei Raubmord, bei Sexualdelikten, bei (Verkehrs-)Unfällen und bei Suizidgeschehen vorzufinden.

Unterschieden wird dabei zwischen Schnitt- und Stichverletzungen.

Zunächst gilt es zu klären, ob die „scharfe Gewalt" durch Fremdeinwirkung oder eigene Handlungen beigebracht wurde. Hier spielt die sofortige Einholung von Zeugenaussagen eine entscheidende Rolle, um den Sachverhalt, Täter und Opfer kriminalistisch einordnen zu können.

Tab. 4.7

Ermittlungen und Maßnahmen bei einem suizidalen Geschehen
Verletzungen an unbekleideten Körperregionen (In der Regel stechen/schießen Suizidenten nicht durch die eigene Kleidung, um sie nicht zu beschädigen!)
Verletzungen an selbstständig gut erreichbaren Körperregionen?
Probierschnitte (oberflächliche Verletzungen, manchmal kratzerähnlich ausgebildet, oder punktförmige Oberhautdefekte in unmittelbarer Nähe der tödlichen Verletzung)?
Ältere, vernarbte Verletzungen an entsprechend „gefährlichen" Körperregionen (Herz, Bauch, große Arterien)?
Lage der Schnitte (Rechtshänder führen das Messer normalerweise nach links und umgekehrt)?
Feststellung der Händigkeit; War die Selbstbeibringung überhaupt möglich?
Blutspurenbild; Üblich ist eine Selbstbeibringung an der Körperfront; Blutspuren an der messerführenden Hand ohne Abwehrverletzungen?
Tatwerkzeug kongruent zum Verletzungsmuster?
Stiche in den Thorax sind bei Frauen selten.
Bei psychiatrisch vorerkrankten Personen können Verletzungen entstehen, die nicht zum typischen Verletzungsmuster bei Suizid durch ein Messer passen.
In psychischen Ausnahmesituationen können Suizidenten einen „Gewaltexzess" auf den eigenen Körper ausüben, also mehrere Stiche durchführen, die schon einzeln tödlich wirken.

Tab. 4.8

Ermittlungen und Maßnahmen bei Fremdverschulden
Mehrere scharfrandige Defekte an der Bekleidung sind häufig festzustellen.
Häufig zahlreiche tiefe Stich- und Schnittverletzungen an unterschiedlichen Körperregionen, auch dort, wo keine Selbstbeibringung möglich erscheint.
Aktive Abwehrverletzungen an den Handinnenflächen und Beugeseiten der Finger durch Griffe in das Tatwerkzeug.
Passive Abwehrverletzungen (an den Streckseiten der Unterarme, Handrücken und am Ellenbogen, die durch Schutzhaltung der Arme vor den Kopf entstanden sind).
Widerlagerverletzungen (entstanden an den rückwärtigen Körperregionen).
Bei der polizeilichen Leichenschau keine Kleidung entfernen, nur gemeinsam mit Rechtsmedizin! Dadurch ist gewährleistet, dass der Obduzent die Kleidungsdefekte mit den Verletzungen beurteilen kann.
Blutspurenbild dokumentieren und beurteilen.
Klingenlänge des Tatwerkzeuges muss primär nicht mit der Tiefe der Wunde korrelieren. Bei einem heftigen Angriff auf das Opfer können auch kleine Messer tiefe und tödliche Wunden hervorrufen. Bestimmung des Stichkanals ist Sache der Rechtsmedizin.
Messerabdruckmarken neben dem Stichkanal feststellbar? (z. B. vom Griffstück)
Bei halbscharfer Gewalt evtl. Gewebsbrücken in der Wunde erkennbar (z. B. Beilhiebverletzungen).
Je nach Werkzeug können in der Umgebung der klaffenden Wunde Schürfungen erkennbar sein.

4.3.2.4 Stumpfe Gewalt und Sturzereignisse

Bei der stumpfen Gewalt kommt es zu einem flächenhaften Kontakt des Körpers mit unterschiedlichen Oberflächen (Körperteilen, Erdboden, Fahrzeugen und stumpfen Schlaggegenständen, z. B. Baseballschläger, Stuhlbein, Schlagring, Totschläger etc.). Es kommt zu einer breitflächigen, in Einzelfällen auch kantigen Einwirkung auf den Körper des Opfers.

Es können Blutunterlaufungen, Hautschürfungen, Riss-Quetschwunden (Platzwunden) und Frakturen entstehen. Die sog. Hutkrempenregel findet in der kriminalistischen Beurteilung, ob ein Sturz- oder ein Gewaltereignis gegen den Kopf vorliegt, immer noch Beachtung.
Dabei wird beurteilt, ob eine Verletzung am Kopf ober- oder unterhalb einer gedachten Hutkrempenlinie vorzufinden ist. Liegt die Verletzung oberhalb der gedachten Hutkrempe, wird davon ausgegangen, dass sie durch Fremd- und Gewalteinwirkung zu Stande gekommen sein könnte. Es zeigte sich jedoch, dass Verletzungen oberhalb der Hutkrempe in Einzelfällen auch durch Sturzereignisse hervorgerufen werden können.

Tab. 4.9

Ermittlungen und Maßnahmen bei stumpfer Gewalt/Fremdverschulden
Farbe des Hämatoms/der Blutunterlaufung Daraus ableiten, ob frisch oder alt (blau-violett eher frische, braun-grün eher alte Verletzung).
Form des Hämatoms. Abdruckmuster (Hinweis auf das Tatwerkzeug).
Aufgeworfene Hautschuppen können einen Hinweis auf die Richtung der Gewalteinwirkung geben. Fotografische Sicherung!
Mögliche Anstoßstellen in der Umgebung der Leiche ebenfalls blutig?
Blutabrinnspuren und Blutspritzspuren an der Wand in der Umgebung der Leiche suchen! Diese können Hinweise auf die Schlagrichtung und die Intensität der Gewalt geben.
Beschädigungen und Spuren an der Kleidung des Opfers können Hinweise auf das Tatgeschehen geben. Schleifspuren? Kampfspuren? Abgerissene Knöpfe, Reißverschlüsse? Wenn ja, wo sind diese Gegenstände nun?
Bei Kontakt mit Fahrzeugen: • Glasbruchstücke, Splitter an der Kleidung der Leiche? • Überrollspuren? • Gurtmarken? • Alkohol/BtM im Spiel? → Blutprobenentnahmen (Täter/Opfer)! • Reifenabdruckspuren am Tatort?

4.3.2.5 Tod durch Schussverletzung

Tötungsdelikte mittels Anwendung von Schusswaffen sind selten, allerdings häufig sehr öffentlichkeitswirksam. Wichtig ist die Rekonstruktion des Tatgeschehens und das Erkennen entsprechender Verletzungen, denn nicht immer zeigen sich Schussverletzungen als solche ganz offensichtlich. Denken Sie bei der Leichenschau auch an die Beurteilung der Hautfalten, des behaarten Kopfes oder der Lidinnenwinkel der Augen, um keine Einschusswunden zu übersehen. Und nicht jedes Projektil entspricht in seiner Größe und Form der polizeilichen Munition.

Schussverletzungen können durch Gewehre, Faustfeuerwaffen sowie Schussinstrumente in der Art von Bolzen- und Viehschussgeräten, Start-/Schreckschuss-/Gas- und Signalwaffen, Nagel-, Bolzen- und Klammersetzgeräte (Druckluftnagler) oder Armbrust verursacht werden.
Bei absoluten Nahschüssen kann es zu platzwundenähnlichen Verletzungen kommen, die leicht fehlbeurteilt werden können. Nicht nur die Schusswunde muss gefunden, sondern es muss auch zwischen Ein- und Ausschuss (wenn vorhanden) differenziert werden. Da nicht jedes Projektil den gesamten Körper durchdringt, kann auch nur eine Einschusswunde vorliegen (z. B. beim Munitionstyp der Polizei, „Action 4“). Dabei spricht man vom Steckschuss. Die Beurteilung der Schussrichtung lässt sich durch die Feststellung von Ein- und Ausschuss bestimmen, somit letztlich der Standort des Täters.

Die Schussentfernung ist auch von Bedeutung. Bei entfernten Schüssen geht man grundsätzlich von einem Fremdverschulden aus, bei Nahschüssen kommen auch Unfälle oder Selbstbeibringung in Betracht.

Folgende Feststellungen sind zur Beurteilung und Rekonstruktion des Sachverhaltes zu beachten:

- Einschuss,
- Ausschuss,
- Nahschuss (absolut oder relativ),
- Fernschuss und
- Schusskanal (abschließend bei der Obduktion feststellbar).

Einschusswunde
Die Einschusswunde ist in der Regel kleiner als die Ausschusswunde.

Als sichere Anzeichen für das Vorliegen einer Einschusswunde gelten:

- Abstreifring,
- Kontusionshof,
- Textilfasereinschleppung und
- Nahschusszeichen.

Der **Abstreifring** wird vom Geschosskopf erzeugt, von dem aufgelagerte Ölreste aus dem Lauf und Niederschlag von Pulverschmauch abgestreift werden. Diese Spur lässt sich aber nur dann auf der Haut am Einschussrand finden, wenn sie nicht durch Blut überlagert ist und wenn die betroffene Körperregion des Opfers unbekleidet war. Es handelt sich um eine tief schwarze, ölig glänzende Anhaftung auf der Haut oder an der Kleidung des Opfers.
Um den Einschussrand bildet sich ein ringförmiger, bräunlicher **Schürfsaum**. Überwiegend findet sich der Schürfsaum am Einschuss, in seltenen Fällen auch am Ausschuss. Der Schürfsaum entsteht beim Auftreffen des Projektils auf die Haut, wodurch kleinste Gewebeteile aus der Wunde austreten und diese Teilchen die Oberhaut verletzen.

Beim **Kontusionshof** handelt es sich um kleine Gewebeblutungen, die am Übergang zur unverletzten Haut im Bereich des Einschusses entstehen.

Bei der **Textileinschleppung** kommt es zu einer Einlagerung von Textilgewebe in die Schusswunde, wenn das Projektil zuvor die Bekleidung durchschlagen hat.

Der **Nahschuss** wird in den absoluten und den relativen Nahschuss unterschieden.
Der absolute Nahschuss ist ein auf den Körper des Opfers aufgesetzter Schuss, ähnlich einer Hinrichtungssituation.

Findet der **absolute Nahschuss** an einem platten Knochen, z. B. Schädelknochen, statt, erzeugt die Wucht des Geschosses ein sternförmiges Aufplatzen des über dem Knochen gelegenen Gewebes. An der Position, wo die Mündung auf das Gewebe gedrückt wurde, entsteht eine Stanzmarke der Waffenmündung. Zwischen dem Knochen und dem darüberliegenden

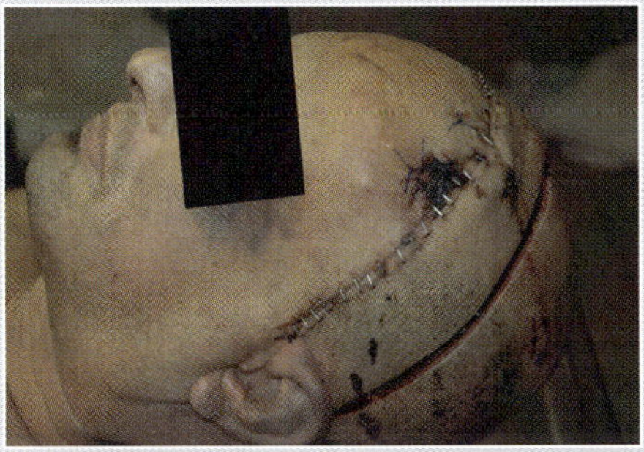

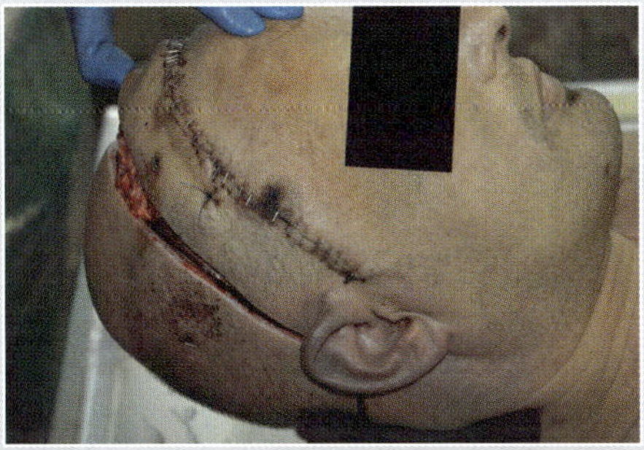

Abb. 4.11 (links): Ausschusswunde links, neurochirurgisch versorgt.
Abb. 4.12 (rechts): Einschusswunde rechts, Suizid bei polizeilichem Zugriff, Klammerung durch Neurochirurgie, Schnitt durch Rechtsmedizin.

Gewebe entsteht eine Schmauchhöhle. Es können Gewebeteile an die Schusswaffe und in den Lauf der Schusswaffe gelangen. Bei Auffinden einer Tatwaffe sollte dies durch die KTU (Kriminaltechnische Untersuchungsstelle) untersucht werden.

Der **relative Nahschuss** bewirkt häufig einen Schmauchhof rund um den Einschuss (= näherer relativer Nahschuss). Fehlt dieser Schmauchhof, können aber Treibsatzpartikel in die Haut eingesprengt worden sein (= weiterer relativer Nahschuss). Die Schussentfernungen beim relativen Nahschuss sind von den eingesetzten Waffen abhängig (Kurz- oder Langwaffe).
Beim Schmauchhof finden sich auf der Haut schwarz-glänzende bis rußige Anhaftungen. Durch die Flammen- und Hitzeeinwirkung der Waffe kann es zum Ansengen der Haare kommen. Auch die Kleidung des Opfers kann beschädigt sein. Unverbranntes Geschosspulver kann Einsprengungen in die Haut verursachen.

Bei einem **Fernschuss** fehlen diese Spuren, es kommt lediglich zu einem Abstreifring, einem Schürfsaum und zu einem Kontusionshof.

Hinweise auf ein **suizidales Geschehen** geben leicht durch das Opfer erreichbare betroffene Körperregionen, wie Schläfenlappen am Kopf (Rechtshänder bevorzugen natürlich die rechte Kopfseite, Linkshänder die andere Kopfseite), Stirnlappen, Brustkorb und Mundhöhle – mitunter auch unter vorheriger Befüllung der Mundhöhle mit Wasser, um die „Sprengkraft" zu erhöhen. Andere Körperregionen sind aber kein Ausschluss für einen Suizid!
Die Nahschusszeichen sind an der Leiche häufig gut erkennbar. Die Schusshand und die umliegende Bekleidung des Suizidenten ist mit Schmauchspuren versehen, die benutzte Schusswaffe findet sich meist unmittelbar neben der Leiche in Falllinie.
An der Schusshand finden sich gerne Blutspuren vom Einschussloch (sog. „Backspatter"). Auch hier können sich an der Leiche Spuren von vorangegangen Probierschnitten oder -schüssen vorfinden lassen.

Hinweise auf einen **tödlichen Unfall** mit Schusswaffen ergeben sich insbesondere bei einem entsprechenden Setting, also die Örtlichkeit ist entscheidend, z. B. bei Waffenreinigung auf einem Schießstand. Auch im Haushalt von Jägern, wenn Kinder Zugriff auf die Waffen haben, kommt es immer wieder zu solch tragischen Unfällen. Jäger selbst sind gefährdet, wenn sie mit geladener und ungesicherter Langwaffe im Wald unterwegs sind oder von einem Hochsitz absteigen und die Waffe falsch halten. Alkoholisierte Personen im Rahmen eines Imponiergehabes können betroffen sein usw.
Deutliche Hinweise auf ein Fremdverschulden liegen vor, wenn die Schusswaffe nicht mehr am Leichenfundort liegt oder die Schussentfernung außerhalb der Reichweite von Händen und Zehen des Opfers ist. Häufig fehlen auch Nahschusszeichen und die Leiche weist Einschüsse auf, ohne dass die Kleidung vorher entfernt wurde, häufig liegen Körpertreffer vor.

Tab. 4.10

Ermittlungen und Maßnahmen bei Schussverletzungen/Tod durch Schusswaffengebrauch
Schmauchspurensicherung an den Händen und an der Bekleidung Opfer/Täter (Eintüten der Hände als Notsicherungsmaßnahme, wenn die Spurensicherung an der Haut nicht zeitnah erfolgen kann).
Wenn möglich Desinfektion der Hände für das Anlegen eines periphervenösen Zugangs durch den Rettungsdienst vermeiden.
Spurenschonende Sicherstellung der Schusswaffe (Daktyspuren, DNA).
Dokumentation des Zustandes der Waffe: • Waffe ge- oder entladen • Waffe ge- oder entsichert (wenn Sicherungshebel vorhanden) • Patronen im Magazin, Anzahl • Patronen im Patronenlager/Lauf • Bei Revolvern: wie viele Patronen sind noch in der Trommel, Lage der Patronen in der Trommel
Unnötiges Hantieren mit der Waffe und Funktionsprüfung unterlassen.
Leichenfundort/Tatort nach Hülsen absuchen und markieren, sichern.
Projektile nur nach Beurteilung der Gesamtspurenlage eintüten, keine metallischen Gegenstände zur Sicherung der Projektile/Hülsen nutzen, um Spurenüberlagerung zu vermeiden.
Sachverständige für Schusswaffen anfordern.
Sicherung der Projektile in der Leiche durch Rechtsmedizin.

Fazit

Die Bearbeitung von Leichensachen im Rahmen des Sicherungs- und Auswertungsangriffs ist für die eingesetzten Polizeibeamten eine herausfordernde Aufgabe. Ein koordiniertes, abgesprochenes und kriminalistisches Vorgehen ist bei Todesermittlungen erfolgskritisch. Gerade das interdisziplinäre Zusammenwirken aller Beteiligten, also Schutzpolizei, Kriminalpolizei, Rechtsmediziner, Juristen, Notarzt und Feuerwehr versprechen ein positives Ermittlungsergebnis. Die Polizei sollte die maßgeblichen Ermittlungshandlungen zügig vornehmen und diese eng mit der zuständigen Rechtsmedizin und der Staatsanwaltschaft abstimmen. Ein umfangreicher und detailgenauer Leichenbefundbericht kann bei nachträglich auftretendem Verdacht eines Tötungsdeliktes eine große Stütze für die Mordkommission sein. Liegt direkt bei Leichenfund der Verdacht eines Tötungsdeliktes vor, sind viele polizeiliche Maßnahmen zu treffen, die großen kriminalistischen Spürsinn, kriminaltechnisches Wissen und sichere Rechtskenntnisse erfordern. Jede Unklarheit und jede Unregelmäßigkeit bei der polizeilichen Spurensuche, -sicherung, -auswertung und Tatortarbeit kann vom Rechtsanwalt eines möglichen Tatverdächtigen im Verfahren „ausgeschlachtet" werden und mindestens zu nachteiligen Ergebnissen bei der Beweiswürdigung führen.

4.4 Muster Leichenbefundbericht

4.4.1 Allgemeines

Tab. 4.11

Allgemeines
Wie und um wie viel Uhr hat die Dienststelle von dem Leichenfund erfahren?
Welche Erkenntnisse und Informationen wurden mitgeteilt? (→ Einträge im Einsatzleitsystem)
Welche Beamten suchten den Leichenfundort auf?
Wann sind die eingesetzten Beamten am Leichenfundort eingetroffen?
Welche Personen haben sich zum Zeitpunkt des Eintreffens am Leichenfundort aufgehalten (dazu zählen Angehörige, Nachbarn, Zeugen, Rettungsdienstmitarbeiter, Notarzt, Polizeibeamte, hier exakte Personalien, Arbeitgeber, Erreichbarkeiten)?
Sind Sofortmaßnahmen getroffen werden (Gefahrenabwehr / Strafverfolgung)?

4.4.2 Leichenfundort

Tab. 4.12

Leichenfundort
Beschreibung des Leichenfundortes im weiteren Sinne (Stadt, Stadtteil, Straße, Hausnummer, Bahnanlage, Busbahnhof etc.).
Beschreibung des Leichenfundortes im engeren Sinne (Wohnung, Zimmer, U-Bahn-Steig, Arbeitsstätte, Grünanlage, Freizeitpark etc.).
Subjektiven Eindruck beim Betreten der Fundstelle beschreiben. Z. B. In welcher Etage befindet sich der Fundort, wo genau liegt die Leiche in der Grünanlage?
Herrscht intensiver Leichengeruch?
In einer Wohnung alle Zimmer kurz und den eigentlichen Leichenfundort genau beschreiben.
Wie wird die Wohnung beheizt (Kohleofen, Gaszentralheizung usw.)?
Wie sind die Schließverhältnisse an der Wohnungstür?
Gibt es Hinweise auf einen Einbruch (Hebelspuren, eingeschlagene/aufgehebelte Fenster/Türen)?
Sind die Fenster geöffnet oder geschlossen?
Ist die Wohnung durchsucht worden?
Liegen Wertgegenstände oder Bargeld offen in der Wohnung?
Gibt es Medikamente oder einen Medikamentenplan? (Hinweis SAMPLER-/OPQRST-Fremdanamnese, s. **Tab. 4.1** und **4.2**)
Gefäße (Flaschen/Gläser) bezüglich Inhalt und Füllmenge erwähnen.
Bei Verdacht auf einen Suizid: Gibt es einen Abschiedsbrief oder SMS/Kurznachrichten?
Etwaige Besonderheiten notieren.

4.4.3 Leiche

Allgemeine Auffindesituation beschreiben
(z. B. „Die Leiche einer 84-jährigen männlichen Person liegt in Bauchlage auf dem Teppichboden des Schlafzimmers, unmittelbar vor dem links vom Eingang des Zimmers befindlichen Schlafzimmerschrank, zwischen Bett und Schrank.“)

4.4.3.1 Identifizierung

Tab. 4.13

Identifizierung
Ist die Leiche identifiziert? (z. B. durch Angehörige oder Ausweisdokumente?)
Muss der Leichnam noch durch weitergehende Ermittlungen identifiziert werden?

> ! Eine Identifizierung von Leichen anhand von Ausweispapieren ist schwierig und durch die fortschreitenden Leichenerscheinungen schon nach wenigen Tagen post mortem unmöglich. Es müssen weitere Anhaltspunkte für die Identifizierung genutzt werden. Dazu dient eine Umschau in der Wohnung, eine Halterfeststellung des genutzten Pkw im Freien etc.

> Hinweis:
> Auch bei Leichen kann die Identifizierung daktyloskopisch erfolgen. Es erfolgt dann entweder ein Abgleich mit Fingerabdruckvergleichsspuren aus der Wohnung oder anhand erkennungsdienstlich gewonnener Unterlagen des Betroffenen. Diese Daten sind in Deutschland im INPOL-System gespeichert und für alle Kriminaldienststellen zugänglich.

4.4.3.2 Genaue Lage und Zustand der Leiche

Tab. 4.14

Genaue Lage und Zustand der Leiche
Stellung der Arme und Beine.
Bauch-/Rückenlage?
Leichenzustand frisch? Fortgeschrittene Leichenerscheinungen?
Größe und Gestalt der Leiche?
Ernährungszustand?
Etwaige Besonderheiten.

Hier bietet sich zusätzlich zur Beschreibung eine Checkliste an, die vor Ort mitgeführt und beschriftet wird. Eine rechtsmedizinisch orientierte Ganzkörperuntersuchung ist hilfreich.

Hinweis:
Der Ernährungszustand ist ganz besonders wichtig, wenn ein Unterlassungsdelikt durch Angehörige oder Pflegende in Frage kommt. Weitere Hinweise auf ein Unterlassen sind zu suchen und zu dokumentieren.

4.4.3.3 Bekleidung

Tab. 4.15

Bekleidung
Sitzt die Bekleidung regelgerecht?
Ist die Bekleidung sauber und macht sie einen ordnungsgemäßen Eindruck?
Ist die Bekleidung durch Ersthelfer oder durch den Rettungsdienst/Notarzt verschoben, beschädigt oder entfernt worden?
Genaue Beschreibung der einzelnen Bekleidungsgegenstände.
Befinden sich an der Leiche Schmuckstücke (Armbanduhr, Ringe, Ketten usw.)?
Wo werden die Schmuckstücke wie hinterlegt?
Wurde die Leiche durch Polizeibeamte entkleidet?

4.4.3.4 Beschreibung der Leiche

Tab. 4.16

Beschreibung der Leiche	
Körperteil	**Beschreibung**
Kopf	• Beschreibung der Kopfbehaarung. • Ist das Kopfhaar ohne weiteres ausziehbar? • Ist das Schädeldach fest? • Sind Hämatome oder andere Kopfverletzungen sichtbar? • Hierbei ist auch zwingend der Hinterkopf bzw. die Unterseite des Kopfes zu befunden.
Augen	• Sind die Augen geschlossen oder geöffnet? • Sind die Pupillen rund, seitengleich, eingetrübt, eng oder weit? • Sind Gefäßzeichnungen sichtbar? • Lassen sich punktförmige Einblutungen (Petechien) in den Bindehäuten, in den Augenlidern oder im Augenweiß (Skleren) feststellen? Ist die Farbe der Skleren auffällig (gelb, blau, rot, schwärzlich)? • Erkennt man Hämatome an den Augen? (Blut, Sekret)
Ohren	• Erkennt man Blut im oder am Gehörgang? • Sonstige Verletzungen sichtbar?

Tab. 4.16

Beschreibung der Leiche	
Körperteil	**Beschreibung**
Mund	• Ist der Mund bezahnt (Prothesen, eigene Zähne)? • Ist der Mundraum, soweit einsehbar, frei von fremden Inhaltsstoffen (Blut, Sekret, Speisereste usw.)? • Lage der Zunge? • Ist Alkoholgeruch aus dem Mund wahrnehmbar? • Wenn eine Flüssigkeit aus dem Mund rinnt, ist die Abrinnspur analog zur Lage des Leichnams?
Hals	• Gibt es äußere Verletzungen am Hals oder am Kehlkopf? • Fühlt sich der Kehlkopf fest an?
Brust/Bauch	• Ist der Brustkorb abnorm beweglich (evtl. auch durch Reanimationsmaßnahmen hervorgerufen)? • Ist der Bauch hart oder weich? • Erkennt man frische oder ältere Narben? • Gibt es sonstige Verletzungen oder Hämatome?
Extremitäten	• Gibt es an den Armen und Beinen äußere sichtbare Verletzungen? • Sind Hämatome oder Einstichstellen (z. B. durch notärztliche Versorgung) sichtbar? • Fingernägel beschreiben (sauber, gepflegt, blutunterlaufen, frischer Erddreck usw.). • Sind die Fingernägel frei von Verletzungen? • Auffälligkeiten an den Beinen notieren (z. B. Ödeme).
Genitalbereich	• Sind die Genitalien unauffällig? • Sind Verletzungen sichtbar? • Hat ein Samenabgang stattgefunden?
Rücken	• Ist der Rücken unverletzt?
Totenflecke	• Welche Farbe haben die Totenflecke (dunkelrot-violett, hellrot)? • Sind die Totenflecke lagegerecht? • Lassen sich die Totenflecke auf Druck verlagern oder sind sie nicht mehr wegdrückbar?
Sonstiges	• Haben Kot- und/oder Urinabgang stattgefunden? • Ist die Leichenstarre schon ausgeprägt oder ist sie noch nicht vorhanden? • Lässt sich am Leichnam noch Körperwärme feststellen oder ist die Leiche kalt? • Zeitpunkt der Leichenschau notieren. • Raumtemperatur notieren (messen oder schätzen).

4.4.4 Ermittlungen

Tab. 4.17

Ermittlungen	
Befragungen	• Befragung der Rettungskräfte, Polizeibeamten, Zeugen, Angehörigen usw. notieren. • Konnte ein Hausarzt ermittelt und befragt werden?
Verständigungen	• Wer wurde wann verständigt (z. B. Rechtsmediziner, Erkennungsdienst, Gutachter, Staatsanwalt, Seelsorger)? • Wurden Angehörige des Verstorbenen ermittelt und bereits benachrichtigt?
Sonstige Ermittlungen	• Sind z. B. Standesamt, Gesundheitsamt zur Erforschung von Angehörigen eingeschaltet worden? • Sind andere Ermittlungen getätigt worden?

4.4.5 Maßnahmen

Um einen Überblick zu den bereits veranlassten polizeilichen Maßnahmen zu geben, sollten hier alle gesondert aufgeführt werden:

Tab. 4.18

Veranlasste polizeiliche Maßnahmen
Leichenschau und Ermittlungen vor Ort.
Abtransport durch das Bestattungsunternehmen X zu den Kühlräumlichkeiten Y.
Verschließen und Versiegeln der Wohnung.
Sicherstellung des Wohnungsschlüssels.
Bei Funden im öffentlichen Raum ggf. Sicherstellung des Pkw XY.
Benachrichtigung der Angehörigen.
Übergabe des Schlüssels und der Wertgegenstände zur Nachlasssicherung an das Gericht XY.

Die Unterpunkte können im Bedarfsfall erläutert und ergänzt werden.

4.4.6 Schlussfolgerung

Abschließend sollte eine Bewertung der getätigten Ermittlungen erfolgen. Handelt es sich höchstwahrscheinlich um einen unnatürlichen Tod oder gibt es Hinweise auf eine ungeklärte Todesart, so ist es sinnvoll, der Staatsanwaltschaft weitergehende Ermittlungen, wie eine Obduktion, vorzuschlagen. Ein Beispiel für eine kurze Schlussfolgerung könnte sein:

> „Aufgrund unserer getätigten Maßnahmen in objektiver und subjektiver Hinsicht lassen sich bisher keine Hinweise für eine fremde Einwirkung am Tod des XY finden. Im Hinblick auf die Auffindesituation und der multiplen Vorerkrankungen des XY gibt es keinen begründeten Zweifel an einer natürlichen Todesart."

Rechtsmedizinische Beurteilung von Gewaltopfern

Prof. Dr. med. Burkhard Madea
Dr. med. Elke Doberentz

Rechtsmedizinische Beurteilung von Gewaltopfern – insbesondere Sexualdelikte und Kindesmisshandlung

5.1 Einführung

Prof. Dr. med. Burkhard Madea, Dr. Elke Doberentz

Bei rechtserheblichen Körperverletzungen kann der medizinischen Befunderhebung von Verletzungen und ihrer Dokumentation entscheidende Bedeutung für die juristische Würdigung zukommen. Auch wenn sich ein Patient nach einer Körperverletzung primär nur zur Befunderhebung und Therapie in ärztliche Behandlung begeben hat, können die ärztlichen Unterlagen später im rechtlichen Kontext von Bedeutung sein. Daher sind die Befunderhebung und Dokumentation grundsätzlich so auszurichten, dass sie sich für eine spätere juristische Würdigung als tragfähig erweisen. Eine wesentliche Aufgabe der ärztlichen Untersuchung bei Körperverletzungsdelikten ist die detaillierte Befunderhebung, das heißt zunächst Befundbeschreibung, die Befunddokumentation sowie ggf. die Asservierung von Spuren für weiterführende kriminaltechnische Untersuchungen. Zu einer brauchbaren Verletzungsbeschreibung als Grundlage einer Rekonstruktion gehören (siehe auch Checkliste):

Checkliste

- Lokalisation
- genaue Beschreibung der Verletzung hinsichtlich
  - Länge
  - Größe
  - Durchmesser
  - Wundmorphologie
    - Wundränder
    - Wundgrund
    - Wundwinkel
  - Wunde adaptierbar oder Gewebsdefekt
  - Verfärbung
  - Abgrenzung gegenüber der Umgebung

„Diagnosen" wie „Prellmarke" oder „multiple Prellungen und Hämatome" sind wertlos. In der Mehrzahl der später gerichtsanhängigen Fälle werden die primär behandelnden Ärzte als sachverständige Zeugen bei Gericht gehört. Primäre Defizienzen der Befunderhebung sind dann auch durch Beiziehung eines Rechtsmediziners nicht mehr zu beheben.

Bei rechtserheblichen Körperverletzungen ist immer davon auszugehen, dass dem behandelnden Arzt hinsichtlich der Traumatomechanik falsche Angaben gemacht werden: die misshandelte Ehefrau sei über eine Falte im Teppich gestürzt, das misshandelte Kind vom Wickeltisch gefallen.

Tab. 5.1

Checkliste zur Befunderhebung und -dokumentation bei Körperverletzungen	
1. Basisdokumentation	• **Wer**? Name des Untersuchers • **Wo**? Ort der Untersuchung (Praxis/Klinik) • **Wann**? Datum und Uhrzeit der Untersuchung • Für **Wen**? Name des Patienten/der Patientin • **Wo, wann** soll sich **was** ereignet haben? (Anamnese zum Sachverhalt) möglichst die Angaben wortgetreu wiedergeben
2. Patientenbezogene Angaben	• **Identifikation durch ...** (Personalausweis, Angaben Dritter?) • Mit **anwesende Personen**? (Dolmetscher, Partner, Kinder) • **Körperlänge und Körpergewicht** • **Habitus** • **Psychische Verfassung** (Beschreiben! Nicht werten) • **Besonderheiten** (z. B. Schwangerschaft, Behinderung, Erkrankungen)
3. Befunderhebung	• **Wo**? Exakte Zuordnung am Körper unter Verwendung von anatomisch/topografischen Strukturen • **Was**? Benennung des Befundes, z. B. Hämatom, Schnittwunde usw. • **Wie**? Nähere Beschreibung des Befundes mit Größe, Form, Farbe, Tiefe, Randkontur – eventuell Handskizze, Schemazeichnung oder Fotos
4. Beurteilung	• **Welche Art** von Störung/Verletzung? Diagnose, Verdachtsdiagnose • **Wie alt** ist die Störung/Verletzung? frisch, ... Tage alt? • **Wie ist der Befund** im Kontext mit der Anamnese zu bewerten? Beurteilung überhaupt möglich? Übereinstimmung der Befunde mit den Angaben oder Abweichungen? Schweregrad der Verletzungen?

Tab. 5.1

Checkliste zur Befunderhebung und -dokumentation bei Körperverletzungen	
5. Weitere Maßnahmen?	• z. B. Wiedervorstellungstermin (innerhalb von 1-2 Tagen o.ä.) • Blut-, Urin- oder andere Proben (z. B. Abstriche bei sexuellen Übergriffen) für welche Untersuchungen? • Weitere diagnostische Maßnahmen? • Weitervermittlung an wen? Facharzt, Beratungsstelle usw. Bei Fragen wenden Sie sich an die in Ihrer Region tätige Rechtsmedizin. **Ihre Dokumentation ist ein Dokument Ihrer Kompetenz – Ihre Visitenkarte!**
6. Fotodokumentation	• Konventionelle Fotos sind besser als Polaroid-Fotos (Farbechtheit bei Lagerung, Reproduzierbarkeit), digitale Fotos sind anzustreben. • Ablichtung des Befundes in der Übersicht, dann • Detailaufnahme mit Maßstab im Bildausschnitt, Alternativ zum Maßstab einen genormten, reproduzierbaren Gegenstand mit integrieren, z. B. Pinzette o.ä. • Wird die Fotodokumentation abgelehnt, sollte dies dokumentiert werden.

Quelle: Ärztekammer Nordrhein et al. (2005). Diagnose: Häusliche Gewalt. Leitfaden und Dokumentationsbogen. Düsseldorf: Ministerium für Arbeit, Gesundheit und Soziales NRW. (Abrufbar unter: www.aekno.de/ ›Arztinfo›Kammer Archiv›Häusliche Gewalt)

5.2 Häusliche Gewalt

Der Begriff „Häusliche Gewalt" („domestic violence") beschreibt physische und psychische Traumatisierungen im sozialen Nahbereich und zwar in der Regel zwischen Erwachsenen, die in einer intimen Partnerbeziehung zueinander stehen oder standen.

Laut polizeilicher Kriminalstatistik werden jedes Jahr ca. 500.000 Körperverletzungsdelikte registriert, darunter ca. 40.000 Gewalthandlungen gegen Kinder. 22–33 % der Patienten in traumatologischen Einrichtungen seien Opfer häuslicher Gewalt, 22 % aller Frauen erfahren im Laufe ihres Lebens häusliche Gewalt, 5–10 % aller Kinder bis 6 Jahre werden vernachlässigt. Laut UNICEF sterben in Deutschland 110 bis 120 Kinder pro Jahr an nicht-unfallbedingter Fremdgewalt. Andere Schätzungen gehen von 600 Fällen tödlicher Kindesmisshandlung pro Jahr aus, 250 Kinder seien jünger als 1 Jahr.

5.3 Kindesmisshandlung

Misshandlung ist nicht zufällige, bewusste oder unbewusste, gewaltsame und/oder seelische Schädigung, die in Familien oder Institutionen geschieht, also in einem Zusammenlebenssystem, und die zu Verletzungen und/oder Entwicklungshemmungen oder sogar zum Tode führt und somit das Wohl und die Rechte eines Kindes beeinträchtigt oder bedroht.

Der Begriff der Kindeswohlgefährdung umfasst:
- Körperliche Misshandlung
- Vernachlässigung, Deprivation, Gedeihstörungen
- Seelische oder emotionale Misshandlung / Vernachlässigung
- Sexueller Missbrauch
- Münchhausen-by-Proxy-Syndrom.

Bei Verletzungen von Kindern, insbesondere unter 2 Jahren, ist eine körperliche Misshandlung grundsätzlich in die differentialdiagnostischen Überlegungen einzubeziehen.

Körperliche Symptome bei Kindesmisshandlungen sind z. B.:
- Frakturen ohne nachvollziehbares adäquates Trauma, besonders Arm- und Rippenbrüche
- Verletzungen im Bereich des Beckens, an den Oberarmen, auf dem Rücken, an Unter- und Oberschenkeln, Gesichtsverletzungen
- Hämatome, Quetschungen, Würgemale, Schürf- und Kratzwunden, Schnittwunden, Hitzeeinwirkungen (Verbrennungen, Verbrühungen, Zigarettenmarken) – häufig auch durch Kleidung verdeckt
- Alte, schlecht verheilte Frakturen
- Fehlende Frontzähne
- Verminderte Hör- und Sehfähigkeit aufgrund alter Verletzungen
- Mangelernährung

Misshandlungstypische Lokalisationen sind die Wangen, Ohren, Stirn, Mund, Rücken. Einige auf Misshandlungen zurückzuführende Verletzungen (Hämatome, teilweise konturierte Hämatome, Frakturen) sind in den **Abb. 5.1–5.8** dargestellt.

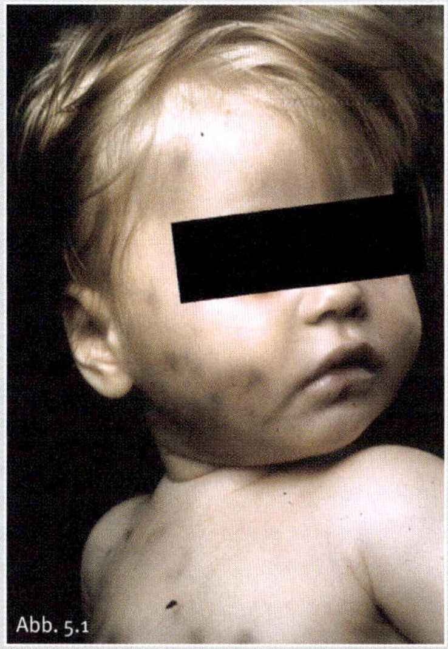

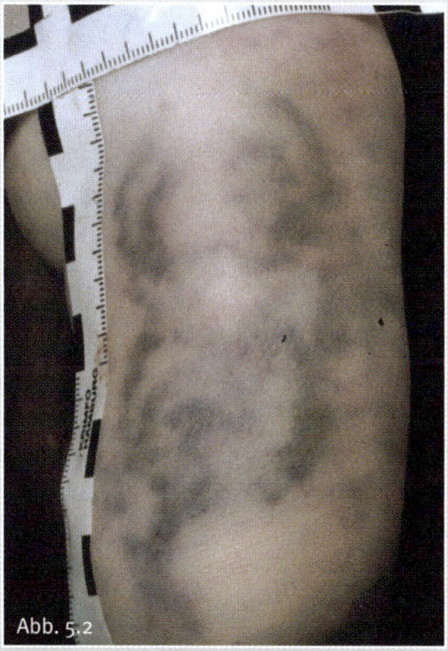

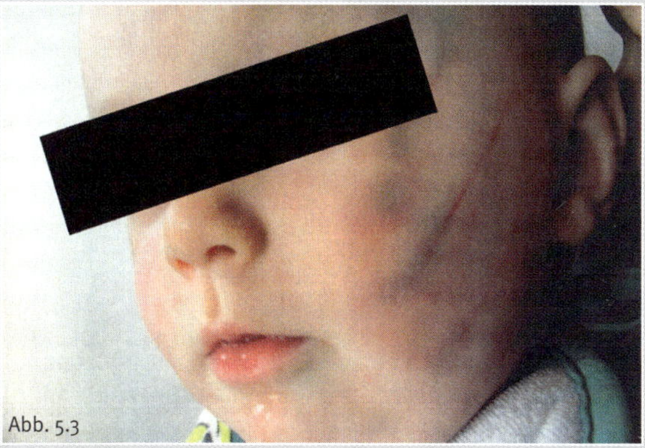

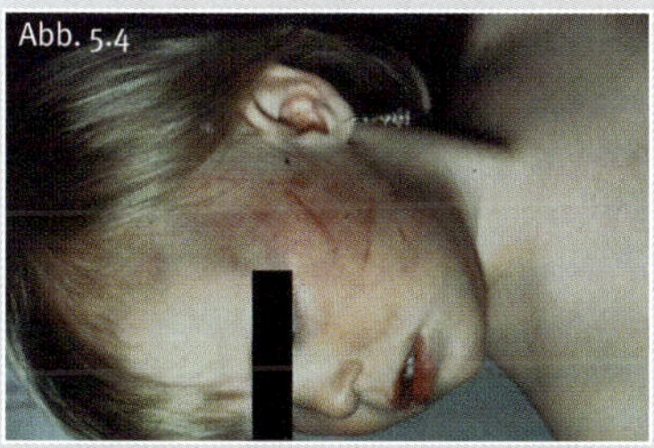

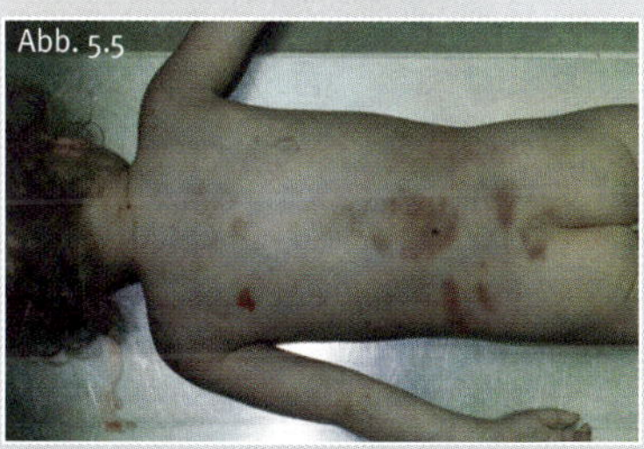

Abb. 5.1: Hämatome der rechten Wange durch Schlag mit der Hand.
Abb. 5.2: Konturiertes Hämatom des linken Oberschenkels durch Schlag mit einem Gegenstand.
Abb. 5.3: Hämatom der linken Wange durch Schlag mit der Hand.
Abb. 5.4: Konturierte Hämatome der linken Wange durch Schlag mit einem Gegenstand.
Abb. 5.5: Hämatome des Rückens.

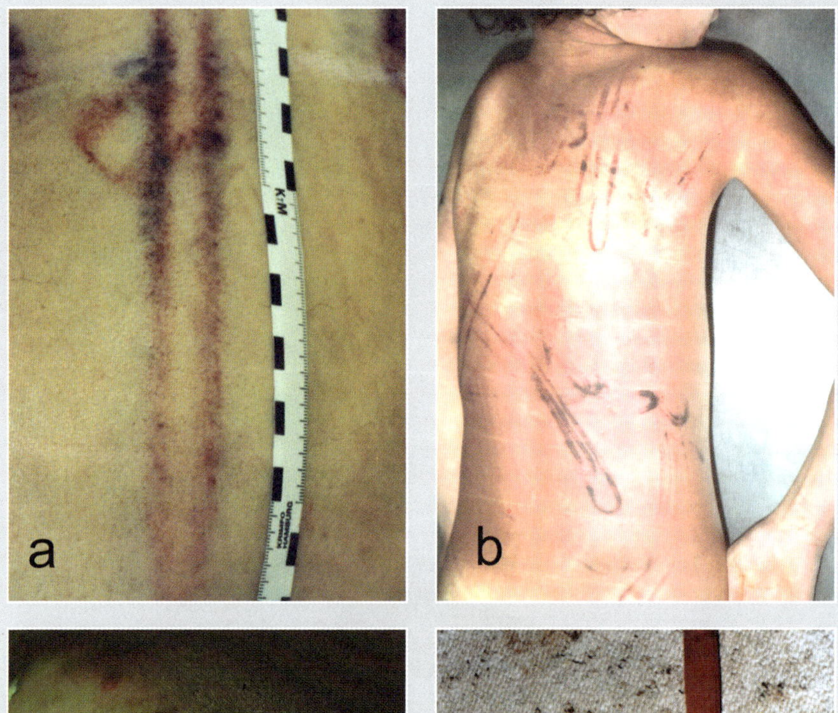

Abb. 5.6 a-d: Konturierte Hämatome:
a: Schlag mit einem Stock;
b: Misshandlung mit einem Gürtel;
c: leitersprossenartig angeordnete subkutane Hämatome der Kopfschwarte durch Schlag mit einem Expander (d).

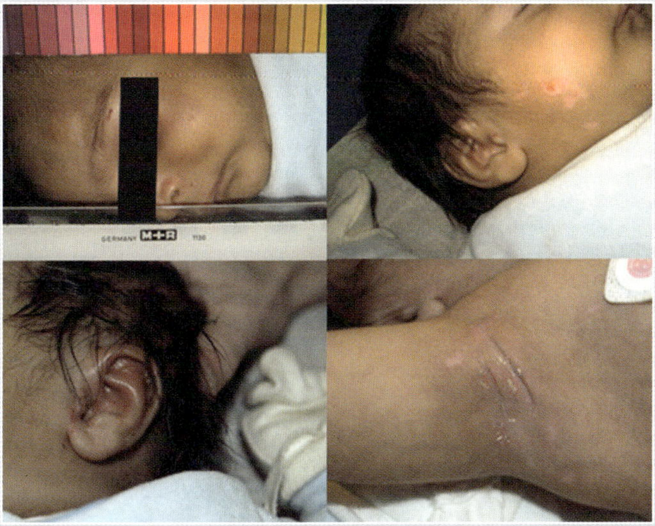

Abb. 5.7: 2 Monate altes Kind. Krankenhausaufnahme wg. Verdachts der Kindesmisshandlung mit Hämatomen der linken Wange, der rechten Wange, des linken Ohres sowie Kratzverletzungen des linken Augenoberlides und der linken Achselhöhle. Das Kind wurde aus dem Krankenhaus entlassen und vom Familiengericht eine tägliche Überprüfung angeordnet. Zwei Wochen später wurde das Kind mit Frakturen des rechten Oberschenkels erneut stationär aufgenommen.

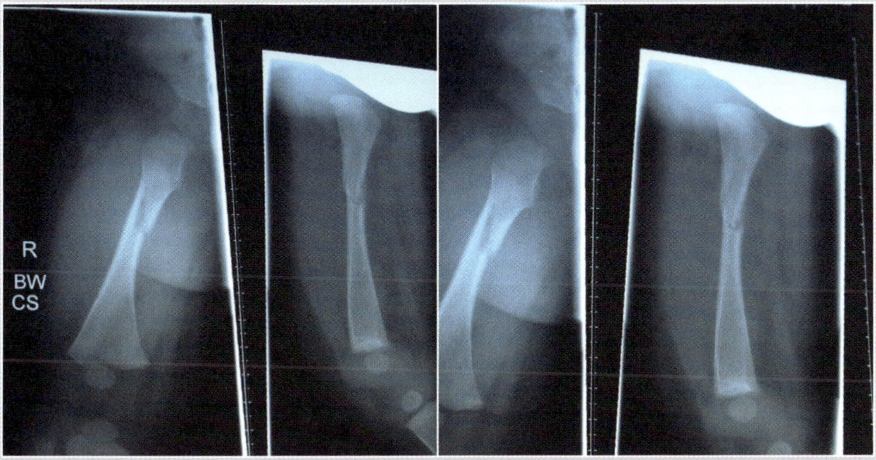

Abb. 5.8: Frakturen des rechten Oberschenkels.

Frakturformen, die für eine Kindesmisshandlung charakteristisch sind, können hinsichtlich ihrer diagnostischen Aussagekraft folgendermaßen klassifiziert werden:

Hohe Spezifität
- Metaphysäre Frakturen
- Dorsale oder laterale Rippenserienfrakturen
- Skapulafrakturen
- Frakturen der Dornfortsätze
- Sternumfrakturen

Mittlere Spezifität
- Epiphysenlösungen
- Wirbelkörperfrakturen und -subluxationen
- Frakturen der kleinen Röhrenknochen der Hände und Füße
- Komplexe Schädelfrakturen

Geringe Spezifität
- Klavikularfrakturen
- Frakturen der langen Röhrenknochen
- Lineare Schädelfrakturen

Bei Kindesmisshandlungen kommt das gesamte Spektrum mechanischer und thermischer Gewalteinwirkungen zur Verursachung in Betracht.

Bei kindlichen Verletzungen muss immer an Folgen einer Misshandlung gedacht werden. Bei Verdacht auf Misshandlung müssen entsprechende Maßnahmen der Beweissicherung eingeleitet werden und Verletzungen hinsichtlich Lokalisation und Morphologie genau beschrieben und dokumentiert werden. Differentialdiagnosen einzelner Symptome bei Kindesmisshandlung finden sich in **Tabelle 5.2**.

Tab. 5.2

Differentialdiagnosen einzelner Symptome bei Kindesmisshandlung		
Symptome	**Krankhafte Ursachen**	**Untersuchung**
Hämatome	Angeborene oder erworbene Gerinnungsstörungen, z.B. Hämophilie, hämorrhagische Diathesen, Purpura Schoenlein-Henoch, Leukämie, Vaskulitiden	Blutbild, Gerinnungsstatus
Hautverfärbungen	Nävi, sog. Mongolenflecke, Hämangiome	Dermatologische Untersuchungen
Fragliche thermische Veränderungen	Ekzeme, Erythema nodosum, Erythema multiforme, Phytophotodermatitis, Impetigo bullosa, Lyell-Syndrom, bullöse Dermatosen, papuläre Urtikaria, Kontakt- oder Windeldermatitis	Dermatologische Untersuchungen

Tab. 5.2

Differentialdiagnosen einzelner Symptome bei Kindesmisshandlung		
Symptome	**Krankhafte Ursachen**	**Untersuchung**
Fragliche Haarausreißungen	Alopecia areata	Dermatologische Untersuchungen
Fleckförmige retinale Einblutungen	Akuter Hypertonus, fulminante Meningitis, Vaskulitis, Sepsis, Endokarditis, Koagulopathien, Leukämien, zyanotische angeborene Herzfehler, Z. n. vaginaler Geburt (Persistenz selten länger als 2 Wochen).	Entsprechende Zusatzuntersuchungen
Frakturen	Osteogenesis imperfecta, Kupfermangel, pathologische Frakturen, Rachitis, Skorbut, kongenitale Syphilis, Osteomyelitis, neurologische Erkrankungen, Hyperostosis corticalis.	Röntgenbilder, Skelettszintigramm, entsprechende Zusatzuntersuchungen

5.4 Schütteltrauma

Als spezielle Form der Kindesmisshandlung findet sich das Schütteltrauma („Shaken Baby Syndrome", SBS). Die typische Verletzungskombination besteht aus einem subduralen Hämatom und retinalen Hämorrhagien, die nach heftigem Schütteln eines Säuglings, der am Thorax, den Schultern oder den Extremitäten gehalten wird, auftritt. Dabei wird der Kopf peitschenschnurartig vor- und zurückgeschleudert, es kommt zu Rupturen intrakranieller Gefäße (Abriss von Brückenvenen) mit subduralen, subarachnoidalen und intraokulären – meist bilateralen retinalen – Hämorrhagien. Weiterhin tritt ein diffuser Axonschaden auf. Brückenvenen sind in **Abb. 5.9** dargestellt, ein subdurales Hämatom im Interhemisphärenspalt in **Abb. 5.10**. In **Abb. 5.11** findet sich ein Algorithmus zur Abschätzung der Wahrscheinlichkeit einer nicht-akzidentellen Kopfverletzung.

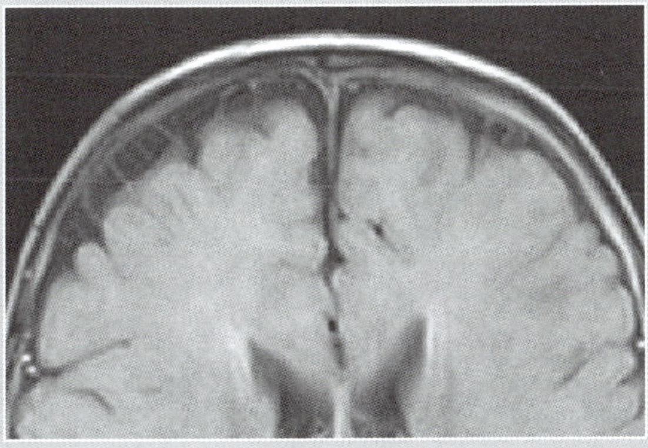

Abb. 5.9: Brückenvenen

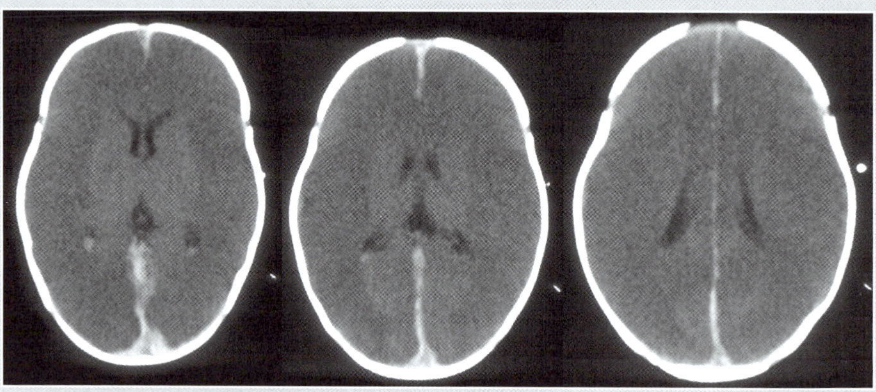

Abb. 5.10: Subdurales Hämatom im Interhemisphärenspalt bei Schütteltrauma.

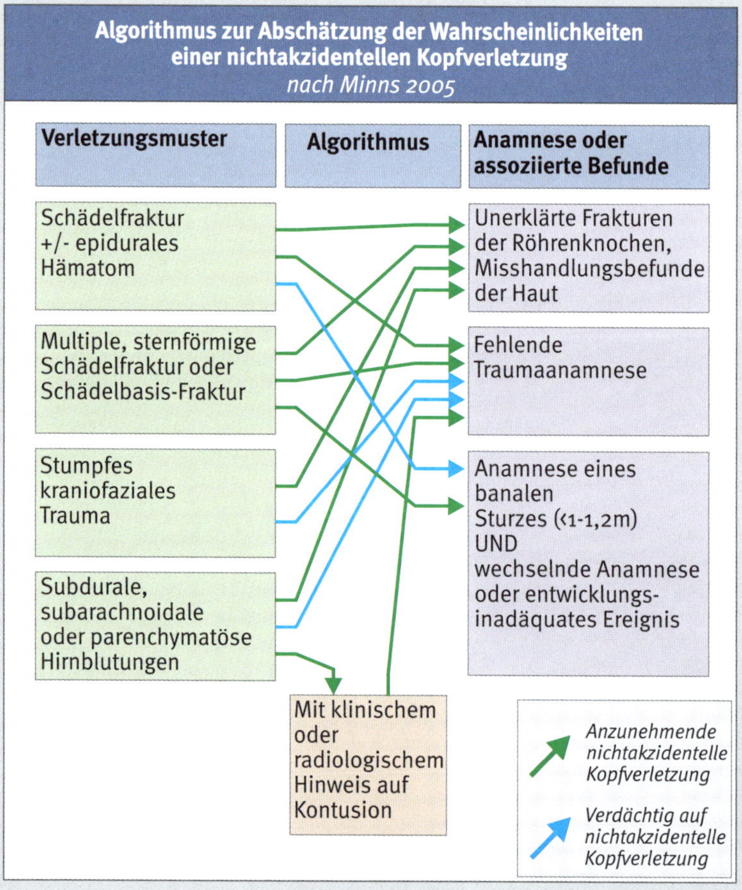

Abb. 5.11: Algorithmus nach Minns 2005

5.5 Thermische Verletzungen

Bei 10% aller misshandelten Kinder sind Folgen von Hitzeeinwirkungen nachzuweisen (Verbrühungen, Kontaktverbrennungen durch Setzen des Kindes auf eine Herdplatte, Andrücken heißer Gegenstände auf die Haut). Beispiele für eine Immersionsverbrühung finden sich in **Abb. 5.12** und **5.13**. Es zeigt sich eine scharfe Begrenzung zwischen zweit- bis drittgradig geschädigter und unverletzter Haut.

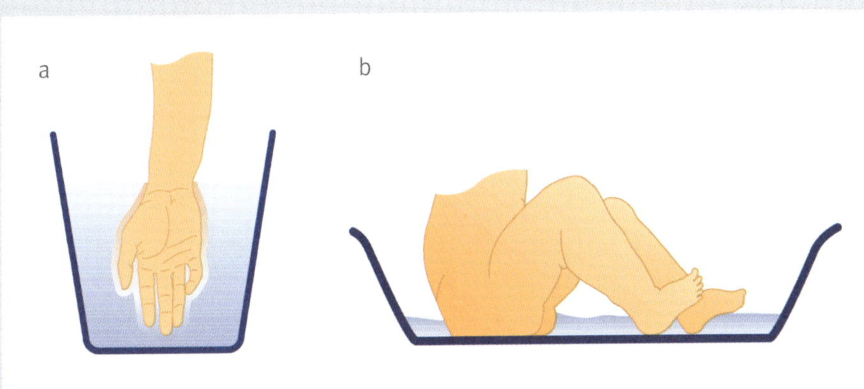

Abb. 5.12 (a+b): Immersionsverbrühungen durch Eintauchen in Flüssigkeit.

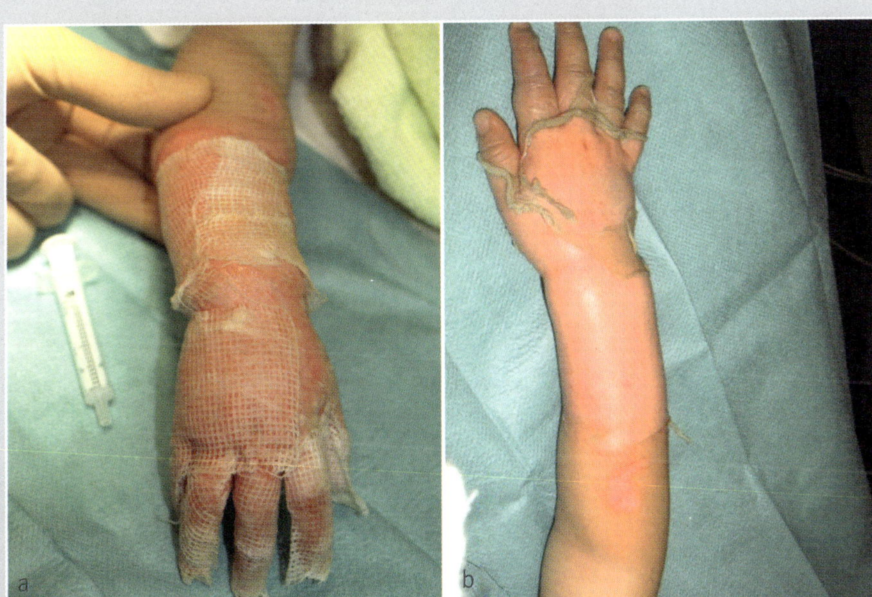

Abb. 5.13 (a+b): Typische Immersionsverbrühungen; scharfe Begrenzung zwischen zweit- bis drittgradig hitzegeschädigter und unverletzter Haut.

Differentialdiagnostische Kriterien zur Abgrenzung von akzidentellen und misshandlungsbedingten thermischen Schädigungen finden sich in **Tab. 5.3** und **5.4**.

Tab. 5.3

Charakteristika unfallbedingter und zugefügter Verbrühungen	
Unfallbedingte Verbrühungen	**Immersion (Eintauchen)**
Unregelmäßiges Verletzungsmuster (unterschiedlich tiefe Verbrühungen)	Gleichmäßige Verbrühungstiefe
Unscharfe Grenze zur gesunden Haut (randständig eher geringere Verbrühungen durch Auskühlen des Wassers)	Scharfer Rand zur angrenzenden gesunden Haut (Wasserspiegel bildet sich evtl. landkartenförmig ab)
An den Extremitäten eher spritzerartige Verbrühungen (z. B. an den Füßen)	Bei Eintauchen von Extremitäten: handschuh- bzw. sockenförmige Verbrühungen
Bei Verbrühungen des Thorax pfeilartige Konfiguration der Verbrühung (abrinnendes Wasser)	Bei Eintauchen des Gesichts Fehlen von Abrinnspuren

Tab. 5.4

Charakteristika unfallbedingter und beigebrachter Kontaktverbrennungen	
Unfallbedingte Kontaktverbrennungen	**Beigebrachte Kontaktverbrennungen**
Unvollständige Abbildung des Gegenstandes, evtl. nur streifende Einwirkung	Vollständiger Abdruck mit klarer Kontur (Zigarette, Bügeleisen, Herdplatte etc.)
Geringere Verletzungstiefe bei fehlender Fixierung des Körpers oder des Gegenstandes	Gleichmäßige Verletzungstiefe durch Anpressen des Gegenstandes oder des Körpers

5.6 Münchhausen-by-Proxy-Syndrom

Das Münchhausen-by-Proxy-Syndrom (MbpS; synonym: Münchhausen-Stellvertreter-Syndrom, artifizielle Störung) hat eine pädiatrische, psychiatrische, juristische, jugendhilferechtliche und nicht zuletzt rechtsmedizinische Dimension. Voraussetzung für eine erfolgreiche Unterbrechung der Kette von Symptomfabrikationen und damit für den Schutz der physischen sowie psychischen Gesundheit des Kindes als Opfer ist daher ein eng abgestimmtes, multidisziplinäres Prozedere der beteiligten Professionen.

> ! Das Münchhausen-by-Proxy-Syndrom stellt eine schwere Form der Kindesmisshandlung dar.

Das MbpS ist durch 4 Merkmale definiert:

- Es liegt bei einem Kind ein Beschwerdebild vor, das nicht auf einer echten medizinischen Erkrankung beruht, sondern durch ein Elternteil oder einen Erziehungsberechtigten vorgetäuscht und/oder aktiv herbeigeführt worden ist.
- Der Täter stellt das Kind wiederholt zur medizinischen Untersuchung und Behandlung vor und fordert von den Ärzten aufwendige sowie invasive, für das Kind physisch und psychisch belastende Untersuchungsprozeduren ein.
- Der Täter leugnet, die Ursachen des Beschwerdebilds zu kennen.
- Nach Trennung vom Täter kann sich das Beschwerdebild zurückbilden.

Das Münchhausen-by-Proxy-Syndrom beinhaltet 2 Arten der Körperverletzung: eine direkte in Form einer aktiven Manipulation (Fabrikation eines Beschwerdebilds) durch die in der Regel Täterin und eine indirekte durch die Täuschung und Manipulation des Arztes, der im Glauben an eine echte Erkrankung des Kindes unnötige, häufig repetetive und invasive diagnostische sowie therapeutische Prozeduren (Gabe nichtindizierter Medikation, Injektionen, Punktionen, Operationen) in Verbindung mit einer langzeitigen Hospitalisierung durchführt. Die Konfrontation mit MbpS stellt sich für die involvierten Ärzte auch im Vergleich zu anderen Formen der Kindesmisshandlung als besonders emotional strapaziös dar, da sie im Rahmen der Ausübung ihrer ärztlichen Rolle verdeckt zur Körperverletzung des Kindes instrumentalisiert werden.

5.7 Verdachtshinweise

In den allermeisten Fällen handelt es sich bei der das Kind schädigenden Person um die Mutter, in selteneren Fällen um den Vater bzw. eine andere Person, die für das Kind Erziehungsverantwortung trägt. Im Folgenden wird daher prototypisch von der Täterin bzw. der Mutter gesprochen. Das Verhalten und die Motivation der Mutter sind enorm schwer einfühlbar und lösen bei den meisten Professionellen starke Verunsicherung, Ratlosigkeit und Abscheu aus. Ungeachtet diskreter Störungen der Persönlichkeit kann die Mutter in ihrem beobachtbaren Verhalten sehr adäquat wirken. Vor allem das ostentativ aufopferungsbereite, fürsorgliche Verhalten gegenüber dem Kind kann für den Beobachter nur schwer mit dem Vorliegen einer aktiven Kindesmisshandlung in Einklang zu bringen sein.

Die artifizielle Fabrikation kann im Schweregrad über folgende Stufen ansteigen:

- übertriebene Schilderung von Schmerzen und Beschwerden des Kindes,
- falsche Angaben zu vermeintlichen Krankheitsanzeichen außerhalb ärztlicher Beobachtung (z. B. angeblicher epileptischer Anfall im häuslichen Milieu, in der Regel ohne weitere Zeugen),
- aktive Verfälschung von Untersuchungsmaterial (Beifügen von eigenem oder fremdem Blut, Stuhl, Urin in Untersuchungsproben) sowie
- aktive Manipulation und Verletzung des Kindes (z. B. Injektion bakteriell kontaminierter Substanzen, Verletzung, Vergiftung).

Charakteristische Symptomkonstellationen bei Kindern sowie typische Verhaltensmerkmale der Mutter und des Familiensystems, die als Warnhinweise für ein MbpS genutzt werden können, sind in **Tab. 5.5** zusammengefasst. Keines dieser Merkmale ist obligat.
Vielmehr handelt es sich um klinische Indizien, deren Summe und Konfiguration den Verdacht mehr oder weniger verdichten oder abschwächen, aber nicht zuletzt rechtsmedizinisch verifiziert werden müssen.

Tab. 5.5

Charakteristische Merkmale und damit Warnhinweise für das Vorliegen eines Münchhausen-by-Proxy-Syndroms
Symptome und Merkmale beim Kind
Ein chronisches bzw. rekurrierendes Symptombild, dessen Genese trotz einer lege artis durchgeführten pädiatrischen Diagnostik nicht aufzuklären ist. Erfahrene Ärzte kommentieren, dass sie einen solchen Fall noch nie gesehen haben.
Die häufigsten artifiziell herbeigeführten Symptombilder beziehen sich auf Blutungen (44 %), zerebrale Krampfanfälle (42 %), Apathie- /Komazustände (19 %), Dyspnoe (15 %), chronische Durchfälle (11 %) bzw. Erbrechen (10 %), unklares Fieber (10 %) sowie Hautausschläge (9 %).
Trotz adäquater symptomatischer Therapie ergibt sich keine klinisch nachhaltige Besserung. Häufig treten Komplikationen in der Behandlungsdurchführung auf (z. B. Erbrechen von Medikamenten).
Untersuchungsbefunde sind nicht kompatibel mit der von der Mutter erhobenen Anamnese. Laborbefunde sind physiologisch unplausibel (atypische Substanzen, Keimbesiedlungen in Blut, Urin, Stuhl oder Magen).
Exazerbationen der Symptomatik sind assoziiert mit der Anwesenheit der Mutter am Krankenbett.
Merkmale der Täterin und der Familie
Die Mutter bietet eine fehlerhafte oder unvollständige Krankheits- und vor allem Behandlungsanamnese.
Die Mutter hält sich während des Klinikaufenthaltes ständig in der Nähe des Kindes auf.
Sie entwickelt ungewöhnlich rasch enge, vertrauliche Beziehungen zum Klinikpersonal und erweckt Mitgefühl für ihre Leidensgeschichte ergebnisloser Klinikaufenthalte.
Sie ist häufig medizinisch vorgebildet und macht eigenständige Vorschläge zum weiteren Procedere mit einem Akzent auf invasive Maßnahmen.
Bei akuten Verschlechterungen des klinischen Bildes bleibt sie seltsam gelassen oder greift die Ärzte in agitierter Weise wegen vermeintlicher Untätigkeit an.
Die Mutter oder ein anderes Familienmitglied zeigt ähnliche Symptome, ohne dass eine familiäre Häufung medizinisch plausibel ist.
Verfälschung auch der psychosozialen Anamnese (z. B. zu den innerfamiliären Beziehungen).

Tab. 5.5

Charakteristische Merkmale und damit Warnhinweise für das Vorliegen eines Münchhausen-by-Proxy-Syndroms
Medizinisch ebenfalls unklare Symptome bei einem weiteren Kind, das sich in der Betreuung der Mutter befindet oder sogar Todesfälle bei Geschwisterkindern (SIDS?).
Eine emotional distanzierte, von der Mutter dominierte Partnerschaftsbeziehung.
In der Herkunftsfamilie der Täterin finden sich gehäuft emotionale Vernachlässigung, körperliche Misshandlung, sexueller Missbrauch sowie eine exzessive Konsultation von Ärzten und Kliniken.

Die eigentliche Verifizierung des Verdachts gelingt im ambulanten Setting nur in Ausnahmefällen, sondern macht die stationäre Einweisung erforderlich. Dem Angebot zur stationären Aufnahme folgt die Mutter gern, da es ihrer Motivation zur Einnahme der Krankenrolle entgegenkommt. In der Phase des Erstverdachts kombiniert die stationäre Einweisung das Ziel des Ausschlusses einer genuinen pädiatrischen Grunderkrankung mit der Zielsetzung einer Überprüfung des MbpS-Verdachts.

> Es empfiehlt sich, im Vorfeld der stationären Aufnahme einen verantwortlichen Kollegen in der Klinik über die Verdachtsdiagnose und über den bisherigen Untersuchungsgang zu informieren, um:
> - Inkonsistenzen in den anamnestischen Angaben der Mutter aufzudecken,
> - Doppeluntersuchungen und damit Traumatisierungen des Kindes zu minimieren sowie
> - die stationäre Behandlungsplanung von Beginn an nach pädiatrischen und forensischen Kriterien zu organisieren.

Der medizinische Untersuchungsgang in der Klinik sollte sich nicht allein auf den Ausschluss genuin pädiatrischer Krankheitsbilder richten. Es empfiehlt sich, parallel und systematisch konkrete Hypothesen zu einer spezifischen Methode der Symptomfabrikation zu entwickeln und nicht zuletzt durch rechtmedizinische Analysen und Beurteilungen zu verifizieren (**Tab. 5.6**). Handlungsleitend ist also die Fragestellung:

Welches von der Mutter potenziell praktizierte Manöver der Symptomfabrikation (z. B. Vergiftung mit welcher Substanz? Medikamentengabe? Induktion einer Infektion auf welchem Wege? Provokation eines Anfalls, Erbrechens oder Durchfalls mit welchen Mitteln? Blutungsquelle bei Hämaturie/Hämatemesis?) kann das klinisch beobachtete Symptombild erzeugen? Nach einem orientierenden Screening richtet sich der weitere rechtsmedizinische Untersuchungsgang spezifisch an der Verifizierung bzw. Falsifizierung dieser konkreten Fabrikationshypothese aus.

Tab. 5.6

Klinische Symptome bei Münchhausen-by-Proxy-Syndrom und ggf. zu veranlassende Untersuchungen	
Blutungen (Hämaturie, Hämatemesis)	Blutungsquelle? Eigenes oder fremdes Blut? Ggf. DNA Untersuchung.
Krämpfe	Ggf. toxikologische Untersuchungen.
ZNS-Depression (Müdigkeit, Koma)	Toxische Ursache, ggf. Urin und Blut für chemisch-toxikologische Untersuchungen sicherstellen.
Apnoe	perorale, perinasale Verletzungen; Verletzungen, Hämatome der Mundvorhofschleimhaut; Rachenverletzungen; Stauungsblutungen; generalisierte Petechien im Drainagegebiet der oberen Hohlvene.
Wachstumsdefizit	Malabsorption, Malabsorption ausgeschlossen?
Diarrhoe	Toxikologische Untersuchungen
Erbrechen	Toxikologische Untersuchungen
Fieber	Ingestion bakteriell kontaminierter Substanzen?
Bluthochdruck	Toxikologische Untersuchungen

Fallbeispiel 1:
Ein zum Zeitpunkt der Diagnosestellung 3,25 Jahre alter Junge befand sich seit 1,25 Jahren in stationärer und ambulanter Behandlung mehrerer Kinderkliniken, u. a. einer kinderneurologischen Spezialklinik und der neuropädiatrischen Abteilung von 2 Universitätskliniken. Die Symptomatik bestand aus episodischen Ataxien mit Bewusstseinsbeeinträchtigungen wechselnder Ausprägung bis zu 5 Tagen Dauer, vegetativen Reizerscheinungen, Singultus, Ptosis, teilweise Agitiertheit, teilweiser Dysphorie. Im Alter von 1,5 Jahren habe sich ein fraglicher Fieberkrampf ereignet. Es wurde eine umfangreiche Diagnostik v. a. des Gehirns durchgeführt (CT, MRT, MRT-Angiographie) Stoffwechseldiagnostik und Liquoruntersuchungen verliefen ohne weiterführende Hinweise. Im EEG fanden sich keine Hinweise auf Anfallsleiden, gleichwohl Einstellung auf Valproat, die Verdachtsdiagnose bestand in einer Basilarismigräne bzw. noch nicht näher einzugrenzenden neurometabolischen Erkrankung. Bei rezidivierenden Ataxieepisoden wurde der Junge u. a. mit Propanolol, Carbamazepin und Valproinsäure behandelt. Eines Tages wurde das jüngere Geschwister (1,5 Jahre) mit ähnlichen Symptomen in der Klinik vorgestellt. Hierbei erfolgte ein Nachweis von Clonazepam in Urin und Liquor. Wenige Tage später wies das ältere Geschwister wiederum eine stark ausgeprägte Episode mit Somnolenz und Ataxie auf. Chemisch-toxikologisch konnte Phenobarbital in einer Konzentration von 54 mg/l nachgewiesen werden. Hierdurch war die Diagnose MbpS gesichert.

In entsprechenden Fällen sollte daher bei der Vielzahl in Betracht kommender Medikamente und Gifte (**Tab. 5.7**) frühzeitig auch an eine Intoxikation gedacht und die hierfür notwendigen Untersuchungsmaterialien (**Tab. 5.8**) gesichert werden, wobei – wie Fall 1 zeigt – für den weiteren Verfahrensablauf die Qualität der Analysen von großer Bedeutung ist.
Auf eine unzureichende Diagnostik gestützte Empfehlungen und Entzug des Sorgerechtes bergen grundsätzlich auch haftungsrechtliche Risiken.

Fallbeispiele 2 und 3:
Besonders die differentialdiagnostische Abgrenzung eines MbpS-Falles von SIDS und Ersticken durch weiche Bedeckung kann außerordentlich schwierig sein, wie der folgende Fall mit der Begutachtung von zwei Todesfällen von Kindern im Alter von 8 bzw. 14 Monaten sowie zwei mit Atemregulationsstörungen und vitaler Bedrohung in eine Klinik aufgenommener Säuglinge (vier Kinder einer Mutter mit unterschiedlichen Vätern) zeigt. Zunächst war ein 14 Monate alter Junge plötzlich verstorben; es wurde, ohne Obduktion, die Diagnose eines SIDS gestellt. Drei Jahre später verstarb ein 8 Monate alter Junge plötzlich; zuvor war er dreimal stationär wegen „Atemaussetzern" behandelt worden. Hierbei waren als Befunde u. a. Blutfädchen an den Gaumensegeln festgestellt worden, weiterhin habe er Hämatin erbrochen. Die klinisch-pathologische Obduktion erbringt keine Todesursache, es wird wiederum die Diagnose eines SIDS gestellt.
Ein Jahr später wird als drittes Kind derselben Mutter ein 1 Monat altes Mädchen in kritischem Zustand in eine Klinik eingewiesen, nachdem ihm auf dem Arm der Mutter frisches Blut aus dem Mund gelaufen sei.
Wiederum zwei Jahre später wird ein 2 Monate alter Junge in kritischem Zustand in eine Klinik eingeliefert, es zeigen sich Befunde eines vorausgegangenen Erstickungsvorganges (Atemstörung mit Sauerstoffpflichtigkeit, massives Erbrechen von Hämatin und Blut).

Da die Kinder von verschiedenen Vätern stammten, war eine genetische Ursache für die Todesfälle und klinischen Auffälligkeiten der Geschwister extrem unwahrscheinlich. Die überlebenden Geschwister waren – nachdem sie in Pflegefamilien untergebracht waren – klinisch völlig unauffällig.
Pädiatrische und rechtsmedizinische Begutachtung gingen konkordant von einer zweifachen Tötung und einem zweifachen „Anersticken" der anderen beiden Säuglinge aus. Wie schwierig nicht nur die retrospektive, auf die Aktenlage beschränkte Begutachtung derartiger Fälle ist, sondern auch die juristische Würdigung, zeigt der weitere Verfahrensverlauf.

Das Landgericht kam zu einem Freispruch der wegen eines zweifachen Tötungsdeliktes (Mord aus niedrigen Beweggründen) sowie zweifacher gefährlicher Körperverletzung angeklagten Mutter, da bei dem ersten Kind im Lebensalter von 14 Monaten die „Leichenschaudiagnose" SIDS gestellt worden sei und bei dem 8 Monate alt gewordenen Säugling die klinische Sektion keine auffälligen Befunde ergeben habe. Der Bundesgerichtshof (BGH, Urteil vom 23. Juli 2008 – 2 StR150/08-LG Koblenz) hob dieses Urteil wegen unzureichender Beweiswürdigung auf; eine unzureichende Beweiswürdigung sei u. a. bei Formulierungen, es sei „schon nicht möglich, mittels Sachverständigenbeweis auch nur eine unnatürliche Todesursache nachzuweisen", zu befürchten.

Das neu erkennende Landgericht verurteilte die Mutter zu drei Jahren und 3 Monaten Haftstrafe wegen Körperverletzung mit Todesfolge (Fall 2) und gefährlicher Körperverletzung (Fall 3).

Tab. 5.7

In der Literatur mitgeteilte Medikamente und Gifte bei Münchhausen-by-Proxy-Syndrom (Nach Holstege und Dobmeier, Clin Lab Med 26, 2006, 243–253)	
Antidepressiva	Antipsychotika
Barbiturate	Clonidin
Ätzmittel	Arsen
Rattengift	Furosemid
Kochsalz	Glucose
Insulin	Acetaminophen (Paracetamol)
Methaqualon	Opioide
Benzodiazepine	Sulfonylharnstoff
Ipecacuanha	Laxantien
Antihistaminika	CO
Bethanechol	Antikonvulsiva (Antiepileptika)
Salicylate	Tinctura opii camphorata
Bleiche	

Tab. 5.8

Untersuchungsmaterialien bei Intoxikationen	
Urin	• Eignet sich für Übersichtsanalysen (Screening) • Längere Nachweisfenster für Fremdstoffe im Vgl. zum Blut • Eher qualitative Analysen, keine Aussagemöglichkeit über akute Wirksamkeit
Blut	Quantitative Bestimmung (Wirkstoffspiegel) ermöglicht Aussagen zum Intoxikationsgrad (akute Wirkung) und auch Erfolg von Detoxikationsmaßnahmen. Cave: nur begrenztes Nachweisfenster
Mageninhalt/ -spülflüssigkeit	Qualitative Analysen nach oraler Aufnahme aber u. U. schnelle Ergebnisse, da hohe Konzentrationen.
Meconium	Semiquantitative Bestimmung für Aussage hinsichtlich einer Belastung in utero.
Haare	• Retrospektive Nachweismöglichkeit in Abhängigkeit von der Haarlänge • Zeitaufgelöste Diagnostik durch Segmentanalysen • Differenzierung zwischen einmaligem Vorfall und Mehrfachaufnahme.

5.8 Sexueller Missbrauch von Kindern

Die polizeiliche Kriminalstatistik geht von ca. 11.000 Fällen sexuellen Missbrauchs von Kindern (§ 176, 176 a, 176 b StGB) jährlich aus.

> **!**
> **Beweisende Befunde für einen sexuellen Missbrauch sind:**
>
> - Nachweis von Samen, Spermien, saurer Phosphatase in Anal-, Oral- oder Vaginalabstrichen
> - Schwangerschaft
> - frische anogenitale Verletzungen (Einrisse, Abschürfungen, Prellungen, Durchtrennungen, Ausrisse, Hämatome, Ekchymosen, Petechien, Bissmarken) ohne adäquate alternative Unfallangabe
> - positiver Labortest oder Kultur für Syphilis oder Gonorrhöe (keine perinatale Infektion)
> - HIV Infektion (keine perinatale oder intravenöse Infektion)
> - für das Alter ausgeprägte Vergrößerung der Hymenalöffnung verbunden mit Hymenrupturen (einschließlich fehlenden Hymens oder Hymenüberresten)
> - abgeheilte Durchtrennungen oder Narben bei Fehlen eines adäquaten Traumas oder chirurgischer Eingriffe (siehe auch **Tab. 5.3**).

5.9 Sexualstraftaten / Vergewaltigungen

Nach der polizeilichen Kriminalstatistik werden in Deutschland ca. 50.000 Straftaten gegen die sexuelle Selbstbestimmung begangen, darunter jährlich ca. 7.000 Fälle von sexueller Nötigung und Vergewaltigung. Es ist von einem großen Dunkelfeld auszugehen, da in vielen Fällen keine Anzeige erstattet wird. Geschädigte sind möglichst zeitnah nach einer Sexualstraftat zu untersuchen.

> Hierbei ist insbesondere auf folgende Verletzungszeichen zu achten:
>
> - Folgen stumpfer Gewalteinwirkung in Form von Schlägen (Gesicht, Rumpf, Arme)
> - Griffspuren (Oberarme)
> - Abwehrverletzungen (Unterarme)
> - Widerlagerverletzungen bei Liegen auf hartem Untergrund (insbesondere Hautschürfungen oder Hämatome über den Schulterblattgräten, den Dornfortsätzen der Wirbelsäule oder dem Steißbein)
> - Zeichen der Halskompression, insbesondere Würgemale der Halshaut sowie ihrer hämodynamischen Wirksamkeit (Stauungsblutungen der Augenlider, Augenlidbindehäute, Mundvorhofschleimhaut etc.)
> - Verletzungszeichen in Folge gewaltsamen Herunterreißens der Kleidung im Bereich der Brust oder der Oberschenkel
> - Verletzungszeichen als Folge eines gewaltsamen Spreizens der Beine (Hämatome an den Innenseiten der Oberschenkel).

Gerade den extragenitalen Begleitverletzungen kommt als Indizien für einen gewaltsam herbeigeführten Geschlechtsverkehr große Bedeutung zu.

Zunehmend wird im Zusammenhang mit Sexualstraftaten die Beibringung von K.-o.-Mitteln vermutet. In Abhängigkeit der Pharmakodynamik der eingesetzten Substanzen werden von den Opfern einer K.-o.-Mittelgabe häufig folgende Symptome geschildert:

- Ekliger, bitterer Geschmack eines vorher unauffälligen Getränks,
- Verwirrtheit,
- Schwindel,
- Benommenheit,
- Schläfrigkeit,
- Bewusstseinsstörungen,
- Bewusstlosigkeit,
- Beeinträchtigung des Erinnerungsvermögens,
- Gefühl, seine Handlungen nicht entsprechend dem Willen ausrichten zu können,
- erniedrigte Herzfrequenz, Hypotonus,
- Verlust der Muskelkontrolle,
- Übelkeit,
- Enthemmung.

Hierauf hat sich auch die Anamneseerhebung auszurichten (**Tab. 5.9**). Zusätzlich zu den spurenkundlichen Asservaten sollten bei Verdacht auf die Beibringung von K.-o.-Mitteln Asservate für toxikologische Untersuchungen sichergestellt werden (**Tab. 5.10**).

Ist ein Tatverdächtiger vorhanden, sollte auch dieser körperlich untersucht werden. Verletzungen sind zu dokumentieren. Für molekularbiologische Untersuchungen sollten Abstriche vom Penisschaft und der Penisspitze angefertigt werden.

Tab. 5.9

Anamneseerhebung bei Verdachtsfällen
Wissentliche Einnahme von Alkohol, Medikamenten, Drogen? Wenn ja: Zeitpunkt und Dosis?
Wahrnehmung von verändertem Geschmack des Getränks?
Getränk oder Lebensmittel angeboten bekommen?
Von wem wurde das Getränk serviert?
Getränk unbeaufsichtigt gelassen?
Plötzliche Zustandsänderung?
Dämmerzustand („wie in Watte gehüllt")?
Gefühle der Willenlosigkeit und Reglosigkeit?
Sprachstörungen, Benommenheit?
Psychovegetative Auffälligkeiten?
Erinnerungsstörung?
Im Nachgang Übelkeit, Erbrechen, Schwindel, Herzbeschwerden, Muskelschwäche?
Zeitintervall bis zur Meldung an die Polizei, Vorstellung beim Arzt, Probennahme

Tab. 5.10

Ärztliche Maßnahmen und Asservate bei Verdacht auf Beibringung von K.-o.-Mitteln
Körperliche, inklusive gynäkologische Untersuchung
Detaillierte und sorgfältige Dokumentation von Verletzungen, insbesondere auch von Bagatellverletzungen
Sicherung von möglichen DNA-Spuren/Abstriche
Sicherung von Proben für eine toxikologische Analyse (Körperflüssigkeiten sollten unbedingt gekühlt gelagert werden, bei längerer Lagerung sind gewonnenes Serum und der Urin tiefzufrieren): • Blutprobe: 10 ml, ohne Citratzusatz • Urinprobe: ca. 100 ml. • Unter Umständen eine Haarprobe nehmen: ca. bleistiftdicke Haarsträhne, am Haaransatz mit einem Faden markieren, wenn kein Kopfhaar zur Verfügung steht ggf. auch Schamhaar. Haarprobe bei negativem Blut- und Urinbefund ca. 4 Wochen nach dem Vorfall asservieren und trocken bei Raumtemperatur unter Lichtabschluss aufbewahren.

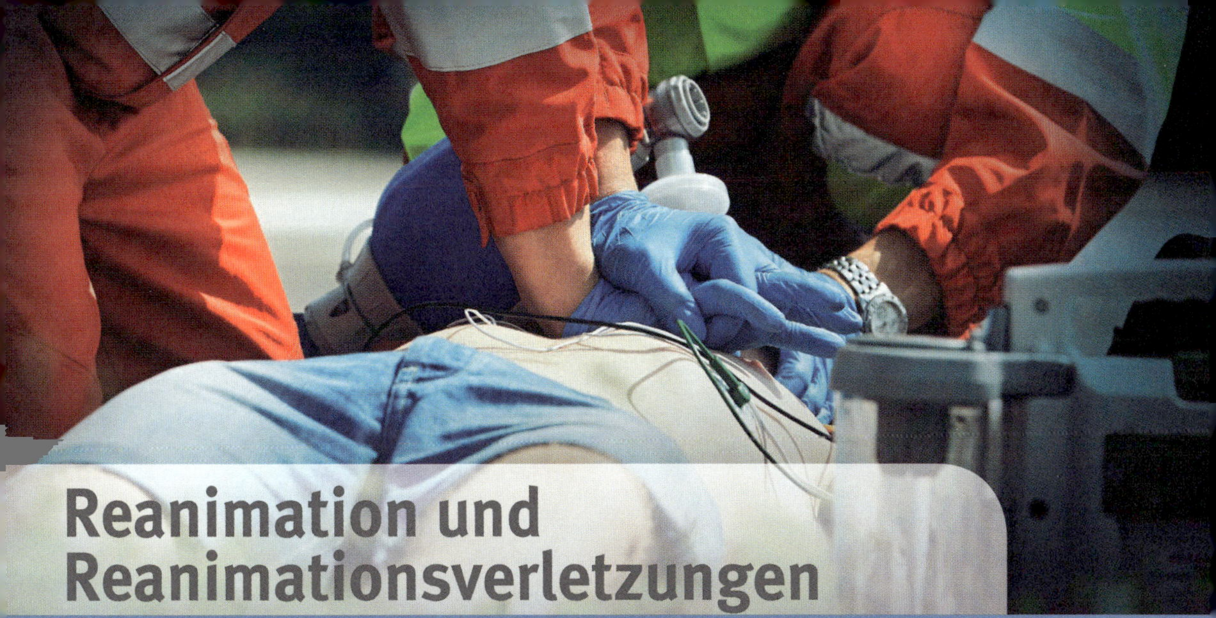

Reanimation und Reanimationsverletzungen

PD Dr. med. Claas T. Buschmann
PD Dr. med. C. Kleber

Reanimation und Reanimationsverletzungen

6.1 Einleitung

PD Dr. med. Claas T. Buschmann, PD Dr. med. C. Kleber

Zwischen Notfallmedizin und Rechtsmedizin bestehen zahlreiche Überschneidungspunkte; insbesondere das Erkennen und Beurteilen notfallmedizinischer Maßnahmen und Artefakte bei Leichenschau und Obduktion ist ein stets präsentes Thema in der täglichen rechtsmedizinischen Routine. Die primäre Aufgabe der Notfallmedizin besteht grundsätzlich in der Aufrechterhaltung der Sauerstoffversorgung und der Sicherstellung einer ausreichenden Zirkulation. Zu diesem Zweck stehen einerseits etablierte und andererseits neue Techniken und Werkzeuge zur Verfügung. Die Grundzüge der heutzutage praktizierten Technik der kardiopulmonalen Reanimation (engl.: „cardiopulmonary resuscitation" – CPR) wurden bereits Anfang der 1960er Jahre beschrieben. Seither wurden und werden von zahlreichen Gremien national und international gültige Richtlinien und Standards erarbeitet, aktualisiert und publiziert; die letzte Aktualisierung erfolgte im Jahr 2010. Als primäre Zielsetzungen der CPR gelten nach wie vor die Wiederherstellung eines Spontankreislaufes bzw. optimale Gewährleistung eines (temporären) Ersatzkreislaufes, die suffiziente Oxygenierung der Endstrombahn, die Behandlung der Ursache des Herzkreislaufstillstandes (z. B. durch Defibrillation oder Entlastung eines Spannungspneumothorax) und die Minimierung von Folgeschäden.

Hierzu existieren im Wesentlichen vier Elemente:

- die (Früh-)Defibrillation,
- die manuelle oder mechanische externe Herzdruckmassage,
- die suffiziente Atemwegssicherung sowie die
- Medikamenten- und Volumenapplikation.

Jede dieser potentiell lebensrettenden Maßnahmen beinhaltet allerdings auch ein nicht unerhebliches Verletzungsrisiko für den reanimationspflichtigen Patienten; derartige Verletzungen können allein oder in Kombination nicht nur den initialen Erfolg einer Reanimation limitieren, sondern auch nach inital erfolgreicher Wiederbelebung im klinischen Verlauf zu schwerwiegenden Komplikationen führen.

6.2 (Früh-)Defibrillation

Die elektrische Defibrillation stellt die einzig kausal wirksame Methode zur sofortigen Depolarisation von Myokardiozyten dar und ist somit die einzige **kausale Therapie** für den Kreislaufstillstand nach Herzkammerflimmern oder pulsloser Kammertachykardie. Alle weiteren Reanimationsmaßnahmen (externe Herzdruckmassage, Atemwegssicherung, Volumen- und Medikamentenapplikation) sind lediglich im Sinne einer **symptomatischen Therapie** anzusehen und dienen entweder (optimalerweise) zur Überbrückung bis zur Wiederherstellung einer eigenen, suffizienten und koordinierten Herzaktion oder aber bis zum ärztlich angeordneten (!) Abbruch der Reanimationsbemühungen. Da mit jeder verstrichenen Minute die Chance auf eine erfolgreiche Defibrillation der Kardiomyozyten um 7–10 % sinkt, muss die elektrische Defibrillation so schnell wie möglich erfolgen. Um das Kammerflimmern bzw. die pulslose Kammertachykardie zu durchbrechen, muss allerdings nicht jeder Kardiomyozyt depolarisiert werden, vielmehr ist die Depolarisation einer sog. „kritische Masse“ ausreichend. Daher müssen die Defibrillationselektroden so platziert werden, dass der Strom einen möglichst großen Anteil des Myokards des linken Ventrikels durchströmt (an linker Flanke und über dem rechten M. pectoralis major). Entscheidend für den Erfolg der Defibrillation des Myokards ist nicht die abgegebene Energie, sondern die Energie, die das Myokard tatsächlich durchströmt. Diese ist nicht nur eine Funktion der Elektrodenpositionierung, sondern auch des transthorakalen Widerstandes, der durch das Auftragen von Gel zwischen Elektrode und Haut, eine geringe thorakale Gasfüllung und rasch aufeinanderfolgende Defibrillationen bzw. Defibrillationsserien möglichst gering gehalten werden muss.

Trotz derartiger Maßnahmen sind nach wiederholter Defibrillation regelhaft **Hauterytheme** und / oder entsprechend den Defibirillationselektroden geformte, meist quadratische **Brandwunden / Hautvertrocknungen** an typischer Lokalisation am Oberkörper festzustellen, welche für sich genommen – abgesehen von theoretisch denkbaren sekundären Komplikationen wie Narbenbildung oder Infektionen – keine weitere Relevanz besitzen. Über systemische Komplikationen nach Defibrillation wie Rhabdomyolyse und Myoglobinurie mit konsekutivem Nierenversagen wurde allerdings bereits kasuistisch berichtet.

Ferner können durch häufige Defibrillationen mit hoher Energie isolierte **Myokardnekrosen** provoziert werden. Das histologische Erscheinungsbild des Herzmuskels nach Defibrillation ist gut untersucht; hier sind Koagulationsnekrosen und Kontraktionsbänder die offensichtlichsten Artefakte, welche bei Unkenntnis als bereits zuvor vorhandene Myokardischämie fehlgedeutet werden können. Auch die Anwendung β-adrenerger Katecholamine verursacht ein ähnliches histologisches Bild am Myokard. Wenn – was für gewöhnlich der Fall ist – Defibrillation und β-adrenerge Katecholamine gemeinsam eingesetzt werden, sind die myokardialen Veränderungen noch ausgeprägter; in diesem Zusammenhang sei auf die notärztliche Dokumentationspflicht auch hinsichtlich der Anzahl der durchgeführten Defibrillationen und der applizierten Medikamente hingewiesen.

6.3 Manuelle / mechanische externe Herzdruckmassage

Die mechanische Einwirkung auf das Herz mittels externer Herzdruckmassage zum Erreichen eines temporären Ersatzkreislaufes besitzt insbesondere im Vergleich zur Applikation von Sauerstoff oberste Priorität. Die externe Herzdruckmassage ist zwar teilweise mit schwerwiegenden Komplikationen assoziiert, in der Reanimationssituation aber alternativlos. Diese Entwicklung wird sich auch absehbar fortsetzen. Generell sollen kompressionsfreie Intervalle („no-flow-time“) soweit wie möglich vermieden werden:

Die Unterbrechung der externen Herzdruckmassage während des Ladens eines Defibrillators ist in den aktuellen Guidelines nicht mehr gefordert.

Im Bereich der Laienreanimation wird die Durchführung der Wiederbelebung nur durch die externe Herzdruckmassage unter Verzicht auf eine Atemspende („pump only") gelehrt.
Auch Rettungsdienstpersonal ist aufgefordert, im Reanimationsfall regelmäßig zwischen der Position am Kopf des Patienten und der Position neben dem Thorax zu wechseln, um bei einsetzender körperlicher Erschöpfung Drucktiefe und Geschwindigkeit der externen Herzdruckmassage kontinuierlich aufrechterhalten zu können.

Nach erfolgloser Reanimation lassen sich zunächst in bis zu 80 % d. F. oberflächliche **Hautabschürfungen / -vertrocknungen** im vorderen Oberkörperbereich beobachten; diese können ungeformt (manuelle externe Herzdruckmassage – Handballen) oder geformt (mechanische Reanimationshilfe, z. B. Lund University Cardiopulmonary Assist System [LUCAS]™) sein (**Abb. 6.1**). Derartige Dermabrasiones beinhalten zunächst – ebenfalls abgesehen von theoretisch denkbaren sekundären Komplikationen wie Narbenbildungen oder Infektionen – keine weitere Relevanz. Sie können aber Hinweise auf eventuelle knöcherne Läsionen am darunterliegenden Brustkorbskelett geben, da zu ihrer Entstehung über einen sicherlich längeren Zeitraum mit einem größeren Kraftaufwand auf diesen Bereich eingewirkt worden sein muss. Bemerkenswert ist in diesem Zusammenhang, dass im Vergleich zur manuellen externen Herzdruckmassage den mechanischen Reanimationsgeräten wie der CardioPump™ generell ein höheres Verletzungspotential zugeschrieben wird, während die Verwendung des LUCAS™ kein erhöhtes Verletzungsrisiko zu beinhalten scheint. Insgesamt ist die Literaturlage hinsichtlich des Verletzungsrisikos durch die Verwendung mechanischer Reanimationshilfen jedoch uneinheitlich.

In der notärztlichen Praxis werden im Rahmen der externen Herzdruckmassage regelhaft **Frakturen am knöchernen Brustkorb** gesetzt, da mit zunehmendem Alter zwar die Inzidenz kardialer, einen Herzkreislaufstillstand verursachender Erkrankungen zu-, die Elastizität des Thoraxskelettes aber abnimmt. Es finden sich in 40–70 % d. F. Rippen(serien)frakturen nach frustraner Wiederbelebung; diese sind meist links lokalisiert und betreffen am häufigsten die

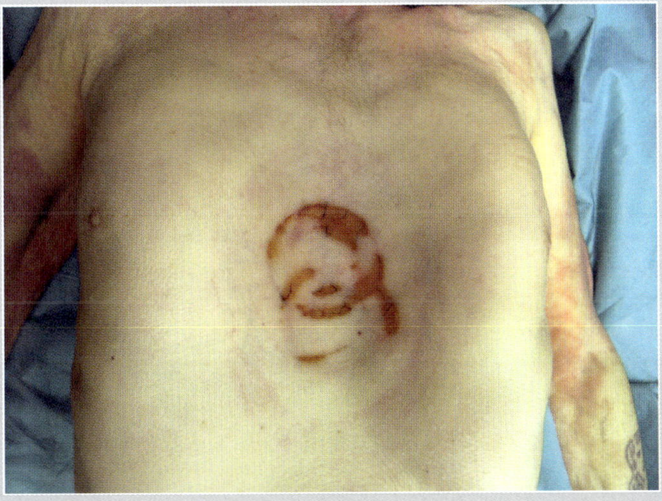

Abb. 6.1: Geformte Hautvertrocknung nach externer Herzdruckmassage mittels mechanischer Reanimationshilfe.

Reanimation und Reanimationsverletzungen

2.–7. Rippen in der Medioclavicularlinie. Brustbeinquerfrakturen – meist im mittleren Drittel – wurden in 1–43% d. F. beobachtet. Insbesondere in Fällen von Reanimationsversuchen nach bereits vorangegangenem stumpfem Thoraxtrauma ist die rechtsmedizinische Einordnung von knöchernen Brustkorbverletzungen anspruchsvoll und wird nur in der Zusammenschau von Sachverhalt, Ereignisrekonstruktion und dokumentiertem rettungsdienstlichem Handeln gelingen. Prinzipiell kann die Differenzierung durch die makroskopische Unterscheidung vitaler und avitaler Frakturen erfolgen, d. h. die Beantwortung der Frage, ob in der Umgebung der Fraktur(en) Gebewebseinblutungen vorliegen (**Abb. 6.2**). Liegen solche Einblutungen vor, ist generell davon auszugehen, dass zum Zeitpunkt der Entstehung der Fraktur(en) eine suffiziente Kreislaufsituation – mit erst anschließendem Kreislaufzusammenbruch und Reanimationspflichtigkeit – vorgelegen haben dürfte. Da auch unter suffizienter manueller CPR maximal ein systemischer Blutdruck von ca. 30 % des originären systemischen Blutdruckes erreicht werden kann, werden im Rahmen der externen Herzdruckmassage entstandene Frakturen am Thorax makromorphologisch zart bis gar nicht eingeblutet erscheinen – auch wenn durch Verwendung mechanischer Reanimationshilfen ein höherer systemischer Blutdruck als durch manuelle Herzdruckmassage erzielen werden kann, welcher allerdings immer noch keine physiologischen Normwerte erreicht.

Ausmaß und Häufigkeit knöcherner CPR-Verletzungen korrelieren positiv mit Intensität und Dauer der CPR. Wenngleich in der Wiederbelebungssituation alternativlos und in bester Absicht durchgeführt, stellt die externe Herzdruckmassage also auch ein teilweise massives stumpfes Thoraxtrauma dar (**Abb. 6.3**; 12 h Reanimation nach Ertrinkungsunfall). Wenn die knöcherne Stabilität des frakturierten Brustkorbskelettes nicht mehr gegeben ist, können durch die fortgeführte Herzdruckmassage einwirkende Kräfte nahezu ungehindert auf darunterliegende Strukturen übertragen werden. Dies ist einerseits beabsichtigt, um eine optimale mechanische Einwirkung auf das Herz zu erzielen, kann aber andererseits auch entsprechende penetrierende (Rippen, Sternum) oder auch stumpfe Traumata am Herz, Lungen, Aorta oder anderen Brustorganen verursachen (**Abb. 6.4**).

Während Wirbelkörperfrakturen nach Reanimation bisher nur in kasuistischer Form beschrieben wurden (Kröner et al. 2011), sollen Rippen- und Sternumfrakturen nahezu obligat vorkommen (nach Lederer et al. in 94,7 % d. F.), bei isoliertem Auftreten aber selten den primären Ausgang der Reanimation negativ beeinflussen. Nach Thoraxskelett-Frakturen unter CPR können generell sowohl primär lokale Komplikationen mit (potentieller) sekundärer systemischer Manifestation als auch primär systemische Komplikationen auftreten, wobei schwere, systemisch wirksame Verletzungen seltener als leichtere, isolierte CPR-Verletzungen zu beobachten sind.

Zunächst können lokal begrenzte Brustbein- oder Rippenfrakturen **Pneumo- und / oder Hämatothorazes** bzw. **parenchymatöse Lungenverletzungen** verursachen, so dass unter laufender Beatmung initial oder im Verlauf ventilatorische Störungen bis hin zum (Spannungs-) Pneumothorax auftreten können.

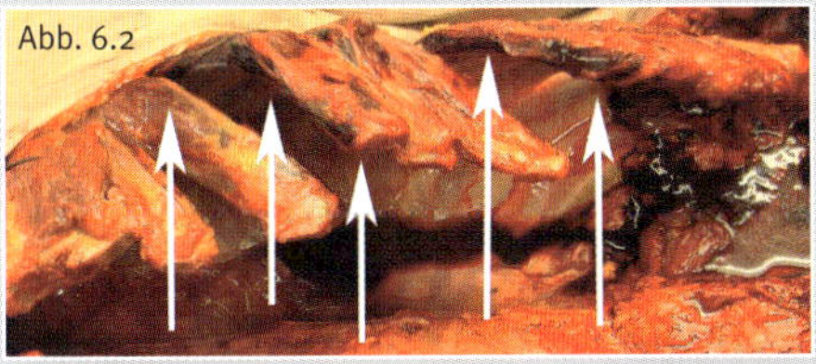

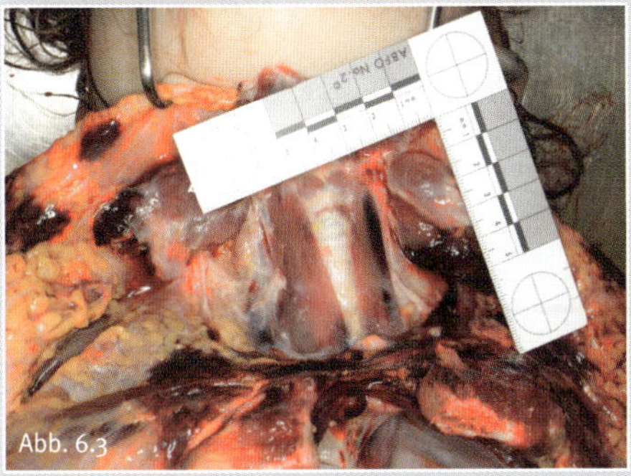

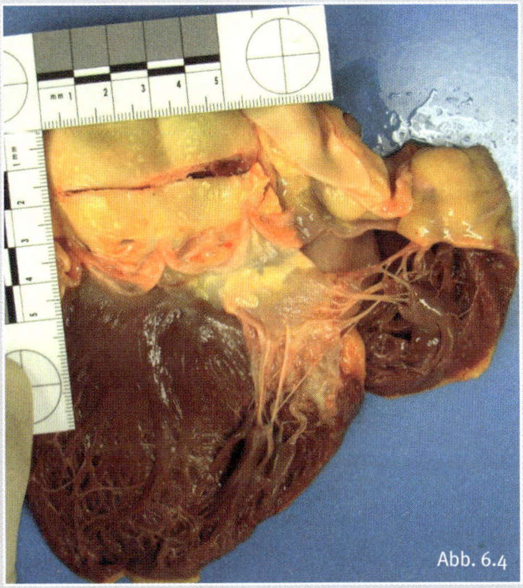

Abb. 6.2: Vitale Rippenserienfrakturen mit umgebender Unterblutung (Pfeile).
Abb. 6.3: Massives stumpfes Thoraxtrauma nach Reanimation.
Abb. 6.4: Traumatische Aortenruptur nach Reanimation.

Als gravierende, den Erfolg der Reanimationsbemühungen obligat zunichtemachende Verletzungen sind beispielsweise CPR-bedingtes **Verbiegen einer metallenen Aortenklappe** mit Stenose der Ausflussbahn, CPR-bedingte **Stent-Deformierung** mit resultierender vollständiger Koronararterienokklusion, traumatische partielle oder sogar vollständige Myokardrupturen, traumatische Koronardissektionen, traumatische Herzklappenschäden und Aortenrupturen zu nennen. Derartige Befunde finden sich in der Literatur allenfalls in kasuistischer Form, so dass verlässliche Angaben zum prozentualen Auftreten derartiger schwerer Verletzungen schwierig zu tätigen sind; es dürfte sich aber insgesamt um Komplikationsraten im unteren einstelligen Prozentbereich handeln.

Als zunächst primär lokal begrenzte Verletzungen mit (potentiell) systemischem Einfluss sind weiterhin (gedeckte) **Verletzungen der Oberbauchorgane** zu nennen. Dazu gehörten Leber-, Milz,- Magen,- Nieren- und auch Aortenrupturen; derartige Komplikationsraten bewegen sich ebenfalls im unteren einstelligen Prozentbereich (Inzidenz zwischen 0,3 % und 4,3%). Komplizierend erscheint, dass Blutdruckschwankungen unter Reanimation einen üblichen Befund darstellen und somit die Differenzierung zwischen einer primär internistischen oder einer sekundär traumatischen Ursache des Herzkreislaufstillstandes schwierig ist.
Als weitere primär systemische Komplikationen CPR-bedingter Verletzungen sind intravaskuläre Gaseinschlüsse in bis zu 71 % d. F. und – nach systemischer Verschleppung von Knochenmarksbestandteilen – auch multifokale Embolien in kasuistischer Form beschrieben worden sind.

Im Rahmen des differentialdiagnostischen Vorgehens bereits am Einsatzort, insbesondere bei sekundärer Verschlechterung nach erfolgreicher Reanimation oder erneutem Herzkreislaufstillstand, sollten daher mittels klinischer und apparativer Diagnostik Komplikationen der externen Herzdruckmassage ausgeschlossen werden.

Checkliste:
- Crepitatio?
- Auskultationsbefund?
- Weichteilemphysem?
- Instabiler Thorax ohne anderes Trauma?
- Instabile Kreislaufsituation?

Wichtig für die notärztliche Praxis ist insbesondere die Möglichkeit eines sekundären (Spannungs-)Pneumothorax als Ursache eines erneuten Herzkreislaufstillstandes – insbesondere kardiologische Patienten unter systemischer Antikoagulation, z. B. nach Katheterintervention, haben bei gleichzeitigem Vorliegen von Rippenfrakturen ein potentiell erhöhtes Blutungsrisiko mit sekundärem Hämatothorax.

Als wichtige rechtsmedizinische Befunde nach erfolgloser Reanimation sind durch Hypoxie und einen Anstieg des intrakapillären Drucks bedingte petechiale Staungsblutungen in Gesicht und Konjunktiven zu nennen; deren Inzidenz bis zu 21 % betragen soll (Hashimoto et al. 2007). Erschwert wird die diagnostische Einordnung durch die Tatsache, dass bereits zum Todeseintritt führende pathophysiologische Abläufe (z. B. akutes Rechtsherzversagen, Lungenarterienthrombembolie, Gewalt gegen den Hals) diese Stauungsblutungen und weitere Zeichen der oberen Einflussstauung bis hin zu Subarachnoidalblutungen hervorrufen können.

6.4 Atemwegssicherung

Prinzipiell müssen medizinische Geräte zur Rekonstruktion am / im Leichnam belassen werden. Insbesondere bei nicht-natürlicher oder ungeklärter Todesart dürfen am Leichnam nach Todesfeststellung bzw. Beendigung der Reanimationsmaßnahmen keine Veränderungen mehr vorgenommen werden. Es handelt sich nahezu allen notfallmedizinischen Geräten um Einmalartikel, deren Verbleib an / in der Leiche aus klinischer Sicht keine vermehrten Materialkosten verursacht, allerdings aber die Einordnung der Artefakte in den Gesamtkontext erlaubt – nach Extubation eines erfolglos reanimierten Patienten bleibt dem Obduzenten oft nur ein Cuffdruck-bedingtes tracheales Schleimhäuthämatom zum Nachweis der korrekten endotrachealen Tubuslage (**Abb. 6.5**). Der Nachweis der korrekten Lage eines Atemwegshilfsmittels geschieht aber optimalerweise entweder mittels postmortaler Bildgebung oder präparatorisch bei der Obduktion. Alle präklinischen Atemwegssicherungsmaßnahmen beinhalten die Gefahr von Verletzungen der betroffenen Strukturen. Zunächst können bereits vor Einlage eine Atemwegshilfe durch das Reklinieren des Kopfes Rupturen der (Intima der) A. carotis communis mit resultierender Blutung oder auch apoplektische Insulte durch Abgang von Kalkplaques mit einer Inzidenz von bis zu 9,2 % auftreten. Auch lagerungsbedingte knöcherne Verletzungen, insbesondere bei verletzter / vorgeschädigter Halswirbelsäule, sind denkbar.

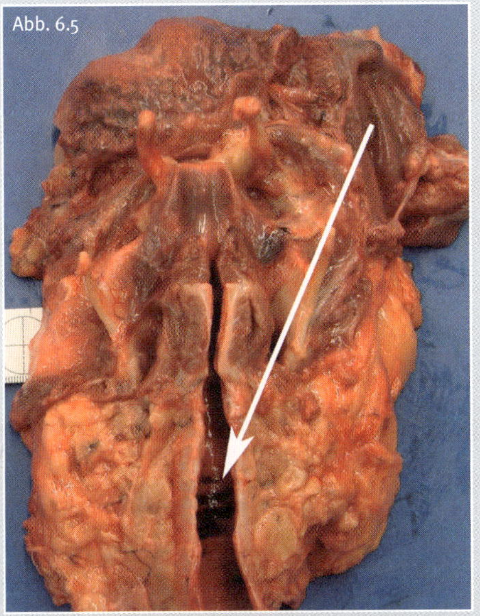

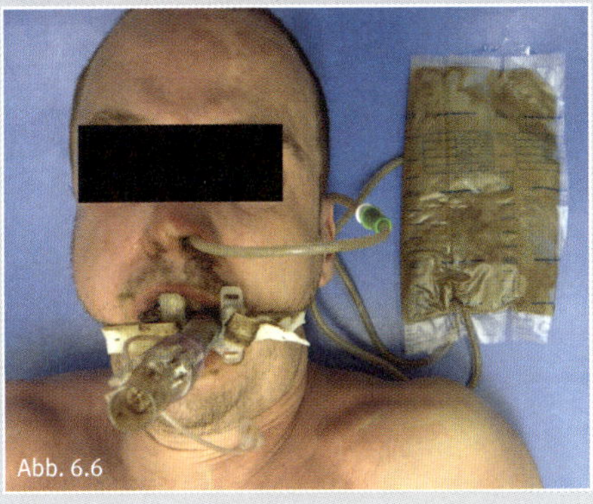

Abb. 6.5: Tracheales Schleimhauthämatom im Bereich der Blockung nach Tubus-Entfernung als Nachweis der korrekten Tubusendlage (Pfeil).
Abb. 6.6: Unter Reanimation zur Aspirationsprophylaxe eingebrachte Magensonde.
Abb. 6.7: Paratracheale Tubusfehllage nach Koniotomieversuch.

6.4.1 Infraglottische Atemwegshilfen

6.4.1.1 Endotracheale Intubation

Die Gewährleistung einer suffizienten Ventilation, des Aspirationsschutzes und die Oxygenierung der Endstrombahn mittels Aufrechterhaltung oder Wiederherstellung einer suffizienten Hämodynamik unter bestmöglicher Ausnutzung der Sauerstoffbindungskapazität des zirkulierenden Blutvolumens ist zweifellos eine der wichtigsten notärztlichen Aufgaben, insbesondere unter Reanimationsbedingungen. Während in dieser Situation auch zunehmend supraglottische Atemwegshilfen zum Einsatz kommen, ist und bleibt die infraglottische endotracheale Intubation der Goldstandard zur präklinischen definitiven Atemwegssicherung. Nach Laryngoskopie und endotrachealer Intubation sind neben Zahnschäden mit möglicher Aspiration von Blut und / oder Zähnen eine weitere, mit 18 % häufig anzutreffende Reanimationsfolge linguale, bukkale, pharyngeale, laryngeale und tracheale Mukosaläsionen, oft durch multiple und brüske Intubationsversuche. Durch Laryngoskopie- und Intubationsversuche können gelegentlich weitere nahegelegene Strukturen (Nn. recurrenti, Aryknorpel, Stimmbänder, Sinus piriformis etc. pp.) in Mitleidenschaft gezogen werden. Auch mandibuläre Frakturen sind beschrieben worden.

Nach Platzierung des Tubus ist die klinische und apparative Verifikation der korrekten endotrachealen Tubuslage (Start Checkliste: regelhafte Thoraxexkursionen, auskultierbare Atemgeräusche über allen Lungenfeldern, negativer Auskultationsbefund über der Magenblase, keine Vorwölbung des Abdomens, CO_2-Rückstrom unter Kapnometrie, kein SaO_2-Abfall, keine Zyanose Ende Checkliste) zwingend erforderlich und zu dokumentieren. Da diese Zeichen sich nach ösophagealer Fehlintubation schnell einstellen und eine Korrektur der Tubuslage erlauben, sind Fehlintubationen in der forensischen Obduktionsroutine selten festzustellen; Studien gehen allerdings – je nach Anwenderkompetenz – von einer tatsächlichen Fehlintubationsrate von bis zu 12 % aus. Unbemerkte Fehlintubationen können neben hypoxämischen Zuständen generell durch kontinuierliche Luftinsufflation in den Magen zu einer gastralen Überdehnung mit nachfolgender Ösophagus- und / oder Magenruptur, Hämato- und Pneumoperitoneum führen; unter Herzdruckmassage erhöht sich die Gefahr einer Perforation der von innen und außen gleichzeitig komprimierten Hohlorgane weiter.

6.4.1.2 Magensonde

Nicht nur ein fehlintubierter und beatmeter Ösophagus, auch die Beutel-Masken-Beatmung vor Intubation kann – insbesondere im Rahmen schwieriger Intubationen – zu teilweise massiver Überblähung des Magens bis hin zur Ruptur führen; auch kann es durch agonales Erbrechen oder bei massivem Kraftaufwand im Rahmen der externen Herzdruckmassage zur Aspiration von Mageninhalt kommen. Eine gastrale Druckentlastung ist also bereits präklinisch sinnvoll – auch stellt ein nicht entlasteter, distendierter Magen ein restriktives Ventilationshindernis und damit die dann persistierende Ursache einer Hypoxie durch Reduktion des Tidalvolumens und Notwendigkeit hoher Beatmungsdrücke unter Reanimation dar. Üblicherweise werden neben herkömmlichen Magensonden-Sets (**Abb. 6.6**) auch gewöhnliche orotracheale Einweg-Absaugkatheter der Größen 16 Charrière (orange) oder 14 Charrière (grün) verwendet. Hierbei gilt es allerdings, in diesen Fällen den „off-label"-Gebrauch zu beachten, was aufgrund der höheren Rigidität des Absaugkatheters im Vergleich zur Magensonde ein erhöhtes Risiko von pharyngealen, ösophagealen und gastralen Schleimhautläsionen beinhaltet. Ferner gilt es, das Verletzungsmuster des Patienten bzw. sich daraus ergebende Kontraindikationen zu bedenken: So sind in kasuistischer Form intrakranielle Fehllagen von Magensonden bzw. Absaugkathetern nach blinden nasogastralen Platzierungsversuchen bei Patienten mit Schädelbasisfraktur beschrieben worden.

6.4.2 Supraglottische Atemwegshilfen

6.4.2.1 Larynxmaske

Die Einlage einer Larynxmaske ist in notfallmedizinischen Algorithmen zur Atemwegssicherung bei schwierigem Atemweg verankert und kann eingesetzt werden, wenn Beutel-Masken-Beatmung und endotracheale Intubation nicht gelingen. Bei Verwendung einer Larynxmaske sind neben Schleimhautschäden im Oropharyngealbereich durch direkte oder indirekte, Cuffdruck-bedingte Weichteilkompression auch Nervenschäden beschrieben worden, welche anlässlich der gerichtlichen Obduktion kein morphologisches Korrelat finden. Da die Larynxmaske als supraglottischer Atemweg keinen sicheren Aspirationsschutz bietet, es aber durch agonales Erbrechen oder bei massivem Kraftaufwand im Rahmen der externen Herzdruckmassage zur Aspiration von Mageninhalt kommen kann (s. o.), sind aber entsprechende Obduktionsbefunde gelegentlich anzutreffen. Es empfiehlt sich also präklinisch in jedem Fall die Platzierung einer Magensonde zur gastralen Druckentlastung.

6.4.2.2 Combitubus®

Als weitere Alternative zur endotrachealen Intubation ist die Anwendung des Combitubus® in den Richtlinien verschiedener Fachgesellschaften bei der Reanimation vorgesehen. Im angloamerikanischen Paramedic-Rettungsdienst-System ist der Combitubus® flächendeckend eingeführt, in Deutschland wird das Gerät als alternatives Atemwegsmanagement z. B. in der Seenotrettung vor der deutschen Küste eingesetzt, wobei die Besatzungen der seegehenden Rettungseinheiten die Anwendung des Combitubus® regelmäßig trainieren. Da es sich um ein relativ steifes Gerät handelt, welches blind platziert wird, besteht hier ein erhebliches Verletzungsrisiko.

> In einer präklinischen Studie mit 280 Patienten – allerdings nicht ausschließlich unter Reanimationsbedingungen – wurde über 69 Komplikationen in 58 Patienten berichtet:
>
> Aspirationspneumonie (n = 31), Aspiration (n = 16), Pneumothorax (n = 6), Blutungen der oberen Atemwege (n = 4), Ösophagusverletzungen (n = 3), Hautemphysem (n = 2), Ösophagusperforation mit Mediastinitis (n = 2), Zungenödem (n = 2), Stimmbandverletzungen (n = 1), tracheale Verletzungen (n = 1) und Pneumomediastinum (n = 1).
> 13 dieser Komplikationen in 12 Patienten waren mit der Einlage des Combitubus® assoziiert (Vézina et al. 2007).

6.4.2.3 Larynxtubus

Der Larynxtubus wird zunehmend durch Notärzte, vor allem aber durch Notfallsanitäter, im Rahmen der Reanimation zur Atemwegssicherung eingesetzt. In Analogie zur Verwendung anderer Atemwegshilfen sind auch hier – insbesondere nach mehrfachen Versuchen – ebenfalls Verletzungen aller Art im Mund-Rachen-Raum denkbar, wobei hierzu keine Daten vorliegen. Da das Gerät im Vergleich zur endotrachealen Intubation aufgrund der supraglottischen Lage keinen absoluten Aspirationsschutz bieten kann, sollten Aspiration und Regurgitation bei Verwendung eines Larynxtubus etwa ebenso häufig wie bei Verwendung einer Larynxmaske aufzutreten; die Abgrenzung zwischen agonal stattgehabtem Erbrechen und durch Manipulation im Mundraum provozierter Regurgitation bleibt allerdings – insbesondere in Reanimationssituationen – schwierig.

6.4.3 Chirurgische Atemwegshilfen

Die chirurgische Atemwegssicherung in einer „Cannot-intubate-cannot-ventilate"-Situation ist eine der lebensrettenden Optionen zur Sicherung der Atemwege. Hierbei ist zu unterscheiden zwischen einer Tracheotomie (operative Darstellung und Eröffnung der Luftröhre mit Einlage von Trachealkanülen oder –tuben auf Höhe des 2./3. Zwischenraumes der Trachealknorpels), einer Cricothyroidotomie (auch „chirurgische Koniotomie", endotrachealer Zugang durch Durchtrennung des Lig. conicum und Intubation der Trachea auf Höhe des Larynx) und einer Punktionskoniotomie (Punktion der Trachea durch das Lig. conicum).
Während eine Notfall-Tracheotomie aufgrund der Notwendigkeit chirurgischer Instrumentarien, Kenntnisse und Fähigkeiten, hohem Zeitbedarf und einer hohen Komplikationsrate (insbesondere durch Verletzungen der Schilddrüse und ihrer Gefäße) präklinisch nicht durchgeführt wird, sind Cricothyroidotomie und Punktionskoniotomie in zahlreichen Algorithmen für die präklinische Atemwegssicherung enthalten und werden praktiziert. Nach chirurgischer Atemwegssicherung können – je nach Ausdehnung der Inzision bzw. Punktion – Schleimhautläsionen und ausgedehnte Blutungen mit Aspiration und Verlegung der Atemwege auftreten. Auch Larynxfrakturen, Trachealrupturen oder Fehlintubationen des Ösophagus sind je nach Begleitumständen und Anwenderkompetenz in unterschiedlicher Ausprägung möglich. Zu beachten ist, dass es neben paratrachealen Fehllagen (**Abb. 6.7**) unter transtrachealer Jetventilation zur Ausbildung eines Spannungspneumothorax oder bei falscher Anlage und Verletzung der Halsweichteile mit Eröffnung des vorderen Mediastinums zu einem Spannungsmediastinum kommen kann, wenn keine ausreichende Exspiration erreicht wird.

6.5 Medikamenten- und Volumenapplikation

6.5.1 Periphere und zentrale Venenpunktion

Eine seltene, aber potentiell gravierende Komplikation ist die **iatrogene Luftembolie** nach Venenpunktion. Zentrale Gefäße sind im Rahmen einer Reanimation gestaut, an den Außenseiten des Halses leicht zugänglich und werden regelmäßig punktiert, da der (Not-)Arzt üblicherweise am Kopf des Patienten arbeitet. Bei suffizienter externer Herzdruckmassage kann im Gefäß allerdings ein (physiologischer) Unterdruck erzeugt und bei Punktionsversuchen unter laufender Reanimation Umgebungsluft in die Vene aspiriert werden; auch durch pulmonale Barotrauma bei Intubation und invasiver Beatmung können cerebrale Luftembolien provoziert werden. Als weitere, nicht lebensbedrohende Komplikationen sind neben Hämatomen und Infektionen der Punktionsstelle auch artifizielle **Kompartmensyndrome** und **Weichteilnekrosen** nach paravenöser Infusion anführen, insbesondere nach Applikation von vesikanten Wirkstoffen (im präklinischen Bereich sind Brenzodiazepine, Nitrate und insbesondere höher konzentrierte Glukoselösungen zu nennen).

6.5.2 Intraossärer Zugang

Die intraossäre Punktion ist ein fester Bestandteil der Reanimationsrichtlinien für Kinder und Erwachsene des European Resuscitation Council (ERC), der American Heart Association (AHA) und des International Liason Committee of Resuscitation (ILCOR) und sollte nach 2 bis 3 frustranen intravenösen Punktionsversuchen erfolgen. Entsprechend sind insbesondere nach erfolglosen Wiederbelebungsversuchen in der rechtsmedizinischen Obduktionsroutine derartige Punktionen – gelegentlich sogar ohne den Versuch einer vorangegangenen peripher-venösen Punktion – zunehmend zu beobachten. Zu betonen ist die Tatsache, dass bei Notfallpatienten mit Verletzungen des Körperstammes die Volumen- und Medikamentenapplikation nicht ausschließlich über intraossäre Zugänge im Bereich der unteren Extremitäten erfolgen sollte, da applizierte Wirkstoffe dann entsprechend dem venösen Blutfluss möglicherweise in diesen Verletzungen (V. cava inferior, Abdominaltrauma / Beckenverletzung) versickern und systemisch nicht zur Wirkung kommen können.

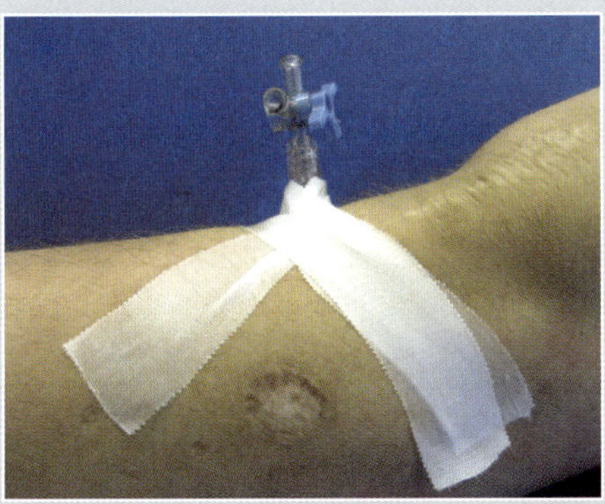

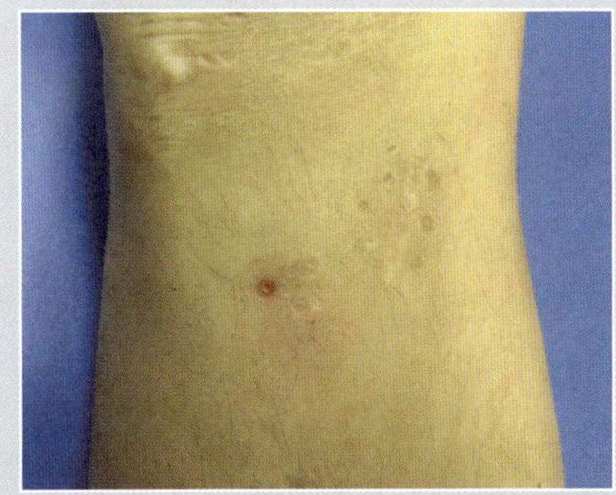

Abb. 6.8 (links): Fixierter intraossärer Zugang im rechten Unterschenkel an typischer Lokalisation.
Abb. 6.9 (rechts): Punktionsstelle nach Entfernung.

Von Interesse sind die Besonderheiten der unterschiedlichen Punktionslokalisationen. Als Punktionsort der 1. Wahl wird sowohl bei Kindern wie auch bei Erwachsenen die proximale Tibia empfohlen (**Abb. 6.8**), wobei bei Kindern der Bereich der Epiphysenfuge geschont werden muss, welcher nach Punktion frakturieren kann und dann das Beinlängenwachstum behindert. Als Punktionsorte der 2. Wahl werden die distale Tibiametaphyse und der distale Femur benannt. Als Punktionsort der 3. Wahl gilt (bei großen Becken- und Abdominaltraumata mit ungewissem Blutfluss in den Thorax) der proximale Humerus. Aufgrund der metaphysären Verankerungen und der vor allem bei Kindern dünnen Kortikalis kann es zu sekundären Dislokationen der i.o.-Nadeln mit der Gefahr der Fehlinfusion in die umliegenden Weichteile kommen; diesbezüglich ist auf eine sichere Fixierung der Kanülen zu achten. Ist eine zuvor angelegte i.o.-Nadel disloziert oder wurde ein frustraner i.o.-Punktionsversuch durchgeführt, sollte eine andere Lokalisation gewählt werden, da der entstandene kortikale Defekt bei erneuter Anlage in anatomischer Nähe zur ersten Punktionsstelle zum Austritt applizierter Wirkstoffe in die umgebenden Weichteile führen kann.

Beim Kind ist die sternale Punktion aufgrund der engen topographischen Beziehung zur Brusthöhle nicht indiziert; ferner kann das sternale Knochenmark von Kindern aufgrund des geringen Volumens transfundierte Flüssigkeitsmengen nicht adäquat aufnehmen, und es gilt zu bedenken, dass die sternale Punktion mit liegender Kanüle technisch unvereinbar mit einer Herzdruckmassage ist. Punktionsgeräte mit limitierter Eindringtiefe und planer Verklebung der sternalen Punktionsstelle (z. B. F.A.S.T) können beim Erwachsenen allerdings verwendet werden und erlauben auch die manuelle Herzdruckmassage.

Absolute Kontraindikationen für den intraossären Zugang gibt es im Notfall nicht. Als relative Kontraindikationen gelten Osteoporose, Gefäßverletzungen proximal des Punktionsbereiches sowie vorangegangene Punktionen, Frakturen, Infektionen und Implantate im Punktionsbereich, welche dann bei der Obduktion zu evaluieren sein werden. Auch können erhebliche diagnostische Schwierigkeiten auftreten, wenn die intraossäre Nadel nach Abbruch der Reanimationsbemühungen entfernt wird (**Abb. 6.9**).

6.6 Reanimation und Thoraxdekompression

Aus der rechtsmedizinischen Obduktionsroutine werden immer wieder Todesfälle bekannt, in denen Patienten an einem Spannungspneumothorax, gelegentlich mit beeindruckenden Ausmaßen, verstarben.

Fallbeispiel:
Kürzlich zu untersuchen war der Todesfall einer COPD-Patientin im Stadium IV, welche im Rahmen einer Infektexazerbation intubationspflichtig wurde und mit positiv-endexspiratorischem Druck (PEEP) beatmet werden musste; durch die am ehesten PEEP-bedingte Ruptur einer basalen Emphysemblase im linken Lungenunterlappen entwickelte sich innerhalb weniger Minuten nach Intubation linksseits ein Spannungspneumothorax mit folgender Reanimationspflichtigkeit (**Abb. 6.10–6.12**). Die Wiederbelebungsversuche wurden über 30 Minuten fortgeführt und führten über bilaterale Rippenserienfrakturen mit Anspießung des rechten Oberlappen zu einem Hämatothorax rechts. Anhand des sich unter Reanimation ausbreitenden Weichteilemphysems an der gesamten Rumpfvorderseite war zwar die Diagnose „Spannungspneumothorax“ korrekt gestellt worden – eine Thoraxentlastung wurde allerdings vor Abbruch der dann letztlich erfolglosen Wiederbelebung nicht durchgeführt.

Auch finden sich gelegentlich Fälle, in denen Patienten mit penetrierenden Thoraxverletzungen ebenfalls an einem Spannungspneumothorax verstarben, weil eine Thoraxdekompression im Rahmen der Wiederbelebungsversuche nicht durchgeführt wurde. Eine solche Maßnahme ist zurzeit (noch) nicht obligater Bestandteil aktueller Reanimationsleitlinien. Allerdings wird bei der Suche nach potentiell reversiblen Ursachen eines (traumatisch bedingten) Herzkreislaufstillstandes der Thoraxdekompression zur Entlastung eines möglichen (Spannungs-)Pneumothorax ein zunehmend höherer Stellenwert eingeräumt. So verdichten sich in der notfallmedizinischen Literatur Hinweise darauf, dass eine obligat durchgeführte Thoraxdekompression vor Abbruch einer traumatisch bedingten Reanimation einen Überlebensvorteil bietet (Huber-Wagner et al. 2007). Absehbar werden also vermutlich bei traumatisch Verstorbenen, welche zuvor reanimiert wurden, vermehrt Thoraxdekompressionsmaßnahmen bei Leichenschau und Obduktion zur Darstellung gelangen. Über wesentliche Komplikationsmöglichkeiten der gängigsten drei Verfahren soll im Folgenden kurz referiert werden. Es ist zunächst bei allen Verfahren zunächst darauf zu achten, dass sich der Durchführende am Oberrand der jeweiligen Rippen orientiert, da an den kostalen Unterrändern jeweils die Gefäß-Nervenscheiden verlaufen, die es – insbesondere zur Vermeidung relevanter Blutungen aus den Interkostalarterien – zu schonen gilt.

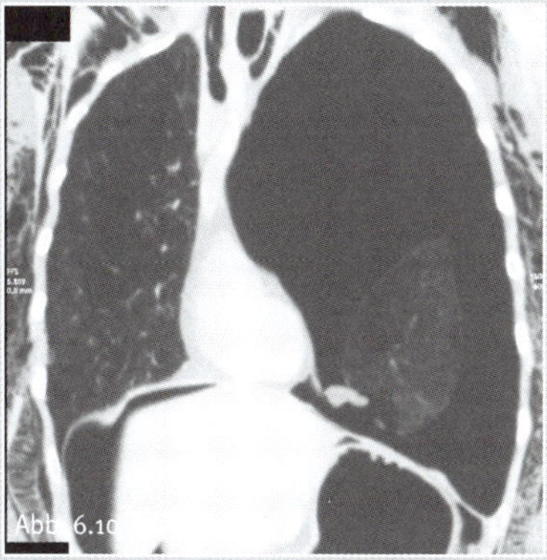

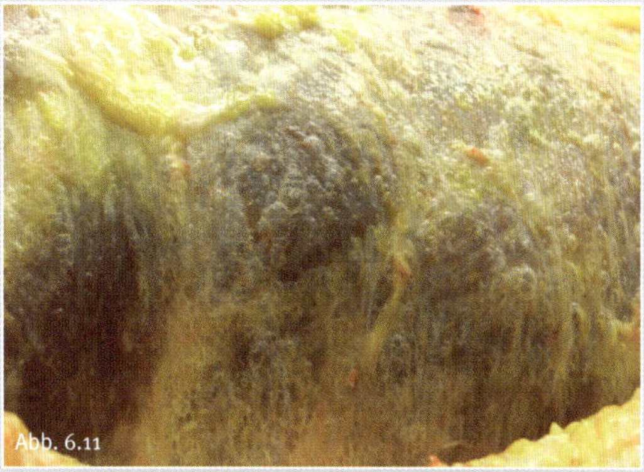

Abb. 6.10: Ausgedehntes Weichteilemphysem, zusammengepresste linke Lunge, Zwerchfelltiefstand und Mediastinalverlagerung nach rechts bei Spannungspneumothorax links (postmortaler tCT-Befund),
Abb. 6.11 und
Abb. 6.12: Ausgedehnte Gaseinschlussblasen in Unterhautfettgewebe und Lunge nach unter Reanimation nicht entlastetem Spannungspneumothorax.

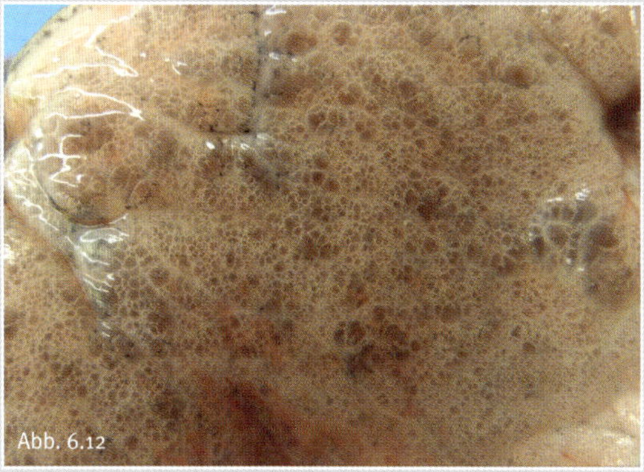

6.6.1 Thoraxentlastungspunktion

Als Punktionsort für die provisorische, ein- oder mehrfache Thoraxentlastungspunktion mittels möglichst großlumiger Venenverweilkanüle(n) (üblicherweise „orange" = 14 G) wird der 2./3. Interkostalraum in der Medioclavicularlinie vorgeschlagen (sog. **Monaldi-Position**); hier besteht allerdings die Gefahr der Verletzung der A. thoracica interna (**Abb. 6.13**). Die Länge der Nadel sollte mindestens 5 cm betragen, da die interindividuell variierende Dicke der Brustwand den Erfolg der Maßnahme limitieren kann. Eine solche Maßnahme wird selten durchgeführt und ist lediglich zur zeitlichen Überbrückung bis zur Anlage einer definitiven Thoraxentlastung anzusehen, da die Venenverweilkatheter leicht verstopfen oder abknicken können.

Die Effektivität der Maßnahme hängt vom Schweregrad der pulmonalen / bronchialen Verletzung und damit dem Lufteinstrom pro Zeiteinheit ab; das Lumen des Venenverweilkatheters muss nicht immer für eine suffiziente Dekompression ausreichend sein, da meist ein kombinierter Hämatopneumothorax besteht und der Katheter daher leicht verstopfen kann. Nach erfolgreicher Punktion des Pleuraraumes und Entweichen der Luft aus der Brusthöhle kann am fixierten Venenverweilkatheter zusätzlich ein sog. „Heimlich"-Ventil angebracht werden, welches bei der Exspiration zwar Luft aus der Brusthöhle entweichen lässt, bei der Inspiration ein erneutes Ansaugen der Umgebungsluft aber verhindert. Hierzu können Fingerlinge oder zirkulär abgeschnittene Fingerbestandsteile von z. B. Latexhandschuhen verwendet werden, welche distal auf einer Länge von ca. 1 cm eingeschnitten und am proximalen Ende luftdicht zirkulär mit der Venenverweilkanüle verklebt werden. Auch die Punktion und Aspiration mittels Spritze (zur Kontrolle der korrekten intrapleuralen Lage) hat sich bewährt.

6.6.2 Mini-Thorakotomie

In Ausnahmefällen kann beim invasiv und mit intrapleuralem Überdruck beatmeten Patienten das Prinzip des „offenen Thorax" mittels Durchführung einer Mini-Thorakotomie zur Entlastung eines Pneumo-/Hämatothorax auch ohne Einlage eines entsprechenden Drainagesystemes angewendet werden. Als Interventionsort wird die „Bülau-Position" (3.–5. Interkostalraum in der vorderen bis mittleren Axillarlinie) angegeben. Derartige Verletzungen dürfen bei der Obduktion nicht mit anderen penetrierenden Thoraxverletzungen verwechselt werden; eine Unterscheidung wird bei gut dokumentiertem notärztlichem Handeln problemlos gelingen.

6.6.3 Thoraxdrainage

Den Goldstandard zur präklinischen Entlastung eines (Spannungs)-Pneumothorax stellt die ein- oder beidseitige Anlage einer Thoraxdrainage dar. Hierzu wird in Bülau-Position die Brusthöhle stumpf mittels Mini-Thorakotomie eröffnet, ein Drainagesystem in die Pleurahöhle eingebracht und dieses außenseitig vernäht (**Abb. 6.14**). Bei zu tiefer Anlage einer Thoraxdrainage besteht vor allem auf der rechten Körperseite die Gefahr, entsprechende Strukturen zu verletzen (Leber, Diaphragma, A. thoracica lateralis bei zu weit dorsaler Schnittlegung). Bei Anlage einer Thoraxdrainage in sog. „Monaldi-Position" (2.–3. Interkostalraum Medioclavicularlinie) besteht die Gefahr einer Verletzung der A. thoracica interna.

Fallbeispiel:
Aus der eigenen Praxis ist der Fall eines jungen Mannes bekannt, der nach Anlage einer Thoraxdrainage in Monaldi-Position eine Verletzung der A. thoracica interna erlitt, dann bei hämorrhagischem Schock reanimationspflichtig wurde und im Verlauf im hypoxischen Hirnschaden verstarb.

Da die Ausprägung eines isolierten Pneumothorax lageabhängig (liegend-ventral / sitzend-apikal) schwankt, existieren allerdings keine evidenz-basierten Daten, welche Position zu bevorzugen ist.

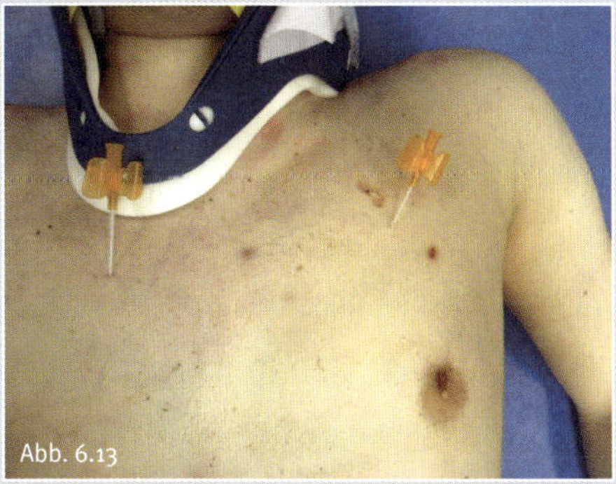

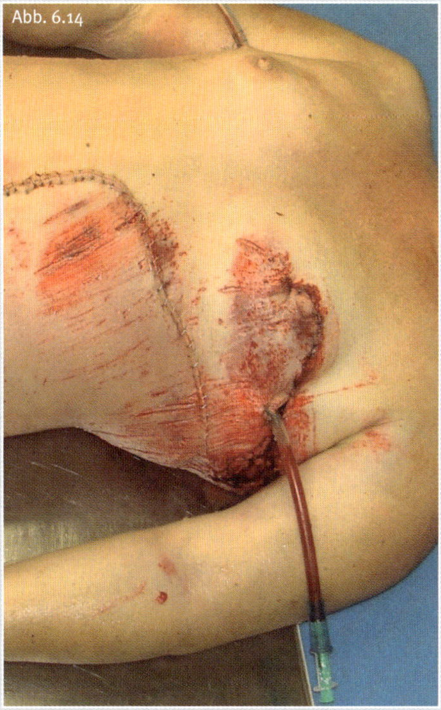

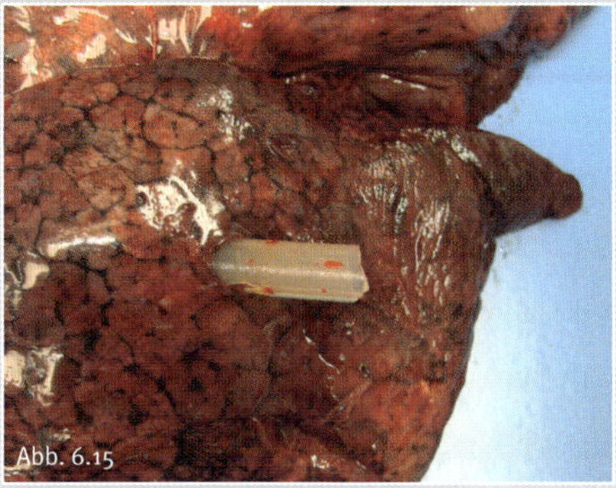

Abb. 6.13: Provisorische Thoraxentlastungspunktion mittels großlumiger Venenverweilkanülen.
Abb. 6.14: Definitive Thoraxdekompression mittels Thoraxdrainage in Bülau-Position.
Abb. 6.15: Intrapulmonal gelegene Thoraxdrainage.

Klinisch existiert das Problem der interlobulären Endlage des Drainageschlauches mit entsprechend insuffizienter Evakuierung des Hämato-/Pneumothorax. Auch kann die Endlage des Drainageschlauches im instabilen Thorax durch fortgesetzte Herzdruckmassage (trotz außenseitiger Vernähung des Drainagesystems!) zu relevanten Verletzungen führen.

Fallbeispiel:
So ist aus eigener Praxis eine Lazeration der V. cava inferior mit konsekutiver Perikardtamponade bekannt: im Rahmen einer traumatisch bedingten Reanimation nach Pkw-Überrollung war initial bei Verdacht auf einen Hämatopneumothorax eine Thoraxdrainage gelegt worden; durch die weitere kontinuierliche Herzdruckmassage (bei instabilem, initial durch das Überrolltrauma frakturiertem Thoraxskelett) perforierte das stumpfe intrathorakale Ende des Drainageschlauches die V. cava inferior im Bereich der Einmündung in den rechten Vorhof. Der Reanimation blieb erfolglos.

Intrathorakale Fremdkörper können durch Bewegung unter laufender Herzdruckmassage nicht überlebbare Verletzungen hervorrufen; kasuistisch ist beispielsweise über das Durchführen der Herzdruckmassage auf einer nach Sturz durch eine Glasscheibe im Thorax befindlichen Scherbe berichtet worden (Schulz und Kontokollias 1992).

Zu den weiteren Komplikationen einer Thoraxdrainage zählt die intrapulmonale Endlage des Drainageschlauches (**Abb. 6.15**). Insbesondere nach abgelaufenen Pleuritiden kommt es zur persistierenden Verklebung von viszeraler und parietaler Pleura, was bei erschwerter oder unmöglicher Darstellung des Pleuraspaltes die intraparenchymale Einbringung der Drainage begünstigt. Neben der Hypoxämie sind den Autoren aus eigener Praxis massive Weichteilemphyseme (bis hin zum druckinduzierten Verschluss beider Karotiden und nachfolgendem Apoplex) bekannt. Vor Einlage der Thoraxdrainage muss in derartigen Fällen das digitale Austasten des Pleuraraumes, gegebenenfalls mit stumpfer Lösung der Adhäsionen, erfolgen.

6.7 Fazit für die rechtsmedizinische Praxis

Zur Interpretation von Sektionsbefunden nach erfolgloser Notfallbehandlung ist es nicht nur essentiell, dass die durch eine notfallmedizinische Behandlung verursachte Verletzungen und Artefakte als solche erkannt werden, sondern auch, dass Nutzen und Indikation solcher Maßnahmen durch den Obduzenten bewertet werden können; insbesondere gilt dies für erfolglose Wiederbelebungsversuche. Eine Einordnung entsprechender Befunde an der Leiche ist nicht möglich, wenn klinische Anforderungen an eine suffizient durchgeführte Reanimation und verwendete Gerätschaften dem Obduzenten unbekannt sind – daher sollten auch von rechtsmedizinischer Seite einige klinische Überlegungen zum Tragen kommen:
Die korrekte Durchführung der (Früh-)Defibrillation beinhaltet neben der richtigen Platzierung der Defibrillationselektroden (anterior + lateral) das Einhalten eines Sicherheitsabstandes (auch Umstehende!) sowie die Kommunikation der Maßnahme im Team, denn:

Ein weiterer Aspekt bei Durchführung der Defibrillation ist die potentielle Gefährdung Umstehender – der Defibrillierende ist für seine Sicherheit und die des Rettungsteams verantwortlich und hat dafür Sorge zu tragen, dass während der Defibrillation alle Körper- und Metallkontakte zum Patienten unterbrochen werden, auch wenn eine aktuelle Arbeit zeigen konnte, dass eine gefahrlose biphasische Schockabgabe während laufender Herzdruckmassage unter bestimmten Prämissen durchaus möglich ist. Auch auf nassem Untergrund scheint eine biphasische Defibrillation keine Gefahr für die Helfer darzustellen (Scieszka et al. 2010).
Reanimationsbedingte Verletzungen am Patienten sind nicht zu verhindern bzw. werden sich mit zunehmender Dauer der Reanimationsbemühungen zwangsläufig einstellen, besonders wenn weitere Risikofaktoren wie Fehler bei Herzdruckmassage und anderen notfallmedizinischen Maßnahmen, hohes Lebensalter, weibliches Geschlecht (höhere Osteoporose-Inzidenz), lange Dauer der Reanimationsmaßnahmen und eine bestehende Antikoagulation hinzukommen (Buschmann und Tsokos 2009). Reanimationsbedingte Verletzungen können also nur durch Verzicht auf Reanimationsmaßnahmen vermieden werden; dies ist selbstverständlich obsolet. Die Frage, ob die Vermeidung von Frakturen am knöchernen Thoraxskelett bei Reanimation durch einen geringeren Kraftaufwand oder die daraus resultierende Inkaufnahme einer geringeren mechanischen Einwirkung auf das Herz höherwertig anzusiedeln ist, ist beispielsweise schon dadurch abschließend beantwortet, dass wie ausgeführt der Stel-

lenwert einer suffizienten Thoraxkompression gegenüber der Atemspende immer weiter hervorgehoben wird – 80% der Herzkreislauf-Stillstände sind kardial bedingt, und in den ersten Minuten scheint der arterielle Sauerstoffgehalt noch genügend hoch. Dies bedeutet in letzter Konsequenz, dass – insbesondere beim unelastischen Thorax des älteren Menschen – eine suffiziente Wirkung der Herzdruckmassage erst möglich wird, wenn Rippen- oder Sternumfrakturen in Kauf genommen werden.

! Nichtsdestotrotz sollte die Verringerung des Risikos von CPR-bedingten Verletzungen angestrebt werden; dies geschieht neben der Kenntnis anatomisch-topografischer Gegebenheiten, dem Wissen um Risikofaktoren, angewandte Techniken und deren spezifische Risiken vor allem durch die korrekte Durchführung der Reanimation.

Nach Reanimation sind Outcome besser bzw. Komplikationsrate geringer, wenn die Thoraxkompression leitliniengerecht durchgeführt wird. Dies beinhaltet u. a. die Verbringung des Patienten auf eine harte Unterlage, das korrekte Aufsuchen des Druckpunktes, ein Thoraxkompressions- / Entlastungsverhältnis von: 1:1 mit einer Frequenz: 100–120 / min und einer Eindringtiefe 5–6 cm bei einem Thoraxkompressions- / Beatmungsverhältnis von 30:2.
Im Falle einer Atemwegssicherung gilt es vor allem, neben der korrekten Vorbereitung (u. a. Absauggerät, Endotrachealtubus, [ggf. mit Führungsstab], Gleitgel, Blockerspritze [mind. 10 ml], Magill-Zange, Stethoskop, Fixierungsmaterial) Rückfallstufen für den Fall eines schwierigen Atemweges bereitzuhalten. Es sei nochmals darauf hingewiesen, dass die kontinuierliche kapnometrische Erhebung eines physiologischen $etCO_2$-Wertes ein sicheres Kriterium der erfolgreichen endotrachealen Intubation darstellt und obligat zu fordern ist.

Es muss auch zu den differenzialdiagnostischen Überlegungen des (Not-)Arztes gehören, nach iatrogenen Traumata beim Notfallpatienten unter Reanimation zu suchen, wenn sich der Zustand des Patienten nicht stabilisiert und keine Ursachen erkennbar sind, die den Erfolg der Reanimation unwahrscheinlich erscheinen lassen (z. B. traumatische Genese mit hämorrhagischem Geschehen) bzw. diese kausal behoben werden können. Dies sollte sowohl präklinisch als auch mittels bildgebender Diagnostik beim erfolgreich reanimierten Patienten im Krankenhaus erfolgen. Inwieweit derartige Verfahren Eingang in die klinische Routine finden können, wird sich in der Zukunft zeigen – nach Kenntnis der Autoren unternehmen einige Häuser bereits Anstrengungen in dieser Richtung.

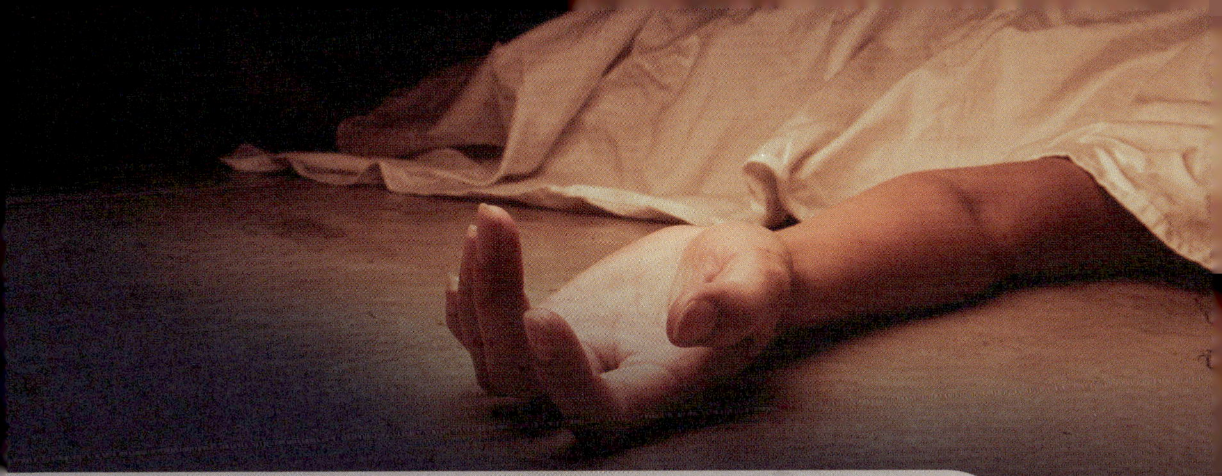

Rechtsmedizinische Kasuistik

Prof. Dr. med. Burkhard Madea
Dr. med. Elke Doberentz

Rechtsmedizinische Kasuistik

7.1 Suizid

Prof. Dr. med. Burkhard Madea, Dr. med. Elke Doberentz

Laut Weltgesundheitsorganisation (WHO) nahmen sich 2012 etwa 804.000 Menschen weltweit das Leben. Dies entspricht 11,4 Suiziden pro 100.000 Menschen.
In Deutschland starben 2011 10.144 Menschen durch Suizid (12,4 je 100.000 Einwohner). Sowohl national als auch international variiert die Suizidrate erheblich. Die höchste Suizidrate weltweit wird aus Weißrussland gemeldet, in Deutschland aus Bayern. Die Suizidrate ist stark geschlechtsabhängig, darüber hinaus unterliegt sie jahreszeitlichen Schwankungen. Bei den Suizidmethoden steht an erster Stelle das Erhängen/Ersticken (ca. 50 %), gefolgt von Sturz in die Tiefe (ca. 10 %), Vergiftungen durch Medikamente (8 %), Erschießen (meist Kopfschuss; 5 %), sich vor den Zug oder vor ein Auto werfen (ca. 5 %), Einleitung von Abgasen ins Auto (ca. 2 %).
Männer griffen mit 52,6 % der Fälle zu den sog. harten Suizidmethoden wie Erhängen, während Frauen häufiger „weiche" Methoden wie Vergiftung durch eine Überdosierung von Medikamenten verwenden. Suizide können ganz unterschiedliche Motive haben (Depressionen, psychische Erkrankungen, Gefühl der Auswegs- und Hilflosigkeit, mangelnder Lebensmut, schwerwiegende somatische Erkrankung, Lebensüberdruss, als unerträglich empfundene Lebensumstände).

Vom Bilanzsuizid spricht man bei einer Selbsttötung nach rationaler Abwägung der Lebensumstände im Sinne einer rational kalkulierten Entscheidung.

Bei primär kombinierten Suiziden werden von Anfang an zwei Suizidmethoden gewählt, um den letalen Geschehensablauf sicherzustellen, z. B. Schuss in den Kopf in einer Suspensionssituation, um bei Tonusverlust der Muskulatur den tödlichen Geschehensablauf durch Erhängen sicherzustellen.

Beim sekundär kombinierten Suizid wird erst dann eine zweite Suizidmethode gewählt, nachdem die erste versagt hat (z. B. Erhängen nach frustranen Pulsaderschnitten). Bei sekundär kombinierten Suiziden kann sich die Auffindungssituation zunächst als auf ein Tötungsdelikt verdächtig darstellen, wenn durch die erste Suizidmethode blutende Verletzungen gesetzt wurden und sich Blutspuren in mehreren Zimmern einer Wohnung befinden.

Vom erweiterten Suizid oder Mitnahmesuizid spricht man bei einer gemeinsamen Tötung oder Suizid nach Tötung naher Verwandter (meist Familienmitglieder oder Intimpartner). Erweiterte Suizide sind abzugrenzen von Doppelsuiziden bzw. von Suiziden nach Tötungen.
Als komplizierter Suizid werden Selbsttötungen bezeichnet, die aufgrund der Umstände unfallmäßig zu einer anderen als der intendierten Art des Todeseintritts führen (z. B. letale Unterkühlung infolge in suizidaler Absicht beigebrachten Schnittverletzungen mit hämorrhagischem Schock). Bestimmte, auch seltene Suizidmethoden können – etwa nach Berichterstattung in den Medien – regional und zeitlich gehäuft auftreten (sog. Werther-Effekt).

So haben wir vor einigen Jahren regional begrenzt nach Berichterstattung in den Medien innerhalb kurzer Zeit mehrfache suizidale Kraftfahrzeugbrände bearbeitet.
Ein Suizid sollte sich immer motivational aus der Lebensgeschichte des Verstorbenen erklären. Hilfreich kann die Feststellung von Vorbereitungs- und Nebenhandlungen sein, z. B. das Schreiben von Abschiedsbriefen etc.
Unter Vorbereitungshandlungen versteht man Vorkehrungen des Suizidenten, die den letalen Geschehensablauf sicherstellen sollen, z. B. Wahl eines einsamen Ortes oder einer Tageszeit, an der nicht mit vorzeitigem Auffinden zu rechnen ist; Selbstfesselung; Beibringung suizidaler Schnittverletzungen vor dem Spiegel (**Abb. 7.1–7.4**).

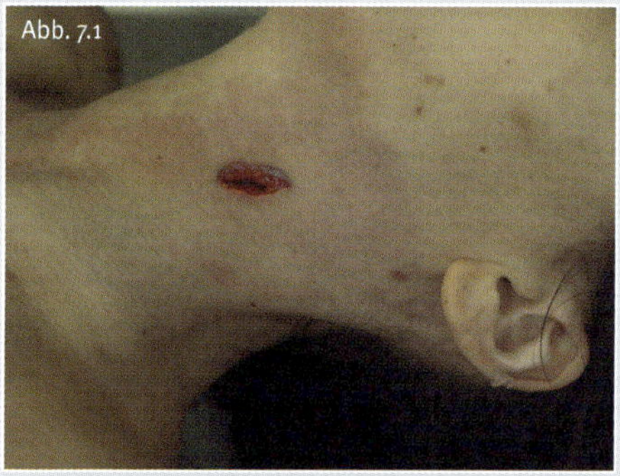

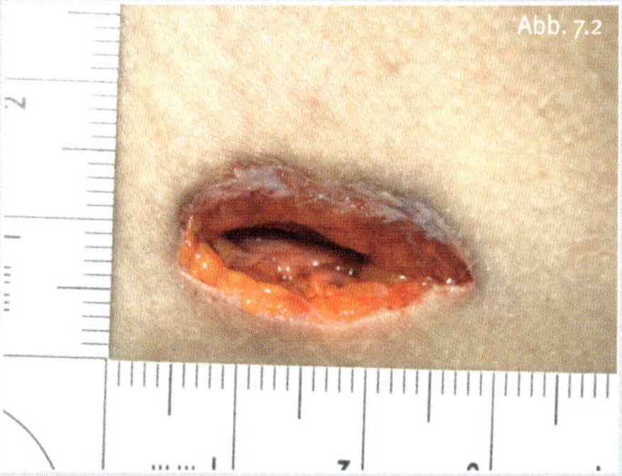

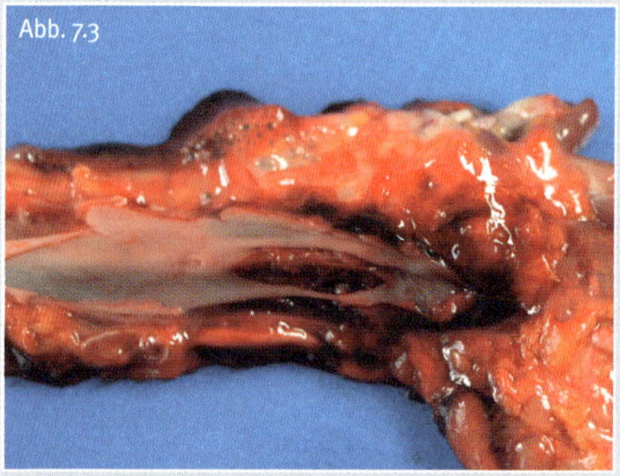

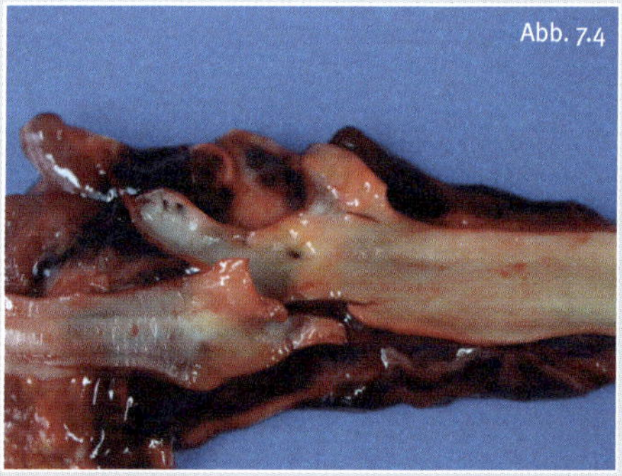

Abb. 7.1 und
Abb. 7.2: In suizidaler Absicht vor einem Spiegel beigebrachte Stichverletzung des Halses.
Abb. 7.3 und
Abb. 7.4: Stichverletzung mit Durchchstich durch die Vena jugularis interna und Verletzung der Arteria carotis. Todesursache: Verbluten.

Die Nebenhandlungen geben Einblick in die psychische Verfassung des Suizidenten (etwa Aufstellen von Bildern nahestehender Personen, Schreiben von Abschiedsbriefen, Warnhinweise an Mitbewohner, z. B. bei suizidalen Vergiftungen der Hinweis:

- „Vorsicht, nicht trinken, Gift!" oder
- „Kein Licht anschalten: Explosionsgefahr".

Der Suizid kann sich bereits aus einem charakteristischen Verletzungsmuster ergeben (Probierschnitte; suizidale Stichverletzungen des Herzens mit Anstichelungen der Brusthaut),

Abb. 7.5: Selbstfesselung bei suizidalem Erhängen.

andererseits gibt es auch disseminierte Suizide, bei denen ein Unfallgeschehen vorgetäuscht werden soll (z. B. suizidales Erschießen als Jagdunfall kaschiert). Auch bei der Begehung von Suiziden wird zuweilen erhebliches handwerkliches Geschick aufgewandt. Etwa selbstgebaute Schussapparate bzw. Terminierung eines suizidalen Stromstoßes unter Verwendung einer Zeitschaltuhr.

7.1.1 Gifttodesfälle

Hinweise auf Intoxikationen können sich bereits aus Farbantragungen am Leichnam ergeben. In dem in **Abb. 7.6–7.8** dargestellten Fall, wurde ein 73 Jahre alt gewordener Mann im Kellerraum seiner Wohnung aufgefunden. Er hatte in suizidaler Absicht Lösungsmittel eingenommen, die zu intensiven ultramarinblauen Farbantragungen des Mund- und Rachenraumes, des Bronchialbaumes und des Magens führten. Chemisch-toxikologisch waren nachweisbar: p-Xylol, m-Xylol, o-Xylol, 1-Ethyl-4-methylbenzol, 1,2,3-Trimethylbenzol.

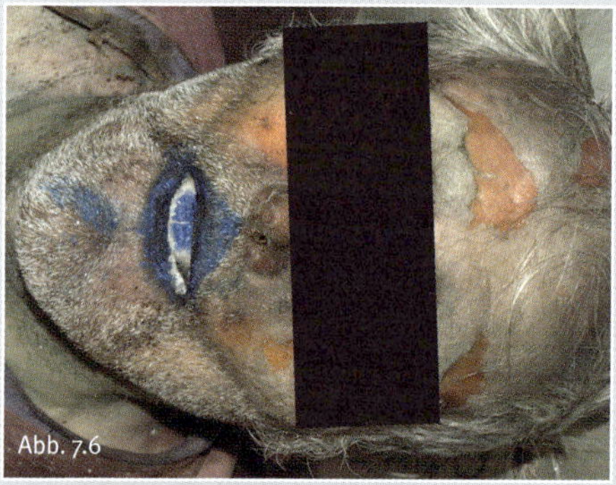
Abb. 7.6

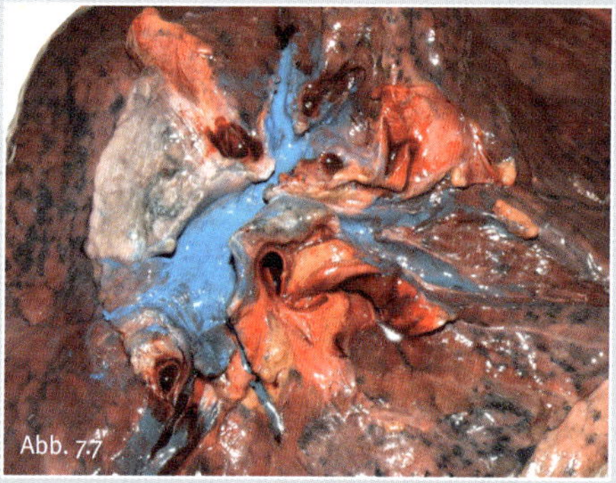
Abb. 7.7

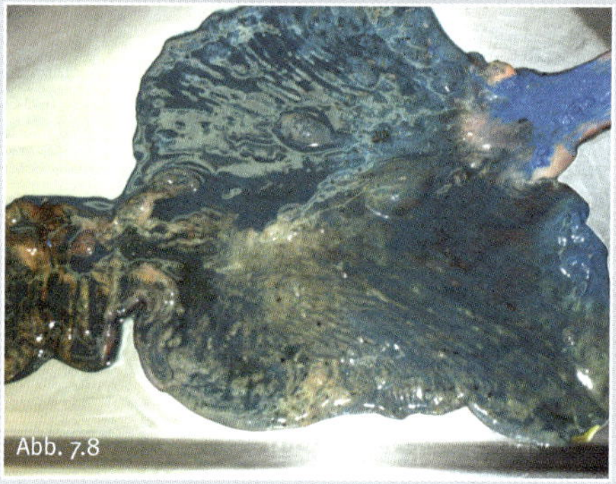
Abb. 7.8

Abb. 7.6: Ultramarinblaue Farbantragungen im Mund- und Rachenraum.
Abb. 7.7: Farbantragungen im Bronchialbaum der Lungen.
Abb. 7.8: Farbantragungen im Oesophagus, Magen und Duodenum.

Nachdem Insektizide seit den 50er Jahren des vergangenen Jahrhunderts zu „Modegiften“ avancierten, wurden ihnen „Warnfarben“, z. B. Sudanblau 2 beigegeben, um eine missbräuchliche Verwendung als Tötungsmittel bzw. akzidentelle Vergiftungen zu verhindern. So zeigten sich bei einem kombinierten Suizid mittels Oxydemeton-methyl und Erhängen charakteristische blaue Abrinnspuren aus dem Mundwinkel sowie blaue Farbantragungen des Oesophagus (**Abb. 7.9** und **7.10**).

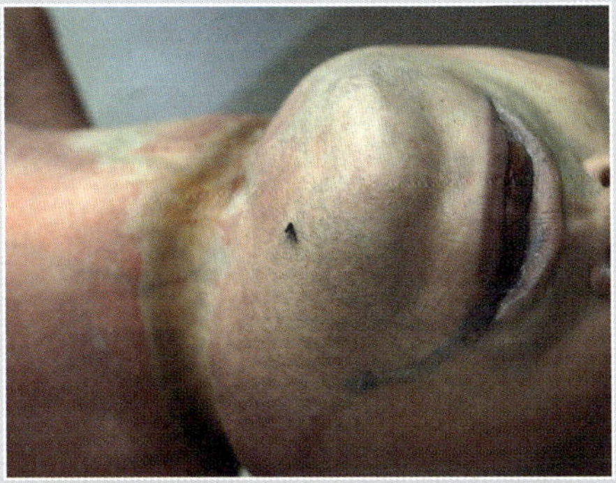

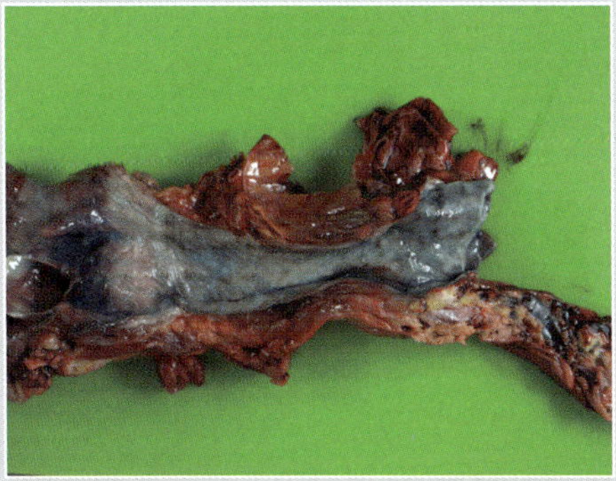

Abb. 7.9 (links): Abrinnspur des Mageninhaltes.
Abb. 7.10 (rechts): Blaue Verfärbung der Speiseröhre.

Dass berufliches Wissen sowohl für die Begehung von Suiziden als auch von Tötungsdelikten gezielt genutzt wird, ist lange bekannt. So werden Zyanide sowohl zum Suizid als auch zur Begehung von Tötungsdelikten von Personen genutzt, die beruflich Umgang mit Blausäure haben (z. B. Apotheker und Juweliere). Selten werden Zyanide nach Gebrauchsanleitung hergestellt und dann zum Suizid benutzt.

Ein 48 Jahre alt gewordener Mann wurde auf dem Beifahrersitz seines verschlossenen Pkw tot vorgefunden. Nach Einschlagen der Fensterscheibe habe man einen ätzenden, durchdringenden Geruch nach bitteren Mandeln wahrgenommen. Im Pkw hätten sich die Chemikalien Ammoniaksäure, Salzsäure und Kaliumferrocyanid auf dem Rücksitz in einem Karton befunden. Vor den Füßen des Verstorbenen habe ein umgekippter Camping-Butangas-Kocher gelegen (**Abb. 7.13**), daneben ein Aluminiumkochtopf mit einer Serviette und Resten einer eingekochten, ebenfalls auffallend ätzend riechenden Flüssigkeit. An Ober- und Unterlippe des Verstorbenen sowie an den Händen habe man weiße, kristalline Anhaftungen gefunden (**Abb. 7.11** und **7.12**)

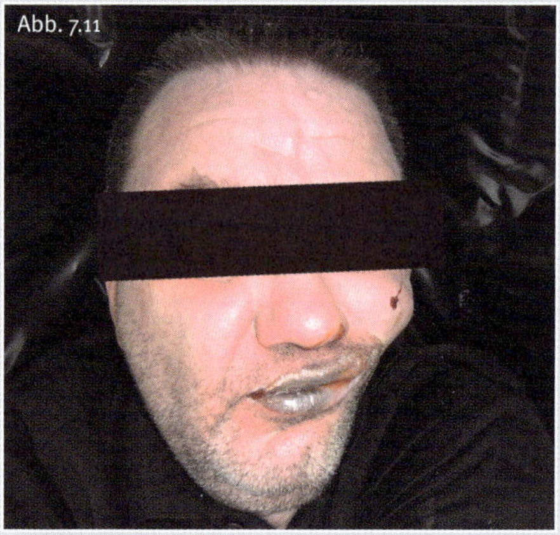

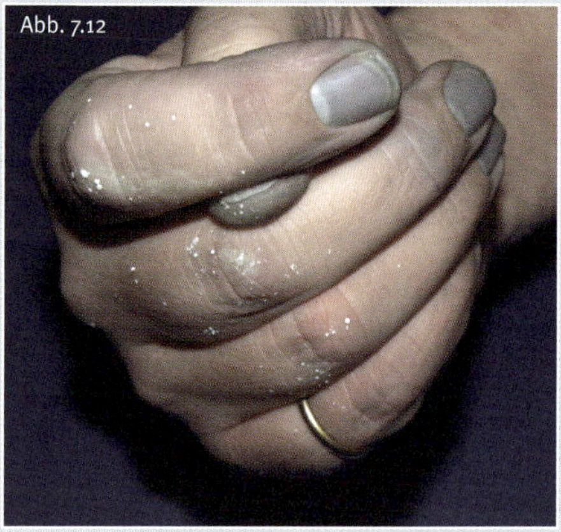

Abb. 7.11: Auffindesituation der Leiche mit farblichen Abrinnspuren am Mund.
Abb. 7.12: Reste von weißen, kristallinen Anhaftungen an der Hand.
Abb. 7.13: Butangaskocher im Fußraum unter der Leiche.

Die Frage, die sich im vorliegenden Fall ergab, war, wie sich der Mann mit Zyanid vergiften konnte. Im Pkw und am Tatort wurde das Gift nicht gefunden, weder als Zyanidsalz noch als Blausäure. Die einzige Substanz, die Zyanid enthielt, war das ungiftige Kaliumhexacyanoferrat (II), ein Feststoff aus zitronengelben Kristallen. Es fand sich auch kein weißes Pulver im Auto, wie das Opfer es an Händen und Mund hatte, und ebenso wenig tintenblaue Kristalle, die sich in großen Mengen im Kochtopf befanden und die nach den chemisch-toxikologischen Untersuchungen Zyanid enthielten.

Kaliumhexacyanoferrat (II) wird in der Lebensmittelindustrie als Trennmittel und Stabilisator verwendet und ist in der EU als Lebensmittelzusatzstoff E 536 zugelassen. Es wird auch gelbes Blutlaugensalz genannt, da Alchimisten vor hunderten von Jahren die Substanz entdeckten, als sie Blut, Knochen oder Horn zusammen mit Pottasche erhitzten. Nach dem Auslaugen mit Wasser kristallisierte ein Salz aus, das je nach Luftzufuhr gelb oder rot war. Daher die Bezeichnung gelbes bzw. rotes Blutlaugensalz. Bei starkem Erhitzen zerfällt das ungiftige Kaliumhexacyanoferrat (II) jedoch unter Bildung des hochgiftigen weißen Pulvers Kaliumcyanid.

Diese Information war auch auf den Ausdrucken beschrieben, die im Wagen lagen. Der Mann hatte also im Kochtopf auf dem Campingkocher durch Erhitzen von ungiftigem Kaliumhexacyanoferrat (II) das giftige Kaliumcyanid hergestellt und dieses mithilfe eines Esslöffels oder den Fingern zu sich genommen. Bei Zugabe von Säure zu Kaliumcyanid wird umgehend giftige Blausäure freigesetzt. Auch dies war eingehend auf den Informationsblättern beschrieben. Eine neben dem Toten liegende Einmalpipette wurde von ihm offensichtlich dazu verwendet, die im Pkw vorhandenen Säuren auf das im Kochtopf entstandene Kaliumcyanid zu geben und somit die gasförmige Blausäure freizusetzen. Diese atmete er ein, zusätzlich zu dem oral aufgenommenen Kaliumcyanid. Unter den extremen Bedingungen im Kochtopf (Erhitzen auf hohe Temperaturen und Zugabe von Säure) entstehen durch Oxidation mit Luftsauerstoff aus dem zweiwertigen Eisen des Kaliumhexacyanoferrats leicht auch geringe Mengen an dreiwertigem Eisen. Dieses Fe (III) bildet zusammen mit Kaliumhexacyanoferrat (II) die dunkelblau gefärbte Eisenverbindung „Berliner Blau“. Der entstehende Feststoff ist so intensiv blau gefärbt, dass er in der Farbindustrie, z. B. für Druckfarben, Kohlepapier und als echtes Farbmittel in Füllhaltertinten verwendet wird.

Bereits seit Anfang des 18. Jahrhunderts wurde „Berliner Blau“ wegen seiner hervorragenden Deckkraft und Farbstärke in der Malerei verwendet. Dieser Farbstoff war nun im Kochtopf nebenbei entstanden. Nach der vollständigen Rekonstruktion des Tathergangs sprach alles für einen Suizid. Eine Fremdbeteiligung, z. B. Mord und die anschließende Entfernung des Tatwerkzeugs, wie Cyanidsalze, durch eine andere Person erschien aufgrund der Gesamtumstände unwahrscheinlich.

7.2 Autoerotische Unfälle

Prof. Dr. med. Burkhard Madea, Dr. med. Elke Doberentz

Autoerotische Unfälle sind direkte Folge autoerotischer Handlungen Einzelner zur sexuellen Stimulation oder Selbstbefriedigung ohne Sexualpartner. Die sexuelle Stimulation soll dabei durch zentrale Erregung in Folge der Dämpfung kortikaler Kontrollfunktionen (Sauerstoffmangel, Narkotika) oder peripherer Reize v.a. der erogenen Zonen (z. B. elektrisch, mechanisch) herbeigeführt werden.

Da sich autosexuelle Handlungen im Verborgenen abspielen, werden die Betroffenen überwiegend in verschlossenen Zimmern aufgefunden, Kenntnisse über sexuelle Neigungen der Betroffenen liegen meist nicht vor. Betroffen sind überwiegend Männer jenseits der Pubertät aller Alters- und Berufsgruppen.

7.2.1 Typische Auffindungssituationen

Meist werden die Betroffenen entkleidet mit entblößten Genitalien oder weiblicher Unterwäsche, Gummi- oder Lederkleidung, in einem von innen verschlossenen Raum gefunden, teilweise mit Zeichen der Ejakulation oder Präservativen zum Auffangen des Sperma. In der Umgebung der Betroffenen finden sich häufig pornographische Literatur, Bilder und Videos.

Die häufigsten zum Tode führenden Traumen sind dabei:

Strangulation: Häufigste Situation, ggf. auch mit Selbstfesselung. Vorfinden in Suspensionssituationen, frustraner Versuch eines „dosierten Erhängens" zur sexuellen Befriedigung, da der Betroffene hypoxiebedingt die Kontrolle verliert.

Ersticken: Durch Überstülpen eines Plastikbeutels über die Atemöffnungen, der teilweise mit einem Klebeband abgedichtet wird. Zusätzlich werden flüchtige Stoffe (Aceton, Alkohole, Benzin, Äther, Chloroform, Halogenkohlenwasserstoffe) inhaliert, so dass als Todesursache auch eine Intoxikation in Betracht kommt (gaschromatographischer Nachweis über in Headspace-Gefäßen gesicherten Organanteilen, insbesondere Lungen).

Elektrischer Strom: Durch Anbringen elektrischer Leiter an Genitale oder Anus tritt ein tödlicher Stromfluss auf.

7.2.2 Autoerotische Verletzungen

Hierzu gehören z. B. die sog. „Koboldverletzungen" durch Einführen des Penis in die Ansaugvorrichtung eines Staubsaugers der Marke Kobold. Bei Rektalmasturbation können in den Anus eingeführte Gegenstände (Flaschen, Glühbirnen, Kerzen etc.) zu Verletzungen der Darmwand führen oder im Rektum verloren gehen. Diese müssen dann chirurgisch entfernt werden.

In der Regel ist die Auffindungssituation bei autoerotischen Unfällen eindeutig (siehe **Abb. 7.14–7.19**).

Betroffen war ein 39 Jahre alt gewordener Mann, der mit Fesselungen und Knebelungen in Bauchlage tot im Schlafzimmer seiner Wohnung aufgefunden wurde. Es ergab sich das Bild eines autoerotischen Unfalls mit ungewöhnlicher Selbstfesselung sowie eines Selbstrettungsmechanismus unter Zuhilfenahme elektrischer Geräte und einer Zeitschaltuhr. Die Hände waren mit Handschellen gefesselt, über die im Vorfeld aktivierte Zeitschaltuhr war nun geregelt, dass nach entsprechendem Zeitintervall der Schlüssel der Handschellen per Seilwinde direkt in die Hände herabgelassen wird, und damit die Handschellen wieder geöffnet werden können (Selbstrettungsmechanismus). Ohne diesen Schlüssel, der das eigenständige Öffnen der Handschellen ermöglichte, wäre die Selbstbefreiung nicht möglich gewesen. Da der Schlüssel herabgelassen war und das Gerät sowie die Einstellung der Zeitschaltuhr offensichtlich funktioniert haben, ist davon auszugehen, dass der Mann vor Ablauf des eingestellten Zeitintervalls erstickte. Der Zeitschaltuhr kam innerhalb der Paraphilie offensichtlich besondere Bedeutung zu: Schaffen einer völlig ausweglosen Situation mit absoluter Hilflosigkeit durch komplexe Fesselungen und Knebelungen, aus der eine Selbstrettung ohne das Öffnen der Handschellen, die nur nach Ablauf eines Zeitintervalls zugängig waren, nicht möglich war.

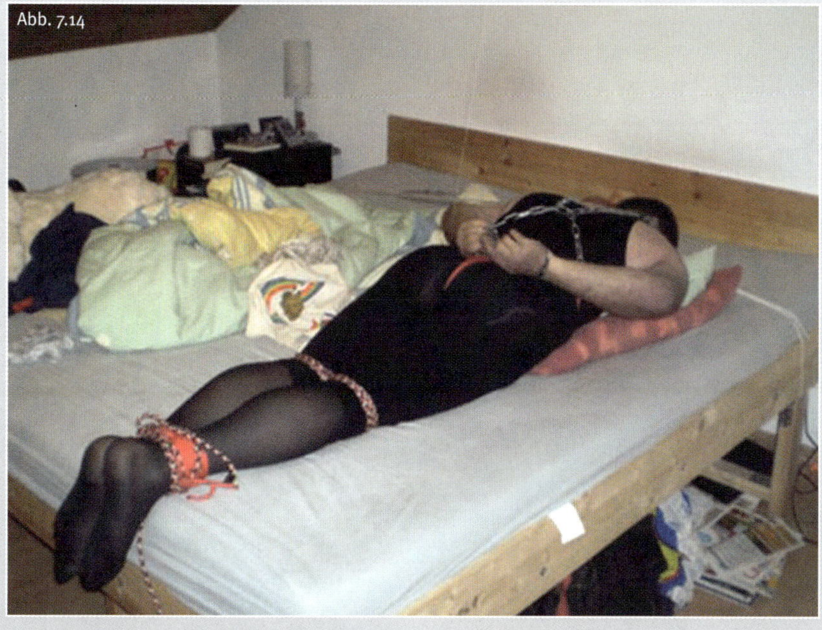

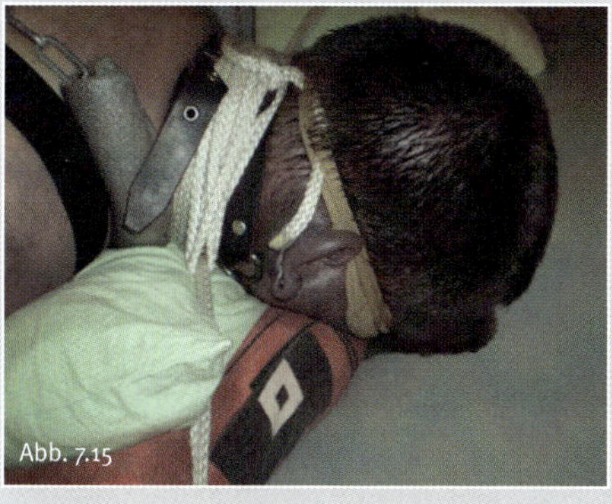

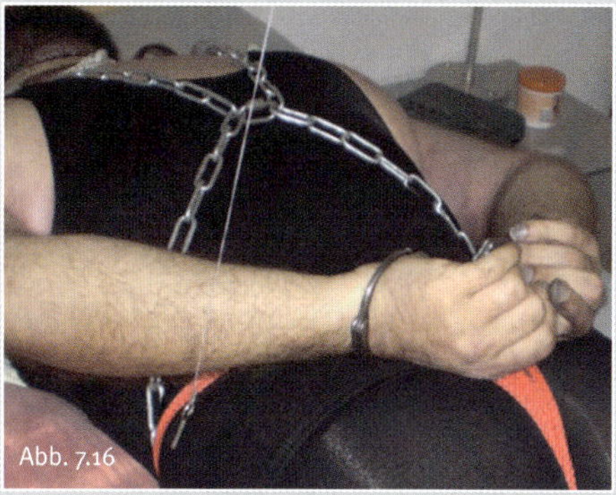

Abb. 7.14: Auffindesituation. Leichnam mit multiplen Fesselungen in Bauchlage auf dem Bett liegend.
Abb. 7.15: Auffindesituation. Der Kopf liegt halb einem Kissen auf.
Abb. 7.16: Neben dem linken Unterarm, an einem Bindfaden befestigter Schlüssel für die Handschellen.

Zeitschaltuhren werden auch bei suizidalen Handlungen zur Terminierung des Zeitpunkts des letal wirkenden Stroms angewandt.
Auch bei autoerotischen Unfällen, bei denen elektrischer Strom zur Reizung erogener Zonen benutzt wird, muss nicht zwingend der Stromfluss tödlich gewesen sein, wenn z. B. zugleich komplexe Fesselungen und Knebelungen benutzt wurden.

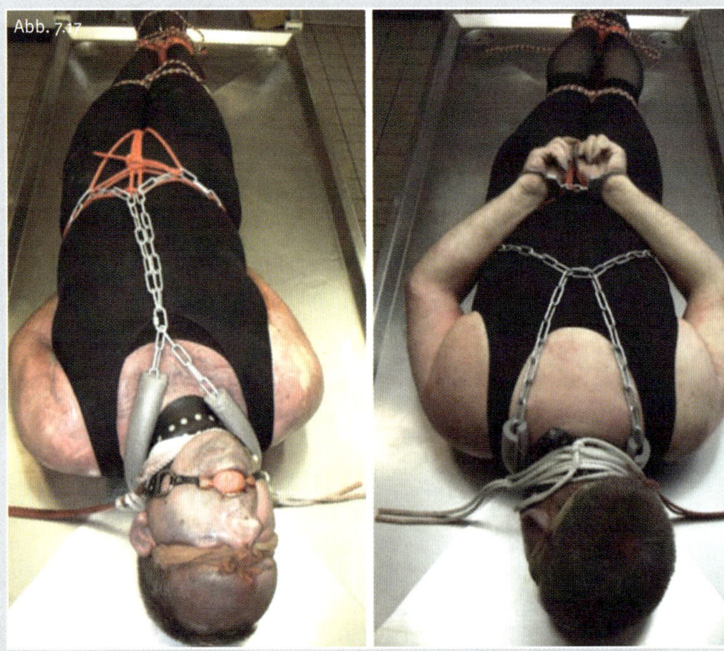

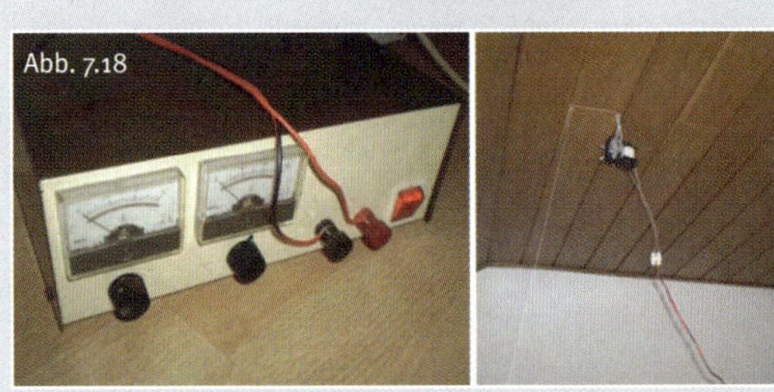

Abb. 7.17: Vorder- und Rückansicht des Leichnams mit multiplen Fesselungen.
Abb. 7.18: Labornetzgerät neben dem Bett; (unten rechts): kleine elektrische Spule über dem Bett, über die der Handschellenschlüssel herabgelassen wurde.
Abb. 7.19: Labornetzgerät, eingesteckt in eine einfach ablaufende Zeitschaltuhr.

7.3 Tod am Steuer

Prof. Dr. med. Burkhard Madea, Dr. med. Elke Doberentz

Beim Tod am Steuer kann es sich neben Verkehrsunfällen um Suizide bzw. plötzliche natürliche Todesfälle handeln. Von einem plötzlichen natürlichen Tod am Steuer sind vor allem Männer im 6. und 7. Lebensjahrzehnt mit einer koronaren Herzkrankheit betroffen. Elektrophysiologisch entwickeln sich die letztlich tödlichen Herzrhythmusstörungen über einen Zeitraum von ca. zwei Minuten und verursachen über eine Beeinträchtigung der zerebralen Zirkulation subjektiv wahrnehmbare Warnsymptome, so dass in der Regel ein schwerer Unfall vermieden werden kann. Häufig wird von Zeugen eine unerklärliche Fahrweise geschildert (Streifen parkender Fahrzeuge, Kollisionen mit entgegenkommenden Fahrzeugen, Abkommen auf die Gegenfahrbahn oder Ausrollen am Fahrbahnrand).

Bei der äußeren Leichenschau zeigen sich nur geringe oder fehlende Verletzungen. Zur Abgrenzung eines Unfalltodes bzw. natürlichen Todes ist aus versicherungsrechtlichen Gründen eine Obduktion notwendig.
Verdachtsmomente für einen Suizid ergeben sich, wenn sich keine rational nachvollziehbare Unfallursache ermitteln lässt, z. B. Abkommen von gerader Straße, Anprallen gegen einen Baum oder Brückenpfeiler mit hoher Geschwindigkeit bei nicht angelegtem Sicherheitsgurt. Für derartige suizidale Todesfälle wurden bereits vor Jahrzehnten Risikofaktoren identifiziert, die eine Abgrenzung gegenüber Unfällen erlauben (**Tab. 7.1**).

Tab. 7.1

Risikofaktoren für den fahrzeugassistierten Suizid (nach Henderson, Joseph, 2012)
Männlich
Alter zwischen 25 und 34 Jahren
Alleinbenutzung des Pkw
Nicht-angelegte Sicherheitsgurte
Frontalkollision
Kollision mit stationären Objekten (Baum, Brückenpfeiler etc.)
Kollision mit Lkw
Keine Bremsspuren oder Anzeichen für einen Verlust der Kontrolle über das Fahrzeug
Alkoholintoxikation/-missbrauch
Akuter signifikanter psychischer Stress
Gemütserkrankungen wie Depression oder vorausgegangener Suizidversuch
Impulsivität und geringe Stresstoleranz

Aber nicht nur Geschwindigkeit und Masse des Fahrzeuges werden zur Induktion letaler Verletzungen benutzt (etwa Fahren gegen ein stationäres Objekt, in den Gegenverkehr, über Klippen etc.), sondern es werden z. B. zur Herbeiführung einer suizidalen Kohlenmonoxydvergiftung Auspuffgase in den Pkw eingeleitet bzw. im Pkw Grillkohle entzündet. In den letzten Jahren wurde wiederholt über suizidale Dekapitationen mittels einer außerhalb des Fahrzeuges fixierten Seilschlinge in einem fahrenden Pkw berichtet. Für diese Art der Begehung eines Suizides hat sich inzwischen der Begriff „vehicle assisted decapitation“ bzw. „vehicle assisted suicide“ eingebürgert.

Fahrzeuge werden jedoch nicht nur als Mittel zum Suizid, sondern teilweise auch als nur zufälliger Ort eines Suizides genutzt (**Tab. 7.2**). So sind beispielsweise Fälle von Erhängen und Selbsterdrosseln im Pkw dokumentiert.

Tab. 7.2

Suizid am Steuer	
Fahrzeug als Mittel zum Suizid	**Fahrzeug als Ort des Suizides**
Dekapitation mittels Fahrzeug	Intoxikation
Kohlenmonoxydvergiftung	Verbrennen
In Suizidabsicht herbeigeführter Verkehrsunfall	Strangulation
Suizidale Verbrennung (Kraftfahrzeugbrand)	Erschießen

In Tabelle 3 findet sich eine weitere Klassifikation kraftfahrzeugassoziierter Suizide.
In Kraftfahrzeugen werden – auch während der Fahrt – Suizide durch Erschießen verübt (primär kombinierter Suizid). Eine vergleichsweise seltene Form des Suizides im Pkw stellt der Kraftfahrzeugbrand dar, bei dem die Brennbarkeit des Fahrzeuginnenraumes zur Selbstverbrennung genutzt wird (**Abb. 7.20**).

Abb. 7.20: Kraftfahrzeugbrand. Selbstverbrennen im Pkw.

Rechtsmedizinische Kasuistik

Tab. 7.3

Suizide mit Kraftfahrzeugen als integraler Part der Suizidbegehung. Es können 7 Kategorien unterschieden werden:
Suizidale Kohlenmonoxydvergiftung
Geschwindigkeit und Masse des Fahrzeuges werden zur Induktion letaler Verletzungen benutzt (Fahren gegen ein stationäres Objekt oder über Klippen)
Geschwindigkeit und Masse eines anderen Fahrzeuges werden zur Induktion letaler Verletzungen benutzt (Anhalten auf Schienen oder vor einem Lastkraftwagen)
Gewicht des Fahrzeugs wird benutzt zum Versenken in Gewässern (Ertrinken)
Brennbarkeit des Fahrzeuginnenraumes wird zur Selbstverbrennung genutzt
Strangulation im Pkw
Kombinierter Suizid im Pkw (z. B. Erschießen während der Fahrt)

Bei derartigen suizidalen Kraftfahrzeugbränden werden häufig Brandbeschleuniger (z. B. Benzin) benutzt, auch bei weitgehend brandverzehrten Leichen kann an Bekleidungsresten der typische Benzingeruch wahrgenommen und die Fahrgastzelle als Brandausbruchsherd identifiziert werden.

7.4 Strangulation im Pkw – Suizid oder Tötungsdelikt?

Prof. Dr. med. Burkhard Madea, Dr. med. Elke Doberentz

Beim Tod am Steuer kann es sich um nicht-natürliche oder plötzliche natürliche Todesfälle handeln. Bezüglich der nicht-natürlichen Todesfälle kommen Unfälle und Suizide am Steuer in Betracht. Schätzungen gehen davon aus, dass mindestens 1 % der tödlichen Unfälle in Suizidabsicht herbeigeführt werden. Im Einzelfall kann es außerordentlich schwierig sein, bei einem Verkehrsunfall die suizidale Intention zu erkennen, da der Befund nicht so eindeutig ist wie etwa beim suizidalen Erhängen. Erste Verdachtsmomente auf einen Suizid ergeben sich in der Regel aus dem Geschehensablauf des Unfalls, wenn sich keine rational nachvollziehbare Unfallursache ermitteln lässt. Charakteristische Geschehensabläufe sind z. B. Abkommen von gerader Strecke und Anprallen gegen einen Baum (bei nicht angelegtem Sicherheitsgurt) bzw. andere stationäre Objekte oder reaktionsloses Auffahren auf ein abgestelltes Sicherungsfahrzeug, welches in einem gesondert abgesperrten Baustellenbereich steht. Inzwischen wurden folgende Risikofaktoren für den Suizid am Steuer identifiziert.

Im Folgenden werden Ihnen einige Todesfälle durch Strangulation im/mittels Pkw dargestellt.

Fall 1

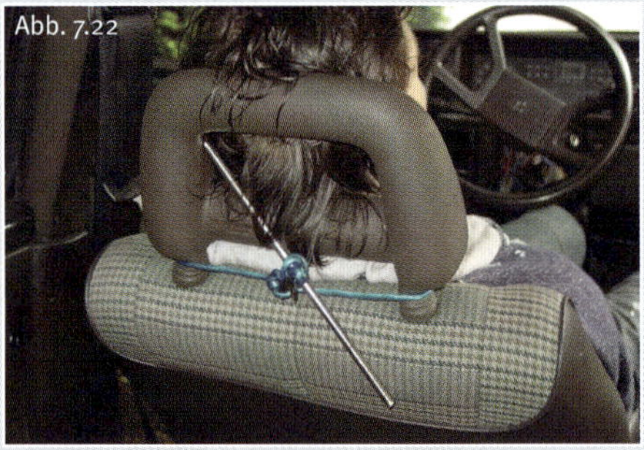

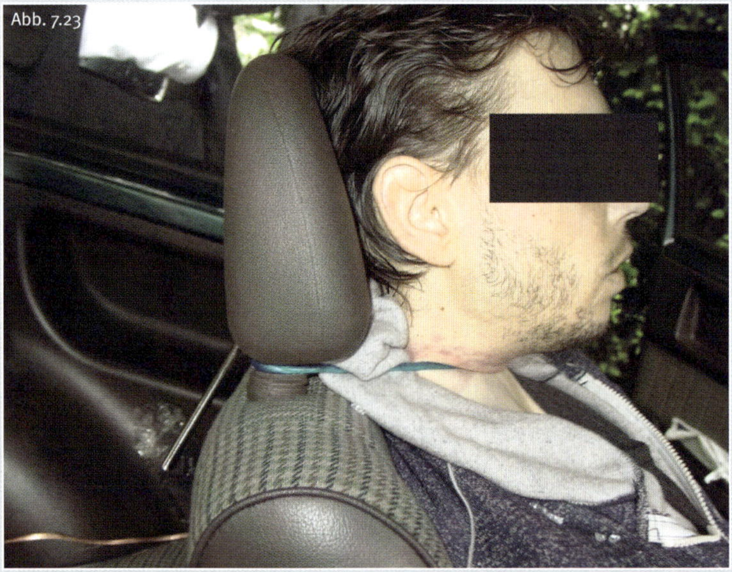

Abb. 7.21: Position des Pkw.
Abb. 7.22: Verdrillung des Elektrokabels mit Hilfe eines Metallstabes hinter der Kopfstütze.
Abb. 7.23: Position des Verstorbenen auf dem Fahrersitz mit um den Hals und die Nackenstütze verlaufendem Elektrokabel.

Fall 1	
Auffindesituation	• Ein 27 Jahre alt gewordener Mann wurde tot auf dem Fahrersitz seines Pkw sitzend aufgefunden (**Abb. 21–23**). • Beide Arme lagen neben dem Rumpf. Um den Hals und die Nackenstütze verlaufend ein Seil, das im Nacken verknotet und verdrillt war (**Abb. 7.22** und **7.23**). • Der Mann war normal bekleidet. • Temperatur im Pkw: 13,7 °C, tiefe Rektaltemperatur: 29,5 °C, postmortales Interval ca. 6 ± 2,8 Stunden. • Ermittlungsseitig bestand zunächst der Verdacht auf ein Tötungsdelikt.
Wesentliche Sektionsbefunde	• Leichnam eines 27 Jahre alt gewordenen Mannes • Körpergröße 177 cm • Körpergewicht 72,4 kg • Um den Hals liegendes, an der Rückseite um die Längsstreben einer Pkw-Sitz-Kopfstütze geführtes und dort verknotetes bzw. mit einem Metallstab fixiertes, 0,3 cm durchmessendes, blaues Elektrokabel. • Korrespondierend an der Halsvorderseite horizontal eine 0,4 cm breite, deutlich eingekerbte Drosselfurche. • Kleinfleckige, dünnschichtige Einblutung des rechten Kopfnickermuskels im unteren Drittel. Filmartige Einblutung der Schilddrüsenkapsel des linken Schilddrüsenunterpols. • Mäßig zahlreiche Stauungsblutaustritte der Augenlidbindehäute. • Keine nach Art oder Lokalisation als Abwehrverletzungen zu interpretierende Verletzungen. • BAK: 0,01 ‰.
Chemisch-toxikologische Untersuchungen	Chemisch-toxikologische Untersuchungen haben zu negativen bzw. unauffälligen Befunden geführt.
Todesursache	Suizidale Halskompression nach Art eines Drosselns

Fall 2

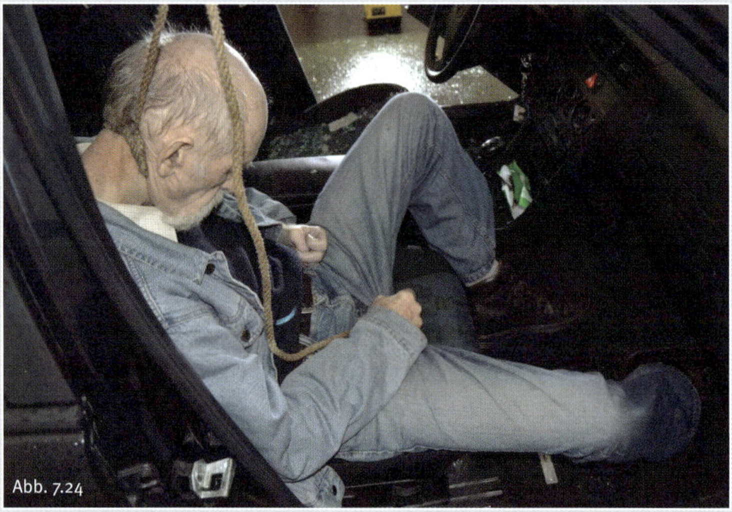

Abb. 7.24

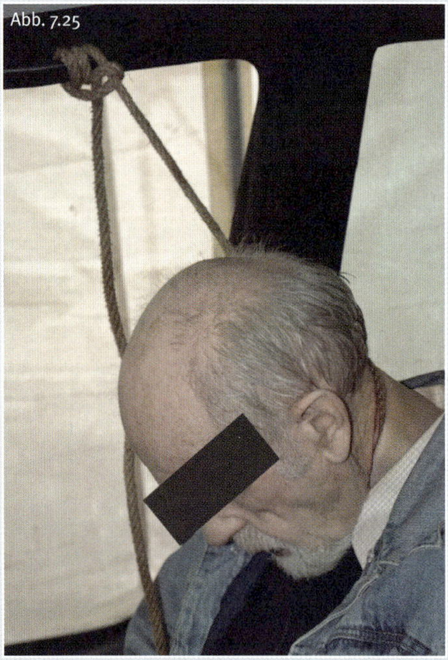

Abb. 7.25

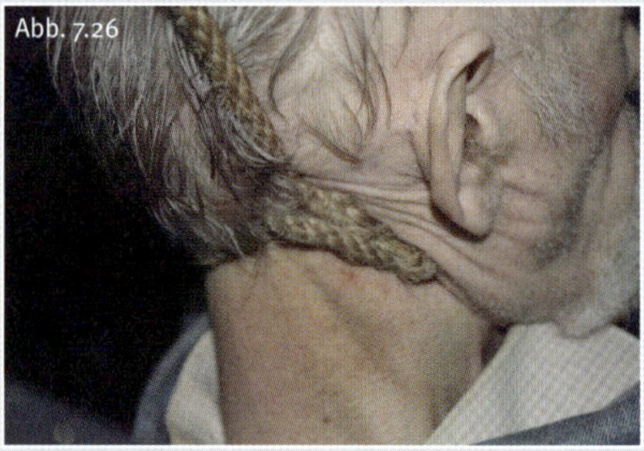

Abb. 7.26

Abb. 7.24: Auffindesituation des Mannes auf dem Beifahrersitz.
Abb. 7.25: Am Haltegriff befestigtes Seil.
Abb. 7.26: Laufende Schlinge hinter dem rechten Ohr.

Fall 2	
Auffindesituation	• Auf einem Autobahnparkplatz wurde ein 67 Jahre alt gewordener Mann tot auf dem Beifahrersitz seines Wagens aufgefunden (**Abb. 7.24** und **7.25**). • Der Mann normal bekleidet. • Um den Nacken verlaufend ein Strangwerkzeug in Form einer laufenden Schlinge. Deren höchster Punkt liegt auf der Höhe des rechten Ohres. • Der Strick selbst ist am Haltegriff der Beifahrerseite mit einem zwei- bis dreifach geschlungenen Knoten befestigt. (**Abb. 7.26**).
Wesentliche Sektionsbefunde	• Leichnam eines 67 Jahre alt gewordenen Mannes • Körpergröße 181 cm • Körpergewicht 75,2 kg. • Beidseits an den Halsseiten ansteigende Strangfurche. Höchster Punkt der Furche in Höhe des rechten Ohres. Vielfache petechiale Blutaustritte der Augenoberlider, -unterlider und Lidbindehäute beidseits. • Einblutung der Halsmuskulatur über dem Kehlkopf rechts. Umblutung des linken Schildknorpeloberhorns. • Lungenödem. Hirnödem. • Mäßiggradige Arterio- und Koronarsklerose. • Beginnende Muskatnussleber.
Todesursache	Suizidales Erhängen

Fall 3

Abb. 7.27

Abb. 7.28

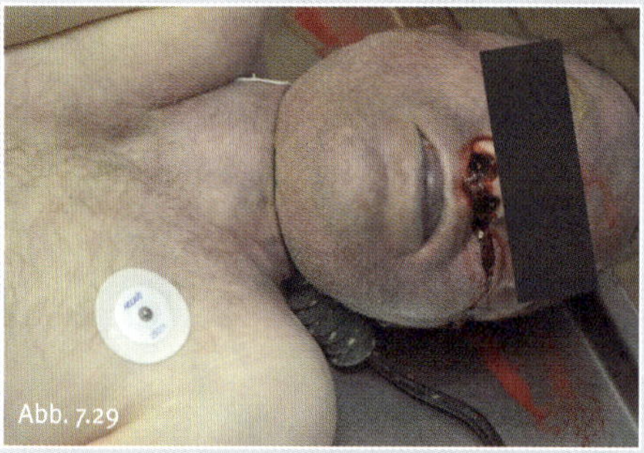
Abb. 7.29

Abb. 7.30

Abb. 7.27: Position des Pkw vor einem Friedhof, der Verstorbene hinter dem Pkw.
Abb. 7.28: Position des Verstorbenen.
Abb. 7.29: Massive Stauung des Gesichtes, Protusion der Zunge, Blutaustritt aus der Nase, Knoten an der linken Halsseite.
Abb. 7.30: An einem Baum fixiertes Gegenstück des Seils in einer Entfernung von 15 Meter.

Fall 3	
Auffindesituation	• Ein 48 Jahre alt gewordener Mann wurde vor einem Friedhof neben seinem Pkw in Rückenlage tot aufgefunden (**Abb. 7.27** und **7.28**). • Der Motor und die Beleuchtung des Pkw seien eingeschaltet gewesen. Der Schlüssel habe gesteckt. Es habe sich um einen Pkw mit Automatikgetriebe gehandelt. • Um den Hals des Mannes ein Seil verlaufend mit Henkersknoten links (**Abb. 7.29**). • Rund 15 Meter vom Pkw entfernt sei an einem Baum das 10 Meter lange Gegenstück des Seils fixiert aufgefunden worden (**Abb. 7.30**)
Wesentliche Sektionsbefunde	• Leichnam eines 48 Jahre alt gewordenen Mannes • Körpergröße 170 cm • Körpergewicht 80 kg • Eintourig horizontal und zirkulär um den Hals verlaufendes, einschnürendes Strangwerkzeug mit Henkersknoten links. • Dazu korrespondierend eine einschnürende, nicht vertrocknete Strangmarke der Haut. • Massive obere Einflussstauung mit fleck- und punktförmigen Einblutungen in die Augenlider und Lidbindehäute beidseits. • Einblutung in den linken Kopfwendermuskel. • Rechtes Kehlkopfoberhorn frakturiert mit geringer Umblutung. • Geringe Einblutung im Zungengrund. Hirnödem.
Todesursache	suizidale Strangulation

Im vorliegenden Fall wurde offensichtlich der Pkw als Mittel zum Suizid durch Erhängen benutzt. Nach Beginn der Strangulation riss das Seil und der Mann wurde aus dem Fahrzeug gezogen.

Im Fall 1 und Fall 3 wurde ermittlungsseitig zunächst von einem Tötungsdelikt ausgegangen. In Fall 3 wurde zunächst der Zusammenhang zwischen um den Hals verlaufendem Strangulationswerk und am Baum fixiertem Seil nicht erkannt. Bereits bei der Obduktion wurde der Hinweis gegeben, nach einem Gegenstück des Strangulationswerkzeuges zu suchen, da sich der Fall als typischer „driver assisted suicide“ präsentierte. Fall 1 konnte schließlich als suizidales Erdrosseln im Pkw rekonstruiert werden. Im Fall 2 war bereits die Auffindungssituation für einen Suizid verdächtig.

7.5 Primär kombinierter Suizid während der Fahrt

Prof. Dr. med. Burkhard Madea

Bezüglich der Suizidhandlungen mittels des eigenen Fahrzeuges gehen Schätzungen davon aus, dass mindestens 1 % der tödlichen Unfälle in Suizidabsicht herbeigeführt werden. Gelegentlich wird bei einem in suizidaler Absicht herbeigeführten Verkehrsunfall noch eine weitere Suizidmethode gewählt (primär kombinierter Suizid). Bekannt geworden sind Fälle, in denen sich ein Autofahrer während der Fahrt in den Kopf geschossen hat. Im folgenden Fall wurde offensichtlich in suizidaler Absicht ein Unfall ausgelöst. Bei notärztlichen Maßnahmen wurde eine in suizidaler Absicht beigebrachte Stichverletzung des Brustkorbs festgestellt, die sich der Suizident offensichtlich während der Fahrt beigebracht hatte.

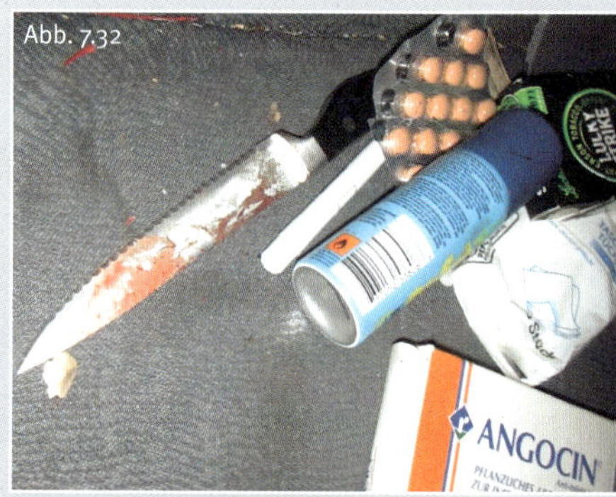

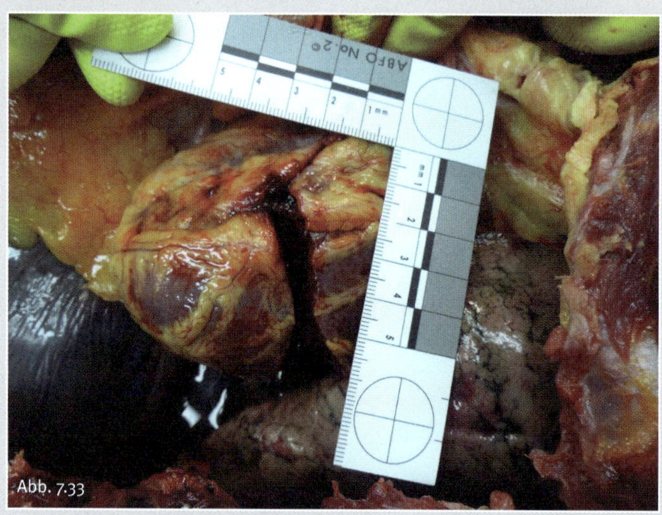

Abb. 7.31: Fahrzeugendposition nach Bergung durch Feuerwehr.
Abb. 7.32: Auf dem Rücksitz gefundenes Messer.
Abb. 7.33: Eröffnung des linken Ventrikels.

Fallbeispiel	
Auffindesituation	• Ein 27-jähriger Mann war mit seinem Pkw neben einer Landstraße gegen einen Baum gefahren. Feuerwehr, Rettungsdienst und Notarzt sind alarmiert worden. Nach Angaben der Polizei habe das Fahrzeug kurz vor dem Aufprall noch eine Geschwindigkeit von ca. 80–100 km/h gehabt. Die Feuerwehr musste Fahrer- und Beifahrertür mit schwerem Gerät öffnen (**Abb. 7.31**). • Bei der Erstversorgung fiel dem Notarzt eine Stichverletzung in der linken Brustregion auf, bei der die Waffe auch das Hemd des Mannes perforiert hatte. • Auf dem Rücksitz des Pkw wurde ein Küchenmesser mit Sägeschliff bei einer Klingenlänge von ca. 12,5 cm gefunden (**Abb. 7.32**). • Die Polizei fand beim Verstorbenen zudem eine handgeschriebene Abschiedsnotiz und in seiner Wohnung sowie auf dem Mobiltelefon Hinweise auf eine Trennung seitens der Lebensgefährtin.
Wesentliche Sektionsbefunde	• Leichnam eines 27 Jahre alten Mannes • Gewicht 84 kg • Länge 174 cm • Etwa 2,3 × 0,8 cm große, glattrandige Hautdurchtrennung am Thorax links, und zwar mit einem spitzen und einem stumpfen Wundwinkel, korrespondierend zu einem einschneidigen Stichwerkzeug. • Im 4. Intercostalraum links stich-/schnittartige Durchtrennung der Intercostalmuskulatur mit Einschnitt im knorpeligen Anteil der 4. Rippe sowie im angrenzenden Anteil des Sternums von ca. 7 × 0,5 cm Größe. • Ein Stichkanal war mit einem leicht schrägen Verlauf zwischen vorne oben und hinten unten rekonstruierbar. Innerlich schnittartige Durchtrennung von Vorder- und Hinterwand des linken Ventrikels mit einer Länge von ca. 4 cm (**Abb. 7.33**). • Hämatothorax links von 500 ml. • Entspeicherte Milz und Schocknieren. • Frakturen der 3. und 4. Rippe links in der Medio-Clavicularlinie. • Semiskalpierende Durchtrennung der Galea, von rechts frontal bis okzipital verlaufend mit ca. 19 cm Länge. • Keine Verletzungen von Schädel, Hirnhaut und Gehirn. • Okzipital eine weitere Galeadurchtrennung von ca. 5 cm Länge. • Femurschaftfraktur links. • Distorsionsfrakturen beider oberer Sprunggelenke.
Todesursache	Inneres Verbluten bei Stichverletzung des Herzens. **Die unfallbedingten Verletzungen waren nicht todesursächlich.**

7.6 Todesfälle im Badezimmer

Prof. Dr. med. Burkhard Madea, Dr. med. Elke Doberentz

Lediglich bei 10–30 % der plötzlichen Todesfälle im Badezimmer bzw. in der Badewanne handelt es sich um natürliche Todesfälle aus innerer krankhafter Ursache, wesentlich häufiger liegen Unfälle und Suizide (CO-, Medikamentenintoxikation, Stromeinwirkungen etc. **Abb. 7.34**) vor. In den **Abb. 7.35–7.40** sind einige Szenarien bei Unglücksfällen und Suiziden dargestellt.

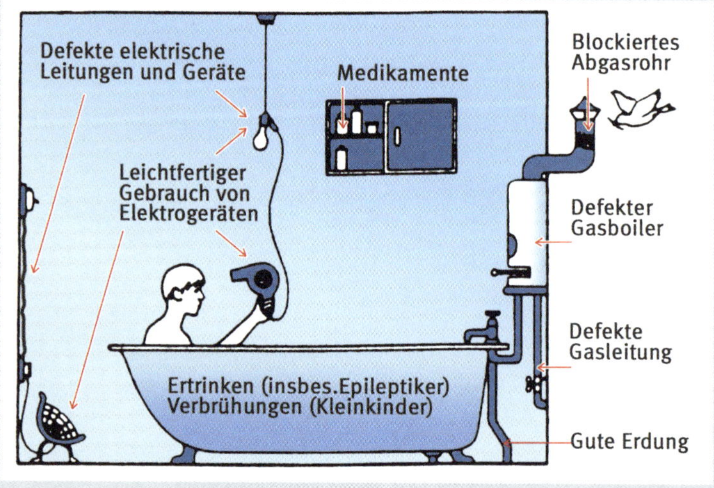

Abb. 7.34: Gefahrenquellen im Badezimmer als Ursache nicht-natürlicher Todesfälle (aus Madea, 2006).

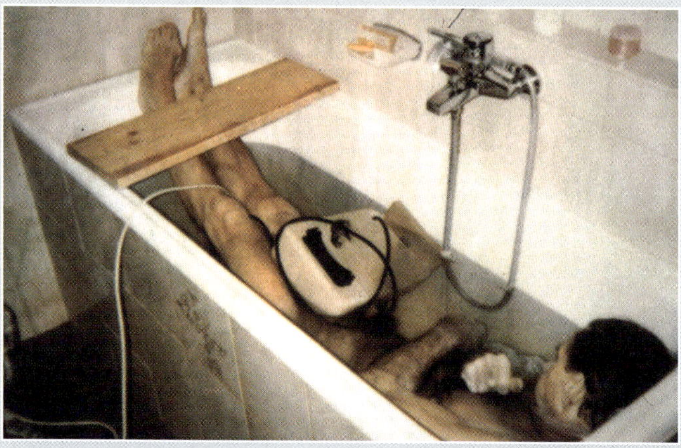

Abb. 7.35: Suizidale Strombeibringung in der Badewanne.

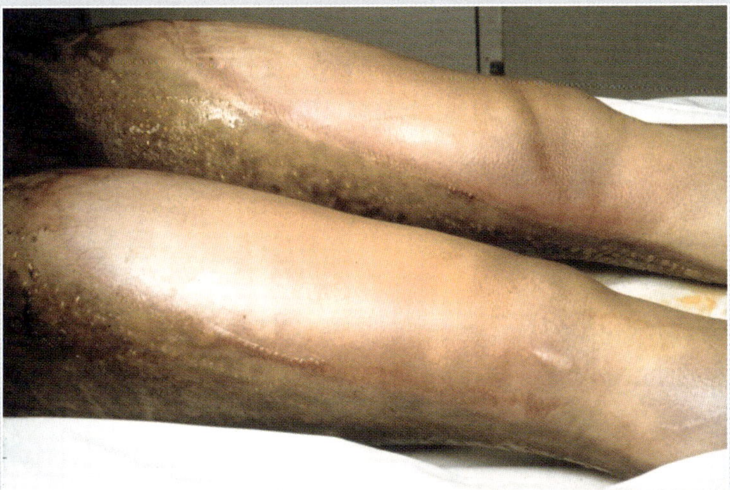

Abb. 7.36: Suizidale Strombeibringung in der Badewanne durch laufenden Föhn. Durch den Föhn das Wasser aufgeheizt und Plastik geschmolzen. Inkrustation der Haut und Randsaumrötung korrespondierend zum Wasserspiegel.

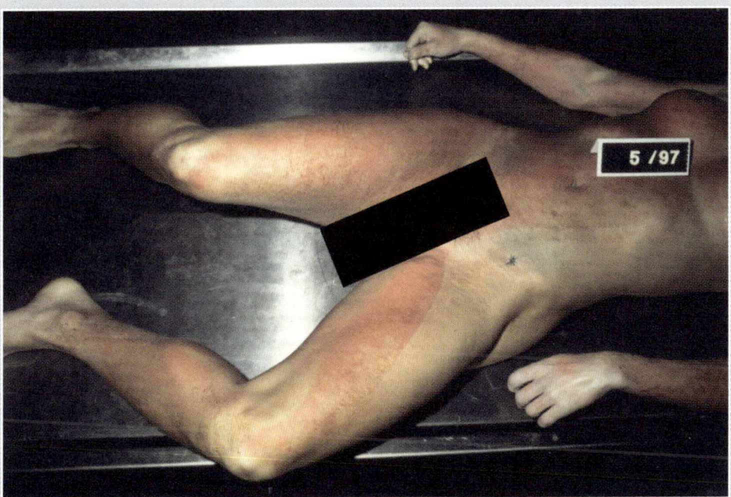

Abb. 7.37: Suizidale Medikamentenbeibringung in der Badewanne. Totenflecke korrespondierend zum Wasserspiegel linear begrenzt.

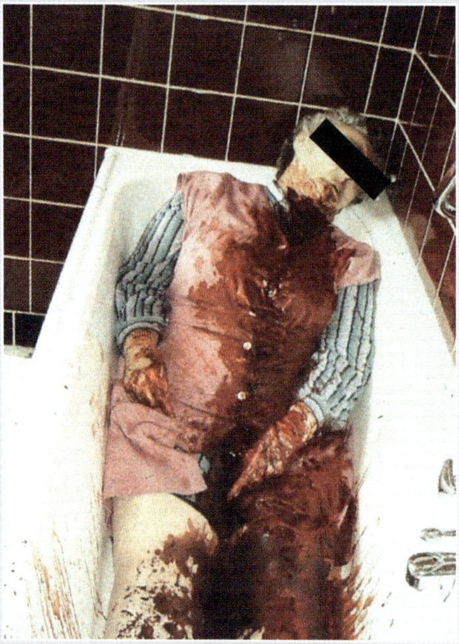

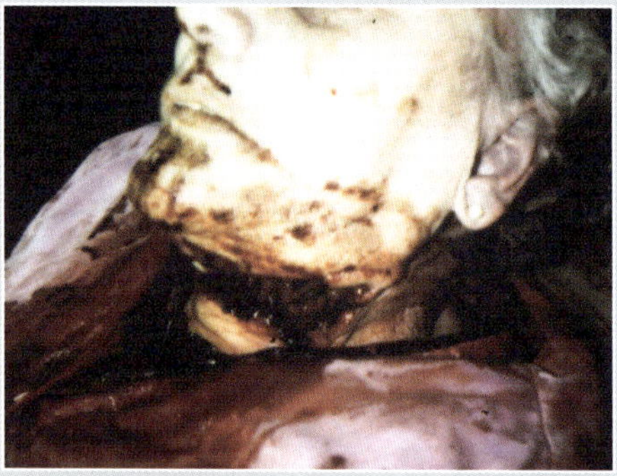

Abb. 7.38 (links) und
Abb. 7.39 (rechts): Suizidale Halsschnittverletzung in der Badewanne.

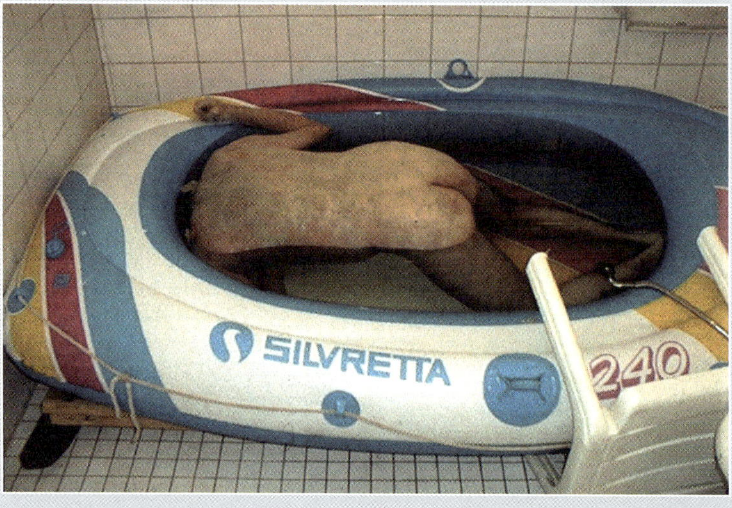

Abb. 7.40: Behinderter Mann, der das Schlauchboot als Badewanne nutzte, konnte sich, nachdem er in das wassergefüllte Boot gestürzt war, nicht mehr retten und ertrank.

In ca. 5 % der Todesfälle liegt ein Tötungsdelikt bzw. die Ablage eines Homizid-Opfers in der Badewanne vor (**Abb. 7.41–7.43**).

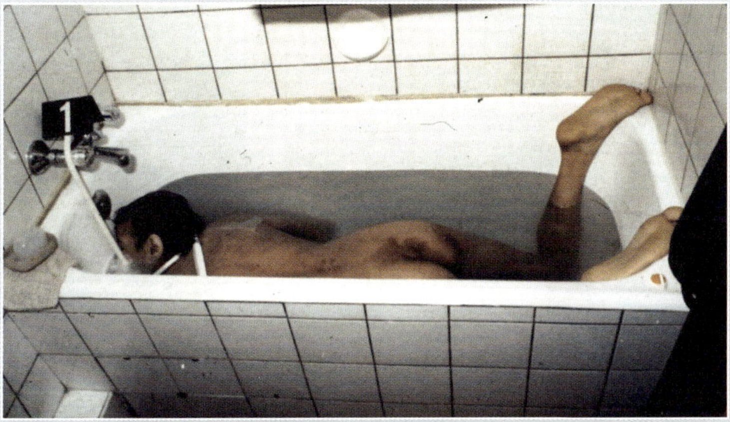

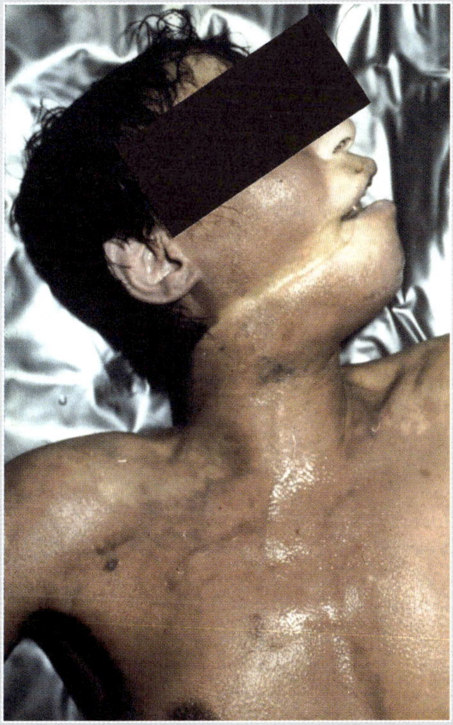

Abb. 7.41 (oben): Tötung in der Badewanne durch Erdrosseln und Ertränken. Schaumpilz an den Atemöffnungen.
Abb. 7.42 (unten): Als Drosselwerkzeug wurde der Duschschlauch benutzt. Aufgrund der glatten Oberfläche und der Wasserlagerung lediglich Abblassung der Totenflecke, jedoch keine Ausbildung einer Drosselmarke.

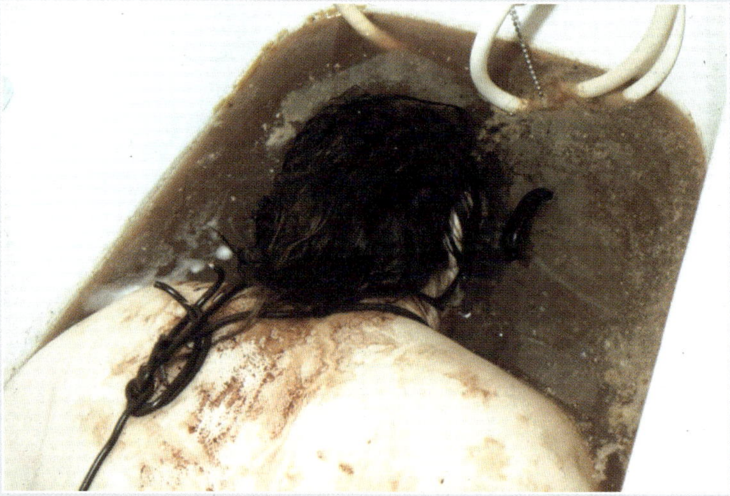

Abb. 7.43: Ablage eines Opfers eines Tötungsdeliktes in der Badewanne.

Strommarken können beim Stromtod in der Badewanne fehlen. Bei Todesfällen in der Badewanne ist zu achten auf die Wassertemperatur und den Stand des Wasserspiegels in Relation zu den Atemöffnungen, Schaumpilz vor den Atemöffnungen und Gegenstände in der Badewanne. Bei Suiziden durch Tabletteneinnahme in der wassergefüllten Badewanne (in der Vorstellung, nach Eintritt der Bewusstlosigkeit mit den Atemöffnungen unter die Wasseroberfläche zu gleiten und den tödlichen Geschehensablauf durch Ertrinken zu sichern), begibt sich der Suizident teilweise bekleidet in die Badewanne (aus Scham, von fremden Personen unbekleidet aufgefunden zu werden). Anamnestisch ist bei Auffindung eines Verstorbenen in der Badewanne immer zu erfragen, ob die Wanne wassergefüllt oder leer war und ob die Atemöffnungen unter, an oder oberhalb der Wasseroberfläche gelegen haben. Weiterhin ist nach Stromquellen in der Badewanne zu fragen.

Bei der äußeren Besichtigung ist darauf zu achten, ob die Begrenzung der Totenflecke dem Wasserspiegel in der Badewanne entspricht oder ob „lineare Strommarken“ angrenzend an eine horizontale Begrenzung der Totenflecke korrespondierend zum Wasserspiegel vorlagen.

7.7 Todesursache „haltungsbedingte Asphyxie“

Prof. Dr. med. Burkhard Madea, Dr. med. Elke Doberentz

Die Todesursache „haltungsbedingte Asphyxie“ darf nur in Betracht gezogen werden, wenn der Verstorbene in einer Körperhaltung aufgefunden wurde, die eine Obstruktion der Atemwege oder eine mechanische Beeinträchtigung der Atemfunktion plausibel begründet und eine anderweitige Todesursache ausgeschlossen ist.
Unter dem Oberbegriff „Tod in abnormer Körperposition“ werden Todesfälle zusammengefasst, in denen das polizeiliche Ermittlungsergebnis bzw. die Auffindesituation darauf hindeuten, dass durch komprimierende stumpfe Gewalt oder die Körperhaltung bedingte pathophysiologisch-funktionelle Geschehensabläufe, insbesondere Beeinträchtigungen der Atem- bzw. Herz-Kreislauf-Funktion, eine kausale Bedeutung für den Todeseintritt haben.

! Unter dem Begriff **„Tod in abnormer Körperposition“** werden folgende Fallkonstellationen subsummiert:

- haltungsbedingte Asphyxie, auch bezeichnet als „positional asphyxia“ oder „postural asphyxia“
- traumatische Asphyxie
- Todesfälle bei der mechanischen Fixierung erregter Personen, auch bezeichnet als „excited delirium“
- Todesfälle in Krankenhäusern oder Pflegeeinrichtungen während mechanischer Fixierung
- Tod in aufrechter Körperhaltung (z. B. Kletterunfälle im Gebirge mit orthograder Suspension an einem Seil)
- Kreuzigung
- Tod in Kopftieflage

Allen Fallkonstellationen des Todes in abnormer Körperposition ist gemeinsam, dass es häufig keine zwingenden morphologischen Befunde gibt, die die Todesursache eindeutig erklären, sondern diese nur plausibel unter Ausschöpfung der Obduktionsbefunde, Ergebnissen weiterführender Untersuchungen (Histologie, Toxikologie, postmortale Biochemie) und der Auffindesituation abgeleitet werden kann. Von besonderem polizeilichen Interesse sind insbesondere Todesfälle bei der mechanischen Fixierung erregter Personen, z. B. im Polizeigewahrsam und bei Festnahmesituationen, da sie zu Ermittlungsverfahren wegen fahrlässiger Tötung führen können.

Die Todesursache „haltungsbedingte Asphyxie“ darf nur dann erwogen werden, wenn ein Leichnam in einer Körperhaltung aufgefunden wird, die eine Obstruktion der Atemwege oder eine mechanische Beeinträchtigung der Atemfunktion plausibel begründet und eine anderweitige Todesursache ausgeschlossen ist. Zu den charakteristischen Auffindesituationen gehören u. a. eine umgebungsbedingte Hyperextension des Halses mit Obstruktion der Atemwege, Bauch- oder Kopftieflage bzw. Aufliegen des Oberkörpers auf einer Kante. Als Risikofaktoren für einen Tod durch haltungsbedingte Erstickung gelten Rauschzustände unterschiedlicher Ursachen. Dabei muss allerdings eine isoliert todesursächliche Vergiftung durch zentral-nervös wirksame Substanzen ausgeschlossen sein. Die Differentialdiagnose haltungsbedingte Asphyxie/Intoxikation kann im Einzelfall sehr schwierig sein.

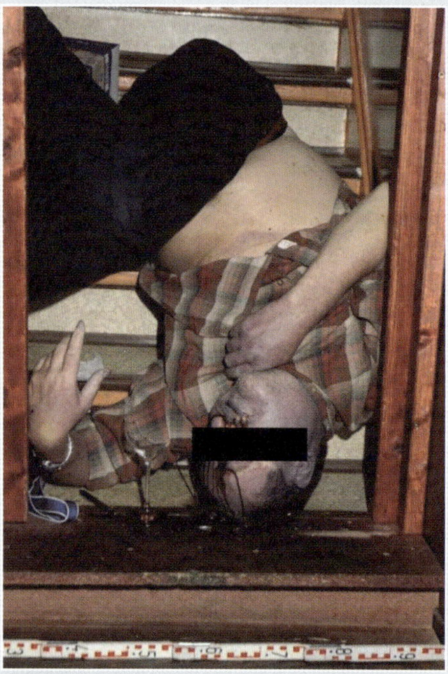

Abb. 7.44: Auffindesituation in Kopftieflage.

In **Abb. 7.44** ist die Auffindeposition eines 64 Jahre alt gewordenen Mannes am Fuße einer steilen, schmalen Treppe, die er offensichtlich heruntergestürzt war, dargestellt. Der Mann war eingekeilt hinter einer verschlossenen Türe. Ausgeprägtes Hirn-/Lungenödem. Keine konkurrierenden Todesursachen. Histologisch Sauerstoffmangelschädigung des Herzens und der Leber. Der Mann ist in dieser Position durch Kopftieflage zu Tode gekommen.

Faktoren, die eine hämodynamische Dysregulation bei Tod in Kopftieflage begründen, sind in den **Tab. 7.4–7.6** zusammengefasst.

Tab. 7.4

Tabellarische Zusammenstellung der hämodynamischen Dysregulation bei Kopftieflage
Hydrostatischer Druck in der „oberen" Körperhälfte ↑ → „Versacken" von Blut in den intrathorakalen Blutspeichern Transmuraler Druck im venösen Schenkel des Hirnkreislaufs ↑ → Erhöhter statischer Druck im Bereich des Carotissinus
Senkung des arteriellen Blutdrucks?
Verminderter venöser Rückfluss zum Herzen durch • Entfallen der Muskelvenenpumpe • Wegfall des Saug-Druckpumpen-Effektes der Atmung bei Fesselung des Thorax in exspiratorischer Ruhelage

Tab. 7.5

Mechanismus des Saug-Druckpumpen-Effektes der Atmung
Inspiration: • intrathorakaler Druck ↓ • transmuraler Druck ↑ • Strömungswiderstand ↓ • → inspiratorische Förderung des venösen Rückflusses

Tab. 7.6

Ursachen des verminderten venösen Rückflusses zum Herzen
„Versacken" des Blutes in den intrathorakalen Blutspeichern
Entfallen der Muskelvenenpumpe
Wegfall des Saug-Druckpumpen-Effektes der Atmung bei „Fesselung" des Thorax in exspiratorischer Ruhelage

Die Diagnose einer haltungsbedingten Asphyxie als Todesursache stützt sich auf folgende Kriterien:

- Auffindung in einer Körperhaltung, aus der sich plausibel eine Obstruktion der Atemwege oder eine Beeinträchtigung der Atemfunktion ableiten lässt.
- Fehlende Möglichkeit zur Selbstrettung (z. B. Intoxikation, akute oder chronische körperliche oder geistige Behinderung).
- Ausschluss einer Atemwegsobstruktion aus innerer Ursache (z. B. Aspiration).
- Ausschluss einer isoliert todesursächlichen Vergiftung durch zentral-nervös wirksame Substanzen oder Kohlenmonoxyd oder einer anderweitigen inhalatorischen Erstickung.
- Morphologischer Ausschluss einer signifikanten Herzerkrankung.

Die Obstruktion der Atemwege ist häufig bereits am Fundort aufgrund der umgebungsbedingten Hyperextension des Halses ersichtlich. Für die richtige Einordnung derartiger Todesfälle sollte der Obduzent entweder den Leichenfundort selbst inspiziert haben, oder es sollten vor der Obduktion Fotografien der Auffindungssituation vorliegen.

Todesfälle können sich auch nach der mechanischen Fixierung erregter Personen ereignen. Betroffen sind vor allen Dingen Personen, die in Bauchlage verbracht werden, deren Handgelenke bzw. Fußgelenke auf dem Rücken gefesselt und die zusätzlich durch Druck auf den Rücken fixiert werden. Es handelt sich in der Regel um stark erregte Delinquenten, die sich selbst und ihre Umwelt durch ausgeprägt aggressives Verhalten gefährden und Widerstandshandlungen gegen die Polizeibeamten begehen. Die Ursache für die starke Erregung kann einerseits in psychiatrischen Grunderkrankungen, andererseits in einer akuten Alkohol- bzw. Rauschmittelbeeinflussung liegen. Pathophysiologisch werden als Todesursache Herzrhythmusstörungen oder ein Atemstillstand angenommen.

Hierzu tragen bei:

- katecholaminvermittelte Stressreaktionen bei psychischer Erregung und Konfrontation mit der Polizei,
- motorische Hyperaktivität bei Widerstand gegen Polizei und Fesselung,
- Beeinträchtigung der Atemfunktion durch mechanische Behinderung der Exkursionen von Brustwand und Zwerchfell und
- erhöhter Sauerstoffverbrauch.

Bei Todesfällen nach mechanischer Fixierung erregter Personen werden Ermittlungsverfahren wegen fahrlässiger Tötung eingeleitet. Daher wurden als Maßnahmen zur Vermeidung des lagebedingten Erstickungstodes bei Polizeieinsätzen empfohlen:

- Vermeidung der Bauchlage,
- Fixierung der Personen in stabiler Seitenlage,
- Vermeidung jeglicher Atembehinderung,
- Warnzeichen wie erschwerte Atmung, plötzlicher Tonusverlust der Muskulatur etc. beachten.

7.8 Akzidentelle Strangulation im Erwachsenenalter

Prof. Dr. med. Burkhard Madea

Opfer akzidenteller Strangulationen sind einerseits Säuglinge und Kleinkinder, andererseits Männer, die bei autoerotischen Handlungen verunglücken. Zufälliges Erhängen im Erwachsenenalter ohne autoerotische Betätigung kommt außerordentlich selten vor.

Ein 49 Jahre alt gewordener Mann wurde in einem Waldgelände in hilfloser Lage mit dem Hals in einer Astgabel eingeklemmt aufgefunden. Der Kopf des Mannes war – aufgrund der Enge der Astgabel – nicht bis auf den Boden herabgesunken, sondern wie in Abb. 46 illustriert – bis auf die Höhe der Faust des Kriminalbeamten (**Abb. 7.45** und **7.46**).

Der Betroffene lag bäuchlings in der Astgabel. Die Befreiung des Mannes aus der Astgabel gestaltete sich äußerst schwierig. In der Klinik konnte nur noch der Tod festgestellt werden. Todesursache war eine akzidentelle Strangulation. Es wurde rekonstruiert, dass der Verstorbene auf dem Weg nach Hause war. Um den Weg abzukürzen, ist er in dem abschüssigen Waldgelände nicht den in Serpentinen talwärts führenden Hangweg, sondern direkt durch das steil abfallende Waldgelände gegangen. Hierbei muss er akzidentell in die Astgabel gestürzt sein, aus der er sich nicht mehr befreien konnte, da die Strangulation in einer Höhe erfolgte, die deutlich oberhalb der Stützhöhe lag.

Abb. 7.45 (links): Astgabel
Abb. 7.46 (rechts): Ein Polizeibeamter demonstriert, in welcher Höhe der Hals in der Astgabel fixiert wurde.

7.9 Tod durch Atemreduktion

Prof. Dr. med. Burkhard Madea

Ersticken durch oronasale Okklusion kommt in der Regel nur bei körperlich unterlegenen Opfern vor. Aber auch einvernehmlich ausgeführte Sexualpraktiken der Atemkontrolle bzw. Atemreduktion bergen die Gefahr eines tödlichen Verlaufs. Bei den als Atemkontroll- bzw. Atemreduktion, im Englischen als „breath control play“ oder „erotic asphyxiation“, bezeichneten Sexualpraktiken wird die Atmung des passiven Partners entweder erschwert oder für kurze Zeit gänzlich unterbrochen.

Die Atemkontrolle kann entweder durch Verschließen der Atemwege (Zuhalten von Mund und Nase mit oder ohne Hilfsmittel) oder durch Einschränkung der thorakalen Atmung mittels Thoraxkompression erfolgen. Bei zu lange dauernder Atemreduktion sind tödliche Geschehensabläufe möglich.

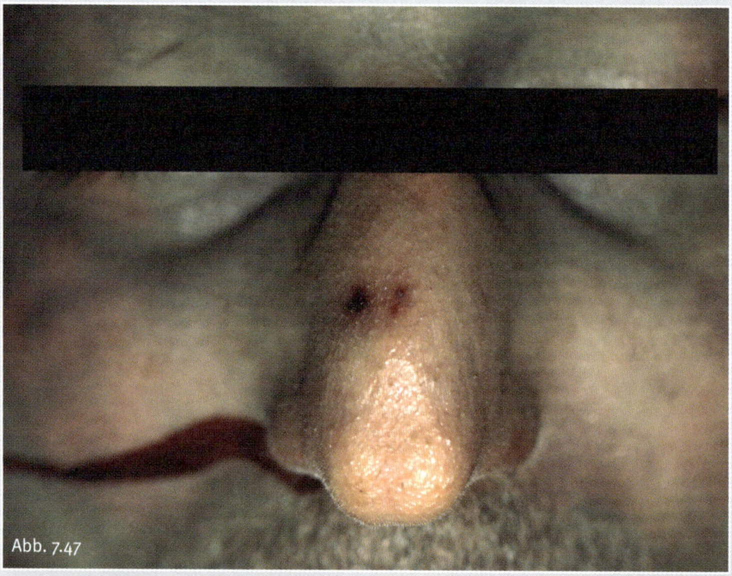

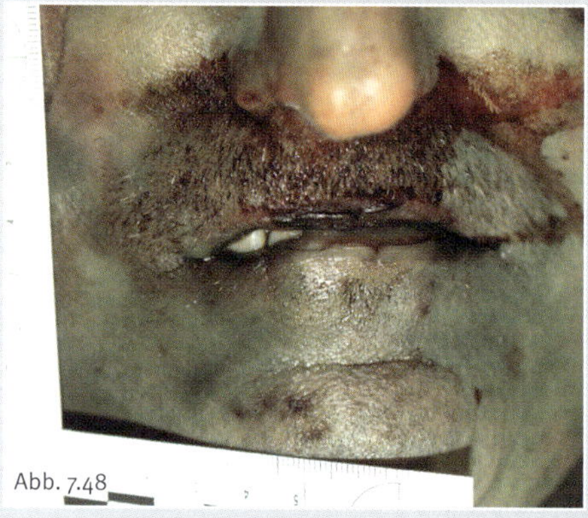

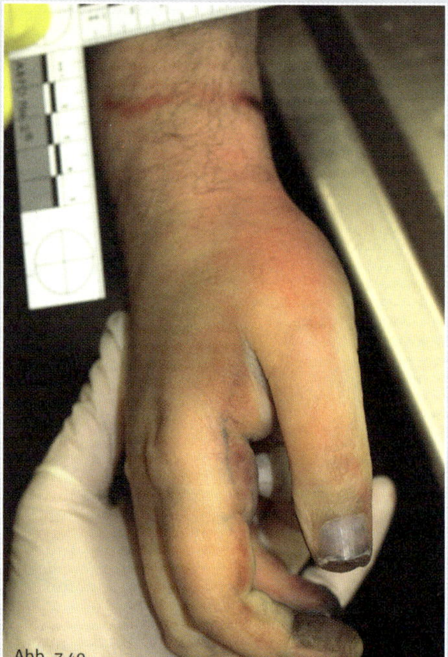

Abb. 7.47: Zwei oberflächliche, vertrocknete Exkoriationen am Nasenrücken.
Abb. 7.48: Rötlich-schwärzlich vertrocknete Exkoriationen an der rechten Kinnseite.
Abb. 7.49: Bandartige Vertrocknung am distalen rechten Unterarm.

Ein 49-jähriger Mann wurde tot in seiner Wohnung aufgefunden. Er sei Anhänger der Sado-Maso-Szene gewesen und habe sich wiederholt von Kopf bis Fuß mit Klebeband fesseln lassen. Dann habe er sich durch längeres Zuhalten von Mund und Nase bewusstlos machen lassen. In der Wohnung seien massenhaft Fotos aufgefunden worden, die ihn mit jungen Frauen bei solchen Handlungen darstellten. Weiterhin seien mehrere „Verträge" gefunden worden, in denen er den jungen Frauen Prämien versprochen habe, wenn sie ihn erfolgreich zur Bewusstlosigkeit führen würden. Bei einem dieser Ereignisse kam er ums Leben und wurde erst vier Tage später fäulnisverändert in seiner Wohnung aufgefunden.

Der Nasenrücken rechts wies zwei oberflächliche Hautvertrocknungen auf (**Abb. 7.47**), am linken Nasenflügel fand sich eine rötliche Hautverfärbung, am Kinn rechts mehrere rötlich-schwärzliche Vertrocknungen (**Abb. 7.48**). An beiden Unterarmen bandartige Vertrocknungen (**Abb. 7.49**), rechtsseitig mit Einblutung in das Unterhautfettgewebe. Die Todesursache war durch die Obduktion allein nicht zu klären. Die Hautvertrocknungen an der Nase, Unterlippe und am Kinn waren vereinbar mit einem manuellen Zuhalten der Atemöffnungen, die bandartigen Vertrocknungen beider Unterarme mit einer Fesselung.

Die Polizei ermittelte eine junge Frau, die am Tattag am Verstorbenen auf dessen Verlangen sadomasochistische Handlungen ausführte, die zu einer Bewusstlosigkeit führen sollten. Dabei sei er zu Tode gekommen.

7.10 Blitzunfall

Prof. Dr. med. Burkhard Madea, Dr. med. Elke Doberentz

Verletzungen durch Blitzschlag zählen zu den häufigsten Unfällen durch Naturphänomene. Blitze können noch in einer Entfernung von bis zu 16–20 Kilometer von einer Gewitterwolke einschlagen, werden jedoch meist nicht als potenzielle Gefahr angesehen und unterschätzt. Immerhin 10–30 % der verletzten Personen versterben nach einem Blitzschlag. Beim Tod durch Blitzschlag handelt es sich jedoch insgesamt um eine seltene Todesursache, in Deutschland versterben jährlich etwa 3–7 Menschen durch die Folgen von Blitzeinschlägen. Aufgrund der Trennung elektrischer Ladungsträger in Gewitterwolken entstehen Spannungen von bis zu mehreren Millionen Volt. Kommt es zu einer Entladung, fließen Ströme von bis 200.000 Ampere. Die schlagartig erfolgte Erhitzung – einige 10.000 Grad Celsius – der Luft durch den Blitzstrom führt zu einer Explosion des Funkenkanals. Von Blitzunfällen können auch mehrere Personen zugleich betroffen sein. Typische Verletzungsfolgen eines Blitzunfalles finden sich in **Tab. 7.7**:

Tab. 7.7

Typische Verletzungsfolgen eines Blitzunfalls
Primäre Verletzungsfolgen
Blitzeintritt und -austrittstellen
Verbrennungen, angesengte Haare
Farnkrautartig aussehende Lichtenberg-Blitzfigur
Schmelzeffekte von körpernahen Metallteilen
Zerreißung der Bekleidung
Herzrhythmusstörungen (z. B. Sinusbradykardie, Kammerflimmern, Asystolie)
Bewusstseinsstörungen bis Bewusstlosigkeit, zentrale Atemlähmung
Läsionen des Hör- oder Sehorgans (z. B. Trommelfellperforation)
Paresen, Plegien und Parästhesien
Begleitende Traumata (z. B. Knochenfrakturen, Zerreißung innerer Organe)
Sekundäre Verletzungsfolgen
Akuter Myokardinfarkt
Schock nach Verbrennung
Sekundäres Nierenversagen („Crush"-Syndrom)
Depressionen

Fallbericht

Bei Bonn fand im August 2006 eine Flugschau statt. Am frühen Nachmittag erhielten die Veranstalter eine amtliche Unwetterwarnung vor Gewitter, Starkregen und Sturmböen, so dass die Veranstaltung letztlich einige Zeit später vorzeitig beendet werden musste. Den etwa 10.000–15.000 Besuchern wurde dringend empfohlen, sich in geöffneten Hangars und Veranstaltungszelten unterzustellen. Auch unter aufgestellten Sonnenschirmen an Imbissständen suchten Besucher Schutz. Schon bei leichtem Regen traten erste Blitze auf. Einer dieser ersten Blitze traf offenbar den Sonnenschirm eines Imbissstandes, unter dem sich eine Personengruppe von 26 Personen versammelt hatte. Nach Augenzeugenberichten sei der Blitz unter Bildung eines grellen Lichtes mit einem ohrenbetäubenden Knall mitten in die Zuschauergruppe eingeschlagen. Mehrere Personen wurden teils schwer verletzt. Rettungsdienste waren anlässlich der Großveranstaltung vor Ort und konnten somit unmittelbar Erste Hilfe leisten. Ein 35-jähriger Mann sei mehrere Meter durch die Luft geschleudert worden. Der Mann, durch Zerreißen seiner Kleidung nahezu unbekleidet, wies oberflächliche Hautverletzungen auf. Das EKG zeigte eine pulslose elektrische Aktivität, allerdings konnte er erfolgreich reanimiert und in ein Krankenhaus verbracht werden. Dort wurden Verbrennungen der Haut hinter dem rechten Ohr, über dem Brustbein und am linken Fuß festgestellt (**Abb. 7.50–7.52**). Eine CT-Untersuchung des Kopfes ergab den Verdacht auf eine Hirnblutung. Während des Klinikaufenthaltes entwickelte sich eine Pneumonie nach Speisebreiaspiration. Vier Tage nach dem Unglück verstarb der Mann an einem Multiorganversagen.

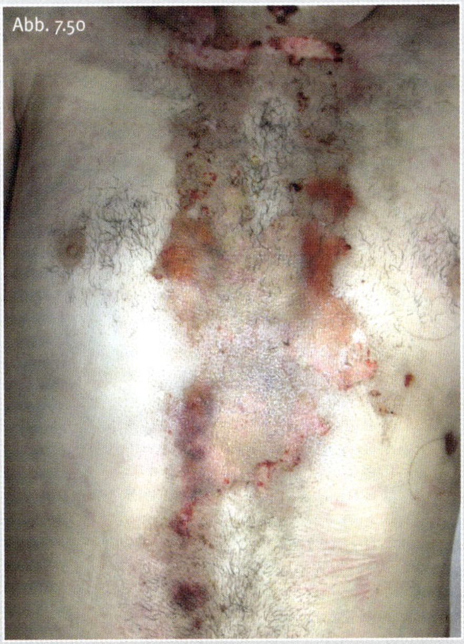

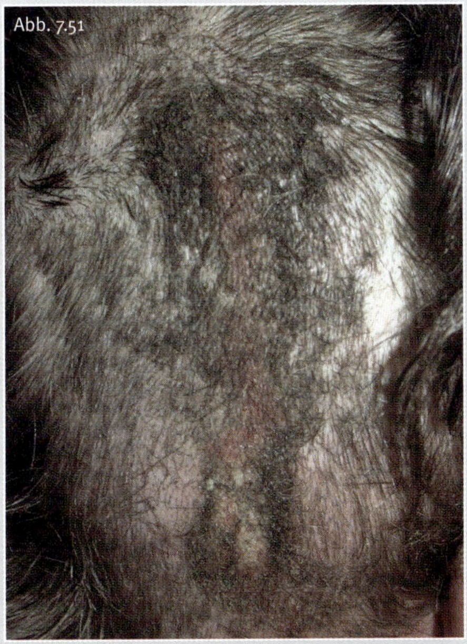

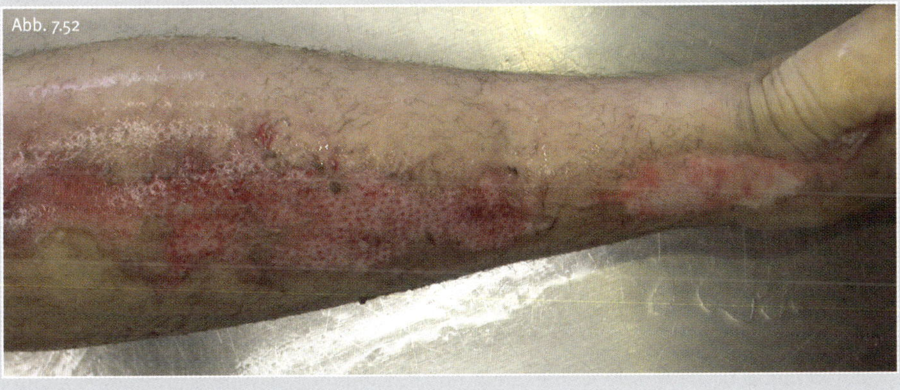

Abb. 7.50: Scharf berandete Verbrennung der Brusthaut.
Abb. 7.51: Verbrennung der Kopfhaut mit angesengten Haaren am rechtsseitigen Hinterkopf.
Abb. 7.52: Verbrennung an der Außen-/Rückseite des linken Unterschenkels.

In der zugänglichen Literatur werden sieben bzw. acht Mechanismen der Energieübertragung auf den Menschen beschrieben:

- Schrittspannungseffekt (step voltage): Das Opfer steht oder läuft in bis zu 200 m Entfernung vom Einschlagort; 50–55 % der Fälle.
- Direkter Treffer (direct strike): Der Blitz trifft das Opfer direkt; 3–5 % der Fälle.
- Kontakteffekt (contact voltage): Das Opfer berührt ein vom Blitz getroffenes Objekt, z. B. einen Golfschläger.
- Überschlagseffekt (side flash): Der Blitz schlägt primär in ein Objekt ein, z. B. in einen Baum, und ein Teil der Ladung „springt" auf das Opfer über.
- Telefon- bzw. leitervermittelter Effekt: Der Blitz kann z. B. direkt eine Telefonleitung treffen.
- Aufwärtsblitz (upward streamer): Das Opfer wird durch entgegengesetzt gerichtete Ladungen, von der Erdoberfläche in Richtung Wolke verletzt.
- Barotrauma: Verletzungen ähneln denen durch Explosionen (Zerreißen von Kleidung und Schuhen, Frakturen, Trommelfellrisse, Lungenkontusionen und -blutungen, Pneumothorax), Elektroschockwelle und/ oder explosionsbedingte barotraumaabhängige Morbidität.
- Penetrierende Verletzungen durch blitzinduzierte Explosion eines sich in der Nähe befindlichen Objektes.

7.11 Tödliche Explosionsverletzungen

Prof. Dr. med. Burkhard Madea, Dr. med. Elke Doberentz

Tödliche Explosionsverletzungen werden in Friedenszeiten aufgrund des sehr restriktiven Zugangs zu Explosivstoffen nur vergleichsweise selten beobachtet, etwa bei Attentaten, spektakulären Suiziden oder Unglücksfällen. In Einzelfällen kommt es jedoch auch durch unsachgemäße Handhabung an einer Explosivwaffe zu einer akzidentellen Explosionsauslösung. So deutete etwa ein Hobbyarchäologe eine Gewehrsprenggranate als „römischen Fund" und kam durch Manipulation an der Waffe ums Leben.
Ein weiterer Fall betraf eine akzidentelle Explosionsauslösung durch einen Bagger bei der Zerkleinerung von Bauschutt, in dem sich eine Bombe aus dem 2. Weltkrieg befand. Explosionsverletzungen werden bekanntlich in primäre, sekundäre, tertiäre und quartäre Verletzungen differenziert (vgl. **Tab. 7.8**).

In letzter Zeit häufen sich Fälle von Automatensprengungen (Fahrkartenautomaten, Zigarettenautomaten, Bankautomaten) als neuer Trend zur kriminellen Geldbeschaffung. Derartige Fälle von Automatensprengungen haben bundesweit zugenommen, ihre Zahl liegt nach Pressemitteilungen im dreistelligen Bereich. Im Jahr 2014 wurden bis Anfang Dezember 104 Fälle registriert: 34 × sei es bei dem Versuch geblieben, 70 × sei tatsächlich eine Explosion ausgelöst worden. Im Jahr 2013 hatte die Polizei insgesamt 88 Fälle registriert, 2012 lediglich 45 und ein Jahr zuvor 38 Fälle. Immer häufiger wird auch in den Medien über derartige Automatensprengungen berichtet. In Anbetracht der leichtsinnigen Explosionsauslösung war es nur eine Frage der Zeit, wann es bei einer Automatensprengung zu tödlichen Verletzungen kommt.

Tab. 7.8

Modifizierte Klassifizierung der Explosionsverletzungen (aus Hauschild et al. Notfall Rettungsmed 2006, 9: 453-472)

Typ	Noxen	Verletzungsmuster
Primäre Explosionsverletzungen	Luftstoß- und Überdruckwelle Direkte Auswirkung der „shock-wave" und „overpressure-wave" im Sinne eines Barotraumas	Ohr: Trommelfellruptur Lunge: „blast lung injuries" Gastrointestinaltrakt: Darmkontusionen, - perforationen, Einrisse des Mesenteriums, Leber- und Milzruptur Extremitäten: traumatische Amputationen
Sekundäre Explosionsverletzungen	Projektile Durch Explosion beschleunigte Splitter, welche aus der Bombenhülle oder der unmittelbaren Umgebung der Bombe stammen	Weichteilverletzungen am gesamten Körper Penetrierende Verletzungen mit Blutungen Pneumothorax Darmperforationen
Tertiäre Explosionsverletzungen	Indirekte Auswirkungen der Druckwelle Verletzungen nach Sturz, Anpralltrauma, durch herabfallende oder umstürzende Gebäudeteile	Je nach Gegenstand alle Formen des stumpfen und scharfen Traumas an allen Körperregionen
Quartäre Explosionsverletzungen	Sonstige Verschüttung bei Einsturz des Gebäudes Flammen, Feuer, heiße Rauchgase Radioaktive Materialien, Giftstoffe bei „dirty bombs"	Traumatische Amputation, Kompartmentsyndrom „crush injury" Verbrennungen, Rauchgasinhalation, Inhalationstrauma Verstrahlung, Intoxikation bei „dirty bombs"

Ein spektakulärer Fall ereignete sich in Baden-Württemberg. Bei einer Automatensprengung wurde ein 47-jähriger Mann aus Bayern tödlich verletzt. Die weiteren tatbeteiligten Männer legten den Körper des Verstorbenen in einem anderen Bundesland ab, was die untersuchenden Rechtsmediziner (wegen des fehlenden Bezuges zur Automatensprengung) vor erhebliche diagnostische Herausforderungen stellte.

In einem eigenen Fall hatte sich ein Quartett von Jugendlichen, darunter der später getötete 16-Jährige, verabredet, einen Zigarettenautomaten zu sprengen. Sie hatten bereits vorher ähnliche Sprengversuche unternommen. Sie sprühten reichlich Deodorant in den Schlitz des Münzschlosses des Automaten. Dann wurde ein Holzstock ebenfalls mit Deo besprüht und die Stockspitze angezündet. Der später Getötete habe nochmals eine Münze in den Automaten geworfen, damit sich der Münzschlitz öffnet, dann habe er die brennende Stockspitze an den Schlitz gehalten. Es habe sofort einen heftigen Knall gegeben. Man habe den 16-Jährigen nur noch „fliegen" sehen, die Beine seien einen knappen Meter über dem Boden gewesen. Im Flug habe er regelrecht in der Luft gestanden. Er sei dann mit dem Rücken nach hinten auf die Straße gefallen. Der später Getötete sei von der 40 kg schweren Frontplatte des gesprengten Automaten getroffen und ca. 8 m zurückgeschleudert worden (**Abb. 7.53–7.55**). Er erlitt schwerste Schädel-Hirn-Verletzungen durch den Anprall der Frontplatte des Automaten gegen den Schädel und den Aufschlag mit dem Hinterhaupt auf die Fahrbahn.

Im vorliegenden Fall standen die tertiären Explosionsverletzungen durch die druckwellenbedingte Absprengung der Frontplatte mit konsekutivem Anpralltrauma sowie Sturz auf die Fahrbahn im Vordergrund (Akzelerations-Dezelerationstrauma).

Tertiäre Explosionsverletzungen infolge Akzeleration und Dezeleration ereignen sich im Allgemeinen nahe der Detonation, da die Explosionsgase eine relativ geringe Reichweite haben. Es kann aber auch zu schweren primären Explosionsverletzungen kommen. So hatte sich ein 57 Jahre alter Mann mittels einer im Mund befindlichen Patrone den Kopf weggesprengt (**Abb. 7.56**). Durch die Druckwelle kam es zu zahlreichen Einrissen in Gefäßen und einer Lungenkontusion (**Abb. 7.57–7.60**).

Bei Attentaten können sekundäre Explosionsverletzungen durch Projektile im Vordergrund stehen.

Abbildungen auf der rechten Seite:
Abb. 7.53: Gesprengter Zigarettenautomat (grüner Pfeil), Frontalansicht von der gegenüberliegenden Straßenseite.
Abb. 7.54: Aufnahme der Frontplatte des Automaten auf der Straße, im Hintergrund der gesprengte Automat.
Abb. 7.55: Frontalansicht des aufgesprengten Automaten mit fehlender Frontplatte.
Abb. 7.56: Komplette Dekapitation
Abb. 7.57: Multiple Verletzungen der linken Arteria carotis. a) Destruktion des cranialen Anteils, b) Dissektion der Wandung, c) Intimaeinrisse, d) Abriss vom Aortenbogen, e) anomaler Ursprung der linken Vertebralarterie.
Abb. 7.58: Ruptur des Aortenbogens (Pfeil). Das Perikard ist nicht verletzt.
Abb. 7.59: Ruptur des links koronar tragenden Segels der Aortenklappe.
Abb. 7.60: Aortenbogen mit deutlicher Unterblutung. Ruptur der linken Arteria subclavia. Linke Vertebralarterie (Stern) mit anomalem Ursprung. Linke Lunge mit Kontusion im Spitzenbereich.

Abb. 7.53

Abb. 7.54

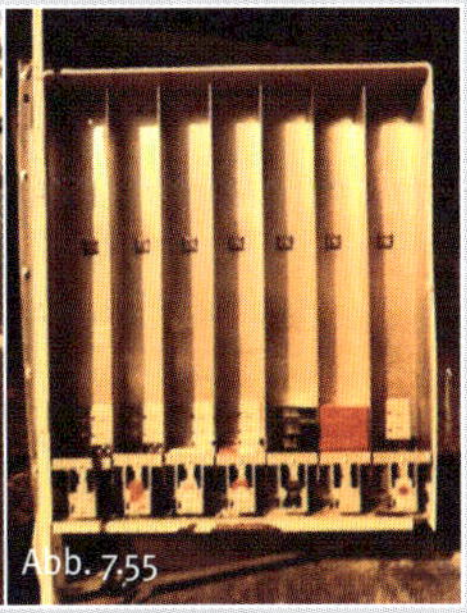
Abb. 7.55

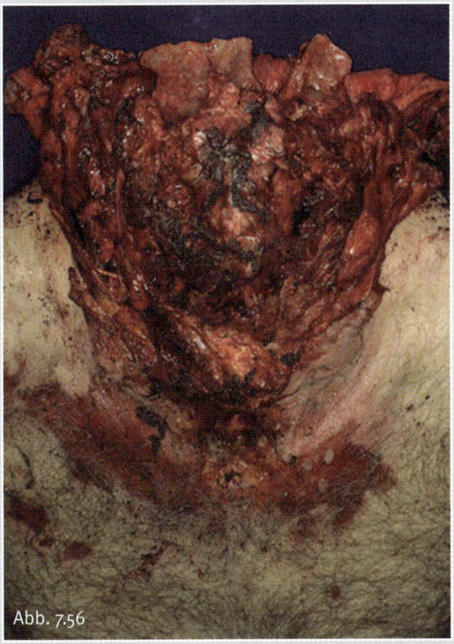
Abb. 7.56

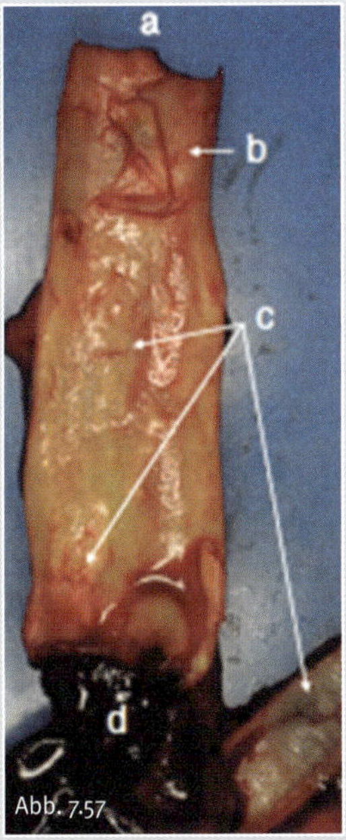

Abb. 7.57

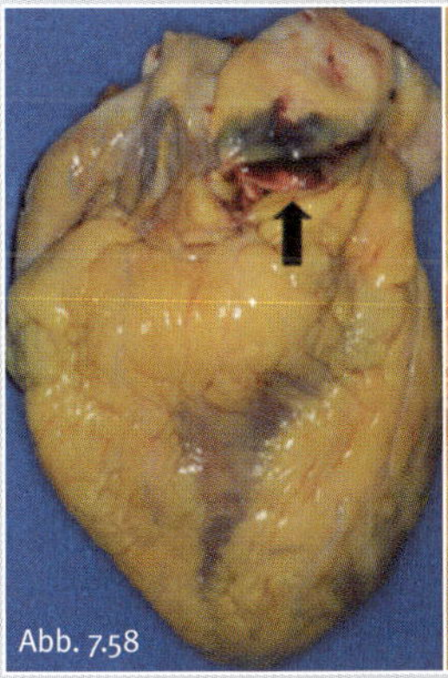
Abb. 7.58

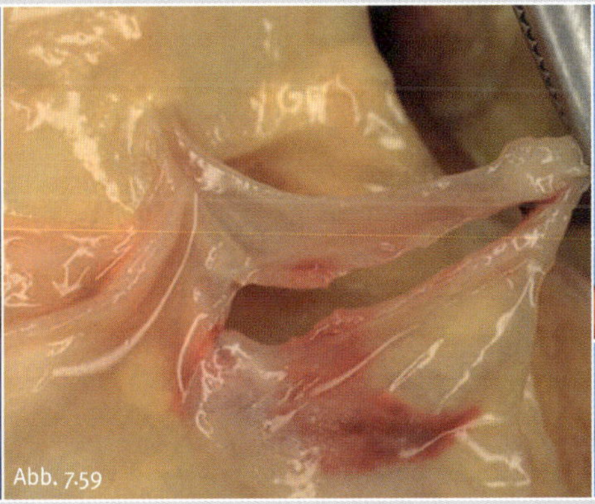
Abb. 7.59

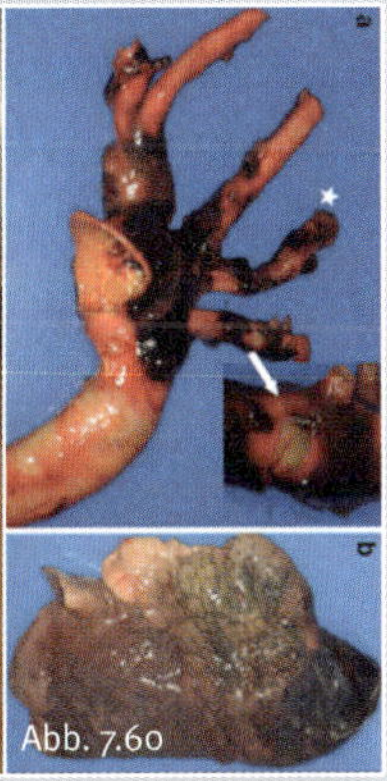

Abb. 7.60

7.12 Verletzungen durch Propeller

Prof. Dr. med. Burkhard Madea, Dr. med. Elke Doberentz

Propeller- bzw. schiffsschraubenbedingte Verletzungen werden vor allen Dingen als postmortale Verletzungen bei Wasserleichen immer wieder beobachtet. Sie sind häufig charakterisiert durch mehrfache, parallel zueinander angeordnete, tiefgreifende Weichteilverletzungen. Durch große Schiffsschrauben kann es zu einer vollständigen Durchtrennung des Rumpfes kommen.

Bei Bootsunglücken werden auch vitale tiefgreifende Schiffsschraubenverletzungen beobachtet.

Im Vergleich zu Schiffsschraubenverletzungen durch Schiffe stellen Propellerverletzungen durch Luftfahrzeuge eine Rarität dar. Sie werden in Deutschland regelmäßig durch die Bundesstelle für Flugunfalluntersuchungen begutachtet. Erst unlängst wurde über einen tödlichen Unfall eines Klinikmitarbeiters berichtet, der in einen laufenden Hubschrauberrotor geriet.
Im Folgenden soll über einen Fall berichtet werden, in dem durch unsachgemäße Wartung eines Hubschraubers zwei Männer durch propellerbedingte Dekapitation ums Leben kamen.

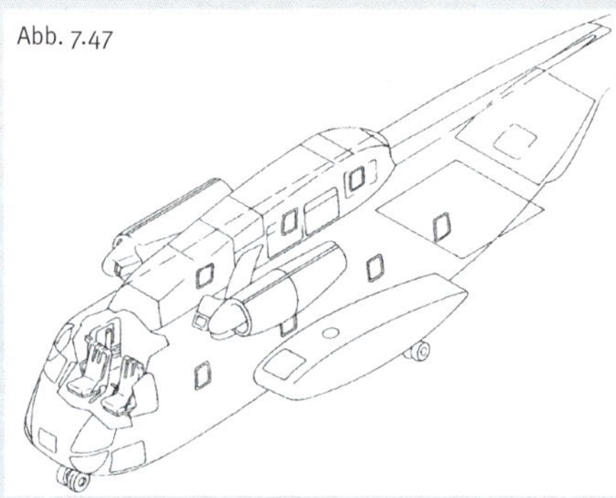

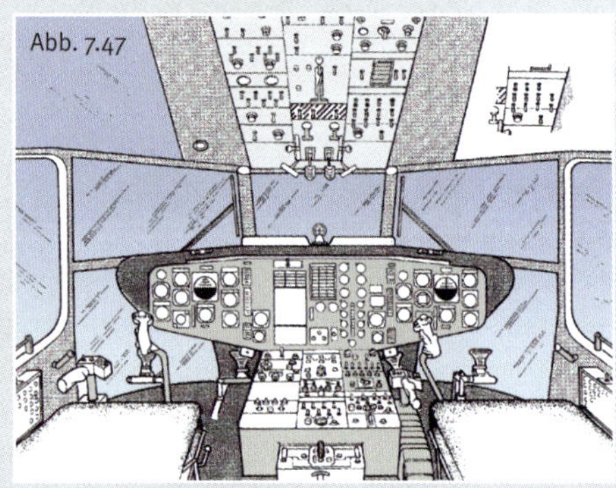

Abb. 7.61: Schematische Darstellung des Hubschraubers.
Abb. 7.62: Sitzposition von Pilot und Copilot des Hubschraubers.
Abb. 7.63: Unfallstelle

Fallbeispiel

Bei Wartungsarbeiten an dem Hubschrauber waren unter anderem Instandsetzungsarbeiten am sog. vorderen Nick-Servo durchzuführen. Dabei kam es zu einer fehlerhaften Montage von Schlauchleitungen (Druck- und Rücklaufleitung) zwischen Roll- und vorderem Nick-Servo. Die fehlerhaft erfolgte Montage der beiden Schlauchleitungen wurde nicht bemerkt. Auch bei weiteren Wartungsarbeiten wurden in der Folge die über Kreuz angeschlossenen Hydraulikleitungen nicht entdeckt. Der Hubschrauber wurde im Vertrauen auf einwandfreien technischen Zustand zum Nachprüfflug übernommen (**Abb. 7.61** und **7.62**). Da der vordere Nick-Servo wegen des fehlerhaften Anschlusses der Schlauchleitungen nicht funktionierte, kam es zu Fehlfunktionen, die letztendlich dazu führten, dass die Rotorblätter den Führerraum des Hubschraubers durchschlugen, beide Luftfahrzeugführer enthaupteten, einen weiteren Insassen in den Laderaum schleuderten und schwer verletzten. Mit Einschlagen der Hauptrotorblätter in die Zelle des Hubschraubers traten vertikale Schwingungen auf, die zum Abriss des hinteren Rumpfteiles führten. In der Folge kippte der Hubschrauber in Überkopflage und bliebt zerstört liegen (**Abb. 7.63**). Dabei wurden zwei weitere Insassen leicht verletzt. Da die durch das Abschalten der Hydraulikanlage zwei ausgelöste Fehlfunktion bis zum Einschlag der Hauptrotorblätter in die Luftfahrzeugzelle in einem Zeitraum von 3–5 Sekunden erfolgte, hatten die Luftfahrzeugführer keine Zeit für eine erfolgreiche Fehleranalyse und -korrektur. Die getöteten Fahrzeugführer als auch Organ- und Körperteile wurden außerhalb der Führerkanzel vorgefunden.

Leichnam 1	• Leichnam eines 35 Jahre alt gewordenen Mannes • nach Dekapitation noch 170 cm groß.
Wesentliche Sektionsbefunde	• Teilbekleideter Leichnam. • Geringe Ausdehnung und Intensität der Totenflecke. • Auf Einwirkung durch halbscharfe bzw. scharfe Gewalt zu beziehende Abtrennung des Hirnschädels vom Gesichtsschädel bzw. Zertrümmerung des Gesichtsschädels rechtsseitig (**Abb. 7.64** und **7.65**). Hochgradige Zertrümmerung der Schädelkalotte und der Knochen der Schädelbasis. Zerreißung der harten Hirnhaut. Vollständige Exenteration des Gehirns. Komplette Amputation des rechten Armes unmittelbar unterhalb der Schultergelenksebene. Unterarmbruch links. Amputation der linken Hand, am Daumen im Bereich des Grundgliedes, am 2. bis 4. Strahl im Mittelhandbereich. Komplette Amputation des linken Vorder- und Mittelfußes. Doppelter Rippenreihenbruch linksseitig ohne durchspießende Verletzungen des Rippenfells. • Auf die Dekapitation zu beziehende Vitalzeichen: Einatmen von Blut bis in die großen Bronchien. • Auf die Gesamtheit der Verletzungen zu beziehende Vitalzeichen: Zeichen des hochgradigen Blutverlustes mit nur minimaler Ausprägung der Totenflecke, mäßiggradigem Hervortreten der Organeigenfarbe der inneren Organe, Milzkapselrunzelung. • Keine gröberen vorbestehenden krankhaften Veränderungen der inneren Organe.
Todesursache 1	• Dekapitation und Extremitätenamputation. (Am Folgetag wurden noch weitere Leichenteile überbracht, die eindeutig dem Verstorbenen zuzuordnen waren.)

Abb. 7.64
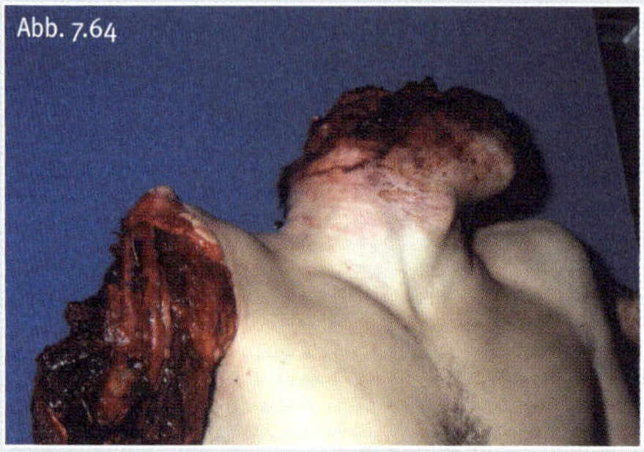

Abb. 7.65
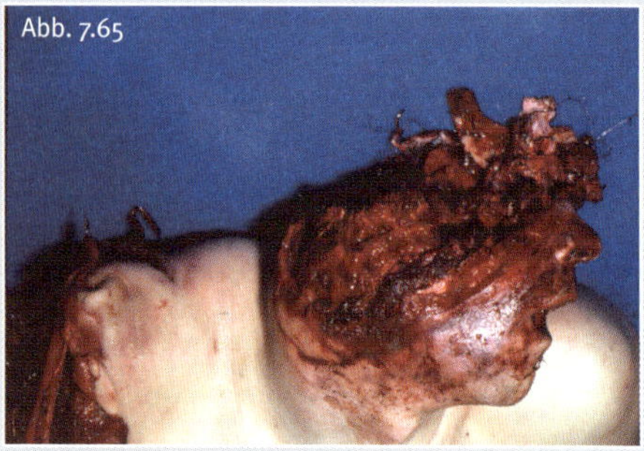

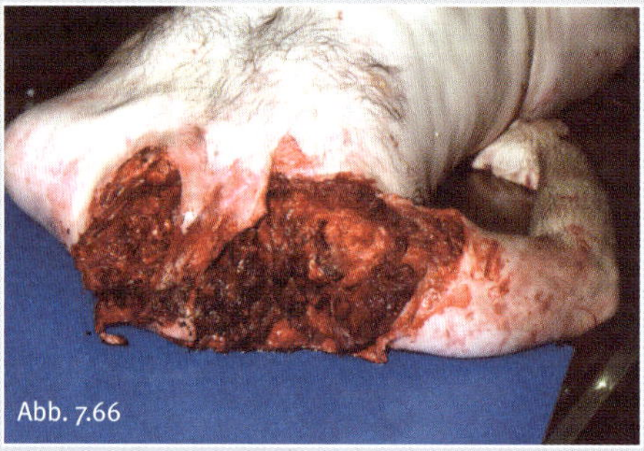
Abb. 7.66

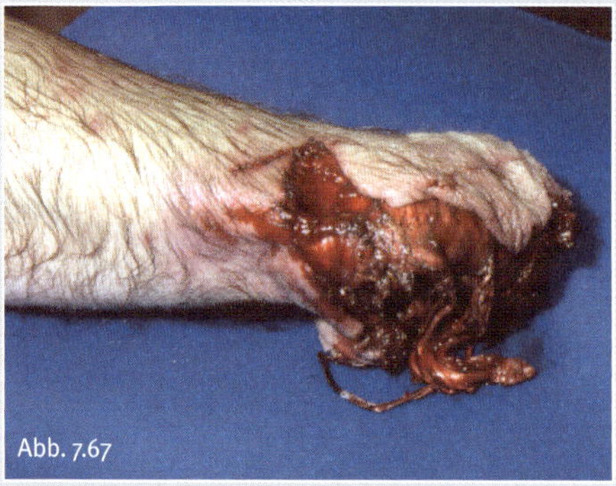
Abb. 7.67

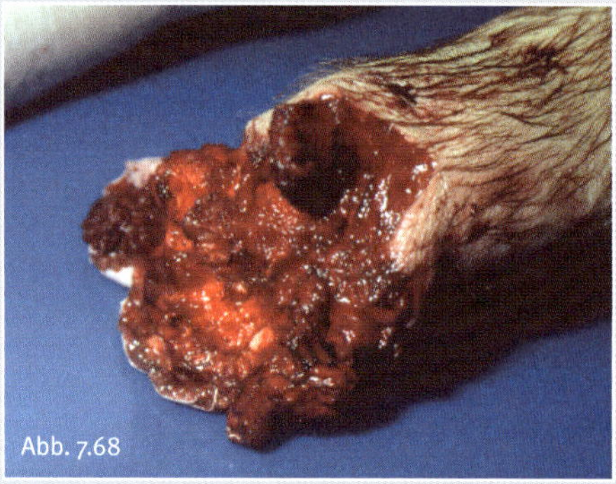
Abb. 7.68

Abb. 7.64: Abtrennung des Hirn- vom Gesichtsschädels, Amputation des rechten Armes.
Abb. 7.65: Vollständige Zertrümmerung der Schädelbasis.
Abb. 7.66: Amputation des Kopfes, großflächige glattrandige Eröffnung der rechten Schulter.
Abb. 7.67: Amputation beider Hände.
Abb. 7.68: Amputation beider Hände.

Fallbeispiel	
Leichnam 2	• Leichnam eines 44 Jahre alt gewordenen Mannes • dekapitiert noch gut 170 cm groß
Wesentliche Sektionsergebnisse	• Bekleidung bestehend aus regelrecht sitzenden, geschnürten, schwarzen Fliegerstiefeln. Darunter unbeschädigte weiße Baumwollsocken, Olivfarbener Overall. Der Overall ist am Kragenbereich zerfetzt. Der Ärmel im Schulterbereich nahezu zirkulär abgerissen. Türkisfarbene Baumwollunterhose. Kurzärmeliges weißes T-Shirt. • Auf halbscharfe Gewalteinwirkung zu beziehende Verletzungen: – Komplette Abtrennung von Kopf und Hals am Übergang vom Hals zur Brustkorbregion, mit zirkulär-horizontal verlaufender, nahezu vollständig glattrandiger Weichteilgewebsabsetzung (**Abb. 7.66**). – Komplette Durchtrennung von großen Halsblutgefäßen, Luftröhre und Speiseröhre in entsprechender Höhe. • Einatmung von Blut bis in die peripheren Aufzweigungen der Atemwege. • Die Wirbelsäule im Abtrennungsbereich zertrümmert. • Großflächige, rechteckige, glattrandige Eröffnung der rechten Schulter, übergehend auf die Streckseite des rechten Oberarmes, mit Weichgewebs- und Muskelzerfetzung sowie Zertrümmerung von rechtem Oberarmkopf, Schulterblatt und nahegelegenem Schlüsselbeinbruch. • Fraktur der 1. und 2. Rippe rechts paravertebral, 1. Rippe rechts zusätzlich im Brustbein-Rippengelenk sowie der 1. und 2. Rippe links in der Schulterblattlinie. Die Rippenbrüche intensiv eingeblutet. • Abriss des rechten Hauptbronchus. Scharfrandige Teilamputation beider Hände (**Abb. 7.67** und **7.68**). Bruch des linken Schienbeins, 27 cm oberhalb der Fußsohlenebene. Trümmerbruch der rechten Kniescheibe. Multiple, geringgradige Hauteinblutungen, Hautvertrocknungen und Hautanritzungen an der Außenseite des rechten Beines und an der Innenseite des linken Beines. • Geringe Ausdehnung und Intensität der Totenflecke, mäßiges Hervortreten der Organeigenfarbe innerer Organe. • Keine gröberen, vorbestehenden krankhaften Veränderungen der inneren Organe.
Todesursache 2	• Dekapitation

Die mit der Wartung des Hubschraubers befassten Techniker wurden wegen fahrlässiger Tötung und fahrlässiger Körperverletzung zu Freiheitsstrafen auf Bewährung bzw. Geldstrafen verurteilt.

Bei Hubschraubern handelt es sich um senkrecht startende und landende Luftfahrzeuge, die Motorkraft auf einen oder mehrere Rotoren für Auftrieb und Vortrieb übertragen. Diese arbeiten als sich drehende Tragflächen oder Flügel, weshalb Hubschrauber zu den Drehflüglern zählen. Die rotierenden Rotorblätter erzeugen durch die anströmende Luft einen dynamischen Auftrieb. Bei einem Rotordurchmesser von 10 Metern kann der Rotor maximal 10,9 Umdrehungen pro Sekunde bzw. 655 Umdrehungen pro Minute ausführen. Ein Rotor ist der sich drehende (rotierende) Teil einer Maschine.

Verglichen mit Tragflächenflugzeugen weisen Hubschrauber zwar eine deutlich höhere Unfallhäufigkeit auf: die Bundesstelle für Flugunfalluntersuchungen geht bei Hubschraubern statistisch pro 1 Mio. Abflüge von 54 Unfällen mit 6 Toten aus. In der Regel handelt es sich aber um Abstürze. Rotorbedingte Verletzungen – insbesondere durch unsachgemäße Wartung – sind demgegenüber eine Rarität.

7.13 Todesfälle durch Kälte

Prof. Dr. med. Burkhard Madea

Unterkühlungstodesfälle ereignen sich naturgemäß in der kalten Jahreszeit am häufigsten, sind jedoch nicht an diese gebunden. Sie kommen auch bei plötzlichen Witterungseinbrüchen vor, d. h. auch in der wärmeren Jahreszeit, insbesondere wenn Umstände vorliegen, die eine Unterkühlung erst ermöglichen oder es einer exponierten Person unmöglich machen, sich dieser Situation zu entziehen. So sind häufig Menschen betroffen, die obdachlos oder allgemein sozial unterprivilegiert (Kleidung, Ernährung) sind oder bei denen chronische Krankheiten, Alkoholismus, akute Alkoholisierung, Drogenabhängigkeit oder Demenz vorliegen. Auch Bewegungsunfähigkeit infolge Traumatisierung oder bereits länger bestehende (subklinische) Hypothermie und schließlich körperliche Erschöpfung können zum akuten Kältetod beitragen. Daher sind häufig ältere Personen betroffen.

Der Tod durch Unterkühlung ist nicht an einen Aufenthalt im Freien gebunden, sondern kommt ebenso in mangelhaft oder ungeheizten Wohnungen oder anderen geschlossenen Räumen vor. Während bei der Auffindung einer Leiche im Wasser (auch Flachgewässer, Pfützen o. ä.) bezüglich des Todesursachenspektrums schnell an Unterkühlung gedacht wird, trifft das bei Auffindung in heizbaren Räumen oft nicht zu.

Bei den meisten Todesfällen durch Unterkühlung handelt es sich um Unglücksfälle. Die Expositionsdauer bis zum Todeseintritt variiert etwa zwischen 1,5 und 12 Stunden, kurze Expositionszeiten finden sich bei niedrigen Temperaturen, längere bei Temperaturen über 5 °C, in einem finnischen Untersuchungskollektiv konnte die Expositionsdauer auf 3–6 Stunden bei -10 °C eingegrenzt werden.

Zum Todeseintritt kommt es in der Regel erst bei Körperkerntemperaturen um 25 °C, äußerlich sichtbare Befunde sind Kälteerytheme. Diese werden bei Trocken-Hypothermie in gut zwei Dritteln der Todesfälle gefunden, bei Auskühlung im Wasser können aufgrund der rascheren Auskühlung Unterkühlungsbefunde weitgehend fehlen.

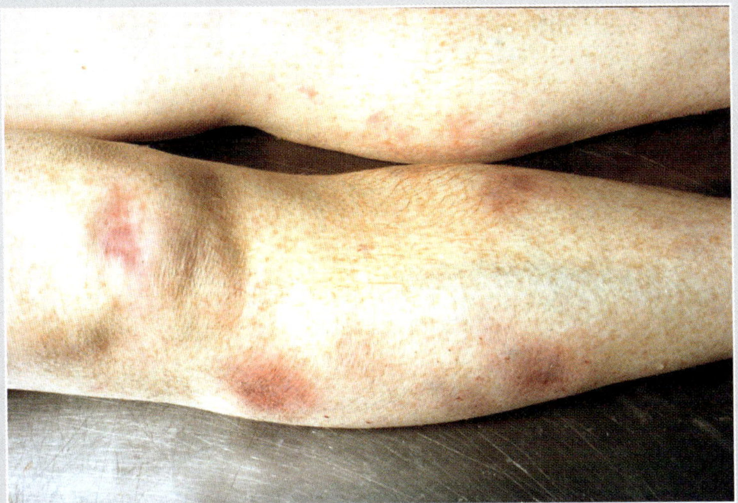

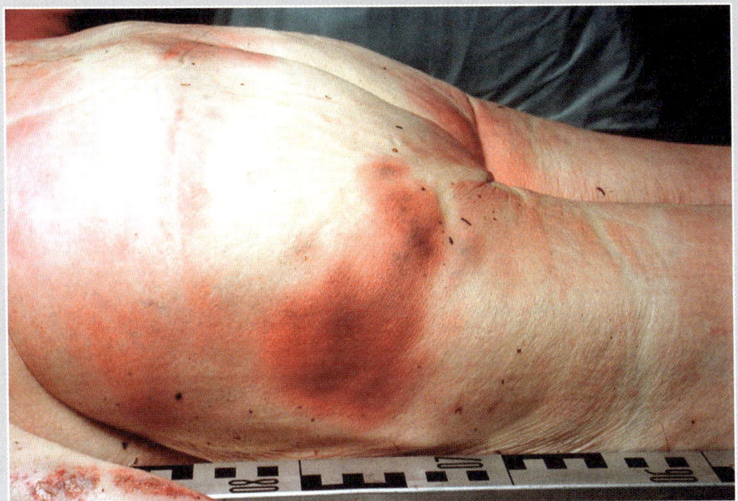

Abb. 7.69 (oben): Kälteerytheme an den Beinen.
Abb. 7.70 (unten): Kälteerytheme am Gesäß.

Bei letaler Unterkühlung kann es zu einem präfinalen Verwirrtheitszustand kommen, der mit dem Begriff der *Kälteidiotie* beschrieben wird. Die verstorbene Person wird dabei meist vollständig oder teilentkleidet aufgefunden, zumeist ist der Unterleib entkleidet und die entsprechenden Kleidungsstücke sind urinfeucht. Die abgelegten Kleidungsstücke sind verstreut (**Abb. 7.72**).

Häufigste Fehleinschätzung dieser Situation ist ein Sexualdelikt.

Zu dieser Auffindungssituation gesellt sich, wenn die Möglichkeiten dafür bestehen, ein sog. terminales Höhlenverhalten, d. h. die Verstorbenen werden in unzugänglichen Teilen von Räumlichkeiten oder unter Möbelstücken gefunden, so dass die Fundsituation kriminalistisch vieldeutig wird. Es sind auch Suizide durch Unterkühlung beschrieben bzw. komplizierte Suizide, bei denen eine anderweitig eingeleitete Selbsttötung (durch Medikamente, Pulsaderschnittverletzungen etc.) im bewusstlosen Zustand durch Unterkühlung zum Tode führen.

Selten sind Tötungen durch Erfrieren, bei denen Verstorbene bewusst der Kälte ausgesetzt sind (**Abb. 7.71**).

Fall 1

Abb. 7.71: Auffindesituation

Fall 1

In diesem Fall war ein 20 Jahre alt gewordener Mann im Winter im Wald nahezu unbekleidet mittels einer Drahtschlinge an das Unterholz gefesselt worden. Er kam nach etwa 6-stündiger Kälteexposition durch Unterkühlung ums Leben. Die später gefassten Täter wurden wegen Mordes zu einer lebenslangen Freiheitsstrafe verurteilt.

Wesentliche Sektionsbefunde	• Leichnam eines 20 Jahre alt gewordenen Mannes. • Typische Unterkühlungsbefunde und Verletzungen durch Fesselungen der Hände und Füße.
Todesursache	Unterkühlung

Fall 2

Abb. 7.72

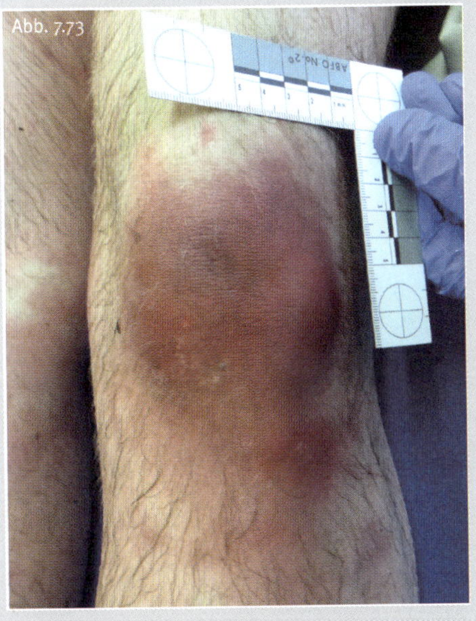
Abb. 7.73

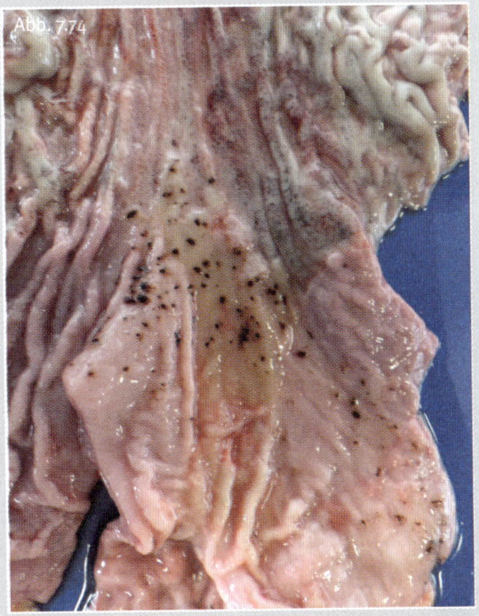
Abb. 7.74

Abb. 7.72: 24 Jahre alt gewordener Mann, der im Winter tot in Rückenlage unbekleidet in einem Bach aufgefunden wurde. Atemöffnungen oberhalb der Wasseroberfläche. Bekleidungsstücke in Nähe des Leichnams.
Abb. 7.73: Ausgeprägte Kälteerytheme. Todesursache: Unterkühlung bei Amphetaminintoxikation.
Abb. 7.74: Hämorrhagische Magenschleimhauterosionen bei kältebedingt sehr gut erhaltener Magenschleimhaut.

Fall 2	
Auffindesituation	• Ein 24 Jahre alt gewordener Mann wurde im Dezember unbekleidet im Wald in einem Bach aufgefunden (**Abb. 7.72**). • Die Atemöffnungen oberhalb der Wasseroberfläche. • Lediglich am linken Fuß ein noch ordnungsgemäß sitzender Schuh. Ansonsten der Leichnam völlig unbekleidet. • In einigen Metern Entfernung fußwärts des Leichnams wurde im Bach die Bekleidung des Verstorbenen aufgefunden.
Wesentliche Sektionsbefunde	• Leichnam eines 24 Jahre alt gewordener Mannes. • Körpergewicht 102,7 kg. • Körpergröße 185 cm. • Kälteerytheme über den Kniegelenken (**Abb. 7.73**), den Ellenbogengelenken, den Streckseiten beider Unterschenkel. • Hämorrhagische Magenschleimhauterosionen (**Abb. 7.74**). • Keine gröberen vorbestehenden krankhaften Veränderungen der inneren Organe. • Oberflächliche Oberhautanritzungen bzw. streifenförmige Hautrötungen wie durch Geäst oder Dornen. • Keine anderweitigen Verletzungszeichen. Waschhautbildung der Hände und Füße.
Chemisch-toxikologische Untersuchungen	Urin: • Amphetamine (immunologisch): positiv • Methampehtamin (immunologisch): positiv • Ecstasy (immunologisch): positiv • Amphetamin: > 500 ng / ml (ca. 48.965 ng / ml) • Methamphetamin: 22,0 ng / ml • Urinalkoholkonzentration (UAK): 0,00 ‰ Herzblut: • Amphetamine (immunologisch): positiv • Olanzapin: 48,3 ng / ml Femoralblut: • Amphetamin: 304 ng / ml • Olanzapin: 56,0 ng / ml • Blutalkoholkonzentration(BAK): 0,00 ‰
Todesursache	Unterkühlung

Die in der Femoralblutprobe aufgefundene Menge an Amphetaminen liegt im toxischen Bereich (ab 200 ng / ml) und spricht dafür, dass der Verstorbene zum Zeitpunkt des Todes unter einer deutlichen akuten Einwirkung von Amphetamin stand. Offensichtlich infolge amphetaminbedingten Wärmegefühls entkleidete sich der Betroffene.

Die sehr ausgeprägten Kälteerytheme sprechen dafür, dass er zunächst unbekleidet durch den Wald irrte. Bei Immersionshypothermie im Winter wären keine so ausgeprägten makroskopischen Unterkühlungsbefunde zu erwarten, da es relativ rasch zu einer letalen Auskühlung kommt.

7.14 Seltene Ursache einer Hämoptyse

Prof. Dr. med. Burkhard Madea

Als Hämoptyse bezeichnet man das Abhusten von Blut aus dem Respirationstrakt. Das Ausmaß der Blutung kann von kleinen Beimengungen im Sputum bis hin zu größeren Mengen reinen Blutes reichen. Die Differentialdiagnose der Hämoptyse ist außerordentlich umfangreich und umfasst neben extrathorakalen Blutungsquellen in Nasopharynx, Mundhöhle und Gastrointestinaltrakt tracheobronchiale Blutungsquellen (Bronchialkarzinom, Bronchiektasen und Atemwegsverletzungen), Lungenparenchymerkrankungen (Tuberkulose, Goodpasture-Syndrom und Lungenkontusion), primär vaskuläre Ursachen (arteriovenöse Malformation und erhöhter pulmonal-venöser Druck) sowie schließlich auch andere seltene Ursachen (pulmonale Endometriose, systemische Koagulopathie).
Iatrogene Ursachen von Hämoptysen sind z. B. Atemwegsverletzungen im Rahmen von Bronchoskopien bzw. eine pulmonale Arterienruptur durch Manipulation mit Pulmonaliskathetern. Eine weitere Blutungsquelle aus den Atemöffnungen austretenden Blutes ist der Gastrointestinaltrakt. Eine außerordentlich seltene Ursache einer Haemoptoe ist die intrapulmonale Ruptur eines Aortenaneurysmas.

Fallbeispiel

Ein 40 Jahre alt gewordener Mann blutete morgens um 6:40 Uhr stark aus Mund und Nase und wurde deswegen in einem Notfallzentrum vorstellig. Am Tag zuvor habe er beim Autofahren ein Schmerzereignis von < 20 Minuten Dauer verspürt. Die Schmerzen, aus dem Kiefer in den Rücken ziehend, seien spontan rückläufig gewesen. Am Tag zuvor waren ebenfalls Schmerzen im rechtsseitigen Schulterblatt, Dyspnoe, jedoch keine Angina pectoris aufgetreten. Nach initialer Untersuchung in der Hals-Nasen-Ohren-Klinik wurde er zur weiteren Abklärung über die Kardiologie in die Endoskopie der Gastroenterologischen Abteilung der Klinik für Innere Medizin geleitet. Im Notfallzentrum bestanden keine Schmerzen. Der Blutdruck betrug 120 / 80 mmHg, der Puls 98 / min. Gegen 11:26 Uhr wurde ein kardiologisches Konsil durchgeführt. Hierbei ergaben sich weder klinisch noch laborchemisch Zeichen einer kardio-pulmonalen Symptomatik. EKG, Laboruntersuchungen und Blutdruckmessung an beiden Armen waren unauffällig.
Der Patient wurde für eine geplante Ösophagogastroduodenoskopie in die Endoskopie geschickt. Gegen 12:15 Uhr hatte er noch Telefonkontakt mit seiner Freundin. Von einer Putzkraft wurde er gegen 14:00 Uhr in der Gastroenterologieambulanz nicht ansprechbar aufgefunden. Es sei zu einem plötzlichen Hämoglobinabfall gekommen. Trotz intensivster ärztlicher Maßnahmen und einer explorativen Thorakotomie verstarb der Patient.

Rechtsmedizinische Kasuistik

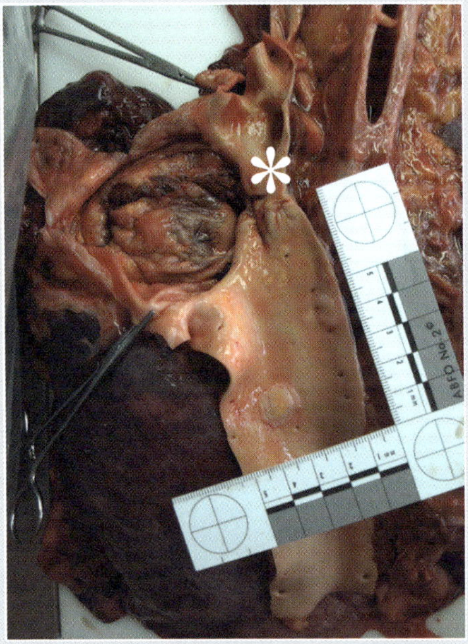

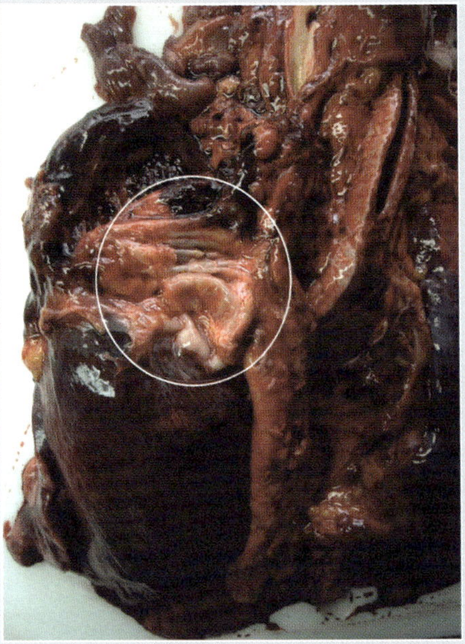

Abb. 7.75 (links): Rückseitiges Herz-Lungen-Paket mit Aneurysma des Aortenbogens. Asterisk: primäre Rupturstelle.
Abb. 7.76 (rechts): Aneurysma der Körperhauptschlagader im Bogenanteil mit intrapulmonaler Ruptur. Kreis: Aneurysmawand.

Als Ursache für die Hämoptyse fand sich eine 6 × 4 cm große Aussackung der Körperhauptschlagader in Höhe des linken Lungenhilus (**Abb. 7.75**). Bei vorsichtiger Präparation ließen sich in diesem Gebiet Fadenreste, ein Patch und chirurgische Nähte sichern (**Abb. 7.76**). An der ventralen Seite dieser Aussackung stellte sich ein leicht winkelförmiger, insgesamt 2 cm messender Einriss durch alle Wandschichten dar, der in das Parenchym des linken Lungenoberlappens gelangte (**Abb. 7.77**). Weiterhin fanden sich drei radiäre Einrisse der Aorta mit einem Umfang von insgesamt 6–7 cm mit freier Ruptur in die linke Brusthöhle. Die Wandstruktur der Aorta im Bereich des Aneurysmas ist deutlich gestört (**Abb. 7.78**).

Todesursache war eine primär intrapulmonale und final intrapleurale Ruptur eines Aneurysmas der Körperhauptschlagader im Bereich eines zur Korrektur der Aortenisthmusstenose angebrachten Patches. Es konnte in Erfahrung gebracht werden, dass der Verstorbene im Alter von 7 Jahren wegen einer Aortenisthmusstenose behandelt wurde, zur Korrektur der Stenose war ihm ein Dacron-Patch in die Körperhauptschlagader eingenäht worden. Da derartige Komplikationen bekannt sind, sollen Patienten, bei denen die Aortenisthmusstenose mit einer Patch-Angioplastie therapiert wurden, regelmäßig echokardiographisch kontrolliert werden.

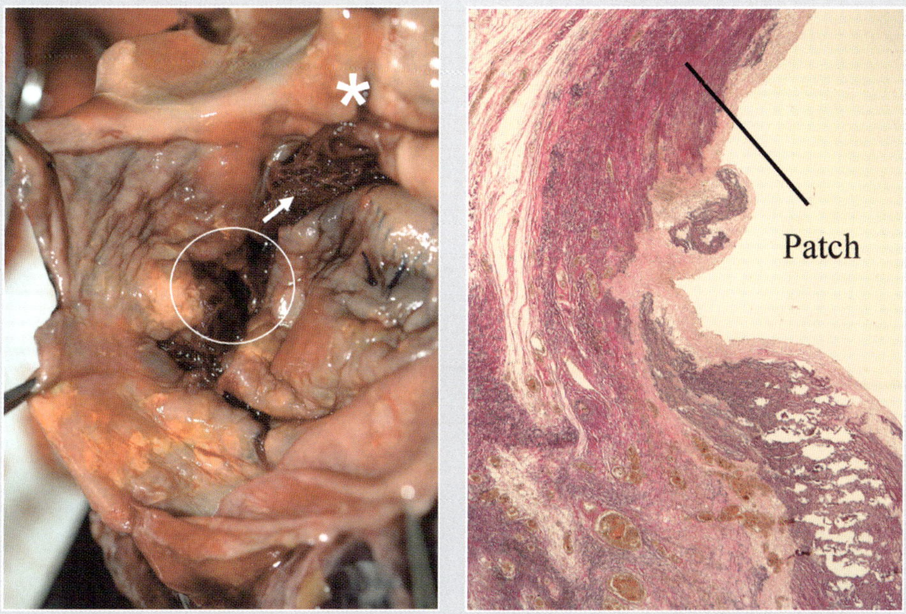

Abb. 7.77 (links): Aneurysma der Körperhauptschlagader mit primärer intrapulmonaler und finaler intrapleuraler Ruptur. Asterisk ursprüngliche Ruptur; Pfeil Lungengewebe; Kreis: finale Ruptur.
Abb. 7.78 (rechts): Gestörte Wandstruktur der Aorta im Bereich des Aneurysmas (Elastica-van-Gieson-Färbung; primäre Vergr. 20:1).

7.15 Plötzliche Todesfälle bei Infektionskrankheiten

Prof. Dr. med. Burkhard Madea, Dr. med. Elke Doberentz

Unter den plötzlichen Todesfällen aus natürlicher Ursache stehen mit 50–70 % die Herzkreislauferkrankungen eindeutig im Vordergrund. Bei den letalen Infektionserkrankungen stehen hinsichtlich der Organsysteme infektiöse Erkrankungen der Lunge und der oberen Atemwege an vorderer Stelle, die 4–5 % der Todesursachen eines forensischen Sektionsgutes bzw. bei Verwaltungssektionen ausmachen.

Auch wenn es sich bei den letalen Lungenerkrankungen häufig um chronische Prozesse handelt, imponieren sie aufgrund einer fehlenden Diagnose zu Lebzeiten häufig als plötzlicher Tod.

Bei infektiösen Prozessen dominieren Pneumonien, insbesondere Lobärpneumonien, die sich – zu Lebzeiten nicht erkannt – dann autoptisch als Todesursache präsentieren. Aber auch andere gravierende Infektionserkrankungen werden oftmals zu Lebzeiten nicht diagnostiziert, selbst wenn ein Arzt konsultiert wurde (z. B. nicht erkannte Hirnstammenzephalitis bei einem Kind). Pleuraempyeme entwickeln sich typischerweise bei Lobärpneumonien (2–5 % der Fälle). Sie sollen etwa in 10 % der Fälle den Verlauf parapneumonischer Ergüsse komplizieren und mit einer erheblichen Morbidität und Mortalität assoziiert sein. Klinische Symptome sind u. a. Husten, Auswurf, Fieber, Nachtschweiß, Gewichtsabnahme und Atemnot. Komplikationen sind Perforationen in Nachbarorgane. Unbehandelt versterben die Patienten an den Folgen der Infektion durch Sepsis oder Kachexie. Pleuraempyeme werden gehäuft als Komplikationen konsumierender Erkrankungen (z. B. maligne Lungentumoren) beobachtet.

Fall 1

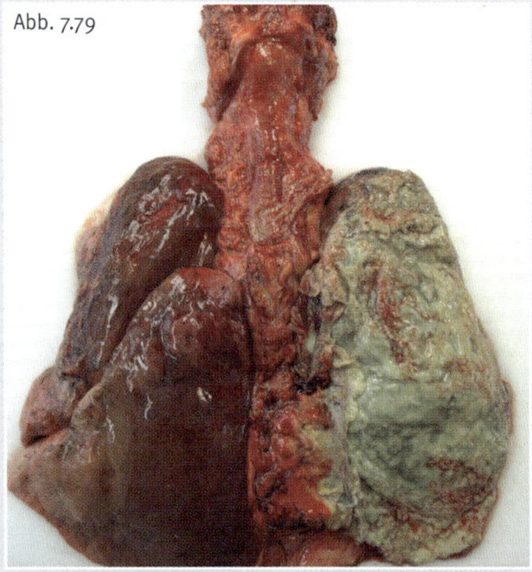

Abb. 7.79: Aufsicht auf das Thoraxorganpaket mit eitrig-rahmigem Pleuraempyem.
Abb. 7.80: Rechtsseitige Pleura parietalis.
Abb. 7.81: Detailaufnahme der rechtsseitigen Pleura visceralis.

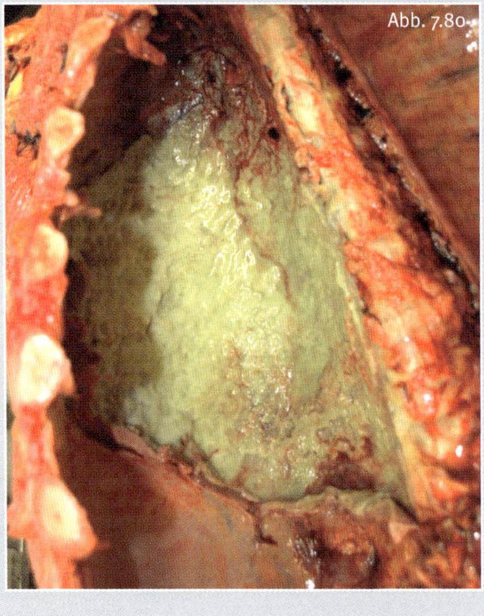

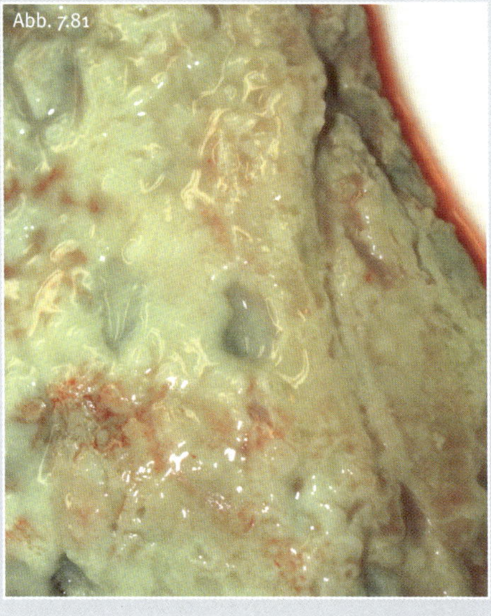

Fall 1

Ein 50-jähriger Mann mit einer bekannten Alkoholabhängigkeit wurde 15 Tage vor seinem Tod bei seinem Hausarzt vorstellig, um eine Entziehungskur zu beantragen. Seine Familie teilte mit, dass er in den letzten Wochen mehrere Kilogramm Gewicht verloren und oft gehustet habe.

Auffindesituation	• Der Leichnam wurde in den frühen Morgenstunden tot auf einem Sofa in seiner Wohnung aufgefunden.
Wesentliche Sektionsbefunde	• Leichnam eines 50 Jahre alt gewordenen Mannes. • Körpermasse 81 kg. • Körperlänge 171 cm. • Eitrig-rahmiges Pleuraempyem (2.000 ml) der rechten Brusthöhle mit massiver Verdickung der Pleura visceralis (**Abb. 7.77–7.79**),. rechtsseitige Lobärpneumonie, • Linksseitiges Lungenödem. • Lungengewicht rechts 690 g, links 680 g. • Massive Steatosis hepatis bei nutritiv toxischer Leberschädigung, • Funktionshypertrophie der Nieren (Gewicht zusammen 540 g). • Mäßiggradige allgemeine Arteriosklerose. • Exzentrische biventrikuläre Herzhypertrophie. • Schockenteropathie, • Plexuszysten, • ansonsten altersentsprechende Organbefunde. • Die Blutalkoholkonzentration betrug 1,47 ‰. • Eine mikrobiologische Probe aus dem Pleuraempyem war steril.
Todesursache	• Lungenentzündung mit Pleuraempyem.

Das Erysipel ist eine schwere Erkrankung, die aufgrund einer bakteriellen Invasion der Haut über kleine Eintrittspforten, insbesondere bei Patienten mit entsprechenden Risikofaktoren, auftritt. Todesfälle sind selten, da in der Regel ärztliche Hilfe in Anspruch genommen wird. Bei ausbleibender ärztlicher Behandlung – in der heutigen Gesellschaft sicher ungewöhnlich – kann das Erysipel von selbst ausheilen. Bei Vorliegen von Risikofaktoren, wie einer alkoholbedingten Leberzirrhose, Diabetes mellitus und Adipositas, ist das Risiko der Entwicklung einer phlegmonös-abszedierenden Entzündung und einer sich von subkutan ausbreitenden Entzündung [mit lokal begrenzter Entzündung des Unterhautfettgewebes (Pannikulitis), Fasziitis, Myositis] erhöht. Diese Patienten bedürfen einer besonderen ärztlichen Überwachung. Kommt es zu Komplikationen, kann eine Ausbreitung der Entzündung zum Tod führen.

Fall 2

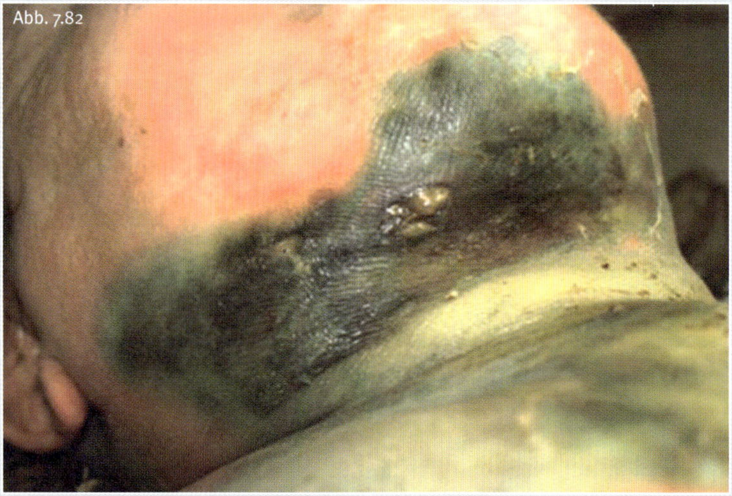

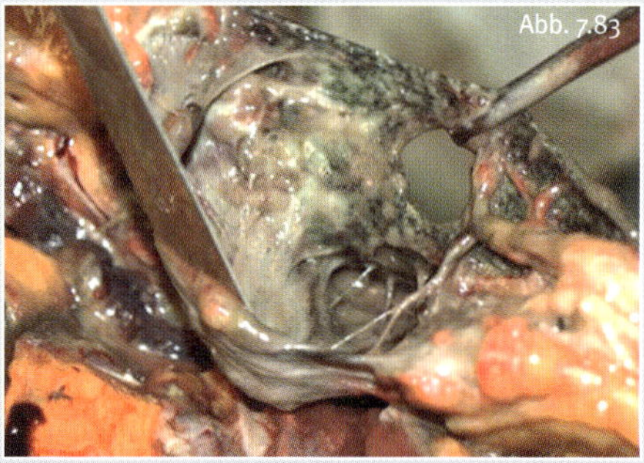

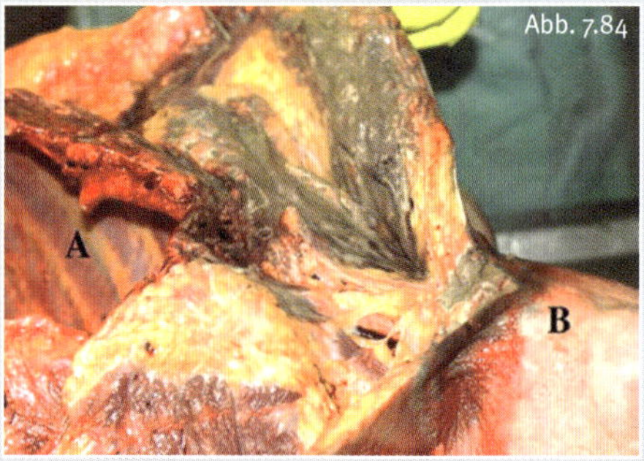

Abb. 7.82: Grünverfärbung der Haut über dem rechten Unterkieferast mit lochartigen Hautdefekten, aus denen sich putrides Sekret entleert.
Abb. 7.83: Abszessbedingte, subkutane, perimandibuläre Taschenbildung unter den Hautdefekten des rechten Unterkiefers.
Abb. 7.84: Phlegmonös-abszedierende Ausbreitung der Entzündung in das subkutane Gewebe des rechten Dekolletés (A: Blick in die rechte Brusthöhle, B: Hals).

Fall 2

Eine 46 Jahre alte Frau lehnte schon seit Jahren ärztliche Behandlung ab und therapierte sich selbst mit Hausmitteln. Trotz heftiger Schmerzen und entzündlichen Veränderungen im Hals hatte sie sich geweigert, einen Arzt aufzusuchen und war zu Hause verstorben.

Wesentliche Sektionsbefunde	• Leichnam einer 46 Jahre alten Frau. • Bei der rechtsmedizinischen Obduktion zeigte sich eine phegmonös-abszedierende Entzündung ausgehend von einem Areal über dem rechten Unterkieferast.
Todesursache	Todesursache war ein Endotoxinschock bei phlegmonös-abszedierendem Erysipel mit nekrotisierender Fasziitis (**Abb. 7.82–7.84**).

Bei frühzeitiger ärztlicher Konsultation, richtiger Diagnosestellung und Therapie hätte der Tod vermieden werden können.

7.16 Diabetische Stoffwechselentgleisungen

Prof. Dr. med. Burkhard Madea, Dr. med. Elke Doberentz

In Deutschland sind etwa 90 % der an Diabetes erkrankten Typ II-Diabetiker und 5 bis 10 % Typ I-Diabetiker. Dabei verläuft insbesondere der Typ II-Diabetes lange Zeit asymptomatisch. Das diabetische Koma ist bei ca. 25 % der Betroffenen das Erstsymptom der Erkrankung und tritt am häufigsten in der Altersgruppe der 40 bis 60-Jährigen auf mit einer Inzidenz von 5 bis 12,5 pro 1.000 Diabetiker und einer Mortalität zwischen 20 und 25 %. Der Nachweis der Todesursache „Coma diabeticum" erfolgt an Glaskörperflüssigkeit, da aufgrund der topografisch isolierten Lokalisation autolytische Prozesse deutlich protrahierter als im Blut und im Liquor ablaufen und statistisch abgesicherte Diskriminanzwerte für die Diagnose eines Coma diabeticum vorliegen.

Darüber hinaus kann auch die Messung der Glycolisierung des HbA1c als Langzeitparameter für die Qualität einer Therapie eines Diabetes mellitus herangezogen werden.
Die Auffindesituation bei diabetischen Stoffwechselentgleisungen kann zunächst auch auf ein Delikt hindeuten, etwa aufgrund von Verletzungsbefunden oder des quasi gleichzeitigen Todes zweier Personen.

Fall 1

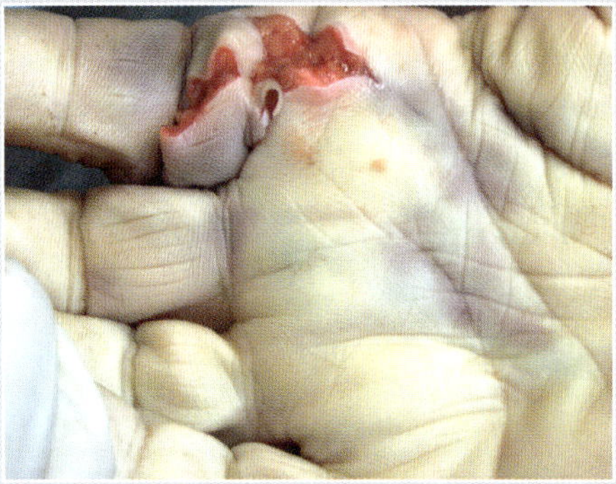

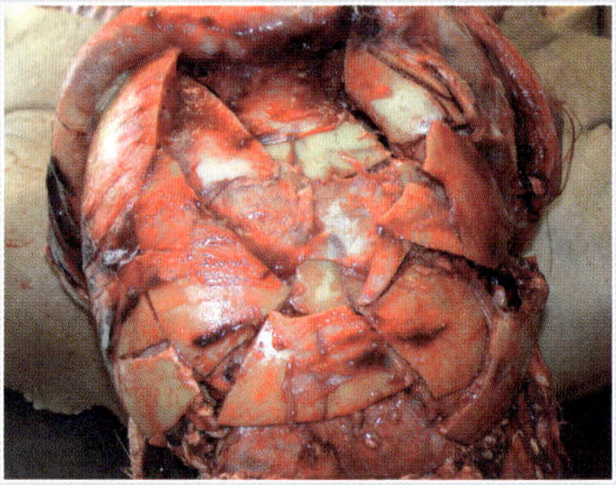

Abb. 7.85 (links): Glattrandige Hautdurchtrennung über dem Grundgelenk des 2. Fingers der rechten Hand beugeseitig.
Abb. 7.86 (rechts): Trümmerbruch des Schädeldaches.

Fall 1	
Auffindesituation des Mannes	Ein 64-jähriger Mann wurde am Morgen unbekleidet am Fuße einer Treppe im Flur seines Hauses aufgefunden. An Händen und Füßen zeigte der Mann mehrere Riss- und Schnittwunden (**Abb. 7.85**). Die Wohnung machte einen durchwühlten Eindruck, mehrere Möbelstücke und Stühle waren umgestoßen. Durch die Polizei wurden regelrechte Verschlussverhältnisse der Wohnung festgestellt. Der Mann war bekannter Diabetiker, der seine ihm verordneten Medikamente jedoch nach eigenem Ermessen dosierte.
Wesentliche Sektionsbefunde	• Leichnam eines 64 Jahre alten Mannes • Die chemisch-toxikologischen Untersuchungen einschließlich einer BAK-Bestimmung verliefen negativ. • Der Summenwert aus Glukose und Laktat betrug 446,5 mg/dl, der HbA_{1c} Wert war mit 6,5 % leicht erhöht.
Todesursache	• Die Obduktion ergab als Todesursache ein schweres Schädelhirntrauma mit Trümmerbruch des Schädels (**Abb. 7.86**) und der Schädelbasis.

Aufgrund der durchwühlten Wohnung, der Auffindungssituation, des Bekleidungszustandes sowie einzelner, sich nicht zwanglos in ein Sturzgeschehen einordnende Verletzungen, bestand zunächst der Verdacht auf ein Tötungsdelikt. Aufgrund des hohen Summenwertes aus Glukose und Laktat konnte hier jedoch bei lang bekanntem Diabetes mellitus eine präfinale Desorientiertheit angenommen werden, die letztendlich Auslöser für das Sturzgeschehen war.

Fall 2 und 3

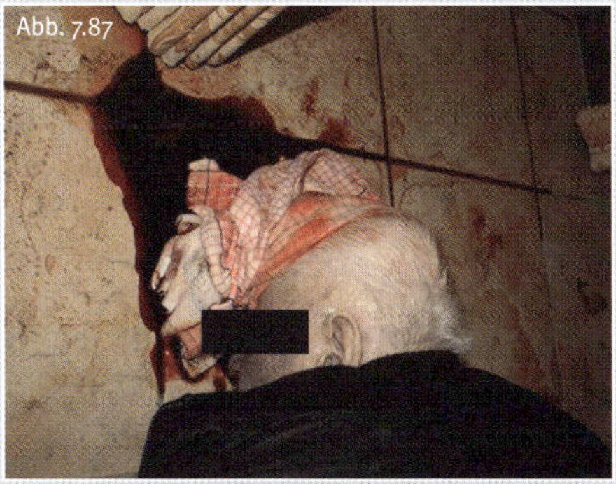

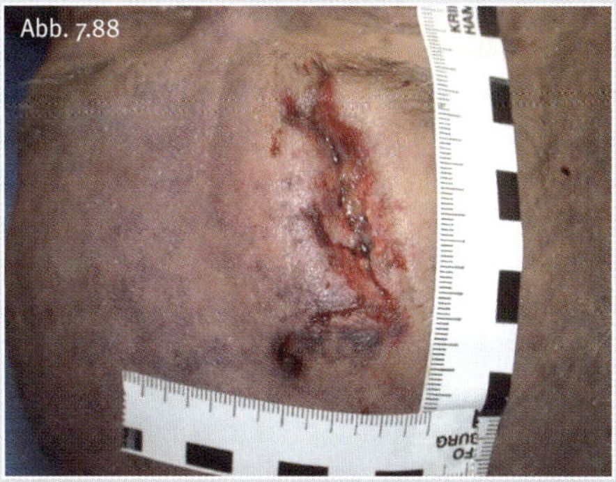

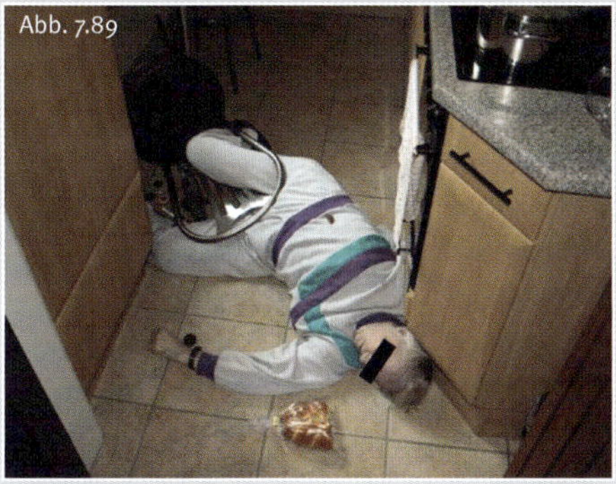

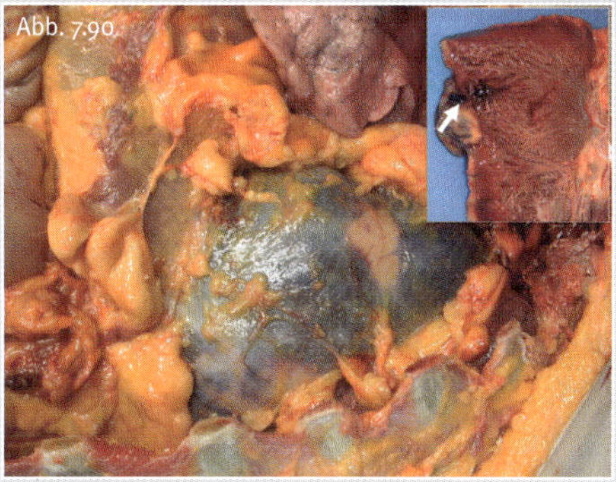

Abb. 7.87: Auffindesituation im Flur der Wohnung.
Abb. 7.88: Platzwunde über der rechten Augenbraue.
Abb. 7.89: Auffindesituation in der Küche.
Abb. 7.90: Hämoperikard bei rupturiertem Myokardinfarkt.

Fall 2 und 3	
Auffindesituation des Mannes	Ein älteres Geschwisterpaar wurde tot in der unverschlossenen gemeinsamen Wohnung aufgefunden. Der 76 Jahre alte Mann wurde im Flur der Wohnung in Bauchlage vorgefunden, der Kopf in einer großen Lache flüssigen Blutes (**Abb. 7.87**). Um den Kopf war ein Handtuch gewickelt. Über der rechten Augenbraue zeigte sich eine Riss-Quetschwunde (**Abb. 7.88**). Bei dem Mann war kein Diabetes mellitus bekannt.
Wesentliche Sektionsbefunde des Mannes	• Bei der Obduktion des Mannes zeigten sich eine deutliche Hypertrophie des Herzens mit Dilatation aller Herzhöhlen, eine schwere allgemeine Arteriosklerose und ein alter Hinterwandinfarkt. • Der HbA_{1c} Wert war mit 7,1 % erhöht, so dass von einem nicht diagnostizierten Diabetes mellitus auszugehen war. • Der Summenwert aus Glucose und Laktat betrug 669,7 mg/ dl.

Fall 2 und 3	
Todesursache des Mannes	Todesursache war eine schwere Koronarsklerose bei Cor bovinum. Die Riss-Quetschwunde über der rechten Augenbraue war als agonale Sturzverletzung zu interpretieren.
Auffindesituation der Frau	Seine 69 Jahre alte Schwester, die seit einer Meningitis in der Kindheit taub und blind war, wurde tot in der Küche liegend aufgefunden (**Abb. 7.89**). Bei der Frau war ein Diabetes mellitus bekannt. Die Auffindesituation legte zunächst den Verdacht eines Deliktes nahe (unverschlossene Wohnung, zwei Verstorbene an einem Auffindungsort).
Wesentliche Sektionsbefunde der Frau	• Auch hier war der HbA1c Wert mit 7,9 % deutlich erhöht, der Summenwert aus Glucose und Laktat betrug 546,3 mg / dl.
Todesursache der Frau	• Bei der verstorbenen Schwester fand sich als Todesursache ein Hämopericard mit 200 ml flüssigem Blut intrapericardial bei einem rupturierten Myocardinfarkt der Herzspitze (**Abb. 7.90**).

Obduktions- und postmortal biochemische Befunde konnten ein Delikt rasch ausschließen. Die kriminalpolizeilichen Ermittlungen gingen davon aus, dass die Schwester über ihren bereits auf dem Boden liegenden Bruder gestolpert sei, diesen noch mit einem Handtuch versorgt habe und dann selbst verstarb. Fall 2 und 3 stellen die seltenen Fälle eines quasi gleichzeitigen Todes aus innerer krankhafter Ursache bei zusammenlebenden Personen dar.

> **!** Die beiden Fälle zeigen, dass die postmortal biochemische Analyse von Glaskörperflüssigkeit nicht nur einen essentiellen Beitrag zur Feststellung der Todesursache *Coma diabeticum* leistet, sondern darüber hinaus in zunächst kriminalistisch unklaren Fällen maßgeblich zur Aufklärung beitragen kann.

Im Fall 1 lag als Todesursache ein schweres Schädel-Hirn-Trauma vor; die Umstände des Falles waren zunächst auf ein Delikt verdächtig. Der hohe Summenwert aus Glucose und Laktat konnte hier eine präfinale Desorientiertheit erklären und damit möglicherweise auch das Durchwühlen der Wohnung und den akzidentellen Treppensturz. Auch in den Fällen 2 und 3 legte die Auffindesituation mit zwei Verstorbenen in einer nicht verschlossenen Wohnung den Verdacht auf ein Delikt nahe. Die autoptisch und histologisch festgestellten Herzvorschädigungen auf der Basis eines schlecht eingestellten Diabetes mellitus konnten diesen jedoch schnell entkräften.

7.17 Ungewöhnliche Ursache einer Sepsis

Prof. Dr. med. Burkhard Madea

Von Sepsis spricht man bei einer allgemeinen Infektion mit Krankheitssymptomen, die infolge einer Streuung von Mikroorganismen (Bakterien, Pilze) von einem Herd aus in die Blutbahn entstehen. Bei einer schweren Sepsis treten Dysfunktionen von Organsystemen auf, wobei alle Organsysteme betroffen sind (insbesondere Lungen und Nieren). Der septische Schock stellt sich klinisch als Kreislaufdysregulation durch Entzündungsreaktion auf bakterielle Toxine dar. Sepsisherde sind häufig der Urogenitaltrakt (Harnwegsinfektionen, postpartale Infektionen), Haut (Wundinfektionen, Pyodermien), HNO-Bereich (z. B. Tonsillitis, Sinusitis, Otitis), Lunge (z. B. Pneumonie), Darm (z. B. Peritonitis) und Gallenwege (z. B. Choleangitis). Prädisponierende Faktoren sind Immunsuppression, Diabetes mellitus, Malignome, Leberzirrhose. Erreger sind vorwiegend gramnegative Bakterien wie Echerichia coli und andere Enterobacteriaceae, Pseudomonos aeruginosa, Menigokokken, aber auch grampositive Bakterien wie Staphylococcus aureus und Streptokokken. Auch auch ungewöhnliche Erreger können Auslöser einer perakuten Sepsis sein.

Fusobakterien gehören zur normalen Population der Schleimhaut des Mundes, der oberen Atemwege und des Gastrointestinaltraktes. Beim *Fusobacterium necrophorum* handelt es sich um ein gramnegatives, nicht sporenbildendes, obligat anaerobes fadenförmiges Bakterium. Infektionen setzen eine Invasion in Gewebe voraus; sie sind eher selten. *Fusobacterium necrophorum* führt z. B. auch bei Rindern, Schafen, Ziegen und Känguruhs zu Infektionen. Beim Menschen ist am bekanntesten das Lemierre-Syndrom, bei dem es zu einer septischen Thrombophlebitis der Vena jugularis interna kommen kann. Nach einer initialen Pharyngitis entsteht eine Infektion des Pharynx. Nach septischer Thrombophlebitis der Vena jugularis interna kann die Infektion u.a. in Lungen, Gehirn und Gelenke streuen. Außerdem sind aber auch schwere foudroyant verlaufende Formen (z. B. Sepsis) bekannt. Betroffen sind vor allem junge Erwachsene und Heranwachsende. In der vorantibiotischen Ära betrug die Mortalität 90%. Auch bei antibiotischer Therapie beträgt sie heute immer noch 10–20%.

Die Todesursache im Sterbefall eines 19 Jahre alt gewordenen Mannes konnte zunächst durch die Obduktion nicht geklärt werden. Erst in der Zusammenschau aller Befunde (makroskopische Sektionsbefunde, rasch progrediente und nicht mit der Liegezeit korrespondierende Fäulnis, histologisch kolonieartiges Bakterienwachstum, Nachweis von Indol im Femoralvenenblut), konnte die begründete Verdachtsdiagnose einer Sepsis als Todesursache gestellt werden.

7.17.1 Kasuistik

Fallbeispiel	
Vorgeschichte	Im gegenständlichen Fall wurde ein 19 Jahre alt gewordener Mann (123 kg Körpergewicht, 186cm Körperlänge, im Nebenerwerb im landwirtschaftlichen Betrieb der Eltern tätig) am Morgen seines Geburtstages tot in seinem Bett gefunden, nachdem er am Vorabend darüber geklagt hatte, sich verhoben zu haben und er sich übergeben musste. Als Todeszeitintervall kam der Vortag, ca. 22:30 Uhr bis zum Auffindetag, ca. 09:30 Uhr, in Frage. Bei Auffindung war der Rigor mortis am Unterkiefer und an Armen und Beinen stark ausgeprägt. Lidhäute und Konjunktiven zeigten deutliche Petechien. Der Verstorbene wurde regulär von einer Bettdecke umhüllt aufgefunden (Rückenlage). Die Totenflecke waren auf stumpfen Druck noch wegdrückbar. Über die Temperatur im Zimmer des Mannes liegen keine Erkenntnisse vor (Vorfallszeit Januar). Nach Auffindung des Toten um etwa 09:30 Uhr nahmen die polizeilichen Untersuchungen und der Leichentransport etwa 4 Stunden in Anspruch, so dass sich der Leichnam ab etwa 13:30 Uhr in der Institutskühlung befand.
Wesentliche Sektionsbefunde	Die zwei Tage post mortem durchgeführte Obduktion bei zwischenzeitlicher Kühlung des Leichnams bei ca. +2 °C ergab folgende Befunde: • Fortgeschrittene Fäulnis mit durchschlagendem Venennetz und deutlicher, gleichmäßig dunkler Verfärbung der Haut. • Insbesondere die Haut des Brustkorbes mit zahlreichen, unregelmäßig konfigurierten Hautrötungen (**Abb. 7.91**). • Zersetzung des Blutes. • V. a. Einblutung in die rechte Nebenniere. • Pharynx und Hypopharynx ohne Entzündungszeichen. • Blutiger Erguss in der rechten Brusthöhle. • Kleinblasiges subpleurales Emphysem rechts. • Akute Stauung im kleinen Kreislauf. • Hirnödem. • Allgemein fäulnisveränderte Organe. • Auffallend stechend-aromatischer Geruch. • Ansonsten altersentsprechende reguläre Organbefunde.
Todesursache	• zunächst unklar

Auf der Grundlage der makroskopischen Sektionsbefunde war die Todesursache zunächst nicht zu klären. Mikrobiologisch waren im Gewebe aus dem rechten Lungenunterlappen neben normaler Fluora der oberen Luftwege sehr spärlich *Staphylococcus aureus* und in anerober Kultur Fusobacterium necrophorum nachweisbar. Histologisch zeigte sich ein kolonieartiges Bakterienwachstum. Im Ergebnis der mikrobiologischen und histologischen Untersuchungen ergab sich in der Zusammenschau aller Befunde die Diagnose einer perakut tödlich verlaufenden Sepsis durch *Fusobacterium necrophorum*.

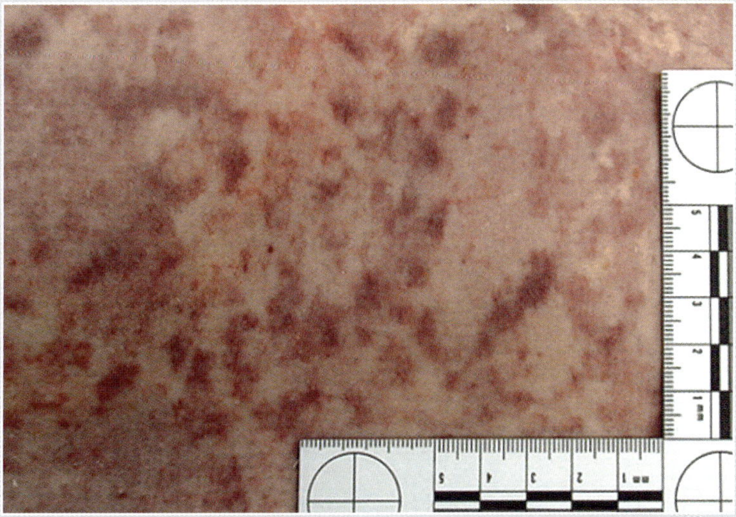

Abb. 7.91: Multiple Hauteinblutungen bei septischer DIC (Disseminierte intravasale Koagulopathie).

7.18 Todesfall durch Varizenblutung

Prof. Dr. med. Burkhard Madea, Dr. med. Elke Doberentz

Todesfälle durch Oesophagusvarizenblutungen bei portaler Hypertension können zu massiven Blutspuren in der Umgebung des Verstorbenen führen, die zunächst den Verdacht auf ein Tötungsdelikt lenken. Aber nicht nur Oesophagusvarizen, sondern auch periphere Varizen können bei Ruptur zum Tod durch Verbluten führen.

Fallbeispiel	
Auffindesituation der Frau	Eine 78 Jahre alt gewordene Frau wurde von ihrer Tochter tot im Badezimmer ihrer Wohnung aufgefunden (**Abb. 7.92**). In der Küche fanden sich massive Blutlachen (Abb. 2), weiterhin wurde in der Küche Heftpflaster gefunden sowie blutige Fußspuren von der Küche zum Badezimmer (**Abb. 7.95** und **7.95**).
Wesentliche Sektionsbefunde	• Leichnam einer 78 Jahre alt gewordene Frau. • Bei der Obduktion zeigte sich ein 1–2 mm durchmessender Hautdefekt der linken Ferse (**Abb. 7.93**), bei dem es sich um eine Perforation einer Varize handelte (**Abb. 7.94**).
Todesursache	• Todesursache war ein Verbluten bei Ruptur einer Varize.

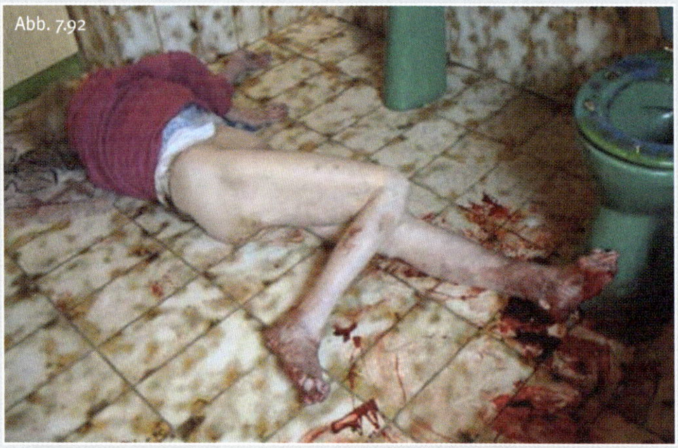

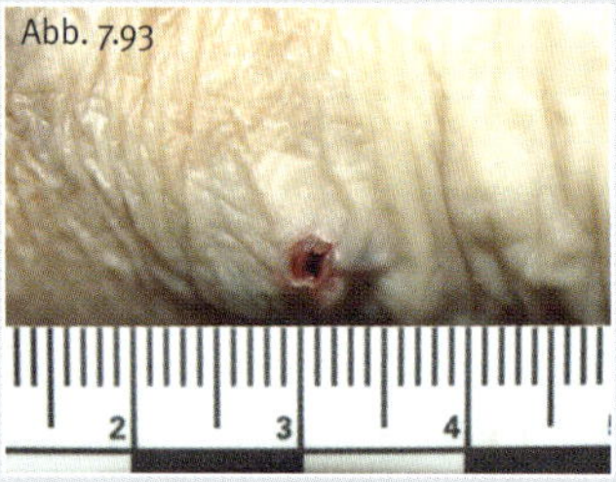

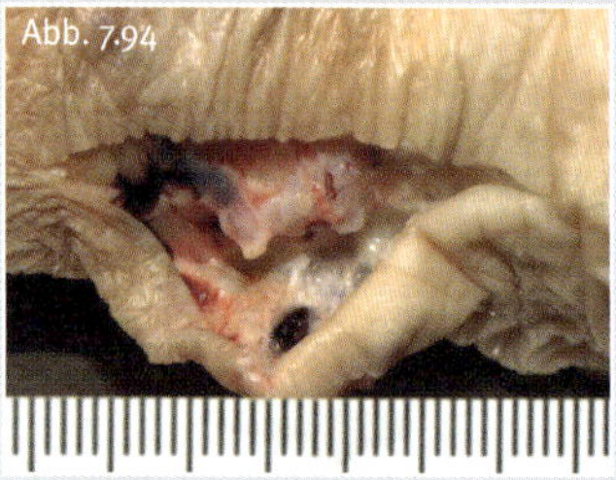

Abb. 7.92: Auffindesituation. Die 76 Jahre alt gewordene Frau wurde leblos im Badezimmer aufgefunden. Um den linken Fuß herum Blutspuren.
Abb. 7.93: 1–2 mm durchmessende Perforation der linken Ferse.
Abb. 7.94: Nach Präparation stellt sich eine rupturierte Varize dar.
Abb. 7.95: Blutlache in der Küche.
Abb. 7.96: Blutige Fußspuren von der Küche zum Badezimmer.

7.19 Tod infolge alkoholischer Ketoazidose

Prof. Dr. med. Burkhard Madea

Die alkoholische Ketoazidose stellt einen medizinischen Notfall dar und ist zunächst durch eine Vermehrung der Ketonkörper (Aceton, Acetoacetat, Beta-Hydroxybutyrat) gekennzeichnet. Die Produktion dieser Ketonkörper wird von einer äquimolaren Menge von Wasserstoffionen begleitet und verursacht daher eine Azidose. Diese ist postmortal aufgrund der anaeroben Glykolyse nicht mehr fassbar, während die Ketonkörper Beta-Hydroxybutyrat, Acetoacetat und Aceton analytisch gut nachweisbar sind. Todesfälle von Alkoholikern können einerseits auf morphologisch fassbare Folgen des Alkoholabusus zurückzuführen sein (Oesophagusvarizenblutung bei portaler Hpyertension, dekompensierte Leberzirrhose) oder es kann eine akute Alkoholintoxikation vorliegen. Es kommt jedoch auch zu Todesfällen, bei denen die Todesursache durch die Obduktion nicht eindeutig geklärt werden kann, auffällig ist dabei eine oft nur sehr geringe Blutalkoholkonzentration.

Ketonkörper entstehen im Körper vor allem in katabolen Stoffwechselsituationen, sie lassen sich vor allen Dingen in Glaskörperflüssigkeit aber auch an Femoralvenenblut gut nachweisen. Oftmals liegen bei Alkoholikern zahlreiche Hämatome in anstoßtypischer Lokalisation vor (**Abb. 7.95** und **7.96**), die aufgrund ihrer Vielzahl aber auch den Verdacht auf ein Delikt lenken können.

Zusätzlich lag im vorliegenden Fall eine fortgeschrittene Mumifikation von Händen und Fußsohlen (**Abb. 7.99** und **7.100**) vor. Die verstorbene 44 Jahre alt gewordene Frau hatte einige Tage zuvor ihren Lebensgefährten wegen Vergewaltigung angezeigt, so dass zunächst unter dem Verdacht eines Tötungsdeliktes ermittelt wurde. Die Obduktion selbst ergab keine morphologisch fassbare Todesursache. Postmortal chemische Untersuchungen ergaben als Todesursache eine alkoholische Ketoazidose.

> ! Für eine sichere Diagnose einer alkoholischen Ketoazidose empfiehlt sich die Bestimmung aller drei Ketonkörper sowie der Ketonkörpersumme in möglichst vielen Matrizes, vor allem in Femoralvenenblut, Glaskörperflüssigkeit und Liquor. Erhöhte Ketonkörperwerte gehen häufig mit lipidhaltigen Vakuolen in den Nierentubuluszellen einher.

Rechtsmedizinische Kasuistik

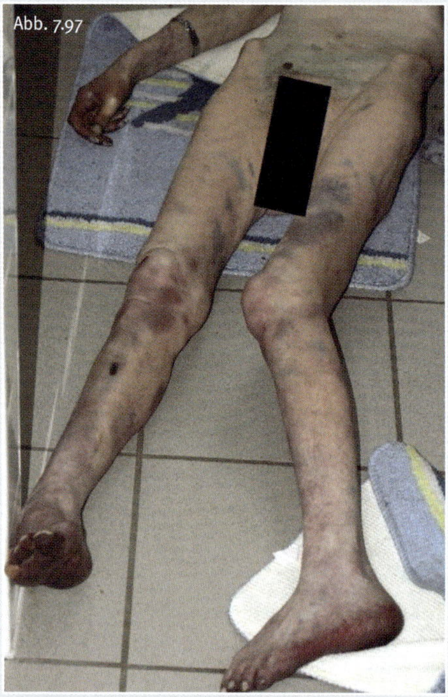

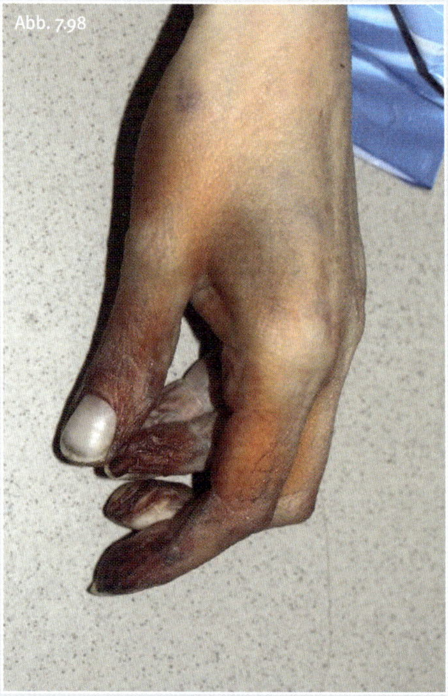

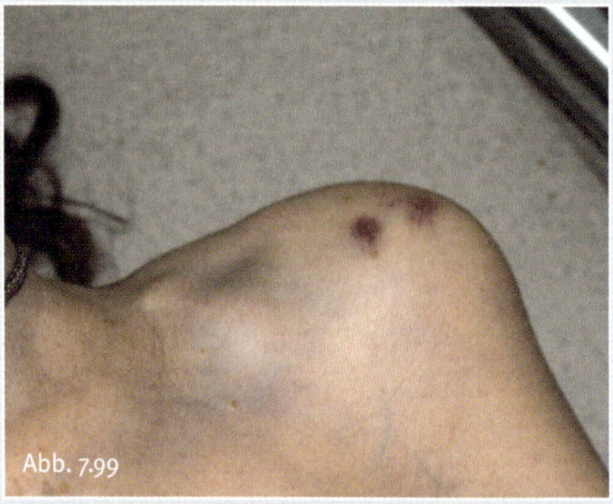

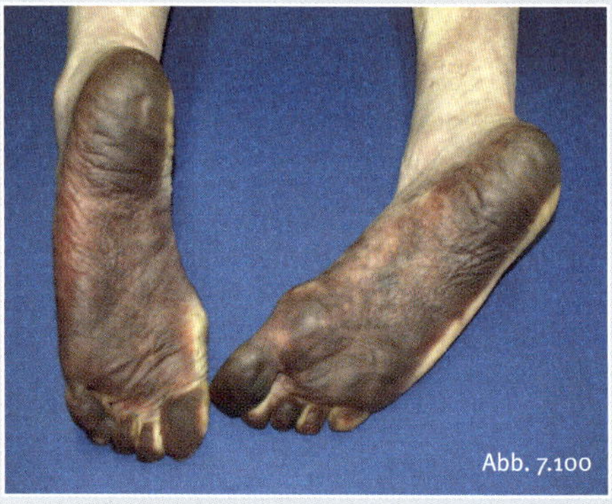

Abb. 7.97: Untere Körperhälfte in Auffindesituation mit zahlreichen Hämatomen an beiden Ober- und Unterschenkeln.
Abb. 7.98: Hämatome an der linken Schulter.
Abb. 7.99: Teilmumifikation der linken Hand.
Abb. 7.100: Mumifikation der Fußsohlen.

Rechtsmedizinische Kasuistik

Toxikologie

Prof. Dr. med. Burkhard Madea
Prof. Dr. rer. nat. Frank Mußhoff
Dr. med. Elke Doberentz

Toxikologie

8.1 Gifttodesfälle

Prof. Dr. med. Burkhard Madea, Prof. Dr. rer. nat. Frank Mußhoff

8.1.1 Allgemeines

Vergiftungen sind durch Gifte unmittelbar verursachte Schädigungen bzw. Krankheiten des Organismus. Art und Ausmaß der Vergiftungssymptomatik hängen ab von der Dosis, der Einwirkungsdauer, der Einwirkungshäufigkeit sowie den pharmako-/toxikodynamischen und pharmako-/toxikokinetischen Eigenschaften des Fremdstoffes. Eine wichtige Grundlage der Toxikologie ist die Erkenntnis des Paracelsus (1538), dass es keine giftigen Substanzen gibt, sondern nur giftige Dosierungen (Anwendungen) von Substanzen, womit der relative Charakter des Begriffes „Gift" erkannt wurde:

> „Alle Dinge sind Gift und nichts ohne Gift, allein die Dosis macht, dass ein Ding kein Gift ist".

Damit wird das Schwellenkonzept für einen Stoff mit reversibler Wirkung beschrieben, worauf sich therapeutische wie subtherapeutische und toxische Dosen oder Konzentrationsbereiche begründen. Allerdings ist die Hypothese unvollständig, da neben der Dosis weitere Parameter wie Einwirkungsart, Einwirkungshäufigkeit und Einwirkungsgesamtzeit von größter Bedeutung sind. Für Stoffe, die reversible Schäden auslösen (z. B. Arzneimittel), lassen sich unwirksame Dosen bzw. Konzentrationen festlegen, während für Stoffe, die irreversible Schäden bewirken, keine Wirkungsschwelle angenommen werden kann. Dies gilt z. B. für Stoffe mit gentoxischer Wirkung. Ob ein Stoff geeignet ist, zu einer Gesundheitsschädigung zu führen, ist nicht nach der abstrakten Möglichkeit, sondern nach den Umständen des Einzelfalles zu beurteilen. Selbst an sich unschädliche Stoffe wie Zucker bei Diabetikern sowie Salz oder Arzneimittel in falscher Dosierung können Gifte sein. Im Einzelfall von Bedeutung sind u.a. die Dosis oder Konzentration sowie Resorptions- und Eliminationseigenschaften, Stoffeigenschaften (Löslichkeit), Beibringungsart, Interaktionen mit weiteren Stoffen, Umweltbedingungen, zeitliche Faktoren der Wechselwirkungen und individuelle Verhältnisse des Vergifteten, wie Geschlecht, Alter, Konstitution, genetische Besonderheiten oder Vorerkrankungen.

In Deutschland werden jährlich 2–3 Millionen Vergiftungsfälle registriert, darunter 3.500 Todesfälle. Ca. 5 % der präklinischen Notarzteinsätze sind durch Intoxikationen veranlasst. 2010 wurden Vergiftungen und toxische Wirkungen (ICD10 T26-T65) in 3.479 Fällen als Todesursache angegeben. 2.208 Fälle wurden verursacht durch Arzneimittel, Drogen und biologische Substanzen, in 1.271 Fällen wurde die toxische Wirkung vorwiegend durch nicht medizinisch verwendete Substanzen verursacht. An die neun Giftnotrufzentralen in Deutschland werden jährlich mehr als 200.000 Anfragen gerichtet.

Eine Vergiftung ist grundsätzlich in Betracht zu ziehen bei:

- Kindern ohne Vorerkrankung oder jungen, gesunden Personen
- Gleichzeitiger Erkrankung mehrerer Personen oder gleichzeitigem Todesfall eines Haustieres
- psychiatrischer Vorerkrankung
- Drogenabhängigkeit
- Personen, an deren Ableben Interesse bestehen könnte (Erblasser, Mitwisser, Nebenbuhler, zur Last fallende Angehörige, Feinde etc.)
- Personen mit Zugang zu Giften (Chemiker, Biologen, Ärzte, Apotheker, Fotografen, Goldschmiede etc.).

Ideale Gifteigenschaften sind:

- geschmacklos
- geruchlos
- farblos
- leicht löslich
- verzögerter Wirkungseintritt
- nicht nachweisbar
- in geringer Dosis tödlich
- leicht zugänglich
- phänokopiert natürliche Erkrankung
- vor Verabreichung chemisch stabil
- wird nach Todeseintritt abgebaut
- findet sich auch in der Umgebung des beerdigten Leichnams (z. B. Arsen).

Gegenüber anderen Begehungsweisen von Delikten zeichnen sich kriminelle Vergiftungen durch folgende Vorteile aus:

- Bei Giften handelt es sich um unsichtbare, „heimliche“ Waffen.
- Gifte werden am Leichenfundort häufig übersehen.
- Im Gegensatz zu mechanischer Gewalteinwirkung gibt es keine sichtbaren Zeichen in Form von Wunden, Hämatomen, Blutungen.
- Gifte schädigen demgegenüber auf zellulärer Ebene.
- Es ist praktisch kein Schutz möglich, da jeder essen, trinken und atmen muss.
- Es gibt keinen Krach, niemand hört etwas, keine Zeugen.
- Präzises Zielen möglich, setzt aber Planung voraus.
- „If you miss, try again“.
- Man kann nicht entwaffnet werden.
- Für einen „schwachen“ Täter ist es leicht möglich, ein „überlegenes“ Opfer zu überwinden.

Die Diagnose einer Vergiftung umfasst:

- Eine gezielte Anamneseerhebung
- Die Inspektion des Fundortes
- Eine umfassende körperliche Untersuchung mit Beachtung typischer Vergiftungssymptome
- Weitergehende apparative Untersuchungen und die Interpretation pathologischer Laboruntersuchungen
- Eine qualitative und quantitative toxikologische Analyse.

Da es bei Vergiftungen kaum charakteristische Leichenschaubefunde gibt, sind für die Verdachtsdiagnose einer Vergiftung ganz besonders die Umstände des Todeseintritts unter Berücksichtigung anamnestischer Daten von Bedeutung. Angaben können manchmal zu medizinisch wie forensisch bedenklichen Fehleinschätzungen führen, da sie nicht selten unvollständig oder sogar (bewusst) falsch sind.

Zu einer gezielten Anamneseerhebung gehören:

- Befragung von Vergifteten/des sozialen Umfeldes wie folgt:
  - Liegt eine Erkrankung vor?
  - Welche Medikamente werden (auch von Angehörigen) eingenommen?
  - Gibt es berufliche, private, soziale Probleme?
  - War der Betroffene in der letzten Zeit depressiv?
  - Ist der Betroffene in psychiatrischer Behandlung?
  - Wurden Suizidabsichten geäußert oder gab es bereits Suizidversuche?
  - Gibt es eine Drogenvorgeschichte?
  - Welchen Beruf und damit Zugang zu Giften haben der Betroffene und seine Angehörigen?
- Inspektion der Umgebung
  - Abschiedsbrief
  - Leere Arzneimittelpackungen
  - Substanzreste in einem Glas, einer Mahlzeit oder einer Spritze (ggf. mit zur Analytik einsenden!)
  - Kontrolle von Abfallkörben, Küche, Bad/Toilette

Die nur wenigen potentiellen Leichenschaubefunde bei Vergifteten sind in **Tab. 8.1** zusammengefasst.

Tab. 8.1

Leichenschaubefunde bei Vergifteten	
Auffindesituation	Totenflecke (hellrot bei CO; graurot bei Cyanid; bräunlich bei Seifen)
Antragungen am Mund (blau = E605; gelb-orange = Metasystox; weißliche Klumpen = Tablettenschlamm)	Haarausfall (Thallium, Quecksilber)
Injektionsstellen	Mees'sche Nagelbänder (Arsen, Thallium)
Geruch (aromatisch bei Alkohol; Bittermandel bei Cyanid; lauchartig bei Insektiziden)	prallvolle Harnblase (Anzeichen für mehrstündige Agonie)
Verätzungen	hämorrhagisches Lungenödem (Hinweis auf zentrales Atemversagen)
Saum am Zahnfleisch (Blei, Quecksilber)	Hirnödem (bei protrahiertem Todeseintritt) Symptome des Hirndruckes mit Einklemmungszeichen
Schaumpilz	
Exsikkose (Arsen, Knollenblätterpilz)	

Maßgeblich kann der Vergiftungsverdacht durch die Umstände des Todeseintritts, sogenannte Toxidrome, getriggert werden (**Tab. 8.2**).

Definitionen und Ursachen des zentralen anticholinergen Syndroms, des sympathomimetischen Syndroms und des cholinergen Syndroms sind in **Tab. 8.3** zusammengefasst:

Tab. 8.3

Definitionen, Symptome und Ursachen von zentralem anticholinergem Syndrom, sympathomimetischem Syndrom und cholinergem Syndrom	
Zentrales anticholinerges Syndrom (ZAS)	Koma oder Delir, weite Pupillen, Tachyarrhythmie mit Blockbildern (QT-Verlängerung), zerebrale Krampfanfälle, trockene Haut, Myoklonien, erhöhte Temperaturen, Harnverhaltung, verminderte Darmgeräusche. Ursachen sind Intoxikationen mit anticholinerg wirkenden Arzneimitteln, Antihistaminika in Überdosierung, Anti-Parkinson-Mittel, gelegentlich Neuroleptika, Spasmolytika, Mydriatika und natürlich Solanaceen-Alkaloide.
Sympathomimetisches Syndrom	Verwirrtheit, Paranoia, Tachyarrhythmie oder Bradykardie, Hypertonie, Hyperreflexie und zerebrale Krampfanfälle. Ursachen für dieses Syndrom sind Cocain, Amphetamine und Designerdrogen aus der Reihe der Amphetamine, gelegentlich auch Ephedrin, Coffein und Theophyllin sowie alpha-Mimetika-haltige Nasentropfen, Fieber.
Cholinerges Syndrom	Sopor bis Koma, Schwäche, Hypersalivation, Miosis, Tränenfluss, Muskelfaszikulationen, Lungenödem, Bradykardie und zerebrale Krampfanfälle. Sie werden verursacht durch Organophosphat- oder Carbamat-Insektizide (mit Warnfarben gefärbte Flüssigkeitsreste in Erbrochenem, in der Mundhöhle, Abrinnspuren?), Physostigmin und depolarisierende Muskelrelaxanzien.

Tab. 8.2

Toxidrome und typische Untersuchungsergebnisse bei bewusstseinsgestörten Patienten			
Toxidrom	**Mentaler Status**	**Pupillen**	**Vitalparameter**
Sympathomimetisch hyperalert	hyperalert, agitiert, Paranoia, Halluzinationen	Mydriasis	Hyperthermie, tachykard, erhöhte Pulsamplitude, Tachypnoe, Hyperpnoe
anticholinerg	agitiert, sehr wach, Halluzinationen, Delir, mit murmelnder Sprache, Koma	Mydriasis (meist)	Hyperthermie, Tachykardie, Hypertonie, Tachypnoe
halluzinogen	Halluzinationen, Verzerrung der Perzeption, Depersonalisierung, Agitation, Synästhesien	meist Mydriasis	Hyperthermie, Tachykardie, Hypertonie, Tachypnoe
Opioide	ZNS-Depression, Stupor, Koma	Miosis	Hyperthermie, Bradykardie, Hypotension, Hypopnoe, Bradypnoe
Sedativa / Hypnotika	ZNS-Depression, Konfusion, Stupor, Koma	meist Miosis	Hypothermie, Bradykardie, Hypotension, Hypopnoe, Bradypnoe
cholinerg	Konfusion, Koma	Miosis	Bradykardie, Hypertension, orthostatische Hypotension, Tachy- oder Bradypnoe
serotinerg	Konfusion, Agitation, Koma	Mydriasis	Hyperthermie, Tachykardie, Hypertonie, Tachypnoe
trizyklische Antidepressiva	Konfusion, Agitation, Koma	Mydriasis	Hyperthermie, Tachykardie, Hypertension, dann Hypotension, Hypopnoe

Sonstiges	Beispiele
Schwitzen, Tremor, Hyperreflexie, Krampfanfälle	Kokain, Amphetamin, Adrenalin, Phenylpropanolamin, Theophyllin, Koffein
trockene Haut und Schleimhäute, verminderte Darmgeräusche, Choreoathetose (Überbewegungen (Hyperkinesen) vor allem der Arme und Beine bzw. Gesichtsmuskulatur), selten Krampfanfälle	Antihistaminika, Trizyklika, Cyclobenzaprin, Anti-Parkinson-Mittel, Spasmolytika, Phenothiazin, Atropin, Scopolamin, Belladonna u. a. Nachtschattengewächse
Nystagmus	Phencyclidin, LSD, Mescalin, Psilocybin, Designerdrogen (MDMA, MDEA)
Hyporeflexie, Lungenödem, Zeichen von Nadelinjektionen	Opiate (Heroin, Morphin, Methadon, Oxycodon, Hydromorphon), Diphenoxylat
Hyporeflexie	Benzodiazepine, Barbiturate, Carisoprodol, Meprobamat, Glutethimid, Alkohol, Zolpidem
Salivation, Inkontinenz (Stuhl, Urin), Diarrhö, Emesis, Diaphorese, Lakrimation, gastrointestinale Krämpfe, Bronchokonstriktion, Faszikulation und Schwäche, Krampfanfälle	Organophosphate, Carbamat-Insektizide, Nervengift, Nikotin, Pilocarpin, Physostigmin, Bethanechol, Urecholin
Tremor, Myoklonien, Hyperreflexie, Kloni, Diaphorese, Flush, Trismus, Rigidität, Diarrhö	MAOIs alleine oder mit: SSRI, Meperidin, Dextromethorphan, Trizyklika, L-Tryptophan
Krampfanfälle, Myoklonien, Choreoathetose, Arrhythmien, abnorme Leitung	Amitryptilin, Nortryptilin, Imipramin, Clomipramin, Desipramin, Doxepin

Toxikologie

Tab. 8.4

Mögliche Ursachen für Bewusstseinsstörungen (Sopor/Koma)		
Befund	**Mögliche Ursachen**	
Hypoxie	• Hämoglobinveränderungen • Methämoglobinbildner Sauerstoffmangel der Atemluft durch Verdrängung	• Kohlenmonoxid • Schnüffelstoffe • CO_2 • Grubengase
Azidose	• Methanol • Ethylenglykol • Biguanide	• Salicylate • Cyanid
ZNS-Dämpfung	• Narkotika • Hypnotika/Sedativa • Antihistaminika • Antiepileptika • Antidepressiva	• Opioide • Anticholinergika • Tranquillanzien • Bromide
Postiktale ZNS-Dämpfung	• Cocain • Amphetamine • Organochlor-Insektizide • Halluzinogene • Antidepressiva	• Phenothiazine • Blei • Alkohol • Benzodiazepin-Entzug
Hypoglykämie	• Insulin • orale Antidiabetika	• Salicylate • Alkohol (bei Kindern)

Tab. 8.5

Pupillenweite bei komatösen Patienten		
Pupillenweite	**Mögliche Ursachen**	
Miosis	• Opioide • Pentazocin • Oxycodon • Dextropropoxyphen • Codein/Dihydrocodein	• Tilidin • Fentanyle • Organophosphate • Carbamat-Insektizide • Clonidin
Mydriasis	• (tiefes Koma, Herz-Kreislauf-Depression, zerebrale Hypoxie) • Atropin • trizyklische Antidepressiva	• Diphenhydramin • Anticholinergika • Cocain • LSD • Amphetamine, Ecstasy • Skopolamin
Normale Weite der Pupillen	• Barbiturate (subkomatös) • Benzodiazepine	• Carbamazepin
Nystagmus	• Barbiturate • Phenytoin	• Phencyclidin

Toxikologie

Mögliche Ursachen für Bewusstseinsstörungen sind in **Tab. 8.4** aufgelistet.

Für die differentialdiagnostische Einordnung von Vergiftungen ist die Pupillenweite von Bedeutung (**Tab. 8.5**).

Man unterscheidet sog. ABC-Gifte, die zu weiten Pupillen führen: Atropin, Alkohol, Amanita muscaria, Belladonna, Botulinustoxin, Cyanide, Kokain, Chinin, Cannabis und sog. MNOP-Gifte, die zu engen Pupillen führen: Morphin, Nikotin, Opiate, Physostigmin, Pilocarpin, Prostigmin, Insektizide der Alkylphosphatgruppe (E605).

Toxikologische Ursachen für verschiedene Auffälligkeiten der Vitalparameter sind in **Tab. 8.6** zusammengefasst.

Tab. 8.6

Auffälligkeiten der Vitalparameter und des EKG	
Toxikologische Ursachen für eine Hypertonie	
Amphetamine	Blei
Anticholinergika	Monoaminoxidase-Inhibitoren
Cocain	Phencyclidin
Sympathomimetika	
Toxikologische Ursachen für Bradykardien, AV-Block	
Betablocker	Digitalisglykoside
Calciumkanalblocker	Opiate
zentrale Alpha-2-Agonisten	Organophosphate
	Phenylpropanolamine
Toxikologische Ursachen für Tachykardien/Tachyarrhythmien	
Amphetamine	Eisen
Anticholinergika	Phenothiazine
Cocain	Theophyllin
Antidepressiva	und andere Xanthinderivate
β-Mimetika	
Toxikologische Ursachen für Bradypnoe/Hypoventilation	
Barbiturate und andere Sedativa	Opioide Organophosphate
Clonidin	Strychnin
Colchicin	trizyklische Antidepressiva

Toxikologie

Tab. 8.6

Auffälligkeiten der Vitalparameter und des EKG	
Ethanol	Schierling
Isopropanol	Botulismus
neuromuskuläre Blocker	Schlangengifte
	Nicotin
	Tetrodotoxin
Toxikologische Ursachen für eine Hyperventilation	
Amphetamine Anticholinergika	Methanol Methämoglobinbildner
Cocain Coffein	Paraldehyd- Pentachlorphenol
andere indirekte Sympathomimetika	Progesteron Salicylate
Cyanid Äthylenglykol	Biguanide Theophyllin
Ethanol Isoniazid	
Toxikologische Ursachen für zerebrale Krampfanfälle	
Amphetamine	
Cocain	
Halluzinogene (selten)	
Organochlor-Insektizide	
Opioide (Tramadol, Pethidin, Tilidin)	
Blei	
Antidepressiva	
Phenothiazine	
Entzug von Alkohol (Sedativa)	

Für toxikologische Untersuchungen sollten sowohl Urin-, als auch Blutproben zur Verfügung stehen. Urinproben erlauben eine Information über das Spektrum aufgenommener Substanzen, dies insbesondere über längere Zeiträume als bei Blutproben. In der Regel enthalten Urinproben Metabolite der Wirksubstanzen, weniger den Wirkstoff selbst. Es ist keine Aussage über eine akute Beeinträchtigung möglich, allerdings sind im Rahmen sogenannter ungerichteter Analyseverfahren umfassende Screening-Untersuchungen auf eine Vielzahl von Substanzen sehr einfach durchzuführen.

Die Analyse von Blutproben (peripheres Blut) gibt Information über die aktuelle Wirkstoffkonzentration, es ist auch eine Interpretation des Konsumverhaltens möglich. Gegebenenfalls kann eine Rückrechnung auf zurückliegende Wirkstoffkonzentrationen erfolgen. Zur Einordnung von ermittelten Konzentrationen kann auf umfangreiche Datensammlungen zurückgegriffen werden.

Je nach Fragestellung werden noch weitere Matrizes untersucht:

- Haarproben erlauben eine Information über das Spektrum aufgenommener Substanzen über längere Zeiträume (Wachstum ca. 1 cm pro Monat). In Haarproben sind häufig die Wirkstoffe enthalten, weniger Metaboliten, und es ist eine Interpretation des Langzeitkonsumverhaltens möglich.
- Bei Verdacht auf orale Aufnahme sollte der Mageninhalt untersucht werden. Zur Beurteilung der Organverteilung und der aufgenommenen Giftmenge kann eine Untersuchung verschiedener Organe und Gewebe erfolgen. Bei lipophilen Substanzen sollte insbesondere Gehirn und Fettgewebe untersucht werden, bei inhalatorischer Aufnahme Lungengewebe.

Die Gesellschaft für Toxikologische und Forensische Chemie (GTFCh) hat Empfehlungen zur Asservierung, gerade auch bei Todesfällen, sowie Richtlinien für forensisch-toxikologische Analysen verfasst.

8.1.2 Der klassische Drogentod

Unter Drogentodesfällen werden alle Todesfälle zusammengefasst, die in einem kausalen Zusammenhang mit dem missbräuchlichen Konsum von Betäubungsmitteln oder als Ausweichmittel verwendeten Ersatzstoffen stehen, also auch Suizide und Unglücksfälle Drogenabhängiger.

In der Praxis stellen sich Drogennotfälle dar:

- ... als akute Drogenintoxikationen mit Bewusstseinsstörungen;
- evtl. mit Krampfanfälle;
- mit somatischen Folgen von akuten Intoxikationen wie Herzrhythmusstörungen, Herzinsuffizienz, Asthmaanfälle, Lungenödem
- mit somatischen Folgen langjährigen Konsums (z. B. Pneumonie, Endokarditis);
- als psychiatrische Notfälle im engeren Sinne bzw. mit psychiatrischen Ausnahmesituationen (Rausch- und Angstzustände, Panikattacken, Horror-Trips, Halluzinationen, Wahnvorstellungen, Depressionen, Suizidalität);
- mit evtl. schweren Entzugssyndromen;
- als Unfälle unter Drogeneinfluss (Fehlverhalten aufgrund situativer Fehleinschätzung, sensorische Ausfälle, Selbstüberschätzung);
- als Gewaltdelikte (insb. Im Zusammenhang mit Cocain).

Von besonderer Bedeutung sind natürlich die akuten Heroinintoxikationen. Die Hälfte der Verstorbenen wird in der eigenen Wohnung aufgefunden, daneben an bekannten Fixerschauplätzen (öffentliche Toiletten, Gebäude mit Publikumsverkehr). Hinweise auf einen Drogentod ergeben sich aus der Auffindesituation (Fixerutensilien wie Spritze, berußter Löffel; Rauchgeräte) und den charakteristischen Leichenschaubefunden:

- Nadeleinstichstellen bzw. Nadelstichstraßen nicht nur in Ellenbeugen und Handrücken, sondern bei weitgehender Phlebothrombosierung auch zwischen Zehen, Fingern, im Zungengrund, am Penis.
- Narbenstraßen
- Schaumpilz vor dem Mund (bei toxischem Lungenödem)
- enge Pupillen (nur früh-postmortal)
- schlechter Allgemein-, Pflege-, Ernährungszustand.

Auch bei noch intravenös liegender Spritze ist nicht von einem sofortigen Todeseintritt auszugehen, sondern nur von sofortiger Bewusstlosigkeit aufgrund der Anflutung des Heroins. Die klinische Trias bei Heroinintoxikation besteht aus Miosis, Koma, Atemdepression. Zum Todeseintritt kommt es häufig erst nach einer längeren Agoniephase. Häufig haben die Verstorbenen einen Schaumpilz vor dem Mund aufgrund eines hämorrhagischen Lungenödems. Bei längerer Agoniephase kann sich für Mitkonsumenten die Frage nach einer unterlassenen Hilfeleistung ergeben. Sinnlose Aktionen wie intravenöse Kochsalzinjektionen deuten darauf hin, dass der lebensbedrohliche Zustand (schnarchende Atmung, nicht erweckbar) wahrgenommen, aber aus Angst vor Entdeckung als Drogenkonsument keine ärztliche Hilfe veranlasst wurde.

Innerhalb einer Wohnung Verstorbene werden von Mitkonsumenten aus Angst vor Entdeckung zuweilen andernorts abgelegt („dumping"). Bei Auffindung eines Drogentoten in frequentierten Teilen eines Gebäudes muss zunächst von einem „dumping" ausgegangen werden. Die Latenzzeit bis zum Ablegen der Leichen ist nach eigenen Erfahrungen sehr unterschiedlich und reicht von unmittelbar postmortal bis zum Eintritt fortgeschrittener Leichenerscheinungen, die ein weiteres „Zusammensein" mit dem Leichnam unmöglich machen bzw. die Gefahr der Entdeckung durch Fäulnisgeruch mit sich bringt. Bei den Drogentodesfällen stehen ganz im Vordergrund die Heroinkonsumenten. Problematisch sind ansonsten Mischintoxikationen bei Substitution (z. B. Methadon) oder mit Substitutionsmitteln, die über einen Schwarzmarkt erworben werden. Aber auch bei anderen Drogen (Cocain, Amphetamine, neue synthetische Cannabinoide/Opioide/Benzodiazepine) werden Todesfälle beobachtet. Schließlich kann es bei intrakorporalem Drogentransport („bodypacker") durch Platzen von Drogencontainern zu Intoxikationen mit tödlichem Verlauf kommen.
Zu beachten ist, dass i.v.-Drogenkonsumenten zu den Hochrisikogruppen für diverse Infektionskrankheiten gelten.

8.1.3 Morphinintoxikation

Kasuistik

Ein 40 Jahre alt gewordener Mann wurde im Badezimmer seiner Wohnung tot vorgefunden. Er war wenige Tage zuvor aus einer Justizvollzugsanstalt entlassen worden, in der er wegen verschiedener Delikte ca. 10 Monate eingesessen hatte. Als Betäubungsmittelkonsument soll er in der JVA entgiftet worden sein. Die Lebensgefährtin habe angegeben, dass er nach der Haftentlassung bereits das erste Mal wieder Betäubungsmittel konsumiert habe. Er sei täglich in der Bonner Innenstadt gewesen. Nach Angaben des Sohnes habe der Verstorbene am Todestag „kleine Flaschen" in der Stadt gekauft. Unmittelbar nach Rückkehr aus der Stadt habe er sich auf die Toilette begeben. Da er nach einer Stunde noch nicht wiedergekommen sei, habe man nachgeschaut, und ihn leblos auf dem Boden liegend vorgefunden. Man habe frische Einstichstellen und Verfärbungen feststellen können.

Sektionsergebnis	• Leichnam eines 40 Jahre alt gewordenen Mannes. • Frische Einstichstellen an den Beugeseiten beider Unterarme. • Alte Narbenstraßen. Blutstauung der inneren Organe. • Minimale Aspiration von Mageninhalt. • Deutlich stenosierende Koronarsklerose mit höhergradiger Abgangsstenose des Ramus interventricularis anterior und der rechten Koronararterie. • Fettstoffeinlagerungen in die Herzmuskulatur. Aortensklerose.	
Die chemisch-toxikologischen Untersuchungen erbrachten folgende Befunde	**Urin**: • Opiate (immunologisch): • Methadon (immunologisch): • Urinalkoholkonzentration (UAK): **Herzblut**: • Methadon (immunologisch): • Opiate (immunologisch): **Femoralblut**: • Morphin(frei): • Morphin (frei und gebunden): • Codein (frei): • Methadon: • Blutalkoholkonzentration /(BAK):	 positiv positiv 1,54 ‰ positiv positiv 174 ng/ml 195 ng/ml 53 ng/ml 100 ng/ml 1,08 ‰

Durch die chemisch-toxikologischen Untersuchungen wurde nachgewiesen, dass der Betroffene Heroin (Morphin), Methadon und Alkohol konsumiert hatte. In der Femoralvenenblutprobe wurden Methadon und Morphin (frei und als Gesamtmorphin) in Konzentrationen aufgefunden, die dafür sprechen, dass der Verstorbene zum Zeitpunkt des Todeseintritts unter der akuten Wirkung dieser berauschenden Mittel stand.

8.1.4 Todesfälle nach Amphetamin-/Ecstasy- und Cocain-Konsum

Methylendioxyamphetamine, insbesondere 3,4-Methylendioxy-N-methylamphetamin (MDMA, Ecstasy) wurden aufgrund ihrer euphorisierenden und stimmungsaufhellenden Wirkung zu Modedrogen. Zunächst ging man davon aus, dass MDMA eine Droge mit wenigen toxischen Nebeneffekten sei. Mittlerweile weiß man, dass die Einnahme unter anderem zu Herzrhythmusstörungen, disseminierter intravasaler Gerinnung, Rhabdomyolyse, akutem Nierenversagen und fulminanter Hyperthermie führen kann. Ecstasy gilt als häufige Ursache für Leberschäden bei Patienten unter 25 Jahren. Die Einnahme führt meist zu einer schweren, akuten Lebererkrankung mit Ikterus, hohen Serumtransaminasen, Hypoglykämie und geringer Prothrombin-Aktivität.

MDMA hat jedoch nicht nur körperliche, sondern auch psychische Nebenwirkungen. Gewünscht sind Euphorie, Wachheit und ein verstärktes Selbstbewusstsein. Bei erhöhter Dosis kommt es jedoch auch zu Unruhe, Angst und Halluzinationen. Die Toxizität von MDMA ist unabhängig von der Dosis. Die Wirkung beginnt 20 Minuten bis eine Stunde nach Konsum und dauert etwa 4–6 Stunden an. Die höchste Plasmakonzentration wird nach etwa 2 Stunden erreicht. Durch gleichzeitige Einnahme anderer serotonerg wirkender Substanzen wird die Toxizität halluzinogener Amphetaminderivate erhöht.

Ecstasy-Tabletten enthalten z. T. mehrere Arten von Methylendioxyamphetaminverbindungen, unter anderem Methylendioxyamphetamin (MDA), Methylendioxyethylamphetamin (MDEA) und insbesondere Methylendioxymethamphetamin (MDMA). Gelegentlich finden sich auch Anteile von Amphetamin oder Methamphetamin, aktuell auch neu auf den Markt kommende Designer-Stimulantien. Die Wechselwirkungen der einzelnen Inhaltsstoffe können zu unerwarteter und starker Toxizität führen. Amphetamin und Amphetaminderivate werden von den Nervenendigungen aufgenommen. Durch eine kompetitive Hemmung der Membran- und Speichervesikeltransporter führen sie zu einer Entspeicherung der Transmitter Noradrenalin und Dopamin. Dies führt zu den oben beschriebenen sympathomimetischen Effekten, die ggf. auch todesursächlich sein können.

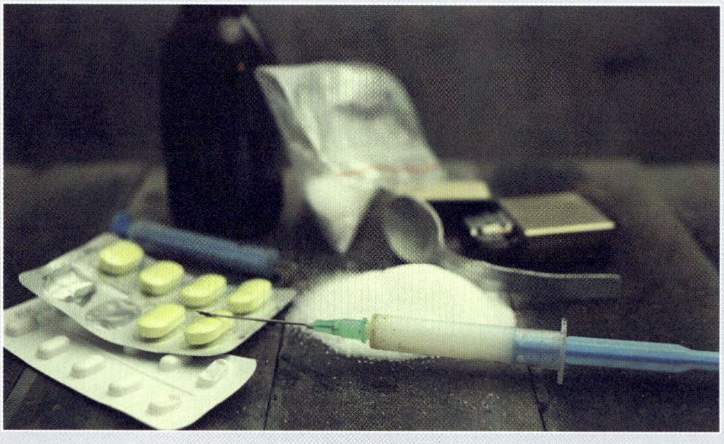

Abb. 8.1: Fixerbesteck und Drogen.

Falldarstellung

Ein 19 Jahre alt gewordener Mann habe in der Wohnung seiner Freundin, bei der er seit einigen Wochen gelebt habe, einen Krampfanfall erlitten. Er sei seit seinem 13. Lebensjahr in verschiedenster therapeutischer Behandlung gewesen und habe seitdem nicht mehr bei seinen Eltern gelebt. Seit seinem 18. Lebensjahr habe er immer weniger therapeutische Hilfe in Anspruch nehmen wollen, sein Leben aber nach Angaben seiner Mutter immer weniger unter Kontrolle gehabt. Er habe zunächst in einer Einrichtung der Caritas gelebt, sei dort aber nach mehreren Regelverstößen entlassen worden. Konsum von Cannabis, Ecstasy und Amphetaminen sei vorbekannt gewesen. Am Vortag habe die Freundin zwei Tabletten Ecstasy in der Wohnung gefunden, die sie am Tag des Geschehens nicht mehr habe auffinden können.
Der junge Mann sei mittels Rettungswagen bei Verdacht auf intrazerebrale Blutungen zunächst in die Neurochirurgie eines Universitätsklinikums verbracht worden. In einer CCT-Untersuchung sei eine leichte, generalisierte Hirnschwellung aufgefallen. Die Bauchdecken seien gespannt gewesen. Des Weiteren hätten in laborchemischen Untersuchungen stark erhöhte Leberparameter (Cholinesterase 10.000 U/l, GOT 2055 U/l, GPT 1.404 U/l, Quick und PTT nicht messbar, Thrombozyten 49.000/µl) vorgelegen. Quickwert und PTT seien nicht messbar gewesen. Auch nach der Gabe von Thrombozytenkonzentraten und vier Frischplasmakonzentraten sei keine bedeutsame Verbesserung der Gerinnungssituation erreicht worden. Zur Durchführung einer Lebertransplantation sei der Patient notfallmäßig auf die Intensivstation verlegt worden. Bei Multiorganversagen und Leberausfall sei eine „high-urgent" Anmeldung zur Lebertransplantation erfolgt. Wenige Stunden später sei ein Organ angeboten worden.
Der Zustand des Patienten habe sich mit Zunahme des Hirnödems, Pleuraergüssen und freier intraabdomineller Flüssigkeit mit Ausbildung eines akuten Abdomens weiterhin verschlechtert. Während der Transplantationsoperation seien ischämische Darmbezirke festgestellt worden. Die Leber habe sich stark verfestigt dargestellt. Bei Toxic Liver Syndrome habe sofort hepatektomiert werden müssen. Der Zustand des Patienten habe sich nicht mehr gebessert und der junge Mann sei am frühen Morgen des folgenden Tages verstorben.

Sektionsergebnis	Bei der Obduktion zeigten sich ubiquitär verteilte Einblutungen in der Haut und den Schleimhäuten, in der Muskulatur und den serösen Häuten. Die parenchymatösen Organe waren überwässert mit zusätzlicher Ergussbildung in den Körperhöhlen. Die Leber wog 1.313 g und wurde nach der Explantation im Institut für Pathologie untersucht; sie wies ein tiefrotes Parenchym mit flohstichartigen, punktförmigen Blutungsherden auf. Die inneren Organe waren beginnend fäulnisverändert. Anzeichen mechanischer Gewalteinwirkung lagen nicht vor. Die feingeweblichen Untersuchungen ergaben akut blutgestaute und ödematöse Organe. Die Bauchspeicheldrüse war deutlich autolytisch. Im Lebergewebe fanden sich zentrilobulär ausgedehnte, akute Parenchymnekrosen ohne zelluläre Reaktion (**Abb. 8.2** und **8.3**). Hier waren massive Einblutungen zu erkennen (**Abb. 8.4**).

Die wesentlichen Ergebnisse der toxikologischen Untersuchungen sind in **Tab. 8.7** wiedergegeben. Im Urin ließen sich im immunchemischen Vortest außerdem Barbiturate und Benzodiazepine nachweisen. Ein immunchemischer Vortest im Blut verlief positiv auf Benzodiazepine und Thiopental.

Die quantitative Bestimmung ergab folgende Ergebnisse: Diazepam 0,26 mg/l, Nordazepam 0,14 mg/l, Midazolam 0,23 mg/l und Thiopental 0,35 mg/l. Die Blutalkoholkonzentration lag bei 0,06 ‰.

Tab. 8.7

Ergebnisse der toxikologischen Untersuchungen zum Fallbeispiel

	Femoral-venenblut [mg/l]	**Herzblut** [mg/l]	**Magen** [mg/l]	**Gehirn** [mg/kg]	**Niere** [mg/kg]
Amphetamin	0,628	0,308	0,798	0,398	0,689
MDA	0,102	0,042	0,090	0,037	0,099
MDMA	4,271	1,320	3,747	1,776	2,822

Neben einem Leberversagen kann der sympathomimetische Effekt von Amphetaminen und synthetischen Amphetaminen todesursächlich sein und zwar isoliert oder in Kombination mit anderen Noxen.

Häufig liegen bei Amphetamin-assoziierten Todesfällen trotz des vergleichsweise jungen Alters der Verstorbenen Herzerkrankungen wie Myokardhypertrophie, erhöhtes Herzgewicht, interstitielle Fibrose, Mikroangiopathie und Kontraktionsbandnekrosen vor. In der Pathogenese der kardiovaskulären Komplikationen bei Amphetaminmissbrauch spielt ein Katecholaminexzess mit einer gesteigerten sympathischen Stimulation eine herausragende Rolle. Chronisch kann dies zu einer Hypertonie und damit zu einer Myokardhypertrophie, Kardiomegalie, kardialen Fibrose und letztendlich Herzinsuffizienz führen. Daher ist bei subletalen Amphetaminkonzentrationen an einen möglicherweise durch den Amphetaminkonsum bedingten kardialen Tod zu denken.

In einigen Regionen Deutschlands tritt aus der Gruppe der Stimulantien insbesondere Methamphetamin (Crystal-Meth) gehäuft auf und die Folgen eines Konsums erscheinen dramatisch. Unklar ist, ob es wirklich an der Wirkung liegt oder nicht doch daran, dass die in sehr konzentrierter Form erhältliche Droge i.d.R. in deutlich höherer Dosis aufgenommen wird als z. B. Amphetamin. Neben der gewünschten Stimulantienwirkung kommt es auch zu psychischen Folgen eines Konsums. Zu den Symptomen gehören Angstzustände, Halluzinationen, Panikattacken, Wahnvorstellungen und andere Psychosen. Durch das unterdrückte Hungergefühl leiden Crystal-Abhängige häufig unter starkem Gewichtsverlust. Schlafstörungen, die erhöhte Herzfrequenz, und die Schädigung von lebenswichtigen Organen führen zu einem schnellen Verfall des Körpers. U.a. kommt es zur Schädigung von Blutgefäßen im Herz und Gehirn, der erhöhte Blutdruck kann zu Herzinfarkten und Schlaganfällen führen. Alzheimerähnliche Gehirnschäden gehören ebenfalls zu den Folgen des Crystal-Meth-Konsums. Gehäuft werden Todesfälle bei Hoch- oder Langzeitkonsum beobachtet.

Für Methamphetamin wurden bereits vor mehr als einem Jahrzehnt als häufigste morphologisch fassbare Begleiterkrankungen genannt (**Tab. 8.8**):

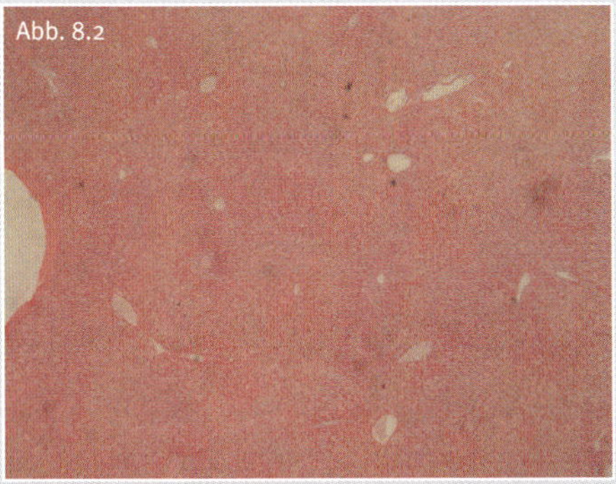

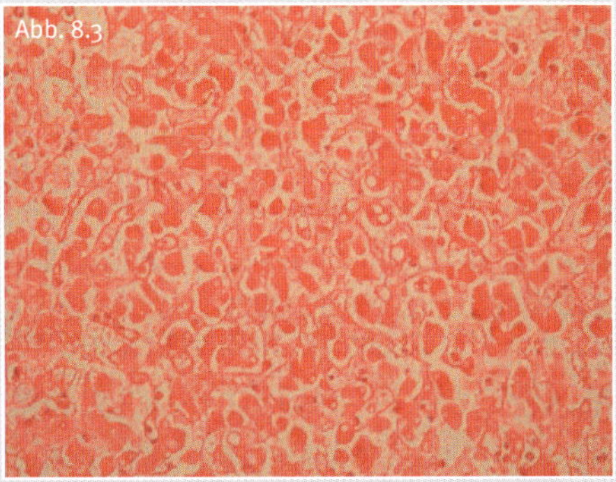

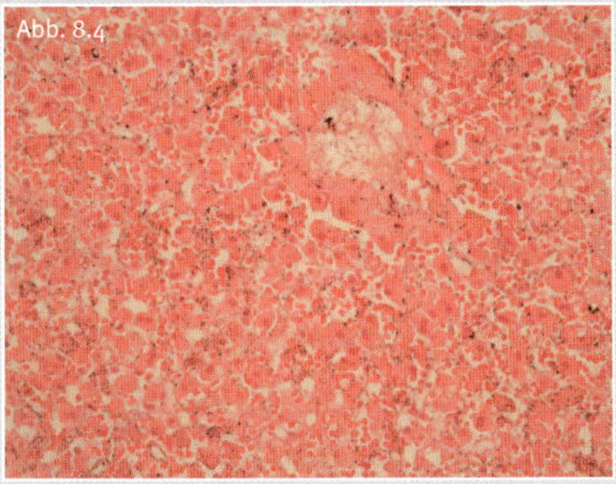

Abb. 8.2: Leberzellnekrosen Fall 1, HE, 40-fache Vergrößerung.
Abb. 8.3: Leberzellnekrosen Fall 1, HE, 400-fache Vergrößerung.
Abb. 8.4: akute Blutstauung der Leber Fall 1, HE, 400-fache Vergrößerung.

Tab. 8.8

Häufigste morphologisch fassbare Begleiterkrankungen	
Fettleber	16,2%
Moderate Koronararteriensklerose	10,3%
Leberzirrhose	9,0%
Pneumonie	8,2%
Myokardiale Fibrose	6,7%
„Triaditis“	6,1%
Schwere Koronararteriensklerose	6,1%
AIDS	5,4%
Lungenemphysem	5,1%
Hepatitis	4,1%

Auch Cocain kann an einem Todeseintritt aufgrund von Herzkreislaufproblemen (Arrhythmie, Myokardinfarkt, zerebrale Hämorrhagie) in erheblichem Maße beteiligt sein, insbesondere bei Drogenkonsumenten mit entsprechender Prädisposition (z. B. zerebrales Aneurysma oder subklinische Herzfehler). Viele dieser Fälle werden mitunter nicht als cocainbedingt erkannt, weil das Bewusstsein dafür fehlt und/oder weil sich das soziale Umfeld des Opfers von dem der Opiatkonsumenten unterscheidet.

Kasuistik

Ein 45 Jahre alt gewordener Mann wird auf dem Straßenstrich tot in seinem Pkw mit heruntergelassener Hose aufgefunden. Bei der Obduktion fanden sich bei Präparation des Gehirns Anzeichen für einen hämorrhagischen Schlaganfall und im Rahmen einer chemisch-toxikologischen Analyse wurden Cocain und seine Metabolite in vergleichsweise hohen Konzentrationen aufgefunden. Die hypertone Wirkung der Droge in Zusammenhang mit sexueller Aktivität/Anstrengung war als Auslöser anzunehmen.

Wissenschaftliche Studien belegen derweil auch einen Zusammenhang zwischen Cocain-Konsum und einem erhöhten Risiko eines ischämischen Schlaganfalls schon in jungen Jahren.

8.1.5 Cocainintoxikation

Kasuistik

Eine 22 Jahre alt gewordene Frau wurde im Badezimmer einer von ihr als Prostituierten benutzten Wohnung in Rückenlage vor der Badewanne liegend von ihrem Zuhälter leblos vorgefunden. Das Badezimmer war von innen verschlossen. Am Vortag sei sie mit einem Freier nach Holland gefahren, um sich dort Betäubungsmittel zu besorgen. Die Betroffene sei seit ihrem 14. Lebensjahr als drogenabhängig bekannt. Unter ihrem Kopf sei auf dem Fliesenboden Blut vorgefunden worden, weiterhin sei es zu Blutaustritt aus dem Mund gekommen. An der linken Leiste habe sich eine injektionsmalverdächtige Hautveränderung gefunden. Auf dem Toilettendeckel sowie auf einer Waschschüssel wurden drei Spritzen vorgefunden.

Sektionsergebnis	Zweifacher Zungenbiss der Zungenspitze links. Narbige, mit kraterförmig aufgeworfenen Rändern versehene, punktionsmalverdächtige Hautveränderung der linken Leistenbeuge mit linsengroßer Unterblutung. In der Scheide ein Kondom mit grünlich-festem Inhalt. Hirnödem. Lungenödem. Ausschließlich flüssiges Leichenblut. Schaumiger Inhalt der Trachea. Zwei Gallenblasensteine. Keine gröberen morphologisch fassbaren vorbestehenden krankhaften Veränderungen der inneren Organe. Keine frischen Verletzungszeichen.

Kasuistik		
Die chemisch-toxikologischen Untersuchungen erbrachten folgende Befunde	**Urin**:	
	• Opiate (immunologisch):	positiv
	• Cannabinoide (immunologisch):	positiv
	• Cocainmetabolite (immunologisch):	positiv
	• Tricyclische Antidepressiva (immunol.):	grenzwertig
	• Urinalkoholkonzentration (UAK):	0,00 ‰
	• Morphin und Codein:	positiv (nicht quantif.)
	• THC-Metabolit (THC-COOH):	22,1 ng/ml
	Herzblut:	
	• Opiate (immunologisch):	positiv
	• Cocainmetabolite (immunologisch):	grenzwertig
	Femoralblut:	
	• Cocain:	ca. 2.000 ng/ml
	• Cocainmetabolit (Benzoylecgonin):	< 2.000 ng/ml
	• Morphin(frei):	126 ng/ml
	• Morphin (frei und gebunden):	289 ng/ml
	• Codein (frei):	17 ng/ml
	• Blutalkoholkonzentration /(BAK):	0,00 ‰

Durch die chemisch-toxikologischen Untersuchungen wurde nachgewiesen, dass die Verstorbene Cannabisprodukte, Cocain und Heroin konsumiert hat. In der Blutprobe wurde Morphin (frei und als Gesamtmorphin) in einer Konzentration aufgefunden, die für eine deutliche akute Wirkung zum Zeitpunkt des Todeseintritts spricht. Als sehr hoch sind zudem die Konzentrationen an Cocain und Benzoylecgonin zu bezeichnen, die für eine ganz akute Aufnahme mit kurzem Überlebensintervall sprechen.

8.1.6 Synthetische Opioide

Immer häufiger wird der klassische Drogentod durch Heroin abgelöst durch Todesfälle mit Beteiligung von synthetischen Opioiden. Die größte Problemsubstanz stellt derzeit das Fentanyl dar, ein narkotisierendes, vorwiegend auf den μ-Opiatrezeptor wirkendes Analgetikum mit ca. 80-mal höherer Wirkstärke als Morphin. Fentanyl und seine Derivative (Alfentanil, Sufentanil, Remifentanil) werden sowohl in der Human- als auch in der Tiermedizin (Carfentanil) als Anästhetika und Analgetika angewendet. Hinzu kommen eine Reihe hoch wirksamer nicht-pharmazeutischer Derivate, die ähnlich den synthetischen Cannabinoiden oder Badesalz-Drogen auf dem Schwarzmarkt bzw. im Internet gehandelt und als „synthetisches Heroin" bezeichnet werden.

Abgesehen von der schmerzstillenden Wirkung rufen die Fentanyle generell Benommenheit und Euphorie hervor. Die häufigsten Nebenwirkungen sind Übelkeit, Schwindel, Brechreiz/Erbrechen, Müdigkeit, Kopfschmerz, Verstopfung, Anämie und peripheres Ödem.

Bei wiederholter Anwendung stellen sich rasch Toleranz und Abhängigkeit ein. Wird die Anwendung abgebrochen, entwickelt sich eine charakteristische Entzugssymptomatik (Schwitzen, Angststörungen, Durchfall, Knochenschmerzen, Bauchkrämpfe, Zittern oder „Gänsehaut“). Werden Fentanyle mit Heroin, Cocain, Alkohol und anderen Substanzen mit zentralnervös dämpfender Wirkung wie beispielsweise mit Benzodiazepinen gemischt, können Wechselwirkungen mit ernsten Folgen auftreten. Die gleichzeitige Anwendung mit HIV-Proteaseinhibitoren wie Ritonavir bewirkt einen Anstieg des Plasmaspiegels und eine Verringerung der Elimination von Fentanyl. Eine Überdosierung führt zu einer respiratorischen Depression, die sich durch Gabe von Naloxon umkehren lässt. Bei Herzstillstand oder einer schweren anaphylaktischen Reaktion kann es zu plötzlichem Exitus kommen.

Für den Menschen ist eine Fentanyl-Dosis von schätzungsweise 2 mg tödlich.

Todesfälle sind zwar auch nach therapeutischer Anwendung aufgetreten, viele davon waren jedoch das Resultat eines Missbrauchs pharmazeutischer Produkte. So werden immer wieder Fälle mit mehreren aufgeklebten Fentanyl-Pflastern beschrieben, insbesondere werden aber benutzte und unbenutzte Fentanylpflaster auch geluscht bzw. ausgekocht und aufkonzentrierte Lösungen injiziert oder geschluckt. Im Einzugsgebiet des Forensisch Toxikologischen Centrums (FTC) München wurden des Weiteren Todesfälle mit Derivaten wie Acetylfentanyl, Furanylfentanyl und Ocfentanil beobachtet.

Eines der hoch wirksamen synthetischen Opioide, das alleine in München im Jahr 2016 bei 13 Todesfällen nachzuweisen war, ist U-47700. Es handelt sich um ein Derivat des in Deutschland mittlerweile verbotenen AH-7921 mit einer 7–8mal höheren Potenz als Morphin und wird in der Szene als Pink bezeichnet. Weitere Todesfälle wurden im Münchener Raum in dieser Zeit im Zusammenhang mit den Opioiden AH-7921 und MT-45 beobachtet. In diesem Zusammenhang sei erwähnt, dass gehäuft auch neue Designer-Benzodiazepine auf dem Drogenmarkt und so auch bei (letal verlaufenden) Intoxikationen erscheinen. In der Regel handelt es sich um Mischintoxikationen, bei denen dann Substanzen wie z. B. Delorazepam, Flubromazepam, Pyrazolam oder den in Deutschland eigentlich nicht verfügbarem Etizolam oder Phenazepam aufzufinden sind.

All diese Substanzen werden im Rahmen eines allgemeinen Drogenscreenings auch von vielen forensischen Einrichtungen nicht erfasst, es bedarf Spezialmethoden in ausgewählten, apparativ besonders gut aufgestellten, spezialisierten Zentren für forensisch-toxikologische Analysen. Insofern geht man im Allgemeinen noch von einer recht hohen Dunkelziffer bei derartigen letalen Vergiftungen aus.

Toxikologie

Kasuistik

Ein 33 Jahre alt gewordener Mann wird tot in seiner Wohnung aufgefunden, nachdem er schon einige Zeit nicht gesehen worden war. Die Leiche wies erhebliche Fäulnisveränderungen auf und autoptisch ergaben sich keine Hinweise für eine mögliche Todesursache. Im Rahmen einer sehr umfassenden forensisch-toxikologischen Analyse fand man Flubromazepam, das Cathinon 5-Dihydrobenzofuranpyrovalerone (5-DBFPV) sowie das Opioid U-47700, jeweils Substanzen, die in vielen Laboren nicht routinemäßig erfasst werden.

8.1.7 Neue Psychoaktive Substanzen

Seit einigen Jahren wird der Drogenmarkt von sogenanten Neuen Psychoaktiven Substanzen (NPS) nahezu überschwemmt, jährlich werden von der europäischen Beobachtungsstelle für Drogen und Drogensucht (European Monitoring Center for Drugs and Drug Addiction [EMCDDA]) bis zu 100 neue Wirkstoffe gemeldet. Dabei werden überwiegend synthetische Cannabinoide (sog. Spice-Produkte), synthetische Cathinone und Phenylethylamine sowie seltener Piperazin-Derivate und Tryptamine festgestellt. Oft handelt es sich um experimentelle Substanzen aus der medizinischen Forschung, deren Derivate oder ehemals zugelassene Arzneimittel.

Die Einteilung erfolgt nach vorwiegender Wirkung in Sedativa, Stimulanzien (häufig auch als „Badesalz-Drogen" bezeichnet) und Halluzinogene. Um der Gesetzgebung zu entgehen, werden NPS als „Forschungschemikalien" (Research Chemicals), „Badesalz" oder „Räuchermischung", die „nicht zum menschlichen Verzehr geeignet" sind, fehldeklariert. Der Sammelbegriff „Legal Highs" vermittelt möglichen Interessenten eine vermeintliche Legalität sowie ein falsches Sicherheitsgefühl bezüglich der Risiken, obwohl zu großen Anteilen Substanzen anzutreffen sind, die sogar dem Betäubungsmittelgesetz unterstehen oder solchen sehr ähnlich sind. Konsumenten tauschen sich in Internetforen über neue Substanzen, Dosierungen und (Neben-)Wirkungen aus. Webshops ermöglichen die Onlinebestellung und Lieferung per Post.

Das Wissen über viele NPS ist lückenhaft, kontrollierte klinische Studien liegen i. d. R. nicht vor. Vorhandene Daten stammen aus retrospektiven oder prospektiven Analysen von Intoxikationsfällen oder Interviews von Konsumenten und sind deshalb wissenschaftlich nur bedingt fundiert. Da Substanzen oft im Mischkonsum eingenommen und/oder nicht identifiziert werden, ist die Symptomzuordnung schwierig.

Synthetische Cathinonderivate sind bk-Amphetamine (β-keto-α-methyl-phenylalkylamine), mit Methamphetamin und 3,4-Methylendioxymethamphetamin (MDMA) verwandt und fungieren als potente Inhibitoren der Rückaufnahme-Transporter für Serotonin (SERT), Dopamin (DAT) und Noradrenalin (NAT), wobei die Selektivität unter den einzelnen Substanzen variiert. Der Rausch erreicht bei oraler Einnahme sein Maximum nach 1,5 h und hält je nach Substanz zwischen 2–8 h an. Konsumenten berichteten über Euphorie, Antriebssteigerung, Redseligkeit, Bewegungs- und Handlungsdrang, Stimmungsaufhellung, verringerte Feindseligkeit, klares Denken, sexuelle Stimulation und verstärkte Musikwahrnehmung. Dosen von 5–20 mg werden meistens oral, aber auch intranasal, rektal und i.v. aufgenommen. Die unerwünschten

Effekte synthetischer Cathinone sind kardiovaskulärer, neurologischer oder psychiatrischer Art (Tab. 8.9). Führend sind Tachykardie, arterielle Hypertonie sowie Halluzinationen und Agitation. Es kann auch zu Synkopen, ST-Strecken-Veränderungen und Myokarditis kommen. Psychotische Symptome nach Substanzkonsum bestehen oft aus Verfolgungswahn mit akustischen und visuellen Halluzinationen. Eine Intoxikation kann sich durch sympathomimetische Symptome, Delir oder als Serotoninsyndrom manifestieren. Patienten fallen durch Aggressivität, psychotische Symptome, Hyperthermie bis 41,5 °C und/oder arterielle Hypertonie auf. Eine metabolische Azidose und erhöhte Kreatinkinase (CK), Muskelschädigung bis hin zur Rhabdomyolyse, können sich entwickeln, wie schon für MDMA beschrieben. In schwersten Fällen kann es zur disseminierten intravasalen Gerinnung (DIC) und Multiorganversagen mit letalen Verläufen kommen. Viele beschriebene Todesfälle gehen aber auch auf autoaggressives oder suizidales Verhalten zurück.

Psychoaktive Piperazin-Derivate, wie 1-Benzylpiperazin (BZP) und Trifluormethylphenylpiperazin (TFMPP), werden oft im Mischkonsum oral eingenommen. Piperazinderivate stimulieren die Freisetzung von Dopamin, Noradrenalin und Serotonin und hemmen die Monoamin-Wiederaufnahme, die Intoxikationssymptome sind für Stimulanzien typisch (Tab. 8.9). Insbesondere bei einer gleichzeitigen Alkoholisierung werden häufig Hypertonie, Tachykardie, Agitation, Angst, Halluzinationen, Erbrechen, Insomnie und Migräne beobachtet bis hin zu Agitation und Verwirrungszustände sowie Krampfanfälle.

Synthetische Cannabinoide („Spice“) werden i. d. R. als „Räuchermischungen“ pflanzlichen Ursprungs vertrieben und von Konsumenten geraucht. Es handelt sich um inertes pflanzliches Material mit untermischten Kristallen von Wirksubstanzen, ggf. wurden Wirkstoffe auch aufgesprüht. Konsumenten sind sich über Inhaltsstoffe und Dosis im Unklaren. Synthetische Cannabinoide sind potente CB1-Agonisten mit deutlich höherer Rezeptoraffinität als der Cannabiswirkstoff THC, was die stärkere Wirkung im Vergleich zum Konsum von Haschisch oder Marihuana erklärt. Die Wirkung synthetischer Cannabinoide ist THC-ähnlich. Es kommt zu Stimmungs- und Wahrnehmungsveränderungen, Änderungen von Schlaf- und Wachfunktion, Körpertemperatur und kardiovaskulärer Funktionen. Als unerwünschte Wirkungen treten am häufigsten Tachykardie, arterielle Hypertonie, Hyperglykämie, Hypokaliämie, Halluzinationen und Agitation auf (Tab. 8.9). Auch berichtet wird über Thoraxschmerzen, Myokardischämie und immer häufiger über ein psychotisches Syndrom.

Während Todesfälle als Folge eines Einflusses des Cannabiswirkstoffes THC praktisch nicht auftreten, kam es zwischen 2014 und 2016 im Einzugsgebiet der Rechtsmedizin München zu 39 Todesfällen mit Beteiligung von synthetischen Cannabinoiden (darunter allerdings auch Mischintoxikationen). Häufigere Todesursachen waren:

Dabei scheinen zu überwiegen:

- Tod nach Atemdepression,
- Tod nach Krampfanfällen,
- Tod nach Unfall bei Panikattacke (z. B. ungewollter Sturz aus großer Höhe),
- Suizid nach Drogenpsychose.

Tab. 8.9

Charakteristika von NPS	
Synthetische Cathinone	
Typische Substanzen	Mephedron, Methylon, Ethylon, Butylon, Naphyron, Methcathinon, Flephedron, MDPV, α-PVP, Pyrovaleron, etc.
Wirkmechanismus	Monoamin-Wiederaufnahmehemmer (DAT, NAT, SERT), Dopamin-/Serotonin-Rezeptoragonisten, Serotonin/Dopamin-Release durch DAT und SERT
Wirkung	euphorisierend, anregend, verstärkte Musikwahrnehmung, stimmungsaufhellend, verringerte Feindseligkeit, klares Denken, milde sexuelle Stimulation
Nebenwirkung	kardiovaskulär: Tachykardie, Hypertonie, Vasokonstriktion, Hyperthermie neurologisch: Mydriasis psychiatrisch: Halluzinationen, Anorexie, Depression, Insomnie, Craving, Angst, Panikattacken
Intoxikation	kardiovaskulär: Herzinfarkt, Kreislaufversagen neurologisch: Krampfanfälle, Hirnödem, Schlaganfall psychiatrisch: psychotische Symptome, gewalttätiges Verhalten, autoaggressives Verhalten, Suizidalität andere: Atemdepression, Muskelkrämpfe, Serotoninsyndrom
Piperazin-Derivate	
Typische Substanzen	Benzylpiperazin (BZP), Trifluormethylphenylpiperazin (TFMPP), etc.
Wirkmechanismus	sympathomimetische Stimulanzien, BZP: dopaminerg, noradrenerg; TFMPP: serotonerg
Wirkung	gesteigertes Selbstwertgefühl, Euphorie, entaktogen
Nebenwirkung	kardiovaskulär: Palpitationen, Tachykardie, arterielle Hypertonie neurologisch: Migräne psychiatrisch: Agitation, Angst, Halluzinationen, Erbrechen, Insomnie, Dysphorie andere: Appetitminderung
Intoxikation	kardiovaskulär: Tachykardie, Hypertonie, QT-Zeit-Verlängerung neurologisch: Kopfschmerzen, Tremor psychiatrisch: Verwirrung, Insomnie, Gedankenintrusionen, Stimmungsschwankungen, Reizbarkeit andere: sympathomimetische Symptome

Tab. 8.9

Charakteristika von NPS	
Phenylethylamine	
Typische Substanzen	Aminoindane: 5-iodo-2-Aminoindan (5-IAI); 5-Methoxy-6-methyl-2-aminoindan (MMAI); 5,6-Methylendioxy-2-aminoindan (MDAI)
Wirkmechanismus	MDMA-Analogon, Monoamin-Wiederaufnahmehemmer, 5HT-Freisetzer
Wirkung	halluzinogen, psychomotorische Aktivierung
Nebenwirkung	kardiovaskulär: Tachykardie, Hypertonie, arterielle Hypotonie neurologisch: Allodynie, Hypalgesie, Schwindel, Nystagmus, Mydriasis, Erhöhung des Muskeltonus andere: Hyperthermie, Verschlechterung von Hör- und Sehvermögen, Hyperventilation, Emesis
Intoxikation	neurologisch: Krampfanfälle muskulär: Rhabdomyolyse andere: sympathomimetische Symptome, Serotoninsyndrom
Synthetische Cannabinoide	
Typische Substanzen	*http://www.ftc-muenchen.de/assets/Uploads/Deutschland/download/SubstanzlisteSpice.pdf* (Liste wird ständig aktualisiert)
Wirkmechanismus	CB1-Rezeptoragonist
Wirkung	erhöhte Empathie, Wohlgefühl, Euphorie, Enthemmung, Rededrang, Heißhunger
Nebenwirkung	kardiovaskulär: Tachykardie, Hypertonie neurologisch: Schwindel, Mydriasis psychiatrisch: Agitation, Halluzinationen andere: Nausea/Emesis, Hypokaliämie, Hyperglykämie
Intoxikation	psychotische Symptome, Krampfanfall, sympathomimetische Symptome

Eine jeweils aktualisierte Liste zu den „Badesalz-Drogen" findet sich unter http://www.ftc-muenchen.de/assets/Uploads/Deutschland/download/SubstanzlisteBadesalze.pdf.

8.1.8 Kohlenmonoxid und andere Gase

Todesursächliche Kohlenmonoxidintoxikationen in geschlossenen Räumen treten auf,

- wenn eine Gastherme nicht ordentlich gewartet wurde,
- ein Leck in der Gasleitung nicht bemerkt wird,
- noch glimmende Grillkohle in einem schlecht durchlüfteten Innenraum auskühlt (beliebte Suizidmethode),
- ein Kaminofen unsachgemäß betrieben wird,
- wenn man z. B. ein Dohlennest im Schornstein nicht bemerkt.

Erste Symptome äußern sich in Gereiztheit, Unwohlsein oder Kopfschmerzen sowie Übelkeit und Verwirrtheit, gefolgt von Atemnot oder Krämpfen. Aufgrund einer höheren Affinität des Kohlenmonoxides zum Hämoglobin ist die Sauerstoffversorgung nicht mehr gewährleistet. Gehäuft wird von zum Teil auch erweiterten Suiziden berichtet, bei denen ein Holzkohlegrill in geschlossenen Räumen aufgefunden wird.

Kasuistik

Der Hausarzt wurde während seiner Nachmittags-Sprechstunde zu einem Notfall zu seiner fast 70 Jahre alten Patientin Frau A. gerufen. Frau A. war kurze Zeit vorher leblos im Badezimmer ihrer Wohnung aufgefunden worden. Sie war zuvor in den letzten beiden Jahren regelmäßig von dem Arzt betreut worden, auch wegen eines erhöhten Herz-Kreislauf-Risikos. Als der Arzt nun in der Wohnung eintraf, war Frau A. bereits ins Wohnzimmer transportiert und lag dort auf dem Rücken. Bei einer Untersuchung wurden weder Atemtätigkeit noch Pulsschlag noch Pupillenreaktionen festgestellt. Der Arzt horchte Frau A. ab und stellte anschließend einen natürlichen Tod durch Herz-Kreislauf-Versagen infolge a) Herzinfarkt und b) Schlaganfall fest. Wie in einer späteren Verhandlung angegeben, habe er im Nackenbereich zwar Totenflecke festgestellt, diese seien ihm aber nicht als auffällig erschienen. Auf eine weitere Entkleidung der Leiche habe er verzichtet. Im Fall der Frau A. unterblieben nach der Feststellung eines natürlichen Todes dann weiterführende Untersuchungen wie eine Obduktion oder eine chemisch-toxikologische Untersuchung. Auch bezüglich der Wohnung von Frau A. wurden keine weiteren Maßnahmen getroffen. Drei Tage später wurde Frau D., die Tochter der Frau A., dann ebenfalls im gemeinsam genutzten Badezimmer tot aufgefunden. Schon die alarmierte Kriminalpolizei stellte bei einer Leichenschau insbesondere im Rückenbereich deutlich ausgeprägte hellrote Totenflecke fest. Noch am selben Tag kam es zu einer Obduktion, in deren Rahmen hellrote Totenflecke, eine lachsfarben verfärbte Skelettmuskulatur sowie hellrotes flüssiges Leichenblut festgestellt wurden. Eindeutige Hinweise auf eine mögliche Kohlenmonoxid-Intoxikation. Eine entsprechende Analyse ergab einen COHb-Wert von 68 Prozent, der eindeutig für eine Kohlenmonoxid-Vergiftung als Todesursache sprach. Das Kohlenmonoxid, welches zum Tode der beiden Frauen geführt hatte, stammte aus dem Verbrennungsvorgang in einem Dauerbrandofen, welcher im Wohnzimmer der Tochter stand. Durch den Schornstein bestand eine Verbindung zum Badezimmer, in dem sowohl Frau A. als auch später Frau D. tot aufgefunden wurden. Als Folge hoher Außentemperatur und damit verbundener Drosselung der Sauerstoffzufuhr traten bei unvollständiger Verbrennung Abgase in Form von Kohlenmonoxid aus. Da der Arzt bei Frau A. einen natürlichen Tod bescheinigt hatte, wurde nicht erkannt, dass ihr Tod in einem Zusammenhang mit dem Betrieb des Ofens stehen könnte. Es wurden daher auch keine Maßnahmen ergriffen, um eine CO-Bestimmung in den Räumen, geschweige denn eine Überprüfung des Ofens vorzunehmen.

8.1.9 Poppers und Lösungsmittel

Unter „Poppers“ versteht man Nitritverbindungen, die insbesondere in Sex-Shops und über das Internet verkauft werden. Um bestimmte Wirkungen zu erzielen, werden nach dem Öffnen der Fläschchen die flüchtigen Nitritverbindungen bewusst eingeatmet. Dies verursacht eine Erschlaffung der glatten Muskulatur (z. B. des Schließmuskels). Aufgrund dieser Wirkung werden „Poppers“ unter anderem beim Analverkehr verwendet. Außerdem kommt es bei der Inhalation zu „High“-Gefühlen. Die Wirkungen halten allerdings nur kurz an.

Manche der in „Poppers“ enthaltenen Nitrite wurden früher als Herzmedikament bei akuten Herzanfällen – z. B. Angina pectoris – verschrieben. Bei der Anwendung von „Poppers“ treten verschiedene Nebenwirkungen auf, dazu zählen Rötungen, Kopfschmerzen, Schwindel, Herzrasen, Blutdruckabfall, Ruhelosigkeit, Übelkeit oder Erbrechen. Auch Ohnmachten, akute Psychosen, vorübergehende Halbseitenlähmungen und Todesfälle sind möglich. Aufgrund der kurzen Eliminationshalbwertszeit sind entsprechende Verbindungen nur bei sehr akuten Intoxikationen nachweisbar.

Auch Cyanid-Intoxikationen treten nach wie vor auf, vornehmlich in suizidaler Absicht. Vermehrt werden auch Suizide mit Hilfe von Reinigungs-, Kosmetik- und Pflanzenschutzmitteln (z. B. Phosphin-Bildner) beobachtet. Dabei scheint die Verwendung von säure- oder schwefelhaltigen Haushaltschemikalien zur Produktion des tödlichen Gases Schwefelwasserstoff (H_2S) besonders im Vordergrund zu stehen. Wie beim Kohlenmonoxid geschehen Selbstmorde dieser Art in geschlossenen Räumlichkeiten wie Fahrzeugen, Schränken, kleinen Räumen etc. Das Opfer mischt die zu verwendenden Chemikalien selbst in einem offenen Behältnis an. Oft findet man zum Beispiel im Fußraum eines Pkw einen Putzeimer, in dem verschiedenste Haushaltreiniger und Chemikalien gemischt wurden. Die leeren Verpackungen liegen daneben. Ist die korrekte Mischung entstanden, wird Schwefelwasserstoff freigesetzt. Wird dieser eingeatmet, führt das sehr schnell zum Tode. Manchmal finden sich von den Opfern angebrachte Warnhinweise, um andere auf die Gefahr der nach wie vor vorhandenen Gase hinzuweisen. Grundsätzlich können Notfallsanitäter, Feuerwehrleute und Polizisten bei ihren Einsätzen gefährdet sein. Selbst gerichtliche Obduktionen sollten in solchen Fällen unter Abzügen und gegebenenfalls in Schutzanzügen mit Gasmasken erfolgen.

Die Hypoxyphilie, auch als Asphyxie bekannt, ist eine sexuelle Praktik, welche zur Steigerung der Lust angewendet wird. Sauerstoffmangel im Gehirn löst eine narkotische und euphorisierende Wirkung aus, so dass Orgasmen bei gleichzeitigem Sauerstoffmangel womöglich noch intensiver erlebt werden sollen. Neben mechanischer Herbeiführung eines Sauerstoffmangels z. B. durch Drosseln oder Strangulation kommt auch die Inhalation von Lösungsmitteln in Betracht. Dabei kommt es immer wieder zu sog. autoerotischen Unfällen mit tödlichem Ausgang. Gerade bei solchen Unfällen werden häufig aus Schamgefühl der Auffindeort durch Angehörige verändert und wichtige Spuren beseitigt.

Kasuistik

Ein 41-jähriger Mann wurde von seiner Ehefrau tot im Heizungskeller des Hauses liegend aufgefunden wurde. Er trug ein Jeanskleid seiner Frau, das er nach ihrem Bekunden auch gerne als Nachthemd getragen habe; neben ihm lag ein Pornomagazin. Er steckte mit Kopf und Oberkörper in einer Plastiktüte, für die Arme waren Löcher ausgeschnitten. Seine Hände waren mit einer Kordel verschnürt, die auch um den Hals verlief, so dass er sich zusätzlich selbst strangulieren konnte. Auf der Innenseite der Plastiktüte befand sich ein Kondensat, vermutlich aus Schweiß und Lösungsmittelanteilen aus einer sich ebenfalls in der Tüte befindlichen Flasche Verdünner. Im Rahmen einer chemisch-toxikologischen Analyse wurden verschiedene Lösungsmittelbestandteile wie Toluol oder Xylole in Lungen, Leber, Gehirn sowie im Blut in höheren Konzentrationen nachgewiesen.

Bei allen Fällen mit flüchtigen Substanzen muss beachtet werden, dass sie auch postmortal sowie aus möglicherweise gewonnenen Asservaten verdampfen können. Man sollte bei entsprechendem Anfangsverdacht unbedingt luftdicht verschließbare Probengefäße verwenden.

8.1.10 K.-o.-Mittel-Fälle

Unter K.-o.-Mitteln versteht man zentral wirksame Drogen-/Medikamentenwirkstoffe, die in der Regel eine narkotisierende Wirkung haben und therapeutisch häufig als Schlaf- oder Beruhigungsmittel eingesetzt werden. Solche Substanzen werden im Rahmen von Straftaten wie Sexual- oder Eigentumsdelikten genutzt, um die Opfer zu betäuben. Klassischerweise werden potenziellen Opfern entsprechende Substanzen unbemerkt in Nahrung oder Getränke gemischt, damit sie späteren Übergriffen gegenüber wehrlos sind. Häufig können sich die Betrofffenen nach dem Erwachen aufgrund von Amnesien nicht mehr an die Tat oder den Tathergang erinnern, was u.a. von der verwendeten Substanz abhängig ist.

Erwünschte Wirkungen von K.-o.-Mitteln können wie folgt zusammengefasst werden:

- sedativer, hypnotischer, Schlaf induzierender Effekt,
- Verhaltensänderung,
- anterograde Amnesie mit Erinnerungsverlust sowie
- Ausnutzungsmöglichkeit einer dadurch bedingten hilflosen Lage.

Potenzielle K.-o.-Mittel sollten in niedriger Dosierung wirksam, möglichst farb- und zudem geschmacksneutral sein; ggf. werden sie bereits vorher aufgelöst, um unbemerkt einem Getränk beigemischt zu werden.

Typische Symptome nach einer Aufnahme von K.-o.-Mitteln sind u. a.:

- Verwirrtheit
- Erniedrigte Herzfrequenz
- Schwindel
- Benommenheit/Schläfrigkeit
- Bewusstseinsstörung

- Beeinträchtigung des Erinnerungsvermögens
- Verlust der Muskelkontrolle
- Bewusstlosigkeit
- Übelkeit
- Hypotonus
- Enthemmung

Insbesondere seit Ende der 1990er Jahre wird γ-Hydroxybuttersäure (**GHB**, Liquid Ecstasy) verstärkt als Partydroge verwendet. Abhängig von der Dosierung wirkt GHB entweder als Entaktogen oder Hypnotikum eingesetzt. In niedrigen Dosen von etwa 0,5–1,5 g dominiert der stimulierende Effekt; GHB wirkt dann anxiolytisch, leicht euphorisierend und sozial öffnend, allerdings treten ähnlich wie bei einem Alkoholrausch auch motorische Beeinträchtigungen auf. In höheren Dosen bis etwa 2,5 g kommt es analog zum Alkohol zunächst zu einer Stimmungs- und Antriebssteigerung, u. U. tritt eine aphrodisierende Wirkung hinzu. In noch höheren Dosen wirkt GHB stark einschläfernd, Überdosierungen können zu plötzlichem narkotischen Schlaf führen, aus dem die betreffende Person kaum zu wecken ist.

Bei Überdosierungen und insbesondere in Kombination mit Alkohol, atemdepressiv wirkenden Medikamenten oder Benzodiazepinen kann es zu Übelkeit und Erbrechen kommen, was im weiteren Verlauf durch die narkotisierende Eigenschaft der Droge zum Erstickungstod führen kann. Es können lebensbedrohliche Atemdepressionen und Herzrhythmusstörungen auftreten. Während GHB dem BtMG unterstellt ist, gilt dieses nicht für die Vorläufersubstanzen γ-Butyrolacton (GLB) oder 1,4-Butandiol. In der Praxis wird daher häufig leicht verfügbares GBL konsumiert oder verwendet, das im Organismus nach oraler Aufnahme schneller als GHB resorbiert wird, sodass der Plasmaspiegel von GHB bei der Einnahme von GBL schneller ansteigt als bei Einnahme von GHB selbst.

Zeitnah sind für forensisch-toxikologische Analysen Urin und Blut zu asservieren. Liegt schon ein größeres Zeitintervall zwischen Vorfall und Probennahme, kann nach 4–6 Wochen, z. T. auch noch danach, die Analyse einer Haarprobe zur Aufklärung einer möglichen K.-o.-Mittelgabe empfohlen werden.

Abb. 8.5

8.1.11 Alkohol

Bei der akuten Alkoholvergiftung unterscheidet man vier verschiedene Stadien, wobei aufgrund individueller Unterschiede in der Reaktion auf Alkohol hier angegebene Blutalkoholkonzentrationen nur als grobe Anhaltspunkte anzusehen sind:

Stadium der Exzitation

Es kommt schon bei niedrigen BAK-Werten ab 0,2 Promille zu ersten Enthemmungserscheinungen, Redseligkeit, Flapsigkeit aber auch zu verlängerten Reaktionszeiten (ab 0,3 Promille), verminderter Schmerzwahrnehmung (ab 0,5 Promille), einem gestörten Gleichgewichtssinn (ab 0,8 Promille), geröteten Augen und einer leicht undeutlichen Sprache.

Stadium der Hypnose

Bei BAK-Werten zwischen 1,5 und 2,5 Promille kann es z. T. zu erheblichen Aggressivitätssteigerungen kommen sowie zu Sprach- und Artikulationsstörungen, zu Koordinations- und Sehstörungen, Muskelschlaffheit, verengten Pupillen, Erbrechen und auch Amnesien.

Stadium der Narkose

Gehäuft ab 2,5 Promille besteht die Gefahr von Bewusstlosigkeit und Schockzuständen. Die Pupillen sind dann meist erweitert.

Stadium der Asphyxie

Bei fehlender Gewöhnung oder höheren BAK-Werten kann es zu komatösen Zuständen bei weiten und reaktionslosen Pupillen kommen. Als Folge von Schockzuständen besteht die Gefahr eines Kreislaufversagens, was zum Tode führen kann. Aufgrund einer unregelmäßigen Spontanatmung kann es auch zu einem Atemstillstand und somit zum Tod kommen. Nicht zuletzt aufgrund von Gefäßerweiterungen kann gerade bei Aufenthalt im Freien eine möglicherweise todesursächliche Hypothermie entstehen (Tod auf der Parkbank bei niedrigen Temperaturen).

Die letale Ethanol-Dosis schwankt von Person zu Person und hängt neben Faktoren wie Körpergewicht und genetischer Disposition auch von der Alkoholgewöhnung des Konsumenten ab. Ab einer Blutalkoholkonzentration von ca. 2 Promille besteht akute Schockgefahr. Wegen der Neurotoxizität des Ethanols kommt es häufig zum Erbrechen (Schutzreflex gegen Vergiftung) und damit zur Aspirationsgefahr; eine finale Speisebreiaspiration wird in der rechtsmedizinischen Praxis häufig beobachtet.

Auch Methanol-Vergiftungen sind zu beobachten. Bei der Vergärung von pektinhaltigen Ausgangssubstraten (z. B. Kartoffeln für Wodka) können 10–20 % Methanol bezogen auf die Alkoholmenge entstehen, welches im Normalfall bei der Destillation (Siedepunkt Methanol

65 °C, Ethanol 78 °C) abgetrennt wird. Wird aus kommerziellen Gründen die mentholhaltige Vorfraktion nicht verworfen oder gar als trinkbare Spirituose in den Handel gebracht, sind Vergiftungen vorprogrammiert. Die Vergiftungssymptome einer Methanol-Intoxikation verlaufen in drei Phasen. Direkt nach Aufnahme von Methanol zeigt sich wie beim Ethanol ein narkotisches Stadium, die berauschende Wirkung ist jedoch geringer als bei Ethanol. Nach der Latenzphase treten Kopfschmerzen, Schwächegefühl, Übelkeit, Erbrechen, Schwindel und eine beschleunigte Atmung auf in Zusammenhang mit der sich ausbildenden metabolischen Azidose. Charakteristisch für die dritte Phase, die Azidose, ist die Schädigung von Nerven, insbesondere des Sehnervs (Nervus opticus). Sehstörungen, die wieder zurückgehen können, entstehen zunächst durch Ödeme an der Netzhaut. Die Degeneration des Sehnervs, eine toxische Optikusneuropathie, führt anschließend zur Erblindung. Dieser Schaden ist irreversibel. Der Tod kann auch als Folge einer Atemlähmung eintreten.

8.2 Zufällig entdeckter Giftmord bzw. Giftmordversuch

Prof. Dr. med. Burkhard Madea

Auch im stationären Bereich ist in den letzten Jahren wiederholt über Giftmorde berichtet worden, wobei Krankenhauspersonal als Tätergruppe identifiziert wurde (Patiententötungen). Kurz dargestellt werden sollen zwei Fälle, bei denen es durch Angehörige im stationären Bereich bzw. in der ambulanten Pflege zu Giftmordattacken kam.

Fallvorstellungen:

Fall 1:
Betroffen war eine 85 Jahre alt gewordene Frau, die 12 Tage nachdem sie von ihrem Sohn in ein Krankenhaus eingeliefert worden war, stationär verstarb. Da im Krankenhaus aufgrund des fluktuierenden Bewusstseinszustandes und einer Muskelhypotonie eine Intoxikation vermutet wurde, wurden noch zu Lebzeiten chemisch-toxikologische Untersuchungen veranlasst. Sowohl die zu Lebzeiten als auch die postmortal durchgeführten chemisch-toxikologischen Untersuchungen ergaben den Nachweis von Clonazepam, Diazepam als auch Lorazepam in wechselnden Konzentrationen. In Zusammenschau aller morphologischen und toxikologischen Untersuchungen war eine Mischintoxikation todesursächlich, wobei die Substanzen Clonazepam und Diazepam im Vordergrund standen. Als Täter wurde der Sohn, der seiner Mutter die Medikamente im Krankenhaus verabreicht hatte, zu einer lebenslangen Freiheitsstrafe wegen Mordes gem. § 211 Abs. 1 StGB verurteilt.

Fall 2:
Im zweiten Fall war eine ältere Frau betroffen, die unter Betreuung ihres Sohnes stand und aufgrund fortgeschrittener Demenz mit Fluchtsymptomen wie ein Familienmitglied im Haushalt einer Pflegefamilie lebte. Es war im Rahmen der Betreuung wiederholt zu finanziellen Unregelmäßigkeiten zum Nachteil der Mutter gekommen. Am Tattag begaben sich der Sohn und seine Lebensgefährtin zur Mutter, sie hatten u.a. für die Pflegefamilie und die Mutter Mettbrötchen mitgebracht. Die Lebensgefährtin drückte heimlich 5 Clonazepam-haltige Tabletten in ein Mettbrötchen und gab dieses der Mutter des Lebensgefährten zu essen. Dabei rutschte eine Tablette in die Halsfalte

der Frau, wo sie am nächsten Tag von der Pflegerin vorgefunden wurde. Aufgrund von postprandialer Somnolenz wurde die Geschädigte ins Krankenhaus eingeliefert; in einer ihr entnommenen Blutprobe wurde eine Clonazepam-Konzentration von 40,8 ng/ml gemessen. Die Einnahme einer Tablette Clonazepam 2 µg würde nach 24 Stunden zu einer Konzentration von ca. 5–10 ng/ml führen. Daraus folgte, dass der Geschädigten etwa 4 bis 8 Tabletten Rivotril® 2 mg verabreicht worden seien. Die Angeklagte wurde wegen versuchten Mordes in Tateinheit mit gefährlicher Körperverletzung und Betruges gem. §§ 211, 223, 224 Abs. 1 Nr. 1, 52 StGB zu einer Gesamtfreiheitsstrafe von 9 Jahren verurteilt.

Der Strafbarkeit wegen versuchten Mordes stehe nicht entgegen, dass die Gabe von Clonazepam in der festgestellten Dosis objektiv nicht geeignet gewesen sei, die Geschädigte zu töten. Denn auch der untaugliche Versuch sei strafbar.
In beiden Fällen wurden aufgrund der anderweitig nicht zu erklärenden Somnolenz chemisch-toxikologische Untersuchungen eingeleitet, die für die Diagnosestellung unverzichtbar waren.

8.3 Tod durch flüchtige Substanzen

Prof. Dr. med. Burkhard Madea, Prof. Dr. rer. nat. Frank Mußhoff

Geht es um flüchtige Substanzen, denkt man in der Rechtsmedizin zunächst an sog. „Schnüffelstoffe", wobei es sich um eine heterogene Gruppe von leicht flüchtigen oder gasförmigen Substanzen handelt, die grob in leicht flüchtige Lösungsmittel, Aerosole und medizinisch genutzte flüchtige Substanzen eingeteilt werden.
Das „Schnüffeln" erfolgt unabhängig vom Konsum anderer Rauschmittel, ausgenommen Alkohol, und wird in erster Linie von Jugendlichen zur Erzeugung eines „billigen" Rauscherlebnisses betrieben.

Bei den medizinisch genutzten flüchtigen Stoffen unterscheidet man zwischen Narkosemitteln, wie Ether, Chloroform oder Lachgas, und den Mitteln, die gegen Angina pectoris, bei koronarer Herzkrankheit, verwendet werden, wie Amylnitrit, Butylnitrit oder Isobutylnitrit. Letztere werden auch aufgrund des Geräusches beim Öffnen als „Poppers" bezeichnet.

Flüchtige Substanzen wurden schon seit langem bei Straftaten als Betäubungsmittel eingesetzt. Aus den letzten 100 Jahren liegen zahlreiche Berichte zur kriminellen Narkotisierung mittels Chloroform zur Begehung von Anschlussstraftaten vor.

Auch bei Halothan (2-Bromo-2-chloro-1,1,1-trifluoroethan) handelt es sich um ein flüchtiges Anästhetikum.

Dieses nutzten 2 Männer bei einem Raub mit Todesfolge. Sie wollten einen Antiquitätenhändler und seine Lebensgefährtin berauben, führten deswegen in einer Reisetasche ein Narkosemittel, zwei aus einem Handtuch geschnittene Stoffstreifen sowie mehrere Kabelbinder mit sich. Nachdem sie zunächst mit dem Antiquitätenhändler Verkaufsgespräche geführt hatten, tränkten sie die Handtuchstreifen in Narkosemittel und drückten sie dem Mann und seiner Lebensgefährtin auf Mund und Nase. Die getränkten Handtücher wurden so auf das Gesicht der Opfer gedrückt, dass die Atemöffnungen gänzlich bedeckt waren. Anschließend wurden die Streifen über dem Kopf der Opfer zusammengebunden.

Das führte dazu, dass die Opfer das Narkosemittel konzentriert einatmeten und auch infolge der eingeschränkten Sauerstoffzufuhr nach wenigen Atemzügen bewusstlos wurden. Beide verstarben innerhalb kurzer Zeit. Als die Täter bemerkten, dass ihre Opfer verstorben waren, banden sie die Handtuchstreifen los und steckten sie in die mitgebrachte Tasche, um sie später zu beseitigen. Sie entfernten zahlreiche Wertgegenstände und entsorgten das Fläschchen mit Resten des Narkosemittels und anderen Utensilien abends auf einem Truppenübungsplatz. Gut fünf Wochen später wurden die Täter festgenommen, nachdem man sie über ein Auktionshaus ermittelt hatte, dem sie einen Teil der Beute zur Versteigerung übergeben hatten.

Die verstorbenen Opfer wurden in der Wohnung vorgefunden, der Antiquitätenhändler auf einem Sessel sitzend, die Lebensgefährtin auf einem Teppich liegend (**Abb. 8.6**). Die sofort durchgeführte Leichenfundortbesichtigung ergab eine beginnende Totenstarre, konfluierende blaurote Totenflecke, die noch leicht wegdrückbar waren, eine Körperkerntemperatur von 35 bis 36 °C, der Tod war demnach erst vor wenigen Stunden eingetreten.

Da sich noch zahlreiche Wertgegenstände in der Wohnung befanden, gingen die Ermittlungsbehörden zunächst nicht von einem Raubdelikt aus.

Bei dem 75 Jahre alt gewordenen Mann und seiner 82 Jahre alten Lebensgefährtin lagen jeweils Zeichen äußerer Gewalteinwirkung mit Hautschürfungen der häutigen Oberlippe, der Wangen, perioral, der Nase sowie kleine Hämatome und Lazerationen der Lippen und der Mundvorhofschleimhaut vor (**Abb. 8.7**). Vorbestehende Organerkrankungen waren eine fortgeschrittene Arteriosklerose der Aorta sowie ein Lungenemphysem.

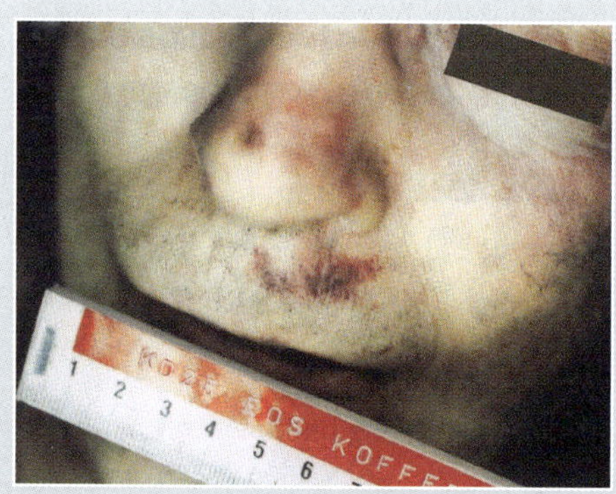

Abb. 8.6 (links): Auffindesituation eines Opfers in der Wohnung des Antiquitätenhändlers.
Abb. 8.7 (rechts): Abschürfungen der Nase und der häutigen Oberlippe des 75 Jahre alt gewordenen Mannes.

Die im Nachgang zur Sektion durchgeführten chemisch-toxikologischen Untersuchungen ergaben folgende Befunde (**Tab. 8.10**):

Tab. 8.10

Befunde im Nachgang zur Sektion durchgeführten chemisch-toxikologischen Untersuchungen

	82 Jahre alt gewordene Frau	**75 Jahre alt gewordener Mann**	**Spencer/Green (1968) 19 Jahre alt gewordener Mann**	**Berman/Tattersall (1982) 42 Jahre alt gewordener Mann**
Art der Beibringung	Forcierte Inhalation	Forcierte Inhalation	Orale Aufnahme	Intravenöse Injektion
Überlebenszeit	Wenige Minuten	Wenige Minuten	?	Einige Stunden
Blut [mg/l]	6,7 8,3	3,4 3,2	650,0	7,90
Leber [mg/kg]	1,7	21,3	880,0	
Niere [mg/kg]	11,7	14,5		
Gehirn [mg/kg]	103,6	120,2	1.560,0	1,58
Urin [mg/l]	0,0	0,0	20,0	
Galle [mg/l]	8,6	1,6		
Magen [mg/kg]		10,3	240,0	

Obwohl die Halothan-Konzentrationen im Blut bei forcierter Inhalation geringer sind, als während einer Halothan-Narkose (22–84 mg/l) besteht kein Zweifel daran, dass die Opfer an einer Halothan-Intoxikation verstarben. Das Halothan wurde rasch verteilt (überwiegend in das Gehirn), aufgrund der forcierten Inhalation war jedoch die Überlebenszeit so kurz, dass es nicht mehr in den Urin ausgeschieden wurde. Die minimale letale Dosis von Halothan nach Einnahme oder Inhalation wird mit 10 ml angegeben. In einem Fall suizidaler Intoxikation mit Halothan wurden 35 ml oral aufgenommen und wesentlich höhere Blutkonzentrationen erreicht (**Tab. 8.10**). In einem Fall intravenöser Injektion von Halothan betrug die Überlebenszeit mehrere Stunden. Es fanden sich Blutkonzentrationen, wie im vorliegenden Fall.

Die benutzte Flasche mit Narkosemittel wurde nach Angaben der Täter schließlich vorgefunden. Es fand sich in der etwa 100 ml enthaltenen Flasche noch 25 ml Restinhalt, 75 ml fehlten also. Gutachterlich war noch zu klären, ob eine verabreichte Gesamtmenge des Halothan von ca. 75 ml ausreichend gewesen sei, bei beiden Opfern den Tod herbeizuführen. Dies konnte uneingeschränkt bejaht werden.

Halothan gehört zu den Inhalationsnarkotika. Es wird in einer Konzentration von 0,5 bis 1,5 Vol-% Halothan in Sauerstoff als Narkotikum eingesetzt.

Die rasche Anflutung mit einem schnellen Eintritt der Bewußtlosigkeit erklärt auch vollständig das Fehlen gravierender Abwehrverletzungen bei beiden Opfern. Bei der Obduktion festgestellte Vertrocknungen, Haut- und Schleimhautdurchtrennungen im Bereich des Gesichtes und der Mundvorhofschleimhaut, waren durch den Verschluss der Atemöffnungen mit den getränkten Handtüchern, den Druck auf den Mund sowie die anschließende Knebelung und Verknotung entstanden. Diese vergleichsweise geringen Verletzungszeichen waren für die Rekonstruktion der zum Tode führenden Umstände allerdings von großer Bedeutung. Die Täter wurden wegen gemeinschaftlichen schweren Raubes mit Todesfolge zu langjährigen Freiheitsstrafen verurteilt.

8.4 Vergiftung mit Frostschutz- und Lösungsmittel

Prof. Dr. med. Burkhard Madea, Prof. Dr. rer. nat. Frank Mußhoff

Es kommt immer wieder auch zu Intoxikationen mit Alkoholen, z. B. Ethylenglykol und Methanol, da diese Alkohole gängige Inhaltsstoffe von Haushaltsprodukten sind, wie z. B. Poliermittel, Frostschutzmittel sowie Bremsflüssigkeiten.

Fall 1

Ein 64 Jahre alt gewordener Mann sei auf einem Sofa sitzend vorgefunden worden, hätte kaum mehr gesprochen und ihm sei übel gewesen. Maßnahmen habe er gegenüber den eintreffenden Sanitätern abgelehnt. Er habe sich auch zunächst gegen die Rettungssanitäter gewehrt, jedoch sei die Gegenwehr dann immer weniger geworden. Bei Aufnahme im Krankenhaus habe der neurologische Status GCS 1-5-1 betragen. Der Mann sei komatös gewesen, mit gezielter Reaktion auf Schmerzreize und habe keine verbalen Reaktionen gezeigt. Laborchemisch habe man eine schwere Laktatazidose festgestellt. Zunächst hätte man ihn in eine neurologische Klinik verbracht, wo sich sein Zustand derart verschlechtert habe, dass man ihn auf eine internistische Intensivstation in nicht mehr erweckbarem Zustand verlegt habe. Die Ex-Frau des Mannes habe angegeben, dass sie einen Brief gefunden habe, von dem sie vermute, dass es sich um einen Abschiedsbrief handele. Der Mann sei in zurückliegender Zeit wiederholt suizidal gewesen. Er habe in letzter Zeit die Kraftfahrzeuge wintertauglich gemacht, hierzu habe er auch Frostschutzmittel gekauft. Die auf der Intensivstation festgestellten Symptome hätten auf eine Vergiftung hingedeutet. Nach Rücksprache mit der Giftnotrufzentrale habe alles auf eine Vergiftung mit Frostschutzmittel hingewiesen. An Vorerkrankungen seien bekannt gewesen: Zustand nach rechtsseitigem Media- und Posterior-Infarkt mit einer symptomatischen Epilepsie und epileptischem Syndrom mit komplex-fokalen Anteilen. Zustand nach Dreigefäß-KHK und Zustand nach NSTEMI 2/2012.

Fall 1		
Obduktionsbefunde	Leichnam eines 64 Jahre alt gewordenen Mannes mit Zeichen intensivmedizinischer Maßnahmen. Ausgeprägtes Hirnödem. Überschreiten des kritischen Herzgewichtes mit 630 g. Einblutungen in der Ausflussbahn der linken Herzkammer. Koronarsklerose mit subtotalem Verschluss des Abgangs der rechten Herzkranzarterie. Leberverfettung und mäßiggradige Aortensklerose. Histologisch zeigten sich multiple Oxalacetatkristalle in den Nierentubuli und unter der weichen Hirnhaut (**Abb. 8.4 und 8.5**).	
Die chemisch-toxikologischen Untersuchungen	**Im Herzblut**	
	• Ethylenglykol:	508 mg/l
	• 1, 2-Propandiol:	17 mg/l
	• Atropin:	positiv
	• Amiodaron:	positiv
	• Lidocain:	positiv
	• Lorazepam:	13,3 ng/ml
	Im Mageninhalt	
	• Amiodaron	positiv
	• Lidocain	positiv
	Im Nierengewebe	
	• Atropin:	positiv
	• Amiodaron:	positiv
	• Lidocain:	positiv
	Im Femoralvenenblut	
	• Lorazepam:	12,7 ng/ml

Ethylenglykol hat einen bitter-süßen Geschmack, des Weiteren ist es geruch- und farblos. Ethylenglykol als Substanz ist nicht toxisch, im Organismus werden jedoch vor allem in der Leber toxische Produkte metabolisiert. Eine Intoxikation verläuft in drei Phasen. In der ersten Phase kann es zu einem Rauschzustand ähnlich Ethanol, zudem zu Ataxie, Übelkeit, Schläfrigkeit und Krämpfen kommen. In der zweiten Phase können eine Azidose, eine Tachykardie, eine Zyanose, ein Lungenödem und ein Herzstillstand auftreten. In verschiedenen Organen kann Kalziumoxalat auskristallisieren. Die dritte Phase schließt sich mit Polyurie, gefolgt von Oligo- und Anurie bis zur Entwicklung eines terminalen Nierenversagens an.

Organische Lösungsmittel wie aliphatische Ketone (z. B. Aceton, Methylethylketon) und aromatische Kohlenwasserstoffe (z. B. Benzol, Xylol) werden meist als Gemische verwendet und nicht als Reinsubstanz. Diese Substanzen fallen in der Regel durch einen typischen, stechenden Geruch auf. Eine Intoxikation erfolgt meist unbeabsichtigt, sie werden jedoch auch bewusst als Rauschmittel verwendet. Die Aufnahme erfolgt häufig über die Atemwege oder über den Magen-Darm-Trakt. Peroral aufgenommen verursachen sie Rauschzustände, Schmerzen, Erbrechen (Gefahr der Aspiration), Diarrhoe, bei schweren Vergiftungen sogar eine Atemlähmung. Per Inhalation aufgenommen kann es zu Euphorie, Rauschzuständen, Kopfschmerzen, Schwindel, Koma und ebenso zu einer Atemlähmung kommen.

Mit Blick auf alle Befunde und die Vorgeschichte ließ sich feststellen, dass der Mann infolge einer Ethylenglykol-Intoxikation starb. Bei der feingeweblichen Untersuchung konnten Oxalacetat-Kristalle nachgewiesen werden sowie Ethylenglykol in einer letalen Konzentration im Herzblut.

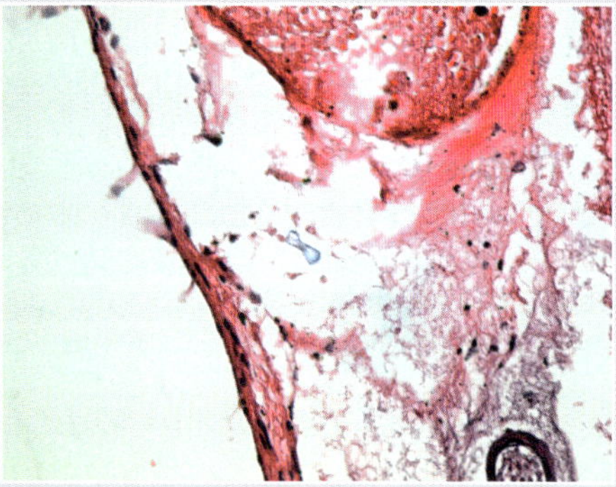

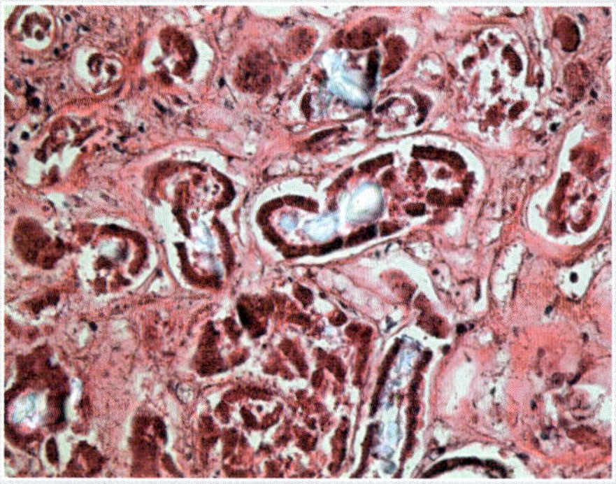

Abb. 8.8 (links): Subarachnoidalraum des Großhirns mit Oxalacetatkristall (400x).
Abb. 8.9 (rechts): Oxalacetatkristalle in den Nierentubuli (400x).

Fall 2

Ein 73 Jahre alt gewordener Mann sei im Keller seiner Wohnung in Rückenlage tot aufgefunden worden. Die Kellertür habe spaltweit aufgestanden. Der Leichnam sei von mehreren Gegenständen bedeckt gewesen. Etwa einen Monat zuvor sei er nach einem Streit mit der Ehefrau in den Kellerraum gezogen und habe dort auch genächtigt. Bei dem Mann seien ein Alkoholkonsum und ein insulinpflichtiger Diabetes bekannt gewesen. Die Ehefrau habe auch über eine körperliche Auseinandersetzung mit einer Nachbarin berichtet, die den Verstorbenen mit einem Besenstiel angegriffen habe. Der Leichnam habe Farbantragungen aufgewiesen. Eine Flasche mit blauer Farbe sei in dem Kellerraum gefunden worden.

Obduktionsbefunde	• Fäulnisveränderter Leichnam eines 73 Jahre alt gewordenen Mannes ohne Zeichen äußerer Gewalteinwirkung. • Zustand nach chirurgischer Naht vor kürzerer Zeit an der linken Unterschenkelinnenseite. • Auffallend ultramarinblaue Farbantragungen an beiden Händen, links mehr als rechts. • Der gesamte Mund- und Rachenraum mit ultramarinblauer Farbe verfärbt (**Abb. 8.8**). Einatmung von ultramarinblauer Farbe bis in die feinsten Bronchialverzweigungen (**Abb. 8.9**). • Auskleidung des oberen Verdauungstraktes bis zum oberen Dünndarm mit immer dunkler werdender lackartiger blauer Flüssigkeit mit phasenartiger Absetzung von nitroverdünnerartiger Flüssigkeit, wenige Wischnewski-Flecke der Magenschleimhaut, Hirn- und Lungenödem. • Ausgeprägte allgemeine Arteriosklerose, insbesondere der Körperschlagader und der teilweise eingeengten Eingeweideschlagadern.

Fall 2	
Feingewebliche Untersuchungen	• Histologisch zeigte sich in der HE-Färbung ein fortgeschrittener Fäulniszustand aller Organe. • Es fanden sich u.a. multiple Farbreste in Speiseröhre und Magenschleimhaut sowie in den Bronchien.

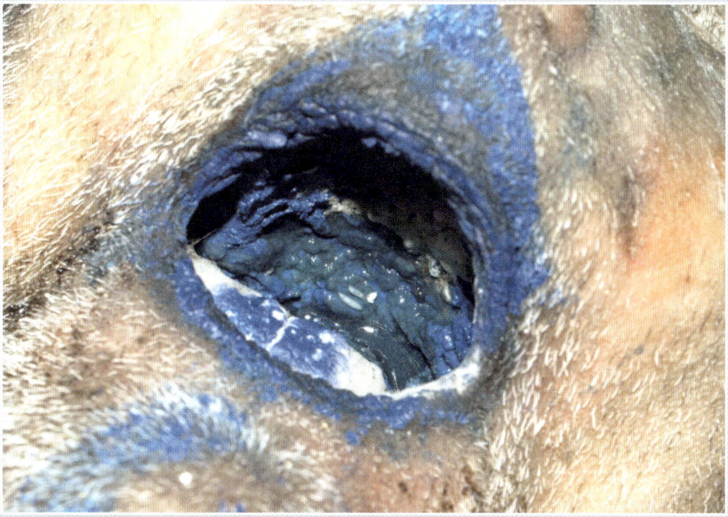

Abb. 8.10: Farbantragungen Mund- und Rachenraum.

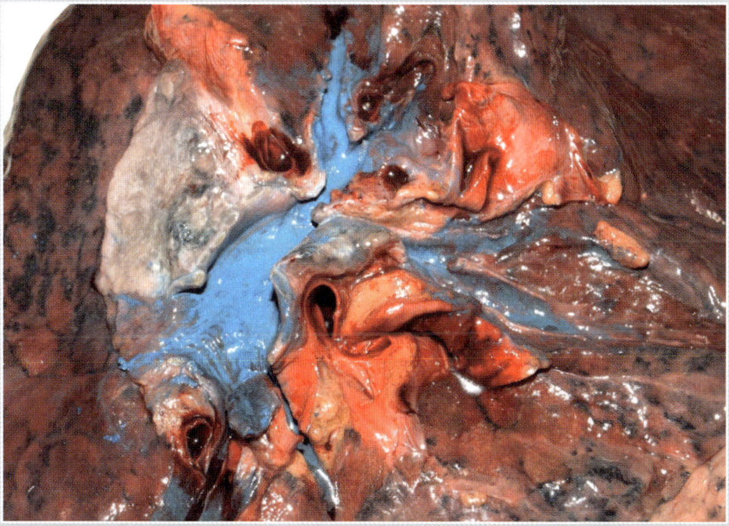

Abb. 8.11: Mit Farbe ausgekleidete Bronchien.

Tab. 8.11

Ergebnisse der chemisch-toxikologischen Untersuchungen (x= positive Nachweise)

	FVB	Hb	Urin	Galle	Niere	Magen	DdInhalt	Gehirn	Leber	„Farbe“
Ethanol								X		
2-Methyl-1-penten						X				
2-Methylhexan										X
3-Methylhexan										X
3-Methyl-1-hexen										X
2,2-Dimethylbutan										X
2-Buten							X			
3-Methyl-1-buten										X
1-Dimethyl-cyclopropan						X				
Toluol				X	X			X	X	X
p-Xylol	X			X	X		X	X	X	X
m-Xylol	X	X	X	X	X			X	X	X
o-Xylol	X			X	X			X	X	X
1,2,3-Trimethylbenzol										X
Isopropylbenzol						X	X			X
Propylbenzol						X	X			X
1-Ethyl-4-methylbenzol	X							X	X	X
1-Ethyl-2-methylbenzol				X	X		X		X	
1,2,4-Trimethylbenzol	X			X	X			X	X	X
Decan										X
2-Methylpentan										X
Isobutylbenzol										X
Vinyltoluol						X				
Tetramethylbenzol						X				X
Ethyl-dimethylbenzol						X				X

Trotz des bereits fortgeschrittenen Fäulniszustandes waren dicke ultramarinblaue Farbantragungen an den Händen und im Magen-Darm-Trakt sowie den Bronchien nachweisbar. Die toxikologischen Befunde ergaben multiple aliphatische Ketone sowie zyklische Kohlenwasserstoffe in verschiedenen Geweben und Körperflüssigkeiten, vor allem Femoralvenenblut und Mageninhalt. Da in der Magenschleimhaut Wischnewski-Flecke nachweisbar waren, muss davon ausgegangen werden, dass die Intoxikation noch zu einer agonalen Unterkühlung geführt hat.

8.5 Serientötungen in der Altenpflege

Prof. Dr. med. Burkhard Madea, Dr. med. Elke Doberentz

Seit Jahren sind wir mit einer dramatischen Altersumschichtung der Bevölkerung konfrontiert, die mit erheblichen wirtschaftlichen und sozialen Lasten verbunden ist. Neben der materiellen Beschränkung der Altersversorgung wird auch ein Pflegenotstand befürchtet, sowohl personell, als auch hinsichtlich der Pflegequalität. Über Versorgungsengpässe in der Pflege mit Pflegeschäden für die Patienten, unter Umständen sogar mit tödlichem Ausgang, wurde bereits vielfach berichtet.

Durch kriminologische Untersuchungen ist die zunehmende psychische und physische Gewalt gegenüber Alten belegt, die sich beispielsweise darin äußert, dass alte Opfer bei bestimmten Delikten hinsichtlich ihres Anteils in der Gesamtbevölkerung überrepräsentiert sind. Durch die Altersumschichtung der Bevölkerung, damit einhergehender zunehmender Pflegebedürftigkeit, Demenzerkrankungen, Wachkoma etc. wurde auch die Diskussion um Euthanasie und Sterbehilfe neu belebt und gar der Begriff des „lebensunwerten Lebens“ erneut in die öffentliche Diskussion eingeführt.

Mit der zunehmenden Überalterung der Bevölkerung ist darüber hinaus ein Phänomen verbunden, das wohl erst seit Mitte der siebziger Jahre des 20. Jahrhunderts beobachtet wurde: Die Mehrfachtötung von Patienten sowie die Serientötung durch Pflegepersonal. Sie ist nach dem bekannten Psychologen Herbert Maisch, der sich als erster systematisch mit der kriminologischen Phänomenologie der Serientötung von Patienten durch Pflegepersonal beschäftigte, ein völlig neues Phänomen unter den Tötungsdelikten, welches sich unter anderem durch folgende Merkmale auszeichnet:

- Der Tatort ist der Ort des beruflichen Wirkens des Täters.
- Der Täter hat sich ethisch und beruflich verpflichtet, zu helfen.
- Bei den benutzten Tatwaffen handelt es sich um die normalen beruflichen Mittel und Instrumente.
- Das Motiv lässt sich nicht in die herkömmlichen kriminologischen Motivationsstrukturen einordnen.
- Schließlich ist eine große Dunkelziffer zu befürchten.

Allein für die Jahre 1976 bis 1993 konnten zwölf wegen Patientenmordes belangten Pflegekräften insgesamt 174 Opfer zugeordnet werden.

Bei den Tötungsmethoden wurden in zehn von zwölf Fällen Gifte angewandt.

Toxikologie

Tötungsdelikte von Patienten durch Angehörige des Pflegepersonals bergen natürlich auch erhebliche rechtsmedizinische Herausforderungen: reicht die übliche Leichenschau mit einfacher körperlicher Untersuchung des Verstorbenen aus, oder ist eine erweiterte Leichenschau mit Durchführung toxikologischer Untersuchungen zu fordern, z. B. wenn in stationären Einrichtungen die Zahl der Todesfälle gegenüber einem Vergleichszeitraum gestiegen ist? Da bei Serientötungen Verdachtsmomente erst nach einiger Zeit auftauchen, müssen die rechtsmedizinischen und toxikologischen Untersuchungen in der Regel an exhumierten Verstorbenen durchgeführt werden; dies stellt besonders hohe Anforderungen sowohl an die toxikologische Analytik als auch an die Interpretation der Analysenbefunde. Bei den meisten der bislang bekannt gewordenen Fälle einer Serientötung durch Pflegepersonal handelte es sich um Tötungen alter Menschen in Kliniken oder stationären Pflegeeinrichtungen. Aber Serientötungen alter Menschen müssen keineswegs auf den stationären Bereich beschränkt sein, da die professionelle ambulante Pflege immer größere Bedeutung erlangt.

Tötungsserie in der ambulanten Altenpflege

Die Täterin

Eine ambulant tätige Altenpflegerin war nach Feststellung einer tödlichen Vergiftung einer ihrer Pfleglinge mit Chlorprothixen (Truxal®) in Verdacht geraten, nicht nur diese Frau, sondern auch mehrere andere von ihr Betreute vergiftet zu haben. Die Altenpflegerin wusste spätestens seit Ende 1985, dass Truxal® in Überdosis toxisch bzw. sogar tödlich wirken konnte. Sie selbst hatte 1990 einen demonstrativen Suizidversuch durch Einnahme von Truxal® Saft begangen. Die letzte Tötung sollte sie begangen haben, als bereits Ermittlungen gegen sie eingeleitet waren.

Bereits während ihrer früheren Tätigkeiten war die 1936 geborene Frau wegen zahlreicher Eigentumsdelikte (Diebstahl, Betrug) zu Freiheitsstrafen verurteilt worden. Dennoch wurde sie etwa im Jahr 1970 in einem Altenheim als Altenpflegerin (ohne entsprechende Ausbildung) eingestellt.

Auch während ihrer Tätigkeit als ambulante Altenpflegerin etwa ab dem Jahr 1981 kam es erneut zu erheblichen Auffälligkeiten, so wurde im Jahr 1981 eine von ihr betreute Person bewusstlos in der Wohnung aufgefunden und mit Vergiftungserscheinungen ins Krankenhaus gebracht. Die Altenpflegerin wurde wegen Diebstahls von 2.400 DM zu drei Monaten Freiheitsstrafe verurteilt. Im Jahre 1982 entwendete die Altenpflegerin von zwei Heiminsassen Schecks und ein Postsparbuch und hob insgesamt 8.500 DM ab. Sie hatte die Schecks mit der Unterschrift einer unterschriftsberechtigten Heimbewohnerin gefälscht, die kurz zuvor bewusstlos in ihrem Zimmer aufgefunden worden war. Es erfolgte eine Verurteilung zu einem Jahr Freiheitsstrafe. Im Dezember 1984 entwendete die Altenpflegerin ein Sparbuch und hob mit gefälschter Unterschrift 600 DM ab. Die Eigentümerin des Sparbuches starb vier Tage später. Im April 1985 entwendete die Altenpflegerin einen Scheck, fälschte die Unterschrift und erhielt so 1.000 DM. Der Scheckbesitzer verstarb zwei Tage später. Beide Leichen wurden eingeäschert. Es kam wegen Diebstahls und Urkundenfälschung zu einer Gesamtfreiheitsstrafe von einem Jahr.

Die Opfer

Von insgesamt 34 Fällen, in denen seitens der Staatsanwaltschaft der Verdacht auf versuchte oder vollendete Tötung bestand, kamen sieben Fälle zur Anklage, von denen sechs zu einer

Verurteilung wegen Mordes führten. Bei den hier beschriebenen Opfern handelt es sich ausschließlich um hoch betagte Menschen in einem Alter zwischen 81 und 91 Jahren. Alle befanden sich in einem relativ guten Gesundheitszustand; sie waren jedoch mehr oder weniger auf Hilfe, z. B. bei der täglichen Medikamenteneinnahme, angewiesen. Sie konnten jedoch noch in der eigenen Wohnung alleine leben und wurden von derselben Altenpflegerin mit unterschiedlicher Intensität betreut. In den Fällen eins bis fünf gelang jeweils der Nachweis von Chlorprothixen, obwohl diesen Patienten ärztlicherseits nie verschreibungspflichtige chlorprothixenhaltige Medikamente verordnet worden waren. Am Anfang der Untersuchung und als Auslöser für die Aufdeckung der Tötungsdelikte stand folgender Fall:

Fall 1
Bei der 88 Jahre alten Patientin war ein insulinpflichtiger Diabetes bekannt. Nachdem ihr Zustand am Tage zuvor noch unauffällig war, wurde sie von der Altenpflegerin am nächsten Morgen um 7:10 Uhr bewusstlos aufgefunden. Der herbeigerufene Hausarzt stellte um 8:00 Uhr einen komatösen Zustand mit engen Pupillen, schlaffer Muskulatur und trockenen Mundschleimhäuten fest. Er äußerte den Verdacht auf eine Vergiftung und wies die Patientin in ein Krankenhaus ein. Dort erfolgte die Aufnahme um 8:15 Uhr. Es wurde die Diagnose eines Schlaganfalles gestellt. Der Blutzuckerspiegel lag ebenso wie Blutdruck und Puls im Normbereich.

Am vierten Krankheitstag äußerten Verwandte der Patientin gegenüber dem Stationsarzt einen Vergiftungsverdacht. Daraufhin wurde eine Blutprobe für chemisch-toxikologische Untersuchungen sichergestellt. Die Patientin war an diesem Tag zwar etwas wacher und habe auf Anfrage reagiert, sie verstarb jedoch am fünften Krankheitstag an einer Lungenentzündung. Bei der am Folgetag durchgeführten gerichtlichen Leichenöffnung wurde als Todesursache eine schwere Lungenentzündung mit begleitendem schwerem Lungenödem festgestellt. Das Gehirn wies weder bei der Obduktion noch bei weiterführenden feingeweblichen Untersuchungen Hinweise auf einen Schlaganfall auf. Da durch die Obduktion zwar die letztendliche Todesursache geklärt war, die Ursache für die lang dauernde Bewusstlosigkeit jedoch unklar blieb, wurden umfangreiche Asservate für chemisch-toxikologische Untersuchungen sichergestellt. Im Nachlass der Verstorbenen wurden zunächst 2.500 DM vermisst und den Angehörigen später von der Altenpflegerin als von der Verstorbenen „geliehenes Geld" übergeben.

Dieser Fall war Anlass für weitergehende Ermittlungen, ob auch andere Pfleglinge durch Beibringung von Medikamenten ums Leben gekommen sein könnten. Entsprechende chemisch-toxikologische Untersuchungen konnten erst nach Exhumierung und Obduktion der erdbestatteten Verstorbenen durchgeführt werden. Von den Exhumierungsfällen sei beispielhaft nur einer geschildert:

Fall 2
Die 87 Jahre alte Frau litt an einer Emphysembronchitis, lebte allein und wurde üblicherweise von ihren Verwandten versorgt. Da diese im Februar 1988 in Urlaub gingen, sollte sie für zwei Wochen von der Altenpflegerin versorgt werden. Anschließend blieb der Kontakt zwischen der alten Dame und der Altenpflegerin bestehen. Am 19. März befand sich die alte Dame in einem altersentsprechend guten Zustand, am Morgen

des Folgetages wurde sie vollständig bekleidet auf einer Couch liegend hilflos aufgefunden. Der herbeigerufene Notarzt zog – zumindest differentialdiagnostisch – eine Intoxikation in Betracht. Die Schleimhäute seien trocken gewesen. Bei der Klinikaufnahme war die Patientin komatös und zeigte nur noch eine geringe Reaktion auf Schmerzreize. Im Krankenhaus wurden folgende Diagnosen gestellt: Verdacht auf Lungenentzündung, Verdacht auf linkshirnigen Schlaganfall mit Beteiligung des Hirnstammes, keine Hinweise auf eine diabetische Stoffwechselentgleisung oder einen Herzinfarkt. Nach zwei Tagen entwickelte sich ein Temperaturanstieg bis auf 38,8 °C und die Patientin verstarb am Morgen des vierten Krankheitstages. Auf dem Totenschein wurde ein natürlicher Tod bescheinigt. Eine in der Wohnung zunächst unauffindbare goldene Uhr wurde von der Altenpflegerin rasch „gefunden". Bei Verdacht auf eine Intoxikation erfolgte nach einer Erdgrabzeit von drei Jahren und sieben Monaten eine Exhumierung. Hierbei waren Brust- und Bauchorgane noch gut erhalten.

Das Gift

Bei Chlorprothixen handelt es sich um einen Wirkstoff, der zur Gruppe der Neuroleptika gehört und in den verschreibungspflichtigen Medikamenten Truxal® und Taractan® in verschiedenen Darreichungsformen enthalten ist, so zum Beispiel als Dragee, als Injektionslösung aber auch als Saft. Der Saft kam in Flaschen zu 50 bzw. 100 Milliliter mit einem Chlorprothixengehalt von 20 Gramm pro Liter in den Handel, es war eine milchige, süßlich, eher unangenehm schmeckende Flüssigkeit, die einen kratzenden Nachgeschmack verursacht. Es entfaltet in erster Linie einen sedativen, schlafinduzierenden Effekt, in zweiter Linie eine antipsychotische Wirkung. Es dient im Wesentlichen der Behandlung von akuten und chronischen Unruhezuständen, etwa bei Schizophrenien und manisch-depressiven Erkrankungen.

Chlorprothixen hat jedoch nicht nur Wirkung auf das zentrale Nervensystem, sondern auch auf das vegetative Nervensystem mit Folgen für Blutdruck, Herzfunktion, Sinnesorganen und Kreislauf. Chlorprothixen wird im Körper verstoffwechselt, wobei Hauptstoffwechselprodukte Nor-Chlorprothixen und Chlorprothixen-Sulphoxid sind. Die Halbwertzeit, mit der Chlorprothixen verstoffwechselt beziehungsweise ausgeschieden wird, beträgt etwa zwölf bis vierundzwanzig Stunden für Menschen jüngeren und mittleren Alters, bei älteren Personen kann aufgrund herabgesetzter Stoffwechselleistungen die Halbwertzeit deutlich länger sein.

Als therapeutisch werden Chlorprothixen-Konzentrationen von 0,03 Milligramm bis 0,3 Milligramm pro Liter Blut angesehen. Der toxische Bereich liegt bei Konzentrationen von mehr als 0,7 Milligramm pro Liter Blut oder einer Einnahme ab etwa ein Gramm Chlorprothixen. Nach einmaliger Einnahme von etwa zwei Gramm Chlorprothixen ist mit tödlichen Folgen zu rechnen, während eine Einnahme von einem Gramm meist nur zu einem Tiefschlaf von ein bis zwei Tagen Dauer führt. Zwei Gramm Chlorprothixen sind z. B. in einer Flasche Truxal® Saft zu 100 Milliliter enthalten.

Als normale therapeutische Dosen sollen zwei- bis dreimal täglich 30 Milligramm Truxal® verabreicht werden. Symptome einer akuten Überdosierung sind Bewusstlosigkeit (Koma), stecknadelkopfgroße Pupillen (Miosis), Krämpfe, Muskelschlaffheit, erhöhte Herzschlagfolge

(Tachykardie), Veränderung der Herzstromkurve (EKG-Veränderungen wie Verbreiterungen des so genannten QRS-Komplexes und eine Verlängerung der QT-Zeit), Blutdruckabfall, Atem- und Herzstillstand. Charakteristisch ist weiterhin eine Mundtrockenheit. Bei klinisch behandelten Fällen von Chlorprothixen-Intoxikation wurde unter anderem festgestellt: Bewusstlosigkeit, Schlaffheit der gesamten Muskulatur, stark eingeschränkte Reflexauslösbarkeit bis zur Reflexlosigkeit, lichtstarre, nur stecknadelkopfgroße Pupillen, erhöhte Herzschlagfolge, Störungen der Reizleitung. Durch die Bewusstlosigkeit und Atemdepression kann es leicht zur Entwicklung einer Lungenentzündung kommen. Aufgrund der toxischen Wirkung auf das Herz kann der Tod jedoch auch binnen Stunden eintreten.

In allen fünf Fällen, die noch untersucht werden konnten, und die zu einer späteren Verurteilung der Angeklagten führten, war Chlorprothixen nachweisbar, die Konzentrationen lagen unterschiedlich hoch. Bei Patientin 1 waren bei Krankenhausaufnahme mit Bewusstlosigkeit, stecknadelkopfgroßen Pupillen, Schlaffheit der Muskulatur, pathologischen Reflexen, Trockenheit der Mundschleimhaut typische Befunde der Chlorprothixen-Intoxikation dokumentiert.

Obwohl die Altenpflegerin bis zuletzt bestritt, mit dem Tod der von ihr Betreuten etwas zu tun zu haben, kam es in den Fällen eins bis sechs zu Verurteilungen wegen Mordes.

8.6 Der vorgetäuschte Treppensturz, und was daraus wurde – Vergiftungen durch Succinylcholin

Prof. Dr. med. Burkhard Madea, Prof. Dr. rer. nat. Frank Mußhoff

Die Bearbeitung von Unfällen gehört zur täglichen Aufgabe von Rechtsmedizinern. Laut Todesursachenstatistik kommen jährlich mehr als 18.000 Menschen durch Unfälle ums Leben, darunter ereignen sich mehr als 6.000 häusliche Unfälle. Rechtsmedizinische Aufgabe bei Unfällen ist neben der Klärung der Todesursache nicht selten auch die Rekonstruktion des Unfallmechanismus. Teilweise werden von so genannten „Unfallzeugen“ auch wahrheitswidrige Angaben gemacht, gerade um sich nicht selbst zu belasten. So wurde uns ein tödlich verunglückter junger Mann von einer Baustelle zur Obduktion ins Institut gebracht mit der Angabe, er sei vom Fahrrad gestürzt. Die Obduktionsbefunde mit vielen knöchernen Verletzungen des Schädels und des Brustkorbs waren jedoch mit einem Sturz vom Fahrrad nicht zu vereinbaren, sondern wiesen auf einen Sturz aus größerer Höhe hin. Eine kriminalpolizeiliche Nachschau ergab, dass der Betroffene von einem ungesicherten Gerüst aus zwölf Metern Höhe abgestürzt war. Da es sich um einen illegalen Ausländer handelte, tischte der Baustellenleiter, um sich vor strafrechtlichen Ermittlungen wegen mehrerer Delikte zu schützen, der Polizei die Geschichte mit dem Fahrradunfall auf.

Die subtile Erhebung von Verletzungsbefunden zur Rekonstruktion von Handlungs- und Geschehensabläufen ist also eine Domäne der Rechtsmedizin. Klinische Kollegen gehen bei der Dokumentation von Verletzungen in der Regel davon aus, dass die ihnen vorgetragenen Angaben zur Entstehung stimmen. Als Rechtsmediziner sind wir gewohnt, ständig die Plausibilität der Angaben zur Vorgeschichte am objektiven Befund zu überprüfen.

Unter den häuslichen Unfällen sind Treppenstürze nicht selten. Bei den tödlichen Treppenstürzen steht hinsichtlich der Altersverteilung das 50. bis 60. Lebensjahr im Vordergrund. Sturzursache ist überwiegend eine Alkoholisierung beziehungsweise eine vorbestehende Organerkrankung. Eine eigene Analyse der in den Instituten für Rechtsmedizin der Universitäten Bonn und Greifswald bearbeiteten tödlichen Treppenstürze ergab, dass in einer Vielzahl der Fälle eine höhergradige Alkoholisierung vorlag, in circa 10 Prozent deutlich über 3 Promille, in 3 von 116 Fällen im Bereich von 4 bis 5 Promille. Damit ist in vielen Fällen per se eine plausible Sturzursache gegeben. Todesursache bei tödlichen Treppenstürzen sind in der Regel schwere Schädel-Hirn-Verletzungen mit Blutungen in das Schädelinnere und Hirnprellungen. Neben Schädelverletzungen liegen häufig gleichzeitig Rumpf- und Gliedmaßenverletzungen vor. Von tödlichen Treppenstürzen sind Männer mehr als doppelt so häufig betroffen wie Frauen. Der folgende Fall betraf allerdings eine nur 34 Jahre alt gewordene Frau, die unter der Verdachtsdiagnose tödlicher Treppensturz zur Obduktion kam und einige Überraschungen bot:

Fallbeispiel 1:
Der vorgetäuschte Treppensturz

Eine 34 Jahre alt gewordene Frau sei morgens zwischen 07:30 Uhr und 08:09 Uhr von ihrem Ehemann am Fuß einer Kellertreppe leblos aufgefunden worden. Der Oberkörper habe auf dem flachen Boden, die Beine und das Gesäß noch auf dem unteren Ende einer vierzehnstufigen Treppe gelegen. Der Ehemann – von Beruf Anästhesist – habe unverzüglich Reanimationsmaßnahmen eingeleitet sowie den Notarzt verständigt. Die Reanimationsmaßnahmen seien schließlich wegen Erfolglosigkeit eingestellt worden. Erst während der Reanimation durch den Notarzt habe sich eine Blutlache um den Kopf der Frau gebildet und es sei eine Platzwunde aufgefallen. Auf der Kellertreppe selbst und am Fuße der Kellertreppe hätten sich jedoch keinerlei Blut-, Haar- oder sonstige Gewebespuren befunden. Von der Staatsanwaltschaft wurde unmittelbar eine gerichtliche Obduktion in Auftrag gegeben, die noch am gleichen Nachmittag durchgeführt wurde. Hierbei konnten folgende wesentliche Befunde erhoben werden: Über dem Hinterhaupt rechts eine 3 Zentimeter lange, allerdings nur gering umblutete Kopfplatzwunde. Eine Hautschürfung der Stirn nahe des linken Stirnhöckers sowie Hautschürfungen der Schulterrückseite links und der linken Flankenregion, ferner in Höhe der Kniescheiben beziehungsweise unterhalb der Kniescheiben. Neben diesen insgesamt nur ganz geringen äußerlichen Verletzungszeichen, zeigten sich Zeichen intensiver ärztlicher Maßnahmen mit Defibrillationsmarken in typischer Lokalisation. Die bei tödlichen Treppenstürzen üblichen schweren Schädel-Hirn-Verletzungen fehlten, ebenso fanden sich keine vorbestehenden Erkrankungen der inneren Organe. Damit war die Todesursache durch die Obduktion zunächst nicht zu klären, insbesondere war auf der Basis der Obduktionsbefunde ein tödlicher Treppensturz auszuschließen.

Zur Klärung der Todesursache wurden umfassende weiterführende Untersuchungen durchgeführt, die auch das Spezialwissen benachbarter Fachdisziplinen (Neuropathologie, Molekularpathologie) umfassten. Auch hier ergab sich keine fassbare Todesursache. Bei den chemisch-toxikologischen Untersuchungen konnte lediglich Koffein in Urin und Herzblut sowie Atropin – ein Medikament, das im Rahmen einer notärztlichen Versorgung verabreicht wird – in einer geringen Konzentration von 0,16 Milligramm pro Liter nachgewiesen werden. Da der

Ehemann der Verstorbenen Anästhesist war und vor Alarmierung des Notarztes selbst Wiederbelebungsmaßnahmen an seiner Frau durchgeführt hatte, zogen wir bei weiterhin ungeklärter Todesursache einen Anästhesisten zur weiteren Fallbearbeitung heran. Dieser sollte sich unter anderem zur Plausibilität der vom Ehemann durchgeführten Reanimationsmaßnahmen äußern. Dabei spielte unter anderem ein EKG-Streifen eine Rolle, den der Ehemann von seiner sterbenden Ehefrau abgeleitet und dem hinzugezogenen Notarzt vorgewiesen hatte. Dieser EKG-Streifen wurde vor allem deswegen bedeutsam und verfahrensrelevant, da bei einer späteren kriminalpolizeilichen Nachschau auf der Kellertreppe für die ermittelnden Polizeibeamten der Eindruck entstanden war, der Ehemann habe diesen EKG-Streifen vor dem Polizeibeamten verbergen wollen. In der Ermittlungsakte wurde festgehalten: „Bei der Sicherstellung der EKG-Streifen-Ausdrücke, welche teilweise auf, neben oder auch unter dem EKG Gerät liegen, wird von dem Unterzeichner bemerkt, dass Dr. X etwas vom Boden aufgehoben hat und in seiner linken Hand versteckte. Die Faust wird durch den Unterzeichner geöffnet, in der Hand hält Dr. X einen zusammengeknüllten EKG-Streifen. Es hat den Anschein, dass er ein Beweismittel vorenthalten beziehungsweise vernichten will. Auf diesen Umstand angesprochen erklärt er, dieser Streifen sei für die Sache nicht von Bedeutung. Der EKG-Streifen wird gesondert asserviert.“
Auf Lichtbildern von der Auffindungssituation fiel auf, dass im Notarztkoffer des Ehemannes eine Ampulle Succinylcholin fehlte (**Abb. 8.12**).

Bei Succinylcholin handelt es sich um ein in der Anästhesie zur Narkoseeinleitung gebräuchliches Medikament, das zu einer Lähmung der Muskulatur führt. Succinylcholin zeichnet sich durch einen raschen Wirkungseintritt und eine kurze Wirkdauer aus, weshalb es besonders zum Einsatz bei Blitzintubationen geeignet ist, bei denen der Patient rasch über einen in die Luftröhre verbrachten Tubus beatmet werden muss. Die zur Intubation eingesetzte Dosis beträgt circa ein Milligramm pro Kilogramm Körpergewicht. Die muskelrelaxierende Wirkung tritt bereits nach einer Minute ein und klingt nach wenigen Minuten wieder ab. Würde dieses Medikament nicht anästhesierten, bewusstseinsklaren Personen verabreicht, sind diese wach, können sich jedoch nicht mehr bewegen und atmen, ein Zustand, der als Wachlähmung bezeichnet wird.

Oder noch deutlicher ausgedrückt: Bei vollem Bewusstsein schaut man sein Gegenüber an, bekommt Panik, da man sich nicht mehr bewegen, artikulieren und atmen kann, und erstickt schließlich. Es kommt hinzu, dass Succinylcholin sehr schnell abgebaut wird und zudem so instabil ist, dass es sowohl im Leichenblut als auch bei Lagerung in einem Blutröhrchen aufgrund vorhandener Enzymaktivitäten abgebaut wird. Der Abbauweg (Metabolismus) ergibt sich aus **Abb. 8.13**. Succinylcholin, oder richtiger Succinylbischolin wird durch ein Enzym, die Pseudocholinesterase sehr rasch in Succinylmonocholin und Cholin aufgespalten. In einem zweiten Schritt wird Succinylmonocholin zu Cholin und Bernsteinsäure abgebaut. Cholin und Bernsteinsäure kommen natürlicherweise im Körper vor und können daher keinen Aufschluss über eine Fremdbeibringung bieten. Daher galt Succinylcholin lange Zeit als „ideales“ Mordgift. In entsprechenden Verdachtsfällen konnten allenfalls Indizien zu einer Verurteilung möglicher Täter herangezogen werden. So wurde in der Literatur z. B. ein Serienmord mittels intramuskulärer Gabe von Succinylcholin beschrieben, im Körper der Verstorbenen konnte diese Substanz jeweils nicht nachgewiesen, sondern nur in einer bei der Tat benutzten und zusätzlich sichergestellten Spritze.

Toxikologie

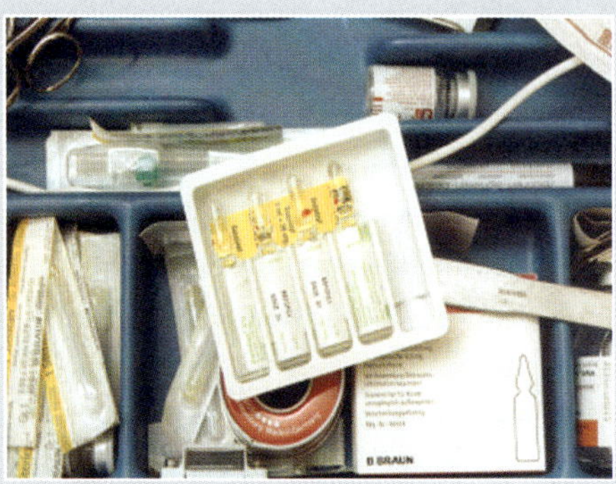

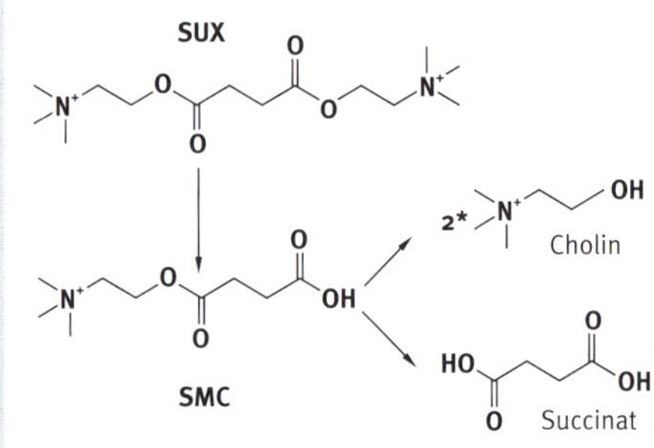

Abb. 8.12 (links): Aufnahme vom geöffneten Notarztkoffer des Ehemannes mit einer fehlenden Ampulle Pantolex®.
Abb. 8.13 (rechts): Abbau von Succinylcholin (SUX) durch Cholinesterasen zunächst zu Succinylmonocholin (SMC) und Cholin, dann zu Succinat (Bernsteinsäure) und einem weiteren Cholin.

Der Ehemann der Verstorbenen hatte gegenüber der Polizei Aussagen gemacht, wie er seine Ehefrau vorgefunden hatte und in welcher Weise er Reanimationsmaßnahmen durchgeführt hatte. Das anästhesiologische Zusatzgutachten kam in Würdigung der Aussagen des Ehemannes zu dem Schluss, dass zum Zeitpunkt der Auffindung seine Ehefrau nicht ansprechbar war, noch einen tastbaren Puls hatte und nicht zyanotisch (blausüchtig) war, also eine generalisierte Sauerstoffunterversorgung bis zu diesem Zeitpunkt noch nicht stattgefunden hatte, und nach dem EKG-Streifen zu diesem Zeitpunkt noch eine Herztätigkeit vorhanden war.

In Würdigung der vom Ehemann geschilderten Reanimationsmaßnahmen (zuerst Mund-zu-Mund-Beatmung, dann Intubation, präkordialer Faustschlag und Applikation von Suprarenin in den Tubus) kam das anästhesiologische Gutachten vor dem Hintergrund der EKG-Befunde zu dem Schluss, dass die Verstorbene mit an Sicherheit grenzender Wahrscheinlichkeit von ihrem Ehemann weder mechanisch noch medikamentös wiederbelebt worden sei. Es könne aus allen Befunden gefolgert werden, dass die Verstorbene mit an Sicherheit grenzender Wahrscheinlichkeit erst, als sie bereits mehrere Minuten, wahrscheinlich 25 bis 30 Minuten tot war, Atropin und Suprarenin erhalten habe und sicherlich nicht zu dem Zeitpunkt, als noch Herzaktionen im EKG nachweisbar waren.

Das Gutachten äußerte die hypothetische Möglichkeit, dass die Verstorbene durch eine intramuskuläre Succinylcholingabe getötet worden sei. Abschließend kam der anästhesiologische Gutachter zu folgender Bewertung: „Mit an Sicherheit grenzender Wahrscheinlichkeit ist Frau X. nicht die Kellertreppe heruntergestürzt, mit an Sicherheit grenzender Wahrscheinlichkeit hat Dr. X. seine Frau weder mechanisch, geschweige denn medikamentös wiederbelebt. Folglich liegt die Todesursache von Frau X. in einer bewusst herbeigeführten Sauerstoffunterversorgung. Nur dadurch kann der Tod dieser gesunden jungen Frau geklärt werden."

Auch wenn die Todesursache bis zu diesem Zeitpunkt nicht objektiv geklärt war, waren diese weitreichenden gutachterlichen Aussagen Anlass für die Staatsanwaltschaft, den Ehemann wegen des Verdachts des Mordes zu verhaften und Anklage zu erheben.

Bezüglich der von dem Anästhesisten aufgebrachten „Succinylcholin-Hypothese" wurden zunächst in zwei europäischen Einrichtungen weiterführende Analysen zum Nachweis von Succinylcholin beziehungsweise Succinylmonocholin durchgeführt, die jeweils unauffällige Befunde erbrachten. Aufgrund der Instabilität und des kurzen Nachweisfensters von Succinylbi- und -monocholin wollten jedoch beide Sachverständige eine mögliche Gabe nicht ausschließen. Ein von der Verteidigung herangezogener Sachverständiger aus den USA wurde mit weiteren Analysen beauftragt und wollte im Gegensatz dazu bei einem nicht erfolgten Nachweis von Succinylmonocholin eine Gabe sicher ausschließen – eine Schlussfolgerung, die sich bei später von uns durchgeführten Analysen als falsch erweisen sollte.

Während der laufenden Hauptverhandlung wurden noch einmal die sichergestellten EKG-Streifen relevant, bei denen einmal eine Sinusbradykardie (langsame Herzschlagfolge), einmal ein Nulllinien-EKG (Herzstillstand) sowie einmal ein Kammerflimmern dargestellt wurden. Der erste anästhesiologische Gutachter war mittlerweile wegen Befangenheit abgelehnt und durch einen anderen Anästhesisten ersetzt worden. Der abgelehnte Anästhesist hatte jedoch noch ein weiteres Gutachten erstattet, mit dem Ergebnis, dass es sich bei dem auf dem asservierten EKG-Streifen abgebildeten Kammerflimmern nicht um ein EKG von der Verstorbenen handeln könne, sondern dass es sich bei dem Kammerflimmer-EKG zweifelsfrei um identische Signale wie aus einem Simulator im Modus „Kammerflimmern" handele: "Es ist zwanglos möglich, unter Verwendung des EKG-Gerätes Visiprint der Firma Hugo Sachs und eines Simulators, insbesondere demjenigen der Firma Laerdal mit dem Programm Heartsim 2000 EKG-Streifen abzuleiten, die mit den im vorliegenden Verfahren sichergestellten übereinstimmen. Teile der asservierten EKG-Streifen stammen zweifellos aus einem EKG-Simulator und nicht von der Verstorbenen. Bei einem ungeordneten, chaotischen Herzrhythmus wie dem Kammerflimmern ist eine zufällige Übereinstimmung zweifelsfrei auszuschließen." Dies schlug ein wie ein Blitz. Damit hätte der Ehemann also gar kein authentisches Kammerflimmern von seiner Frau abgeleitet, sondern dem von ihm hinzugezogenen Notarzt ein EKG aus einem Simulator vorgewiesen, dass vor mehreren Jahrzehnten von einer Person mit Kammerflimmern abgeleitet worden war. Diese Einschätzung wurde während der Hauptverhandlung durch einen weiteren Anästhesisten und einen Kardiologen bestätigt. In Phase und Amplitude stimmte das „abgeleitete" Kammerflimmer-EKG vollständig mit dem Simulations-EKG überein, eine zufällige Übereinstimmung zwischen abgeleitetem EKG und Simulations-EKG sei zweifelsfrei auszuschließen, der Kammerflimmern zeigende EKG-Streifen könne nur aus einem EKG-Simulator oder sonstigen Aufzeichnungsgeräten stammen, keinesfalls aber von der Verstorbenen (**Abb. 8.14** und **8.15**).

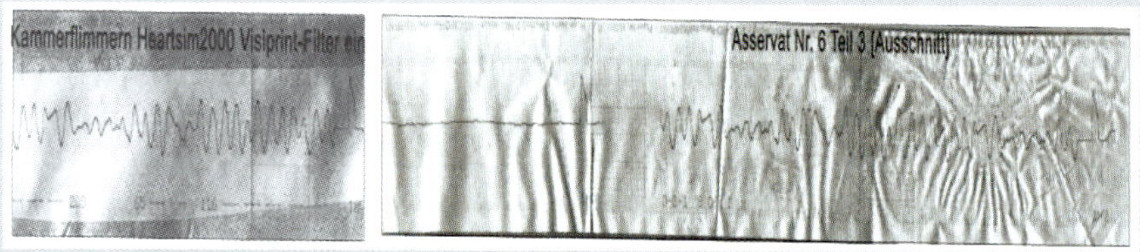

Abb. 8.14: Simulation eines Kammerflimmerns und Asservat Nr. 6, das vom Ehemann verborgen wurde.

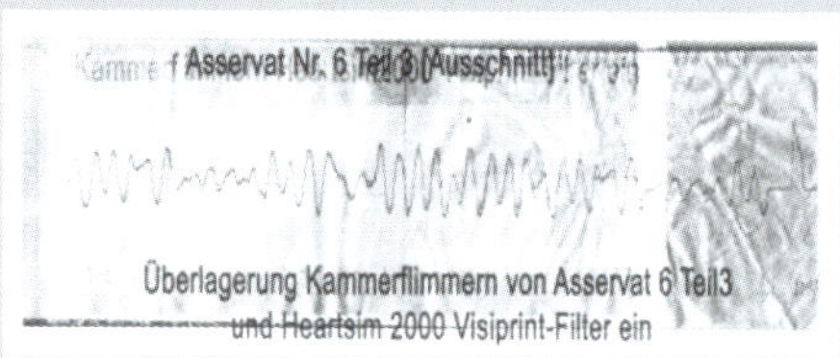

Abb. 8.15: Überlagerung der Simulation mit Asservat 6.

Dies war natürlich ein außerordentlich belastendes Indiz für die Täterschaft des Ehemannes, denn welchen Sinn sollte es machen, dem Notarzt ein nicht authentisches EKG vorzuweisen? Unseres Wissens ist dies der erste Fall, in dem bei einem Todesfall mittels eines Simulations-EKGs ein Todesmechanismus vorgetäuscht werden sollte, der real nicht vorgelegen hat. Damit war auch zum ersten Mal die Beweisfrage in foro zu klären, ob ein EKG-Befund authentisch sein könne oder zwingend aus einem Simulator stamme. Bei dem im relevanten EKG-Streifen gezeigten Kammerflimmern konnte eine zufällige Übereinstimmung zwischen einem authentischen EKG und einem Simulations-EKG von Anästhesisten und Kardiologen aber ausgeschlossen werden.

Die Todesursache war allerdings immer noch nicht geklärt:

- ein tödlicher Treppensturz war aufgrund des Obduktionsbefundes auszuschließen;
- bei umfangreichen Untersuchungen fanden sich keine Anhaltspunkte für einen Tod aus innerer krankhafter Ursache;
- zu diskutieren war weiterhin, ob eine Intoxikation vorlag beziehungsweise auszuschließen war.

Die Beweisaufnahme in der wegen Mordes gegen den Ehemann geführten Hauptverhandlung wurde umfassend durchgeführt, zahlreiche Sachverständige wurden gehört, ohne dass eine medizinisch-naturwissenschaftlich fassbare Todesursache vorlag. Der EKG-Befund war natürlich außerordentlich belastend – auch wenn von einem Sachverständigen geäußert wurde, die Frau sei schließlich nicht an einem „gefälschten EKG“ gestorben.

Circa ein dreiviertel Jahr nach Beginn der Hauptverhandlung gestand der Ehemann dann aber, seine Ehefrau getötet zu haben, machte jedoch keine Angaben zum Tathergang. Da ihm nicht nachgewiesen werden konnte, dass er spezifisches medizinisches Wissen bei Begehung der Tat genutzt habe, wurde er wegen Totschlags zu einer mehrjährigen Freiheitsstrafe verurteilt und nicht wegen Mordes zu einer lebenslänglichen. Es muss erwähnt werden, dass der wegen Befangenheit abgelehnte Sachverständige maßgeblich zur Aufklärung des Falles beigetragen hatte.

Dieser Fall führt deutlich vor Augen, wie wichtig bei unklaren Todesfällen die interdisziplinäre Zusammenarbeit ist. Für uns selbst war er in der Folgezeit Anlass, uns intensiv um den Nachweis einer Succinylcholingabe zu bemühen, da ansonsten mit diesem Muskelrelaxanz aufgrund der kurzen Halbwertzeit sowie der Instabiltiät des Analyten – wie schon gesagt – tatsächlich ein probates Mordgift vorliegen könnte, da Rückstände nicht nachweisbar sind und auch der Tod durch Erstickung in Folge vollständiger Lähmung der Muskulatur weder durch Obduktion noch nachfolgende Untersuchungen beweisbar ist.

Fallbeispiel 2:
Plötzliche Wachlähmung im Krankenhaus
Über einige unserer weiterführenden wissenschaftlichen Untersuchungen hatten wir auf einer Tagung berichtet, als uns kurz darauf eines spätnachmittags ein Anruf erreichte. Der Oberarzt einer Intensivstation eines Kreiskrankenhauses berichtete von einem akuten Zwischenfall auf seiner Station und schilderte alle Symptome einer „Wachlähmung" eines Patienten, der plötzlich nicht mehr habe atmen können. Beim Eintreffen des Arztes war die Notfallsituation bereits behoben, er hatte jedoch den Verdacht, dass dem Patienten ärztlich nicht verordnet Succinylcholin beigebracht worden war. Er fragte daher nach, welche Körperflüssigkeiten sicherzustellen seien, um den Verdacht der medizinisch nicht indizierten Gabe von Succinylcholin zu überprüfen. Nach entsprechender Beratung stellte er sicher, dass von dem Patienten ausreichend Blut- und Urinproben asserviert und zur weiteren Analytik an uns weitergeleitet werden. Folgendes hatte sich ereignet: Aufgrund von Herzrhythmusstörungen und des Verdachtes eines Herzbeutelergusses war ein 78 Jahre alter Mann in die für seinen Wohnort zuständige Klinik eingewiesen worden. Von der Aufnahmestation wurde er zur Überwachung auf die Intensivstation verlegt. Nun befand er sich in einem Zimmer zusammen mit einer Krankenschwester, an seinem Arm war ein Multiadapter mit einer Infusion angelegt. Die Schwester unterhielt sich mit ihm über seinen Dialekt und seine Herkunft. Dabei injizierte sie nach späterer Auffassung des Gerichtes über den gelegten Zugang mittels einer Spritze Succinylcholin. Nach der Injektion begab sie sich an das Waschbecken im Zimmer, während es bei dem Patienten erwartungsgemäß zu einer vollständigen Lähmung der gesamten Muskulatur und damit auch der Atmung bei wachem Bewusstsein kam. Dieser bezeichnete die andauernde Lähmung der Atmung und das Sprechvermögens als äußerst qualvoll. Er sei in absolute Todesangst geraten beziehungsweise überzeugt gewesen, nun sterben zu müssen.

Die Krankenschwester übernahm sofort die Beatmung des Patienten mittels eines Ambubeutels und rief um Hilfe. Eine herbeigeeilte Ärztin fühlte den Puls des Patienten und war mehr als erstaunt, dass die Kreislauffunktion fortbestand. Als der Oberarzt der Anästhesieabteilung hinzukam, hatte die Spontanatmung des Patienten bereits wieder eingesetzt und man entschied sich, auf eine Intubation zu verzichten. Dieser Oberarzt fand auch im Nachgang keine schlüssige Erklärung für den Atemstillstand des Patienten. Dieser schilderte das Geschehen später so, dass plötzlich ein Ruck durch seinen Körper gegangen sei, er einen Summton gehört habe und sich sodann nicht mehr habe bewegen können. Er habe keine Luft mehr bekommen, sein Kopf sei angeschwollen und er habe sich nicht bemerkbar machen können. Gleichzeitig habe er das Geschehen um sich herum wahrgenommen und die Gespräche gehört. Es habe jemand gesagt: „Mein Gott, was ist denn hier los?“. Die Krankenschwester habe gesagt: „Ich habe doch gerade noch mit ihm gesprochen.“ Ein Arzt habe gerufen: „Sauerstoff, Sauerstoff!“. Er habe gedacht: „Mein Gott, da bist du nicht mal richtig krank, gehst ins Krankenhaus und musst dann sterben.“ Eine junge Ärztin habe wiederholt geäußert: „Der Puls ist noch da.“ Plötzlich habe er wieder atmen können und gesehen, dass ein „Haufen Pfleger“ um sein Bett standen.
Besonders verdächtig war dem Oberarzt, dass es bereits zuvor mehrere vergleichbare Fälle gegeben hatte. Dabei war ihm aufgefallen, dass stets dieselbe Krankenschwester mit diesen Vorfällen befasst oder zumindest anwesend war. Ohne entsprechende Beweise für eine ärztlicherseits nicht angezeigte Succinylcholingabe war er jedoch machtlos; daher entschloss er sich noch am Nachmittag desselben Tages der Sache weiter nachzugehen und entsprechende Proben sicherzustellen. Die unmittelbar abgenommenen Proben des Patienten erhielten wir am nächsten Tag per Kurier zur Untersuchung.

In drei sichergestellten Urinproben waren jeweils Succinylcholin (im Mittel 2,2 Mikrogramm pro Liter) und Succinylmonocholin (im Mittel 24,5 Mikrogramm pro Liter) nachweisbar (**Abb. 8.16**). In einer untersuchten Serumprobe war ebenfalls Succinylmonocholin im Spurenbereich nachweisbar (circa 0,05 Mikrogramm pro Liter), allerdings kein Succinylcholin selbst. Wie bereits im vorherigen Fall angedeutet, führt der Wirkstoff Succinylcholin etwa 30 Sekunden nach seiner intravenösen Injektion zur Lähmung der Skelettmuskulatur. Weiterhin kommt es zu einer Verlangsamung des Herzschlages und zu einem verstärkten Speichelfluss. Die lähmende Wirkung hält bis zu 5 Minuten an. Bei intramuskulärer Injektion beginnt die Wirkung etwas später, circa nach 2 Minuten, und kann auch länger anhalten. Succinylcholin ist – wie ebenfalls schon beschrieben - im Körper sehr instabil, es wird durch Enzyme zunächst zu Succinylmonocholin und Cholin abgebaut. Die Eliminationshalbwertzeit beträgt circa 30 Sekunden, Succinylmonocholin wird dann weiter mit einer Eliminationshalbwertseit von etwa 8 Minuten zu Cholin und Bernsteinsäure abgebaut.

Nachdem bei dem 78-jährigen Patienten der zweifelsfreie Nachweis einer medizinisch nicht indizierten Beibringung von Succinylcholin erbracht worden war, die ihn in den quälenden Zustand einer Wachlähmung versetzte, wurden weitere ungeklärte Atemstillstände in dem Krankenhaus und die mögliche Beteiligung der beschuldigten Krankenschwester aufgearbeitet.

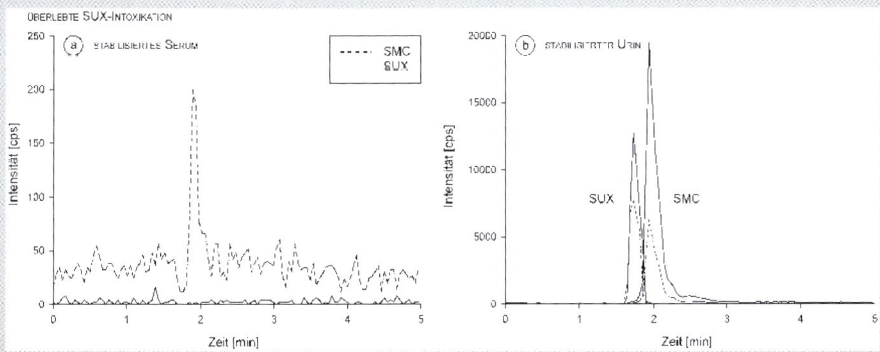

Abb. 8.16: Nachweis von Succinylcholin (SUX) bzw. Succinylmonocholin (SMC) im Fall des 78-jährigen Patienten.

So hatte ein 72 Jahre alter Patient, der wegen einer ausgedehnten eitrigen Entzündung des Bindegewebes und einer Blutvergiftung intensivmedizinisch behandelt wurde, ebenso plötzlich und unerwartet einen Atemstillstand erlitten. Der für ihn zuständige Krankenpfleger fand ihn plötzlich ohne Atmung schlaff im Bett liegend vor, er beatmete ihn sofort über eine Atemmaske und rief um Hilfe. Die Akutsituation konnte zwar behoben werden, der Patient verstarb jedoch später an der schweren Blutvergiftung. Der für den Patienten zuständige Pfleger habe gesehen, wie die später angeklagte Krankenschwester aus dem Zimmer „seines" Patienten herausgekommen sei. Kurze Zeit später habe er den Atemstillstand bemerkt. Auffällig sei gewesen, dass der Patient ohne Medikamentengabe habe intubiert werden können.

Auch bei einem anderen 42 Jahre alten Patienten trat plötzlich ein Atemstillstand auf, der möglicherweise durch Succinylcholin verursacht wurde. Der Patient war während der Arbeit in ein Güllesilo gefallen und hatte dabei Gülle eingeatmet. Wegen einer sich infolge der Gülleeinatmung entwickelnden Lungenentzündung wurde er intensivmedizinisch behandelt. Der Patient befand sich inzwischen bei zufrieden stellenden Blutgas-, Blutdruck- und sonstigen Vitalparametern in einem stabilen Zustand. Plötzlich erlitt er einen Atemstillstand, konnte durch eine hinzu gerufene Ärztin jedoch schnell intubiert werden, worauf sich sein Zustand wieder verbesserte.

Der für die Behandlung des Patienten zuständige Pfleger gab an, dass plötzlich durch die verdächtige Krankenschwester aus dem Zimmer des Patienten Alarm ausgelöst worden sei. Er sei zu seinem Patienten zurückgeeilt und habe gesehen, wie der Patient flach und erschlafft in seinem Bett gelegen sei und die Angeklagte ihn mittels eines Ambu-Beutels beatmet habe. Bei der Intubation sei der Patient so schlaff gewesen, dass er vor der Intubation weder ein Hypnotikum noch ein Muskelrelaxanz erhalten habe. Dies deutete, wie bei dem Patienten zuvor, darauf hin, dass die Muskulatur bereits durch die Gabe von Succinylcholin völlig erschlafft war. Noch in vier weiteren, ähnlich gelagerten Fällen hatte man sich mit der Möglichkeit einer Succinylcholin-Gabe durch die Schwester auseinanderzusetzen. Sie war bereits zuvor verdächtigt worden, Patienten medizinisch nicht indizierte hohe Dosen eines die Blutgerinnung hemmenden Medikamentes verabreicht zu haben, so dass Patienten nach einer relativ harmlosen Operation verblutet seien. Gegen die Krankenschwester wurde Anklage wegen versuchten Mordes erhoben. Im Rahmen der Hauptverhandlung war natürlich auch zu prüfen, ob die von dem Patienten sichergestellten Blut- und Urinproben manipuliert gewesen seien konnten. Da die Körperflüssigkeiten für DNA-Untersuchungen mehr als zwei Jahre nach der Analyse nicht mehr zur Verfügung standen – ein so genannter DNA-Fingerprint ist auch über abgeschilferte Schleimhautzellen der Harnblase möglich – konnte eine Plausibilitätskontrolle, dass die Proben wirklich von dem 78-jährigen Patienten stammen, dadurch geführt werden, dass weitere Medikamente, die er erhielt, in der Urinprobe nachweisbar waren. Der Patient hatte angegeben, am Morgen der Krankenhauseinweisung Kaffee getrunken zu haben. Weiterhin nehme er morgens einen Betablocker ein. Bis zur Entnahme der untersuchten Urinprobe habe er keine weiteren Medikamente eingenommen und auch keine koffeinhaltigen Getränke zu sich genommen. Sowohl Koffein als auch der Wirkstoff des Medikamentes waren im Urin nachweisbar.

Eine Manipulation der Urinproben in dem Sinne, dass ihnen Succinylcholin oder das Stoffwechselprodukt Succinylmonocholin artifiziell beigefügt wurden, war ebenfalls auszuschließen. Für eine Vertauschung oder eine Vermischung der Blutproben mit denen anderer Patienten gab es ebenfalls keinen Anhalt. Auch ein nachträgliches Versetzen der Proben erschien mehr als unwahrscheinlich, da die jeweils ermittelten Konzentrationen plausible erschienen und bei einem nachträglichen Versetzen der Probe Verdünnungseffekte zu beachten gewesen wären.

Bereits bei dem ersten hier geschilderten Fall – dem vorgetäuschten Treppensturz – beschäftigten wir uns sehr intensiv mit der Problematik des Succinylcholinnachweises. Hierzu entwickelten wir eine sehr sensitive Analysenmethode zum Nachweis von Succinylcholin sowie seines Stoffwechselproduktes Succinylmonocholin. Zusammen mit Anästhesisten untersuchten wir die so genannte Eliminationskinetik, den zeitlichen Verlauf der Konzentrationsabnahme von Succinylcholin und seinem Stoffwechselprodukt im Blut/Serum und Urin. Succinylcholin selbst ist danach ohne Zugabe von Stabilisatoren in Blutproben überhaupt nicht nachweisbar, nach Zugabe von Stabilisatoren nur über einige Minuten. Succinylmonocholin kann demgegenüber bis zu sechs Stunden im Blut/Serum detektiert werden (**Abb. 8.17**).

Da der Urin frei von Succinylcholin spaltenden Enzymen zu sein scheint, wird in der Blase befindliches Succinylcholin nicht weiter abgebaut. Succinylcholin wird über maximal zwei Stunden in die Blase ausgeschieden, Succinylmonocholin über ca. sechs Stunden. Allerdings fungiert die Blase als ein Reservoir, das heißt in Abhängigkeit von der letzten Blasenentleerung kann trotz eventueller Verdünnung auch noch ein längerer Nachweis möglich sein.

Nach einem sehr spät in der Hauptverhandlung abgelegten Geständnis wurde die Krankenschwester wegen gefährlicher Körperverletzung gemäß §§ 223 Abs. 1. 224 Abs. 1 Nr. 1, Nr. 3, Nr. 5 StGB zu einer Freiheitsstrafe von zwei Jahren verurteilt, die allerdings zur Bewährung ausgesetzt wurde. Im Rahmen eines Täter-Opfer-Ausgleichs erklärte sie sich zusätzlich zu einer Zahlung von 7.500 € an den 78 Jahre alten Patienten bereit.

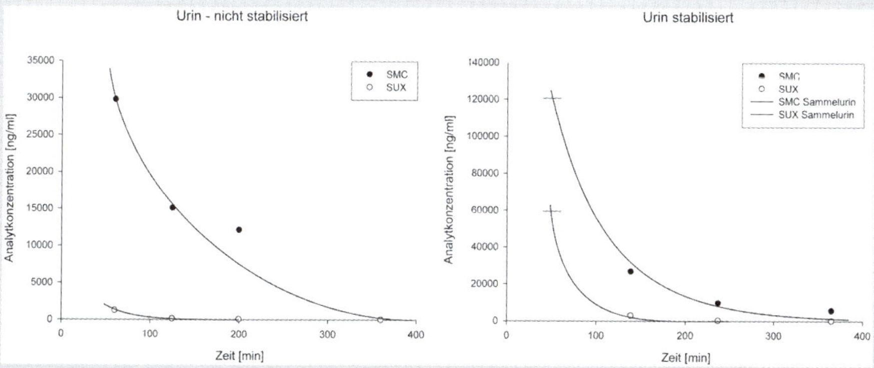

Abb. 8.17: Eliminationskinetik (zeitlicher Konzentrationsabfall) von Succinylcholin (SUX) und Succinylmonocholin (SMC) im Urin. Die Verläufe konnten bei Analyse von Urinproben von Patienten nach Operationen verfolgt werden, die Succinylcholin medizinisch indiziert erhalten hatten.

Was war die Ursache, dass die Krankenschwester von ihr abhängige Patienten durch die Gabe eines Medikamentes in eine lebensgefährliche, als qualvoll erlebte Situation brachte? Sie genoss hohes fachliches Ansehen, galt als sehr motiviert und übernahm gerne die Betreuung schwer kranker Patienten, bei denen der pflegerische Aufwand deutlich erhöht ist. Auch in Notsituationen galt sie als besonnen. Andererseits wurde ihr eine narzistische Persönlichkeitsstruktur bescheinigt mit übersteigertem Drang nach Anerkennung ihrer Leistungen. Sie habe nicht nur dominant, sondern auch polarisierend gewirkt. In dem Krankenhaus war eine Stelle mit günstigeren Arbeitszeiten und Aussicht auf eine höhere Entgeltgruppe zu vergeben. Bei der Stellenvergabe befand sich die Krankenschwester in Konkurrenz zu anderen qualifizierten Pflegekräften. Nach Auffassung des Gerichtes sollte in dieser Konkurrenzsituation durch gezieltes Herbeiführen von Notfallsituationen ihre besondere Qualifikation herausgestellt werden, die sich in der eigenverantwortlichen Einleitung sofort notwendiger Reanimationsmaßnahmen zeigte. Unabhängig von dieser Konkurrenz um eine besser vergütete Stelle habe sich die Krankenschwester immer gerne in den Mittelpunkt gerückt und sich aufgespielt. Sie habe es gemocht, wenn auf der Intensivstation viel los gewesen sei.

Der Fall belegt darüber hinaus, dass in der Rechtsmedizin viele Forschungsimpulse aus ungelösten oder schwierig zu lösenden Fällen mit problematischer medizinisch-naturwissenschaftlicher Beweisführung. Unsere durch den ersten Fall angeregten Untersuchungen erlaubten einerseits den analytischen Nachweis einer Gabe von Succinylcholin, darüber hinaus konnten wir den Konzentrationszeitverlauf studieren. Beides war für die Beweissituation im zweiten Fall von Bedeutung, denn ohne analytischen Nachweis von Succinylcholin in zumindest einem Fall wäre es möglicherweise nie zu einer Anklage gekommen.

Mit harten Bandagen

Taktische Medizin im zivilen Kontext

Mario Nowak

Mit harten Bandagen
Taktische Medizin im zivilen Kontext

9.1 Einführung

Wenn Sie im folgenden Kapitel eine wissenschaftliche Abhandlung erwarten, verehrter Leser, dann muss ich Sie leider gleich zu Beginn enttäuschen. Taktische Medizin genügt keinen wissenschaftlichen Ansprüchen, sondern ist in erster Linie eines: ein krudes, äußerst unsentimentales Handwerk. Die handelnden Akteure sind vornehmlich taktisch geschulte Anwender, die zusätzlich die handwerklichen Fähigkeiten mitbringen, die es ihnen ermöglichen, in einem täterkontrollierten, extrem feindlichen Umfeld lebensrettende Erstmaßnahmen durchzuführen. Auch verzichte ich bewusst auf eine genderpolitisch „korrekte" Wortwahl. Explodierende Sprengstoffwesten, Autobomben und aus Schnellfeuergewehren abgefeuerte Projektile unterscheiden nicht zwischen Polizeibeamten und Polizeibeamtinnen, zwischen Rettungsassistenten und Rettungsassistentinnen, zwischen Notärzten und Notärztinnen. Und ich auch nicht.

Das Arbeitsumfeld von Rettungskräften und Polizeibeamten in Deutschland ist rauer geworden. Nie war die Zahl der Angriffe auf Polizeibeamte und Rettungsdienstpersonal so hoch wie heute. Als wäre das nicht schon alarmierend genug, rückt die Bundesrepublik nun auch zunehmend in das Visier terroristischer Gewalttäter. Und das ist eine Gefahr, auf die unsere Behörden und Organisationen mit Sicherheitsaufgaben (BOS) kollektiv nicht annähernd vorbereitet sind; weder personell, noch materiell, ganz zu schweigen vom Ausbildungsstand. Während ich diese Zeilen niederschreibe, werden bundesweit wöchentlich diverse Polizeieinsätze gegen islamistische sowie rechte Extremisten durchgeführt – und somit vermutlich eine Reihe terroristischer Anschläge verhindert. Mit Ausnahme der taktischen Spezialeinheiten mangelt es aber der überwiegenden Mehrzahl unserer Polizeibeamten an infanteristischem Grundverständnis. Dieses ist aus Eigensicherungserwägungen aber absolut überlebensnotwendig, um eine effektive Bekämpfung gut ausgerüsteter und in der terroristischen Kriegsführung geschulter Gewalttäter zukünftig zu gewährleisten. Da aber der „Leidensdruck" in Deutschland, anders als z. B. bei unseren französischen und belgischen Nachbarn, offenbar noch nicht groß genug ist, fehlt es hierzulande bisher am politischen Willen zur „mentalen" Aufrüstung. Ich verwende bewusst den Begriff „Krieg".

> Denn auf unseren Straßen werden mittlerweile von in Kriegstechniken geschulten Terroristen Kriegswaffen gegen Bürger und Guerillakriegstaktiken gegen Polizeibeamte eingesetzt. Diesem Umstand kann nur adäquat begegnet werden, wenn es möglichst rasch zu einem radikalen Umdenken bei Entscheidungsträgern und Anwendern kommt.

Eine einseitige Aufrüstung von Polizeikräften in Form von verbesserter Passivbewaffnung, sprich: ballistischem Körperschutz, durch die Neubeschaffung von Schutzwesten bzw. ballistischen Plattenträgern, die auch dem Beschuss aus großkalibrigen Sturmgewehren bedingt standhalten, kann nur ein erster Schritt sein. Verbunden mit der Erwartungshaltung an die so ausgerüsteten Beamten, sich mit Kriegswaffen und Sprengstoff ausgerüsteten Terroristen entgegenzustellen und sie auszuschalten, ist es im besten Fall ein grober Verstoß gegen Arbeitsschutzbestimmungen; im schlimmsten Fall menschenverachtend. Kriegswaffen kann man auf Dauer nur mit dem Einsatz von Kriegswaffen begegnen. Solange der deutsche Polizeibeamte aber nur mit einer Pistole bewaffnet ist, selbst wenn es sich um eine Maschinenpistole handeln mag, ist er lediglich ballistisch aufgewertetes Kanonenfutter. Aber scheinbar passen Sturmgewehre in Polizistenhänden (noch) nicht in unser politisches Weltbild. Umso wichtiger wird zukünftig das Thema „Taktische Medizin“ sein. Denn irgendjemand muss sich schließlich um die verwundeten Beamten kümmern, die uns in diesem ungleichen Kampf erwarten.

Bisher meistens mit internistischen Notfällen und Verletzungen aufgrund von Verkehrs- und Haushaltsunfällen konfrontiert, und auf diese professionell vorbereitet, werden sich Rettungskräfte zukünftig vermehrt mit der Versorgung von Verletzungsmustern befassen müssen, die bisher größtenteils nur auf Kriegsschauplätzen zu finden waren.

Bei terroristischen Anschlägen im französischen Nizza im Juli 2016 sowie auf den Weihnachtsmarkt am Berliner Breitscheidplatz im Dezember 2016, steuerten die Attentäter vorsätzlich Lkw in eine Menschenmenge und töteten Dutzende sowie verletzten hunderte Menschen schwer. Terrororganisationen wie der Islamische Staat (IS) rufen potentielle Attentäter über das Internet dazu auf, Fahrzeuge als Waffen bei der Umsetzung ihrer perfiden Anschlagspläne zu nutzen, wenn sie sich nicht in der Lage sehen, Sprengstoff oder automatische Schusswaffen zu beschaffen.

Bei der Versorgung von Opfern der beiden genannten Anschläge hatten die Rettungskräfte es vermehrt mit verkehrsunfalltypischen, stumpfen Verletzungsmechanismen zu tun. Diese stellen für sie ein relativ gewohntes Bild dar, wenn auch die Anzahl der Opfer den „normalen“ Massenanfall von Verletzten, wie wir ihn z. B. von Autobahnunfällen her kennen, deutlich in den Schatten gestellt haben dürfte.

Bisher ist die Verwendung von Fahrzeugen als Hauptwaffe im Rahmen von Terroranschlägen in Europa allerdings die Ausnahme und nicht die Regel. Anschläge wie die koordinierten Angriffe islamistischer Extremisten in Paris im November 2015 oder der Feuerüberfall auf einen Istanbuler Nachtclub in der Silvesternacht 2016/2017 sind Beispiele für die „neue“ Gefahr, auf die sich unsere Sicherheits- und Rettungskräfte zukünftig einstellen müssen. Wie diese und unzählige ähnlich gelagerte Fälle terroristischer Anschläge sowie Amoklagen deutlich machen, umfassen die Verletzungsmuster in erster Linie durch Schusswaffen verursachte, penetrierende Traumata sowie Explosionstraumen, hervorgerufen durch USBV (Unkonventionelle Spreng- und Brandvorrichtungen) in Form von Rohrbomben, Sprengstoffwesten oder Autobomben und/oder konventionelle Sprengvorrichtungen, z. B. Handgranaten und Minen. Im Rahmen von Amoktaten und isolierten Angriffen einzelner Extremisten, die über eine begrenzte Logistik verfügen, kommen noch Verletzungen durch Hieb- und Stichwaffen hinzu. Gepaart mit einem Massenanfall derartig Verletzter sowie der Notwendigkeit der sofortigen medizinischen Intervention in einem nicht gesicherten Arbeitsumfeld, kann davon ausgegangen werden, dass die überwiegende Mehrheit des Rettungsdienstpersonals gegenwärtig mit einem solchen Szenario überfordert wäre.

Es kann von nichtbewaffneten Rettungskräften aber auch schlicht nicht erwartet werden, unter extremer Eigengefährdung in einem nicht gesicherten Umfeld tätig zu werden.

Erst einmal bedarf es einer sofortigen bewaffneten Intervention, um die Attentäter an ihrem weiteren Tun zu hindern und anschließend ein gesichertes Arbeitsumfeld für die Verwundetenversorgung zu schaffen. Diese Aufgabe wird in aller Regel der Polizei zufallen, sowie anderem, am Anschlagsort befindlichen bewaffneten Sicherheitspersonal. Daher wurden die Grundsätze der taktischen Medizin, ursprünglich für das Militär entwickelt, mittlerweile in den polizeilichen Arbeitsbereich integriert. Aber auch für ziviles Rettungsdienstpersonal sowie Notfallmediziner birgt die taktische Medizin eine Fülle von Verhaltenstipps und Anregungen, deren Beachtung Ihre persönliche Sicherheit während der Arbeit im Rahmen eines Anschlagsfalles deutlich erhöhen wird. Ziel dieses Kapitels ist es daher, den Leser mit den Grundlagen der taktischen Medizin vertraut zu machen.

9.1.1 Tactical Combat Casualty Care / Tactical Emergency Medical Support

Beschäftigen wir uns mit taktischer Medizin, so stoßen wir unweigerlich auf den Begriff **„Tactical Combat Casualty Care“**, kurz: TCCC oder T3C. Diese militärische Begrifflichkeit meint nichts anderes, als die Anwendung von Erster Hilfe unter taktischen Gesichtspunkten im unmittelbaren Einwirkungsbereich des bewaffneten Gegners. Da sich Zivilisten grundsätzlich mit militärischer Nomenklatur schwertun und die Politik immer darauf bedacht ist, polizeiliche Konzepte bürgerfreundlich neutral zu verklausulieren, hat sich in den letzten Jahren im zivilen Bereich der Begriff des **„Tactical Emergency Medical Support“** (TEMS) etabliert. Um eine müßige Debatte über Spitzfindigkeiten nicht auch noch in dieses Kapitel zu tragen, halten wir fest, dass beide Begrifflichkeiten nahezu deckungsgleichen Inhaltes sind. Es geht um taktische Verwundetenversorgung bzw. Notfallmedizin. Ob Soldat oder Zivilist, gleiche Verletzungsmuster in einer feindlichen Umgebung erfordern identische Erstmaßnahmen.

Statistische Erhebungen aus zurückliegenden kriegerischen Auseinandersetzungen haben zu dem Schluss geführt, dass etwa 15 % der Todesfälle im Gefecht zwischen Kombattanten vermeidbar gewesen wären, hätten die Kameraden der Verwundeten zur richtigen Zeit die richtigen Erstmaßnahmen getroffen.

Diese 15 % sogenannter „vermeidbarer Todesursachen“ auf dem Gefechtsfeld gliedern sich wie folgt auf (**Abb. 9.1**):

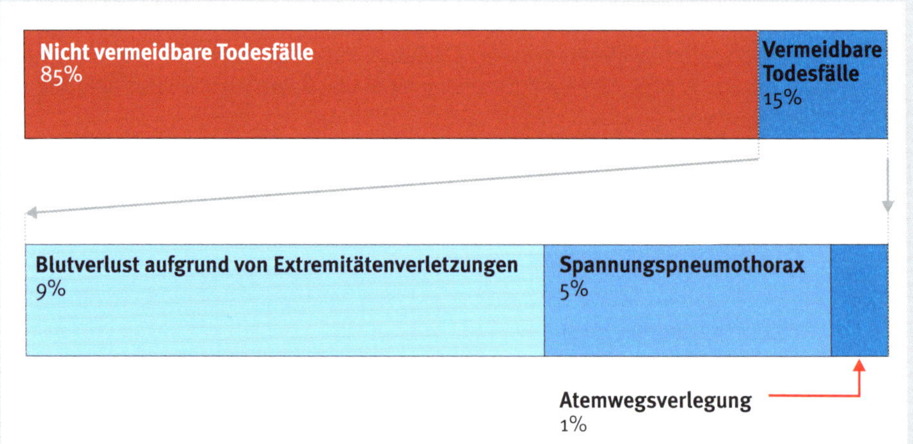

Abb. 9.1: Verhältnis nicht vermeidbarer und vermeidbarer Todesfälle.

Ziel des TCCC ist es, diese Zahlen signifikant zu reduzieren. Durch geeignete Ausrüstung und entsprechendes Training sollen möglichst viele potentielle Ersthelfer in die Lage versetzt werden, an ihren verwundeten Kameraden noch während der laufenden Gefechtshandlungen, unmittelbar nach dem schädigenden Ereignis, lebensrettende Erstmaßnahmen durchzuführen.

Im Bereich der polizeilichen Spezialeinheiten wurde, durch den ständigen Austausch und gemeinsames Training mit militärischen Counterparts, schon relativ früh die Notwendigkeit der Übernahme taktisch-medizinischer Grundsätze erkannt und flächendeckend in der Bundesrepublik implementiert. Auch im Bereich der polizeilichen Auslandseinsätze werden deutsche Polizeibeamte, die in bestimmte Krisenregionen entsandt werden, seit Jahren vor ihrer Entsendung in den Grundlagen der taktischen Ersten Hilfe beschult.

Spätestens seit den terroristischen Anschlägen in Paris 2015 („Charlie Hebdo“, „Bataclan“) wird das Thema „TCCC“ nun innerhalb der gesamten Polizei diskutiert und vermehrt eine entsprechende Beschulung von Beamten des Wach- und Wechseldienstes sowie der Bereitschaftspolizei, sprich: den potentiellen Anwendern, gefordert. Die Entscheidungsträger in den jeweiligen Ministerien tun sich momentan allerdings noch schwer, so dass eine breitangelegte Fortbildung der genannten Zielgruppe bisher ausgeblieben ist. Nichts desto trotz steigt die Zahl der besorgten Polizeibeamten stetig an, die für sich die Notwendigkeit einer taktisch-medizinischen Grundbeschulung erkannt haben und sich in ihrer Freizeit fortbilden lassen und privat die notwendige Ausrüstung beschaffen; auf eigene Kosten versteht sich.

Abb. 9.2: Deutsche Polizeibeamte werden für den Einsatz in Krisengebieten taktisch-medizinisch beschult; Erstversorgung zweier Verwundeter in der temporären Deckung eines Einsatzfahrzeuges unter Sicherung.

Abb. 9.3: Anlage eines Tourniquets im Einwirkungsbereich des bewaffneten Täters.

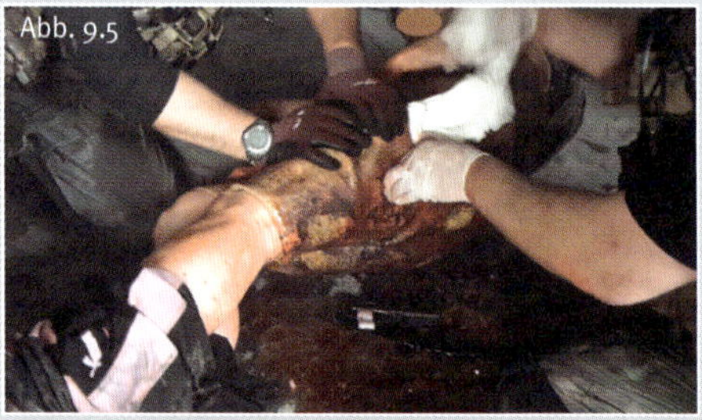

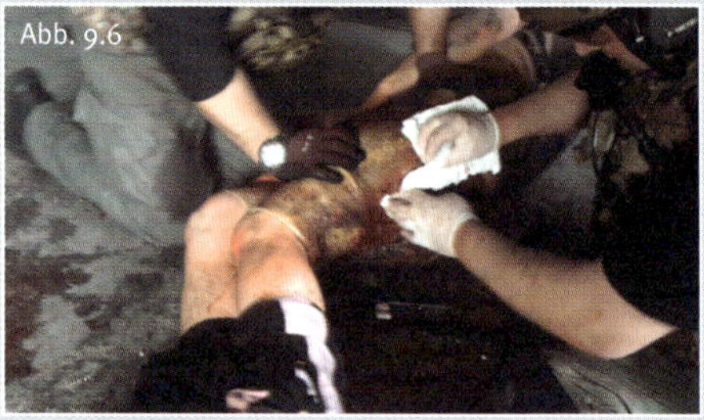

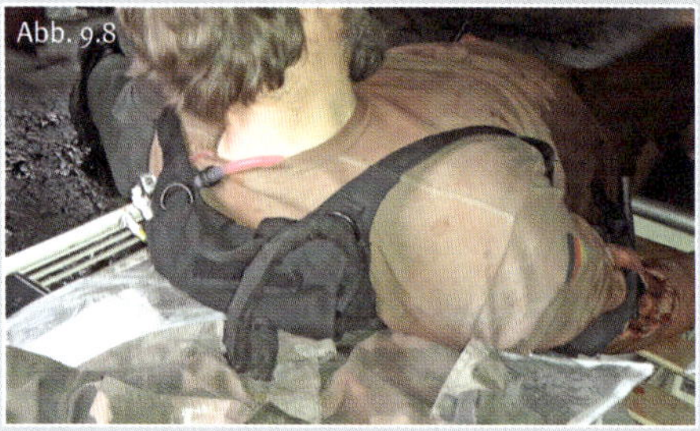

Abb. 9.4: Die Trainingsszenarien sind häufig überaus realistisch angelegt.
Abb. 9.5: Wundversorgung linker Oberschenkel – „Pack to the bone".
Abb. 9.6: Wundversorgung linker Oberschenkel – „Pack to the bone".
Abb. 9.7: Ein Rucksack-Behälter für Kunstblut mit der Möglichkeit, bis zu vier unterschiedliche massive Blutungen mittels Elektromotor zeitgleich zu simulieren.
Abb. 9.8: Der „Verwundete" trägt den Kunstblutbehälter auf dem Rücken. Er selbst oder ein Fortbilder kann über Fernbedienung die Intensität der Blutungen steuern.

Für Sie als Rettungsdienstler bzw. Notfallmediziner bedeutet das, dass Sie (die Chancen steigen stetig) im Rahmen eines großen Schadensereignisses, wie einem Terroranschlag oder einem Amoklauf, auf Patienten treffen, an denen bereits mehr oder weniger intensiv und professionell von geschulten taktisch-medizinischen Ersthelfern lebensrettende Erstmaßnahmen vorgenommen wurden. Daher dürfte es für Sie von Interesse sein, zu wissen, wie diese Sicherheitskräfte medizinisch beschult worden sind und welche Materialien sie im Einsatz verwenden. Im Folgenden werde ich versuchen, kurz und auf das Wesentliche beschränkt, die Grundsätze und Erstmaßnahmen zu skizzieren, die diesen polizeilichen Einsatzkräften, in behördlichen oder privatwirtschaftlichen Kursen, vermittelt werden.

9.1.2 Die Vorgehensweise

Grundsätzlich kann gesagt werden, dass den meisten der in Deutschland ausgebildeten taktischen Ersthelfern einer der beiden folgenden Algorithmen vermittelt wird. Ist die Ausbildung eher militärisch orientiert, so kommt häufig der Algorithmus MARCH zur Anwendung. Im polizeilichen Bereich setzt sich immer mehr die Vorgehensweise nach CABCDE durch. Prinzipiell ähneln sich beide Varianten und verfolgen dasselbe Ziel. Die zu treffenden Maßnahmen sind nahezu deckungsgleich.

Tab. 9.1

Vorgehensweisen in Deutschland ausgebildeter taktischer Ersthelfer	
MARCH	
Massive Bleeding	Abbinden mittels Tourniquet
Airway Management	Tuben, Seitenlage, Koniotomie
Respiration	Ventilpflaster, Entlastungspunktion
Circulation	Puls, Blood Sweep, Verbände, Hämostaten
Head Injuries & Hypothermia	Wärmeerhalt
CABCDE	
Critical Bleeding	Abbinden mittels Tourniquet
Airway Management	Tuben, Seitenlage, Koniotomie
Breathing	Ventilpflaster, Entlastungspunktion
Circulation	Puls, Blood Sweep, Verbände, Hämostaten
Disability	Neurologie
Environment	Unfallhergang, Wärmeerhalt

Als Abweichung kommt mitunter auch die Vermittlung eines Algorithmus verkürzt auf CABC in der Praxis vor, abhängig von der Vorbildung der Lehrgangsteilnehmer und dem zeitlichen Unterrichtsumfang. Beiden Algorithmen ist gemeinsam, dass ihnen zwingend die dringendste Erstmaßnahme in einem Anschlagsfall oder Feuergefecht vorgeschaltet ist: die Ausschaltung der Gegner, nennen wir sie nun „Feindkräfte", „bewaffnete Störer" oder „Terroristen". Erst durch die möglichst unmittelbare Bekämpfung des bewaffneten Gegenübers wird das sichere Arbeitsumfeld für weiterführende lebensrettende Maßnahmen geschaffen. Diesem Umstand trägt das Konzept des TCCC Rechnung.

9.1.3 Die drei taktischen Phasen

Die Struktur des TCCC/TEMS gliedert sich in drei taktische Phasen bzw. Zonen. Jede dieser Phasen definiert sich durch ihre Örtlichkeit und das dort gezeigte Störerverhalten sowie die zur Verfügung stehenden Ressourcen. Die vordefinierte Phase bestimmt auch die in ihr zu treffenden Maßnahmen.

Wir unterscheiden zwischen

- Roter / Heißer Zone – Care Under Fire (CUF),
- Gelber / Warmer Zone – Tactical Field Care (TFC) und
- Grüner / Kalter Zone – Tactical Evacuation Care.

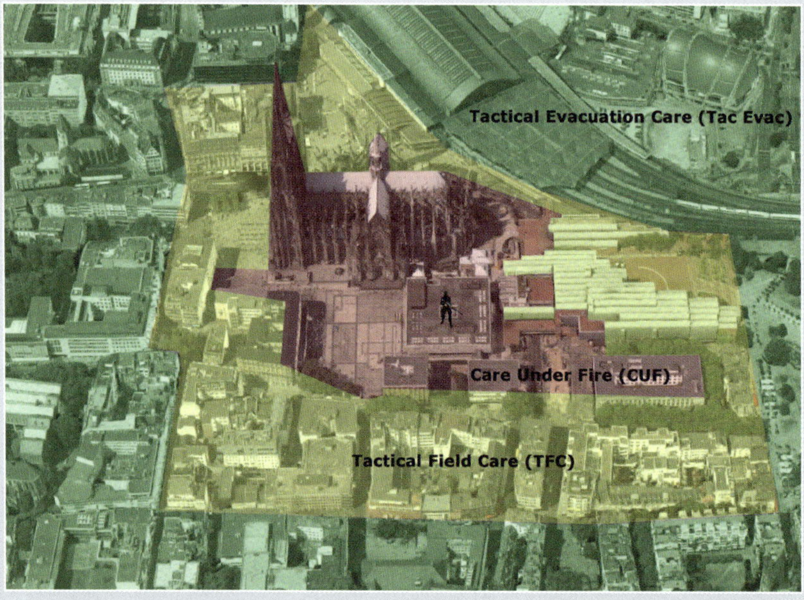

Abb. 9.9: Die drei taktischen Zonen und Phasen. Im Zentrum befindet sich ein Attentäter auf einem Gebäudedach und kontrolliert den gesamten rotmarkierten Bereich.

Rote / Heiße Zone
Care Under Fire (CUF)

9.1.3.1 Sofortmaßnahmen am Anschlagsort unter Beschuss

Vom bewaffneten Gegenüber geht eine gegenwärtige Gefahr für Leib oder Leben aller vor Ort Befindlichen aus. Das schließt bereits verwundete Personen, potentielle Retter sowie auch Unbeteiligte ein. In der roten Zone hat grundsätzlich kein unbewaffnetes Rettungsdienstpersonal etwas zu suchen. Eine Ausnahme wäre natürlich die zufällige Anwesenheit während eines Anschlags oder der gezielte Angriff auf notfallmedizinische Infrastruktur, wie Krankenhäuser oder RTW-/NEF-Besatzungen.

Oberstes Ziel für Ersthelfer in der roten Zone ist die schnellstmögliche Abwendung der gegenwärtigen Gefahr. Dieses Ziel kann dadurch erreicht werden, dass der bewaffnete Gegner handlungsunfähig gemacht wird. Sprich: er wird getötet oder so schwer verwundet, dass er sein Tun nicht mehr fortsetzen kann. Eine andere Möglichkeit wäre, dass sich der Täter aufgrund der Gegenwehr vom Anschlagsort absetzt. Abhängig vom Szenario wäre es auch denkbar, dass die Polizeikräfte zwar anfänglich nicht in der Lage sind, die Gegner auszuschalten oder zu verdrängen. Aber sie könnten eine Evakuierung von Verwundeten aus dem unmittelbaren Gefahrenbereich dadurch unterstützen, dass sie sogenanntes Deckungsfeuer schießen. Dieses soll den Gegner niederhalten und Evakuierungskräften ermöglichen, sich an Verwundete anzunähern und diese zur weiteren Behandlung in eine geeignete Deckung zu transportieren.

All das erfordert von den Ersthelfern ein koordiniertes Vorgehen. Sie müssen also das Feuer erwidern und gleichzeitig kommunizieren.

- **Mit der Einsatzleitstelle o.ä.**:
  Notruf absetzen. Wo befinde ich mich? Wie stellt sich die Situation dar? Verstärkungs- und Rettungskräfte anfordern.

- **Mit der eigenen taktischen Einheit**:
  Ein angeschossener Kollege vorn links an der Hausecke. Täter mit Langwaffe, verschanzt hinter Mauer auf 2 Uhr (sprich: vom eigenen Standort aus gesehen vorne rechts). Gib mir Deckung, ich hole den Verwundeten.

- **Mit dem Verwundeten**:
  Krieche hinter die Hausecke! Wie bist Du verletzt? Benutze Dein Tourniquet! Es befindet sich in Deiner linken Beintasche! Wir holen Dich, sobald wir können!

In der roten Zone, der Care Under Fire-Phase, hat die Ausschaltung der Täter oberste Priorität, solange diese weiter ungehindert auf Personen am Anschlagsort einwirken können. So viele Einsatzkräfte wie möglich müssen den Feuerkampf führen, so wenige wie nötig sich den Verwundeten annähern. Medizinische Maßnahmen beschränken sich auf das Überlebensnotwendigste. Nach Möglichkeit bringt sich der Verwundete selbst in eine Deckung und versorgt im ersten Angriff seine Verletzungen. Frei nach der Devise: Wenn sich jeder selber hilft, ist jedem geholfen. Das Stoppen lebensbedrohlicher, massiver Extremitätenblutungen durch Abbinden mittels Tourniquet ist, wenn überhaupt(!), die einzige durchführbare notfallmedizinische Handlung in der roten Zone. Und wie oben angemerkt, möglichst durch den Verwundeten selbst. Handelt es sich bei den Anschlagsopfern nicht um geschulte Waffenträger, sondern um unbedarfte Bürger, so dürfte die Selbstversorgung in der Regel allerdings ausscheiden.

Essentiell ist es für den/die Ersthelfer, die Zeit des Verbleibens am unmittelbaren Anschlagsort so kurz wie möglich zu halten.

> **!** **Der oberste Grundsatz lautet hier:**
>
> Belaste nicht Dein Team, indem Du selbst zum Opfer wirst!

Bedeutet dies, dass eine Annäherung an den Verwundeten nur unter massiver Eigengefährdung durchgeführt werden könnte, so ist auf diese vorerst zu verzichten! Auch ist bei mehreren Verletzen, möglichst schon vor oder spätestens während der Annäherung an diese, eine Priorisierung vorzunehmen. Schwerstverwundete, deren Verletzungen augenscheinlich nicht unter die vermeidbaren Todesursachen fallen, werden unter den gegebenen Umständen eines laufenden Feuergefechts zugunsten behandelbarer Opfer ignoriert. Auf den Begriff „Triage“ wird an dieser Stelle bewusst verzichtet, da die Auswahl der zu behandelnden Patienten zu diesem Zeitpunkt nur sehr grob sein kann und vornehmlich schon auf Distanz erfolgt (remote assessment). Denkbar ist hier auch, dass der den Rettern nächstgelegene Verwundete priorisiert wird, da hier die Zeit am geringsten ist, in der sich Einsatzkräfte möglichem Feindfeuer ungedeckt aussetzen müssen. Jeder überflüssige Moment der ungeschützten Exponiertheit im Einwirkungsbereich des bewaffneten Gegners erhöht die Gefahr, dass Retter selbst zu Opfern werden. Sobald dieses geschieht, wird die Zahl der potentiell zu bergenden Verwundeten erhöht und gleichzeitig die Zahl der zur Verfügung stehenden taktischen Einsatzkräfte reduziert, die eine solche Bergung vornehmen könnten. Das gilt es um jeden Preis zu vermeiden. Auch wenn das bedeutet, eventuell dabei hilflos zusehen zu müssen, wie ein Mensch verblutet, der unter anderen Umständen problemlos zu retten gewesen wäre. Vor diesem Hintergrund ist es auch denkbar, dass ein Bergungsversuch während der Annäherung an den Verwundeten oder sogar nach Erreichen desselben wieder abgebrochen werden muss und der Verletzte seinem Schicksal überlassen wird, weil der Feinddruck plötzlich zu groß wird und dadurch das Risiko für die Bergungskräfte unverhältnismäßig steigt.

Wie bereits oben erwähnt, beschränken sich die notfallmedizinischen Maßnahmen in der roten Zone/CUF auf das Abbinden lebensbedrohender Blutungen der Extremitäten mittels taktischen Tourniquets. Je nach angewandtem Algorithmus findet also ausschließlich „**M**“ (Massive Bleeding) bzw. das vorangestellte „**C**“ (Critical Bleeding) Anwendung. Die Anbringung des Tourniquets soll so dicht wie möglich am Körperstamm erfolgen, um die gesamte Extremität vom Blutfluss abzuschneiden. Dadurch wird kostbare Zeit gespart und gewährleistet, dass mögliche weitere, bisher nicht entdeckte starkblutende Verletzungen derselben Extremität ebenfalls unter Kontrolle gebracht und die am Anschlagsort sehr beschränkt verfügbaren medizinischen Ressourcen möglichst ökonomisch genutzt werden. Aufgrund der extremen Gefährdung für Verwundete und Retter, verbietet sich die alternative Anbringung eines Druckverbandes aus taktischen Erwägungen. Diese Maßnahme wäre erheblich zeitaufwändiger und würde Verletzten und Ersthelfer unverhältnismäßig lange dem Täterfeuer aussetzen. Weiterhin stände zu befürchten, dass sich ein Druckverband im Rahmen weiterer Rückzugs- und Evakuierungsmaßnahmen lockern und es dadurch erneut zu massivem Blutverlust kommen würde.

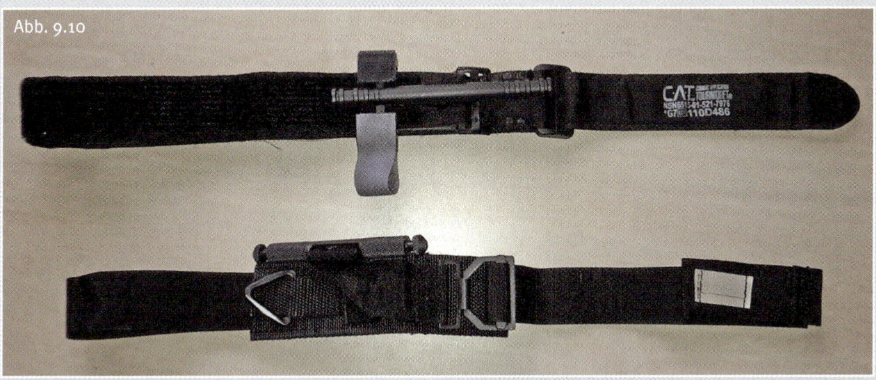
Abb. 9.10

Abb. 9.11

Abb. 9.12

Abb. 9.10: Tourniquets zweier unterschiedlicher Hersteller.
Abb. 9.11: Demonstration der Tourniquet-Anlage im Einwirkungsbereich des bewaffneten Täters.
Abb. 9.12: Demonstration der Tourniquet-Anlage.

Obwohl sich die Anwendung des Tourniquets seitens des Ersthelfers unmittelbar am ungeschützten Anschlagsort grundsätzlich verbietet, sind gewisse Umstände denkbar, die diese Maßnahme zulassen könnten. Etwa, wenn der Verwundete durch seine Lage kurzfristig dem Blick des Täters entzogen wäre, zum Beispiel durch eine Vertiefung im Boden oder hinter einer Hecke. Ferner könnte in bestimmten Einsatzsituationen die Möglichkeit bestehen, den Ersthelfer durch von Sicherungskräften mitgeführte ballistische Schilde oder Schutzdecken kurzfristig gegen feindlichen Beschuss abzuschirmen. So könnte ihm die notwendige Zeit verschafft werden, direkt am Auffindeort des Verwundeten dessen Extremitätenblutungen zum Stillstand zu bringen. Die Verlagerung des Verletzten in eine ballistische Deckung würde sich dann unmittelbar an diese medizinische Erstmaßnahme anschließen.

Der Leser ahnt spätestens jetzt, dass sich die Philosophie der taktischen Medizin nur sehr bedingt mit der klassischen Ersten Hilfe bzw. dem Vorgehen im zivilen Rettungsdienst vergleichen lässt.

Gelbe/Warme Zone
Tactical Field Care (TFC)

9.1.3.2 Behandlung in unmittelbarer Nähe des Anschlagsortes, ohne Beschuss, in der (ersten) Deckung

Sobald der Verwundete vom Auffindeort in den Schutz einer ersten Deckung verbracht worden ist, in dem er und der Ersthelfer nicht mehr einem direkten gegnerischen Beschuss ausgesetzt ist, kann eine eingehendere Untersuchung des Verletzten vorgenommen werden. Ausreichende ballistische Deckung ist hier natürlich einem bloßen Sichtschutz vorzuziehen. Aber was ist eine ausreichende ballistische Deckung? Laienhaft gesprochen verstehen wir darunter einen baulichen oder natürlichen Schutz, der vom Gegner verwendete Geschosse zuverlässig aufhält, uns also vor direktem Beschuss schützt.

Was allerdings zuverlässig Geschosse aufhält, ist von mehreren Faktoren abhängig:

- Art der vom Gegner verwendeten Waffen
  – Kurzwaffen, Langwaffen, Maschinenwaffen, panzerbrechende Waffen, Sprengmittel
- Art der vom Gegner verwendeten Munition
  – Kaliber, Ladung, Geschossform etc.

Um den Beschuss aus einer kleinkalibrigen Faustfeuerwaffe aufzuhalten, mag eventuell schon die Fahrer- bzw. Beifahrertür des RTW ausreichen. Schließlich sind moderne Fahrzeugtüren mit diversen metallenen Gadgets bestückt, als da zum Beispiel wären: Motoren für elektrische Fensterheber, Seitenspiegelverstellung, Zentralverriegelung. Diese können im günstigsten Fall kleine Geschosse leichter Kaliber aufhalten. Gegen eine von einer schultergestützten Panzerabwehrwaffe, einer RPG (Rocket Propelled Grenade) abgefeuerten Granate, hingegen stellt auch eine solide Mauer in der Regel keinen ausreichenden Schutz dar. Und zwischen Kleinkaliberpistole und einer sog. Panzerfaust (dem oft als Synonym für den gesamten Waffentypus benutzten Begriff) ist eine ganze Bandbreite verschiedenster Waffen-Munition-Kombinationen angesiedelt.

Aufgrund von Verbreitung und problemloser Verfügbarkeit muss zukünftig auch in Deutschland mit dem vermehrten Einsatz von Sturmgewehren auf Basis der sowjetisch-russischen Kalaschnikow-Plattform seitens terroristischer Gewalttäter gerechnet werden. Diese Waffen sind zuverlässig, billig und vor allem massenhaft verfügbar. Vorsichtige Schätzungen gehen von weltweit 100 Millionen Exemplaren der zahlreichen Varianten des Awtomat Kalaschnikowa, im allgemeinen Sprachgebrauch kurz: AK, aus. Vor allem sind sie aber eines: der Bewaffnung deutscher Polizeibeamter hoffnungslos überlegen. Wenn man von den wenigen besser ausgestatteten Spezialeinsatzkräften einmal absieht.

Zurück zum Thema „Deckung“, gilt grundsätzlich, je dicker und solider die Deckung, desto größer der Schutz, den sie bietet. Mit anderen Worten: Viel hilft viel! Aber auch die Problematik der Sekundärgeschosse ist nicht zu vernachlässigen. Abhängig von Stärke und Beschaffenheit der Deckung kann es durchaus sein, dass sie das abgefeuerte Geschoss zwar aufhält, aber die vom Projektil abgegebene Energie Bestandteile der Deckung auf der vermeintlich sicheren Seite als Sekundärgeschosse hinaus beschleunigt. So sind wir zwar vielleicht vor der unmittelbaren Wirkung des aus der Waffe verschossenen Projektils geschützt, werden aber eventuell stattdessen von freigesetzten Beton-, Stein-, Glas- oder Holzpartikeln getroffen und verletzt.

Auch sollte jede Deckung nur als kurzfristiger Schutz betrachtet werden. Kurzfristig deshalb, weil ständig damit gerechnet werden muss, dass der Gegner von direktem zu indirektem Beschuss übergeht, sprich: er zum Beispiel Handgranaten einsetzt, die er über die Deckung hinweg wirft und deren Schutzfunktion dadurch aufgehoben wird. Oder der Gegner umgeht die Deckung und greift aus einer anderen Richtung an. Oder der Täter verlagert seinen Standort vertikal nach oben und schießt über die Deckung hinweg. Oder weitere Gegner tauchen plötzlich in unserem Rücken hinter der Deckung auf. Oder, oder...

> ! Wir haben also ständig damit zu rechnen, unsere Deckung aufgeben zu müssen, um uns mit dem Verwundeten abzusetzen und eine neue, temporär geeignetere Deckung aufzusuchen.

Abhängig von Art, Größe und Beschaffenheit der Deckung sowie der vom Täter ausgehenden tatsächlichen Bedrohung, kann der Ersthelfer dazu gezwungen sein, die Untersuchung des Verwundeten unter extrem erschwerten Bedingungen durchführen zu müssen. Stellen Sie sich zum Beispiel eine 80 Zentimeter hohe Gartenmauer als einzigen baulichen Schutz zwischen sich und einem um sich schießenden Amokläufer vor. Sie werden versuchen möglichst flach auf den Boden gedrückt, möglichst eng an die Mauer gepresst zu liegen. Nun stellen Sie sich weiter vor, bei Ihnen befindet sich ein Verwundeter, den es zu versorgen gilt. Um sich nicht selbst dem gegnerischen Feuer aussetzen zu müssen, werden Sie gezwungen sein, sämtliche Erstmaßnahmen neben dem Verletzten liegend vorzunehmen. Das kann im Extremfall sogar so weit gehen, dass der Ersthelfer in letzter Konsequenz den Körper des Verwundeten als Deckung ausnutzt, um nicht selbst getroffen zu werden. Sie werden vermutlich empört ausrufen, ein solches Verhalten sei unethisch und unmoralisch. Glauben Sie mir, wenn um Sie herum Projektile einschlagen und Sprengkörper detonieren, bleiben für Ethik und Moral nicht mehr viel Platz. Diese Szenarien sind durchaus Bestandteil der Ausbildung von taktischen Ersthelfern.

Abb. 9.13: Ein Fortbilder demonstriert die Verwundetenversorgung auf der Seite liegend, in einer alles andere als idealen Deckung.

Aber zurück zur Abarbeitung des Algorithmus in der gelben Zone: Sobald der Verwundete aus dem unmittelbaren Einwirkungsbereich des bewaffneten Gegenübers in eine Deckung verbracht worden ist, überprüft der Ersthelfer zunächst den korrekten Sitz eines eventuell bereits angelegten Tourniquets. Sollte eine vorher zum Stillstand gekommene lebensbedrohliche Extremitätenblutung aufgrund des Transportes wieder akut sein, so legt der Ersthelfer ein zweites Tourniquet unmittelbar über oder unter der ersten Abbindung an. Sodann werden bei Bedarf weitere massive Blutungen der Extremitäten mittels Tourniquet versorgt (= „M" bzw. „C").

Daran schließt sich die Kontrolle der Atemwege an – in beiden Algorithmen durch das „A" gekennzeichnet. Sollte der Verwundete mittlerweile das Bewusstsein verloren haben, setzt der Ersthelfer zwingend einen Wendl-Tubus ein. Eine permanente Seitenlagerung in der Deckung wird sich nicht ständig gewährleisten lassen. Außerdem dient die Deckung, wie oben bereits ausgeführt, lediglich der temporären Zwischenlagerung des Verwundeten. Bei nächster Gelegenheit wird der Ersthelfer versuchen, sich mit dem Verletzten weiter aus dem Einwirkungsbereich des bewaffneten Gegners abzusetzen. Für einen solchen Transport stellt die Verwendung des Wendl-Tubus zwar eine nur rudimentäre, aber auch die einzig praktikable Möglichkeit der Atemwegssicherung dar. Vor dem Hintergrund der großen Unwägbarkeiten, die einem Rückzugsgefecht unter Mitführung von Verwundeten zwangsläufig immanent sind, ist zu überlegen, prophylaktisch jeden Verletzten mit einem Wendl-Tubus zu versorgen, da sich sein Bewusstseinszustand jederzeit negativ entwickeln kann und eine durchgehende Überwachung des Patienten durch den Ersthelfer nicht zu garantieren ist. Dessen Hauptaugenmerk wird weiterhin auf der Beobachtung möglicher Täterbewegungen und der Weiterführung des Feuerkampfes liegen.

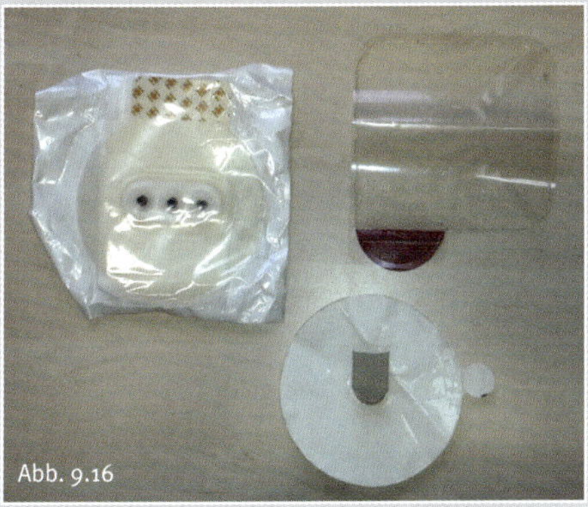

Abb. 9.14: Verwendung von ABC-Schutzmasken mit verklebten Sichtfenstern.
Abb. 9.15: Die Verwundetenversorgung unter erschwerten Bedingungen wird hier unter Verwendung von ABC-Schutzmasken mit verklebten Sichtfenstern geübt.
Abb. 9.16: Ventilpflaster verschiedener Hersteller.

Der Vollständigkeit halber sollte noch erwähnt werden, dass nicht wenige, vor allem militärisch ausgebildete Ersthelfer in der Lage sind, im Bedarfsfall auch eine Notkoniotomie unter Gefechtsbedingungen vorzunehmen. Trainingsmöglichkeiten, auch am lebenden Objekt, stehen hierfür durchaus zur Verfügung.
Sind die Atemwege frei und rudimentär gesichert, überprüft der Ersthelfer die Atmung („R" bzw. „B", abhängig vom angewendeten Algorithmus) des Verwundeten sowie die Unversehrtheit des Thorax, wenn es die Gesamtumstände innerhalb der Deckung zulassen. Dazu streicht der Helfer mit der Hand den gesamten Oberkörper des Verletzten ab. Eine reine visuelle Inaugenscheinnahme ist aufgrund der Gesamtumstände am Anschlagsort nicht zielführend. Die Ablenkung aufgrund der hochkomplexen Eindrücke, die ein anhaltendes Feuergefecht auf die Einsatzkräfte hat, eine mögliche Einschränkung der Sicht durch Dunkelheit, diffuse Lichtverhältnisse und/oder Rauchentwicklung aufgrund umsetzender Sprengmittel sowie Umwelteinflüsse wie Schmutz und Feuchtigkeit machen es für den Ersthelfer notwendig, auch haptisch den Thorax des Verwundeten zu untersuchen.

In diesem Zusammenhang wird den Ersthelfern während der Ausbildung die Signifikanz der Regel „Check the Back" verdeutlicht. Diese besagt, dass bei der Feststellung von Schussverletzungen im Torso immer auch nach Ausschusswunden gesucht werden muss. Bei der Verwendung kleiner, wenig potenter Kaliber, z. B. aus Faustfeuerwaffen, muss es nicht zwingend auch zu Ausschüssen kommen. Häufig tritt das Geschoss in den Körper ein und baut seine

gesamte Energie in diesem ab, ohne wieder an anderer Stelle auszutreten. Bei aus großkalibrigen Langwaffen abgefeuerten Projektilen kommt es dagegen regelmäßig zu Durchschüssen und somit zu Austrittswunden. Ein Projektil kann mitunter auch mehrere Austrittswunden verursachen, beispielsweise nachdem es sich im Körper aufgrund von Knochentreffern in mehrere Bestandteile zerlegt hat.
Sollte der Helfer nun äußere Verletzungen des Torsos durch Projektile oder Splitter feststellen, so gilt im TCCC die Regel, dass alle offenen Wunden zwischen Schlüsselbein und Bauchnabel zu verschließen sind, um der Entstehung eines Pneumothorax vorzubeugen. Dazu werden Ventilpflaster benutzt oder der Ersthelfer improvisiert durch die Verwendung anderen mitgeführten Materials. Denkbar wäre etwa das Verschließen von Schussverletzungen mittels über der Wunde fixierter Scheckkarte, Plastiksichtfenster der Brieftasche, Verpackungsmaterial mitgeführter Snacks etc. Hier ist die Kreativität des Helfers entscheidend.

Handelt es sich bei dem Verwundeten um einen im Dienst befindlichen Polizeibeamten, so wird dieser mit großer Wahrscheinlichkeit eine ballistische Schutzweste tragen. Um die Gefahr weiterer Verletzungen zu minimieren, wird der Ersthelfer nur jeweils den unmittelbar zu untersuchenden Bereich des Torsos unter der Schutzweste entblößen. Nach der Versorgung möglicher Thoraxverletzungen wird die Schutzweste des Verwundeten wieder bestimmungsgemäß geschlossen, um einen jederzeitigen, möglichst sicheren Weitertransport zu gewährleisten.

Es sollte auch nicht unerwähnt bleiben, dass viele Ersthelfer, vor allem wenn sie über einen militärischen oder spezialpolizeilichen Hintergrund verfügen, auch in der Lage sind, bei Bedarf eine Entlastungspunktion des Thorax vorzunehmen.

Neben der Versorgung lebensbedrohlicher Blutungen beschränken sich die medizinischen Erstmaßnahmen in der gelben/warmen Zone, in der Tactical Field Care-Phase, auf die Sicherung des Atemweges sowie die notwendige Versorgung zur Vermeidung eines Spannungspneumothorax, wenn es die herrschende Bedrohungssituation zulässt.

Grüne / Kalte Zone
Tactical Evacuation Care

9.1.3.3 Verwundetenversorgung bis zur Übergabe an zivile Rettungskräfte

Sind die Angreifer ausgeschaltet oder die Lage ist anderweitig unter Kontrolle gebracht worden, oder haben sich Ersthelfer und Verwundete soweit aus dem Anschlagsgebiet entfernt, dass ihnen keine weitere unmittelbare Gefahr mehr droht, können alle weiteren notwendigen Untersuchungen vorgenommen werden. Diese richten sich natürlich nach dem Ausbildungsstand der Ersthelfer und den zur Verfügung stehenden Ressourcen.
Ausgebildete taktische Ersthelfer werden im Einsatz in der Regel eine auf ihre Bedürfnisse abgestimmte Erste-Hilfe-Ausrüstung mitführen. Aufgrund des relativ umfänglichen taktischen Equipments, welches die Einsatzkräfte ohnehin schon mitführen müssen, wird diese regelmäßig auf das Nötigste beschränkt sein. Wir sprechen hier von einem sogenannten IFAK

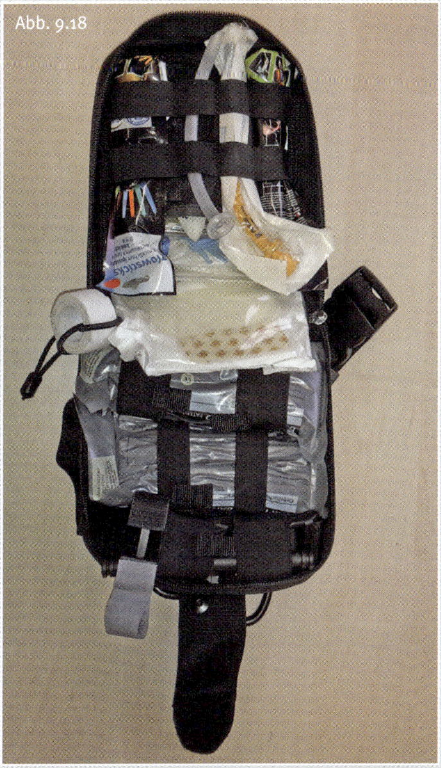

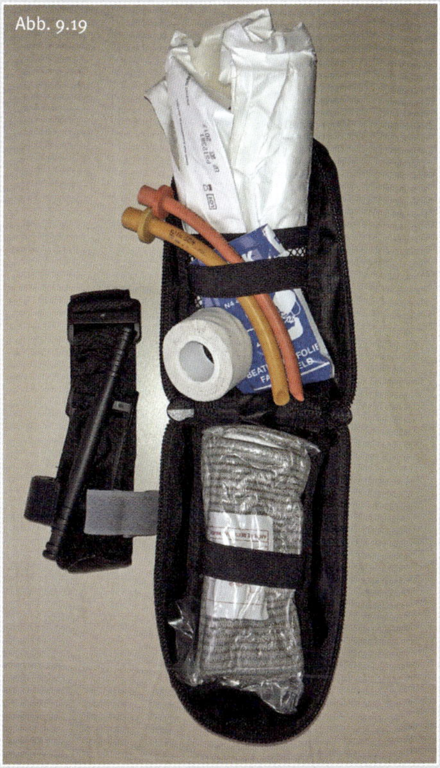

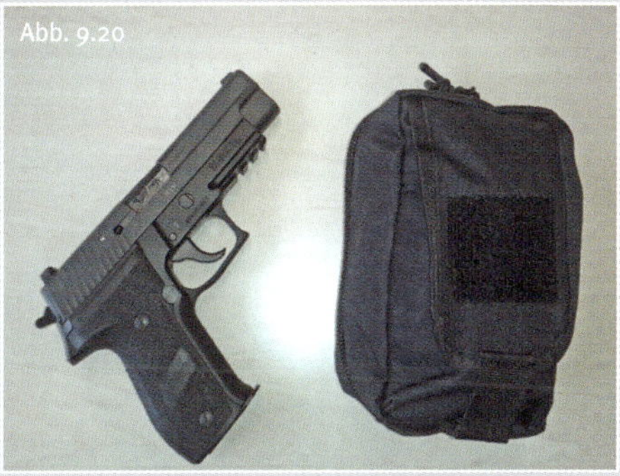

Abb. 9.17: Individual First Aid Kits (IFAK).
Abb. 9.18: Geöffnetes IFAK
Abb. 9.19: Die Mindestausstattung beinhaltet meistens Tourniquet, Ventilpflaster, Wendl-Tubus, Notverband und Rettungsdecke in unterschiedlicher Stückzahl, abhängig von der gewählten Taschengröße.
Abb. 9.20: Größenvergleich zwischen einem IFAK und einer Pistole, wie sie auch in Deutschland im Polizeidienst Verwendung findet.

(Individual First Aid Kit). Wie der Name schon suggeriert, stellt der taktische Ersthelfer dieses individuell nach seinen Bedürfnissen zusammen. Jedoch sind einige essentielle Komponenten in nahezu jedem IFAK zu finden: taktisches Tourniquet, Ventilpflaster, Wendl-Tubus, Notverband, Rettungsdecke. Die jeweilige Anzahl der Materialien variiert dabei, abhängig wieder vom Ausbildungsstand, taktischem Auftrag und persönlichen Präferenzen.

Viele operative Einheiten halten zusätzlich in ihren Reihen sogenannte Medics als taktische Komponente vor. Diese sollen in erster Linie die Versorgung eigener Kräfte im Bedarfsfall sicherstellen. Der Begriff „Medic“ ist nicht geschützt und lässt nicht grundsätzlich auf den Stand der medizinischen Ausbildung und der individuellen Fähigkeiten der Einsatzkraft schließen. Hier kann das ganze Spektrum vom Rettungshelfer bis zum Notfallsanitäter, zum Teil mit medizinisch-taktischer Zusatzausbildung, vertreten sein. Diese Einsatzkräfte führen regelmäßig auch umfangreicheres medizinisches Verbrauchsmaterial mit, das dann unterstützend in der grünen bzw. kalten Zone zur Anwendung kommen kann.

Nun ist der Zeitpunkt gekommen, wo Sie, verehrter Leser, auf den Plan treten. Die Kampfhandlungen sind eingestellt bzw. der Verwundete wurde soweit vom Anschlagsort evakuiert, dass Sie ihn gefahrlos übernehmen können. Nach den obigen Schilderungen dürfte klar sein, dass sich alle beteiligten Einsatzkräfte in einer extremen Ausnahmesituation und Hochstressphase befinden. Die Übergabe des Verletzten wird im besten Fall etwas holprig von statten gehen. Um Ihnen die Arbeit zu erleichtern und alle notwendigen Informationen an die Hand zu geben, wird den meisten taktischen Ersthelfern eine Übergabe nach dem sogenannten MIST-Schema vermittelt (**Tab. 9.2**). In den oben beschriebenen IFAKs werden auch häufig sogenannte Verwundetenanhängekarten mitgeführt, um eine strukturierte Übergabe zu unterstützen. In der Praxis dürften diese allerdings nur dann ausgefüllt werden, wenn es der zeitliche Aspekt bis zum Eintreffen des Rettungsdienstpersonals zulässt.

Tab. 9.2

Übergabe nach dem sogenannten MIST-Schema	
MIST	
Mechanism of Injury	Was ist passiert?
Injury	Welche Verletzungen liegen vor?
Symptoms / Vital Signs	Symptome, Vitalzeichen
Treatment	Vorgenommene Erstmaßnahmen

Mit harten Bandagen

9.1.4 Taktische Ersthelfer

Die Fülle der Bezeichnungen für notfallmedizinisch ausgebildetes taktisches Einsatzpersonal allein in Deutschland ist groß und für den Uneingeweihten unübersichtlich. „Combat Medic", „Tactical Life Saver" und andere, zum Teil recht exotisch anmutende Wortschöpfungen, sind weit verbreitet und in der Regel die Kreation der jeweiligen Ausbildungseinrichtung, die der zukünftige taktische Ersthelfer besucht. Ausbildungszeiten variieren ebenfalls von wenigen Stunden bis zu Wochen und sogar Monaten. Eine verbindliche Struktur weist bisher lediglich die Bundeswehr auf. Als kleinster gemeinsamer Nenner kann jedoch unterstellt werden, dass jedem taktisch ausgebildeten Ersthelfer mindestens die im Kapitel beschriebenen Maßnahmen des Stoppens massiver Blutungen, der Atemwegssicherung und der Versorgung von offenen Thoraxverletzungen unter taktischen Bedingungen vermittelt wurde.

Tab. 9.3

Taktische Ersthelfer	
Bundeswehr	
Mindestvoraussetzung:	• Einsatzersthelfer Alpha (EEH A)
Taktische Zusatzausbildung:	• Einsatzersthelfer Bravo (EEH B) • Combat First Responder Alpha (CFR A) • Combat First Responder Bravo (CFR B) • Combat First Responder Charlie (CFR C) • Kampfretter
Polizei	
	• Qualifizierter Ersthelfer (QEH) • Rettungssanitäter SEK

Sollte dieses Kapitel Ihr Interesse geweckt haben und Sie sich näher mit dem Thema „Taktische Medizin" befassen wollen, so sei Ihnen die gemeinnützige **Tactical Rescue & Emergency Medicine Association (TREMA e.V.)** ans Herz gelegt. Nirgendwo im deutschsprachigen Raum gibt es einen größeren Zusammenschluss von Fachleuten auf dem Gebiet der präklinischen Versorgung und speziellen Rettung unter extremen und/oder taktischen Bedingungen.
Zu erreichen ist die Vereinigung über ihre Website: **www.tremaonline.info**

Wenn Sie Literatur zum Thema suchen, eignet sich als Einstieg der Bildatlas „Taktische Verwundetenversorgung für Militär, Polizei und Rettungskräfte" von Carsten Dombrowski. Er ist im WALHALLA Fachverlag erschienen und mittlerweile in der 3. Auflage erhältlich (Bestellnummer: 19075).

Taktische Zusammenarbeit Polizei und Rettungsdienst

André Luhmer

Taktische Zusammenarbeit Polizei und Rettungsdienst

10.1 Einleitung

Polizei und Rettungsdienst arbeiten aufgrund ihres gesetzlichen Auftrages bei den unterschiedlichsten Einsatzanlässen eng zusammen. Dabei verfolgen beide das gleiche Ziel: die Rettung von Menschenleben. Die vornehmliche Aufgabe der Polizei ist neben der Strafverfolgung insbesondere der Schutz von Leib und Leben eines Menschen, wenn Gefahr droht oder bereits ein Schaden eingetreten ist. Der Rettungsdienst hat ebenfalls die Aufgabe, Menschenleben zu retten und alle erforderlichen Maßnahmen zu ergreifen, um Schäden von Patienten abzuwenden. Die Art und Weise der Aufgabenerfüllung ist naturgemäß unterschiedlich und beinhaltet mehrere Schnittstellen, die bei Kenntnis über die Arbeitsweise des jeweils anderen meist noch effektiver gestaltet werden kann. Häufig funktioniert die Zusammenarbeit zwischen Polizei und Rettungsdienst bereits sehr gut, jedoch ist es gerade bei besonderen Einsatzlagen wichtig, alle Behörden und Organisationen mit Sicherheitsaufgaben eng zu verzahnen. In Zeiten des nationalen und internationalen Terrorismus kommt es zu polizeilichen Lagen, die eine sehr feine Abstimmung der Sicherheitskräfte erfordern und die es unbedingt notwendig machen, dass jeder Beteiligte weiß, wie ein solcher Einsatz ablaufen kann. Das Kapitel „Mit harten Bandagen“ geht auf diese Szenarien ein und vermittelt einen Eindruck, wie ein taktisches Vorgehen beispielsweise unter Beschuss aussehen kann. Das vorliegende Kapitel soll Ihnen konkrete Hinweise geben, wie die Zusammenarbeit beider Organisationseinheiten verbessert werden kann.

Abb. 10.1: Spezialeinheit der Polizei im Einsatz.

10.2 Historie und Aufgabenzuweisung

Nach dem zweiten Weltkrieg übernahmen zunächst die Besatzungsmächte polizeiliche Aufgaben. In der Regel patrouillierte die jeweilige Militärpolizei, bis im Jahre 1949 das Grundgesetz der Bundesrepublik Deutschland eine föderale Struktur vorgesehen hatte. Zu diesem Zeitpunkt waren auch schon die meisten Länderpolizeien aufgebaut und funktionsfähig. Eine Vorgabe der Besatzungsmächte war die Trennung von Polizei und Geheimdienst, als Ausfluss aus der „Gestapo" im Dritten Reich. Diesem Umstand wurde durch die klare Aufgabenzuweisung im Grundgesetz und der Trennung von Polizeibehörden und Verfassungsschutzämtern Rechnung getragen.

Die priorisierte Aufgabe der Polizei ist nach den jeweiligen Polizeigesetzen der Länder die Durchführung der Gefahrenabwehr. Die Gefahrenabwehr ist eine präventive Aufgabenzuweisung, die das Ziel verfolgt, konkrete und gegenwärtige Gefahren für ein Rechtsgut und die öffentliche Sicherheit und Ordnung abzuwehren.

Auszug aus § 1 Polizeigesetz Nordrhein-Westfalen (beispielhaft)

> „(1) Die Polizei hat die Aufgabe, Gefahren für die öffentliche Sicherheit oder Ordnung abzuwehren (Gefahrenabwehr). Sie hat im Rahmen dieser Aufgabe Straftaten zu verhüten sowie vorbeugend zu bekämpfen und die erforderlichen Vorbereitungen für die Hilfeleistung und das Handeln in Gefahrenfällen zu treffen. Sind außer in den Fällen des Satzes 2 neben der Polizei andere Behörden für die Gefahrenabwehr zuständig, hat die Polizei in eigener Zuständigkeit tätig zu werden, soweit ein Handeln der anderen Behörden nicht oder nicht rechtzeitig möglich erscheint; dies gilt insbesondere für die den Ordnungsbehörden obliegende Aufgabe, gemäß § 1 Ordnungsbehördengesetz Gefahren für die öffentliche Ordnung abzuwehren. Die Polizei hat die zuständigen Behörden, insbesondere die Ordnungsbehörden, unverzüglich von allen Vorgängen zu unterrichten, die deren Eingreifen erfordern."

Abb. 10.2: Spezialkräfte der Polizei sichern einen Tatort.

Die Wahrnehmung von Aufgaben des Ordnungsamtes kann subsidiär erfolgen und bestimmt sich ebenfalls nach den jeweiligen Polizeigesetzen der Länder.

Die Pflicht der Polizei zur Strafverfolgung richtet sich nach § 163 Strafprozessordnung (StPO) und ist rechtlich anders einzuordnen.

Im Zweifel ist die Polizei immer zuständig, wenn die Bevölkerung um Hilfe ersucht.

Dabei verstehen sich Polizeibeamte als „Freund und Helfer" der Bevölkerung, was nicht bedeutet, dass Einsatzgrundsätze wie Eigensicherung und Schutz der eigenen Funktionsfähigkeit nachrangig sind. Als noch im Kaiserreich der Abstand einer Säbellänge zu einem Polizeibeamten galt, so ist die Beziehung zur Bevölkerung heutzutage sicherlich eine andere. Dennoch beklagt die heutige Polizei eine zunehmende Respektlosigkeit und achtet daher vermehrt auf Eigensicherung, denn im Angesicht steigender Gewalt gegen Polizeibeamte ist dies dringend geboten.

Aus dem Lagebild des BKA zu Gewalt gegen Polizeibeamte:

> „Bei einer gegenüber dem Vorjahr nahezu unveränderten Anzahl von Widerstandshandlungen gegen die Staatsgewalt ist ein Rückgang von Fällen des besonders schweren Landfriedensbruchs zu verzeichnen. Anstiege sind dagegen bei Gewalttaten gegen PVB festzustellen, wobei im Jahr 2015 nicht nur mehr Fälle mit Opfererfassung PVB registriert wurden, sondern auch eine jeweils größere Anzahl von geschädigten PVB und in diesem Zusammenhang ermittelter Tatverdächtiger. Positiv hervorzuheben ist der deutliche Rückgang der gegen PVB gerichteten (versuchten) Tötungsdelikte.
> Die Gesamtentwicklung der Fall-, Opfer- und Tatverdächtigenzahlen verdeutlichen die in Deutschland unvermindert hohe Bereitschaft zur Gewaltanwendung gegen im Einsatz befindliche PVB. Dieser Kriminalitätsbereich rückt zwar häufig im Zusammenhang mit Großereignissen oder besonderen Anlässen in den Fokus eines breiten öffentlichen Interesses, findet aber mit Blick auf die routinemäßige Polizeiarbeit nicht immer die entsprechende Beachtung. Darauf, dass gegen PVB ausgeübte Gewalt jedoch gerade im Rahmen der Durchführung alltäglicher polizeilicher Maßnahmen, wie zum Beispiel dem Streifendienst, ein bedeutsames Ausmaß einnimmt, lässt unter anderem der hohe Anteil alleinhandelnder Tatverdächtiger schließen.
> Die große Bedeutung der das täterseitige Verhalten beeinträchtigenden Faktoren schlägt sich, trotz eines leichten Rückgangs der Anzahl von Tatverdächtigen unter Alkoholeinfluss, auch in den Daten des Jahres 2015 nieder."

Die Gewalt gegen Rettungskräfte ist ebenfalls deutlich angestiegen. Daher ist es umso wichtiger, dass sich auch Mitarbeiter des Rettungsdienstes und Notärzte mit dem richtigen Umgang mit Gewalt beschäftigen und Skills erlernen, wie sie in solchen Situationen fachgerecht reagieren können.

Zur polizeilichen Bewältigung von Einsatzlagen stehen mehrere Einheiten zur Verfügung. Die Landespolizei ist sachlich zuständig, wenn es zu Straftaten und anderen polizeilichen Anlässen gekommen ist. Die Bundespolizei ist insbesondere für polizeiliche Maßnahmen im Bereich des Bahn-, Schienen-, Grenz- und Luftverkehrs zuständig.

Der Wach- und Wechseldienst (Streifendienst) bewältigt primär alle Einsätze, die über die Einsatzleitstelle der Polizei bearbeitet werden, z. B. Verkehrsunfälle, Schlägereien, Streitigkeiten. Die Bereitschaftspolizei ist typischerweise für die Bewältigung von Lagen zuständig, die eine besondere Ausstattung und/oder eine hohe Mannstärke erfordern (Demos, Fußballspiele, gewalttätige Auseinandersetzungen). Die Spezialeinsatzkommandos (SEK) und die Mobilen Einsatzkommandos (MEK) beschäftigen sich mit Lagen, bei denen Gewalttäter mit gefährlichen Gegenständen und Schusswaffen zu erwarten sind.

10.3 Zusammenarbeit Polizei und Rettungsdienst

Bei all diesen polizeilichen Lagen ist eine Zusammenarbeit mit dem Rettungsdienst unerlässlich. Schwierig ist jedoch häufig die Kommunikation untereinander, da unterschiedliche Funkkanäle, Hierarchien und Kommandostrukturen vorhanden sind.
Der Blickwinkel auf das Einsatzgeschehen ist ebenfalls unterschiedlich. Die Polizei möchte die Lage beruhigen, den Täter festnehmen und Strafverfolgung betreiben. Der Rettungsdienst möchte schnellstmöglich an den Patienten heran und die Erstversorgung einleiten. Naturgemäß können diese Interessen kollidieren und den gegenseitigen Einsatzerfolg gefährden.

Zur optimalen Koordinierung der Einsatzkräfte bei polizeilichen Lagen übernimmt die Einsatzleitstelle der Polizei eine erste Schlüsselfunktion. Hier laufen alle Informationen zusammen, die für die vor Ort agierenden Einsatzkräfte relevant sind. Diese Informationen müssen schnell und eindeutig an die zuständige Feuer- und Rettungsleitstelle weitergegeben werden, so dass die im Einsatz befindlichen Rettungskräfte über ihre eigene Leitstelle ebenfalls wichtige Informationen erhalten. Gerade bei dynamischen Lagen ist ein ständiger Informationsaustausch zu gewährleisten.

Zu den ersten Lagemeldungen gehören folgende Informationen:

- Konkreter Anlass des Einsatzes, z. B. Bedrohungsart, Bedrohungsmittel, die Anzahl gefährdeter Personen, Besonderheiten bei gefährdeten Personen, wie Medikamentengebrauch, Erkrankungen, Drogenmissbrauch, besondere Altersgruppen
- Vorgaben über Anfahrtrouten und Meldeorte
- Nutzung von Sondersignalen
- Vermutliche zeitliche Bindung (z. B. geplante SEK-Zugriffe)
- Name und Erreichbarkeit des polizeilichen Ansprechpartners

Der Rettungsdienst sollte einen Einsatzleiter benennen, der sich am Meldeort einfindet und für Absprachen mit dem polizeilichen Einsatzleiter vor Ort zur Verfügung steht. Der Leitende Notarzt (LNA) sollte bei allen polizeilichen BAO-Lagen (Bedrohungslage, Geiselnahme, Anschlag, SEK-Einsatz usw.) informiert werden und unter Umständen selbst am Einsatzort erscheinen. Bei BAO-Lagen der Polizei sollte zeitnah ein Fachberater des Rettungsdienstes in den Führungsstab der Polizei integriert werden, um unmittelbare Absprachen zu treffen und dem Polizeiführer im Bedarfsfall beratend zur Seite stehen zu können.

Unter Umständen ist eine Abstimmung zwischen dem öffentlichen Rettungsdienst und dem Polizeiärztlichen Dienst/Polizeiarzt erforderlich, um Schnittstellen zu erkennen und sie zu definieren.

Bei einer Großdemonstration oder einem Risikofußballspiel sollte es im Vorfeld zu einer engen Verzahnung zwischen den beteiligten Behörden kommen. Transportkapazitäten sind zu ermitteln, Krankenhausstrukturen können durch den örtlichen öffentlichen Rettungsdienst transparent dargestellt werden.

Folgende Fragestellungen sollten beleuchtet werden:

- Bereitstellungsraum des Rettungsdienstes
- Gefährdungsbereich (Auskunft kann Polizei oder Feuerwehr geben)
- Übergabestellen von Verletzten und/oder zu betreuender Personen
- Medizinischer Versorgungsbereich/Behandlungsplatz
- Betreuungsbereich (psychische Betreuung, Kleidung, Decken, Schlafplätze, Nahrungsmittel)

Der Rettungsdienst hält in vielen Regionen der Bundesrepublik Deutschland spezialisierte Betreuungseinheiten vor. Zudem entwickeln sich immer mehr Psychosoziale Notfallvorsorgeeinheiten.

Abb. 10.3: Symbolbild Digitalfunk.

Erste polizeiliche Spurensicherungsmaßnahmen sind mit den Versorgungserfordernissen abzugleichen und abzusprechen. Etwaige Schutzmaßnahmen des Rettungsdienstes durch die Polizei können in der ersten Phase einer BAO-Lage personell schwierig werden, sollten aber unbedingt besprochen werden.

Muss die rettungsdienstliche Versorgung von Opfern innerhalb des Gefahrenbereiches stattfinden, so muss die Polizei in die Planungen der Einsatzleitung des Rettungsdienstes eingebunden werden. Der Rettungsdienst darf den Gefahrenbereich bzw. die innere Absperrung nur betreten, wenn dies mit der Polizei eng abgestimmt wurde. Die Polizei macht hier die Vorgaben für den Rettungsdienst. Gerade bei einer Bedrohungs- oder Geiselnahmelage sind die Täter äußerst sensibel und können unbedacht auf das Erscheinen des Rettungsdienstes reagieren, weil sie beispielsweise einen Zugriffsversuch vermuten könnten.

Bei der Versorgung und Betreuung von Opfern und Tätern ist zwingend eine räumliche Trennung herbeizuführen. Ideal wäre eine Versorgung durch unterschiedliche Rettungskräfte, Täter und Opfer sollten also aus psychologischen und polizeilichen Gründen (Spurenschutz) nie von den gleichen Rettungskräften versorgt werden.

Über den Transport vital gefährdeter Personen entscheidet der Rettungsdienst. Nicht vital gefährdete Personen sollten erst transportiert werden, wenn dies vorher mit der Polizei abgestimmt wurde. Eine polizeiliche Begleitung kann erforderlich werden. Auch beim Transport und bei der Festlegung der Zielkliniken sollte auf eine Trennung von Täter und Opfer geachtet werden.

Befindet sich innerhalb der inneren Absperrung ein notfallmedizinisch fortgebildeter Polizeiarzt, sollte dieser alle grundlegenden Entscheidungen und Erstversorgungsmaßnahmen festlegen.
Dies kann unter Inanspruchnahme des örtlichen Rettungsdienstes erfolgen, aber ein Recht auf das Betreten des Gefahrenbereiches hat der örtliche Rettungsdienst nicht.

Abb. 10.4: Rettungswagen im Bereich der inneren Absperrung.

Das Material der Polizei kann durch den örtlichen Rettungsdienst häufig mitgenutzt werden, insbesondere bei MANV-Lagen (Massenanfall von Verletzten).

Freigelassene Opfer, Verletzte oder Angehörige werden grundsätzlich zunächst durch die Polizei betreut. Dies ist aus Gründen der Gefahrenabwehr und Strafverfolgung notwendig. Erst nach dem Einverständnis der Polizei können diese Personen an den Rettungsdienst oder Betreuungsdienst übergeben werden.

Presseauskünfte werden bei polizeilichen Lagen grundsätzlich nur durch die Polizei in enger Abstimmung mit der Staatsanwaltschaft getätigt. Presseanfragen, die während solcher Lagen unmittelbar an den Rettungsdienst gerichtet werden, sollten umgehend an die Polizei verwiesen werden. Im Bedarfsfall kann die Feuerwehr oder der Rettungsdienst an einer Pressekonferenz beteiligt werden.

Alle Einsatzlagen, bei denen Polizei und Rettungsdienst zusammengearbeitet haben, sollten nachbereitet werden. Die fachaufsichtführenden Stellen sollten beteiligt werden.

Gemeinsame Übungen von Polizei, Feuerwehr und Rettungsdienst können taktische Schwachstellen aufdecken, das Verständnis füreinander erhöhen und Reibungspunkte abbauen.

Tab. 10.1

Hinweise zum Verhalten des Rettungsdienstes in besonderen Lagen (angelehnt an PDV 100, Landesteil – M – NRW)	
Einsatz innerhalb der inneren Absperrung (Tatobjekt), z. B. bei Geiselnahmen	
1. Einsatzvorbereitung	
Es sind Absprachen mit der Polizei zu treffen über:	
1.1 Einsatzauftrag:	Medizinische Versorgung verletzter oder erkrankter Person(en), Geisel/Täter vor Tatobjekt, ggf. inklusive Transport(-begleitung)
1.2 Personal:	Anzahl (so gering wie möglich), Art (z. B. Notarzt und Notfallsanitäter), evtl. Abstimmungen zwischen Polizei und Täter(n) beachten
1.3 Fahrzeug:	Art (NAW, RTW, NEF, nur Personal mit Rucksäcken/Defi, entsprechend der Vereinbarung zwischen Polizei und Täter(n)
1.4 Material:	• Zur medizinischen Diagnostik/Therapie so wenig wie möglich mitnehmen (z. B. maximal zwei Notfallrucksäcke, ein EKG/Defi-Gerät). • Alle anderen Gegenstände im Fahrzeug entfernen (z. B. Kindernotfallkoffer, Vakuummatratze). • Funkgeräte ausschalten, Funkmeldeempfänger vorher ablegen, Mobiltelefone nur mitnehmen, wenn das zuvor mit Täter(n) vereinbart wurde.

Tab. 10.1

Hinweise zum Verhalten des Rettungsdienstes in besonderen Lagen (angelehnt an PDV 100, Landesteil – M – NRW)	
Einsatz innerhalb der inneren Absperrung (Tatobjekt), z. B. bei Geiselnahmen	
1.5 Weg:	Anfahrtweg, Parkplatz, Zugang zum Objekt, Abfahrtweg vorher abstimmen. Ggf. nur Fußweg ohne Fahrzeug zum Tatobjekt.
1.6 Sonstiges:	Z. B. im Hinblick auf die Dienstkleidung (mit/ohne Jacke/Helm), Kommunikationsmittel (ggf. ohne), Information über den Tätertypus, Zustand der Geiseln.
2. Einsatzdurchführung	
2.1 Allgemeines	Ein Einsatz innerhalb der inneren Absperrung erfolgt immer nur nach vorheriger Abstimmung mit der Polizei. Aufgrund der nicht auszuschließenden Eigengefährdung kommt es zu einem solchen Einsatz des Rettungsdienstes nur auf freiwilliger Basis. Es sind dringend Handlungen und Verhaltensweisen zu vermeiden, die das Misstrauen des Täters wecken (z. B. auslösende Funkmeldeempfänger, Funkdurchsagen, umfangreiches Material).
2.2 Anfahrt:	Immer ohne Sondersignale, mit geöffneten Türen (Fahrer-, Beifahrertür, seitliche Schiebetür, Hecktüren) und vollständig eingeschalteter Innenbeleuchtung.
2.3 Anhalten:	Mit für die Täter einsehbarem Krankenraum parken, langsam aussteigen, erforderliches Material entnehmen und zunächst abstellen, Rucksäcke öffnen (für Täter einsehbar), Funktion des Materials erläutern – warum was mitgenommen wird.
2.4 Im Tatobjekt:	• Sich persönlich vorstellen (mit Name und Funktion), Auftrag wie mitgeteilt wiederholen und nochmals beim Täter erfragen, keine Trennung des Behandlungsteams (nur wenn unbedingt notwendig und nur nach Zustimmung des Täters). • Jede durchzuführende Handlung erläutern, hierbei jeweils die Zustimmung des Täters einholen. • Versorgungsumfang auf das absolut notwendige Maß beschränken. • Umfeld beobachten, ohne neugierig zu wirken.
	Kein eigenmächtiges Handeln! Insbesondere keine Befreiungs- oder Festnahmeversuche starten!

Taktische Zusammenarbeit

Abb. 10.5

10.4 Betreuungsdienst

Aufgaben des Betreuungsdienstes
- Bereitstellen von Verpflegung
- Bereitstellung von Unterkunft/vorübergehender Aufenthaltsmöglichkeit
- Soziale, psychologische Betreuung

Die Aufgaben werden im Verlauf eines Einsatzes zeitlich nach Phasen betrachtet:

1. **Auffangphase**
   sammeln, leiten, verpflegen, erste soziale Betreuung, registrieren
2. **Durchgangsphase**
   verbesserte Unterbringung, Transportbegleitung, Intensivierung der Betreuung und Versorgung
3. **Endphase**
   Rückführung in Normalverhältnisse, ggf. langfristige/psychologische Betreuung

Bei der Bewältigung besonderer Lagen kommen für den Betreuungsdienst nur die Phasen 1 und 2 in Betracht. Die konkrete Umsetzung ist abzustimmen.

Umfang der sozialen und psychologischen Betreuung vor Ort:
- Erkennen des Zustandes Betroffener (Angst, Furcht, Ungewissheit, Hilflosigkeit, Scham)
- Bereitstellung von Gesprächspartnern
- Körperkontakte suchen/anbieten
- Abschirmung vor Zuschauern
- Berücksichtigung religiöser Bedürfnisse
- Bereitstellung eines angemessenen Aufenthaltsraumes

- Organisation der Verpflegung
- Sicherstellung einer ärztlichen Versorgung
- Bereitstellung von Kommunikationsmöglichkeiten

! Für die Umsetzung der Maßnahmen stehen in einigen Kommunen sog. Schnell-Einsatz-Gruppen (SEG) oder Betreuungseinheiten der Hilfsorganisationen bereit. Diese sind in Abstimmung mit dem Einsatzleiter Rettungsdienst über die Leitstelle zu alarmieren.

Kriminalistik, Kriminaltechnik & Recht

André Luhmer
Matthias Ogait

Kriminalistik, Kriminaltechnik & Recht

Das vorliegende Kapitel soll einen Überblick über die Kriminalistik und Kriminaltechnik in Bezug auf die Bearbeitung von Tötungsdelikten verschaffen. Es werden zudem rechtliche Aspekte vorgestellt, insbesondere die umfangreichen Zeugen- und Beschuldigtenrechte. Der erste Sicherungsangriff an einem Tatort spielt eine besondere Rolle und wird umfänglich aus polizeilicher Sicht beleuchtet.

Es erfolgen Ausführungen
- zu Aufgaben und Zielen der Kriminaltechnik,
- zu den Spurengruppen,
- zu ausgewählten Wissensgebieten der Kriminaltechnik und
- zu kriminalistischen und rechtlichen Aspekten aus dem Blickwinkel der Polizeiarbeit.

11.1 Gegenstand, Aufgaben und Ziele der Kriminaltechnik

Den Gegenstand der Kriminaltechnik bildet die Gesamtheit der naturwissenschaftlich-technischen Erkenntnisse und Methoden sowie der darauf basierenden technischen Mittel und Verfahren zur Suche, Sicherung und Auswertung von Spuren.

Allgemeines zur Spurensicherung
Zur Spurensicherung werden bei der Polizei unterschiedliche Dienststellen eingesetzt.
Im Alltagsgeschäft wird die Tatortspurensicherung durch den Erkennungsdienst, den Kriminaldauerdienst (K-Wache), durch speziell geschulte Angestellte oder durch die Beamten des Wach- und Wechseldienstes (Schutzpolizei) gewährleistet. Der Spurensicherung bei Verkehrsunfällen mit Getöteten oder Schwerstverletzten kommt in diesem Bereich eine immer größere Bedeutung zu, sodass die Spurensicherung vor Ort von sogenannten „Verkehrsunfallaufnahmeteams" durchgeführt wird.
Das Bundeskriminalamt und die Landeskriminalämter unterhalten ebenfalls Dienststellen zur Spurensicherung. Gerade bei größeren Schadenslagen und terroristischer Gewaltkriminalität kommen diese Spezialisten zum Einsatz und können die örtlich zuständigen Kreispolizeibehörden unterstützen.

Spurenauswertung
Die Spurenauswertung wird bei der Kriminalpolizei in drei unterschiedlichen Bereichen durchgeführt.
In den örtlich zuständigen Polizeibehörden werden daktyloskopische Spuren, Schuh- und Reifenabdrücke und Sichtbarmachung von entfernten Prägezeichen untersucht. Dabei liegt der Hauptanteil bei der Daktyloskopie, die mit dem computergestützten
„**A**utomatisierten **F**ingerabdruck-**I**dentifizierungs-**S**ystem" (AFIS) betrieben wird.

Die Landeskriminalämter verfügen über spezialisierte Labor- und Auswertetechnik. Sie führen die meisten kriminaltechnischen Untersuchungen durch. Sie sind Untersuchungsstellen für DNA-Analysen, Mikrospuren, Abdruckspuren, Materialspuren, Schriften und Schusswaffen. Sichergestellte Computer werden dort ebenfalls untersucht. Der 3-D-Laserscanner kommt bei Tötungsdelikten und auch bei schweren Verkehrsunfällen oder größeren Schadenslagen zum Einsatz. Zudem werden oftmals Aufnahmen mit sphärischen Kameras (d. h. Aufnahmen in Form einer Kugel als 360° x 180° gefertigt), in denen dann z. B. Einzelbilder oder sogar Spurenergebnisse hinterlegt werden.

Das Bundeskriminalamt verfügt über umfangreiche Sammlungen von Dateien und Spuren, gerade beim Spurenvergleich von großem Interesse. Das BKA verfügt über eine sehr umfangreiche Schusswaffen- und Munitionssammlung. Es wird Munition untersucht, die an Tatorten sichergestellt oder durch Vergleichsbeschuss von sichergestellten Waffen gewonnen wurde. Das BKA hält besondere Geräte vor, die bei Bedarf zur Unterstützung örtlich zuständiger Behörden angefordert werden (z. B. Rastertunnelmikroskope). Das BKA hält zudem eine Tatortgruppe vor, die auf Ersuchen der Landespolizei unterstützend tätig werden kann. Eigene Zuständigkeiten regeln sich nach dem BKA-Gesetz bzw. in den Fällen, in denen die Bundesanwaltschaft das BKA mit den Ermittlungen beauftragt.
Einzelne Laborgeräte werden üblicherweise vom BKA nicht herausgegeben.

Untersuchungsaufträge, z. B. DNA-Analysen, Stimmen-Schriftgutachten usw., können von allen Behörden bei Bedarf jederzeit an externe Anbieter abgegeben werden, das wird im Einzelfall mit der zuständigen Staatsanwaltschaft besprochen und durch diese angeordnet. Hier ist die Zusammenarbeit eng. Zudem liegen Kooperationsverträge mit Externen vor.

11.1.1 Aufgaben der Kriminaltechnik

Die Aufgabe der Kriminaltechnik ist die Nutzung naturwissenschaftlich-technischer Mittel und Methoden zur

- Suche, Sicherung und Auswertung/Begutachtung von Spuren,
- Beschaffung von Vergleichsmaterial (VM),
- Dokumentation von Tatorten,
- Durchführung der erkennungsdienstlichen Behandlung,
- Identifizierung von Personen, Spurenverursachern, Sachen und Substanzen,
- Gewährleistung der technischen Prävention,
- Durchführung von Rekonstruktionen und Experimenten sowie die
- Forschung und Weiterentwicklung der Mittel und Methoden.

Eine erkennungsdienstliche Behandlung (oder erkennungsdienstliche Maßnahme) ist die Erfassung von personenbezogenen und biometrischen Daten einer Person durch die Polizei. Eine erkennungsdienstliche Behandlung wird in der Regel nach einer Festnahme wegen einer Straftat an einer Person vorgenommen, aber auch vorbeugend, zum Beispiel durch die Ausländerbehörden im Rahmen von Asylverfahren. Des Weiteren kann sie zur Feststellung der Identität dienen.

Erhoben werden (abhängig vom Anlass) in der Regel folgende Daten der betroffenen Person:

- Vorname, Familienname, Wohnort, andere Daten aus Ausweisen und Reisepässen,
- Alter beziehungsweise Geburtsdatum,
- Lichtbilder (Fotos),
- Körperhöhe, Körpergewicht,
- besondere körperliche Merkmale (wie Narben, Tätowierungen),
- Tonaufnahmen des gesprochenen Wortes,
- Fingerabdrücke aller zehn Finger sowie Abdrücke beider Handflächen,
- DNA-Abstrich (Mundhöhlenabstrich).

11.1.2 Ziele der Spurenauswertung

Folgende Ziele verfolgt die Auswertung der Spuren:

- Feststellung des Spurenverursachers,
- Feststellung der Spurenursache,
- Erkennen modaler, temporaler und lokaler Entstehungsumstände von Spuren,
- Erkenntnisse zur Beschaffenheit von Vergleichsmaterial (VM),
- Unterstützung der weiteren Untersuchungsplanung/Versionsbildung und die
- beweissichere Überführung von Verdächtigen.

Abb. 11.1: Überlagerung unterschiedlicher Spuren.

11.2 Spurengruppen

11.2.1 (technische) Formspuren

Formspuren sind dreidimensionale bzw. plastische Abbildungen eines Spurenverursachers bzw. seiner Merkmale auf oder in einem Spurenträger. Sie ermöglichen kriminalistische Schlussfolgerungen hinsichtlich der Art des Spurenverursachers (Werkzeug, Schuh etc.) oder gar eine Individualidentifizierung.

11.2.1.1 Abdruckspuren

Hierunter sind durch unmittelbaren Kontakt hervorgerufene flächenhafte bzw. flach reliefartige Widerspiegelungen eines Spurenverursachers auf einem meist festen und glatten Spurenträger zu verstehen. Sie treten als sichtbare, schwer sichtbare oder latente Spuren auf.

Es wird unterschieden:

- mit Substanzen verursachte Spuren (Schuhabdruckspur mit Straßenschmutz, Papillarleistenspuren verursacht mit Blut etc.),
- in Substanz verursachte Spuren (flache Eindruckspuren), z. B. Schuhspuren in Fußbodenpflegemitteln, Papillarleistenspuren in Blut, Fett o.a.

11.2.1.2 Eindruckspuren

Eindruckspuren sind plastische Verformungen durch das Einwirken eines Spurenverursachers auf einen zum Zeitpunkt des Einwirkens relativ weichen Spurenträger. Dabei prägen sich die Formen des Spurenverursachers bleibend ein. Sie treten häufig als Biss-, Reifen-, Schuh- oder Werkzeugspuren auf.

11.2.1.3 Gleitriefen (Zieh-, Scharten- und Schürfspuren)

Gleitriefen sind meistens parallel verlaufende Rillen, die beim Hinübergleiten eines Spurenverursacher (z. B. Brechstange) unter Druckanwendung auf einem weniger harten Spurenträger (z. B. Schließblech) erzeugt werden.

11.2.1.4 Schnitte

Schnitte sind Trennflächen, die bei der Anwendung von Schnittwerkzeugen, z. B. Messer, Beil, Zange, Bohrer, Schere oder einer Säge entstehen. Jede Schneidkante des Werkzeuges verursacht dabei zwei Spurenbilder (am Werkstück und am Span).

11.2.1.5 Brüche und Risse

Brüche oder Risse entstehen bei der Trennung von festen Stoffen durch:

- mechanische Überbeanspruchung (z. B. Schlag, Erschütterung, Zug, Druck),
- thermische Einflüsse (z. B. Explosion, Brand) und/oder
- Korrosion.

11.2.1.6 Passspuren

Hierbei handelt es sich um Spuren, die den Nachweis der Zusammengehörigkeit von zwei oder mehreren Teilen zu einem ursprünglichen Ganzen gestatten. Die einzelnen materiellen Teile, z. B. Glasbruchstücke, werden als Passstücke bezeichnet.

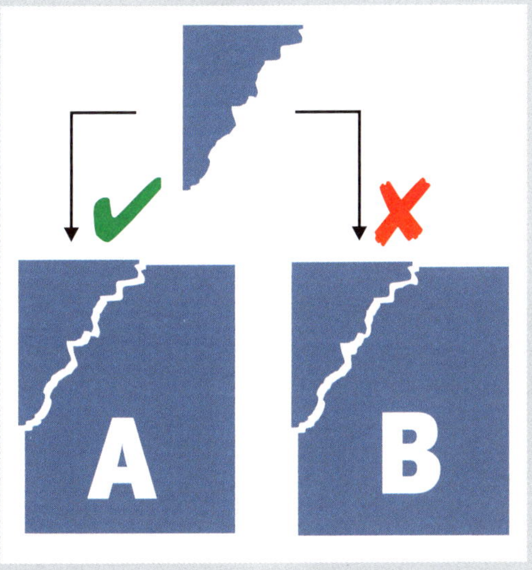

Abb. 11.2: Kein Riss oder Bruch verläuft genau wie der andere!.

Jeder Trennungsvorgang wird durch verschiedene Kräfte (z. B. Zug-, Biege-, Scherkräfte) mit immer unterschiedlichen Wirkungsrichtungen sowie durch die Struktur des beschädigten Materials selbst beeinflusst.

11.2.2 Materialspuren (Substanzspuren)

Materialspuren sind Substanzen (fest, flüssig oder gasförmig), deren stoffliche Eigenschaften oder Zusammensetzungen kriminalistische Schlüsse zulassen oder es handelt sich um Rückstände eines Gegenstandes (z. B. Abriebe, Anriebe, Späne).

Materialspuren sind insbesondere:

- Schussspuren,
- Glas-, Lack-, Metall- und Kunststoffspuren,
- körperzellenhaltige Spuren,
- Haare,
- Boden-, Schmutz- und Pflanzenspuren sowie mikrobiologische Spuren,
- textile Spuren,
- toxikologische Spuren,
- Mineralölprodukte.

Materialspuren geringerer Masse werden auch als Mikrospuren bezeichnet.

11.2.3 Situationsspuren

Situationsspuren lassen insbesondere Schlüsse auf die Art der Spurenentstehung zu und dienen der Rekonstruktion des Tatherganges. Sie ergeben sich aus der besonderen räumlichen Lage und Zuordnung von Spuren oder Gegenständen zueinander und zu deren Umgebung. Situationsspuren werden nicht untersucht, sondern nur zwecks Rekonstruktion des Tathergangs verarbeitet.

Hierzu zählen folgende Zustände:

- der Öffnungszustand von Türen und Fenstern,
- der Ladezustand von Waffen,
- der Zustand von Wertgelassen (aufgebrochen), durchwühlte Behältnisse,
- die Stellung von Schaltern, Hebeln und Messinstrumenten bei Unfällen und Havarien,
- die Totenstarre und Leichentemperatur, die Ausprägung der Totenflecke,
- die Lage oder Stellung von Möbeln oder Fahrzeugen,
- klassische „Speicherzustände“ wie schriftliche oder Tonaufzeichnungen, Fotos und Filme, Videobänder, Datenspeicher usw.

Das heißt, durch das kriminalistisch relevante Ereignis ist ein Zustand eingetreten bzw. wurde ein vorhandener Zustand verändert, so dass Rückschlüsse auf das Tatgeschehen gezogen werden können.

11.2.4 Gegenstandsspuren/Relikte

Gegenstandsspuren sind beweiserhebliche Gegenstände, deren Vorhandensein an einem bestimmten Ort von besonderer Bedeutung ist. Von ihrer sicheren Zuordnung zu einer Person wird häufig der Ausgang eines Strafverfahrens bestimmt.
Gegenstandsspuren stellen häufig gleichzeitig einen Spurenträger dar und sind dementsprechend zu behandeln. Die Auffindesituation kann als Situationsspur Bedeutung erlangen.

11.2.5 Daktyloskopische Spuren

Abb. 11.3: Ausfindigmachen daktyloskopischer Spuren.

Daktyloskopische Spuren sind Formspuren (Abdrücke oder Eindrücke) von Fingern, Handflächen und Füßen in Form des Papillarlinienbildes der Haut und entstehen durch:

- Übertragung von Hautausscheidungssubstanzen (Schweiß und Talg) bei Berühren glatter Flächen,
- Übertragung körperfremder Substanzen (Farbe oder Blut) und/oder
- Eindruck in verformbare Masse wie Wachs.

Vor 100 Jahren wurde die Daktyloskopie, also die Personenidentifizierung mittels der Fingerabdrücke, in Deutschland eingeführt. Pro Jahr werden heute mit Hilfe des zentral beim Bundeskriminalamt (BKA) angesiedelten AFIS mehr als 13.000 Spurenverursacher – und somit potenzielle Straftäter – vom BKA und den Landeskriminalämtern identifiziert.
Fingerabdrücke entstehen durch die Abbildung der Muster der Papillarleisten der Haut an den Händen und sind aus der Tataufklärung nicht mehr wegzudenken. Bis es vor 100 Jahren zur Einführung der systematischen Fingerabdrucknahme in der kriminalistischen Arbeit kam, hatte die Daktyloskopie bereits eine lange und interessante Geschichte hinter sich. Der Begriff Daktyloskopie stammt aus dem Griechischen: „*Daktylos*" bedeutet Finger und „*skopein*" schauen:
Daktyloskopie heißt also „Fingerschau". Sie ist heute eine von Wissenschaft und Rechtsprechung anerkannte Personenidentifizierungsmethode, die sich mit der Aufnahme und Auswertung der Abbilder der menschlichen Leistenhaut zum Zwecke der Identifizierung Lebender und Toter sowie der Feststellung von Spurenverursachern befasst. Der Grundgedanke dabei:

Das Hautleistenbild eines jeden Menschen ist einmalig und unveränderlich. Zur Identifizierung können verschiedene Merkmale (8 bis 12 sind vor Gericht ausreichend) genutzt werden, z. B. Grundmusterformen, Terminuspapillarleisten, Poren oder Linien. Die Aufzählung ist nicht abschließend.

Die Verwendbarkeit daktyloskopischer Spuren ergibt sich aus den folgenden drei Fakten:

- Die Fingerlinienzeichnung bleibt während des ganzen Lebens konstant (Unveränderlichkeit).
- Es gibt so viele verschiedene Muster, dass die Unterscheidung Tausender von Personen mühelos bewerkstelligt werden kann (Einmaligkeit).
- Die Abdrücke lassen sich in ein Klassifizierungssystem einordnen, das den Fachmann in die Lage versetzt, neue Abdrücke schnell mit bereits registrierten Daten zu vergleichen (Klassifizierbarkeit).

Das Papillarlinienmuster bleibt über den Tod hinaus erhalten, sodass selbst bei Mumien aus dem alten Ägypten noch nach 2000 Jahren Fingerabdrücke auswertbar sind.

Bei der Sicherung von Fingerspuren am Tatort sind folgende Grundsätze zu beachten:

- Möglichst gegenständlich sichern!
- Handschuhe tragen, spurenverdächtige Bereiche nicht berühren!
- Fundsituation dokumentieren!
- Fotografie (berührungsfreie Sicherung)!
- Verlustfreie Verpackung (keine Reibung beim Transport!)
- Verpackungsmaterial vor der Verpackung beschriften!
- Möglichst Papier/Pergamin verwenden, keine Folie (chem. Ausdampfungen und Schwitzwasser können Spuren beeinträchtigen)!
- Aufbewahrung trocken, bei Raumtemperatur, staubgeschützt.
- Schutz vor Veränderungen (Schild **„Achtung Spurenträger!"**)
- Spätere Spurensuche unter Laborbedingungen!

Zur Fingerabdruckspurensicherung wird eine Tatortspurenkarte verwendet, auf der sowohl die Vorgangsdaten, als auch die Sicherungsumstände und die Lage der einzelnen Spur vermerkt sind.

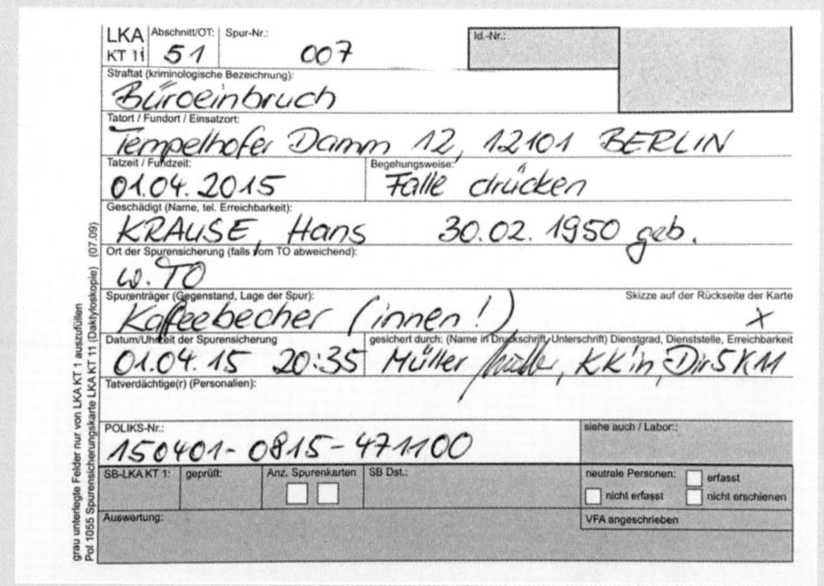

LKA KT 11 | Abschnitt/OT: 51 | Spur-Nr.: 007 | Id.-Nr.:

Straftat (kriminologische Bezeichnung): Büroeinbruch

Tatort / Fundort / Einsatzort: Tempelhofer Damm 12, 12101 BERLIN

Tatzeit / Fundzeit: 01.04.2015 | Begehungsweise: Falle drücken

Geschädigt (Name, tel. Erreichbarkeit): KRAUSE, Hans 30.02.1950 geb.

Ort der Spurensicherung (falls vom TO abweichend): w. TO

Spurenträger (Gegenstand, Lage der Spur): Kaffeebecher (innen!) | Skizze auf der Rückseite der Karte X

Datum/Uhrzeit der Spurensicherung: 01.04.15 20:35 | gesichert durch: (Name in Druckschrift, Unterschrift) Dienstgrad, Dienststelle, Erreichbarkeit: Müller [Unterschrift], KK'in, Dir5KM

Tatverdächtige(r) (Personalien):

POLIKS-Nr.: 150401-0815-471100 | siehe auch / Labor:

SB-LKA KT 1: | geprüft: | Anz. Spurenkarten ☐ ☐ | SB Dst.: | neutrale Personen: ☐ erfasst ☐ nicht erfasst ☐ nicht erschienen

Auswertung: | VFA angeschrieben

grau unterlegte Felder nur von LKA KT 1 auszufüllen
Pol 1055 Spurensicherungskarte LKA KT 11 (Daktyloskopie) (07.09)

Abb. 11.4: Tatortspurenkarte (Muster, kein Original).

Erkennungsdienstliche Behandlung von Personen

Fingerabdrücke werden standardmäßig im Rahmen der erkennungsdienstlichen Behandlung von Tatverdächtigen genommen. Bei der ED-Behandlung wird ein Zehnfingerabdruckbogen (KP 1a/b) angefertigt.

Abb. 11.5: Fingerabdruckspuren

Zur Anfertigung eines Zehnfingerabdruckbogens gelten folgende allgemeine Grundregeln:

- Die Abnahme erfolgt mittels Farbplatte, Farbwalze, Farbe (Druckerschwärze).
- Gleichmäßige Verteilung der Farbe auf die Walze.
- Gründliche Reinigung der Hände der betreffenden Person (vor Beginn des Abnahmeverfahrens).
- Beginn mit Einfärben des äußeren Fingergliedes.
- Abrollen des einzelnen Fingers ohne Druck auf gewünschte Stelle des Vordrucks.
- Der Vordruck KP 1a/b wird in zweifacher Ausfertigung angelegt.

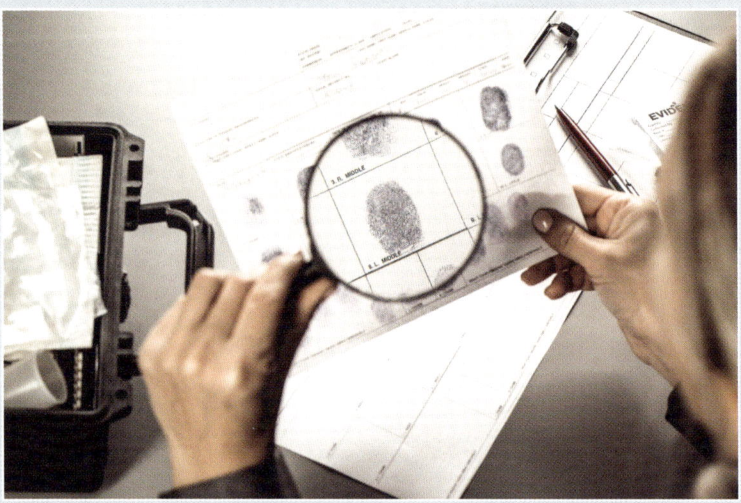

Abb. 11.6: Begutachtung eines Fingerabdruckes durch den Kriminalbeamten.

Zur Abnahme von Fingerabdrücken bei Leichen sind Besonderheiten und Hilfsmittel (z. B. Leichenstarre, Totenlöffel, Waschhaut) zu beachten.

Moderne Verfahren der Biometrie lösen gegenwärtig die traditionellen Methoden der Fingerabdrucknahme ab.

Zwecks schneller Identifizierung einer lebenden Person, dessen Fingerabdrücke bereits in AFIS gespeichert sind, eignet sich das sogenannte „Fast ID"-Verfahren. Zur sicheren Identifizierung reicht ein einzelner Finger aus, sofern die Person in AFIS einliegt. Somit reicht auch mittels FAST-ID ein einzelner Finger aus.

Mittlerweile sind mobile „Fast ID“-Geräte für die Polizei verfügbar. Das ist gerade dann von großem Vorteil, wenn der Beschuldigte keine Ausweispapiere mitführt und vor Ort zügig mit AFIS abgeglichen werden soll. Hier ist es immer wieder so, dass die durch den Beschuldigten zunächst angegebenen Personalien falsch sind und Personalien einer völlig anderen Person benutzt werden.

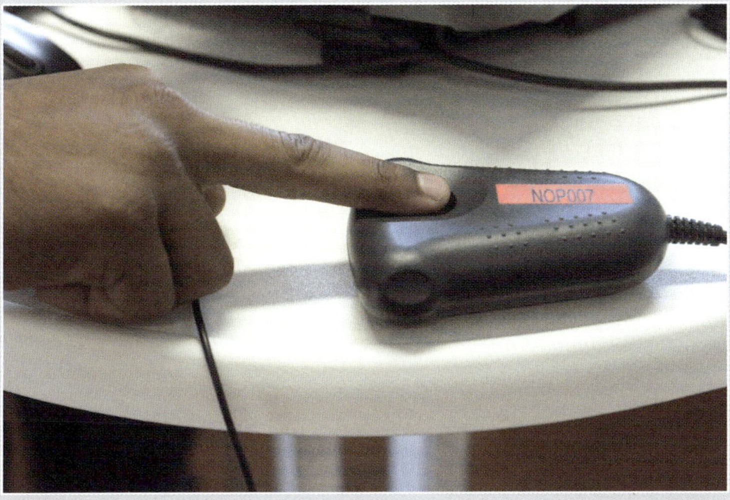

Abb. 11.7: Fast-ID

Tab. 11.1

Informationsebenen	
Daktyloskopisches Material wird methodisch in den drei Ebenen vom allgemein Feststellbaren zum Besonderen untersucht:	
Ebene 1	
Zu den daktyloskopischen Informationen der Ebene 1 gehören der allgemeine Papillarlinienverlauf sowie weitere augenfällige Strukturen. Sie dienen als Orientierung zur näheren Bestimmung des spurenverursachenden Bereiches und werden entsprechend ihres Informationsgehaltes zur Führung des daktyloskopischen Identitätsnachweises herangezogen.	z. B. allgemeiner Papillarlinienverlauf
Ebene 2	
Musterdarstellungen und Mustereigenarten, wie weitere augenfällige Strukturen.	z. B. Falten, Furchen, Narben
Die daktyloskopischen Informationen der Ebene 2 sind die anatomischen Merkmale. Sie bilden in ihrer Form und Lage zueinander im Papillarlinienverlauf in der Regel die Grundlage für die Führung des daktyloskopischen Identitätsnachweises. Sie behalten auch unter abträglichen Bedingungen ihren Informationsgehalt.	z. B. anatomische Merkmale • Form • Lage
Ebene 3	
Die daktyloskopischen Informationen der Ebene 3 sind zusätzliche daktyloskopisch relevante Erscheinungsformen. Liegen sie vor, können sie entsprechend ihrem Informationsgehalt zur Führung des daktyloskopischen Identitätsnachweises herangezogen werden.	z. B. zusätzliche daktyloskopisch relevante Erscheinungsformen, wie • Zwischenleisten • Poren • Kantenverläufe Feinstrukturen von Falten, Furchen und Narben

Die Bewertung aller Informationen aus dem Untersuchungsmaterial führt zu einer der folgenden Aussagen:

- **Identität**
  Das daktyloskopische Material stammt von derselben Person.
- **Nichtausschluss**
  Eine Person kann als Verursacher nicht ausgeschlossen werden. Wahrscheinlichkeitsaussagen werden bis zur allgemeinen Anerkennung eines verlässlichen, wissenschaftlich fundierten mathematischen Modells nicht getroffen.
- **Ausschluss**
  Das daktyloskopische Material stammt von verschiedenen Personen.

11.3 Wissensgebiete der Kriminaltechnik

11.3.1 BtM/Toxikologie/Umwelt

- Betäubungsmittel und Pharmaka,
- Gifte und Pflanzenschutzmittel und
- umweltgefährdende Substanzen.

11.3.2 Brand- und Havarieuntersuchung

- Entstehungsursachen und Verlauf von Bränden und Raumexplosionen,
- Elektrounfälle von Gas- und Elektrogeräten im Zusammenhang mit Bränden, Raumexplosionen und Unfällen,
- chemisch-analytische Untersuchungen von brandrelevanten Spuren (z. B. Brandrückstände und Flüssigkeiten) auf brandbeschleunigende Substanzen wie Benzin, Dieselkraftstoff und brennbare Lösungsmittel.

11.3.3 Daktyloskopie

- Bearbeitung daktyloskopischer Spurenvorgänge,
- Ermittlung unbekannter Spurenverursacher,
- Suche und Sicherung daktyloskopischer Spuren im Labor,
- Führen der daktyloskopischen Sammlungen und
- Tatorteinsätze.

11.3.4 Forensische IuK/Datensicherung

- Technische Sicherung und Untersuchung sichergestellter Datenträger,
- Aufbereitung und Verarbeitung gesicherter Dateninformationen,
- Beratung und Betreuung von Polizeidienststellen bei der Auswertung von Daten.

11.3.5 Haaruntersuchung

- Mikroskopische und molekulargenetische Untersuchung von menschlichen Haaren und Tierhaaren
- Bestimmung des Spurenverursachers

11.3.6 Handschriftenuntersuchung

Untersuchungen und Begutachtungen von handschriftlichen Schreibleistungen mit dem Ziel
- der Feststellung von Urheberidentität bzw. -nichtidentität,
- der Prüfung auf Echtheit bzw. Unechtheit handschriftlicher Erzeugnisse,
- des Erkennens besonderer Herstellungstechniken und sekundärer Manipulationen (Fälschung bzw. Verfälschung) bei Unterschriften und
- der Untersuchung der Schriftträger auf das Vorhandensein uneingefärbter Schreibdruckrillen.

11.3.7 Kriminalistische Fotografie

- Untersuchung relevanter Bildaufzeichnungen zur Feststellung von Verfälschungen oder zur Identifizierung abgebildeter Objekte (Personen, Gegenstände und Örtlichkeiten) durch Bildvergleich,
- Digitale Bildverbesserung und -restauration von Überwachungs-, Tatort- und Spurenbildern,
- Visuelle Bildanalyse zur Erarbeitung von Ermittlungshinweisen,
- Fotografische Spurensicherung im Labor und Fotogrammherstellung und
- Fotografische Dokumentation und Beweismittelsicherung an Ereignisorten im Zusammenhang mit exekutiven Sachverständigeneinsätzen und im Rahmen von Sonderkommissionen.

11.3.8 Materialuntersuchungen

Untersuchung von Materialspuren und deren Rückständen.

Vergleichsuntersuchungen von Materialspuren und aufgefundenen Vergleichsmaterialien:
- Glas,
- Lacke und Farben,
- Boden und Staub,
- Kunststoffe,
- Mineralöle und Mineralölprodukte,
- Metalle u. a.

Ziel ist die Identifizierung der Substanzen und die mögliche Herkunft.

11.3.9 Schussspuren

Untersuchung von Spuren, die mit einer Schussabgabe im Zusammenhang stehen.

Darunter fallen
- die Begutachtung von Beschädigungen,
- der Nachweis und die Analyse von Schmauch sowie
- die Bestimmung der Schusshand und Schussentfernung.

Weiterhin werden in Zusammenarbeit mit dem Bereich Schusswaffen Rekonstruktionen von Tatabläufen durchgeführt.

11.3.10 Serologie/Zytologie/DNA

Hier handelt es sich um Untersuchungen und Begutachtungen zu(r) Herkunftsbestimmung von Blut-, Sekret- und Exkretspuren bzw. deren Gemischen, Körpergeweben/Haarwurzeln und zur Identifizierung unbekannter Leichen bzw. von Leichenteilen sowie zur Abstammungsfeststellung bei strafprozessualem Hintergrund.

Egidius Schiffer (*1956) ist ein deutscher Serienmörder, der als „Würger von Aachen" in die Kriminalgeschichte einging. Zwischen 1983 und 1990 ermordete er fünf Mädchen und Frauen im Alter zwischen 15 und 31 Jahren und missbrauchte drei davon sexuell. Seine Taten wurden als „Anhaltermorde" bzw. „Discomorde" bekannt.

Den ersten Mord beging Egidius Schiffer im Juli 1983 in der Nähe von Alsdorf: Die 18-jährige Marion G. stieg an einer Bushaltestelle in das Cabrio des Täters. Als er sie angriff, wehrte sie sich mit ganzer Kraft und zertrat sogar die Windschutzscheibe. Sie konnte zwar eine Vergewaltigung verhindern, wurde jedoch von Schiffer erdrosselt, entkleidet und in einen Angelweiher geworfen.
Im Februar 1984 überfiel Egidius Schiffer die 15 Jahre alte Andrea W. in der Nähe von Würselen, als sie gewohnheitsmäßig nach einem Besuch in einer Diskothek nach Hause trampte. Er vergewaltigte die Schülerin, bevor er sie erwürgte und ihren toten Körper an einem Feldweg ablegte.
Am 31. August 1984 stieg die 17-jährige Angelika S. auf dem Heimweg von der Diskothek „Rockfabrik" an der B 221 nahe Geilenkirchen in den Wagen von Schiffer. Die Leiche der Schülerin, nur mit einem BH und Strümpfen bekleidet, wurde in einem Waldstück entdeckt.
Im Dezember 1985 wurde die 18-jährige Marion L. in Aachen verschleppt, vergewaltigt und getötet. Auch sie hatte an einer Bushaltestelle gestanden. Eine Stunde fuhr Schiffer mit der Leiche im Kofferraum übers Land, bis er einen Ablegeort gefunden hatte. Ihren entblößten Körper deckte er mit Laub zu.
Am 16. Juni 1990 verschwand Sabine N. bei Niederkrüchten auf dem Heimweg von der Diskothek „Inside". Egidius Schiffer hatte die 31-Jährige in seinen Mercedes gezerrt, vergewaltigt und erdrosselt. Ihre skelettierte Leiche fanden Spaziergänger erst ein Jahr

später in einem Waldstück bei Wegberg. Anhand der Zahnabdrücke konnte man die Leiche als die vermisste Sabine N. identifizieren.
Im August 2007 wurde Egidius Schiffer in Heinsberg beim Diebstahl von Metallschrott auf frischer Tat betroffen und festgenommen. Er gab dabei freiwillig eine Speichelprobe ab, die ihn als Täter in fünf ungeklärten Mordfällen überführte. Während der Vernehmung gestand er die fünf Morde, widerrief das Geständnis jedoch vor dem Landgericht mit der Begründung, er habe sadomasochistische Neigungen; die Morde habe er nur zugegeben, weil der Gedanke an Untersuchungshaft und Bestrafung ihn erregt hätten. Zudem sei er zu dem Geständnis gezwungen worden. Das Gericht stützte sich jedoch auf das mehrmals wiederholte Geständnis, in dem Schiffer auch Täterwissen preisgab, sowie die DNA-Spuren an den Tatorten.
Er wurde am 19. August 2008, 18 Jahre nach seinem letzten Mord, vom Aachener Landgericht wegen Mordes in fünf Fällen und Vergewaltigung in zwei Fällen zu einer lebenslangen Freiheitsstrafe verurteilt. Das Gericht stellte zudem die besondere Schwere der Schuld fest. Eine Revision wies der Bundesgerichtshof im Juni 2009 als unbegründet zurück.

Der vorliegende Fall zeigt auf, wie sehr die Polizei von der Möglichkeit der DNA-Analyse profitiert und noch lange zurückliegende Tötungsdelikte aufklären kann. Dies hat sich bereits in einigen Fällen der Kriminalgeschichte gezeigt. Aber nicht nur lange „ausermittelte“ Vorgänge, sondern auch aktuelle Ermittlungsverfahren lassen sich mit Hilfe der DNA-Analyse aufklären. Der DNA-Beweis hat eine hohe Beweiskraft und je nach Lage der Täterspur einen hohen Beweiswert, da das DNA-Muster eines Menschen einmalig auf der Welt ist.

!

Beweiskraft ist gegeben, wenn das jeweilige Beweismittel (z. B. eine am Tatort gefundene Fingerabdruckspur an einer Bierflasche) substanziell ist und der Beweis auf die Strafverfolgungsbehörden überzeugend wirkt.

Ein hoher Beweiswert liegt vor, wenn die beweiskräftige Spur rechtlich zulässig ist, Tatbestandsmäßigkeit, Rechtswidrigkeit und/oder Schuld beweisen kann und eine hohe Beweisintensität besitzt (Kette von Indizien, Überzeugung von der Wahrheit). Die richterliche Beweiswürdigung ist gemäß § 261 StPO frei.

Für die Polizei ist es wichtig, dass sie diejenigen Spuren am Tatort sucht, die nicht nur eine erhebliche Beweiskraft, sondern auch einen großen Beweiswert besitzen.

Beispiel 1:
Der Flaschenhals einer Bierflasche in der Küche einer getöteten 24-jährigen Frau weist die DNA-Spur eines Tatverdächtigen auf, allerdings haben sich in den letzten Wochen viele männliche Personen in der Wohnung der Getöteten aufgehalten, darunter auch der dringend Tatverdächtige. Würde sich die DNA-Spur allerdings im Schlafzimmer befinden, dort wo die Frau getötet wurde, am Kopfende des Bettes, läge ein höherer Beweiswert vor.

Beispiel 2:
Der Drogenabhängige XY wird verdächtigt, in eine Gaststätte eingebrochen zu sein, da er kurz nach der Tat in unmittelbarer Nähe zum Tatort durch die Polizei angetroffen wird.
An der Außen- und Innenseite eines Fensters der Kneipe finden sich mehrere Fingerabdruckspuren des XY. Die Spur an der Außenseite hat zwar eine hohe Beweiskraft, jedoch einen relativ geringen Beweiswert, da die Spurenlokalisation lediglich beweist, dass XY von außen an dem Fenster gewesen ist. Anders sieht es mit den innenliegenden Spuren aus. Sind diese auch noch in Griffhöhe und zu einem „Einstieg" in das Objekt passend, so liegt auch ein hoher Beweiswert vor.

Beispiel 3:
An der Innenseite einer Registrierkasse finden sich DNA-Spuren eines Tatverdächtigen. Hier liegt hohe Beweiskraft und hoher Beweiswert vor. Befänden sich die Spuren nur außen an der Kasse, wäre der Beweiswert geringer, da dies lediglich beweisen würde, dass der Täter die Kasse von außen berührt hat. Gerade die kriminalistische Kombination aus mehreren Spuren als Indizienbeweise verdichtet den Verdacht der Täterschaft einer bestimmten Person.

Was ist die DNA?
Die Desoxyribonukleinsäure (DNS) ist ein sehr großes, phosphor- und stickstoffhaltiges Molekül, das als Träger der Erbinformation dient. Anhand dieser Information, die in einer bestimmten Form, dem genetischen Code, in die DNA eingeschrieben ist, werden Proteine produziert.
Im wissenschaftlichen Sprachgebrauch verwendet man meistens die englische Abkürzung **DNA** (deoxyribonucleic acid). Diese Abkürzung sollte auch im deutschen Schrifttum verwendet werden, um Verwechslungen mit dem Domain Name System (DNS) des Internets zu vermeiden.

Die biologischen Spuren, wie z. B. Blut-, Sekret- und Gewebespuren, spielen insbesondere bei Straftaten gegen das Leben und die Gesundheit eine entscheidende Rolle. Aber auch bei vielen Straftaten der Massenkriminalität werden entsprechende Spuren gesichert. Die klassischen Untersuchungsmethoden, bei denen für die Vergleichsuntersuchung polymorphe Proteine (z. B. Haptoglobin), Enzyme (z. B. Phosphoglucomutase), Antigene oder Antikörper (z. B. ABO-Blutgruppenbestimmung) genutzt wurden, konnten dem Wunsch der Ermittlungsbehörde nach einer eindeutigen Identifizierung des Spurenverursachers nicht gerecht werden.

Erst durch die Nutzung der im Zellkern enthaltenen DNA Mitte der achtziger Jahre konnte die Beweissicherung und Täterermittlung revolutioniert werden.

Ein großer Vorteil des DNA-Moleküls ergibt sich daraus, dass es im Gegensatz zu Proteinen, Enzymen, Antigenen und Antikörpern wesentlich unempfindlicher gegenüber Abbau- und Alterungsprozessen ist, denen Spuren naturgemäß unterliegen. Aber insbesondere die Etablierung von PCR-abhängigen (**P**olymerase-**C**hain-**R**eaction / Polymerasekettenreaktion) DNA-

Systemen führte auf Grund der großen Nachweisempfindlichkeit zu einer enormen Steigerung des Analyseerfolges. Die Untersuchungen erfolgen heute daher üblicherweise mittels der PCR-Technik. Außerdem gestattet die DNA-Analyse eine bisher unbekannte Qualität der Zuordnung von biologischen Spuren. Mit der Entdeckung von bestimmten kurzen Abschnitten im nicht codierenden Bereich des menschlichen Erbguts, die analog zum Fingerabdruck für jede Person – mit Ausnahme von eineiigen Zwillingen – ein individuelles Aussehen besitzen, ist es möglich, beliebige Spuren (Blut, Speichel, Sperma, Hautpartikel, Haarwurzeln oder andere Gewebe mit kernhaltigen Zellen) mit hoher Zuverlässigkeit einem möglichen Tatverdächtigen, einem Opfer oder einem Zeugen zuzuordnen oder auch einen zu Unrecht Beschuldigten zu entlasten. Die dabei nachgewiesenen DNA-Merkmalskombinationen (DNA-Profile) sind rechnergestützt speicherbar. Dies ist die Grundlage für die Nutzung dieser Merkmalskombinationen in Form einer Datenbank.

Die **DAD** (DNA-Analyse-Datei) beim Bundeskriminalamt ermöglicht seit 1998 eine bundesweite Speicherungs- und Recherchemöglichkeit für polizeilich erlangte DNA-Profile. Die Einmaligkeit des DNA-Profils hat zur eindeutigen Be- und auch Entlastung in Kriminalfällen geführt. Auch ein internationaler Abgleich (zumindest im Großteil Europas) ist möglich. Gemäß des Abkommens von Prüm ist diese Abfrage gesetzlich geregelt.

Fall 1

1996 wird die Geschädigte, die mit ihrem Auto unterwegs ist, zum Anhalten gezwungen, aus dem Auto gezerrt und durch drei männliche Personen vergewaltigt. Nach Mitnahme im Pkw der Täter wird die Geschädigte später freigelassen.

An dem gesicherten Spurenmaterial konnten DNA-Profile von drei männlichen Personen festgestellt werden.

1. DNA-Profil des Spermaverursachers.
2. DNA-Profil des Verursachers der Fremdanhaftungen an den Fingernagelresten der Geschädigten.
3. DNA-Profil an einem Zigarettenrest vom Tatort und einer „Urinspur im Schnee".

Bis 1998 erhält das Landeskriminalamt Brandenburg Vergleichsmaterial von 20 Tatverdächtigen. Diese sind alle als Spurenverursacher auszuschließen.

Mit Schreiben vom 23.07.1998 wird die Einstellung der DNA-Profile der Spuren in die DAD beantragt.

Im August 2000 kommt es zu einem Treffer in der DAD, als ein wegen Raubes Verurteilter durch das Bundesland Sachsen in die Datenbank eingestellt wird. Nach Analyse der B-Probe wird im Gutachten des Landeskriminalamtes Brandenburg Übereinstimmung zum DNA-Profil des Spermaverursachers festgestellt. Der Beschuldigte kommt somit mit an Sicherheit grenzender Wahrscheinlichkeit als Verursacher der Spermaspuren in Betracht.

Durch das Polizeipräsidium Cottbus werden im Zuge weiterer Ermittlungen Tatverdächtige festgestellt. Von drei dieser Personen wird Vergleichsmaterial an das Landeskriminalamt Brandenburg übersandt.

Im Ergebnis der Vergleichsuntersuchung kommt einer der Tatverdächtigen mit hoher Wahrscheinlichkeit als Verursacher der Fremdanhaftungen an den Fingernagelresten in Betracht. Ein Tatverdächtiger wird als Spurenverursacher ausgeschlossen. Der dritte

ermittelte Tatverdächtige kommt mit an Sicherheit grenzender Wahrscheinlichkeit als Raucher des Zigarettenrestes in Frage. Er kann auch die „Urinspur im Schnee" verursacht haben.
Die nunmehr ermittelten und den Spuren zugeordneten drei Tatverdächtigen sind unterdessen rechtskräftig verurteilt.

Fall 2
Im März 1997 wird ein Pkw Golf aus der Garage seiner Halterin gestohlen und später an einer abseitsgelegenen Verbindungsstraße aufgefunden. Das Auto wurde durch Kurzschließen in Betrieb genommen. Im Fahrgastraum wird ein Zigarettenrest aufgefunden. Die Halterin des Pkw gibt an, dass in ihrem Pkw nicht geraucht wird.

Das an dem Zigarettenrest nachgewiesene DNA-Profil wird in die DAD eingestellt. Kurze Zeit später wird durch das LKA Mecklenburg-Vorpommern das DNA-Profil, festgestellt an Zigarettenresten, die im Zusammenhang mit einem Raub gesichert wurden, eingegeben. Dabei kommt es zum Treffer, d. h. beide Datensätze stimmen überein. Die an beiden Tatorten gefundenen Spuren stammen somit mit an Sicherheit grenzender Wahrscheinlichkeit von der gleichen Person. Durch das LKA Niedersachsen wird im Jahr 1999 im Zusammenhang mit dem Verfahren „Verdacht des gemeinschaftlichen Raubes im Zeitraum zwischen dem 25.02.1997 und dem 12.03.1997 zum Nachteil von Banken, Sparkassen und Poststellen im norddeutschen Raum" ein Tatverdächtiger untersucht. Als dessen DNA-Profil in die DAD eingestellt wird, kommt es zum Treffer mit den o. g. Datensätzen. Zum Vergleich der DNA-Profile, festgestellt an der Spur aus dem Pkw Golf und am Vergleichsmaterial des Tatverdächtigen (zunächst untersucht durch das LKA Niedersachsen) wird durch das LKA Brandenburg ein Gutachten gefertigt.

Fall 3
Der zunächst unbekannte Täter verfolgt die Geschädigte mittels Pkw bis auf das Wohngrundstück. Dort überwältigt er die Geschädigte und vergewaltigt diese mehrfach. Die Geschädigte gibt an, dass sie zum Tatzeitpunkt noch Jungfrau war. Am Ereignisort und an der Bekleidung werden u. a. massive blutverdächtige Anhaftungen festgestellt. Des Weiteren zwingt der unbekannte Täter die Geschädigte den Bauch nach erfolgtem Samenerguss mittels ihrer Hose und ihres Slips abzuwischen. Diese Bekleidungsgegenstände können nie gefunden werden.

An dem vorgelegten Spurenmaterial (insbesondere den Fingernagelresten der Geschädigten) konnte im Stadium „Unbekannt" Fremdmaterial einer männlichen Person nachgewiesen werden. Dieses DNA-Profil wurde zunächst in die DAD eingestellt. Im Rahmen weiterer Ermittlungen wurde ein Tatverdächtiger festgestellt und eine Speichelprobe zur Vergleichsuntersuchung an das LKA Brandenburg übergeben. Der Beschuldigte kommt mit an Sicherheit grenzender Wahrscheinlichkeit als Verursacher der o. g. Fremdanhaftungen in Betracht.

1999 wird das DNA-Profil des Beschuldigten daraufhin auf der Grundlage des § 81 g Abs. 1 StPO i.V.m. § 2 DNA-Identitätsfeststellungsgesetz in die DAD eingestellt. In der Folge kommt es zu zwei Treffern mit Spuren zu offenen Vorgängen des LKA Berlin

(Sexualdelikte) – Spermaspur auf Nachthemd und Spermaspur auf Zellstoff, die retrograd untersucht wurden. Der Beschuldigte ist nach Information durch die zuständige Ermittlungsdienststelle einschlägig vorbestraft. Es wird außerdem vermutet, dass er möglicherweise weitere Sexualstraftaten begangen hat.

Fall 4

Im Jahr 1988 wurde die in Berlin-Marzahn wohnende 13-jährige Geschädigte auf dem Weg zu ihrer Großmutter von einem unbekannten Täter vergewaltigt, getötet und an einem Waldweg abgelegt. Der Täter konnte nicht ermittelt werden.
Im Rahmen der Altfallaufarbeitung wurden im Jahr 2003 die noch vorhandenen Spurenmaterialien zusammengetragen und dem LKA Brandenburg zur Untersuchung übergeben.

Unter Einsatz spezieller Vorproben auf Sperma konnten bis dahin nicht sichtbare Spermaspuren am Rock des Opfers festgestellt werden. Da die forensische DNA-Analyse mittlerweile eine hohe Empfindlichkeit aufweist, ließen sich auch diese kleinsten Spuren erfolgreich untersuchen. Nach Einstellung des DNA-Identifizierungsmusters des Spermaverursachers kam es zu einem Treffer mit einer bereits wegen Vergewaltigung vorbestraften Person. Nach erneuter Abnahme einer Speichelprobe des Beschuldigten wurde ein Behördengutachten erstellt. Der Beschuldigte räumte die Vergewaltigung ein, leugnete aber die Tötung des Mädchens. Das Landgericht Frankfurt (Oder) verurteilte den Beschuldigten aufgrund der Gesamtheit der vorliegenden Beweise wegen Mordes.

Fall 5

Im März 2004 wurde die 71-jährige Geschädigte in ihrer Wohnung tot aufgefunden. Sie lag erwürgt mit nacktem Oberkörper und mit Klebeband gefesselt im Flur ihrer Wohnung. Die Wohnung war durchwühlt, Anzeichen für eine Sexualstraftat lagen nicht vor. Am Tatort wurden zahlreiche biologische Spuren gesichert. Geeignete Papillarleistenspuren waren nicht vorhanden.

Unter anderem konnte an mit Blut gegriffenen Spuren an einer Klebebandrolle sowie an Sekret-/Schweißspuren das DNA-Muster einer männlichen Person nachgewiesen werden. Nach Einstellung in die DNA-Analyse-Datei kam es am 05.04.2004 zu einem Treffer mit dem DNA-Muster eines Mannes, der bereits wegen Mordes verurteilt war. Der Beschuldigte konnte nach einem Fahndungserfolg im April 2004 festgenommen werden, gestand die Tat und benannte einen Mittäter. Diese zweite Person konnte in Cuxhaven festgenommen werden. Zur weiteren Begutachtung wurden von den Beschuldigten Mundhöhlenabstriche und bei ihnen sichergestellte Handschuhe eingesandt. Im Ergebnis der DNA-Vergleichsanalyse gelang der Nachweis, dass der zuerst festgestellte Beschuldigte mit an Sicherheit grenzender Wahrscheinlichkeit Verursacher der Fremdmerkmale am Tatort (z. B. Blutspur an der Kleberolle) war. Außerdem waren an den Außenseiten der Handschuhe der beiden Beschuldigten DNA-Merkmale der Geschädigten festzustellen. Beide Beschuldigte wurden inzwischen wegen Totschlags verurteilt.

Fall 6
Später Fahndungserfolg: Ein Raubmord in Berlin ist nach 28 Jahren aufgeklärt worden. Der Verdächtige soll im Februar 1987 einen damals 47-jährigen Mann in dessen Wohnung in Berlin-Neukölln getötet und beraubt haben.

Der Mord geschah in der Homosexuellen-Szene. Am Tattag hatte das spätere Opfer Emilio R. am Bahnhof Zoo Kontakt zu einem Mann geknüpft, den er kurz darauf in einer Peep-Show wiedertraf. Mit diesem Mann verließ er kurz darauf das Etablissement, um ihn mit in seine Wohnung zu nehmen. Zu diesem Zeitpunkt wurde Emilio R. das letzte Mal lebend gesehen. Das Opfer starb durch scharfe Gewalteinwirkung gegen den Hals. Nach der Tat wurde ein Videorecorder aus der Wohnung gestohlen.

Durch neueste Methoden konnte dann im Jahre 2003 ein DNA-Profil des mutmaßlichen Täters erstellt werden. Die Suche in der DNA-Datenbank verlief allerdings zunächst erfolglos. Erst im Jahr 2016 meldete Interpol Prag dann einen Treffer. Bei dem mutmaßlichen Täter handelte es sich demnach um einen 53 Jahre alten, aus Serbien stammenden Mann. Die Staatsanwaltschaft Berlin beantragte gegen ihn einen europäischen Haftbefehl, Mitte Oktober 2016 wurde er ausgeliefert.
Die Personalien des Tatverdächtigen decken sich mit Angaben, den ein anonymer Hinweisgeber bereits 1987 bei der Mordkommission gemacht hatte. Der Zeuge hatte angegeben, wenige Wochen vor der Tat einen Mann mit nach Hause genommen zu haben, der ihn dann in der Wohnung unvermittelt mit einem Messer angegriffen habe. Ermittlungen zu der Person seien damals aber ergebnislos verlaufen.

Bei der Sicherung der DNA-Spuren sollte bedacht werden, dass die verwendeten Bakteriétten sensibel zu handhaben sind. Die eingesetzten Beamten sollten der KTU (Kriminaltechnische Untersuchungsstelle) mit ihrem DNA-Profil bekannt sein, um nicht jedes Mal Vergleichsprobenmaterial nehmen zu müssen. Das Tragen von Schutzkleidung, Haar-/Mundschutz, Schutzbrille, Überschuhen und Einmalhandschuhen ist obligat. Sollten weitere Spurenträger genommen werden, müssen die Einmalhandschuhe vorher gewechselt werden. Wird ein neuer Tatort betreten (z. B. wenn mehrere Wohnungen vom Täter betreten wurden), sollte vorher auch der Schutzoverall gewechselt werden.

! Bei umfangreicher Spurensicherung sollten lange Handschuhe und darüber kürzere Einmalhandschuhe getragen werden, da die kürzeren Handschuhe nach jeder Probennahme gewechselt werden können.

! Um Verunreinigungen mit falschen DNA-Spuren zu verhindern, sollten nur die Beamte den Tatort betreten, die tatsächlich mit der Spurensicherung betraut sind und die über entsprechende Schutzausstattung verfügen.

Werden Speichelproben aus dem Mundraum einer Person entnommen, sollte der Probennehmer während des gründlichen „Abtragens“ von Speichel nicht sprechen. Ferner sind auch hier zwingend Einmalhandschuhe zu tragen. Die Bakteriette sollte vorerst so asserviert werden, dass sie nicht vollständig luftdicht verpackt ist, damit sie zunächst trocknen kann (es sei denn, es handelt sich um selbsttrocknende Bakterietten).

Tab. 11.2

Überblick zu den empfohlenen Sicherungsarten		
Art des Beweismittels	**Empfohlene Verpackung**	**Hinweise zur Lagerung**
Trockene Gegenstände (z. B. Kleidung)	Papiertüte! Alle Öffnungen werden mit Klebeband verschlossen.	Trocken und kühl
Feuchte Gegenstände (z. B. Kleidung)	Öffnungen in der Kleidung sollten nicht mit Klebeband verschlossen werden, da das Asservat dadurch kontaminiert werden kann.	Trocken und kühl
Zigarettenenden / Zigarren	Steriler Behälter, Sicherheitsverpackung, Kunststoffbehälter, Papiertüte	Trocken und kühl (tiefgekühlt, wenn feucht)
Kaugummi und Essensreste	Sicherheitsverpackung oder steriles Behältnis	Tiefgekühlt
Getränkebehälter	Getränkerest in sterilem Behältnis; Getränkeverpackung in Sicherheitsverpackung oder sterilem Behälter	Trocken und kühl
Scharfe Gegenstände (Messer/Spritzen)	Kunststoffröhren oder Pappkartons mit Sicherheitsverschluss	Trocken und kühl
Kondome	Verschlossener steriler Behälter	Tiefgekühlt
Tupfer (Blut, Speichel, Samen und Zellmaterial inkl. Referenzproben)	Sicherheitsverpackung	Tiefgekühlt
Brandbeschleuniger (z. B. auf Kleidung)	Doppelte Verpackung in Nylonbeuteln mit Schwanenhalsverschluss	Trocken

Techniken zur DNA-Spurensicherung am Tatort
Für nichtporöse Oberflächen eignet sich die sogenannte Abreibtechnik. Die DNA-Proben können hierbei einerseits mit sterilen Bakterietten und andererseits mit „Onserts" durchgeführt werden. „Onserts" sind Filterpapierquadrate zur Aufnahme von Zellmaterial.
Die Zellanhaftungen am Asservat sollten zunächst mit einem feuchten Tupfer oder „Onsert" benetzt werden, um die Zellen mit DNA zu rehydrieren. Anschließend wird mit einem trockenen Tupfer oder „Onsert" abgerieben, um die Zellen aufzunehmen und zu sichern. In Berlin und teilweise auch in anderen Ländern werden selbsttrocknende Watteträger verwendet, die dann mit Ampuwa angefeuchtet werden. Damit werden die Spuren abgerieben. Der Vorteil ist der, dass die Watteträger nicht mehr getrocknet werden müssen, was zu Spurenkontamination oder auch zu einem Vertauschen führen kann.

Die sogenannte Abklebetechnik, auch „Lift-off-Technik" genannt, eignet sich bestens bei porösen Oberflächen wie Textilien.

Blutanhaftungen oder Spermaspuren auf Textilien sollten für die anschließende DNA-Analyse unbedingt ausgeschnitten werden.

Blutspuren am Tatort
Die Begutachtung von Blutspuren am Tatort ermöglicht eine Beurteilung der Gewalteinwirkung auf das Opfer, wo geschlagen oder wie heftig und mit welchem Gegenstand geschlagen wurde. Befinden sich mehrere Blutspuren am Tatort, können aufgrund des Musters Bewegungsabläufe oder Tathandlungen rekonstruiert werden. Diese Informationen sind für die weiteren Ermittlungen von Bedeutung, sie können sehr beweiserheblich werden. Daher sollte die Spurenlage vor der Sicherung des Blutes zwingend fotografisch erfasst und katalogisch dokumentiert werden.

> **Hinweis an den Tatortfotografen:**
>
> Erst Übersichtsaufnahmen des Tatortes, dann Übersichtsaufnahme der Spurenlage im Kontext und dann Detailaufnahmen der Einzelspuren mit nummerischer Kennzeichnung und Maßstab neben der Spur.
> Alle Lichtbilder müssen planparallel und mit ausreichender Belichtung angefertigt werden.

Zur Sicherung einer feuchten oder noch frischen Blutspur eignen sich eher trockene Tupfer. Handelt es sich um eingetrocknete Spuren, sollte der Tupfer vorher angefeuchtet werden. Für eine mögliche Blutspurenmusteranalyse sollte für eine spätere genaue Vermessung auch der Laserscanner genutzt werden.

Blutspuren an der Leiche
Die Untersuchung der Leiche sollte, wenn möglich, unmittelbar am Auffindeort durchgeführt werden. Bewegungen der Leiche können Spuren zerstören, ebenso Beschädigungen der Bekleidung durch die Leichenschau oder durch den Transport. Bei der Spurensuche sollten die Beamten zunächst die freiliegenden Körperstellen wie die Hände oder das Gesicht des Opfers untersuchen. Denn dort haften häufig fremdes Zellmaterial oder Fasern an, die mit Klebefolie gesichert werden können.

Alternativ kann Zellmaterial mit feuchten Tupfern vom Körper einer Person aufgenommen werden, die über die entsprechenden Hautpartien gerieben werden. Tupfer besitzen gegenüber der Abklebetechnik den Vorteil, dass ihre Köpfe direkt in die entsprechenden Analysegeräte im Labor gegeben werden können. Material auf Klebefolien hingegen muss vor der Laboranalyse zunächst unter einem Mikroskop ausgeschnitten werden. Die Untersuchung dauert erheblich länger.

Wichtig ist die getrennte Opfer-/Täter-Spurensicherung und die spurenschonende Asservierung mit entsprechender Kennzeichnung von außen. Eine lückenlose Dokumentation über alle durchlaufenen Asservatenstellen mit Aufbewahrungsort und Benennung der jeweils verantwortlichen Beamten ist zwingend notwendig. Das fordern nicht nur die Polizeidienstvorschriften, sondern das ergibt sich auch aus verfahrenstechnischen Gründen. Schließlich ergibt sich ein Angriffspunkt weniger für den rechtlichen Beistand eines möglichen Beschuldigten. Aus Gründen der Eindeutigkeit der Zuordnung der einzelnen Spuren und Asservate empfiehlt sich die Nutzung des Leitziffernsystems (BKA-Asservierungssystem).

Die grundsätzliche Zulässigkeit der DNA-Analyse von nicht codierenden Abschnitten zu Beweiszwecken im Strafverfahren hat der BGH bereits im Jahre 1990 in einem Grundsatzurteil (4 StR 145/90) bestätigt. Ergänzend zur allgemeinen Rechtsgrundlage des § 81a Abs. 1, 2 StPO (Entnahme von Blutproben und Körperzellen) schuf der Gesetzgeber im März 1997 spezielle Normen, die die molekulargenetische Untersuchung regeln (§§ 81a Abs. 3; 81c Abs. 5; 81e und 81f StPO). Außerdem erlaubt eine weitere Gesetzesänderung der StPO – das DNA-Identitätsfeststellungsgesetz, verkündet am 07.09.1998 – die Entnahme und Untersuchung von Körperzellen für Zwecke des Erkennungsdienstes und bei rechtskräftig Verurteilten.

11.3.11 Werkzeug- und Formspuren

11.3.11.1 Untersuchungen und Begutachtungen von

- Werkzeugspuren,
- Schlössern sowie Spuren an und in Schlössern,
- Schuh-, Reifen- und Handschuhspuren,
- Pass-Spuren,
- Kraftfahrzeugen und Kraftfahrzeugteilen.

11.3.11.2 Führen von Sammlungen über

- Schuh-Referenzmuster,
- Schuhspuren,
- Reifen-Referenzmuster,
- Werkzeugspuren an abgebrochenen Profilzylindern.

11.3.12 Schusswaffen

Untersucht werden Schusswaffen, Munition, waffenverdächtige Gegenstände sowie beschossene Materialien.

- Technische Untersuchung von Waffen und Munition,
- Waffenrechtliche Einklassifizierung von Waffen, Munition und Gegenständen,
- Identifizierung von Schusswaffen,
- Begutachtung von Schussbeschädigungen,
- Schussentfernungsbestimmung,
- Standortbestimmung des Schützen,
- Beurteilung der Wirkung von Schusswaffen und Munition.

11.3.13 Sprechererkennung

- **Stimmenanalyse:**
  Bestimmen von wahrnehmbarem Alter, Geschlecht, Dialekt, Muttersprache, stimmlichen, sprachlichen und sprecherischen Auffälligkeiten zur Tätereingrenzung.
- **Stimmenvergleich:**
  Analyse und Vergleich von individualtypischen Merkmalen der Stimme, Sprache und Sprechweise zur Identifizierung von Sprecherstimmen.
- **Sprechtextanalyse:**
  Bestimmung ausgewählter, schwer verständlicher Sprechtextpassagen.
- **Sprachsignalverbesserung:**
  Technische Verbesserung schwer verständlicher Aufzeichnungen mit dem Ziel, die Textverständlichkeit anzuheben.
- **Geräuschanalyse:**
  Untersuchung von Hintergrundgeräuschen zur Beschreibung der Umgebungsbedingungen, unter denen die Aufzeichnung entstand.

11.3.14 Textilfaseruntersuchung

Untersuchung und Begutachtung von

- Textilfasern (Natur- und Chemiefasern),
- Beschädigungen an Textilien,
- Knöpfen, Schnallen, Ösen u. a.,
- Fäden, Schnüren und Seilen,
- Ein- und Abdrücken von textilen Materialien.

11.3.15 Urkundenuntersuchung

Gegenstand der kriminalistischen Urkundenuntersuchung ist u.a.:

- Identitätspapiere (z. B. Pässe, Personalausweise und Führerscheine),
- Fahrzeugpapiere und Prüfplaketten,
- Rechnungen, Quittungen und Verträge,
- Druck- und Vervielfältigungserzeugnisse sowie
- Materialien mit hand- und maschinenschriftlichen Schreibleistungen.

11.4 Spurensuche und -sicherung

11.4.1 Ereignisort/Tatort

Der kriminalistische Erkenntnisprozess beginnt mit dem Bekanntwerden eines Ereignisses, das eine strafbare Handlung vermuten lässt. In vielen Fällen ist die Ausgangslage unklar. So muss oft zunächst erst geklärt werden, ob z. B. ein Mord, Unfall oder Suizid vorliegt. In anderen Fällen steht sicher fest, dass eine Straftat vorliegt, und in wiederum anderen Fällen kann zwar von einer Straftat ausgegangen werden, aber nicht eindeutig von welcher.

Beispiel:
Bei einer Anzeige eines Wohnungseinbruchs erklärt der Geschädigte, dass ihm ein Fernsehapparat gestohlen wurde. Den aufnehmenden Polizeibeamten fällt jedoch auf, dass sich an dem Ort, wo der Fernseher gestanden haben soll, eine dicke Staubschicht auf dem Schrank befindet. Hier stellt sich die Frage, handelt es sich entweder um einen realen oder vorgetäuschten Wohnungseinbruch durch den Inhaber, wobei es sich im letzten Fall eventuell um einen Versicherungsbetrug handeln könnte.

Auch steht in vielen Fällen nicht fest, ob es sich hier um den Tatort einer strafbaren Handlung oder um einen Fundort von Beweismitteln handelt.

Beispiel:
In einem Waldstück werden Leichenteile aufgefunden, welche auf ein Verbrechen hindeuten. Zu Beginn der Ermittlungen wird sich in der Regel nicht sagen lassen, ob es sich hierbei um den Tatort eines Verbrechens handelt, oder ob die Leichenteile hier durch einen Täter nach einem Verbrechen, welches an einem anderen Ort stattfand, abgelegt wurden. Dann würde es sich hier nicht um den Tatort im engeren Sinne, sondern um einen Fundort handeln (sog. Tatort im weiteren Sinne).
Der eigentliche Tatort muss dann erst gefunden werden, da hier entscheidende Hinweise zum Täter, zum Tathergang etc. erwartet werden.

Der Begriff des Tatortes lässt sich in zweifacher Hinsicht beschreiben:

- Tatort im juristischen Sinne nach § 9 Abs. 1 StGB (Ort der Tat),
- Tatort im kriminalistischen Sinne (Ort, an dem kriminalistisch relevante Handlungen stattgefunden haben).

Der Kriminalistische Tatort wird wiederum unterschieden nach dem:

- Tatort im engeren Sinne, d.h. dem eigentlichen Ort der Tat.
- Tatort im weiteren Sinne, z. B. dem Ablage-/Fundort, dem Zugangsort, dem Vorbereitungsort oder dem Verbergungsort.

Der Tatort im kriminalistischen Sinne lässt sich auch als Ort, an dem sich Tatverdächtige:

- vor der Tat (Vortatphase),
- während der Tat (Haupttatphase) oder
- nach der Tat (Nachtatphase),

aufgehalten, gehandelt oder Spuren hinterlassen haben oder hinterlassen hätten müssen, definieren.

Ein Ereignisort ist demnach ein Sammelbegriff, der als Bezeichnung für den Ort benutzt wird, an dem ein kriminalistisch bedeutsames Geschehen stattfand. Der Ereignisort steht somit als Oberbegriff für sämtliche Tatorte, Fundorte, Brandorte, Unfallorte und Katastrophenorte.

Eine genauere Bezeichnung wird ein Kriminalist erst vornehmen, wenn er die konkrete Situation analysiert hat und ihm schließlich der Ort, z. B. als Tat- oder Fundort, bekannt ist.

11.4.2 Schutz und Sicherung des Ereignisortes

11.4.2.1 Allgemeines

Zunächst wird sich ein Ermittlungsbeamter nach dem Eintreffen am Ereignisort immer einen groben Überblick verschaffen, indem er erste Befragungen an anwesende Personen richtet und eine erste grobe Besichtigung durchführt. Der ersten Sicherung von Spuren kommt eine große Bedeutung zu. Spuren können Sachen oder natürliche Personen sein. Die Polizeitaktik nutzt hier den Begriff „Erster Angriff“ oder „Sicherungsangriff“, wobei hiermit explizit nicht ein gewaltsamer Angriff der Polizei auf Personen gemeint ist.

Hier sind unter Umständen andere Behörden und Organisationen mit Sicherheitsaufgaben (BOS) anzufordern, beispielsweise Rettungsfahrzeuge zur Rettung von Personen oder zur Versorgung verletzter Personen oder die Feuerwehr zur Schadensminimierung (z. B. Löschen eines Feuers).

Abb. 11.8: Symbolbild einer Tatortabsperrung.

Werden Hinweise zu eventuell flüchtigen Tätern, wie Personenbeschreibung oder Beschreibung eines Fluchtfahrzeugs, oder sonstigen relevanten Umständen bekannt, so sind diese umgehend an andere Kräfte, insbesondere über die Polizeileitstelle, zu übermitteln. In dieser Phase ist unmittelbar über die Einleitung von Sofortfahndungsmaßnamen (Ringalarmfahndung, Tatortbereichsfahndung) zu befinden.
Die Polizeiführung bei besonderen Einsatzlagen obliegt in der Regel dem Dienstgruppenleiter der Leitstelle (DGL Lst.), der alle Polizeikräfte von der Leitstelle aus koordiniert. Das ist nicht nur die Kriminalpolizei, auch Einsatzkräfte der Schutzpolizei werden an solchen Tatorten mit unterschiedlichen Aufgaben betraut. Häufig ist es so, dass die Kräfte des Wach- und Wechseldienstes (Streifendienst) zuerst an einem Tatort eintreffen und mit den Maßnahmen des Sicherungsangriffs beginnen.

Bevor mit der Beweismittelsuche an Ereignisorten begonnen werden kann, ist es notwendig, diesen zu schützen und zu sichern. Im Vordergrund stehen hier der Schutz vorhandener Spuren (objektiver Tatbefund) vor äußeren Einflüssen und das Bewahren des Zustandes beim Eintreffen am Ereignisort, sowie der Schutz von Wahrnehmungsinhalten (subjektiver Tatbefund), also das Sichern von Zeugen, Ersthelfern oder Angehörigen.

Bestehen neben der Spurensicherung die Pflichten zur Hilfeleistung und/oder Gefahrenabwehr, so haben diese Vorrang. Die zwingend notwendigen Veränderungen sind ausführlich zu dokumentieren.
Es gilt also der Grundsatz:

„Gefahrenabwehr vor Strafverfolgung“

Abb. 11.9: Schuhabdruckspur am Tatort.

Im optimalen Fall können beide Maßnahmen miteinander verzahnt werden, sodass es parallel zur Rettung Verletzter bereits zu Ermittlungshandlungen der Polizei kommen kann, ohne dass sich Rettungsdienst, Notarzt, Polizei und Staatsanwaltschaft dabei gegenseitig behindern. So ist es Ziel dieses Fachbuches, das Verständnis für die einzelnen Aufgaben und Ziele der verschiedenen Organisationseinheiten und Behörden zu erhöhen.

Sollten Verletzte in Krankenhäuser verbracht werden, ist eine polizeiliche Begleitung zu veranlassen. Besonders dann, wenn der Verletzte einer Tat verdächtig ist, eine Spurensicherung an der Person des Verletzten oder an seiner Kleidung erforderlich ist, wenn es sich um Opfer handelt, die durch Angriffe gefährdet sind oder bedeutsame Informationen von Verletzten eingeholt werden müssen. Es kann erforderlich sein, dass den alkoholisierten oder drogenberauschten Beteiligten eine Blutprobe zu Beweiszwecken gemäß § 81a StPO entnommen werden muss. Auch andere Spurensicherungsmaßnahmen können dringlich sein, so wie die Sicherung von Schmauchspuren an der Schusshand des Tatverdächtigen oder das Sichern von DNA-Spuren des Tatverdächtigen unter den Fingernägeln der Geschädigten. Gerade bei Sexual-, Raub- und Körperverletzungsdelikten kommt es zu Abwehrverletzungen an den Händen, die so schnell wie möglich durch die Polizei in Augenschein genommen und beweissicher festgehalten werden müssen.

Fall
Gegen 22:45 Uhr werden RTW und NEF zu einem Mehrfamilienhaus gerufen, Einsatzstichwort „Chirurgisch 1, Polizei ebenfalls eingesetzt". An der Einsatzstelle finden die Notfallsanitäter eine 23-jährige Patientin vor, die Angaben zu einer Straftat macht. Nach einem Messerangriff durch einen unbekannten Tatverdächtigen in einer Parkanlage sei die Geschädigte lebensgefährlich verletzt worden. Den ersten Angaben zufolge, habe der Angriff eine Vergewaltigung zum Ziel gehabt. Der flüchtige Tatverdächtige konnte durch die Geschädigte recht gut beschrieben werden. Die kurz darauf eintreffenden Streifenbeamten leiten eine Tatortbereichsfahndung ein und befragen die Geschädigte. Rettungsdienst und Notarzt haben die Geschädigte in den RTW verbracht und starten die Erstversorgung. Es müssen zwei periphervenöse Zugänge an den beiden Armen der Geschädigten angelegt werden, ferner säubert einer der Notfallsanitäter die Schnittwunden an den Händen und deckt diese steril ab.
Im weiteren Verlauf kann der Zustand der Geschädigten im Krankenhaus stabilisiert werden. Eine sofort eingeleitete OP rettete ihr Leben. Leider wurde durch die chirurgische Intervention jegliche Spurenlage am Körper der Geschädigten zerstört. Die an den Händen und im Gesicht der Geschädigten befindlichen DNA-Spuren des Tatverdächtigen waren zwischenzeitlich infolge von Desinfektionsmaßnahmen unwiederbringlich entfernt worden. Eine Spurensicherung war erfolglos.
Um Spuren sichern zu können, hätte man hier einige Dinge beachten sollen. Sicherlich ist die Lebensrettung vorrangig. Dennoch wäre eine frühzeitige Notsicherung der vermuteten Spuren durch Einstülpen der Hände, an denen sich die Abwehrverletzungen befanden, erfolgversprechend gewesen. Dies kann beispielsweise mittels Anwendung eines sterilen Verbandtuches erfolgen. Ferner hätte die Opferbekleidung, die möglicherweise Faserspuren des Tatverdächtigen anhaften hatte, spurenschonend sichergestellt werden müssen. Die Sicherung der Bekleidung hätte einzeln und in geeigneten Papiertüten erfolgen sollen. Diese Maßnahmen sind natürlich nicht vom Rettungsdienst, aber von den ersteingesetzten Polizeibeamten bzw. von den Beamten des Kriminaldauerdienstes zu erwarten.

11.4.2.1.1 Polizeiliche Fahndung

Die Polizei bedient sich verschiedener Fahndungsarten, wenn ein Tatverdächtiger flüchtig ist und festgenommen werden soll. Mitunter muss die polizeiliche Fahndung so schnell wie möglich eingeleitet werden, um noch einen Fahndungserfolg erzielen zu können. Üblicherweise sind an der sofortigen Fahndung polizeiliche Kräfte des Wach- und Wechseldienstes, der Bereitschaftspolizei und der Kriminalpolizei beteiligt.

Fahndungsarten

Tab. 11.3

Fahndungsarten	
Tatortbereichsfahndung	Die Tatortbereichsfahndung ist eine kalendermäßig vorbereitete, aus aktuellem Anlass durchgeführte, gezielte Fahndung nach Personen oder Sachen in einem begrenzten Raum um den Tatort. Sie ist durchzuführen, wenn Anhaltspunkte dafür vorliegen, dass der Täter noch im Tatortbereich ergriffen werden kann oder Fahndungsinformationen gewonnen werden können.
Ringalarmfahndung	Die Ringalarmfahndung ist eine Fahndungsmaßnahme, bei der grundsätzlich an ringförmig um den Tatort bzw. Feststellungsort in einem jeweils anzuordnenden Radius festgelegten Kontrollstellen und im Innern des Fahndungsraumes gefahndet wird.
Grenzalarmfahndung	Die Grenzalarmfahndung ist eine Fahndung im unmittelbaren Bereich entlang der Grenze der Bundesrepublik Deutschland bis zu einer Tiefe von 30 km, an der Küste bis 50 km Tiefe. Eingeschlossen sind Flug- und Seehäfen sowie sonstiger Flug- und Landeplätze mit grenzüberschreitendem Verkehr.
Landesalarmfahndung	Die Landesalarmfahndung umfasst das Gebiet des jeweiligen Bundeslandes. Sie kann auf einzelne Fahndungsregionen beschränkt werden.
Bundesalarmfahndung	Die Bundesalarmfahndung umfasst das gesamte Bundesgebiet. Sie schließt die Landesalarmfahndungen und die Grenzalarmfahndung ein. Die Bundesalarmfahndung kann räumlich beschränkt werden.
Schwerpunktfahndung	Die Schwerpunktfahndung ist eine planmäßig vorbereitete, zeitlich befristete, gezielte, mit bestimmten Einsatzschwerpunkten durchgeführte Fahndung. Sie wird insbesondere durchgeführt bei schwerwiegenden Straftatenserien, nach gefährlichen Tätern oder in geeigneten Fällen im Anschluss an Alarmfahndungsmaßnahmen. Schwerpunktfahndungen können sich sowohl auf den örtlichen Bereich als auch auf überörtliche Fahndungsräume mit bestimmten Fahndungsschwerpunkten und bestimmten Fahndungstaktiken erstrecken.
Zielfahndung	Die Zielfahndung ist eine gezielte, besonders intensive, operative Fahndung nach einzelnen, bereits identifizierten Personen, deren Festnahme oder Ingewahrsamnahme besonders bedeutsam ist. Sie wird von speziellen Organisationseinheiten durchgeführt.

Tab. 11.3

Fahndungsarten	
Vorrangfahndung	Die Vorrangfahndung ist eine intensive Fahndung nach einem festgelegten Kreis von Personen mit dem Ziel der Festnahme. Sie zeichnen sich dadurch aus, dass sie durch ihr rechtswidriges Handeln die Öffentlichkeit besonders beunruhigen oder die öffentliche Sicherheit besonders gefährden.
Öffentlichkeitsfahndung	Die Öffentlichkeitsfahndung ist eine gezielte, repressiven oder präventiven Zwecken dienende Fahndung nach Personen oder Sachen im Inland oder Ausland. Sie wendet sich an einen unbestimmten oder zielgruppengerichtet an einen bestimmten Teil der Bevölkerung.
Rasterfahndung	Bei der Rasterfahndung handelt es sich um den automatisierten Abgleich personenbezogener Daten in Datenbeständen öffentlicher und nicht öffentlicher Stellen nach bestimmten, festzulegenden Prüfungsmerkmalen, sog. Rastern, für repressive oder präventive Zwecke.
Fahndung in Datennetzen	Es handelt sich um die systematische Suche vor allem nach strafrechtlich relevanten Sachverhalten wie u.a. dem Internet, in Chatforen und Online-Diensten.
Schleppnetzfahndung	Die Schleppnetzfahndung dient der Ergreifung des Täters oder der Aufklärung von Straftaten durch Speicherung und Verarbeitung von Daten, die bei grenzpolizeilichen Kontrollen und an Kontrollstellen nach § 111 StPO erhoben worden sind.
Verkehrswegesofortfahndung	Bei der Verkehrswegesofortfahndung erfolgt die Suche nach Personen oder Sachen in enger zeitlicher Nähe vom Fahndungsanlass durch die Einrichtung von Kontrollstellen oder in der Form von Durchfahrtskontrollen auf oder an Verkehrswegen wie Autobahnen und Schnellstraßen, auf Bahnhöfen oder in Zügen, auf Wasserstraßen und an Flugplätzen. Der Fahndungsraum wird bestimmt durch Weg-Zeit-Berechnungen.
Verdachts- und ereignisunabhängige Fahndung	Es ist eine Fahndungsart ohne konkreten polizeilichen Anlass zur vorbeugenden Bekämpfung der grenzüberschreitenden Kriminalität. Mit ihr sollen vor allem Erkenntnisse über potenzielle Täter, Opfer oder Tatobjekte, Transportwege und Tatfahrzeuge gewonnen werden. Insoweit handelt es sich um eine Form der erkennenden Fahndung.

Fahndungshilfsmittel

Fahndungshilfsmittel sind polizeiliche Einrichtungen, Informationssysteme, Medien oder sonstige Mittel, mit denen Fahndungen ermöglicht, betrieben oder unterstützt werden.

Den Begriff der Fahndungshilfsmittel gebraucht die Polizeidienstvorschrift 384.1 im Zusammenhang mit der Personen- und Sachfahndung.

Die PDV 384.1 zählt unter Nr. 6 die der Polizei hauptsächlich zur Verfügung stehenden Fahndungshilfsmittel auf.

Die Vorschrift unterscheidet zwischen

- internen Fahndungshilfsmitteln,
- externen Fahndungshilfsmitteln und
- sonstigen Fahndungshilfsmitteln.

Die Aufzählung ist nicht abschließend, da die Möglichkeiten der Fahndung nach Art, technischer Entwicklung, rechtlichen Voraussetzungen vielfältig sind und einer fortschreitenden Veränderung unterliegen.

Die nachfolgende Darstellung nennt deshalb nur eine Auswahl der wesentlichen Fahndungshilfsmittel. Weiter gehende Informationen zu den Anwendungsmöglichkeiten sind der Fahndungsvorschrift zu entnehmen.

Interne Fahndungshilfsmittel

- **INPOL** – Informationssystem der Polizei
  Hierbei handelt es sich um ein Datenverbundsystem der Polizeien der Länder und des Bundes zur Fahndung nach Personen oder Sachen zum Zweck der Strafverfolgung und zur Gefahrenabwehr. Alle Personen und Sachen, die von der Polizei kontrolliert werden, sollen mit diesem Fahndungsbestand abgeglichen werden. Verfahrensrichtlinien enthalten die Anlagen 2 und 3 zur PDV 384.1.
- **SIS** – Schengener Informationssystem
  Das Schengener Informationssystem (SIS) ist ein von den Vertragsstaaten des Schengener Abkommens unterhaltenes, gemeinsames elektronisches Fahndungssystem für Personen und Sachen. SIS ist gedacht als eine wichtige Maßnahme zum Ausgleich von Kontrolldefiziten nach Abbau der Grenzkontrollen an den Binnengrenzen der Vertragsstaaten. Die Aufnahme gesuchter Personen und Sachen in das SIS erfolgt durch Ausschreibung. Die Ausschreibung regelt Anlage 4 zur PDV 384.1.
- **VERMI/UTOT** – Vermisste/unbekannte Tote und unbekannte hilflose Personen
  Hierbei handelt es sich um ein Datenbanksystem, welches der Ausschreibung vermisster Personen, als Identifizierungshilfe beim Auffinden unbekannter Toter und unbekannter hilfloser Personen durch den Abgleich von Identifizierungsmerkmalen dient.

- **AFIS** – Automatisiertes Fingerabdruck-Identifizierungssystem
  Datenbanksystem für die Zuordnung daktyloskopischer Spuren.
- **DAD** – DNA-Analyse-Datei
  Datenbanksystem für die Zuordnung von DNA-Merkmalen.
- **SPUDOK** – Spuren-Dokumentations-System
  Datenbanksystem zur Verarbeitung von Informationen in umfangreichen Ermittlungsverfahren.
- **Intranet/Extranet**
  Es handelt sich um ein in sich geschlossenes Datennetz der Polizei, das auch für Fahndungszwecke genutzt wird.
- **NWR** – das Nationale Waffenregister
  Register, um den legalen Besitz von Schusswaffen prüfen zu können.

Externe Fahndungshilfsmittel

- **AZR** – Ausländerzentralregister
  Das AZR wird beim „Bundesamt für Migration und Flüchtlinge" (BAMF) geführt. Im AZR werden Daten von Ausländern gespeichert, deren Aufenthalt im Bundesgebiet nicht nur vorübergehend ist, wenn besondere Gründe die Speicherung rechtfertigen. Rechtsgrundlage ist das Gesetz über das Ausländerzentralregister (AZRG) in der Fassung vom 21.06.2005.
  Der Inhalt und Umfang der Datenspeicherung ergibt sich aus § 2 AZRG Abs. 1 und Abs. 2 Ziff. 1-12. Die Auskunftserteilung an Polizeibehörden, Staatsanwaltschaften und Gerichte regelt § 16 AZRG.
- **ZEVIS** – Zentrales Verkehrsinformationssystem des Kraftfahrtbundesamtes
  Im ZEVIS des Kraftfahrtbundesamtes (KBA) werden bestimmte Daten des „Zentralen Fahrzeugregister" (FZR) und des „Verkehrszentralregisters" (VZR) zum automatisierten Abruf durch die Polizeidienststellen im Onlinebetrieb zur Verfügung gestellt.
- **GZR** – Gewerbezentralregister
  Das Gewerbezentralregister ist dem Bundeszentralregister angegliedert. Es ist kein Register, das alle Gewerbetreibenden der BRD erfasst. Registriert werden nur natürliche und juristische Personen, die im Zusammenhang mit dem Ausüben eines Gewerbes durch Rechtsverstöße aufgefallen sind.
- **Register der Meldebehörden**
  Hier sind Meldeauskünfte und waffenrechtliche Erlaubnisse eingetragen.

Sonstige Fahndungshilfsmittel

- **§§ 483 ff. StPO, Verfahrensdateien**
  Unter der Bezeichnung „Sonstige Fahndungshilfsmittel“ verweist die PDV 384.1 Nr. 6.4 auf die gesetzliche Ermächtigung hin, gemäß §§ 483 ff. StPO personenbezogene Daten, die bereits aufgrund einer speziellen Ermächtigungsgrundlage erhoben worden sind, in Dateien zu speichern und für Strafverfolgungszwecke zu verwenden.
  § 483 StPO gestattet als Generalklausel die Speicherung, Verarbeitung und Nutzung personenbezogener Daten. Sie enthält keine Ermächtigung zur Datenerhebung. Näheres wird jeweils durch Errichtungsanordnungen (§ 490 StPO) geregelt.

  Für künftige Zwecke des Strafverfahrens dürfen bereits in einem Strafverfahren erhobene Daten nach § 484 StPO verwendet werden. Abs. 1 begrenzt die Speicherung, Nutzung, Veränderung jedoch auf einen enumerativ aufgeführten Umfang. Eine weiter gehende Befugnis enthält Abs. 2, wenn aufgrund der Persönlichkeit der Beschuldigten oder Tatbeteiligten, wegen der Art der Tatausführung oder sonstiger Erkenntnisse Grund zu der Annahme besteht, dass gegen die Beschuldigten weitere Strafverfahren zu führen sind.

  Fahndungsrelevante Daten können in diesem Zusammenhang sein:
  - bekannte Mittäter
  - Fluchtverhalten in früheren Verfahren
  - Verbergungsorte
  - Unterstützung durch Dritte und ähnliche Erkenntnisse

Andere fahndungsgeeignete Mittel

Darüber hinaus kann auch mit jedem anderen geeigneten Mittel gefahndet werden, wie z. B. mittels Lautsprecherdurchsage, Plakataushang, Handzettel, Fahndungsaufruf in den Presseorganen, im Fernsehen oder in telefonischen Ansagediensten, im Internet in sozialen Netzwerken, über Mobilfunk, unter Auswertung von Verdachtskalendern usw.

Tab. 11.4

Ziele der Personenfahndung, Ausschreibung im Datenbanksystem	
Personenfahndung	
Nationale Fahndung	**Internationale Fahndung**
Ermittlung/Festnahme/Ingewahrsamnahme von Personen, • die sich: – der Strafverfolgung, – der Strafvollstreckung, – dem Strafvollzug oder – anderen freiheitsentziehenden oder – freiheitsbeschränkenden Anordnungen entziehen. • ... die widerrechtlich in das Gebiet der Schengen-Vertragsstaaten einreisen wollen oder sich darin unerlaubt aufhalten. • ... von denen eine polizeiliche Gefahr ausgeht. • ... zur Sicherstellung von Führerscheinen. • ... zur Feststellung der Identität. • ... zur Durchführung von erkennungsdienstlichen Maßnahmen und von DNA-Probeentnahmen. • ... als Zeugen- und Auskunftspersonen.	Ermittlung von Personen Insbesondere: • Festnahme zur Auslieferung oder Überstellung • Ingewahrsamnahme • Aufenthaltsermittlung • Einreiseverweigerung oder aufenthaltsbeendende Maßnahmen bei verbotswidriger Einreiseabsicht oder unerlaubten Aufenthaltes • zur gezielten polizeilichen Kontrolle

11.4.2.2 Schutz von Wahrnehmungsinhalten (subjektiver Tatbefund)

Am Ereignisort oder in dessen Nähe befindliche Personen können Wahrnehmungen gemacht haben, welche für die weitere Ermittlung von positiver Bedeutung sein können. Es ist möglich, dass diese Personen Angaben zum Ereignis selbst oder zu Geschehnissen, welche mit dem Ereignis im Zusammenhang stehen, machen können. Dabei ist zu beachten, dass noch so vordringlich „unwichtige“ Beobachtungen im weiteren Verlauf des Ermittlungsverfahrens große Bedeutung erlangen können und für eine spätere Verurteilung eines dringend Tatverdächtigen entscheidend sind.

Tab. 11.5

Ziele der Sachfahndung, Ausschreibung im Datenbanksystem	
Sachfahndung	
Nationale Fahndung	**Internationale Fahndung**
Ermittlung • von Sachen, die zur Begehung einer Straftat benutzt oder durch sie hervorgebracht oder ansonsten für die Strafverfolgung von Bedeutung sind • Eigentümer oder Besitzermittlung Erkennen missbräuchlicher Benutzer von • Personaldokumenten • fahndungsrelevanten Legitimationen Wiederbeschaffung gestohlener oder sonst abhanden gekommener Sachen Sicherstellung von Sachen, von denen Gefahren ausgehen Unterstützung der Personenfahndung	Ermittlung von • gestohlenen Sachen • sonst abhanden gekommenen Sachen • Sachen zur Sicherstellung oder Beweissicherung im Strafverfahren • Sachen zur gezielten Kontrolle

Von Personen, die sich an einem Ereignisort befinden, sind zunächst die Personalien festzustellen und ggf. im INPOL-System zu überprüfen. In diesem Zusammenhang wird eine erste informatorische Befragung durchgeführt, wobei die Personen nach dem Grund ihrer Anwesenheit befragt werden. Auch hier sind die Personalien, sowie die gemachten Angaben zu dokumentieren.

Soweit möglich ist bereits hier eine Feststellung zu treffen, bei welchen Personen es sich um Tatbeteiligte, Zeugen oder Unbeteiligte handelt. Erkannte Tatbeteiligte sind sofort von Zeugen zu trennen.
Ebenfalls ist zur Vermeidung wechselseitiger Vermittlungen und Beeinflussungen eine schnellstmögliche Trennung von Zeugen untereinander durchzuführen; das gilt für jegliche polizeiliche Ermittlungshandlung in Bezug auf die Zeugenbefragung und -vernehmung.

> ! Mehrere Zeugen, die sich an einem Ereignisort befinden, sollten so früh wie möglich voneinander getrennt werden, da Zeugen dazu neigen, ihre Erlebnisse untereinander abzugleichen, zu ordnen, anzugleichen und zu filtrieren, sodass sich nach einer gewissen Zeit die Zeugenaussagen stark ähneln und unter Umständen wichtige Beobachtungen verloren gehen und für die Erhebung des subjektiven Tatbefundes nicht mehr zur Verfügung stehen. Das ist ein Angriffspunkt für Strafverteidiger, die im gerichtlichen Verfahren die Zeugenaussagen als unglaubwürdig darstellen lassen.

Um Täterwissen zu schützen und Wahrnehmungsumdeutungen zu vermeiden, ist bei der Platzierung darauf zu achten, dass Gespräche zwischen den Ermittlern und Dritten nicht mitgehört werden können. An potentielle Zeugen wird nun in aller Regel eine Aufforderung ergehen, am Ereignisort, zwecks späterer Vernehmung und Nutzung wichtiger Aussagen für aktuelle Ermittlungsansätze, zu verbleiben.

> Das Ermitteln des Täterwissens ist nach der Ermittlung eines Tatverdächtigen das Ziel der polizeilichen Vernehmung. Die Polizei gleicht die Befunde am Tatort, die Zeugenaussagen und die Erkenntnisse aus der rechtsmedizinischen Obduktion mit den vom Täter geäußerten Tathergang ab, um die Tatbeteiligung des Tatverdächtigen zu beweisen.

Sollten Zeugen doch zunächst vor Ort entlassen werden, so sind sie zumindest informatorisch zu befragen. Des Weiteren ist deren unmittelbare telefonische Erreichbarkeit festzustellen und zu dokumentieren. Vorher sollte jedoch eine Abwägung über eine erforderliche oder nichterforderliche Anwesenheit stattgefunden haben. Unbeteiligte Personen sind nach Feststellung ihrer Identität am Ort zu entlassen, in manchen Fällen ist es gar notwendig Gaffern und Störern Platzverweise zu erteilen.

> Störer und Gaffer erhalten einen Platzverweis gemäß des jeweiligen Polizeirechts, um den Tatort zu schützen und die Arbeit der beteiligten BOS zu gewährleisten. Etwaige Straftaten, die durch Gaffer begangen werden, sind konsequent und beweissicher durch die Polizei zu verfolgen.
> Personen, die weiterhin stören, können in Gewahrsam genommen bzw. wegen Störens einer Amtshandlung gemäß § 164 StPO festgenommen werden. Der Freiheitsentzug ist durch eine richterliche Bestätigung über Rechtmäßigkeit und Fortdauer zu verifizieren, es sei denn, dass der Grund der Maßnahme bis zur richterlichen Entscheidung voraussichtlich wegen Entlassung entfällt.
> Strafrechtlich sind bei solchen Störungen gegebenenfalls auch die Vergehen *Widerstand gegen Vollstreckungsbeamte* oder *Gefangenenbefreiung* zu prüfen.

11.4.2.2.1 Zeugen

Zeugen sind Personen, die in einem nicht gegen sie selbst gerichteten Strafverfahren über Wahrgenommenes aussagen.

Es ist die Aufgabe der Ermittlungsbehörden, Zeugen zu ermitteln und festzustellen, diese Pflicht richtet sich nach dem Legalitätsprinzip gemäß § 163 StPO. Die rechtichen Grundlagen für die Informationsgewinnung bei Zeugen richtet sich nach §§ 48 ff StPO.

> „§ 48 StPO
> **Zeugenpflichten; Ladung**
> (1) Zeugen sind verpflichtet, zu dem zu ihrer Vernehmung bestimmten Termin vor dem Richter zu erscheinen. Sie haben die Pflicht auszusagen, wenn keine im Gesetz zugelassene Ausnahme vorliegt.

(2) Die Ladung der Zeugen geschieht unter Hinweis auf verfahrensrechtliche Bestimmungen, die dem Interesse des Zeugen dienen, auf vorhandene Möglichkeiten der Zeugenbetreuung und auf die gesetzlichen Folgen des Ausbleibens.
(3) Ist der Zeuge zugleich der Verletzte, so sind die ihn betreffenden Verhandlungen, Vernehmungen und sonstigen Untersuchungshandlungen stets unter Berücksichtigung seiner besonderen Schutzbedürftigkeit durchzuführen. Insbesondere ist zu prüfen,
1.
ob die dringende Gefahr eines schwerwiegenden Nachteils für das Wohl des Zeugen Maßnahmen nach den §§ 168e oder 247a erfordert,
2.
ob überwiegende schutzwürdige Interessen des Zeugen den Ausschluss der Öffentlichkeit nach § 171b Absatz 1 des Gerichtsverfassungsgesetzes erfordern und
3.
inwieweit auf nicht unerlässliche Fragen zum persönlichen Lebensbereich des Zeugen nach § 68a Absatz 1 verzichtet werden kann. Dabei sind die persönlichen Verhältnisse des Zeugen sowie Art und Umstände der Straftat zu berücksichtigen."

§

„§ 51 StPO
Folgen des Ausbleibens eines Zeugen
(1) Einem ordnungsgemäß geladenen Zeugen, der nicht erscheint, werden die durch das Ausbleiben verursachten Kosten auferlegt. Zugleich wird gegen ihn ein Ordnungsgeld und für den Fall, daß dieses nicht beigetrieben werden kann, Ordnungshaft festgesetzt. Auch ist die zwangsweise Vorführung des Zeugen zulässig; § 135 gilt entsprechend. Im Falle wiederholten Ausbleibens kann das Ordnungsmittel noch einmal festgesetzt werden.
(2) Die Auferlegung der Kosten und die Festsetzung eines Ordnungsmittels unterbleiben, wenn das Ausbleiben des Zeugen rechtzeitig genügend entschuldigt wird. Erfolgt die Entschuldigung nach Satz 1 nicht rechtzeitig, so unterbleibt die Auferlegung der Kosten und die Festsetzung eines Ordnungsmittels nur dann, wenn glaubhaft gemacht wird, daß den Zeugen an der Verspätung der Entschuldigung kein Verschulden trifft. Wird der Zeuge nachträglich genügend entschuldigt, so werden die getroffenen Anordnungen unter den Voraussetzungen des Satzes 2 aufgehoben.
(3) Die Befugnis zu diesen Maßregeln steht auch dem Richter im Vorverfahren sowie dem beauftragten und ersuchten Richter zu."

Zeugen sind grundsätzlich aussagepflichtig, wenn Sie keine Auskunfts- oder Zeugnisverweigerungsrechte besitzen. § 52 StPO regelt folgendes:

„§ 52 StPO
Zeugnisverweigerungsrecht der Angehörigen des Beschuldigten
(1) Zur Verweigerung des Zeugnisses sind berechtigt
1.
der Verlobte des Beschuldigten oder die Person, mit der der Beschuldigte ein Versprechen eingegangen ist, eine Lebenspartnerschaft zu begründen;
2.
der Ehegatte des Beschuldigten, auch wenn die Ehe nicht mehr besteht;
2a.
der Lebenspartner des Beschuldigten, auch wenn die Lebenspartnerschaft nicht mehr besteht;
3.
wer mit dem Beschuldigten in gerader Linie verwandt oder verschwägert, in der Seitenlinie bis zum dritten Grad verwandt oder bis zum zweiten Grad verschwägert ist oder war.
(2) Haben Minderjährige wegen mangelnder Verstandesreife oder haben Minderjährige oder Betreute wegen einer psychischen Krankheit oder einer geistigen oder seelischen Behinderung von der Bedeutung des Zeugnisverweigerungsrechts keine genügende Vorstellung, so dürfen sie nur vernommen werden, wenn sie zur Aussage bereit sind und auch ihr gesetzlicher Vertreter der Vernehmung zustimmt. Ist der gesetzliche Vertreter selbst Beschuldigter, so kann er über die Ausübung des Zeugnisverweigerungsrechts nicht entscheiden; das gleiche gilt für den nicht beschuldigten Elternteil, wenn die gesetzliche Vertretung beiden Eltern zusteht.
(3) Die zur Verweigerung des Zeugnisses berechtigten Personen, in den Fällen des Absatzes 2 auch deren zur Entscheidung über die Ausübung des Zeugnisverweigerungsrechts befugte Vertreter, sind vor jeder Vernehmung über ihr Recht zu belehren. Sie können den Verzicht auf dieses Recht auch während der Vernehmung widerrufen."

Darüber ist der Zeuge vor seiner Vernehmung zu belehren. Besondere Auskunftsverweigerungsrechte genießen Ärzte und ihre „Berufshelfer" gemäß §§ 53, 53a StPO. Für Beamte gelten die Regelungen der Landesbeamtengesetze und § 54 StPO (Aussagegenehmigung).
Das Auskunftsverweigerungsrecht ist in § 55 StPO geregelt.

„§ 55 StPO
Auskunftsverweigerungsrecht
(1) Jeder Zeuge kann die Auskunft auf solche Fragen verweigern, deren Beantwortung ihm selbst oder einem der in § 52 Abs. 1 bezeichneten Angehörigen die Gefahr zuziehen würde, wegen einer Straftat oder einer Ordnungswidrigkeit verfolgt zu werden.
(2) Der Zeuge ist über sein Recht zur Verweigerung der Auskunft zu belehren."

Der Personalbeweis, also die Zeugenaussage, ist ein entscheidender Faktor im Ermittlungsverfahren und letztlich bei der Beweisaufnahme vor Gericht im Strafprozess. Es handelt sich bei der Zeugenaussage um eines der wichtigsten Beweismittel, auch wenn durch Studien bekannt wurde, dass etwa die Hälfte aller Zeugenaussagen falsch sind – ganz gleich ob bewusst oder unbewusst. Der Polizei und Staatsanwaltschaft kommt die Aufgabe zu, die Zeugenaussagen mit Sachbeweisen zu unterfüttern und die Glaubwürdigkeit einer Aussage zu bekräftigen. Hierbei hat die Polizei für bzw. gegen den Beschuldigten belastende und entlastende Beweise zu sammeln.

Zeugen sind zunächst die beste Informationsquelle für die Polizei, um einen Überblick zu der Lage zu erhalten. Sie können sogar entscheidende Hinweise zu einem Tathergang, zu Ursachen einer Tat, zur Täterbeschreibung und zur Persönlichkeit des Täters geben. Zeugen melden sich aber nicht zwingend freiwillig bei der Polizei, um ihr Erlebtes zu berichten. Daher kommt der Zeugensuche und -ermittlung Bedeutung zu.

Können Zeugen ermittelt werden, sollte die Zeugenvernehmung einige Ziele verfolgen. Im Einzelnen ist das folgendes:

- eine wahrheitsgemäße Aussage zu erlangen,
- die Motivation einer Handlung festzustellen,
- Ermittlungsansätze zu erkennen,
- Informationen zur Rekonstruktion einer Straftat zu erhalten,
- die Tatmerkmale „Fahrlässigkeit" und „Vorsatz" differenzieren zu können,
- Täter festzustellen und ihre Tatbeteiligung zu klären,
- Entschuldigungs-, Rechtfertigungs- oder Schuldausschließungsgründe festzustellen,
- Persönlichkeitsfaktoren des Täters und des Opfers zu bestimmen und
- Besonderheiten der Begehungsweise festzustellen.

Die Zeugenaussage sollte geprüft werden auf:

- Glaubwürdigkeit der Aussage, Wahrheitsmöglichkeit (Konnte der Zeuge das Erlebte überhaupt beobachten, Standort des Zeugen zum Zeitpunkt der Tat, Knallzeuge?)
- Subjektive Einfärbung der Aussage (Welche Beobachtungen sind subjektiv kommentiert und was wurde tatsächlich gesehen?)
- Liegen Anhaltspunkte dafür vor, dass der Zeuge ein Interesse daran hat, die Polizei in die Irre zu führen?
- Können Hinweise auf weitere Zeugen gegeben werden?
- Hat der Zeuge das Erlebte bereits mit anderen Zeugen geteilt oder hat man sich vor der polizeilichen Vernehmung in irgendeiner Form ausgetauscht?
- Ist der Zeuge zugleich auch Geschädigter? Hat der Zeuge weitergehende Opferschutzrechte?
- Die Person des Zeugen muss generell fähig sein, über das Ereignis Informationen im Gedächtnis einzuprägen, zu speichern und wiederzugeben. Die Aussage muss rechtlich einwandfrei durch die Polizei erlangt worden sein.

Im Bedarfsfalle kann der Richter entscheiden, ob die Vernehmung des Zeugen an einem anderen Ort und unter besonderen Sicherheitsvorkehrungen stattfindet. Eine richterliche Zeugenvernehmung kann aufgenommen und später im Gerichtsverfahren vorgeführt werden. Dieses Verfahren wird z. B. bei Sexualdelikten, Kindesmisshandlung und anderer Traumatisierung des Zeugen durchgeführt.

Bei der polizeilichen Vernehmung eines Zeugen ist darauf Wert zu legen, dass das gesprochene Wort auch so im Vernehmungsprotokoll vermerkt wird. Dabei darf der Polizeibeamte nichts hinzufügen, insbesondere keine „wünschenswerten" Äußerungen im Hinblick auf einen Tatverdächtigen, z. B. „Nun sagen Sie schon, der Täter war Nordafrikaner, das denken Sie doch wie ich!"
Zudem sollte der Zeuge Gelegenheit haben, sich in seiner Vernehmung zu erinnern, das erfordert mitunter etwas Zeit und Geduld. Ein Zeuge sollte bei seinen Ausführungen nie durch den Vernehmenden unterbrochen werden, der Zeuge sollte ausreden können. Während seiner Ausführungen kann der Vernehmende Notizen anfertigen, um später Nachfragen stellen zu können. Nochmal an dieser Stelle ein Hinweis: Dem Zeugen dürfen keine Fakten, Tatsachen oder Vermutungen in den Mund gelegt werden. Eine Gegenüberstellung und eine Lichtbildvorlage sind unter ähnlich strengen Maßstäben durchzuführen. Der „Wunschtäter" der Polizei darf keinesfalls auf dem Silbertablett präsentiert werden, nur die Feststellungen und Beobachtungen des Zeugen sind entscheidend und wahrheitsgetreu zu dokumentieren.
Wenn Zeugen auch Geschädigte sind oder durch die Beobachtungen traumatisiert werden können, sollte die Polizei Hilfe anbieten. Der „Weiße Ring" und andere Organisationen bieten vielfältige Opferschutzmaßnahmen an.

11.4.2.2.2 Täter

Die Aufgabe der Polizei und der Staatsanwaltschaft besteht u.a. darin, Straftaten aufzuklären und einen Täter zu ermitteln. Dieser Täter sollte beweissicher angeklagt werden können, so dass seine Verurteilung sehr wahrscheinlich ist. Um Beweise für die Täterschaft einer bestimmten Person zu erlangen, sind umfängliche rechtliche Regelungen geschaffen worden, um der Polizei und der Staatsanwaltschaft diese Aufgabenerfüllung zu ermöglichen. Die generelle Pflicht zur Aufnahme von sofortigen Ermittlungen leitet sich aus dem Legalitätsprinzip gemäß §163 StPO ab. Die Polizei muss also unmittelbar nach Bekanntwerden die Straftat verfolgen und den Täter ermitteln. Ziel ist die Feststellung der Identität eines Täters, seine Täterschaft zu beweisen und weitere strafprozessuale Maßnahmen durchzuführen. Das kann beispielsweise eine vorläufige Festnahme oder eine Wohnungsdurchsuchung sein. Die spezifischen rechtlichen Voraussetzungen für solche Maßnahmen sind überwiegend in der Strafprozessordnung geregelt.

Zunächst ist zu klären, welchen Status eine Person hat, die einer Straftat verdächtigt wird. Dafür gibt es verschiedene Stufen von Verdachtsmomenten.

Es werden strafprozessual zwischen folgenden Verdachtsarten differenziert:

- Anfangsverdacht (Tatverdacht)
  - täterbezogen,
  - tatbezogen.
- Dringender Tatverdacht
- Hinreichender Tatverdacht

Der **Anfangsverdacht** beinhaltet zureichende Anhaltspunkte für das Vorliegen einer Straftat. Diese Anhaltspunkte können auf folgenden Parametern beruhen:

- Kriminalistische Erfahrungen.
- Konkrete Verdächtigungen gegen eine bestimmte Person.
- Die Beweislage.
- Die Person des Anzeigenden.

Gemessen an den anderen Verdachtsarten ist der Anfangsverdacht die schwächste Form des Verdachts. Beim täterbezogenen Anfangsverdacht liegt der Verdacht vor, dass eine ganz bestimmte Person eine Straftat begangen hat. Beim tatbezogenen Anfangsverdacht geht man davon aus, dass eine Straftat vorliegt.

Der **dringende Tatverdacht** liegt vor, wenn nach dem gesamten bisherigen Ermittlungsergebnis ein hoher Wahrscheinlichkeitsgrad dafür besteht, dass der Beschuldigte als Täter oder Teilnehmer eine Straftat begangen hat. Bei Vorliegen eines solchen Verdachtsgrades können weitergehende strafprozessuale Maßnahmen gegen den Beschuldigten eingeleitet werden, wie die vorläufige Festnahme (§ 127 StPO) und die Untersuchungshaft bei Vorliegen eines der genannten Haftrgünde (§ 112 StPO).

§

„§ 112 Abs. 2, 3 StPO
Haftgründe gemäß:
(2) Ein Haftgrund besteht, wenn auf Grund bestimmter Tatsachen
1. festgestellt wird, daß der Beschuldigte flüchtig ist oder sich verborgen hält,
2. bei Würdigung der Umstände des Einzelfalles die Gefahr besteht, daß der Beschuldigte sich dem Strafverfahren entziehen werde (Fluchtgefahr), oder
3. das Verhalten des Beschuldigten den dringenden Verdacht begründet, er werde
a) Beweismittel vernichten, verändern, beiseite schaffen, unterdrücken oder fälschen oder
b) auf Mitbeschuldigte, Zeugen oder Sachverständige in unlauterer Weise einwirken oder
c) andere zu solchem Verhalten veranlassen,
und wenn deshalb die Gefahr droht, daß die Ermittlung der Wahrheit erschwert werde (Verdunkelungsgefahr).
(3) Gegen den Beschuldigten, der einer Straftat nach § 6 Absatz 1 Nummer 1 oder § 13 Absatz 1 des Völkerstrafgesetzbuches oder § 129a Abs. 1 oder Abs. 2, auch in Verbindung mit § 129b Abs. 1, oder nach den §§ 211, 212, 226, 306b oder 306c des Strafgesetzbuches oder, soweit durch die Tat Leib oder Leben eines anderen gefährdet worden ist, nach § 308 Abs. 1 bis 3 des Strafgesetzbuches dringend verdächtig ist, darf die Untersuchungshaft auch angeordnet werden, wenn ein Haftgrund nach Absatz 2 nicht besteht."

Die Anforderungen an eine freiheitsentziehende Maßnahme sind in Deutschland hoch. Gemäß Artikel 104 Grundgesetz muss die Freiheitsentziehung immer durch einen Richter angeordnet werden, spätestens aber am Ende des Tages nach der Festnahme.

§

„Artikel 104 GG
(1) Die Freiheit der Person kann nur auf Grund eines förmlichen Gesetzes und nur unter Beachtung der darin vorgeschriebenen Formen beschränkt werden. Festgehaltene Personen dürfen weder seelisch noch körperlich mißhandelt werden.
(2) Über die Zulässigkeit und Fortdauer einer Freiheitsentziehung hat nur der Richter zu entscheiden. Bei jeder nicht auf richterlicher Anordnung beruhenden Freiheitsentziehung ist unverzüglich eine richterliche Entscheidung herbeizuführen. Die Polizei darf aus eigener Machtvollkommenheit niemanden länger als bis zum Ende des Tages nach dem Ergreifen in eigenem Gewahrsam halten. Das Nähere ist gesetzlich zu regeln.
(3) Jeder wegen des Verdachtes einer strafbaren Handlung vorläufig Festgenommene ist spätestens am Tage nach der Festnahme dem Richter vorzuführen, der ihm die Gründe der Festnahme mitzuteilen, ihn zu vernehmen und ihm Gelegenheit zu Einwendungen zu geben hat. Der Richter hat unverzüglich entweder einen mit Gründen versehenen schriftlichen Haftbefehl zu erlassen oder die Freilassung anzuordnen.
(4) Von jeder richterlichen Entscheidung über die Anordnung oder Fortdauer einer Freiheitsentziehung ist unverzüglich ein Angehöriger des Festgehaltenen oder eine Person seines Vertrauens zu benachrichtigen.“

Habeas Corpus (lateinisch „du sollst den Körper bringen“) waren die einleitenden Worte von Haftprüfungsanweisungen im Mittelalter. Durch den *Habeas Corpus Act* in England wurde aus den beiden Worten ein Begriff für das Recht Verhafteter auf unverzügliche Haftprüfung vor Gericht. Lange nach der *Magna Carta* und kurz vor der *Bill of Rights* war dieses Gesetz im Jahr 1679 ein historischer Schritt zum Rechtsstaat.
In Deutschland können die „Habeas-Corpus-Garantien“ von Art. 104 des Grundgesetzes durch Verfassungsbeschwerde geltend gemacht werden, weil sie grundrechtsgleiches Recht sind. Die „Habeas-Corpus-Rechte“ waren schon in die Weimarer Verfassung aufgenommen worden.

In der Praxis läuft es so, dass die Staatsanwaltschaft im Vorfeld einer geplanten Festnahme aufgrund des Ermittlungsstandes einen Haftbefehl beim zuständigen Amtsgericht beantragt und nach Vorliegen desselbigen die Polizei mit der Festnahme der Person beauftragt. Ist der Beschuldigte noch nicht bekannt oder wird unerwartet festgenommen, informiert die Polizei die Staatsanwaltschaft unmittelbar nach der Festnahme, um daraufhin einen Haftbefehl beim Bereitschaftsrichter zu beantragen. Daraufhin kommt es zu einer richterlichen Anhörung, bei der das Gericht über die Fortdauer der Freiheitsentziehung entscheidet. Sieht der Richter keinen dringenden Tatverdacht, so wird er den Beschuldigten sofort aus dem Gewahrsam entlassen. Im Polizeigewahrsam und im Gebäude der zuständigen Polizeibehörde wird für die Bearbeitung der Sofortsache in der Regel ein Raum für die Staatsanwaltschaft und ein Raum für den Amtsrichter vorgehalten. Dies ermöglicht kurze Wege für die ermittelnde Kriminalpolizei und für den Polizeigewahrsamsdienst.
Ist die Polizei und die Staatsanwaltschaft trotz richterlicher Entlassung des Beschuldigten weiterhin von der Täterschaft der betreffenden Person überzeugt, so wird sie die Ermittlungen weiterführen, um die Beweislage für eine stichhaltige Beantragung des Haftbefehls zu verbessern.

Der hinreichende Tatverdacht wird durch das Gericht und durch die Staatsanwaltschaft bei der Entscheidung zur Anklageerhebung begründet.

Durchsuchung
Eine weitere bedeutende strafprozessuale Maßnahme ist die Wohnungsdurchsuchung bei einem Beschuldigten. Entweder wird die Durchsuchung durchgeführt, um Beweismittel zu finden und sicherstellen zu können oder um die Person selbst zu ergreifen und festzunehmen.

Die Rechtsgrundlagen für eine Durchsuchung ergeben sich aus §§102 ff. StPO. Dabei kann eine Durchsuchung beim Beschuldigten selbst oder bei einer anderen Person (Unverdächtige) erforderlich sein, z. B. wenn sich die Person in einer Wohnung eines Bekannten versteckt hält. Die Rechtsgrundlagen zur Durchsuchung aus gefahrenabwehrenden Gründen ergeben sich aus den Polizeigesetzen der Länder.

Wichtige Rechtsgrundlagen:

„§ 102 StPO
Durchsuchung bei Beschuldigten
Bei dem, welcher als Täter oder Teilnehmer einer Straftat oder der Datenhehlerei, Begünstigung, Strafvereitelung oder Hehlerei verdächtig ist, kann eine Durchsuchung der Wohnung und anderer Räume sowie seiner Person und der ihm gehörenden Sachen sowohl zum Zweck seiner Ergreifung als auch dann vorgenommen werden, wenn zu vermuten ist, daß die Durchsuchung zur Auffindung von Beweismitteln führen werde.“

„§ 103 StPO
Durchsuchung bei anderen Personen
(1) Bei anderen Personen sind Durchsuchungen nur zur Ergreifung des Beschuldigten oder zur Verfolgung von Spuren einer Straftat oder zur Beschlagnahme bestimmter Gegenstände und nur dann zulässig, wenn Tatsachen vorliegen, aus denen zu schließen ist, daß die gesuchte Person, Spur oder Sache sich in den zu durchsuchenden Räumen befindet. Zum Zwecke der Ergreifung eines Beschuldigten, der dringend verdächtig ist, eine Straftat nach §89a oder §89c Absatz 1 bis 4 des Strafgesetzbuchs oder nach §129a, auch in Verbindung mit §129b Abs. 1, des Strafgesetzbuches oder eine der in dieser Vorschrift bezeichneten Straftaten begangen zu haben, ist eine Durchsuchung von Wohnungen und anderen Räumen auch zulässig, wenn diese sich in einem Gebäude befinden, von dem auf Grund von Tatsachen anzunehmen ist, daß sich der Beschuldigte in ihm aufhält.
(2) Die Beschränkungen des Absatzes 1 Satz 1 gelten nicht für Räume, in denen der Beschuldigte ergriffen worden ist oder die er während der Verfolgung betreten hat.“

Durchsuchung bei Beschuldigten
§ 102 StPO

Bei wem?
Wer als
- Täter,
- Teilnehmer,
- Strafvereiteler,
- Begünstiger oder
- Hehler verdächtig ist.

Ziel
- Ergreifung des Beschuldigten (personenbezogene Verdachtsgründe)
- Auffinden von Beweismitteln

Vermutung genügt

Wo, was?
- Wohnungen und andere Räume
- Personen und die ihr gehörenden Sachen

Anordnung
(§ 105 Abs. 1 StPO)
- Richter
- Bei Gefahr im Verzuge: Staatsanwalt und Ermittlungspersonen

Zeitliche Beschränkung
(§ 104 StPO)
zur Nachtzeit keine Durchsuchungen in Wohnungen
01.04. – 30.09., 21:00 – 04:00 Uhr
01.10. – 31.03., 21:00 – 06:00 Uhr

Ausnahme:
- Bei Verfolgung auf frischer Tat
- Gefahr im Verzuge
- Wiederergreifung entwichener Strafgefangener
- Öffentlich zugängliche Räume, Schlupfwinkel des Glücksspiels usw.

Zufallsfunde

Wichtige Formvorschriften:
- Hinzuziehung von Zeugen (§ 105 Abs. 2 StPO)
- Anwesenheitsrecht des Wohnungsinhabers (§ 106 StPO)
- Durchsuchungsmitteilung und Mitteilung über den Grund der Durchsuchung (§ 107 StPO)
- Verzeichnis/Bescheinigung der in Gewahrsam genommenen Gegenstände (§§ 107, 109 StPO)
- Durchsicht von Papieren nur durch StA; von Geschäftspapieren, die nach dem Gesetz aufzubewahren sind, ebenfalls nur StA, andere Beamte nur, wenn Inhaber genehmigt (§ 110 StPO)

Durchsuchung bei anderen Personen
§ 103 StPO

Voraussetzung
Tatsachen, aus denen zu schließen ist, dass gesuchte Person, Spur oder Sache sich in den Räumen befindet.

Beschränkungen
Gelten nicht für Räume, die der Beschuldigte während der Flucht betreten oder in denen er ergriffen wurde (§ 103 Abs. 2 StPO).

Ziel
- Ergreifung des Beschuldigten,
- Verfolgung von Spuren einer Straftat,
- Beschlagnahme bestimmter Gegenstände

Anordnung
- Richter
- Bei Gefahr im Verzuge: Staatsanwalt und Ermittlungspersonen

Beachtung der Formvorschriften: §§ 105, 106, 107, 109, 110 StPO sowie Durchsuchung zur Nachtzeit

Zufallsfunde
Gegenstände, die in keiner Beziehung zur Durchsuchung stehen, aber auf die Verübung einer anderen Straftat hindeuten (§ 108 StPO) beschlagnahmen! Staatsanwalt informieren.

Besonderheiten
- Bei Straftat gem. § 129a StGB oder dort aufgeführter Straftaten müssen keine Tatsachen zur Wahrscheinlichkeit des Auffindens vorliegen, Verdacht genügt.
- Zufallsfunde bei Nichtverdächtigen zu Straftaten nach § 129a StGB bleiben unberücksichtigt (§ 108 StPO). Gilt jedoch nicht für Beweismittel gegen den gesuchten Beschuldigten.
- Tatsachen lassen Annahme zu, dass sich der Beschuldigte in einem Gebäude aufhält, dann: Durchsuchung des gesamten Gebäudes (Wohnungen und andere Räume).

Anordnung:
- Richter,
- bei Gefahr im Verzuge StA (aber nicht die Polizei)!

„§ 104 StPO
Durchsuchung von Räumen zur Nachtzeit
(1) Zur Nachtzeit dürfen die Wohnung, die Geschäftsräume und das befriedete Besitztum nur bei Verfolgung auf frischer Tat oder bei Gefahr im Verzug oder dann durchsucht werden, wenn es sich um die Wiederergreifung eines entwichenen Gefangenen handelt.
(2) Diese Beschränkung gilt nicht für Räume, die zur Nachtzeit jedermann zugänglich oder die der Polizei als Herbergen oder Versammlungsorte bestrafter Personen, als Niederlagen von Sachen, die mittels Straftaten erlangt sind, oder als Schlupfwinkel des Glücksspiels, des unerlaubten Betäubungsmittel- und Waffenhandels oder der Prostitution bekannt sind.
(3) Die Nachtzeit umfaßt in dem Zeitraum vom ersten April bis dreißigsten September die Stunden von neun Uhr abends bis vier Uhr morgens und in dem Zeitraum vom ersten Oktober bis einunddreißigsten März die Stunden von neun Uhr abends bis sechs Uhr morgens.“

„§ 105 StPO
Verfahren bei der Durchsuchung
(1) Durchsuchungen dürfen nur durch den Richter, bei Gefahr im Verzug auch durch die Staatsanwaltschaft und ihre Ermittlungspersonen (§ 152 des Gerichtsverfassungsgesetzes) angeordnet werden. Durchsuchungen nach § 103 Abs. 1 Satz 2 ordnet der Richter an; die Staatsanwaltschaft ist hierzu befugt, wenn Gefahr im Verzug ist.
(2) Wenn eine Durchsuchung der Wohnung, der Geschäftsräume oder des befriedeten Besitztums ohne Beisein des Richters oder des Staatsanwalts stattfindet, so sind, wenn möglich, ein Gemeindebeamter oder zwei Mitglieder der Gemeinde, in deren Bezirk die Durchsuchung erfolgt, zuzuziehen. Die als Gemeindemitglieder zugezogenen Personen dürfen nicht Polizeibeamte oder Ermittlungspersonen der Staatsanwaltschaft sein.
(3) Wird eine Durchsuchung in einem Dienstgebäude oder einer nicht allgemein zugänglichen Einrichtung oder Anlage der Bundeswehr erforderlich, so wird die vorgesetzte Dienststelle der Bundeswehr um ihre Durchführung ersucht. Die ersuchende Stelle ist zur Mitwirkung berechtigt. Des Ersuchens bedarf es nicht, wenn die Durchsuchung von Räumen vorzunehmen ist, die ausschließlich von anderen Personen als Soldaten bewohnt werden.“

„§ 106 StPO
Hinzuziehung des Inhabers eines Durchsuchungsobjekts
(1) Der Inhaber der zu durchsuchenden Räume oder Gegenstände darf der Durchsuchung beiwohnen. Ist er abwesend, so ist, wenn möglich, sein Vertreter oder ein erwachsener Angehöriger, Hausgenosse oder Nachbar zuzuziehen.
(2) Dem Inhaber oder der in dessen Abwesenheit zugezogenen Person ist in den Fällen des § 103 Abs. 1 der Zweck der Durchsuchung vor deren Beginn bekanntzumachen. Diese Vorschrift gilt nicht für die Inhaber der in § 104 Abs. 2 bezeichneten Räume.“

§

„§ 107 StPO
Durchsuchungsbescheinigung; Beschlagnahmeverzeichnis
Dem von der Durchsuchung Betroffenen ist nach deren Beendigung auf Verlangen eine schriftliche Mitteilung zu machen, die den Grund der Durchsuchung (§§ 102, 103) sowie im Falle des § 102 die Straftat bezeichnen muß. Auch ist ihm auf Verlangen ein Verzeichnis der in Verwahrung oder in Beschlag genommenen Gegenstände, falls aber nichts Verdächtiges gefunden wird, eine Bescheinigung hierüber zu geben."

Vorbereitende Maßnahmen zur Durchsuchung
Die Durchführung einer Durchsuchung sollte, wenn zeitlich und organisatorisch möglich, zielgerichtet und taktisch vorbereitet werden. Dabei spielen polizeitaktische, kriminaltaktische und verfahrensbezogene Zielsetzungen eine Rolle. Entscheidend ist, ob die Durchsuchung das Auffinden einer Sache, einer Person oder beides zum Ziel hat.

Die Vorbereitung der Durchsuchung hängt davon ab, wie umfangreich die Maßnahmen der Polizei sind:
- Welches vorwerfbare Delikt liegt vor?
- Welche Gefährdungen sind für Einsatzkräfte zu erwarten?
- Welche Persönlichkeit besitzt der Beschuldigte?
- Verfügt der Beschuldigte über Waffen? Wurden Waffen bereits eingesetzt?
- Welches Verhalten wird von Personen erwartet, die sich in dem zu durchsuchenden Objekt aufhalten?
- Art, Beschaffenheit und Größe des Durchsuchungsobjektes?
- Art, Beschaffenheit der zu suchenden Sachen?
- Verfahrensabläufe und Stand der Beweisführung?
- Kräftebedarf für Sicherungs- und Durchsuchungskräfte?
- Rechtliche Rahmenbedingungen geklärt? Erfolgsvermutung zu begründen?
- Anordnungskompetenz beachtet?

Wohnungsdurchsuchungen sind grundsätzlich durch den Richter anzuordnen, die StA oder die Polizei kann die Anordnung nur bei „Gefahr im Verzuge" erteilen. Das BVerfG hat in seiner Entscheidung vom 20.02.2001 deutlich gemacht, dass die „Gefahr im Verzuge" nur in engen Grenzen zu begründen ist. Daher muss versucht werden, einen Richter zu erreichen, um eine Anordnung einzuholen.

!

Gefahr im Verzuge liegt vor, wenn auf den Einzelfall bezogene Tatsachen vorliegen, dass der Untersuchungserfolg gefährdet ist, wenn auf die Einholung einer richterlichen Anordnung zugewartet wird. Die Gründe für die unmittelbare Durchführung von strafprozessualen Maßnahmen müssen nachvollziehbar sein und dokumentiert werden. Eine häufige Begründung ist der drohende Beweismittelverlust, z. B. das Herunterspülen von Drogen in der Toilette der Wohnung des Beschuldigten.

Würde selbst der Versuch eines Anrufes beim Richter zu einer Gefährdung des Untersuchungserfolges führen, könnte Gefahr im Verzuge vorliegen. Dieser Umstand ist im Einzelfall detailliert zu prüfen und jegliche Anstrengungen zur Einholung einer richterlichen Anordnung sind im Vorgang zu dokumentieren (Datum, Uhrzeit, Anrufer, Telefonnummer).
Sollte ein Beschuldigter oder Unverdächtiger freiwillig dazu bereit sein, dass die Polizei eine Durchsuchung vornimmt, kann von der Einholung einer richterlichen Anordnung abgesehen werden. Der Betroffene muss seine Einwilligung aber unmissverständlich und nach erfolgter Belehrung auf einer gesonderten Einwilligungserklärung unterschreiben und er darf sich nicht in einem die freie Willensbestimmung ausschließenden Zustand befinden, z. B. wegen psychiatrischer Erkrankungen, Alkohol- oder Drogenrausch. Es muss eine Einwilligungsfähigkeit vorliegen. Das betrifft auch andere strafprozessuale Maßnahmen, wie die Entnahme einer Blutprobe oder die DNA-Probenentnahme gemäß § 81a StPO. Für die Dokumentation der Einwilligung sollten Mustertexte Verwendung finden, die mit der jeweils zuständigen StA und dem Gericht im Vorfeld abgestimmt worden sind.

Wenn ein richterlicher Beschluss zur Wohnungsdurchsuchung vorliegt, hat dieser eine Gültigkeit von sechs Kalendermonaten. Insofern muss nicht sofort nach Erlangen des Beschlusses eine Durchsuchung erfolgen. Vielmehr sollte aus kriminaltaktischen Gründen ein günstiger Zeitpunkt für die Durchsuchung abgewartet werden.

> **!** Eine häufig unterschätzte aber rechtlich wichtige Vorbereitungsmaßnahme ist die Hinzuziehung von Zeugen für die Durchsuchung. Der Richter oder Staatsanwalt kann bei der Durchsuchung zugegen sein. Sind sie nicht dabei, müssen gemäß § 102 Abs. 2 StPO ein Gemeindebeamter oder zwei Mitglieder der Gemeinde der Durchsuchung beiwohnen. Bei den Durchsuchungszeugen darf es sich jedoch nicht um Polizeibeamte bzw. Ermittlungspersonen der Staatsanwaltschaft handeln. Sollte es bei Vorliegen der „Gefahr im Verzuge“ nicht möglich sein, entsprechende Zeugen hinzuzuziehen, ist dies im Durchsuchungsprotokoll zu vermerken. Die Hinzuziehung von Unbeteiligten dient der Wahrung der Rechtmäßigkeit des Verfahrens und schützt die polizeilichen Durchsuchungskräfte vor ungerechtfertigten Vorwürfen.

Alle Erkenntnisse, die zur Personen- und Sachaufklärung dienlich sind, sollten erhoben werden. Das sind insbesondere folgende Informationen:

- Personalien der gesuchten oder betroffenen Person,
- Name, Vorname, Geburtsdatum und -ort, Wohnanschrift, Aufenthaltsort, Zweitwohnung, Arbeitsstätte, Arbeitszeiten,
- Personenbeschreibung, Lichtbild,
- Hinweise zur Persönlichkeit,
- BtM-Konsum, Alkoholabusus, familiäre Situation, Gewalttätigkeit, Infektionsgefahren usw. (siehe auch „Personengebundene Hinweise“ INPOL-Datei),
- Informationen zu anderen Personen im/am Objekt,
- Feststellung von Anwesenheits- und Abwesenheitszeiten,
- Wohnverhältnisse,
- Weitere kriminalpolizeiliche Erkenntnisse (z. B. Waffenbesitz, EMA-Abfrage, Infos aus Kriminalakte, früheres Verhalten, Befragung des zuständigen Bezirksdienstbeamten).

Das Durchsuchungsobjekt sollte im Vorfeld der Durchsuchung intensiv verdeckt aufgeklärt werden. Es kann eine Lichtbildmappe erstellt werden, sodass einzuweisende Polizeikräfte einen guten Überblick gewinnen können. Ein Ansprechpartner für das Objekt sollte bekannt sein, sodass der Zutritt zum Gebäude und die Sicherung des Gebäudes nach der Durchsuchung gewährleistet wird. Zudem kann ein Hausmeister Angaben zu Besonderheiten im Objekt, zu der räumlichen Aufteilung, zu möglicher Beleuchtung und insbesondere zu Flucht- und Versteckmöglichkeiten machen. Dabei ist sicherzustellen, dass diese Informationserhebung verdeckt und vertraulich geschieht. Im besten Falle kann eine Lageskizze und ein Wohnungsgrundriss beigebracht werden.

Wohnungsdurchsuchungen sollten in den frühen Morgenstunden erfolgen, um einen gewissen Überraschungseffekt bei den Beschuldigten zu erzielen.

Eine Voraussetzung für die Durchführung der Durchsuchung ist die Einhaltung der gesetzlichen Rahmenbedingungen, insbesondere:

- Vorliegen einer Durchsuchungsanordnung,
- Beachtung der Nachtzeitschranke gemäß § 104 StPO,
- Gewährleisten der Teilnahme eines Richters, Staatsanwaltes oder von zwei Zeugen,
- Gültigkeit des Beschlusses.

Das Nachtzeitverbot gilt nicht:

- bei der Verfolgung auf frischer Tat,
- bei Gefahr im Verzuge,
- bei der Wiederergreifung von flüchtigen entwichenen Gefangenen.

Ein Nachtzeitverbot gilt auch nicht für Räume, die zur Nachtzeit jedermann zugänglich sind und polizeibekannte Orte, an denen Straftaten vorbereitet werden, Glücksspiele durchgeführt werden oder die als verrufene Orte bekannt sind, an denen mit BtM oder Waffen gehandelt wird und/oder die Prostitution betrieben wird.
Es sollten umfangreiche logistische Vorbereitungen getroffen werden. Die erforderliche Führungs- und Einsatzmittel sind zeitnah im Vorfeld bereitzuhalten, sodass auch bei unerwartet günstiger Gelegenheit zugegriffen werden kann. Spezialkräfte, Diensthunde, Bereitschaftspolizei usw. sollten frühzeitig auf dem Dienstweg angefordert werden. Ferner sollte ein Durchführungsplan, ein grafischer Befehl und/oder ein Durchsuchungsplan angefertigt werden. Sind Polizeikräfte aus unterschiedlichen Organisationseinheiten beteiligt, hängt der Einsatzerfolg auch von einer guten Einweisung der Kräfte, also einer umfangreichen Einsatzbesprechung, ab. Es ist wichtig, dass zwischen Sicherungs-, Absperrungs- und Durchsuchungskräften differenziert wird.

Tatverdächtigen- und Beschuldigtenrechte leiten sich u.a. aus der Strafprozessordnung ab. Von besonderer Bedeutung ist das Beweisverwertungsverbot.

! Beweisverwertungsverbote sind nur in wenigen Fällen explizit und damit nicht abschließend geregelt. So regelt § 136a Abs. 3 Satz 2 StPO, dass bei Verstoß gegen das in diesem Paragraphen ausgesprochene Verbot die gewonnenen Aussagen nicht verwertet werden dürfen. Dies gilt sowohl für Aussagen des Beschuldigten als auch über § 69 Abs. 3 StPO für die Aussagen von Zeugen. Es erstreckt sich nach der Rechtsprechung nicht nur auf belastende Beweise, sondern auch auf solche entlastender Art. Auch eine Zustimmung des Beschuldigten zur Verwertung führt zu keinem anderen Ergebnis. Ebenso bestimmt § 51 BZRG, dass eine im Bundeszentralregister getilgte oder zu tilgende Eintragung über eine Verurteilung nicht zum Nachteil des Angeklagten verwertet werden darf.

! Weitere ausdrückliche Beweisverwertungsverbote finden sich etwa in

- § 81c Abs. 3 S. 5 StPO (Untersuchung anderer Personen als Beschuldigter ohne Einverständnis),
- § 100c Abs. 5 StPO (Beweisfund im Kernbereich privater Lebensgestaltung beim „großen Lauschangriff“),
- § 100d StPO (Nichteinhaltung der Anordnungsbefugnis beim „großen Lauschangriff“),
- § 108 Abs. 2 StPO (Beweiszufallsfund beim Arzt zum Schwangerschaftsabbruch),
- § 160a Abs. 1 S. 2, 5; Abs. 2 S. 3 StPO (Verwertungsverbot von Aussagen bestimmter Personen, z. B. Geistliche, Verteidiger des Beschuldigten),
- § 252 StPO (Verwertungsverbot von Zeugenaussagen in der Hauptverhandlung bei nachträglichem Gebrauch des Zeugnisverweigerungsrechts),
- § 477 Abs. 2 StPO (Regel bei Zufallsfunden bei Akteneinsicht),
- § 393 Abs. 2 Satz 1 AO (Verhältnis des Strafverfahrens zum Besteuerungsverfahren).

Ganz wichtig ist in diesem Zusammenhang, dass die Polizei dem Beschuldigten vor seiner ersten Anhörung einen Tatvorwurf eröffnet, eine rechtlich einwandfreie Belehrung über seine Rechte (und Pflichten) erteilt und Gelegenheit gibt, sich zu den Vorwürfen zu äußern. Der Beschuldigte muss sich aber in keiner Weise äußern, selbst vor dem Richter nicht. Auch Lügen sind nicht strafbar, es sei denn, eine andere konkrete Person wird bewusst einer Straftat bezichtigt oder Straftaten werden vorgetäuscht. Die Zeiten der Aussageerpressung unter Folter sind zumindest in der Bundesrepublik Deutschland vorbei. In anderen Staaten der Welt ist es aber immer noch üblich, Aussagen von Beschuldigten durch die staatliche Anwendung von Folter zu erlangen. Der Beweiswert solch erlangter Aussagen ist natürlich sehr fragwürdig. Ferner verstößt Folter gegen Artikel 3 der Europäischen Menschenrechtskovention (EMRK). Die rechtliche Belehrung ist zwar nicht wie in den USA in wörtlicher Rede vorgegeben, allerdings sollte sie alle relevanten Aspekte enthalten und durch die Polizeibeamten so früh wie möglich, auch schon mündlich-persönlich vorab, erfolgen. Die Belehrung ist zwingend zu dokumentieren. Im Rahmen einer Beschuldigtenvernehmung ist schriftlich zu dokumentieren, dass der Beschuldigte die Belehrung erhalten hat. Der Beschuldigte kann es ablehnen, dies zu unterzeichnen. Er ist im Strafverfahren nicht verpflichtet, solche polizeilichen Dokumente zu signieren.

Bei der Durchsetzung strafprozessualer Maßnahmen, wie die erkennungsdienstliche Behandlung, die Durchsuchung seiner Person oder seiner Wohnung usw. darf sich der Beschuldigte der Polizei gegenüber nicht aktiv zur Wehr setzen, muss aber bei den polizeilichen Maßnahmen auch nicht helfend mitwirken. Leistet er Gegenwehr, kann er sich gemäß §§ 113 ff. StGB strafbar machen.

Ein aufsehenerregender Fall der jüngeren Geschichte ist der Mord an dem elfjährigen Bankierssohnes Jakob von Metzler. Der Täter (Magnus Gäfgen, *11.04.1975, zwischenzeitlich wegen Mordes zu lebenslanger Freiheitsstrafe mit Feststellung der „besonderen Schwere der Schuld“ verurteilt) wurde zu einem Zeitpunkt durch die Polizei festgenommen, als das Versteck des Jungen noch unbekannt war und eine Rettung möglich zu sein schien. Man spricht hier auch von „Rettungsfolter“.

Zum Fall:
Um seinen aufwendigen Lebensstil finanzieren zu können, entschloss sich Gäfgen, Jakob von Metzler zu entführen und von seinen Eltern ein Lösegeld zu erpressen. Am 27. September 2002 lockte Gäfgen den Jungen unter einem Vorwand in seine Wohnung und tötete ihn. Danach ließ er den Eltern des Jungen ein Erpresserschreiben mit der Forderung nach einer Million Euro Lösegeld zukommen. Noch am selben Tag versteckte er die Leiche bei einem Weiher in der Nähe der osthessischen Gemeinde Birstein.
Gäfgen nahm das an einer Straßenbahnhaltestelle bereitgestellte Lösegeld an sich. Er wurde dabei anhand des amtlichen Kennzeichens seines Pkw von der Polizei identifiziert und anschließend observiert. Nachdem er sich mehrere Stunden lang nicht um sein – von der Polizei als noch lebend vermutetes – Opfer gekümmert, sondern stattdessen einen Neuwagen bestellt und einen gemeinsamen Urlaub mit seiner Freundin gebucht hatte, wurde er schließlich am 30. September 2002 im Parkhaus des Frankfurter Flughafens festgenommen.
Nachdem Gäfgen in der polizeilichen Vernehmung den Verbleib und Zustand seines Opfers verschleiert und zwei unbeteiligte Bekannte als Mittäter beschuldigt hatte, ordnete der damalige stellvertretende Polizeipräsident Wolfgang Daschner an, durch Gewaltandrohung die aus seiner Sicht möglicherweise lebensrettende Aussage zum Aufenthaltsort des Elfjährigen zu erzwingen. Gäfgen machte daraufhin zutreffende Angaben, sodass die Polizei die Leiche des Entführungsopfers finden konnte. Für diese Gewaltandrohung musste sich Daschner später im sogenannten Daschner-Prozess strafrechtlich verantworten.
Das Verfahren gegen Daschner führte seinerzeit zu kontroversen Diskussionen in der Polizeiwelt. In der Bevölkerung gab es laut Umfragen eine Mehrheit, die das Vorgehen Daschners nachvollziehen konnte.

Bezüglich einer Vernehmung eines Beschuldigten versucht die Polizei aufgrund ihres Ermittlungsauftrages gemäß § 163 StPO alle erforderlichen Maßnahmen zu treffen, um Informationen und Beweise zu erlangen. Dabei ist es das Ziel der Polizeibeamten so schnell wie möglich Beweise zusammenzutragen und Haftgründe zu prüfen. Gerade dann, wenn es sich um eine schwere Straftat handelt, investiert die Polizei alle angemessenen und zur Verfügung stehenden personellen und materiellen Ressourcen, um zum polizeilichen Ziel zu gelangen. Mit einem Diebstahl geringwertiger Sachen wird selbstverständlich anders umgegangen als mit einem Tötungsdelikt.

Wichtige folgende Tätermerkmale (s. **Abb. 11.11**) sollten in einer Beschuldigtenvernehmung geprüft und durch interrogative Kompetenzen, kriminalistische List und Empathie hervorgebracht werden:

Abb. 11.10: Tätermerkmale

Methodisch ist die fallbezogene Verdächtigenermittlung wie folgt zu gestalten:

Abb. 11.11: Tatverdächtigenermittlung

Die täterbezogene Verdächtigenermittlung (s. **Abb. 11.12**) ist nur hilfreich, wenn es sich um konspiratives Täterverhalten handelt und der Täter sich auf Ermittlungshandlungen der Polizei einstellt. Das sind beispielsweise Delikte aus dem Bereich „OK" (Organisierte Kriminalität), Staatsschutzdelikte, BtM-Delikte oder Terrorismus. Der Ermittlung solcher Straftaten bedient sich die Polizei ebenfalls konspirativer Vorgehensweisen und verdeckter Maßnahmen.

Der täterbezogene Ermittlungsansatz hat folgende Besonderheiten:
- Die Anwendung erfolgt nur in bestimmten Ermittlungsbereichen.
- Der Ansatz erfolgt beim potenziell möglichen Täter. Ob diese Person tatsächlich straffällig wird, ist nicht mit Sicherheit einzuschätzen. Es existieren lediglich Anhaltspunkte für eine hohe Wahrscheinlichkeit, dass diese Person eine Straftat begehen wird.
- Die Anwendung erfolgt nur bei konkreten Erkenntnissen oder nur bei bestimmten Indikatoren.

11.4.2.3 Schutz des materiellen Milieus (objektiver Tatbefund)

Um Gefahren für Spuren zu minimieren, insbesondere vor Unbeteiligten zu schützen, sollte ein Ereignisort unmittelbar nach dem Eintreffen weiträumig abgesperrt werden. Dies kann unter Einbeziehung örtlicher Gegebenheiten, wie Häuserfronten, Zäunen, Flüssen, mittels Absperrband oder durch Sicherungskräfte, mittels einer Polizeikette, durchgeführt werden. Hierbei sollten Sicherungsgrenzen, sowie Zu- und Abgangswege, (Spurensicherungsgasse/ Trampelpfad) festgelegt werden. Der abgesperrte Bereich ist zu räumen. Durchgeführte Veränderungen, ob absichtlich oder unabsichtlich, sind zu dokumentieren. So ist zu vermerken, welche Personen den Ereignisort auf welchem Weg betreten haben.

Drohen Umwelteinflüsse, insbesondere Sonne, Wind, Regen oder Schnee, so sind gefährdete Spuren abzudecken.
Das kann mittels einfacher Hilfsmittel, wie Gläser und Tüten, bis hin zum Aufstellen von Zelten, erfolgen. Im Wesentlichen hängt der Umfang dieser Maßnahmen von der Bedeutung der Straftat ab.

Des weiteren können Spuren (vorgezogen) fotografiert werden. Sollte die Gefahr bestehen, dass Umwelteinflüsse, wie Regenwasser oder Schneefall, eine Spur vernichten, so muss eine Notsicherung erfolgen. Auch in diesen Fällen sind Schutzmaßnahmen und eingetretene Veränderungen präzise zu dokumentieren. Diese Notsicherung kann auch durch Rettungskräfte erfolgen, wenn Spurenverlust droht.

11.4.3 Feststellung und Analyse der Ausgangslage

11.4.3.1 Allgemeines

Die Feststellung und Analyse der Ausgangslage am Tatort ist eine wichtige Voraussetzung, um die Spezifik des Tatortes zu erfassen und eine entsprechende Methodik für die Aufnahme des objektiven und subjektiven Tatbefundes zu entwickeln.

Diese Aussage lässt sich auf alle Ereignisorte anwenden. Zu einer umfangreichen Feststellung und Analyse der Ausgangslage gehört eine Besichtigung, welche in dieser Phase des Geschehens an jedem Ereignisort stattfinden muss. Nur durch sorgfältige Analyse der Ausgangslage können die richtigen Suchmethoden und Mittel zur Spurensuche gewählt werden. Zu wahrscheinlichen Wahrnehmungsmöglichkeiten durch Zeugen und vermutlichen Wahrnehmbarkeitsbereichen können Aufschlüsse gewonnen werden.

11.4.3.2 Besichtigung des Ereignisortes

Durch eine Besichtigung der Mordkommission oder durch Beamte des Kriminaldauerdienstes können Veränderungen am Tatort und offensichtliche Spuren festgestellt werden, Tatortgrenzen können festgelegt oder aktualisiert werden. Um nicht wiederholt den Tatort in seiner Gesamtheit abzulaufen, ist es ratsam, hierbei schon erforderliche Übersichtsaufnahmen, sowohl vom Tatort als auch von der Gesamtspurenlage zueinander, anzufertigen.
Ein guter Ermittlungsbeamter, wird sich hierbei nicht nur auf das beschränken, was er sieht, sondern genauso seine anderen Sinnesorgane einsetzen. Er wird sich fragen, was er nicht sehen, aber hören oder riechen kann. So kann z. B. Brandbeschleuniger an einem Brandort oder an den Händen eines am Tatort festgenommenen Tatverdächtigen gerochen werden und die Spurensicherung dementsprechend durchgeführt werden.

Ebenfalls kann hier bei allen Ereignisorten grob ermittelt werden, von welchem Ort aus, welche Personen etwas gehört, gesehen oder gerochen haben könnten.

11.4.3.3 Befragungen zur Informationsgewinnung

Um sich ein genaues Bild vom Ereignis machen zu können und um eine notwendige Rekonstruktion des Tathergangs zur Spurenentstehung durchführen zu können, ist es sinnvoll, umgehend am Ereignisort angetroffene Personen zu befragen. Dabei kann es sich um Rettungskräfte, Beamte, die zuerst am Tatort waren, Zeugen oder sonstige Tatortberechtigte handeln. Ziel ist es herauszufinden, ob es weitere Zeugen gibt oder geben könnte und welche Personen Spuren am Ort hinterlassen haben könnten.

So können beispielsweise Spurenverursacher ermittelt oder Personen als solche ausgeschlossen werden. Notfalls müssen dazu Vergleichsmaterialien, z. B. Vergleichsfingerabdrücke vom Rettungsdienstpersonal, genommen werden. Gerade Textilspuren von Rettungsdienstbekleidung sowie Schuhabdruckspuren der Einsatzstiefel können von großem Interesse sein. Auch kann der genannte Personenkreis oftmals Auskünfte über Veränderungen am Ereignisort und ihre Ursachen, bezogen auf den Ort vor einem Ereignis, bei der Ereignisfeststellung und Veränderungen danach, geben.

11.4.3.4 Einsichtnahmen in Unterlagen und Informationssysteme

Zur Analyse der allgemeinen Situation gehört die Einsichtnahme in vorhandene Unterlagen, wie Lage- oder Baupläne und polizeiliche Informationssysteme. So können Erkenntnisse über die Größe eines Objekts oder die Mieteranzahl eines Wohngebäudes gewonnen und dementsprechend weitere Maßnahmen, wie Durchsuchung, Spurensuche oder Räumung eines Hauses, geplant und vorbereitet werden. Die Abfrage des Melderegisters ist eine Routinemaßnahme bei der Tatortbegutachtung.

11.4.3.5 Feststellung und Analyse durch Aufklärung

Die Wichtigkeit der Feststellung und Analyse der Ausgangslage wird durch den Begriff der Aufklärung in der Polizeidienstvorschrift (PDV) 100 hervorgehoben. Danach dient Aufklärung unter anderem dem Erheben von Informationen über Objekte, Einsatzräume, Umstände und Geschehensabläufe, die zur Aufgabenerfüllung erforderlich sind.

Demnach erfordert es jeder polizeiliche Anlass, neben anderen Einsatzmaßnahmen auch Aufklärung zu betreiben.

> Aufklärung ist die Erkenntnisgewinnung zur Fortschreibung des Lagebildes und flankierend zu allen polizeilichen Maßnahmen vorzunehmen.

Das sofortige weitere Vorgehen am Einsatzort basiert auf vorhandenen Informationen. Um erfolgreich vorzugehen, muss das Defizit zwischen vorhandenen und notwendigen Informationen ausgeglichen werden. Um notwendige und geeignete Maßnahmen zur Gefahrenabwehr und/oder zur Strafverfolgung zeitgerecht einleiten, durchführen und beenden zu können, sind anlassbezogene Informationen möglichst schnell und umfassend erforderlich. Das kann den Einsatz weiterer Polizeikräfte erfordern, z. B. die Alarmierung eines zivilen Einsatztrupps oder Kräfte der Bereitschaftspolizei.

11.4.3.6 Kriminalistische Beurteilung der Lage

Eine Beurteilung der Lage spielt sich mit jeder neuen Erkenntnis gedanklich im Kopf ab und sollte insbesondere an dieser Stelle der Ermittlungshandlungen durchgeführt werden, um sich so über das Ereignis und weitere „dringliche“ Maßnahmen im Klaren zu werden.
Die gedankliche Arbeit des Kriminalisten ist ein wichtiges Instrument jeder Untersuchung am Ereignisort. Sie dient unter anderem der Suche, Sicherung und Auswertung von Spuren und anderen kriminalistisch relevanten Veränderungen.

Dabei geht es darum, die bisher vorliegenden Informationen gedanklich zu verarbeiten, um so eine möglichst genaue Vorstellung vom Ereignis zu erhalten. Der Kriminalist stärkt oder revidiert bereits erstellte Tatversionen oder fasst diese erst komplett neu. Er wird versuchen den Tatablauf gedanklich zur Spurenentstehung zu rekonstruieren. In der Regel wird dies mit einer Ereignisortbegehung einhergehen.
Um eine möglichst klare Vorstellung von der Ausgangslage und den Veränderungen zu erhalten, scheint es sinnvoll, Geschädigte und Opfer hinzuzuziehen. Denn diese können Veränderungen benennen und meist ohne große Überlegungen auf Fragen des Ermittlers antworten. Erst dann wird er darüber entscheiden, wie bei der weiteren Tatortarbeit vorzugehen ist. Bei den weiteren Überlegungen sind die Kräfte des Erkennungsdienstes zu beteiligen, da sie über das notwendige Spezialwissen verfügen, um Spurenentstehung und deren Sicherung beurteilen zu können.

Der Kriminalist denkt sich in ein bestimmtes Ereignis hinein und überlegt, wie ein Täter vorgegangen ist, wo er wie welche Spuren verursacht haben könnte und führt anhand dieser Überlegungen seine weitere Ereignisortarbeit durch. Er wird Entscheidungen über weitere notwendige Kräfte, zur Methodik der Tatortuntersuchung und zu notwendigen Einsatzmitteln, wie den Einsatz eines Mantrailerhundes oder Fährtenhundes, treffen.

11.4.3.7 Einsatz des Fährtenhundes

Da ein Ereignisort bei der Spurensuche betreten werden muss, wodurch frühere Geruchsspuren vernichtet oder überlagert werden und neue tatzusammenhanglose Geruchsspuren entstehen, sollte der Einsatz eines Fährtenhundes vor der Spurensuche erfolgen. Die Entscheidung dazu wird bereits im Rahmen der Feststellung und Analyse der Ausgangslage getroffen. Der Fährtenhund kann Spuren nach dem Alter und dem Geruch unterscheiden. So kann ein Weg verfolgt werden, bei dem die Vegetation und Mikroorganismen im Boden durch den Schuheindruck beeinträchtigt werden, ohne dass der Geruch des Menschen durch das Schuhwerk auf den Boden gelangt.
Darüber hinaus kann der Hund dem Geruch des Spurenverursachers folgen, wenn er den Vergleichsgeruch kennt, z. B. das Taschentuch. Dies setzt aber voraus, dass das Schuhwerk den Eigengeruch des Menschen überträgt.

Günstige Bedingungen für den Einsatz eines Fährtenhundes sind ein möglichst kurzer Zeitraum zwischen dem Ereignis und der Einsatzzeit und eine geringe Verkehrsdichte (Fahrzeug- oder Personenaufkommen) im Einsatzbereich. Das Vorhandensein anderer Tiere kann den Geruchssinn des Hundes oder seine Psyche beeinflussen. Günstige Bodenbedingungen, wie weicher Boden, Acker, Wiese, Wald, und günstige Witterungsbedingungen, wie hohe Luftfeuchtigkeit, mäßige Luftbewegung und schwache Sonnenstrahlung erleichtern die Arbeit des Fährtenhundes.

11.4.4 Die Suche und Sicherung von Spuren

11.4.4.1 Allgemeines

Nachdem nun der Ereignisort gesichert und besichtigt wurde und sich der Kriminalist gedanklich ein erstes Bild gemacht hat, kann er zur Untersuchung der Örtlichkeit übergehen.
Die Untersuchung eines Ereignisortes wird im Wesentlichen von drei Aufgabenstellungen geprägt:

- Suche nach Spuren und materiellen Beweismitteln,
- Sicherung mit den technischen Verfahren, die den potentiellen Informationsgehalt der Spur bewahren,
- ihre operative Auswertung zum Erkennen unmittelbar nutzbarer Ermittlungsansätze.

Bezogen auf die Einzelspur erfolgen Spurensuche, -sicherung und Spurenbewertung nacheinander. Nach Abschluss der Spurensicherung erfolgt in der Regel eine operative Bewertung der Gesamtspurenlage.

Ziel der Spurensuche ist das Auffinden von Spuren zum Zweck der Rekonstruktion des Ereignisses, der Erlangung von Hinweisen zur Ermittlung unbekannter Täter und der Überführung oder Entlastung von Tatverdächtigen, also die Spur als Beweismittel gemäß § 94 StPO.

Zu Beginn der Spurensuche sollte sich der Kriminalist darüber im Klaren sein, dass es neben den Tatspuren, die im Zusammenhang mit der Begehung von Straftaten entstehen, noch Trugspuren und fingierte Spuren geben kann.

Trugspuren sind Spuren, die keinen Zusammenhang mit der eigentlichen Tat haben. Diese Spuren sind entweder vor oder nach der eigentlichen Tat hinzugefügt worden. Sie führen die Polizei (beispielsweise durch fingierte Spuren) absichtlich oder auch unabsichtlich in die Irre. Die Spuren können auch durch Umwelteinflüsse oder Tiere zum Tatort hinzukommen; den Tatort/Fundort schließlich verändern. Werden diese Spuren nicht als falsch erkannt, können sie bei der Tatotarbeit oder Spurenauswertung zu einem Trugschluss führen und die weitere Ermittlungsarbeit in die falsche Richtung lenken.
Die exakte Auswertung und Dokumentation der vorgefundenen Spuren unter Einbeziehung aller möglicher Einflussfaktoren ist zwingend erforderlich.

Ein bekanntes Beispiel für eine Trugspur ist die massenhafte Verunreinigung von DNA-Bakterietten. Man spricht auch vom „Heilbronner Phantom", da die Spur in mehreren Fällen, auch Tötungsdelikten, aufging. Schließlich stellte sich heraus, dass die Spurenverursacherin eine Mitarbeiterin des Verpackungsbetriebs *Böhm Kunststofftechnik* im oberfränkischen Tettau-Langenau war. Dort wurden die aus China importierten, hölzernen Wattestäbchen manuell auf Verschlussstopfen montiert und in Plastikröhrchen verpackt. Zwar trugen die Mitarbeiter Schutzkleidung, um die Wattestäbchen vor Verunreinigung zu schützen, ein DNA-freies Produkt sei jedoch nie gefordert gewesen.

Fingierte Spuren sind materielle Veränderungen, die in der Absicht verursacht worden sind von einem kriminalistisch relevanten Ereignis abzulenken und/oder eine Straftat vorzutäuschen.

Ein **Situationsfehler** liegt vor, wenn bei einer vorgetäuschten oder nachträglich verschleierten Tat Spuren gelegt werden, die sich nicht logisch in das Tatgeschehen einpassen (keine Schmauchspur an der Hand des Selbstmörders, obwohl Waffe in der Hand).

Der Kriminalist darf sich somit nicht nur auf den ersten Eindruck verlassen. Vielmehr muss er nach weiteren Spuren suchen und schließlich alle Spuren zusammen betrachten und bewerten. Auch sollte der Kriminalist die einzelnen Spuren und Spurenarten kennen. Sonst besteht die Gefahr, dass wesentliche Spuren nicht entdeckt werden, da nicht nach ihnen gesucht wird. Andererseits werden sie trotz Entdeckung zurückgelassen, da sich der Beamte nicht im Klaren darüber ist, dass es sich um relevante Spuren handeln könnte. Der weitere Ermittlungsverlauf kann hierdurch erheblich beeinflusst werden.

Beispielsweise können auch kleinste textile Spuren später als Vergleichsmaterial dienen. Durch sie könnte die frühere Anwesenheit einer Person an einem Ort bewiesen werden, womit solche Spuren erheblich zur Tataufklärung beitragen können. Ein Beamter, der die Existenz solcher Spuren nicht in Erwägung zieht oder den späteren Vergleich mit einem Textil nicht für möglich hält, wird große Schwierigkeiten haben, den zur Aufklärung einer Straftat benötigten Beweis zu finden.

11.4.4.2 Methodik der Spurensuche und -sicherung

Um eine Erfolg versprechende Spurensuche durchführen zu können, sollte zunächst der Tatablauf gedanklich rekonstruiert werden. Darauf basierend ist die Spurensuche durchzuführen, wobei latente (nicht sichtbare) Spuren mit geeigneten Mitteln sichtbar gemacht werden. Erkannte Spuren sind zu schützen und einzeln, als auch in ihrer Gesamtheit, zu fotografieren. Soweit erforderlich sind Spuren zu beschreiben und ihre Lage zueinander (z. B. ein Greifakt) zu skizzieren.

Erst jetzt ist die eigentliche Spur zu sichern, wobei darauf zu achten ist, dass Spuren durch Mitnahme des Originals zu sichern sind. Sollte dies nicht möglich sein oder zum Zweck außer Verhältnis stehen, so sind die erkannten Spuren mit geeignetem Spurensicherungsmaterial zu sichern. Nachdem die Spuren operativ ausgewertet wurden, sind sie so zu verpacken, dass sie weder zerstört noch anderweitig unbrauchbar gemacht werden können. Später sind diese zusammen mit dem Untersuchungsantrag zur Untersuchung einzusenden. Wichtig ist hierbei, dass der Weg der Spur nachvollzogen werden kann. Es muss von Auffinden der Spur bis zur Übergabe an damit befasste Personen lückenlos dokumentiert sein, wer wann wie Zugriff auf die Spur hatte. Dazu dienen Sicherstellungsprotokolle und Verwahrverzeichnisse.

Beispiel Staubmarken
Diese werden sichtbar, wenn ein Gegenstand von seiner Abstellfläche weggenommen wird. Am Abstellort wird kaum Staub zu sehen sein. Dagegen wird um die Abstellfläche herum viel Staub oder kurz nach dem Wischen kein Staub zu sehen sein. Es kann also nachvollzogen werden, ob dort ein Gegenstand aufgestellt war oder nicht.

11.4.4.3 Spurensuche

11.4.4.3.1 Suchmethoden

Methodisch werden bei der Spurensuche zwei Vorgehensweisen unterschieden, und zwar

- die systematische (objektive) und
- die heuristische (subjektive) Suchmethode.

Systematische Suchmethode
Bei der Anwendung der systematischen Suchmethode wird der gesamte Tatortbereich lückenlos nach Spuren der Tat abgesucht. Die Wahl der systematischen Suchmethode wird bevorzugt

- grundsätzlich bei Kapitalverbrechen oder
- in Fällen, in denen nur wenige Erkenntnisse über den Tatverlauf und das Vorgehen des Täters vorliegen.

Vor- und Nachteile der systematischen Suchmethoden
Bei den systematischen Suchmethoden wird ein Ereignisort umfassend und gründlich nach Spuren abgesucht. Die Wahrscheinlichkeit, dass viele Spuren gefunden werden ist recht groß. Allerdings sind systematische Suchmethoden sehr zeit- und/oder kräfteaufwendig.

Ein weiterer Nachteil besteht in der Beurteilung der Einzelspuren des großen Spurenaufkommens. Die Bewertung, ob diese relevant oder irrelevant sind, ist häufig problematisch. Das Erkennen der Zusammenhänge zwischen den Einzelspuren erfordert Erfahrung und Phantasie.

Systematische Suchmethoden sind für das Auffinden zunächst nicht erkennbarer Spuren (z. B. von Mikrospuren) nur bedingt geeignet. Sie werden meist angewendet, wenn

- keine oder nur sehr wenige Anhaltspunkte über den Tatverlauf und die Täterhandlungen vorliegen und der notwendige Ansatz für die heuristische Suchmethode nicht erkennbar ist,
- ein Ereignisort mit großer Ausdehnung abgesucht werden muss und die Handlungen des Täters nicht oder nur unsicher lokalisiert werden können,
- die Suche primär auf das Auffinden äußerlich erkennbarer Objekte, wie Tatwerkzeuge, Projektile von Waffen, Diebesgut usw. gerichtet ist.

Heuristische Suchmethode
Bei der Anwendung der heuristischen Suchmethode wird der Suchbereich auf den mutmaßlich oder erkennbaren spurentragenden Tatortbereich beschränkt. Dieses Vorgehen setzt voraus, dass der Kriminalist hinreichende Informationen über den Tatablauf und das Handeln des Täters hat.

Weil die Spurensuche am Handeln des Täters und an seinem Motiv orientiert ist, wird die Methode auch als „subjektiv“ bezeichnet.

Ausgangspunkt für die Spurensuche sind der Zu- oder Abgangsweg des Täters, Anfangs- oder auch Endpunkte seines Handelns (die Begehungsweise wird zurückverfolgt) oder offensichtliche, durch das Täterhandeln verursachte, signifikante Spuren oder Tatortveränderungen. Die Spurensuche erfolgt dort, wo der Täter sicher oder vermutlich gehandelt hat. Sie ist deshalb in starkem Maße selektiv angelegt.

Vor- und Nachteile der heuristischen Suchmethode
Das Vorgehen nach einem heuristischen Suchplan ermöglicht einerseits eine gezielte Spurensuche bei relativ geringem Kräfte- und Zeitaufwand.

Die Relevanz oder Irrelevanz von einzelnen Spuren kann präziser bewertet und bestimmt werden. Die Methode ist somit geeignet, auch nach nicht direkt wahrnehmbaren Spuren, wie latenten Spuren, zielgerichtet und vor allem erfolgversprechend zu suchen. Andererseits besteht die Möglichkeit, dass Tatablauf und Handeln des Täters vom Kriminalisten falsch beurteilt werden und sich die Begehungsweise anders dargestellt hat als vermutet.
Somit besteht die Gefahr, dass bei der Spurensuche von falschen Voraussetzungen ausgegangen wird und das Ergebnis lückenhaft und fehlerbehaftet ist. Der Kriminalist sucht dann schlichtweg an den falschen Orten.

Zusammenfassung beider Methoden
In der kriminalistischen Alltagspraxis sind systematische und heuristische Suchmethoden in „reiner“ Form selten sinnvoll. Situationsgerechtes Vorgehen erfordert häufig die flexible Kombination beider Methoden, indem je nach Tatortsituation und Erkenntnisstand zunächst systematisch entscheidende Spuren gesucht werden, die es gestatten, die weitere Suche dann heuristisch fortzuführen.

11.4.4.3.2 Suche nach latenten Spuren

Bei den so genannten latenten Spuren handelt es sich um visuell nicht sichtbare Spuren, welche erst mit Hilfsmitteln der Spurensuche oder bei der Auswertung im Labor, z. B. mittels Vergrößerung, sichtbar gemacht werden können. Latente Spuren sind insbesondere DNA-Suren, daktyloskopische Spuren und kleinste Materialspuren, wie Textil- und Werkzeugspuren.

Gerade diese Spuren haben meist einen hohen Beweiswert.

So gehören Fingerspuren (daktyloskopische Spuren) zu den wichtigsten personenidentifizierenden Spuren. Dies liegt an der Einmaligkeit und natürlichen Unveränderbarkeit der Papillarleistengebilde, welche sich an den Handinnenseiten und Fußunterseiten eines Menschen befinden. Jeder Mensch hinterlässt durch dieses Papillarleistengebilde seine eigene individuelle Fingerspur beim Anfassen von Gegenständen.

Fingerspuren müssen meistens am Ereignisort vor der eigentlichen Sicherung erst sichtbar gemacht werden. Dies kann, je nach Material, mittels Rußpulver oder Magna Brush (Eisenpulver) geschehen, indem diese Materialien auf eine Fläche, wo der Täter seine Spur hinterlassen haben könnte, aufgetragen werden. Dazu sind ein Zephirpinsel für Rußpulver und ein Magnetstab für Magna Brush zu verwenden. Dies gilt natürlich nicht für alle Materialien. So werden Papier, Klebebänder, die meisten Kunststoffe, Leder und Schusswaffen im Original gesichert. Später wird die Suche nach Fingerspuren an solchen Materialien im Labor mit geeigneten Verfahren durchgeführt.

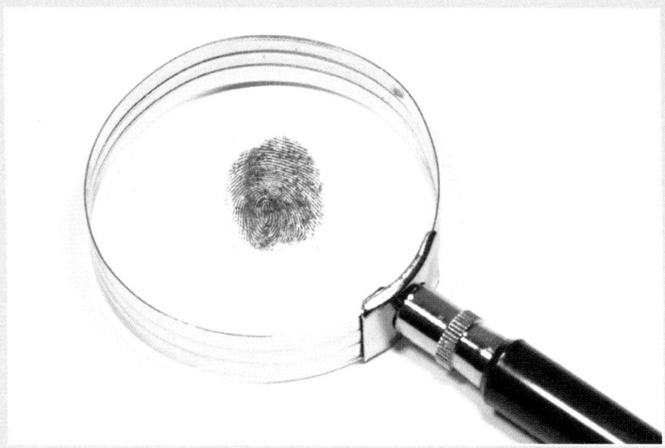

Abb. 11.12: Symbolbild Lupenvergrößerung Fingerabdruckspur.

Auch Blut, Speichel und Nasensekret haben einen großen Beweiswert für die Personenidentifizierung, da an diesen später eine DNA-Analyse durchgeführt werden kann. Auch die DNA eines Menschen ist mit Ausnahme von eineiigen Zwillingen einzigartig und kann somit zumindest die Anwesenheit einer bestimmten Person (außer eineiige Zwillinge) an einem Ort beweisen.
Oftmals wird gerade DNA-trächtiges Material mit dem bloßen Auge sichtbar sein, wie der Bluttropfen an der Wand oder die Sekretspur im Taschentuch. Es ist aber auch möglich, dass sich Blutspuren nicht auf den ersten Blick zeigen, wo dann Hilfsmittel bei der Spurensuche eingesetzt werden müssen.

Textile Mikrospuren können ebenfalls einen hohen Beweiswert besitzen. Durch sie kann nachgewiesen werden, dass sich ein bestimmtes Textil, z. B. blaue Jeans der Fa. X, an einem Ort befunden hat. Solche Spuren sind am Ort der Spurensicherung kaum sichtbar und müssen später im Labor mit einem Mikroskop gesucht werden. Daher sollten Gegenstände, auf welchen Textilspuren zu vermuten sind, im Original gesichert werden. Nur bei nicht transportablen Gegenständen kommt eine Sicherung mittels Abkleben des Spurenträgers in Frage.

Die Spurensuche an einem Ereignisort darf sich nicht nur auf das beziehen, was mit bloßem Auge erkennbar ist. Gerade nicht latente Spuren können später den Beweis der Täterschaft erbringen oder erheblich zur Aufklärung eines Ereignisses beitragen.

11.4.4.3.3 Einsatz von Hilfsmitteln bei der Spurensuche

Kriminalistische Spuren sind oft nur schwer aufzufinden (Fingerabdrücke, Sekrete). Um sie zu erkennen, zu sichern und auszuwerten, müssen sie sichtbar gemacht werden. Um der gerichtsfesten Beweisfindung, Beweissicherung und Beweisführung gerecht zu werden, bedient sich der Kriminalist entsprechender Hilfsmittel.

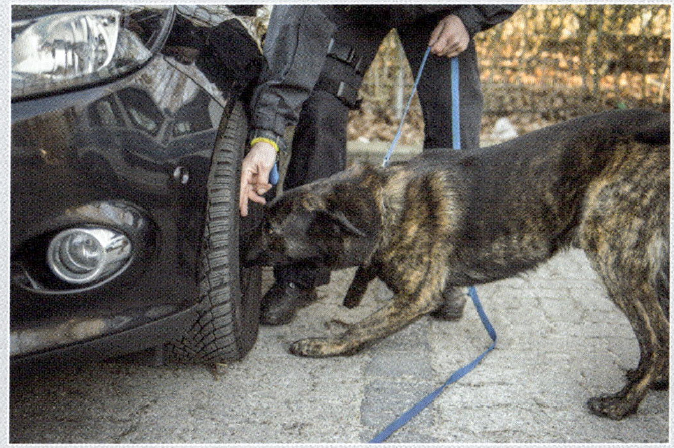

Abb. 11.13: Einsatz eines Rauschgiftspürhundes an einem verdächtigen Pkw.

Suchhunde

Neben dem Einsatz von Fährtenhunden, welche i. d. R. vor der eigentlichen Suche nach Spuren eingesetzt werden, besteht die Möglichkeit, anderweitig ausgebildete Hunde zum Zwecke der Spurensuche heranzuziehen. Insbesondere werden Suchhunde für Leichen, Drogen, Brandbeschleuniger oder Sprengstoffe regelmäßig im Rahmen der Tatortarbeit eingesetzt.

Auch Personenspürhunde, sog. Mantrailer, werden immer häufiger eingesetzt. Im Gegensatz zu den Fährtenhunden sind diese auch in der Lage, „Backtrails“ zu laufen – sie folgen also der immer schwächer werdenden Geruchsspur. Im Idealfall vom Fundort der Leiche zurück zur Wohnung oder dem Tatort.

Beleuchtung

Die Spurensuche muss oftmals an Orten erfolgen, welche nur schwach oder gar nicht beleuchtet sind. Um dennoch erfolgreich arbeiten zu können, bietet es sich an, Beleuchtungsmittel einzusetzen. Licht ist nicht nur Voraussetzung zum Sehen, es kann auch in verschiedenen Spektralbereichen eingesetzt werden, so dass seine Wirkung in Bezug auf bestimmte Spuren erhöht wird. Streulicht wird zur gleichmäßigen Ausleuchtung des Suchbereiches und Verhinderung von Reflexionen eingesetzt.
Reflektierendes Licht wird eingesetzt, um feine Metall- oder Glassplitter aufzufinden.
Zum Auffinden verborgener daktyloskopischer Spuren kann neben Rußpulver oder Magna Brush auch Fluoreszenzlicht eingesetzt werden, welches das Spurenmaterial zum Leuchten anregt. Durch Schräglicht können Unebenheiten besser hervorgehoben werden, wodurch z. B. Staubspuren auf glatten Flächen erkannt werden können. Hierbei muss die Lichtquelle fast parallel zum Spurenträger gehalten werden.

Metalldetektoren
Detektoren sind Geräte zum Nachweis elektromagnetischer Elementarteilchen oder atomarer Strahlung. In der Kriminalistik sind insbesondere die Geräte von Bedeutung, die Metalle nachweisen. Sie können z. B. beim Auffinden von vergrabenen Waffen, Munition oder Tatwerkzeugen eingesetzt werden.

An dieser Stelle sei auf die Bedeutung eines vorhandenen, aufgeräumten und vollständigen Spurensicherungskoffers hingewiesen. Diese Koffer sind nahezu in jedem Funkwagen als fester Ausrüstungsbestand enthalten. In ihnen sind Hilfsmittel für die Spurensuche enthalten, die bei den häufigsten Fällen des kriminalistischen Alltags benötigt werden. So sind z. B. Rußpulver, Magna Brush, Pipettenfläschchen zur Sicherung von DNA-Spuren und Silicon-Abformmasse zur Sicherung von Werkzeugspuren im Koffer enthalten. Von ausschlaggebender Bedeutung ist, dass diese Koffer stets vollständig und sauber sind.

Daher sollten die Koffer, wie alle anderen Funk- und Einsatzmittel, zu Dienstbeginn überprüft werden und ggf. mit fehlenden Spurensicherungsmaterialien aufgefüllt werden.

11.4.4.4 Spurenschutz

Nachdem eine Einzelspur erkannt wurde und aus zwingenden Gründen, z. B. drohende Vernichtung von Spuren, keine Notsicherung erforderlich ist, erfolgt die Sicherung aller Spuren erst nach Beendigung ihrer Suche am gesamten Ereignisort. Die schrittweise Sicherung von einzelnen Spuren im Verlauf der Tatortuntersuchung und die damit verbundenen Aktivitäten würden immer die Gefahr in sich bergen, noch nicht gefundene Beweismittel zu beschädigen oder zu vernichten.
Daher ist es wichtig, einzelne Spuren bis zu ihrer Sicherung vor Vernichtung oder Beschädigung, z. B. durch Umwelteinflüsse oder menschliches Fehlverhalten, zu schützen.

So kann vorsorglich über eine aufgefundene Zigarettenkippe ein herumstehendes oder eigens dafür mitgeführtes Gefäß (Glas, Topf) gelegt werden. Gleiches bietet sich bei aufgefundenen Schuhabdruck- und Schuheindruckspuren an. Sonst kann es leicht passieren, dass der Spurensuchende oder ein anderer auf die Spur tritt und diese unbrauchbar macht.

11.4.4.5 Spurenmarkierung

Spurenschutz wird durch eine deutliche Markierung der Spur unterstützt, wobei Sinn und Zweck der Markierung der späteren Sicherung und der Zuordnung von Spuren dient. Eine häufig verwendete Methode liegt im Aufstellen von Nummerntafeln an den aufgefundenen Spuren. Diese können fortlaufend oder systematisch, z. B. nach Bereichen, durchnummeriert sein. Diese Methode vereinfacht die spätere Dokumentation erheblich, da hier auf gefertigte Fotos, Skizzen und den Beweismitteln zugeordnete Nummern verwiesen werden muss. Sollten keine Nummerntafeln zur Verfügung stehen oder unvorteilhaft sein, so können Spuren auch mittels Kreide, Sprühfarbe oder sonstigen Stiften eingezeichnet werden.
Häufig wird diese Methode im Bereich der Verkehrsunfallaufnahme angewendet. Bei Verkehrsunfällen ohne Straftatverdacht oder ohne schwer verletzte/getötete Personen werden die Unfallstellen in der Regel zeitnah nach dem Ereignis geräumt. Um später die Standorte

Abb. 11.14: Entstehung von Schuhabdruckspuren im Schnee, Notsicherung bei anhaltendem Schneefall bei Tatortaufnahme u. U. notwendig.

der Fahrzeuge ausmessen zu können, sollten vorher die Standorte der Fahrzeuge und sonstige Spuren (Fahrzeugteile) eingezeichnet werden. Aber auch nach anderen Ereignissen werden häufig Spuren, wie Patronen nach einer Schussabgabe in der Öffentlichkeit, eingezeichnet und so ihre Lage markiert.

11.4.4.6 Lichtbildaufnahmen und Videografie

Lichtbildaufnahmen

Die Aufgabe der Tatortfotografie ist es, den Zustand und die Verhältnisse am Ereignisort und/oder in dessen Umgebung sowie vorhandene Spuren fotografisch zu sichern. Sie dient dazu, die Situation am Ereignisort zu erfassen, festgestellte Spuren fotografisch zu sichern und die Lage von Spuren zu anderen Sachbeweisen zu dokumentieren. Des Weiteren können so Zusammenhänge im Rahmen der Dokumentation der Arbeit am Ereignisort dargestellt werden, indem sie ein verbindendes Element zur Beschreibung des Ereignisortes im Tatortbefundbericht bzw. zur bildlichen Darstellung in Skizzen/Zeichnungen ist.

In der Regel eignen sich Digitalkleinbildkameras, da sie sofort das fertige Bild liefern, wodurch schon vor Ort überprüft werden kann, ob die Aufnahme gelungen ist. An Ereignisorten, bei denen die „normale“ Fotografie nicht ausreichend erscheint, wie z. B. Tatorte von Kapitalverbrechen, sind zur Fotografie Spezialisten der Kriminaltechnik heranzuziehen. Hierbei handelt es sich regelhaft um den Erkennungsdienst der zuständigen Behörde, die Tatortgruppen der LKÄ oder des BKA. Manchmal helfen sogar Pressefotografien, wenn sie früh angefertigt wurden und Veränderungen vor Eintreffen der Polizei dokumentieren.
Im Rahmen der Fotografie an einem Ereignisort werden zunächst Orientierungsaufnahmen, welche einen Überblick über die Lage des Ortes zu seiner Umgebung geben, beispielsweise zu benachbarten Gebäuden, Straßen und Grundstücken, gefertigt. Anschließend sind Übersichtsaufnahmen zu fertigen, damit der Gesamteindruck vom Ereignisort festgehalten wird.

Dies kann auch von erhöhter Stelle oder ggf. aus dem Hubschrauber heraus erfolgen. Dabei ist zu beachten, dass der Rotor in Bodennähe erhebliche Veränderungen am Spurenmaterial verursachen kann. Sollte es aus räumlichen Gründen nicht möglich sein, den gesamten Ort auf einem Bild zu erfassen, werden Teilübersichtsaufnahmen gefertigt, die es gestatten, einen exakten Überblick über Teilbereiche des Ortes (Handlungsorte des Täters) zu erhalten. Danach erfolgen Detailaufnahmen, worunter Aufnahmen einzelner relevanter Spuren, Teile von Spuren, Gegenständen und Veränderungen zu verstehen sind.
So sollen vor allem Zusammenhänge zwischen angetroffenen Veränderungen, wie vom Täter zurückgelassenes Werkzeug oder umgeworfene Gegenstände, vermittelt werden. Manche Spuren, wie Situationsspuren, können ausschließlich fotografisch und nicht mittels anderer Verfahren gesichert werden.

Videografie
Seit einiger Zeit hat neben der Fotografie insbesondere die Videografie am Ereignisort an Bedeutung gewonnen. Mit ihrer Hilfe ist es möglich, noch andauernde dynamische Prozesse am Ereignisort anschaulich und beweiskräftig zu dokumentieren. Die Technik ermöglicht es, fließend von Orientierungs-, Übersichts-, und Teilübersichtsaufnahmen zur Spurenfotografie überzugehen und Detailaufnahmen zu fertigen. Durch die dokumentarische Erfassung dynamischer Prozesse können Handlungs- und Bewegungsabläufe sowie Folgen von Straftaten in ihrer Komplexität dargestellt werden.

Die Aufnahmen können sofort wiedergegeben und somit für das weitere taktische Vorgehen bei der Spurensuche und Spurensicherung genutzt werden. Durch synchrone Bild-/Tonaufzeichnung bietet die Videografie die Möglichkeit, den wesentlichen Teil der Erhebung des objektiven Tatbefundes sprachlich originär und bildhaft zu dokumentieren.
Gerade für die Justiz (Staatsanwalt, Richter) ist es von Bedeutung, sich einen Überblick über den Tatort oder Fundort verschaffen zu können. Dabei hilft das Video.

3D-Scanner
Zur Tatortbefunderhebung kommen immer häufiger 3D-Laserscanner zum Einsatz. Bei Tatorten von Kapitalverbrechen eignen sich die Geräte sehr gut, um den engeren Tatort rekonstruierbar zu erfassen.

Besondere Vorteile des Geräteeinsatzes sind:
- Zeitsparende, schnelle, einfache und vollständige Erfassung des Tatortes oder der Unfallstelle.
- Reproduzierbare 3D-Dokumentation im Handumdrehen.
- Authentische, vollständige und präzise 3D-Abbildung der Realität.
- Einfache Umwandlung der erfassten Szenen in Ortophotos und CAD.
- Durch das integrierte GPS lassen sich die Scanpositionen exakt und einfach bestimmen.
- Exakte digitale und dreidimensionale Erfassung mit einem hohen Detaillierungsgrad.
- Digitale Daten stehen immer zur Verfügung, auch wenn es den Unfallort/Tatort nicht mehr gibt (Nachmessungen).
- Einfaches und sicheres Teilen der Scan-Daten mit Dritten (Sachverständige, Anwälte) per Scene WebShare Cloud.

Abb. 11.15 (links): Spheron-HDR-Kamera
Abb. 11.16 (rechts): Spheron-Kamera

Auch die vollsphärischen Kameras (integriert in die neueren Laserscanner oder wie eingangs aufgeführt als Spheron-HDR-Kamera, LizardQ oder PixPlorer), liefern Bilder des Tatortes, die in der Regel problemlos im Gerichtssaal gezeigt werden können. Sie bringen den Tatort im Maßstab 1:1 in den Saal.

11.4.4.7 Beschreibung und Zeichnung von Spuren

Der Fotografie folgt die genaue Beschreibung der Spur. Aussehen, Lage etc. sind exakt zu beschreiben, bevor die eigentliche Sicherung der Spur beginnt. Hierzu dienen der Spurensicherungs-, der Tatortbefundbericht oder der Leichenbefundbericht.

Beispiel:
Ein Beschuldigter eines Tötungsdeliktes behauptet in seiner Vernehmung, dass er die Flasche während der Streitigkeiten mit dem Getöteten bereits in der Hand hielt und daraus trank. Als er durch den Getöteten provoziert wurde, schlug er die Flasche im Affekt gegen dessen Kopf. Im Rahmen der Tatortbefundaufnahme wurden Fingerspuren an der Flasche aufgefunden und der sog. Greifakt skizziert und beschrieben. Die

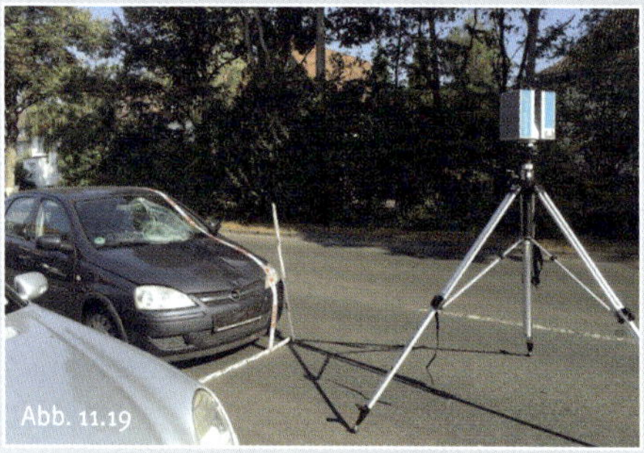

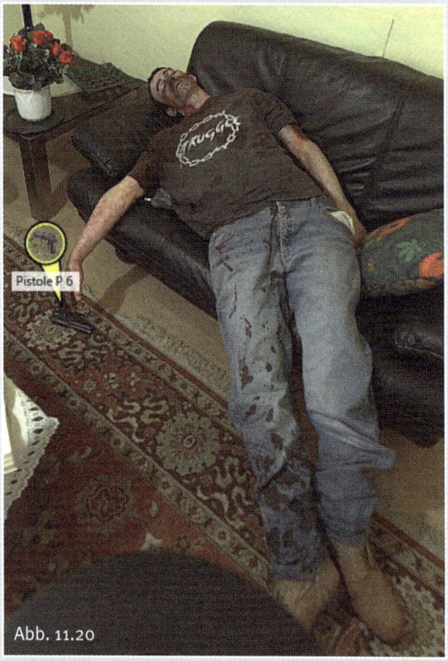

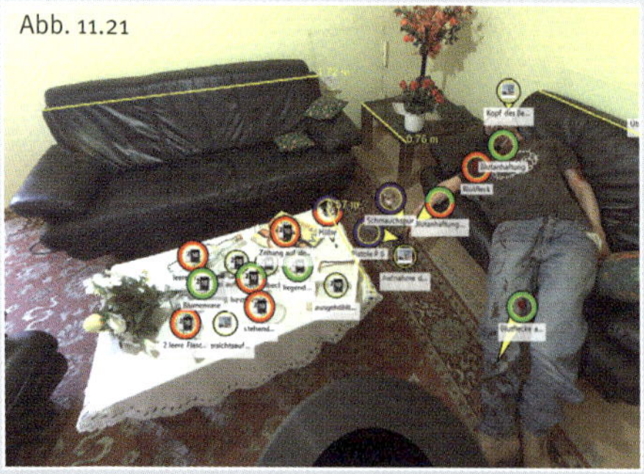

Abb. 11.17: Scanner Hannover, eingesetzt bei UV-Aufnahme.
Abb. 11.18: Scanner Hannover.
Abb. 11.19: Scanner Hannover.
Abb. 11.20: Übungstatort.
Abb. 11.21: 3D-Aufnahme am Übungstatort.

nun herangezogene Skizze zeigt eindeutig, dass der Beschuldigte die Flasche nicht mit der Öffnung nach oben hin anfasste, sondern dass die Öffnung nach unten zeigte (Daumen weit entfernt von der Öffnung; kleiner Finger nah an der Öffnung). Diese Griffsituation ist eindeutig nicht zum Trinken aus einer Flasche geeignet, womit die Aussage des Beschuldigten widerlegt wäre.

Planzeichnungen und Skizzen

Planzeichnungen und Skizzen können die Beschreibung der Spurenlage unterstützen.
Die Planzeichnung ist eine maßstabsgerechte Zeichnung vom Ereignisort. Sie stellt hohe Anforderungen an die Exaktheit der zeichnerischen Darstellung. Hierbei ist zu beachten, dass die Messdaten in die Skizze aufzunehmen sind.

Bei Tatorten in geschlossenen Räumen wird eine Kreuzprojektion gefertigt. Vereinfacht dargestellt, muss man sich den Raum als Karton vorstellen, der nach allen Seiten auseinandergefaltet wird und nun die Form eines Kreuzes hat. In diese Kreuzprojektion können alle Gegenstände und die Maße in der Draufsicht und in der Seitenansicht eingetragen werden.
Sollte die umrisshafte Skizzierung eines Ereignisortes für die Dokumentation genügen, so ist nur eine Skizze, also eine nicht maßstabsgerechte zeichnerische Darstellung, zu fertigen.

11.4.4.8 Spurensicherung

Nachdem aufgefundene Spuren markiert, fotografiert, beschrieben und ggf. skizziert wurden, erfolgt jetzt die eigentliche Spurensicherung, wobei Spuren grundsätzlich im Original zu sichern sind.
Die Sicherung der Spur durch Mitnahme (u. U. Beschlagnahme) des Spurenträgers ist insofern besonders günstig, als dass die Spur im Originalzustand zur Verfügung steht und Datenverluste durch Veränderung der Spur weitgehend ausgeschlossen werden können. Allerdings ist es vielfach nicht möglich, die Spur mit dem Spurenträger zu sichern.

Wie bereits festgestellt, lassen sich einige Spuren weder im Original noch als Kopie sichern. Diese sind dann zumindest durch Lichtbildaufnahmen und/oder Beschreibung zu sichern.
Andere Spuren sind nach ihrer Art, Eigenschaft und dem Träger mittels entsprechender Spurensicherungsmitteln zu sichern. Bei dieser kriminaltechnischen Spurensicherung ist es besonders wichtig, die Sicherungsmethode anzuwenden, die den Informationsgehalt der Spur optimal bewahrt.
So werden beispielsweise mittels Rußpulver oder Magna Brush sichtbar gemachte Finger- und Handflächenabdrücke mit Spurensicherungsfolie gesichert. Werkzeugspuren werden mittels 2-Komponentenabformmasse gesichert. DNA-Spuren sind mit einem angefeuchteten Wattestäbchen zu sichern. Es gibt aber auch selbsttrocknende Watteträger, die eben sofort verschlossen und versiegelt werden können.

Auch die Aufzählung der Spurensicherungsmittel kann, ähnlich der Hilfsmittel bei der Spurensuche, nur beispielhaft sein, da der Rahmen der Arbeit sonst nicht eingehalten werden könnte. Jedem sollte aber deutlich geworden sein, dass eine umfassende Kenntnis der entsprechend anzuwendenden Spurensicherungsmittel und Methoden vorausgesetzt sein muss. Nur dann kann eine erfolgreiche Spurensicherung durchgeführt werden.

11.4.4.8.1 Konkurrierende Spurensicherung

> „Bietet eine Spur verschiedene Möglichkeiten der Beweisführung, so ist zu prüfen, ob die Sicherung die Auswertung aller Möglichkeiten zulässt. Ist dies nicht der Fall, so hat die Entscheidung für den höheren Beweiswert zu erfolgen."

Als Beispiel wäre ein mit Blut verursachter Fingerabdruck zu nennen. Hier könnte einerseits das Material des Blutes (DNA) gesichert, andererseits die Formung der Papillarlinien (die Fingerabdruckspur) sichtbar gemacht werden. Das Problem entsteht, weil die beiden Sicherungsmethoden die jeweils andere Art der Spur zerstört. Das Abkratzen des Blutes ermöglicht dessen chemische Analyse, zerstört aber die Form des Fingerabdrucks. Das Sichtbarmachen des Fingerabdrucks beeinträchtigt die chemische Zusammensetzung des Blutes und macht es für eine Analyse unbrauchbar. Generell ist in solch einem Fall zunächst die Gesamtsituation zu analysieren. Welche Spur besser gesichert werden kann und welche den größeren Beweiswert hat, ist ggf. mit Spezialisten abzusprechen. Daktyloskopische Spuren können im Zweifel auch per Fotobeweis gesichert und ausgewertet werden.

11.4.4.8.2 Operative Auswertung aufgefundener Spuren am Ereignisort

Um weitere Erkenntnisse über die Vorbereitung und die Planung der Tat sowie das Tatgeschehen und den Handlungsablauf zu gewinnen, sind alle aufgefundenen Spuren und bisher gewonnenen Informationen zu beurteilen, also operativ auszuwerten.

> „Die Ziele der operativen Auswertung von Spuren bestehen darin, dass
>
> - eine Relevanzprüfung der vorgefundenen Spuren durchgeführt wird,
> - Anhaltspunkte für Versionsbildung und Untersuchungsplanung gefunden werden,
> - Anhaltspunkte für die Feststellung weiterer Spuren zu finden sind,
> - Anhaltspunkte für die Beschaffung von Vergleichsmaterial gegeben werden,
> - Anhaltspunkte für den Ausschluss von Tatortberechtigten festgestellt werden,
> - eine Präzisierung für die Sachverständigenanforderung vorgenommen werden kann,
> - neue Ermittlungsrichtungen festgelegt werden können,
> - Anhaltspunkte für fahndungsrelevante Informationen gefunden werden."

So kann beispielsweise im Rahmen der operativen Auswertung an einem Einbruchstatort, mit aufgefundener großer Blutlache, gefolgert werden, dass sich ein Täter verletzt haben muss und sich daher in ärztliche Behandlung begeben haben könnte. Hier wären dementsprechend Ermittlungen bei in der Umgebung befindlichen Krankenhäusern durchzuführen.

11.4.5 Verpackung der Spur

Grundsätzlich sind Spuren mit Spurenträger zu asservieren. Davon darf nur ausnahmsweise abgesehen werden, wenn der Gegenstand nicht transportabel ist oder nicht transportabel gemacht werden kann, oder eine Verpackung aus Gründen der Verhältnismäßigkeit nicht in Frage kommt.

Die Asservierung muss die Spur vor Verlust, vor Zerstörung, und vor Spurenübertragung schützen. Das Verpackungsmaterial muss so beschaffen sein, dass die Spur nicht chemisch und nicht mechanisch verändert wird. Tat- und Vergleichsmaterial ist stets voneinander zu trennen und auch jeweils als solches zu kennzeichnen.

Diese Grundsätze gelten bereits für die Fahrt vom Ereignisort zur Dienststelle. Somit ist bereits bei der Anfahrt zu einem Ereignisort mit eventuell durchzuführender Spurensuche, geeignetes Verpackungsmaterial mitzuführen.

Die Verpackungen sind zu kennzeichnen. In jedem Fall ist die entsprechende Vorgangsnummer, der Versender und der Empfänger auf der Verpackung zu vermerken.
Sollten sich in Verpackungen Spuren befinden, die bei Öffnung beschädigt oder vernichtet werden könnten, so sind diese dementsprechend auffällig zu kennzeichnen (**ACHTUNG SPURENTRÄGER**).

Beispielsweise ist die Verpackung bei zu erwartenden Fingerabdruckspuren mit dem gut lesbaren und großen Schriftzug „Fingerabdruckspuren" zu versehen. Gleiches gilt für Verpackungen mit gefährlichem Inhalt, wie scharfkantigen Werkzeugen oder Messern.
Hier sollte z. B. der Schriftzug „Inhalt: Scharfes Messer" für jeden gut und auf den ersten Blick sichtbar auf der Verpackung vorhanden sein. Zusätzlich sind solche Gegenstände so zu verpacken, dass Verletzungen Dritter ausgeschlossen sind. So ist eine Klinge, nach DNA-Spurensicherung, zu verkleben oder mehrfach mit Papier zu umwickeln.

11.4.6 Sicherung von Vergleichsmaterial

Vergleichsmaterial wird mit einer am Ereignisort vorgefundenen Spur verglichen. So wird z. B. die Hebelspur an der Einstiegstür mit dem später gefundenen mutmaßlichen Tatwerkzeug oder die an der Scheibe haftenden Fingerabdrücke mit denen des Tatverdächtigen verglichen. Ziel ist es, die Übereinstimmung zwischen Tatspur und Spurenverursacher herzustellen.

Vergleichsmaterial kann aber auch von befugten Spurenverursachern erforderlich sein. Dies können tatortberechtigte Personen, Zeugen, hilfeleistende Personen (Notarzt, Rettungsdienst, Feuerwehr) oder eingesetzte Ermittlungsbeamte sein, welche ihre Fingerabdrücke, DNA oder andere Spuren am Ereignisort hinterlassen haben. Um am Ereignisort gesicherte Spuren dem Ereignis zuzuordnen oder sie als irrelevant (Trugspuren) zu klassifizieren, ist es notwendig solches Vergleichsmaterial bei den entsprechenden Personen zu sichern.

Beispielsweise könnten an einem Safe in einem Büro, bei der Spurensuche nach einem Einbruch in dieses Büro, diverse Fingerabdruckspuren aufgefunden werden. Um herauszufinden, ob die Spuren vom Täter hinterlassen wurden, sollte eine verantwortliche Person danach befragt werden, welche berechtigten Personen den Safe vor oder nach der Tat berührt haben könnten. Von den genannten Personen sind anschließend Vergleichsfingerabdrücke zu nehmen. Nur so können die aufgefundenen Fingerabdruckspuren durch einen späteren Vergleich mit den Vergleichsfingerabdrücken der Tat zugeordnet oder als Trugspuren klassifiziert und ausgesondert werden.

Das gesicherte Vergleichsmaterial ist als solches zu kennzeichnen und dem Vorgang beizulegen, bzw. zur Auswertung einzusenden. Auch hier gelten die Grundsätze der Spurenverpackung.

Die rechtlichen Voraussetzungen werden auf den Seiten 428 ff. umfassend vorgestellt.

11.5 Durchsuchung zur Beweismittelsuche in Gebäuden und Geländeteilen

Gemäß PDV 100 ist die Durchsuchung eine planmäßige, lückenlose Suche nach Personen, Tieren, Sachen, Daten oder Spuren. Sie dient insbesondere dem Ergreifen von Verdächtigen, dem Auffinden und Sichern von Beweismitteln, dem Auffinden von flüchtigen, vermissten, verletzten Personen oder von Leichen /-teilen, dem Auffinden von gefahrbringenden Gegenständen, wie Handgranaten oder sonstigen Sprengmitteln und Waffen.

11.5.1 Allgemeine Grundsätze

Größere Durchsuchungen sind sorgfältig und systematisch vorzubereiten. Aber auch kleinere bzw. ad hoc erforderliche Durchsuchungen sollten grundsätzlich nicht unvorbereitet durchgeführt werden. Je nach Lage sind hierzu alle verfügbaren Informationen, wie z. B. über Personen, Objekte, oder Geländeeigenarten zu beschaffen und auszuwerten. Erforderlichenfalls sind Durchsuchungen mit der Staatsanwaltschaft, Fachdiensten und Objektverantwortlichen abzustimmen. Der Grundsatz der Geheimhaltung, ggf. auch den eigenen Kräften gegenüber, ist Voraussetzung für eine überraschende Durchsuchung und ist im Einzelfall zu prüfen. Die Durchsuchung ist unter Beachtung von Zeitpunkt, Kräftegliederung, Anfahrt, Vorgehen usw. zu planen.

Insbesondere sollte geregelt werden, ob der zu durchsuchende Ort vor der Durchsuchung freigemacht und/oder freigehalten werden soll. Das Freimachen erfolgt in der Praxis meist durch Räumung. Dies kann durch selbstständiges Ansprechen, Lautsprecherdurchsagen oder durch speziell dafür angeforderte Kräfte geschehen. Sofern dies geschehen ist, sollte dafür gesorgt werden, dass der Bereich nicht mehr betreten wird. In der Regel wird hierfür das Anbringen von Absperrband genügen. Nur im Ausnahmefall, z. B. beim Vorhandensein von vielen Schaulustigen oder Pressevertretern, empfiehlt es sich, dass hierzu Personal eingesetzt wird. Durchsuchungskräfte sind vor Beginn genau in die zu durchsuchenden Abschnitte oder in ihre Einsatzabschnitte einzuweisen. Somit wird vermieden, dass Räumlichkeiten mehrfach oder versehentlich gar nicht durchsucht werden. Vor der Durchsuchung ist zu klären, wie sich die Kräfte beim Auffinden von Gegenständen, insbesondere beim Auffinden einer gesuchten Spur, zu verhalten haben. Beispielsweise könnte dies bei der Durchsuchung eines Waldstücks durch lauten Zuruf und Halten der Durchsuchungskette geschehen.

Gerade längerfristig geplante Durchsuchungen machen es wegen der fehlenden „Gefahr im Verzug" erforderlich, Durchsuchungsbeschlüsse einzuholen. Um dann sorgfältig und systematisch planen zu können, sollte dies rechtzeitig geschehen.

Bei vermuteter Anwesenheit der Täter oder ihnen nahe stehenden Personen ist ein Überraschungseffekt anzustreben, wobei das verdeckte Heranführen der Einsatzkräfte zweckmäßig sein kann. Somit kann die Beseitigung und Vernichtung von belastendem Material verhindert werden.
Muss ein Täter ohne Spurenschutz zügig festgenommen werden, ist der Einsatz eines Diensthundes zu prüfen. Der Einsatz des Polizeihubschraubers ist hilfreich, wenn sich Täter oder Opfer in einem großflächigen Gebiet aufhalten, z. B. Wald oder Feld.

11.5.2 Durchsuchung von Gebäuden und Wohnungen

Gebäudedurchsuchungen sind systematisch durchzuführen. Es ist zweckmäßig

- Gebäude von oben nach unten, von Stockwerk zu Stockwerk,
- von Raum zu Raum,
- Räume im Uhrzeigersinn,
- größere Räume sektorenweise,
- größere Gebäude abschnittsweise,
- Wasserfahrzeuge und Gebäude mit „Minusebenen" von unten nach oben zu durchsuchen.

Anlassbezogen kann von diesen Grundsätzen je nach Situation abgewichen werden. Beispielsweise wird dies bei einem hohen Spurenaufkommen im Treppenhaus und gleichzeitig hoher Gefahr der Spurenvernichtung beim Betreten des Hauses erforderlich werden. In diesem Fall sollte die Spurensuche und Spurensicherung von unten nach oben erfolgen. Gleiches gilt bei konkreten Hinweisen auf bestimmte Räume oder bei der Androhung von Anschlägen.

Auch bei der Tatortbefundaufnahme eines Einbruchsdiebstahls wird eine gut durchdachte Spurensuche am Briefkasten beginnen und im äußersten Zimmer der Wohnung enden.
Hierbei sei darauf hingewiesen, dass Verschlusssituationen von Türen und ggf. Fenstern festzustellen sind, wobei die Verschlusssituation vor der Tat vom Geschädigten zu erfragen ist.
Die Durchsuchung einer Wohnung sollte im Uhrzeigersinn erfolgen. Stehen zur Durchsuchung mehrere Beamte zur Verfügung, ist eine sektorenweise Aufteilung, hier pro Beamter ein Zimmer, sinnvoll. Somit kann ausgeschlossen werden, dass Zimmer nicht durchsucht werden oder dass sich die Beamten im Zimmer gegenseitig auf die Füße treten. Gerade kleinere Zimmer können oftmals mit vielen Möbelstücken und sonstigem Hausrat überfüllt sein. Um hier nicht den Überblick zu verlieren, ist es besonders wichtig, systematisch vorzugehen. Wie bereits oben erwähnt ist die Durchsuchung, hier im Rahmen der Beweismittelsuche, im Uhrzeigersinn durchzuführen. Größere Schränke sollten dann von oben nach unten oder von unten nach oben durchsucht werden.

Da sich Verstecke und/oder Spuren einer Tat an den seltsamsten Orten befinden können, sollte beim Betreten eines Zimmers immer ein Blick an die Zimmerdecke gerichtet werden. Des weiteren sollte, je nach gesuchtem Beweismittel, mit Verstecken unter dem Teppich, auf dem Balkon, im Keller, auf dem Dachboden oder im Erdreich in der Nähe der Wohnung gerechnet werden.

Bei der Suche nach Verdächtigen ist bereits vor Beginn der Durchsuchung, soweit möglich während einer längerfristigen Planungsphase, zu beurteilen, ob Spezialkräfte, wie SEK oder Beamte einer Einsatzhundertschaft, heranzuziehen sind. Dies gilt insbesondere dann, wenn mit Bewaffnung von Verdächtigen zu rechnen ist oder es Hinweise auf Neigungen zu Gewalttaten der gesuchten Personen gibt. Insbesondere eine Hausdurchsuchung sollte für das polizeiliche Gegenüber unvorbereitet stattfinden. Gegebenenfalls ist schlagartig, auf ein zuvor gewähltes und allen Einsatzkräften bekanntes Stichwort, eine äußere und/oder innere Absperrung einzunehmen. Erst dann sind die eigentlichen Durchsuchungskräfte an das Objekt heranzuführen. Die Durchsuchung von Wohnungen sollte dann durch sog. Durchsuchungsteams stattfinden. Die Teams sollten sich vorher darüber abstimmen, wer einzelne Räume betritt und wer als Sicherungsbeamter vor den bereits durchsuchten oder noch undurchsuchten Räumen im Flur bleibt.

Um sich vorher einen Überblick über den Grundriss der Wohnung und die Anzahl der Räume zu verschaffen, sollten bei kurzfristigen Aktionen darüber oder darunter liegende Wohnungen besichtigt werden. Bei längerfristig geplanten Durchsuchungen kann beispielsweise ein Bauplan mit dem Grundriss der betreffenden Wohnung bei der zuständigen Wohnungsbaugesellschaft oder über die Leitstelle angefordert werden.

11.5.3 Durchsuchung von Geländeteilen

Eine Abschnittsbildung richtet sich nach Kräftelage und Größe des Durchsuchungsbereichs. Hierbei sind Wege, Schneisen und Freiflächen für abschnittsweises Vorgehen bzw. auch zum Ordnen der Kräfte zu nutzen. In der Regel wird die Absuche von Geländeteilen systematisch unter Nutzung einer so genannten Polizeikette durchgeführt, wobei der Anschluss grundsätzlich nach rechts zu halten ist und sich die Geschwindigkeit nach dem langsamsten Glied richtet. Sofern die Durchsuchung in einem Waldgebiet stattfindet, sind Baumbeobachter, welche ständig nach oben schauen und in den Baumkronen nach Gegenständen suchen, einzusetzen.
Insbesondere sind Form, Bewuchs, Begrenzung und Bebauung des Geländes, aber auch Licht- und Sichtverhältnisse, sowie der Stand der Sonne, zu berücksichtigen. Auch die Windrichtung beim Einsatz von Diensthunden und eine mögliche Eigengefährdung und die Gefährdung von unbeteiligten Personen spielen eine wesentliche Rolle und dürfen daher nicht unberücksichtigt bleiben.

Die Durchsuchungsrichtung ist unter Berücksichtigung dieser Faktoren eindeutig festzulegen, wie z. B.

- zur schmalen Seite hin (eine Kräftereduzierung ist leichter zu vollziehen, als das Verstärken der Kette während der Durchsuchung),
- von Ortschaften weg (in Richtung von Ortschaften nur, wenn nicht mit Schusswaffengebrauch zu rechnen ist),
- zum übersichtlichen Gelände hin (Deckungs- bzw. Versteckmöglichkeiten zuerst durchsuchen; insbesondere wenn mit bewaffnetem Widerstand zu rechnen ist, sind diese Gebiete vorzugsweise von Spezialeinheiten zu durchsuchen),
- mit der Sonne im Rücken,

- bergab (insbesondere bei der Suche nach Rechtsbrechern; bei der Suche nach Leichen, Sachen, Beweismitteln und Spuren, kann auch bergauf durchsucht werden),
- beim Einsatz des Diensthundes gegen den Wind (Aufnehmen und Halten von Fährten)
- bei möglichem Schusswaffeneinsatz nicht aus mehreren Richtungen (Kreuzfeuer).

Wird ein Gegenstand gefunden, so ist dies durch einen lauten Ruf „Fund" bekannt zu geben, worauf die Polizeikette zunächst anhält. Hierbei bleibt jeder Beamte auf seiner Position stehen und läuft nicht einfach zum Fundort. Nachdem der aufgefundene Gegenstand oder die gefundene Spur entsprechend gesichert oder zunächst nur markiert und geschützt wurde, ist die Durchsuchung fortzusetzen. Ggf. ist ein Sicherungsbeamter am Fundort zurückzulassen.

Begriffsbestimmung

Unter dem Begriff der Kriminaltechnik sind alle Erkenntnisse und Maßnahmen zusammengefasst, die sich mit der Anwendung und Nutzbarmachung wissenschaftlicher und erfahrungsbasierter Erkenntnisse im Hinblick auf kriminalistische Spuren (Spurenkunde) beschäftigen.

Spuren

- ... sind sichtbare oder latente materielle Veränderungen, die im Zusammenhang mit einem kriminalistisch relevanten Ereignis entstanden sind und zu dessen Aufklärung beitragen können.
- ... geben Hinweise auf modale (Art und Weise), lokale (örtliche) und temporale (zeitliche) Umstände.
- ... speichern spezifische Eigenschaften des Spurenverursachers und ermöglichen dadurch eine Identifizierung (Speicherzustand).

Spurenverursacher

... sind alle Subjekte und Objekte (Mensch, Tier, Gegenstand) sowie die Umwelt, die kriminalistisch verwertbare Veränderungen bewirkt haben.
Spurenverursacher können gleichzeitig Spurenträger sein.

Spurenträger

... sind in der Regel Subjekte und Objekte, an/auf denen sich eine Spur befindet.

Spurenkomplexe

... sind mehrere an einem oder mehreren Spurenträgern vorhandene unterschiedliche kriminaltechnische Spuren.

Spurenüberkreuzungen

- ... entstehen infolge einer Wechselwirkung zwischen Spurenträger und Spurenverursacher (Faserspuren Opfer an Täter und Täter an Opfer).
- ... es entstehen im Regelfall immer Spurenpaare Achtung: zielgerichtete Suche nach latenten Spuren.

Trugspuren

... sind materielle Veränderungen aller Art, die durch Handlungen vor oder nach der Tat entstanden sind und die nicht im Zusammenhang mit der Begehung von Straftaten stehen. Jedoch werden sie als Tatspuren gedeutet und führen den Kriminalisten in die Irre. Dadurch kann der Ermittlungsverlauf erheblich beeinflusst werden.

Beispiel:
Polizeibeamte werden zu einem gegenwärtigen Einbruch in ein Einfamilienhaus gerufen. Die Täter haben jedoch das Haus und das dazugehörige Grundstück schon längst unbemerkt verlassen. Da die Täter noch im Haus vermutet werden, umstellen die Beamten das Haus, wobei einer von ihnen seine Zigarettenkippe in den Vorgarten des betroffenen Grundstücks wirft. Nach erfolgloser Durchsuchung rücken die Umstellungsbeamten ab. Bei der späteren Spurensuche findet der durchführende Kriminalbeamte die Kippe und sichert sie, da DNA-Spuren zu erwarten sind, als Spurenträger. Die Kippe steht somit in keinem Zusammenhang zur eigentlichen Tat. Dies ist dem Kriminalbeamten jedoch nicht bekannt. Es handelt sich um eine Trugspur.

Fingierte Spuren

Fingierte (vorgetäuschte) Spuren wurden absichtlich verursacht, um
- eine Straftat vorzutäuschen,
- den Ablauf eines Geschehens zu verschleiern oder
- um den Tatverdacht auf eine andere Person zu lenken.

Beispiel:
Ein in Geldnöte geratener Angestellter schlägt die Wohnzimmerscheibe seines Hauses von außen nach innen ein. Um das Geld der Versicherung zu kassieren behauptet er später, dass hier Einbrecher am Werk gewesen sind, welche unter anderem Bargeld und einen Fernsehapparat entwendet haben. Hier wurde die Spur (das eingeschlagene Fenster) absichtlich vom Täter gelegt, um so eine andere Straftat vorzutäuschen. Es handelt sich also um eine fingierte (vorgetäuschte) Spur.

Kriminalistik, Kriminaltechnik & Recht

Kriminologie

Birger Antholz

Kriminologie
Morde Deutschland, USA und Südafrika

12.1 Morddaten 1946–2016

Deutschland weist seit Jahrzehnten ein sehr niedriges Mordniveau auf. Morde werden im Weiteren als vollendete Mord-Fälle (USA und Südafrika Opfer) besprochen, die immer auch den Totschlag (ohne Versuche) beinhalten, auch wenn dieser nicht jedes Mal mit genannt wird. 2012 bis 2015 geschehen im Schnitt rund 550 Mordfälle in Deutschland pro Jahr. Dieses niedrige Niveau existiert auch vor dem 2. Weltkrieg. 1938 zählt die Polizeiliche Kriminalstatistik ebenfalls rund 500 Morde (berechnet aus den Angaben für das 1.–3. Quartal 1938 von 371 Tötungen, die auf 4 Quartale hochgerechnet werden; Kriminalistik 1939, 16). In den Jahrzehnten dazwischen findet eine Auf- und Ab-Bewegung statt. Von einem niedrigen Mordniveau in den 1950er Jahren, das wie vor dem Krieg bei knapp 500 Morden liegt, erfolgt ab Mitte der 1960er Jahre ein Anstieg. Die drei Jahrzehnte Mord-Zuwachs folgen dem Anstieg der Gesamtkriminalität. Im Höhepunktjahr 1993 passieren 1.468 Morde in Deutschland. Danach erfolgt ein Rückgang auf das Ausgangsniveau von Mitte der 1960er Jahre. Diese charakteristische Auf- und Ab-Entwicklung bei der Mordkriminalität zeigen auch die USA und Südafrika. Allerdings liegt die Mord-Anzahl dort beträchtlich höher. Während 2015 in Deutschland 589 Personen ermordet werden, gibt es in Südafrika 18.673 und in den USA 15.696 Mordopfer.

Südafrika wird zum Vergleich herangezogen, weil es ähnlich wie Ostdeutschland einen Systemwechsel nach 1989 aufweist. Es liegt nahe, die Mordanzahl vor und nach der Transformation zu vergleichen. Die USA werden besprochen, weil sie beim Mord kein Vorbild sind.

Zur These „mehr Polizei reduziere Morde" liefert Amerika einen bemerkenswerten Hinweis. In den USA werden 2015 1199 Menschen durch Polizisten getötet (The Guardian/Project Killed by Police). In Deutschland sind es 10 (Hochschule der Polizei). Zunächst seien einmal die schwer zu recherchierenden Mord-Zahlen für alle drei Länder angeführt (Zahlengrundlage sind jeweils die polizeilichen Kriminalstatistiken, ausführlicher Quellenbeleg und Anmerkungen im Literaturverzeichnis).

Tab. 12.1

Vollendete Morde und Totschläge in Gesamt-, Ost-, Westdeutschland (hier Fälle), USA und Südafrika 1946-2016						
Jahr	**Morde Gesamt-deutsch-land Fälle**	**Morde Ost deutschland ohne/ mit Kindes-tötungen/ Versuche**	**Morde West-deutsch-land Fälle**	**Mord-Opfer (Einzel-person)*1**	**USA Morde Opfer**	**Süd-Afrika Morde Opfer**
1946		2208 mK oV				
1947		941 mK oV				
1948		444 mK oV				
1949		259 mK oV				
1950	709	209 mK oV	(500)		7.020	1.834
1951	735	185 mK oV	(550)		6.820	1.834
1952	486	186 mK oV	(300)		7.210	1.986
1953	429	104 oK oV	325		7.210	2.139
1954	481	91 oK oV	390		6.850	2.292
1955	459	88 oK oV	371		6.850	2.598
1956	453	121 mK oV	332		6.970	2.750
1957	405	79 oK oV	326		8.060	3.667
1958	392	62 oK oV	330		8.220	3.515
1959	423	69 oK oV	354		8.580	3.667
1960	444	89 oK oV	355		9.110	3.881
1961	447	65 oK oV	382		8.740	3.973
1962	467	70 oK oV	397		8.530	4.737
1963	557	115 mK oV	442		8.640	4.737
1964	577	106 mK oV	471		9.360	5.501
1965	610	128 mKoV	482		9.960	6.112
1966	645	111 mK oV	534		11.040	5.959
1967	720	121 mK oV	599		12.240	5.868
1968	636	97 mK oV	539		13.800	5.807
1969	754	92 mK oV	662		14.760	6.571

Tab. 12.1

Vollendete Morde und Totschläge in Gesamt-, Ost-, Westdeutschland (hier Fälle), USA und Südafrika 1946-2016						
Jahr	**Morde Gesamtdeutschland Fälle**	**Morde Ost deutschland ohne/ mit Kindestötungen/ Versuche**	**Morde Westdeutschland Fälle**	**Mord-Opfer (Einzelperson)*1**	**USA Morde Opfer**	**Süd-Afrika Morde Opfer**
1970	851	72 mK oV	779		16.000	7.640
1971	735	69 mK oV	666	811	17.780	7.029
1972	861	82 mK oV	779	935	18.670	7.182
1973	838	86 mK oV	752	879	19.640	8.557
1974	856	67 mK oV	789	902	20.710	8.863
1975	943	81 mK oV	862	928	20.510	5.807
1976	981	122 mK mV	859	919	18.780	7.335
1977	878	129 mK mV	749	811	19.120	5.807
1978	964	145 mK mV	819	873	19.560	6.723
1979	872	117 mK mV	755	810	21.460	7.335
1980	997	164 mK mV	833	879	23.040	7.640
1981	1.089	175 mK mV	914	950	22.520	8.099
1982	1.078	143 mK mV	935	986	21.010	8.710
1983	1.012	139 mK mV	873	934	19.308	9.474
1984	998	116 mK mV	882	1115	18.692	8.863
1985	1.003	137 mK mV	866	977	18.976	9.780
1986	1.005	112 mK mV	893	955	20.613	9.932
1987	966	136 mK mV	830	891	20.096	9.810
1988	898	113 mK mV	785	854	20.675	10.696
1989	922	122 mK oV	800	876	21.500	11.613
1990	(883)	(140)	743	809	23.438	15.281
1991	1.032	159	873	988 W+GB	24.703	14.975
1992	1.141	287	854	990 W+GB	23.760	15.586

Kriminologie

Tab. 12.1

Jahr	Morde Gesamtdeutschland Fälle	Morde Ost deutschland ohne/ mit Kindestötungen/ Versuche	Morde Westdeutschland Fälle	Mord-Opfer (Einzelperson)[*1]	USA Morde Opfer	Süd-Afrika Morde Opfer
Vollendete Morde und Totschläge in Gesamt-, Ost-, Westdeutschland (hier Fälle), USA und Südafrika 1946-2016						
1993	1.468	436	1032	1.539	24.526	17.420
1994	1.351	448	903	1.480	23.326	25.960
1995	1.343	433	910	1.447	21.606	26.883
1996	1.224	335	889	1.357	19.645	25.457
1997	1.158	314	844	1.306	18.208	24.489
1998	958	228	730	1.029	16.974	25.109
1999	1.005	220	785	1.020	15.522	22.593
2000	960	210	750	1.015	15.586	21.755
2001	868	188	680	925	16.037	21.405
2002	914	194	720	955	16.229	21.553
2003	820	148	672	859	16.528	19.824
2004	809	189	620	868	16.148	18.793
2005	804	155	649	869	16.740	18.545
2006	727	155	572	808	17.309	19.202
2007	692	143	549	757	17.128	18.487
2008	656	153	503	722	16.465	18.148
2009	628	151	477	706	15.399	16.834
2010	601	139	462	690	14.722	15.940
2011	614	121	493	662	14.661	15.609
2012	538	92	446	578	14.827	16.211
2013	531	93	438	585	14.319	16.914
2014	555	91	464	624	14.164	17.805
2015	565	106	459	589	15.696	18.673
2016	661			876		

*[*1] Mordopfer 1971–1990 Westdeutschland, ab 1990 Gesamtdeutschland*

Kriminologie

12.2 Mordentwicklung Deutschland 1946–2016

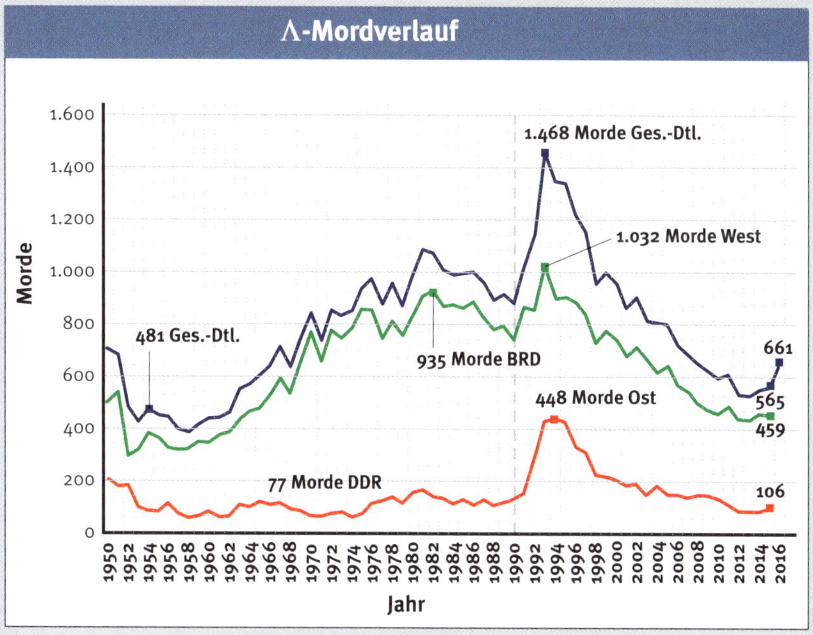

Abb. 12.1: Morde (Fälle, vollendet, inklusive Totschlag) Gesamtdeutschland (oberer Graph), Westdeutschland (mittlerer), Ostdeutschland (unterer Graph).

Der Graph des Mordverlaufs in Deutschland 1950–2016 zeigt am Anfang noch die Auswirkungen der direkten Nachkriegszeit. In den 1950er Jahren liegt ein niedriges Mordniveau vor. Weil die Polizeiliche Kriminalstatistik „PKS" 1953 startet (mit vereinzelten Nennungen rückwirkend bis 1950), wirkt es so, als wenn das Nachkriegsdeutschland wenig Mordkriminalität aufweisen würde. Tatsächlich ist die Mord-Kriminalität 1945, 1946 und 1947 sehr hoch. Für Ostdeutschland werden für 1946 Zahlen genannt (siehe **Tab. 12.1**). Die 2.208 Morde lassen auf 5.000 Morde in Westdeutschland schließen. Dieses Niveau gilt ebenfalls für 1945 und bis Frühjahr 1947. Zwei Hunger-Kälte-Winter führen zu Morden wegen eines Sacks Kartoffeln. Alleine in Berlin gibt es von August 1945 bis Dezember 1946 641 Morde (Berliner Zeitung 9.5.2009).

Für die Bundesrepublik gibt es für 1950–1952 nur ungenaue Mord-Angaben. 1953 werden 325 Morde genannt. Die DDR meldet 1953 104 Morde. Das ergibt das Niveau von knapp 500 Morden in Gesamtdeutschland in den 1950er Jahren, z. B. 1954 481 Morde. Dieses 500er Niveau hält sich bis zur Mitte der 1960er Jahre, z. B. 1963 557 Morde in Gesamtdeutschland. Dann beginnt ein Anstieg. Die BRD und die DDR verhalten sich aber in den 40 Jahren ihres Bestehens komplett unterschiedlich. Der Zuwachs beim Mord geschieht nur im Westen. Ostdeutschland zeigt keinen Mord-Anstieg. Wenn man die DDR-Mordzeitreihe um statistische Faktoren (die Zahlen der Tab. 12.1 werden dafür 1956 und 1963–1967 um jährlich 40 Kindestötungen und 1976 bis 1989 um jährlich 60 Versuche bereinigt – 1989 von 132 Morden) zeigen sich nur 77 Morde im Schnitt 1953–1989. Es kann im Zeitablauf kein Anstieg festgestellt werden. Auch 1980–1989 weist die DDR bereinigt 77 Morde pro Jahr auf. Die BRD steigert die Mordzahlen kräftig. Insbesondere der Anstieg 1968 539 Morde auf 1970 779 Morde innerhalb von zwei Jahren ist gewaltig. Ein Grund neben dem Einfluss der 1968er Studentenrevolution ist die Entlassung sehr vieler Strafgefangener, weil Haftstrafen nicht mehr so häufig wie davor verhängt werden. In der BRD geht der Mordanstieg in den 1970ern weiter. 1982 geschehen 935 Morde. Danach ist der Anstieg gestoppt und man kann leichte Rückgänge auf 1989 800 Morde im Westen sehen. Obwohl die DDR auf dem niedrigen Mordniveau von knapp 80 Morden jährlich im Schnitt verharrt, zeigt sich auch dort 1981/82 die höchste Mordzahl von knapp über 100 Morden. Knapp 80 Morde in der DDR und 1989 800 Morde in Westdeutschland zeigen, dass Morde in der Nach-1968er-BRD zehnfach häufiger passieren.

Aufgrund der zehnfach niedrigeren Mordkriminalität könnte man vermuten, dass die Rechtsmedizin in der DDR weniger bedeutsam ist. Das stimmt aber nicht, denn die DDR besitzt einen Star-Rechtsmediziner: Otto Prokop, der von 1957–1987 sehr exzentrisch die Rechtsmedizin der Berliner Charité leitet. Seine internationale Strahlkraft sorgt auch im Westen für Aufmerksamkeit. Mit heute 11 rechtsmedizinischen Instituten in Ostdeutschland in Schwerin, Greifswald, Rostock, Chemnitz (Karl-Marx-Stadt), Leipzig, Dresden, Gera, Potsdam, Magdeburg, Frankfurt/Oder und Berlin, die alle schon zu DDR-Zeiten arbeiten (+ damals Suhl), befinden sich dort 27 % aller Institute, obwohl die Einwohnerzahl 2017 nur noch 17 % beträgt.

Nach dem Höhepunkt 1993 mit 1.468 Morden gehen die Morde in Ost- und Westdeutschland zurück. Der Rückgang ist stärker als der vorherige Anstieg. Westdeutschland erreicht 2009 und Ostdeutschland 2012 wieder das Niveau von Mitte der 1960er Jahre bzw. das vorherige DDR-Level. 2012–2015 weist Deutschland mit etwas über 500 Morden eine der geringsten Mordraten der Welt aus. 2016 wird durch zwei anschließend besprochene Sonderfaktoren beeinflusst. Der dreißigjährige Mord-Anstieg von Mitte der 1960er Jahre bis zum Höhepunktjahr 1993 und dann der zwanzigjährige Abstieg verlaufen auf den Oberseiten eines Dreiecks/Daches entsprechend des griechischen Großbuchstabens Λ (Lambda). Deswegen kann man von einem Λ-Mordverlauf sprechen.

12.3 Mordopfer 1971–2016

Sowohl die DDR als auch die BRD zählen die Morde und Totschläge als Fälle. Ein Mordfall kann manchmal auch mehrere Mordopfer beinhalten. Ab der Polizeilichen Kriminalstatistik „PKS" 1971 wird die Mordopferzahl für Westdeutschland ausgewiesen (Tab. 12.1). Gesamtdeutsche Zahlen können mit viel Aufwand erstmals für 1993 gefunden werden.

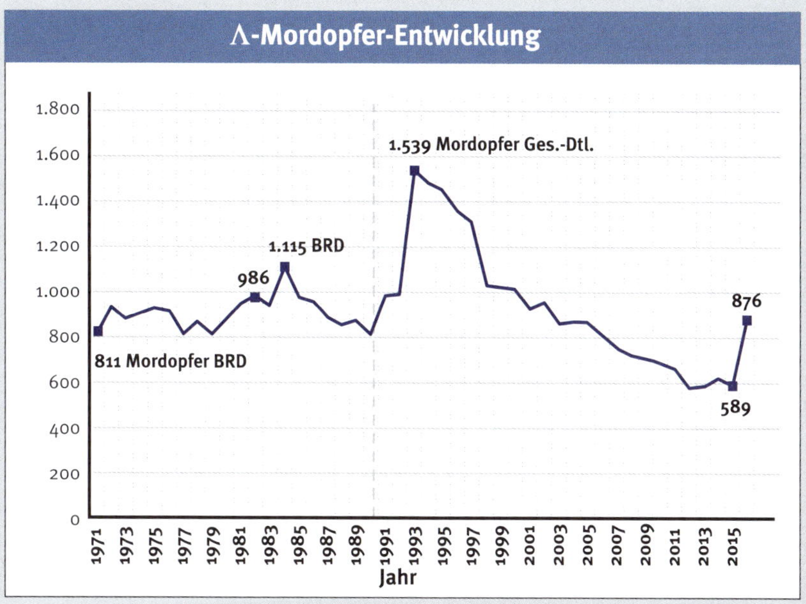

Abb. 12.2: Mordopfer (Zählung als Personen) 1971-2016 (bis 1990 Westdeutschland).

Zwischen 1971 und 2016 liegen die Mordopferzahlen 10 % höher als die Mord-Fallzahlen. Würde man diesen 10 %-Aufschlag auf die 77 jährlichen Mord-Fälle der DDR übertragen, wären es dort 85 Mordopfer pro Jahr in 1953–1989. Der Graph in Abbildung 2 würde sich inklusive der DDR-Mordopfer 1971–1989 minimal nach oben verschieben, insgesamt würde ein gesamtdeutscher Mord-Graph aber den gleichen Λ-Verlauf nehmen. Der erste Höhepunkt 1981/82 wäre noch etwas höher und läge bei über 1000 Mordopfern in Gesamtdeutschland.

Mit der Wiedervereinigung wird die Statistik ungenau. 1990 werden in West-Berlin die Mordfälle untererfasst, so dass die niedrige Zahl von 743 Mordfällen in 1990 entsteht. 1991 und 1992 gibt es nur Angaben mit Westdeutschland und Gesamtberlin. 1993 wird die Opferzahl in der Bundes-PKS nicht ausgewiesen. Erst durch Recherche in allen fünf Ost-Polizeifachhochschulbibliotheken kann die Opferzahl ermittelt werden: 1.539 Mordopfer. 1.539 ist das Maximum ermordeter Personen in Deutschland in den Jahren 1949–2016.

Der Λ-Verlauf der Mordkriminalität ist auch bei Betrachtung der Opferzahlen sichtbar. Der Startpunkt liegt aber höher, weil das Startjahr 1971 ist. 1971 hat die BRD 811 Mordopfer und inklusive der DDR-Opfer gibt es in Gesamtdeutschland knapp 900 Ermordete. Der Anstieg auf 1.539 Mordopfer in 1993 ist weniger ausgeprägt als bei der Fallzahl. Dafür ist der Rückgang auf 2015 589 Mordopfer jetzt noch beeindruckender. Deutschland weist 2015 mit 589 Mordopfern nur ⅔ der Höhe von 1971 auf. Gegenüber den 1.539 Morden in 1993 findet eine Reduktion auf ein Drittel statt satt. Die niedrige Zahl von 589 Mordopfern in 2015 wird parallel zum Zuzug von knapp 1 Million Flüchtlingen erzielt. Dass rechte Parteien die Flüchtlingskriminalität thematisieren, ist angesichts eines Rückgangs der Mordkriminalität auf ein Drittel des Niveaus von 1993 eine Verdrehung der tatsächlichen Entwicklung.

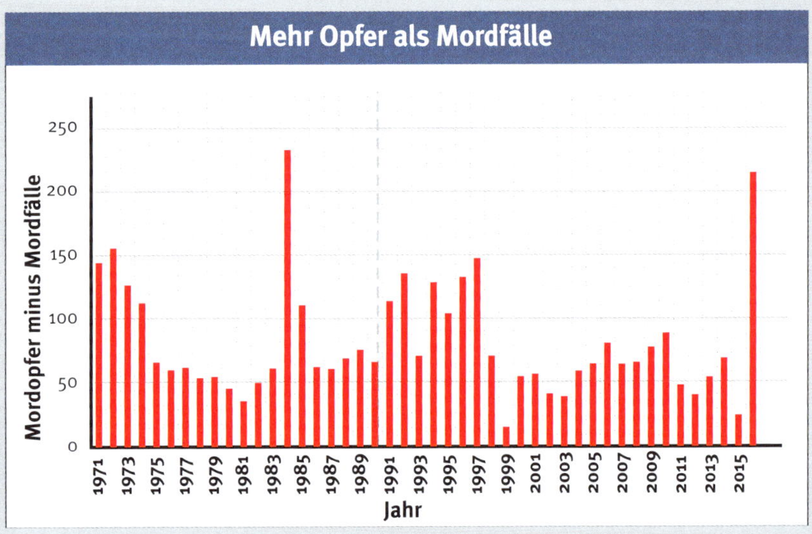

Abb. 12.3: Mordopfer minus Mord-Fälle 1971–2016.

In den 46 Jahren 1971–2016, in denen Mordopfer und Mord-Fallzahlen vorliegen, finden im Schnitt 838 Mordfälle mit 920 Opfern pro Jahr statt. Im Schnitt gibt es jährlich 82 mehr Opfer als Fälle, das sind 9,8 % mehr. Ein Teil der Differenz entsteht dadurch, dass in den Opferzahlen Kindestötungen enthalten sind (z. B. 1984 33).

Wie man am obigen Diagramm erkennen kann, gibt es Unterschiede im Zeitverlauf. Normalerweise ist vollendeter Mord und Totschlag ein Beziehungsdelikt. Über 90 % der Fälle geschehen zwischen Bekannten, meist sogar zwischen (Ehe)Partnern. Dann gibt es nur ein Opfer und einen Fall (bringt sich der Ehemann nach der Tat um, ist das kein Mordfall). Übersteigt die Anzahl der Opfer die der Fälle, deutet das auf Nicht-Beziehungstaten hin, für die Verbrecher verantwortlich sein könnten. Hier könnte Tataufklärung, d.h. Kriminaltechnik notwendig sein. Eine Hypothese wäre, dass in den Zeiten, in denen in der **Abb. 12.3** die Opferzahlen stark von

den Fallzahlen abweichen, eine erhöhte Notwendigkeit für die Rechtsmedizin besteht. Dass könnte die erste Periode Anfang der 1970er Jahre betreffen, als im Zuge von Strafrechtsreformen 1969 viele Kriminelle aus dem Gefängnis freikommen.
Dass Sonderfaktoren die Abweichung zwischen Fall- und Opferaufkommen erklären, sieht man daran, dass der charakteristische Λ-Verlauf in den Opfer-Fall-Abweichungen nicht zu erkennen ist. Wäre die Opferanzahl immer nur ein 10 %iger Zuschlag zur Fallzahl, würde auch diese wie der normale Λ-Verlauf der Mordkriminalität eine abgeschwächte Λ-Form aufweisen.

Sonderfaktoren betreffen z. B. die Jahre 1984 und 2016, die als Ausreißerwerte auftreten. In beiden Jahren müsste ein Fall mit sehr vielen Opfern aufgetreten sein. In der PKS 2016 ist es der vom Copiloten im März 2015 in Südfrankreich absichtlich herbeigeführte Absturz mit 149 Toten. Hinzu kommt in 2016 die Hereinnahme einer Mordserie eines Oldenburger Krankenpflegers mit 72 Fällen und 72 Opfern. Beide Hereinnahmen sind umstritten. Auslandsstraftaten werden normalerweise nicht in der Polizeilichen Kriminalstatistik gezählt. Bei Flugzeugtaten gilt aber eine besondere PKS-Erfassungsregel (gezählt am Heimatflughafen). Zuerst wird diese Tat in der PKS 2015 noch nicht aufgeführt, allerdings nachdem das BKA auf die eigenen Zählregeln hingewiesen wird, in die PKS 2016 hinein genommen. Die Zählung von Mord-Großereignissen erfolgt nicht einheitlich. 9/11 in New York wird beispielsweise in der amerikanischen Mordstatistik nicht mit aufgeführt, das Oklahoma Bombenattentat 1995 auf ein Regierungsgebäude mit 168 Toten aber schon. Die Mordserie des Oldenburger Krankenpflegers könnte mit 72 vollendeten Morden zu hoch angesetzt sein. Vom Gericht wird er lediglich zu 2 Morden verurteilt. Dieser Krankenpfleger ist für seine Prahlsucht bekannt und die Medien gehen eigentlich von maximal 30 Taten aus. Eine Ansetzung von 72 vollendeten Morden in der PKS 2016 ist deshalb fragwürdig, weil die Mordstatistik eigentlich als eine verlässliche Kriminalstatistik gilt. Hier könnten aber von den 72 angeführten Ermordeten viele gar nicht Opfer eines Mordes sein. Außerdem schlägt die PKS-Zählregel 4.4.3.4. bei einer Tatserie und zwei betroffenen Krankenhäusern eine Zählung als zwei Fälle vor.
Während die PKS 2016 diese beiden Sonderfaktoren in einer Fußnote erläutert, fehlt in der PKS 1984 ein entsprechender Hinweis. Ein absichtlicher Flugzeugabsturz in Deutschland 1983 oder 1984 findet nicht statt, auch keine Aufdeckung einer Mord- oder Sterbehilfe-Serie. Immerhin werden 233 mehr Opfer als Fälle in 1984 angeführt, 1983 sind es nur 61 mehr. Die Anzahl der Mordfälle ist mit 873 bzw. 882 fast gleich. Der Anstieg geht auf Opfer aus der Kategorie Totschlag und Tötung aus Verlangen zurück. Es müsste 1984 ein Totschlag-Fall mit rund 160 Opfern in der PKS aufgeführt sein, oder ist ein Erfassungsfehler aufgetreten?

Die höhere Opferzahl 1991 und 1992 entsteht dadurch, dass Opferzahlen von Westdeutschland und Gesamtberlin auf Fallzahlen von Westdeutschland und Westberlin (60 % von Berlin) bezogen werden. Der Anstieg der Opferzahlen 1994–1997 könnte mit der Aufarbeitung der Grenztoten der DDR zusammen hängen. Die leichte Erhöhung 2006–2010 könnte vielleicht mit der DNA-Aufarbeitung von Altfällen etwas zu tun haben.

12.4 Mordopfer Deutschland, Südafrika und USA

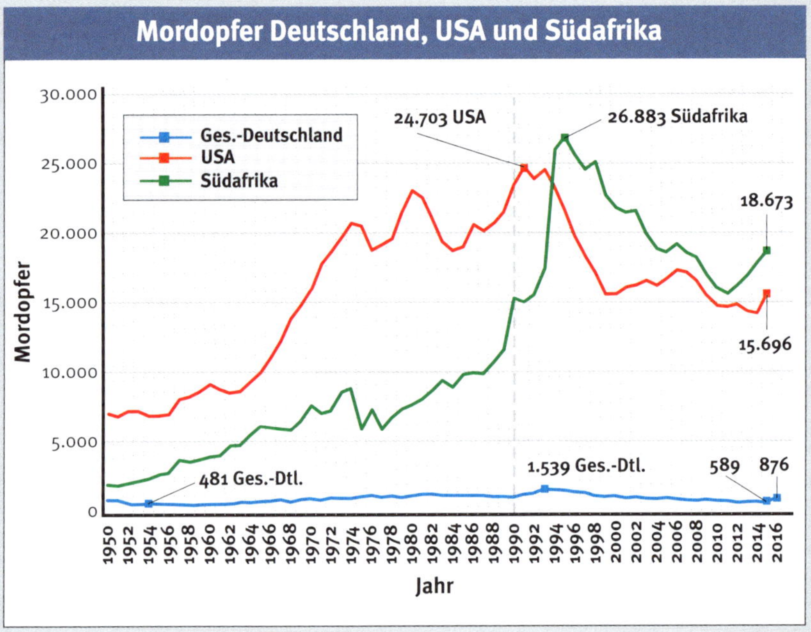

Abb. 12.4: Mordopfer Deutschland, Südafrika und USA.

Schon beim ersten Blick fällt auf, dass Deutschland sehr viel weniger Morde als die beiden Vergleichsländer aufweist. Das liegt vor allem daran, dass Deutschland die Mordkriminalitätssteigerung von Südafrika und den USA nicht mitmacht. Weil Deutschland 1946 mit vermutlich mehreren Tausend Morden in einer vergleichbaren Ausgangslage wie die USA startet, ist die so gänzlich andere weitere Entwicklung erstaunlich.
Während Deutschland schnell auf das Vorkriegsniveau von rund 500 Morden zurückkehrt und auf dieser Höhe über ein Jahrzehnt verharrt, erlebt die USA 7.000 Morde in der ersten Hälfte der 1950er Jahre. In dieser Zeit zählt Südafrika 2000 Morde. Die USA überschreiten 1957 die 8.000er Grenze, 1966 die 10.000er und kurze Zeit später 1974 die 20.000 Mord-Grenze. Der erste Höhepunkt wird 1980 mit 23.040 Ermordeten erzielt. Ähnlich wie Deutschland ist die 1968er Zeit ein Mordkriminalitätstreiber und Anfang der 1980er Jahre wird der erste Mordkriminalitätshöhepunkt erreicht. Auch Südafrika zeigt von 1963 von unter 5.000 Morden auf 1974 knapp 9.000 Morde eine beträchtliche Steigerung. Bedingt durch Homeland-Ausgliederungen kommt es zu kurzzeitigen Mord-Rückgängen in der Statistik in den 1970ern. Anders als in Deutschland und den USA steigen die Morde auch in den 1980er Jahren in Südafrika an.

Anfang der 1990er Jahre zeigen alle drei Länder einen gewaltigen Zuwachs der Morde. In Deutschland beträgt die Steigerung von 1989 922 Mordopfern auf 1993 1.539 Mordopfer 67 %.

Die USA steigert die Morde von 20.000 Ende der 1980er Jahre auf fast 25.000 1991–1993 um knapp 25 %. Am stärksten wachsen die Morde in Südafrika nach dem Ende der Apartheid an. Von knapp 10.000 Morden Ende der 1980er Jahre ist die Zunahme auf das Maximum 26.883 Morde in 1995 170 %. Ab 1994 werden in Südafrika mehr Menschen ermordet als in den USA.

Nach dem Höhepunkt der Morde Anfang/Mitte der 1990er Jahre gehen die Morde in Deutschland, den USA und Südafrika zurück. Der Rückgang ist ebenso überraschend wie deutlich. Dabei fallen die Morde in Deutschland auf ein Niveau von etwas über 500 in Deutschland am stärksten (1993 bis 2015 62 %). Der Rückgang in den USA von knapp 24.703 (1991) auf 14.164 (2014) Morde ist 43 %. In Südafrika gehen die Morde von 26.883 (1995) auf 15.609 in 2011 um 42 % zurück.
Im letzten Jahr ist eine Mord-Steigerung in Deutschland und den USA feststellbar, ebenso schon seit 2011 in Südafrika. Das könnte andeuten, dass der weltweite Crime drop zu Ende geht.

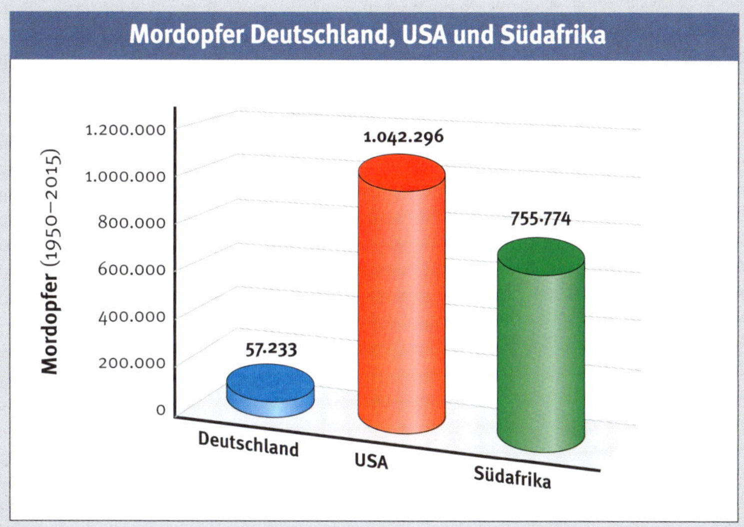

Abb. 12.5: Morde (Opfer) 1950-2015 Deutschland, USA, Südafrika.

In Deutschland werden zwischen 1950 und 2015 57.233 Menschen ermordet (1950–1992 werden hierzu die Fallzahlen mit 1,1 multipliziert). Die USA überschreitet in dieser Zeit die Grenze von 1 Million Ermordeter und Südafrika zählt 750.000 Opfer von Morden. Zur Zeit der Apartheid 1950–1989 werden in Südafrika im Schnitt 6.250 Menschen ermordet. 1991–2015 sind es pro Jahr 19.767. In den Nachapartheidsjahren 1991–2016 werden in Südafrika über 500.000 Menschen ermordet.

Anhang

Bildnachweis

Alle im vorliegenden Fachbuch nicht besonders gekennzeichneten Abbildungen:
LUHRI Verlagsgesellschaft bR

Umschlag

Titelcollage: © abr68, Jan H. Andersen, chalabala, benjaminnolte | Fotolia.com

Kapitel 1 (Grundsätze der Leichenschau)

Titel: Wikipedia: https://commons.wikimedia.org/w/index.php?curid=157793
Abb. 1.1: © phokrates | Fotolia.com
Abb. 1.2: Wikipedia: https://commons.wikimedia.org/w/index.php?curid=6484293
Abb. 1.3: Wikipedia: https://commons.wikimedia.org/w/index.php?curid=47473829
Abb. 1.8: Statistisches Bundesamt

Kapitel 2 (Die rechtsmedizinische Leichenschau / Obduktion)

Titel: © Photographee.eu | Fotolia.com

Kapitel 3 (Tatort und Rechtsmedizin)

Titel: © VanHope | Fotolia.com

Kapitel 4 (Polizeiliche Leichenschau und Todesermittlungen)

Titel: © corepics | Fotolia.com
Abb. 4.1: © VanHope | Fotolia.com
Abb. 4.2: © franz12 | Fotolia.com
Abb. 4.3: © Andreas Gruhl | Fotolia.com
Abb. 4.8: © Bernd Libbach | Fotolia.com

Kapitel 5 (Rechtsmedizinische Beurteilung von Gewaltopfern)

Titel: © ambrozinio | Fotolia.com

Kapitel 6 (Reanimation und Reanimationsverletzungen)

Titel: © chalabala | Fotolia.com

Kapitel 7 (Rechtsmedizinische Kasuistik)

Titel: © aradaphotography | Fotolia.com

Kapitel 8 (Toxikologie)

Titel: © monticellllo | Fotolia.com
Abb. 8.1: © Branislav | Fotolia.com
Abb. 8.5: © VRD | Fotolia.com

Kapitel 9 (Mit harten Bandagen)

Titel: © NEWS&ART | Fotolia.com

Kapitel 10 (Taktische Zusammenarbeit Polizei und Rettungsdienst)

Titel: © Jürgen Fälchle | Fotolia.com
Abb. 10.1, Abb. 10.2: © NEWS&ART | Fotolia.com
Abb. 10.3: © benjaminnolte | Fotolia.com
Abb. 10.4: © philipk76 | Fotolia.com
Abb. 10.5: © Christian Schwier | Fotolia.com

Kapitel 11 (Kriminalistik, Kriminaltechnik & Recht)

Titel: © avtp | Fotolia.com
Abb. 11.1: © ginton | Fotolia.com
Abb. 11.4: © fotogestoeber | Fotolia.com
Abb 11.6: © danilenko | Fotolia.com
Abb. 11.7: © kaninstudio | Fotolia.com
Abb. 11.8: © sonjanovak | Fotolia.com
Abb. 11.9: © Marco2811 | Fotolia.com
Abb. 11.10: © Schlegelfotos | Fotolia.com
Abb. 11.18: © blende11.photo | Fotolia.com
Abb. 11.19: © benjaminnolte | Fotolia.com
Abb. 11.20: © scharfsinn86 | Fotolia.com

Kapitel 12 (Kriminologie)

Titel: © peshkov | Fotolia.com

Anhang

Titel: © gena96 | Fotolia.com

Bildnachweise

Literatur

Kapitel 1: Grundsätze der Leichenschau

Historisches zur Leichenschau

[1] Brachwitz R (1968) Geschichte der Leichenschau in Berlin. Med Welt 189: 288–289
[2] Brugger CM, Kühn H (1979) Sektion der menschlichen Leiche. Zur Entwicklung des Obduktionswesens aus medizinischer und rechtlicher Sicht. Enke, Stuttgart
[3] Gross D (2002) Die Entwicklung der inneren und äußeren Leichenschau in historischer und ethischer Sicht. Könighausen & Neumann, Würzburg
[4] Ingelheim FA v (1981) Zur geschichtlichen Entwicklung der ärztlichen Leichenschaubestimmungen in Deutschland. Med Diss, Marburg
[5] Madea B (2010) Von den Maden zum Mörder. Die vielfältigen Ermittlungsmethoden der Rechtsmedizin. Militzke Verlag, Leipzig
[6] Madea B (2014) Die Ärztliche Leichenschau. Rechtsgrundlagen, praktische Durchführung, Problemlösungen. Springer, Berlin Heidelberg New York, 3. Auflage
[7] Madea B, Dettmeyer R (2004) Rechtliche Grundlagen der Leichenschau. Fortschritt und Fortbildung in der Medizin, Bd. 28, Deutscher Ärzteverlag, Köln 79–89
[8] N.N. (1980) Einführung der obligatorischen Leichenschau im Deutschen Reiche. Petition des Verein deutscher Lebensversicherungs-Gesellschaften an seine Durchlaucht den Reichskanzler Fürst von Bismarck. Ernst Sigfried Mittler & Sohn, Berlin
[9] Patschek M (1938) Die Entwicklung der Leichenschau in Deutschland. Med Diss, Marburg
[10] Placzek S (1905) Geschichte der gerichtlichen Medizin. In: Puschmann T, Neuberger M, Pagel J (Hrsg.) Handbuch der Geschichte der Medizin. Georg Olms, Hildesheim (Nachdruck)
[11] Stürzbecher M (1970) Über die Entwicklung der Leichenschau in Berlin. Beitr Gerichtl Med 27: 256–262

Rechtsgrundlagen der Leichenschau

[1] Dasch B, Blum K, Gude P, Bausewein (2015) Sterbeorte: Veränderung im Verlauf eines Jahrzehnts. Dtsch Ärztebl Int 112 (29/30): 496–604
[2] Madea B (2014) Die Ärztliche Leichenschau. Rechtsgrundlagen – Praktische Durchführung – Problemlösungen. 3. Auflage, Springer Verlag, Berlin Heidelberg New York
[3] Madea B, Dettmeyer R (2003) Ärztliche Leichenschau und Todesbescheinigung. Dtsch Ärztebl 100 (48): A3161–79
[4] Madea B, Dammeyer Wiehe de Gomez, Dettmeyer R (2007) Zur Reliabilität von Leichenschaudiagnosen bei fraglich iatrogenen Todesfällen. Kriminalistik 12: 767–73
[5] Madea B (2009) Strukturelle Probleme bei der Leichenschau. Rechtsmedizin 19: 399–406
[6] Madea B, Rothschild M (2010) Ärztliche Leichenschau. Feststellung der Todesursache und Qualifikation der Todesart. Dtsch Ärztebl Int 107 (33): 575–88
[7] Modelmog D, Goertchen R (1992) Der Stellenwert von Obduktionsergebnissen. Dtsch Ärztebl 89 (42): A

Todeszeitpunktbestimmung

[1] Henssge C, Madea B (1988) Methoden zur Bestimmung der Todeszeit an Leichen. Schmidt-Römhild, Lübeck
[2] Madea B (2016) Methods for determining time of death. Forensic Sci Med Pathol.
[3] Madea B (2015) Estimation of the Time since Death. 3rd Edition. CRC Press, Taylor & Francis Group, Boca Raton FL
[4] Madea B (2015) Rechtsmedizin. Befunderhebung, Rekonstruktion, Begutachtung, 3. Auflage, Springer, Berlin, Heidelberg, New York
[5] Madea B (2014) Handbook of Forensic Medicine, Wiley Blackwell, Chichester
[6] Madea B (2014) Die Ärztliche Leichenschau. Rechtsgrundlagen, praktische Durchführung, Problemlösungen. 3. Auflage, Springer, Berlin, Heidelberg, New York

Leichenschau im Krankenhaus bei potentiellen Tötungsdelikten

[1] Beine KH (1998) Sehen, Hören, Schweigen: Patiententötungen und aktive Sterbehilfe. Lambertus Verlag, Freiburg
[2] Beine KH (2006) Tötungsserien in Krankenhäusern und Heimen: Morden gegen das Leiden. Dtsch Ärztebl 104: A2328–2332
[3] Doberentz E, Mußhoff F, Madea B (2009) Serientötungen in einem Alten- und Pflegeheim. Arch Kriminol 223, 24–35
[4] Käferstein H, Madea B, Sticht G (1996) Todesfälle während ambulanter Pflege. In: Oehmichen M (Hrsg.) Lebensverkürzung, Tötung und Serientötung – eine interdisziplinäre Analyse der „Euthanasie". Schmidt-Römhild, Lübeck, S. 205–216
[5] Käferstein H, Doberentz E, Madea B (2010) Opfer sind oft die Schwachen – Serientötungen in der Altenpflege. In: Madea B (Hrsg.) Von den Maden zum Mörder. Militzke Verlag, Leipzig, S. 67–84
[6] Käferstein H, Sticht G, Madea B (2013) Chlorprothixene in bodies after exhumation. For Sci Int 229: e30–e34
[7] Maisch H (1996) Kriminologische Phänomenologie der Serientötung von Patienten durch Angehörige des Pflegepersonals. In: Oehmichen M (Hrsg.) Lebensverkürzung, Tötung und Serientötung – eine interdisziplinäre Analyse der „Euthanasie". Schmidt-Römhild, Lübeck, S. 229–248
[8] Maisch H (1997) Patiententötungen. Dem Sterben nachgeholfen. Kindler Verlag, München
[9] Missliwetz J, Bauer G, Reiter C, Vycudilik W (1996) Todesfälle in einem Wiener Krankenhaus. In: Oehmichen M (Hrsg.) Lebensverkürzung, Tötung und Serientötung – eine interdisziplinäre Analyse der „Euthanasie". Schmidt-Römhild, Lübeck, S. 205–216
[10] Missliwetz J (1994) Die Mordserie im Krankenhaus Wien-Lainz. Arch Kriminol 194, 1–7
[11] Oehmichen M (1996): Serientötungen, Tötung und Lebensverkürzung – Versuch eine Synopse: In: Oehmichen M (Hrsg.) Lebensverkürzung, Tötung und Serientötung – eine interdisziplinäre Analyse der „Euthanasie". Schmidt-Römhild, Lübeck, S. 229–248

Mehrfachleichenfund

[1] Ciesiolka S, Riße M, Busch B, Verhoff MA (2008) Philemon and Baucis death: two cases of double deaths of married couples. For Sci Int 176, 7–10
[2] Felthous AR, Hempel A (1995) Combined homicide-suicides: a review. J Forensic Sci 40(5): 846–857
[3] Jensen LL, Gilbert JD, Byard RW (2009) Coincident deaths: double suicide or murder-suicide? Med Sci Law 49(1): 27–32
[4] Madea B (2014) Die Ärztliche Leichenschau. Rechtsgrundlagen, praktische Durchführung, Problemlösungen, 3. Auflage, Springer Verlag, Berlin, Heidelberg, New York
[5] Pollak S (2005) Rechtsmedizinische Aspekte des Suizids. Rechtsmed 15: 235–249
[6] Stockhausen S, Wöllner K, Möhle F, Doberentz E, Kernbach-Wighton G, Madea B (2016) Erweiterter Suizid, Doppelsuizid oder Homizid mit nachfolgendem Suizid? 2 Falldarstellungen. Arch Kriminol (in press)
[7] Töro K, Pollak S (2009) Complex suicide versus complicated suicide. For Sci Int 184: 6–9

Wohnungsleichen

[1] Madea B (2006) Die Ärztliche Leichenschau. Springer, Berlin, 8–9
[2] Madea B, Dettmeyer R (2007) Basiswissen Rechtsmedizin. Springer, Berlin, 94–95
[3] Madea B, Rothschild M (2010) Ärztliche Leichenschau – Feststellung der Todesursache und Qualifikation der Todesart. Dtsch Ärztebl Int 107: 575–588
[4] Madea B (2015) Rechtsmedizin. Befunderhebung, Rekonstruktion, Begutachtung. Springer, Berlin Heidelberg New York, 3. Auflage
[5] Merz M, Birngruber CG, Heidorn F, Ramsthaler F, Riße M, Kreutz K, Krähahn J, Verhoff MA (2011) Kriterien einer „Wohnungsleiche" – Literaturstudie zur Definition des Fachbegriffs. Arch Kriminol 228: 191–202
[6] Merz M, Heidorn F, Birngruber CG, Ramsthaler F, Riße M, Kreutz K, Krähahn J, Verhoff MA (2012) Definition der „Wohnungsleiche" – eine retrospektive Studie anhand von 211 Leichenfunden. Arch Kriminol 230: 115–127

Kapitel 2: Die rechtsmedizinische Leichenschau/Obduktion

[1] Bankl H, Bankl HC (Hrsg) (1999) Pathologisch-morphologische Diagnostik. Springer, Berlin Heidelberg New York
[2] Becker V (1986) Die klinische Obduktion: Not und Notwendigkeit. Perimed, Erlangen
[3] Brinkmann B, Du Chesne A, Vennemann B (2002) Aktuelle Daten zur Obduktionsfrequenz in Deutschland. Dtsch Med Wochenschr 127: 791–795
[4] Brugger C-M, Kühn H (1979) Sektion der menschlichen Leiche. Zur Entwicklung des Obduktionswesens aus medizinischer und rechtlicher Sicht. Enke, Stuttgart
[5] Bundesärztekammer (2005) Stellungnahme zur Autopsie. Langfassung, http://www.bundesaerztekammer.de/page.asp?his=0.7.47.3179.3180
[6] Burton JL, Rutty GN (Hrsg.) (2010) The Hospital Autopsy. A Manual of Fundamental Autopsy Practice. 3. Auflage, Hodder Education, UK

[7] Diebold J. (2007) Clinical autopsy--its role in modern medicine. Praxis (Bern 1994) 96: 1667–1671
[8] Friemann J (2010) Clinical autopsies. Practical approach, legal foundations and ethical considerations. Pathologe; 31(4): 256–67.
[9] Gaedke J (2010) Handbuch des Friedhofs- und Bestattungsrechts, 10 Aufl. Heymanns, Köln, bearbeitet von J. Diefenbach
[10] Goldman L (1984) Diagnostic advances vs. the value of the autopsy 1912–1980. Arch Pathol Lab Med 108: 501
[11] Hochmeister M, Grassberger M, Stimpfl T (2007) Forensische Medizin für Studium und Praxis. Maudrich, Wien
[12] Kirch W, Schafii C (1996) Misdiagnosis at a university hospital in 4 medical eras: Report on 400 cases. Medicine (Baltimore). Medicine (Baltimore). 1996 75: 29–40
[13] Lundberg GD (1998) Low-tech autopsies in the era of high-tech medicine. Continued value for quality assurance and patient safety. JAMA 208, 1273–1274
[14] Madea B (2015) Handbook of Forensic Medicine, John Wiley & Sons, Chichester
[15] Madea B (2017) History of the autopsy. In: Madea B (ed.) History of Forensic Medicine. Lehmanns Media, Berlin
[16] Madea B, Püschel K, Lignitz E, Dettmeyer R (2005) Verwaltungssektionen – Inhalt, Zweck, Notwendigkeit, Gesetzliche Regelungen. Dtsch Ärztebl
[17] Pollak S (1998) Obduktion (Rechtlich). In: Korff W, Beck L, Mikat P (Hrsg) Lexikon der Bioethik, Bd 2. Gütersloher Verlagshaus, Gütersloh, S. 791–792
[18] Roberts WC (1978) The autopsy: its decline and a suggestion for its revival. N Engl J Med; 299: 332–338
[19] Saternus KS, Madea B (2007) Gerichtliche Obduktion. Umgang mit dem toten Menschen und Obduktionstechnik. Research in Legal Medicine Vol. 36, Schmidt-Römhild, Lübeck
[20] Tag B (2011) Obduktionen in der Schweiz, Deutschland und Österreich. Rechtliche und rechtstatsächliche Untersuchungen. Pathologe [Suppl 2] 32: 277–281 DOI 10.1007/s00292-011-1487-2

Literaturverzeichnis

Kapitel 3: Tatort und Rechtsmedizin

[1] Strafgesetzbuch in der aktuellen Fassung. Abgerufen am 20.06.2017 von Gesetze im Internet: https://www.gesetze-im-internet.de/stgb/
[2] Bestattungsgesetz Berlin in der aktuellen Fassung. Abgerufen am 20.06.2017 von Berlin.de: http://gesetze.berlin.de/jportal/;jsessionid=587E8E7E4BC5CB81A718774F60E3DAEF.jp22?quelle=jlink&query=BestattG+BE&psml=bsbeprod.psml&max=true&aiz=true#jlr-BestattGBErahmen
[3] Ackermann, Clages, Roll [2007]. Handbuch der Kriminalistik. Boorberg, 3. Auflage
[4] DBRD e.V. [2014]. Flyer Kindesmisshandlung. DBRD Offenbar/Queich und Rechtsmedizin Berlin. Abgerufen am 20.06.2017 von: http://www.dbrd.de/images/aktuelles/2014/DBRD_Folder_Kindesmisshandlung.pdf

Kapitel 4: Polizeiliche Leichenschau und Todesermittlungen

[1] Ackermann, Clages, Roll (2007). Handbuch der Kriminalistik. Boorberg, 3. Auflage, S. 95-215.
[2] Freislederer, Stenzel, Weirich (2011). Lehr- und Studienbriefe Kriminalistik/Kriminologie. Band 15. Todesermittlungen. S. 7-107. Verlag Deutsche Polizeiliteratur GmbH Hilden.
[3] Ahne T, Ahne S, Bohnert M (2011). Rechtsmedizinische Aspekte der Notfallmedizin. S. 45-53. Georg Thieme Verlag Stuttgart New York.
[4] Strafgesetzbuch in der aktuellen Fassung. Abgerufen am 20.06.2017 von Gesetze im Internet: https://www.gesetze-im-internet.de/stgb/
[5] Strafprozessordnung in der aktuellen Fassung. Abgerufen am 20.06.2017 von Gesetze im Internet: https://www.gesetze-im-internet.de/stpo/

Kapitel 5: Rechtsmedizinische Beurteilung von Gewaltopfern

[1] Bajanowski T, Neuen-Jacob E, Schubries M, Zweihoff R (2008) Nichtakzidentelles Schädel-Hirn-Trauma und Schütteltrauma. Rechtsmedizin 18: 23–28
[2] Banaschak S, Schmidt P, Madea B (2003) Smothering of children older than 1 year of age – diagnostic significance of morphological findings. For Sci Int 134: 163–168
[3] Berendt C, Goos M, Thiel H, Hengge UR (2001) Painful-Bruising-Syndrom. Hautarzt, 52: 634–637
[4] Caffey J (1946) Multiple fractures in the long bones of infants suffering from chronic subdural hematomas. American Journal of Roentgenology, 56: 163–172
[5] Gaines BA, Schultz BS, Morrison K, Ford HR (2004) Duodenal injuries in children: Beware of achild abuse. J Pediatr Sur 39: 600–602
[6] Helfer RE, Kempe CA (1968) The battered child. The University of Chicago Press
[7] Herrmann B (2008) Nichtakzidentelle Kopfverletzungen und Schütteltrauma. Klinische und pathophysilogische Aspekte. Rechtsmedizin 18: 9–16
[8] Hobbs CJ, Hanks HGI, Wynne JM (1999) Child abuse and neglect. A clinician's handbook, 2nd ed. Churchill Livingstone, Edinburgh
[9] Jacobi G (Hrsg) Kindesmisshandlung und Vernachlässigung. Epidemiologie, Diagnostik und Vorgehen. Verlag Hans Huber, Bern
[10] Kirschbaum KM, Mußhoff F, Madea B, 2009, Unclear loss of consciousness after clobutinol intake. Forensic Sci Int. 189: e37–e40
[11] Madea B (2014) Handbook of Forensic Medicine. John Wiley&Sons, Chichester
[12] Madea B (2015) Rechtsmedizin. Befunderhebung, Rekonstruktion, Begutachtung. 3. Aufl. Springer, Berlin Heidelberg New York
[13] Madea B, Mußhoff F, Tag B (2012) Kurzlehrbuch Rechtsmedizin. Huber Verlag, Bern
[14] Madea B, Mußhoff F (2009) K.-o.-Mittel: Häufigkeit, Wirkungsweise, Beweismittelsicherung. Dt Ärztebl 20, 341–347
[15] Madea B, Noeker M, Franke I (2011) Child abuse – some aspects for neurosurgeons. In: Pickard JD (Ed.) Advances and Technical Standards in Neurosurgery. Vol. 36. Springer, Wien New York, 80–135
[16] Matschke J, Glatzel M (2008) Neuropathologische Begutachtung des nichtakzidentellen Schädel-Hirn-Traumas bei Säuglingen und Kleinkindern. Rechtsmedizin 18: 29-35

[17] Minns RA (2005) Shaken baby syndrome: Theoretical and evidential controversies. J Royal Coll of Phys of Edinburgh 35: 5–15
[18] Minns RA, Brown JK (eds) (2005) Shaking and other non-accidental head injuries in children. Clinics in Developmental Medicine 162. Cambridge University Press
[19] Mußhoff F, Kirschbaum KM, Madea B, 2008, Zwei Fälle von vermutetem Münchhausen-Syndrom-by-proxy. Zur Bedeutung forensisch-toxikologischer Analysen bei Verdachtsgewinnung und Beweisführung. Archiv für Kriminologie 222: 162–169
[20] Noeker M, Mußhoff F, Franke I, Madea B (2010) Münchhausen-by-Proxy-Syndrom. Rechtsmedizin 20: 223–237
[21] Oehmichen M, Auer RN, König HG (2005) Forensic Neuropathology and Neurology. Springer Berlin
[22] Reece RM, Christian CW (eds) (2008) Child abuse: medical diagnosis and management, 3rd edn. American Academy of Pediatrics
[23] Sperhake J, Herrmann B (2008) Schütteltrauma (nicht akzidentelle Kopfverletzung). Aktuelle Kontroversen. Rechtsmedizin 18: 48–52
[24] Stöver B (2007) Bildgebende Diagnostik der Kindesmisshandlung. Radiologe 47: 1037–1049
[25] Wynne J (2003) Child physical and emotional abuse. In: Payne-James J, Busuttil A, Smock W (edts.) Forensic Medicine: Clinical and pathological aspects. Greenwhich Medical London, 469–485

Kapitel 6: Reanimation und Reanimationsverletzungen

[1] European Resuscitation Council Guidelines for Resuscitation 2010. www.erc.edu
[2] Buschmann C, Tsokos M (2009) Frequent and rare complications of resuscitation attempts. Intensive Care Med 35: 397–404
[3] Kröner C, Maissen P, Reichenstein D, et al (2011) Pathologische Wirbelkörperfraktur nach kardiopulmonaler Reanimation. Notfall Rettungsmed 14: 488–90
[4] Lederer W, Mair D, Rabl W, et al (2004) Frequency of rib and sternum fractures associated with out–of–hospital cardiopulmonary resuscitation is underestimated by conventional chest X–ray. Resuscitation 60: 157–62
[5] Hashimoto Y, Moriya F, Furumiya J (2007) Forensic aspects of complications resulting from cardiopulmonary resuscitation. Legal Med 9: 94–9
[6] Buschmann C, Kleber C, Schulz T, et al (2012) Notfallmedizin aktuell – Obduktionsbefunde. Rechtsmedizin 22: 197–216
[7] Vézina MC, Trépanier CA, Nicole PC, et al (2007) Complications associated with the Esophageal-Tracheal Combitube in the pre-hospital setting. Can J Anaesth 54: 124–8
[8] Huber-Wagner S, Lefering R, Qvick M, et al (2007) Outcome in 757 severely injured patients with traumatic cardiorespiratory arrest. Resuscitation 75: 276–85
[9] Schulz F, Kontokollias JS (1992) Tödliche Thoraxstichverletzung – ungewöhnliche Komplikation bei der Reanimation. Rettungsdienst15: 45–8
[10] Scieszka EL, Bogner V, Thun H, et al (2010) Evidenzbasierte Überlegungen zu Gefahren bei einer akzidentellen Defibrillation. Der Notarzt 26: 150–4

Kapitel 7: Rechtsmedizinische Kasuistik

Suizid

[1] Madea B (2010) Von den Maden zum Mörder. Die vielfältigen Ermittlungsmethoden der Rechtsmedizin. Militzke Verlag, Leipzig
[2] Madea B, Mußhoff F, Tag B (2012) Kurzlehrbuch Rechtsmedizin. Huber Verlag, Bern
[3] Madea B (2014) die Ärztliche Leichenschau. Rechtsgrundlagen, praktische Durchführung, Problemlösungen. Springer, Berlin Heidelberg New York, 3. Aufl.
[4] Madea B (2014) Handbook of Forensic Medicine. Wiley & Sons, Chichester
[5] Madea B (2015) Rechtsmedizin. Befunderhebung, Rekonstruktion, Begutachtung. 3. Aufl., Springer, Berlin Heidelberg New York
[6] Pollak S (2005) Rechtsmedizinische Aspekte des Suizids. Rechtsmed 15: 235–249
[7] Scheib K (2000) Krimiologie des Suizids. Selbstverlag Groß-Gerau
[8] Seehafer K, Madea B, Heinze U (1991) Suizid mit einem selbstgebauten Schußapparat. Beitr Gerichtl Med 49: 201–209

Autoerotische Unfälle

[1] Doberentz E, Hülder J, Madea B (2012) Autoerotische Asphyxie. Falldarstellung einer ungewöhnlichen Selbstfesselung. Rechtsmedizin 22: 39–44
[2] Du Chesne A, Brinkmann B (2004) Autoerotische Unfälle. In: Brinkmann B, Madea B (Hrsg) Handbuch gerichtliche Medizin Bd. 1, Springer, Berlin Heidelberg New York Tokio, S. 794–796
[3] Geserick G (2007) Tödliche Unfälle bei autoerotischer (autosexueller) Betätigung. In: Madea B (Hrsg) Praxis Rechtsmedizin. Springer, Berlin Heidelberg New York Tokio, S. 208
[4] Grellner W, Madea B (1993) Fesselung und Knebelung bei nicht-natürlichen Todesfällen. Arch Kriminol 192: 17–26
[5] Hazelwood R, Dietz P, Burgess A (1981) The investigation of autoerotic fatalities. J Police Sci Adm 9: 301–311
[6] Koops E, Janssen W, Anders S, Püschel K (2005) Unusual phenomenology of auteoerotic fatalities. Forensic Sci Int 147: 65–67
[7] Madea B, Henssge C, Esser W (1990) Tod in Kopftieflage. Arch Kriminol 186: 65–74
[8] Madea B, Mußhoff F, Tag B (2012) Kurzlehrbuch Rechtsmedizin. Huber, Bern
[9] Mußhoff F, Padosch SA, Kroener LA, Madea B (2006) Accidental autoerotic death by volatile substance abuse or nonsexual motivated accidents? Am J Forensic Med Pathol 27: 188–192
[10] Risse M, Weiler G, Kaiser H (1996) Seltener suizidaler Stromtod mittels Zeitschaltuhr und vitaler Reaktion. Arch Kriminol 197: 149–154
[11] Schneider V, Bratzke H (1982) Selbsttötungen durch elektrischen Strom unter Verwendung einer Zeitschaltuhr. Kriminalistik 1: 13–16
[12] Sheleg S, Ehrlich E (2006) Autoerotic asphyxiation: forensic, medical, and social aspects. Wheatmark, Tucson, AZ
[13] Shields LB, Hunsaker DM, Hunsaker JC 3rd (2005) Autoerotic asphyxia: part I. Am J Forensic Med Pathol 26: 45–52

[14] Shields LB, Hunsaker DM, Hunsaker JC 3rd et al (2005) Autoerotic asphyxia: part II. Am J Forensic Med Pathol 26: 53–62

Tod am Steuer

[1] Blässer K, Tatschner T, Bohnert M (2013) Suizidale Dekapitation mit Hilfe einer Seilschlinge in einem fahrenden Kraftfahrzeug. Arch Kriminol; 232: 104–112
[2] Bohnert M (2007) Kraftfahrzeugbrand. Rechtsmedizin; 17: 175–186
[3] Bonte W, Kohn E, Phillips H (1975) Mehrfachverknotungen bei Selbstmord durch Erdrosseln. Kriminalistik; 29: 574–551
[4] Byard RW, James RA (2001) Unusual motor vehicle suicides. J Clin Forensic Med; 8: 1–4
[5] Byard RW, Gilberg JD (2002) Cervical fracture, decapitation, and vehicle-assisted suicide. J Forensic Sci; 47: 392–394
[6] Dong Z, Takaki I, Li Q, et al. (2008) A suicidal vehicle assisted ligature strangulation resulting in complete decapitation : an autopsy report and a review of the literature. J Legal Med; 10: 320–315
[7] Durso S, Del Vecchio S, Ciallela C (1995) Hanging in an automobile: a report on a unique case history. Am J Forensic Med Pasthol; 16: 352–354
[8] Grimmond BB. Suicide at the wheel (1974) New Zealand Medical Journal; 14: 90–94
[9] Hardwicke MB, Taff ML, Spitz WU. A case of suicidal hanging in an automobile. Am J Forensic Med Pathol 1985; 6: 362–364
[10] Heinja P, Havel R (2012) Vehicle-assisted decapitation. Am J Forensic Med Pathol; 33 (1): 73–75
[11] Henderson AF, Joseph AP (2012) Motor vehicle accident or driver suicide? Identifying cases of failed driver suicide in the trauma setting. Injury Int J Care Injured; 43: 18–21
[12] Keil W. Asphyxiation (2014) In: Madea B, editor. Handbook of Forensic Medicine, Chichester: Wiley Blackwell; p. 367–411
[13] Kirschbaum K, Hagemeier L, Mußhoff F, Madea B (2010) Berufswerkzeug = Mordwerkzeug? Berufsbezogene Suizide und Tötungsdelikte. In: Madea B, editor. Von den Maden zum Mörder. Lübeck, Militzke Verlag, Leipzig; p. 85–103
[14] Koops E, Brinkmann B (1982) Selbsterdrosselung. Z. Rechtsmed; 88: 221–231
[15] Madea B, Brinkmann B (1985) Erdrosseln – Mord oder Selbstmord. Arch Krim; 176: 1–7
[16] Madea B, Schmidt P (2014) Besondere Leichenschaukonstellationen. Tod am Steuer. In: Madea B, editor. Die ärztliche Leichenschau. Rechtsgrundlagen, Praktische Durchführung, Problemlösungen, Berlin Heidelberg New York: Springer; 3 rd Ed. p. 120–122
[17] Madea B, Schmidt P, Kernbach-Wighton G, Doberentz E (2015) Strangulation – Suicide at the wheel. Legal Medicine 17: 512–516
[18] Marshall TK (1987) Suicidal hanging in an automobile [letter]. Am J Forensic Med Pathol; 8: 89–90
[19] Maxeiner H (2015) Gewaltsame Erstickung. In: Madea B, editor. Rechtsmedizin – Befunderhebung, Rekonstruktion, Begutachtung, 3rd. Ed. Berlin Heidelberg New York: Springer; p. 262–288
[20] Ortmann J, Doberentz E, Kernbach-Wighton G, Madea B (2016) Letale Unterkühlung nach in suizidaler Absicht erfolgtem Kopfschuss in einem Pkw. Arch Kriminol, 238 (5/6): 188–197

[21] Samberkar PN (2012) Motor vehicle-assisted ligature strangulation causing complete decapitation. An Autopsy Report. Am J Forensic Med Pathol; 33 (1): 86–87
[22] Sellier K (1986) Death: accident or suicide by use of firearms. In: Maehly A, Williams RL, editors. Forensic Science Progress, Vol. 1, Berlin Heidelberg New York Tokyo: Springer; p. 91–115
[23] Tsokos M, Turk EE, Uchigasaki S, et al. (2004) Pathological features of suicidal complete decapitations. Forensic Sci Int; 139: 95–102
[24] Turk EE, Tsokos M (2005) Vehicle-assisted suicide resulting in complete decapitation. Am J Forensic Med Pathol; 26: 292–293

Strangulation im Pkw – Suizid oder Tötungsdelikt?

[1] Blässer K, Tatschner T, Bohnert M (2013) Suizidale Dekapitation mit Hilfe einer Seilschlinge in einem fahrenden Kraftfahrzeug. Arch Kriminol 232: 104–112
[2] Bohnert M (2007) Kraftfahrzeugbrand. Rechtsmedizin 17: 175–186
[3] Byard RW, James RA (2001) Unusual motor vehicle suicides. J Clin Forensic Med 8: 1–4
[4] Byard RW, Gilberg JD (2002) Cervical fracture, decapitation, and vehicle-assisted suicide. J Forensic Sci 47: 392–394
[5] Dong Z, Takaki I, Li Q, et al. (2008) In suicidal vehicle assisted ligature strangulation resulting in complete decapitation : an autopsy report and a review of the literature. J Legal Med 10: 320–315
[6] Durso S, Del Vecchio S, Ciallela C (1995) Hanging in an automobile: a report on a unique case history. Am J Forensic Med Pasthol 16: 352–354
[7] Grimmond BB (1974) Suicide at the Wheel. New Zealand Medical Journal 14: 90–94
[8] Hardwicke MB, Taff ML, Spitz WU (1985) A case of suicidal hanging in an automobile. Am J Forensic Med Pathol 6: 362–364
[9] Heinja P, Havel R (2012) Vehicle-Assisted Decapitation. Am J Forensic Med Pathol 33(1): 73–75
[10] Henderson AF, Joseph AP (2012) Motor vehicle accident or driver suicide? Identifying cases of failed driver suicide in the trauma setting. Injury Int J Care Injured 43: 18–21
[11] Kirschbaum K, Hagemeier L, Mußhoff F, Madea B (2010) Berufswerkzeug = Mordwerkzeug? Berufsbezogene Suizide und Tötungsdelikte. In: Madea B (Hrsg.) Von den Maden zum Mörder, Militzke Verlag, Leipzig, S. 85–103
[12] Madea B (2014) Die Ärztliche Leichenschau. Rechtsgrundlagen, praktische Durchführung, Problemlösungen. 3. Auflage. Springer, Berlin Heidelberg New York
[13] Madea B, Schmidt P, Kernbach-Wighton G, Doberentz E (2015) Strangulation – Suicide at the wheel. Leg Med 17, 512–516
[14] Marshall TK (1987) Suicidal hanging in an automobile [letter]. Am J Forensic Med Pathol 8: 89–90
[15] Samberkar PN (2012) Motor Vehicle-Assisted Ligature Strangulation Causing Complete Decapitation. An Autopsy Report. Am J Forensic Med Pathol 33 (1): 86–87
[16] Schmidt P, Madea B (2014) Besondere Leichenschaukonstellationen. Tod am Steuer. In: Madea B (Hrsg.) Die Ärztliche Leichenschau. Rechtsgrundlagen – Praktische Durchführung – Problemlösungen. Springer Verlag, Berlin, Heidelberg, New York, 3. Aufl., 120–122

[17] Sellier K (1986) Death: accident or suicide by use of firearms. In: Maehly A, Williams RL (Editors) Forensic Science Progress Vol. 1, Springer, Berlin, Heidelberg, New York, Tokyo, 91–115
[18] Tsokos M, Turk EE, Uchigasaki S, et al. (2004) In pathological features of suicidal complete decapitations. For Forensic Int 139: 95–102
[19] Turk EE, Tsokos M (2005) in vehicle-assisted suicide resulting in complete decapitation. Am J Forensic Med Pathol 26: 292–293

Primär kombinierter Suizid während der Fahrt

[1] Bohnert M., Pollak S. (2004) Kombinierte Suizide - eine Literaturübersicht. Arch. Kriminol. 2013: 138–153
[2] Hartwig S. Tsokos M., Pawellek S. (2013) Kombinierte Suizide im Zeitraum 1997–2006. Rechtsmedizin 23: 174–179
[3] Lutz F. U., Lins G. (1981) Kombinierter Suizid-Zwei Falldarstellungen. Z Rechtsmedizin 86: 145–148
[4] Madea B., Schmidt P. (1993) Über ungewöhnliche suizidale Stichverletzungen. Arch. Kriminol. 192: 137–149
[5] Pollak S. (2005) Rechtsmedizinische Aspekte des Suizids. Rechtsmedizin 15: 235–249

Todesfälle im Badezimmer

[1] Madea B (2014) Die Ärztliche Leichenschau. Rechtsgrundlagen, praktische Durchführung, Problemlösungen. Springer Verlag, Berlin Heidelberg New York, 3. Auflage
[2] Madea B (2015) Rechtsmedizin. Befunderhebung, Rekonstruktion, Begutachtung. Springer, Berlin Heidelberg New York, 3. Auflage

Todesursache „haltungsbedingte Asphyxie“

[1] Benomran FA, Hassan AI (2011) An unusual accidental death from positional asphyxia. Am J Forensic Med Pathol 32(1): 31-4
[2] Bell MD, Rao VJ, Wetli CV, Rodriguez RN ((1992) Positional asphyxation in adults. A series of 30 cases from the Dade and Broward County Florida Medical Examiner Offices from 1982 to 1990. Am J Forensic Med Pathol 13: 101–107
[3] Byard RW, Wick R, Gilbert JD (2008) Conditions and circumstances predisposing to death from positional asphyxia in adults. J Forensic Leg Med 15(7):415–419
[4] Chan TC, Vilke GM, Neuman T, Clausen JL (1997) Restraint Position and Positional Asphyxia. Ann Emergency Med 30(5): 578–586
[5] Doberentz E, Madea B (2009) Ertrinkungstod in Kopftieflage – Bericht über einen ungewöhnlichen Fall. Arch Kriminol 224: 108–115
[6] Doberentz E, Madea B (2012) Positionale Asphyxie - Tod in Kopftieflage nach Treppensturz. Arch Kriminol 230(5): 128–127
[7] Hunsaker JC (2014) Death in abnormal positions: physical restraint. In: Madea B (ed) Handbook of Forensic Medicine. Wiley Blackwell, Chichester, 528–538

[8] Jones AW , Holmgren P (2003) Comparison of blood – ethanol concentration in deaths attriuted to acute alcohol poisoning and chronic alcoholism . J Forensic Sci 48: 874–879
[9] Madea B (1993) Death in a head down position. Forensic Sci Int 6 119–132
[10] Madea B, Henssge C, Esser W (1990) Death in inverted head position. Arch Kriminol 186(3-4): 65–74
[11] Madea B (2014) Handbook of Forensic Medicine, Wiley Blackwell, Chichester
[12] Madea B (2015) Rechtsmedizin. Befunderhebung, Rekonstruktion, Begutachtung. Springer, Berlin Heidelberg New York
[13] Padosch SA, Schmidt PH, Kröner LU, Madea B (2005) Death due to positional asphyxia under severe alcoholisation: pathophysiologic and forensic considerations. Forensic Sci Int 149(1):67–73
[14] Patscheider H (1961) Die Todesursache beim frei hängenden, am Rumpf suspendierten Menschen. Beitr gerichtl Med 21: 87–93
[15] Ross DL, Chan TT (Hrsg) (2006) Sudden death in custody. Humana Press, Totowa New York
[16] Schmidt P, Madea B (2015) Tod in abnormer Körperposition – physical restraint. In Madea B (Hrsg) Rechtsmedizin. Befunderhebung, Rekonstruktion, Begutachtung. 3. Aufl. Springer, Berlin Heidelberg New York, 360–366
[17] Schoenmackers J (1950) Grenzbelastung und überraschender Tod. Med Klinik 45:790–795
[18] Stockhausen S, Kernbach-Wighton G, Hülder J, Doberentz E, Madea B (2016) Positionale Asphyxie oder tödliche Alkoholintoxikation? Kriminalistik 2: 9–12

Akzidentelle Strangulation im Erwachsenenalter

[1] Bielefeld L, Rupp W, Pollak S, Thierauf A (2013) Zufälliges Erhängen im Erwachsenenalter. Rechtsmedizin 23: 108–113
[2] Brinkmann B (2004) Erhängen. In: Brinkmann B, Madea B (Hrsg.) Handbuch Gerichtliche Medizin. Springer, Berlin Heidelberg New York Tokio, 761–776
[3] Grellner W, Madea B (1995) Tod im Personenlifter. Arch Kriminol 195: 140–146
[4] Madea B, Rittner C (2014) Akzidentelle Strangulation im Erwachsenenalter. Rechtsmedizin 24: 18–21
[5] Prokop O, Radam G (1987) Atlas der Gerichtlichen Medizin, 2. überarb. Aufl., VEB Volk und Gesundheit, Berlin, 131
[6] Thurner W, Pollak S (1988) Zur Kasuistik der akzidentellen Strangulation. In: Bauer G (Hrsg.) Festschrift für Wilhelm Holzcabek. Gerichtsmedizin. Deuticke, Wien, 181–186

Tod durch Atemreduktion

[1] Banaschak S, Schmidt P, Madea B (2003) Smothering of children older than one year – diagnostic significance of morphological findings. For Sci Int 134: 163–168
[2] Brinkmann B (2004) Ersticken. In: Brinkmann B, Madea B (Hrsg.) Handbuch gerichtliche Medizin. Bd. 1. Springer, Berlin Heidelberg New York, 709–720
[3] Keil W, Berzlanovich A (2010) Ersticken durch weiche Bedeckung. Rechtsmedizin 20: 519–528

[4] Madea B, Hagemeier L (2013) Tod durch Atemreduktion. Arch Kriminol 231: 38–45
[5] Madea B (2015) Rechtsmedizin. Befunderhebung, Rekonstruktion, Begutachtung. 3. Auflage, Springer Berlin, Heidelberg, New York
[6] Opitz E (1950) Physiologie der Erstickung und des Sauerstoffmangels. In: Ponsold A (Hrsg.) Lehrbuch der Gerichtlichen Medizin. Thieme, Stuttgart, 174–191

Blitzunfall

[1] Diepenseifen CD, Schewe JC, Malotki F, Conrad H (2009) Blitzunfall bei Flugschau. Notfall Rettungsmed 12: 523–530
[2] Madea B (2015) Rechtsmedizin. Befunderhebung, Rekonstruktion, Begutachtung. 3. Auflage, Springer Berlin, Heidelberg, New York
[3] Madea B, Mußhoff F, Tag B (2011) Kurzlehrbuch Rechtsmedizin. Verlag Hans Huber. Bern
[4] Möhle F, Preuss J, Madea B, Doberentz E (2015) Vier Tage überlebter Blitzschlag nach zunächst erfolgreicher Reanimation. Rechtsmedizin 25: 561–565

Tödliche Explosionsverletzungen

[1] Madea B, Ridwan H, Längin V, Doberentz E (2016) Tödliche Explosionsverletzungen bei Sprengung eines Zigarettenautomaten. Arch Kriminol 237 (3/4) 130–142
[2] Madea B, Mußhoff F, Tag B (2012) Kurzlehrbuch Rechtsmedizin, Huber (Bern)
[3] Schyma C, Hagemeier L, Madea B (2011) Suicide by head explosion: unusual blast wave injuries to the cardiovascular system. Int J Legal Med,125(4): 473–8
[4] Stiel M, Dettmeyer R, Madea B (2006) Explosiver "römischer" Fund. Arch Kriminol 217:36–44
[5] StockhausenS, Wöllner K, Madea B, Doberentz E (2014) Tod durch Explosion einer Luftmine. Arch Kriminol 234: 174–182
[6] Tsokos M, Paulsen E, Petri S, Madea B, Püschel K, Türk EE (2003) Histologic, immunohistochemical, and ultrastructural findings in human blast lung injury. Am J Respir Crit Care Med 168: 549–555

Verletzungen durch Propeller

[1] http://de.wikipedia.org/wiki/Hubschrauber, 01,09,2015
[2] http://de.wikipedia.org/wiki/Rotor, 01.09.2015
[3] Kutarski PW (1989) Outboard motor propeller injuries. Injury. 20(2): 87–91
[4] Laback C (et al.) (2013) Model aeroplanes: a not to be ignored source of complex injuries. Handchir Mikrochir Plast Chir 45(6): 354–357
[5] Lazzeri D et al. (2013) Indications, outcomes, and complications of pedicled propeller perforator flaps for upper body defects: a systematic review. Arch Plast Surg 40(1): 44–50
[6] Luksenburg JA (2014) Prevalence of external injuries in small cateceans in Aruban waters, southern Caribbean. PLoS One 9(2):e88988
[7] Madea B, Schmidt P, Doberentz E (2015) Helicopter induced propeller injuries. Forensic Sci Med Pathol 11: 622–625

[8] Mann RJ (1980) Propeller injuries incurred in boating accidents. Am J Sports Med 8(4): 280–284
[9] Mann RJ (1976) Propeller injuries. South Med J 69(5): 567–569
[10] Mendez-Fernandez MA (1998) Motorboat propeller injuries. Ann Plast Surg 41(2): 113–118
[11] Ono S et al. (2011) Application of mulitdetector-row computed tomography in propeller flap planning. Plast Reconstr Surg 127(2): 703–711
[12] Pignatti M, Pasqualini M, Governa M, Bruti M, Rigotti G (2008) Propeller flaps for leg reconstruction. J Plast Reconstr Aesthet Surg 61(7): 777–783
[13] Price CT, Moorefiled CW (1987) Motorboat propeller injuries. J Fla Med Assoc 74(6): 399–401
[14] Schneider V, Bratzke H, Maxeiner H (1982) Über bemerkenswerte Befunde bei der defensiven Leichenzerstückelung. Z Rechtsmed. 89(2): 131–143
[15] Semeraro D, Passalacqua NV, Symes S, Gilson T (2012) Patterns of trauma induced by motorboat and ferry propellers as illustrated by three known cases from Rhode Island. J Forensic Sci 57(6):1625–1629
[16] Sleight MW (1974) Speedboad propeller injuries. Br Med J 2(5916):427–428
[17] Soutoul JH (1957) Severe craniocerebral wounds caused by a propeller blade treated at sea by trachetomy & amp; hibernation. Rev Med Nav Metrop O-M 12(3):269–275
[18] Tremp M, Largo RD, Borens O, Schaefer DJ, Kalbermatten DF (2014) Bone propeller flap: a staged procedure. J Foot Ankle Surg 53(2):226–231
[19] Williams RJ, Fries CA, Midwinter M, Lambert AW (2013) Battlefield scrotal trauma: how should it be managed in a deployed military hospital? Injury 44(9):1246–1249

Unterkühlung/Todesfälle durch Kälte

[1] Hirvonen J (2004) Kälte. In: Brinkmann B, Madea B (Hrsg.) Handbuch der gerichtlichen Medizin, Bd. 1, Springer, Berlin Heidelberg New York, 875–889
[2] Madea B (1989) Ungewöhnliche Befunde in einem Fall von Unterkühlung. Z Rechtsmed 102: 59–67
[3] Madea B (2004) Unterkühlung. Umstände, morphologische Befunde und ihre Pathogenese. Rechtsmedizin 14: 41–59
[4] Madea B, Preuß J, Henn V, Lignitz E (2004) Morphological findings in fatal hypothermia and their pathogenesis. In: Oehmichen M (Ed.) Hypothermia – clinical, pathomorphological and forensic features. Schmidt-Römhild, Lübeck, 181–204
[5] Madea B, Tsokos M, Preuß J (2008) Death due to hypothermia. Morphological findings, their pathogenesis and diagnostic value. In: Tsokos M (Ed.) Forensic pathology reviews. Vol. 5. Humana Press, Totowa NJ, 3–21
[6] Madea B, Rittner C (2012) Tötung durch Erfrieren („Kältemord") Arch Kriminol 230: 177–189
[7] Preuß J, Dettmeyer R, Lignitz E, Madea B (2004) Fatty degeneration in renal tubule epithelium in accidental hypothermia victims. For Sci Int 141: 131–135

Seltene Ursache einer Hämoptyse

[1] Madea B (2015) Rechtsmedizin. Befunderhebung, Rekonstruktion, Begutachtung. 3. Auflage, Springer Berlin, Heidelberg, New York

[2] Madea B, Mußhoff F, Tag B (2011) Kurzlehrbuch Rechtsmedizin. Verlag Hans Huber. Bern

[3] Schyma C, Amberg R, Madea B (2013) Intrapulmonale Ruptur eines Aortenaneurysmas. Rechtsmedizin 23: 196–200

Plötzliche Todesfälle bei Infektionskrankheiten

[1] Amberg R, Kernbach-Wighton J, Madea B (2015) Unerkannte todeskausale Pleuraempyeme. Rechtsmedizin 25: 145–149

[2] Doberentz E, Albalooshi Y, Schyma C, Madea B (2011) Unbehandeltes Erysipel. Ein seltener Todesfall. Rechtsmedizin 21: 308–312

[3] Madea B, Mußhoff F, Tag B (2012) Kurzlehrbuch Rechtsmedizin. Huber, Bern

[4] Püschel K (2004) Plötzlicher Tod im Erwachsenenalter. In: Brinkmann B, Madea B (Hrsg.) Handbuch Gerichtliche Medizin, Bd. 1. Springer, Berlin Heidelberg New York Tokio, 963–1070

[5] Püschel K (2015) Plötzliche und unerwartete Todesfälle aus innerer Ursache. In: Madea B (Hrsg.) Rechtsmedizin. Befunderhebung – Rekonstruktion – Begutachtung. Springer, Berlin Heidelberg New York, 419–474

[6] Preuß J, Dettmeyer R, Strehler M, Madea B (2006) Unerkannte akut-letale Infektionen. Ursachenplötzlicher Todesfälle im Erwachsenenalter. Rechtsmedizin 16: 165–171

[7] Tsokos M (2006) Infektionskrankheiten. Die besondere Bedeutung rechtsmedizinischer Untersuchungsbefunde. Rechtsmedizin 16: 123

Diabetische Stoffwechselentgleisungen

[1] Beckmann ER, Püschel K, Kernbach G, Bartsch W (1985) Falldarstellung zum Nachweis eines Todes im Coma diabeticum. In: Walther G, Haffner HAT (Hrsg.) Festschrift für Horst Leithoff. Kriminalistik Verlag, Heidelberg, 57–66

[2] Beckmann ER, Püschel K, Picht S (1984) Zur Pathomorphologie des Diabetes mellitus und des Coma diabeticum. Beitr Gerichtl Med 42: 307–313

[3] Coe JI (1969) Post mortem chemistries on vitreous humor. Am J Clin Pathol 51: 741–750

[4] Hagemeier L, Madea B (2009) Postmortale Diagnose diabetischer Stoffwechselentgleisungen bei verdächtigen Auffindungssituationen. Arch Kriminol 224: 82–92

[5] Kernbach-Wighton G (2004) Postmortale biochemische Untersuchungen. In: Brinkmann B, Madea B (Hrsg.) Handbuch gerichtliche Medizin, Bd. 1, Springer, Berlin Heidelberg New York, 1060–1069

[6] Madea B, Mußhoff F (2007) Post mortem biochemistry. For Sci Int 165: 165–171

[7] Madea B (2015) Rechtsmedizin. Befunderhebung, Rekonstruktion, Begutachtung. 3. Auflage, Springer Berlin, Heidelberg, New York

[8] Püschel K (2004) Plötzlicher Tod im Erwachsenenalter. In: Brinkmann B, Madea B (Hrsg.) Handbuch gerichtliche Medizin, Bd. 1, Springer, Berlin Heidelberg New York, 965–1060

[9] Sippel H, Möttönen M (1982) Combined glucose and lactate values in vitreous humour for post mortem diagnosis of diabetes mellitus. For Sci Int 19: 217–222
[10] Traub F (1969) Methode zur Erkennung von tödlichen Zuckerstoffwechselstörungen an der Leiche (Diabetes mellitus und Hypoglykämie). Zentralbl Allg Pathol 112: 390–399

Ungewöhnliche Ursache einer Sepsis

[1] Batty A,Wren MW (2005) Prevalence of Fusobacterium necrophorum and other upper respiratory tract pathogens isolated from throat swabs. Br J Biomed Sci 62: 66–70
[2] Geiger P (2009) Fusobacterium necrophorum septicemia and related syndromes. Ann Meeting Southern College Health Association March 5, 2009
[3] Kernbach-Wighton G, Amberg R, Parchina M, Hess C, Madea B (2016) Fusobakterien-Sepsis bei einem jungen Erwachsenen. Arch Kriminol 237: 182–189
[4] Madea (2014) Handbook of Forensic Medicine, Wiley and Sons Ltd., Chichester,
[5] Madea B (2015) Rechtsmedizin. Befunderhebung, Rekonstruktion, Begutachtung. Springer, Berlin Heidelberg New York
[6] Tsokos M, Schalinski S, Paulsen F, Sperhake JP, Püschel K, Sobottka I (2008) Pathology of fatal traumatic and nontraumatic clostridial gas gangrene: a histopathological, immunohistochemical, and ultrastructural study of six autopsy cases. Int J legal Med 122: 34–41

Todesfall durch Varizenblutung

[1] Doberentz E, Hagemeier L, Veit C, Madea B (2011) Unattended fatal haemorrhage due to spontaneous peripheral varicose vein rupture – two case reports. For Sci Int 206: e12–e16
[2] Madea B, Mußhoff F, Tag B (2012) Kurzlehrbuch Rechtsmedizin. Huber Verlag, Bern

Tod infolge alkoholischer Ketoazidose

[1] Felby S, Nielsen E (1994) Determination of ketone bodies in post-mortem blood by head-space gas chromatography. For Sci Int 64: 83–88
[2] Hess C, Mußhoff F, Madea B (2011) Disorders of glucose metabolism – post mortem analyses in forensic cases: part I. Int J Legal Med 125: 163–170
[3] Madea B (2015) Rechtsmedizin. Befunderhebung, Rekonstruktion, Begutachtung. Springer Verlag, Berlin Heidelberg New York. 3. Aufl.
[4] Thompsen CJ, Johnston DG, Baylis PH, Anderson J (1986) Alcoholic ketoacidosis: an underdiagnosed condition? Br Med J (Clin Res Ed) 292: 463–465
[5] Thomsen JL, Theilade P, Felby S, Nielsen E (1993) Alcoholism and ketoacidosis. For Sci Int 60: 3–4
[6] Thomsen JL, Felby S, Theilade P, Nielsen E (1995) Alcoholic ketoacidosis as a cause of death in forensic cases. For Sci Int 75: 163–171
[7] Thomsen JL, Simonsen KW, Felby S, Frohlich B (1997) A prospective toxicology analysis in alcoholics. For Sci Int 90: 33–40
[8] Thomsen JL (2014) Alcohol-related deaths. In: Madea B (Ed.) Handbook of Forensic Medicine. Wiley Blackwell, Chichester, 566–577

[9] Wöllner K, Heß C, Madea B (2015) Tod infolge alkoholischer Ketoazidose – analytisches Vorgehen und Fallbeispiel. Arch Kriminol 236: 103–114
[10] Wöllner K, Heß C, Madea B (2016) Subnukleäre lipidhaltige Vakuolisierung in Fällen von Ketoazidose – Korrelationen morphologischer Befunde mit Ketonkörperkonzentrationen. Archiv Kriminol 238: 57–63

Kapitel 8: Toxikologie

Gifttodesfälle

[1] Baden MM (1972) Homicide, suicide, and accidental death among narcotic addicts. Human Pathology 3: 92–95
[2] Baden MM (1980) Investigation of deaths from drug abuse. In: Spitz and Fisher. Medico-legal Investigation of Death. 2nd Edition, Charles C Thomas. Springfield Illinois, 485–503
[3] Baselt RC, Carvey RH (2014) Disposition of Toxic Drugs and Chemicals in Man. 10. Aufl. Chemical Toxicology Institute, Foster City, California
[4] Berg S (1992) Unerwartete Todesfälle in Klinik und Praxis. Springer, Berlin Heidelberg New York Tokio
[5] Ellenhorn MJ, Barceloux DG (1997) Medical Toxicology: Diagnosis and treatment of human poisoning. 2. Aufl. Williams & Wilkins, Baltimore, USA
[6] Helpern M, Rho YM (1966) Deaths from Narcotism in New York City. Incidence, Circumstances and post mortem findings. New York State Journal of Medicine. 15; 2391–2409
[7] Hohmann, N., Mikus G., Czock D. (2014) Wirkungen und Risiken neuartiger psychoaktiver Substanzen - Fehldeklaration und Verkauf als „Badesalze“, „Spice“ und „Forschungschemikalien“. Dtsch Arztebl Int 111(9): 139–147.
[8] Jeffrey A. Kraut, Ira Kurtz (2008) Toxic Alcohol Ingestions: Clinical Features, Diagnosis, and Management. Clin J Am Soc Nephrol. 3: 208–225.
[9] Karch S, Stephens B, Chih-Hsieng H (1999) Methamphetamine-related deaths in San Francisco: demographic, pathologic, and toxicologic profiles. J Forensic Sci 44: 359–368
[10] Karch SB, Drummer O (2015) The Pathology of Drug Abuse. 5. Aufl. CRC Press, Boca Raton, Florida
[11] Ludewig R, Lohs K (1999) Akute Vergiftungen: Ratgeber für toxikologische Notfälle. 9. Aufl. Gustav Fischer, Jena
[12] Madea B (2014) Die Ärztliche Leichenschau. Rechtsgrundlagen, praktische Durchführung, Problemlösungen. 3. Aufl. Springer, Berlin Heidelberg New York
[13] Madea B (2014) Handbook of Forensic Medicine. Wiley & Sons, Chichester
[14] Madea B (2015) Rechtsmedizin. Befunderhebung – Rekonstruktion – Begutachtung. 3, Aufl. Springer, Berlin Heidelberg New York
[15] Madea B, Käferstein H, Sticht G (1994) Drogentodesfälle mit Leichenbeseitigung. Arch Kriminol 193: 1–9
[16] Madea B, Mußhoff F (2004) Post mortem toxicology. Forensic Sci Int 142: 71–73
[17] Madea B, Mußhoff F (2009) K.-o.-Mittel - Häufigkeit, Wirkungsweise, Beweismittelsicherung. Dtsch Arztebl Int 06(20): 341–347

[18] Madea B, Mußhoff F, Berghaus G (2012) Verkehrsmedizin. Fahreignung, Fahrsicherheit, Unfallrekonstruktion. 2. Aufl. Deutscher Ärzteverlag, Köln
[19] Madea B, Mußhoff F, Tag B (2012) Kurzlehrbuch Rechtsmedizin, Huber, Bern
[20] Maurer, H.H., Stelzer ,K., Heinz, G. (1999) Vergiftungen. In: Thiemes Innere Medizin; Georg Thieme-Verlag Stuttgart, 2099–2137.
[21] Milroy CM (2011) „Ecstasy" associated deaths: what is a fatal concentration? Analysis of a case series. Forensic Sci Med Pathol 7: 248–252
[22] Moffat AC, Osselton D, Widdop B (2011) Clarke's Analysis of Drugs and Poisons. 4. Aufl. Pharmaceutical Press, London
[23] Muehlendahl v E, Oberdisse U, Bunjes R, Brockstedt M (2003) Vergiftungen im Kindesalter. 4. Aufl., Enke, Stuttgart
[24] Mußhoff F, Heß C (2014) Mordsgifte – Ein Toxikologe berichtet. Bastei Lübbe, Köln.
[25] Mußhoff F, Hottmann L, Heß C (2013) „Legal Highs" aus dem deutschen Internet – Der Vormarsch der „Badesalz-Drogen". Arch Kriminol 232: 91–103
[26] Mußhoff F, Kirschbaum KM, Madea B. (2011) An uncommon case of a suicide with inhalation of hydrogen cyanide. Forensic Sci Int. 204(1-3):e4–7
[27] Mußhoff F, Madea B (2008) K.-o.-Mittel. CME-Beitrag. Rechtsmedizin 18: 205–224
[28] Mußhoff F, Madea B, Heß C (2015) Toxikologie. In. Madea B (Hrsg.) Rechtsmedizin. Befunderhebung, Rekonstruktion, Begutachtung. Springer, Berlin Heidelberg New York, 3. Auflage, 599–692
[29] Mußhoff F, Padosch SA, Kroener LA, Madea B (2006) Accidental autoerotic death by volatile substance abuse or nonsexually motivated accidents? Am J Forensic Med Pathol. 27(2):188–192.
[30] Mußhoff F, Schmidt P, Daldrup T, Madea B (2002) Cyanide fatalities: case studies of four suicides and one homicide. Am J Forensic Med Pathol. 23(4): 315–320.
[31] Negrusz A, Cooper G (2008) Clarke's Analytical Forensic Toxicology. Pharmaceutical Press, London Chicago
[32] Oehmichen M, Staak M (1988) Tod der Drogenkonsumenten: Geschehensablauf, Häufigkeit sowie Nachweisbarkeit und Prognose. In: Staak M (Hrsg.) Betäubungsmittelmißbrauch. Springer, Berlin Heidelberg New York, 8–23
[33] Püschel K, Schmoldt A (2003) Drogennot- und -todesfälle. In: Madea B, Brinkmann B (Hrsg.) Handbuch gerichtliche Medizin Bd. 2. Springer, Berlin Heidelberg, 689–735
[34] Schulz M, Iwersen-Bergmann S, Andresen H, Schmoldt A (2012) Therapeutic and toxic blood concentrations of nearly 1000 drugs and other xenobiotics. Crit Care 16 (4): R136
[35] Skopp G (2008) Leichentoxikologie. Rechtsmedizin 18(3): 473–485.
[36] Wöllner K, Mußhoff F, Heß C, Madea B (2015) Retrospektive Analyse von Todesfällen durch Amphetamin- und Ecstasy-Konsum. Arch Kriminol 236: 199–207
[37] Wöllner K, Stockhausen S, Mußhoff F, Madea B (2015) Todesfälle nach Einnahme von Amphetamin/Ecstasy: zwei Fallvorstellungen. Arch Kriminol 235: 53–61

Tod durch flüchtige Substanzen

[1] Berman P, Tattersall M (1982) Self-poisoning with intravenous halothane. Lancet I: 340
[2] Madea B (Hrsg.) (2010) Von den Maden zum Mörder. Die vielfältigen Ermittlungsmethoden der Rechtsmedizin. Militzke, Leipzig

[3] Madea B, Mußhoff F (1999): Homicidal Poisoning with Halothane. Int J Legal Med 113: 47–49
[4] Spencer AE, Green NM (1968) Suicide by ingestion of halothane. JAMA 168: 702–703

Vergiftung mit Frostschutz- und Lösungsmittel

[1] Bove K.E. (1966) Ethylene Glycol Toxicity. The American Journal of Clinical Pathology 45 (1): 46–50
[2] Camara-Lemarroy C.R., Rodriguez-Gutiérrez R., Monreal-Robles R., González-González J.G. (2015) Acute toluene intoxication-clinical presentation, management and prognosis: a prospective observation study. BMC Emergency Medicine 15: 19
[3] Eder A.F., McGrath C.M., Dowdy Y.G., Tomaszewski J.E., Rosenberg F.M., Wilson R.B., Wolf B.A., Shaw L.M. (1998) Ethylene glycol poisoning: toxikinetic and analytical factors affecting laboratory Diagnosis. Clinical Chemistry 44: 1, 168–177
[4] Leth P.M., Gregersen M. (2005) Ethylene glycol poisoning. For. Sci. Int. 155: 179–184
[5] Lovrić M., Granić P., Cubrilo-Turek M., Lalić Z., Sertić J. (2007) Ethylene glycol poisoning. For. Sci. Int. 170: 213–215
[6] Ludewig R., Regenthal R. (2015) Spezieller Teil. Ketone, aliphatische. In Ludewig R., Regenthal R. (Hrsg) Akute Vergiftungen und Arzneimittelüberdosierungen. Wissenschaftliche Verlagsgesellschaft, Stuttgart, 11. Auflage, 391–393
[7] Ludewig R., Regenthal R. (2015) Spezieller Teil. Kohlenwasserstoffe, aromatische. In Ludewig R., Regenthal R. (Hrsg) Akute Vergiftungen und Arzneimittelüberdosierungen. Wissenschaftliche Verlagsgesellschaft, Stuttgart, 11. Auflage, 381–382
[8] Madea B., Preuß J., Lignitz E. (2004) Unterkühlung, Umstände, morphologische Befunde und ihre Pathogenese. Rechtsmedizin 14: 41–59
[9] Mußhoff F., Madea B., Heß C. (2015) Toxikologie. Epidemiologie der Vergiftung. In: Madea B (Hrsg.) Rechtsmedizin. Befunderhebung, Rekonstruktion, Begutachtung, Springer Berlin, Heidelberg, 3. Auflage, 611–613
[10] Mußhoff F., Madea B., Heß C. (2015) Rechtsmedizin. Toxikologie. Alkohole. In: Madea B (Hrsg.) Rechtsmedizin. Befunderhebung, Rekonstruktion, Begutachtung, Springer Berlin, Heidelberg, 3. Auflage, 684–685
[11] Ortmann J, Doberentz E, Schyma C, Mußhoff F, Madea B (2017) Vergiftung mit Frostschutz- und Lösungsmittel. Archiv Kriminol (im Druck)

Serientötungen in der Altenpflege

[1] Doberentz E, Mußhoff F, Madea B (2009) Serientötungen in einem Alten- und Pflegeheim. Arch Kriminol 223: 24–35
[2] Käferstein H, Madea B, Sticht G (1996) Todesfälle während ambulanter Pflege. In: Oehmichen M (Hrsg.) Lebensverkürzung, Tötung und Serientötung – eine interdisziplinäre Analyse der „Euthanasie". Schmidt-Römhild, Lübeck, 205–216
[3] Käferstein H, Sticht G, Madea B (2013) Chlorprothixene in bodies after exhumation. For Sci Int 229: e30–e34
[4] Madea B (2010) Von den Maden zum Mörder. Die vielfältigen Ermittlungsmethoden der Rechtsmedizin. Militzke Verlag, Leipzig

[5] Maisch H (1997) Patiententötungen. Dem Sterben nachgeholfen. Kindler Verlag, München

Der vorgetäuschte Treppensturz, und was daraus wurde – Vergiftungen durch Succinylcholin

[1] Kuepper U, Mußhoff F, Madea B (2007) Synthesis and characterization of succinylcholine-d18 and succinylmonocholine-d3 designed for simultaneous use as internal standards in mass spectrometric analyses. J Mass Spectrom 52: 929–939
[2] Kuepper U, Mußhoff F, Madea B (2008) Succinylmonocholine anaytics as an example for selectivity problems in HPLC-MS/MS, and resulting implications for analytical toxicology. Rapid commun Mass Spectrom 22 (12) 1965–1970
[3] Kuepper U, Mußhoff M, Madea B (2008) A fully validated isotope dilution HPLC-MS/MS method for the simultaneous determination of succinylcholine and succinylmonocholine in serum and urine samples. Journal Mass Spectrom 43 (10): 1344–52
[4] Kuepper U, Mußhoff F, Hilger RA, Herbstreit F, Madea B (2011) Pharmakokinetic Properties of Succinylmonocholine in Surgical Patients. J Anal Toxicol 35: 302–311
[5] Kuepper U, Hebenstreit F, Peters J, Madea B, Mußhoff F (2012) Degradation and elimination of succinylcholine and succinylmonocholine and definition of their respective detection windows in blood and urine for forensic purposes. Int J Legal Med 126: 259–269
[6] Küpper U, Madea B, Mußhoff F (2012) Succinylcholin in der forensischen Toxikologie. Verdachtsgewinnung und Beweissicherung bei Intoxikationen. Rechtsmed 22: 415–430
[7] Madea B, Preuß J (2005) Sturzverletzungen und ihre rechtsmedizinische Beurteilung. In: Bockholdt B, Ehrlich E (Ed.) Der Sturz: Morphologie. Forensische Begutachtung, Fallbeispiele. Festschrift für Volkmar Schneider. Berliner Wissenschafts-Verlag, 9–32
[8] Madea B, Dettmeyer R, Mußhoff F (2005) Der nicht letale Treppensturz – Tötungsdelikt ohne Todesursache. In: Bockholdt B, Ehrlich E (Ed.) Der Sturz: Morphologie. Forensische Begutachtung, Fallbeispiele. Festschrift für Volkmar Schneider. Berliner Wissenschafts-Verlag, 203–212
[9] Madea B (Hrsg.) (2010) Von den Maden zum Mörder. Die vielfältigen Ermittlungsmethoden der Rechtsmedizin. Militzke, Leipzig

Kapitel 9: Mit harten Bandagen

[1] Mario Nowak, Polizei Köln, Tactical Survival Concepts

Kapitel 10: Taktische Zusammenarbeit Polizei und Rettungsdienst

[1] Polizeidientsvorschrift 100, Landesteil -M- NRW, i.d. aktuellen Fassung. Abgerufen am 20.06.17 von: http://www.idf.nrw.de/service/downloads/pdf/landesteil_nrw_pdf100_m.pdf

Kapitel 11: Kriminalistik, Technik und Recht

[1] Bach, Das kriminalistische Potential neuer Technologien. Kriminalistik 1999, 657

[2] Bär, Genetische Fingerabdrücke [Die ersten Beweise mithilfe der DNA-Analyse]. Kriminalistik 1989, 313
[3] Bender / Nack, Tatsachenfeststellung vor Gericht, Band I und II. München 1995
[4] Benecke, Insekten auf Leichen. [Todeszeitbestimmung] Kriminalistik 2000, 680
[5] Blumenthal / Kohlhof / Thiel, Beschreibung und Identifizierung von Bekleidung.Lehr- und Studienbriefe Kriminalistik/Kriminologie, Band 9, Hilden 2008
[6] Brinkmann / Wiegand, DNA-Analysen, Neue Entwicklungen und Trends. Kriminalistik 1993, 191
[7] Bruder, Zum Spannungsfeld zwischen kriminalistischen Erwartungen und den realen Möglichkeiten der Kriminaltechnik – aus der Sicht des Kriminaltechnikers, BKA - Forschungsreihe, Band 32, „Aktuelle Methoden der Kriminaltechnik und Kriminalistik". Wiesbaden 1995

Kapitel 12: Kriminologie

[1] Quelle DDR: 1946: Wirth/Kroll 2014, 18; diese beziehen sich auf Maaßen/Wetzel, Tötungsverbrechen in der DDR, 9–12. 1947 bis 1952: Statistisches Jahrbuch (der DDR) 1957, 82. 1953–62: Wirth/Kroll 2014, 20, 22, 24. 1963–75: Arbeitsministerium 2006, 7. 1970–1978: Stat Jahrb 1979, 380. 1979-80: Stat Jahrb 1985, 384. 1981–85: Stat Jahrb 1986, 387–388. 1986–88: Stat Jahrb 1988, 395–397. 1989: Arbeitsministerium 2006, 7.
Wirth, Ingo / Kroll, Remo: Morduntersuchung in der DDR, Berlin, 2014.
Bundesministerium für Arbeit und Soziales / Steiner, André / Judt, Matthias / Reichel, Thomas (Verfasser): Statistische Übersichten zur Sozialpolitik in Deutschland seit 1945 (Band SBZ/DDR), Bonn, 2006.
1991–2016: laufende Polizeiliche Kriminalstatistiken PKS 1991–2016, Kapitel Mord und Totschlag, Tabelle Häufigkeitszahlen in den Ländern, Spalte vollendete Fälle. Diese Zahlen werden von der Polizei nachträglich nicht verändert.
Anmerkungen: Die Mord-Zahl für Ostdeutschland 1990 wird nicht bekannt gegeben. Sie liegt mit hoher Wahrscheinlichkeit zwischen 1989 122 und 1991 159 und wird deshalb auf den Mittelwert 140 geschätzt.
Es gibt in der PKS keine Ländertabelle über Mord-Opfer, so dass man auch nach 1993 auf eine Fallzählung beim Mord angewiesen ist. Die gleiche Fallweise-Zählung gilt für die DDR, die Straftaten zählt. Die DDR-Volkspolizei korrigiert vorherige Mordzahlen manchmal leicht, so dass andere Aufstellungen aus den Statistischen Jahrbüchern minimal abweichen.
1991 und 1992 wird die PKS bei Mordfällen auf Gesamtdeutschland umgestellt, enthält aber für Ostdeutschland noch nicht alle Mordfälle. Die Mord-Opferzahlen werden für Westdeutschland und Gesamt-Berlin angegeben. Die Aufteilung in West- und Ostdeutschland erfolgt ab 1991 über die Angaben zu den Mordfallzahlen der Bundesländer. Dabei wird Berlin zu 40% zu Ost- und zu 60% zu Westberlin bzw. -Deutschland gezählt.
Anmerkung zu Abb. 12.4 und 12.5: Deutschland weist die Morde als Fälle aus. Deswegen werden die Fallzahlen von 1950-1992 um 10% erhöht (mit 1,1 multipliziert), um eine Annäherung an die Opferzahlen zu haben. Diese Opferzahlen könnten minimal zu hoch sein, weil die unbereinigten Zahlen der Tabelle 1 für Ostdeutschland genommen werden und der Faktor 1,1 auch die Ausreißerjahre 1984 und 2016 mit einbezieht.

[2] USA: 1950-2005: Bureau of Justice Statistics, Homicide Trends in the U.S., (Source FBI, Uniform Crime Reports). In den USA werden die Jahresangaben nachträglich geändert, z. B. 2005 erste Angabe 16 692, heute 16740. 2005–2015 FBI/Uniform Crime Reports. Die Zahlen entsprechen den längeren Zeitreihen für Homicide victims bis 2012 (abgesehen von kleinen nachträglichen Änderungen). Bis 2012 gibt das FBI in der ersten Meldung die Anzahl ermordeter Personen an. Ab 2013 werden Morde (murder) angegeben. Verwirrenderweise weist die Unterangabe über murder victims eine niedrigere Zahl als die für Morde aus (für 2015 13.455 Mordopfer bei 15.696 Morden). Das FBI wird nach dem Warum angefragt, verweist als Antwort aber nur auf seine Statistiken. Deswegen wäre die vorläufige Interpretation: Eigentlich liegt die Anzahl der Mord-Opfer in den USA wie in Deutschland höher als die der Taten (offenses). Weil aber von den unteren Polizeibehörden nicht für alle Taten die Opfer-Angaben an das FBI gemeldet werden, weisen die Angaben zur Opfer-Auswertung niedrigere Fallzahlen auf. Seit Ende 2011 versucht das FBI eine zweite polizeiliche Kriminalstatistik zu installieren, das National Incident-Based Reporting System. Aber nur 36% der Law enoforcement agencies liefern Daten an. D.h. diese Statistik ist unvollständig. Die USA zählen wie Deutschland murder (Mord) und nonnegligement manslaughter (nichtfahrlässiger Totschlag) zur Mordkategorie. Die Anzahl von Polizisten getöteter Menschen wird in den USA nicht offiziell bekannt gegeben, sondern seit 2015 von Journalisten des Guardians gezählt, es gibt aber auch Open-Source-Zählprojekte. Die Zahlenangaben schwanken je nach Herkunft, liegen aber auch in anderen Quellen über 1.000. Ein Faktor ist der Zeitpunkt der Bekanntgabe; Angaben aus Ende 2015 liegen niedriger als von Mitte 2016. Die Anzahl von der Polizei getöteter Personen ist nicht in den Mordzahlen enthalten.

[3] Südafrika: Cafferty, Rob Mc (M. Ed.): Murder in South Africa: a comparison of past and present, ohne Ortsangabe, Juni 2003, 10. Die Angaben 1950–93 werden dort aus seiner Graphik abgelesen, so dass die Zahlenangaben 1950–1993 ungenau sind. Cafferty hat die Angaben aus den jährlichen Polizeistatistiken herausgelesen. Er kommentiert: „it is incredible difficult to find information... Perhaps these figures are concealed for political reasons" (9). 1994–2001 aus Cafferty 2003, 8. 2002: Gabbidon, Shaun L.: Race, Ethnicity, Crime and Justice: An international Dilemma, Los Angeles u.a., 2010, Table 6.3. 2004–2015 offizielle Polizeistatistik (www.crimestatssa.com). Die Angaben zu den letzten Jahren sind aus 2016, dürften aber 2017 und 2018 von der südafrikanischen Polizei wieder geändert werden. Die Polizei zählt in Südafrika von April bis März, hier wird die Eingruppierung im Anfangsjahr gewählt. In Südafrika gibt es vom Medical Research Council und vom Department of Home Affairs Mordangaben, die in den Nuller Jahren um 10.000 pro Jahr höher liegen. Interpol veröffentlicht doppelt so hohe Mordzahlen, weil es Versuche mit aufführt. In Südafrika werden „Murder" = Morde gezählt; das sind, auch wenn das nicht genau genannt wird (auch hier wird die südafrikanische Polizei angefragt, eine Antwort liegt aber noch nicht vor), Opfer, d.h. Personenzahlen.